AF502663

HISTOIRE

DE

LA CRÉATION NATURELLE

OU

DOCTRINE SCIENTIFIQUE DE L'ÉVOLUTION

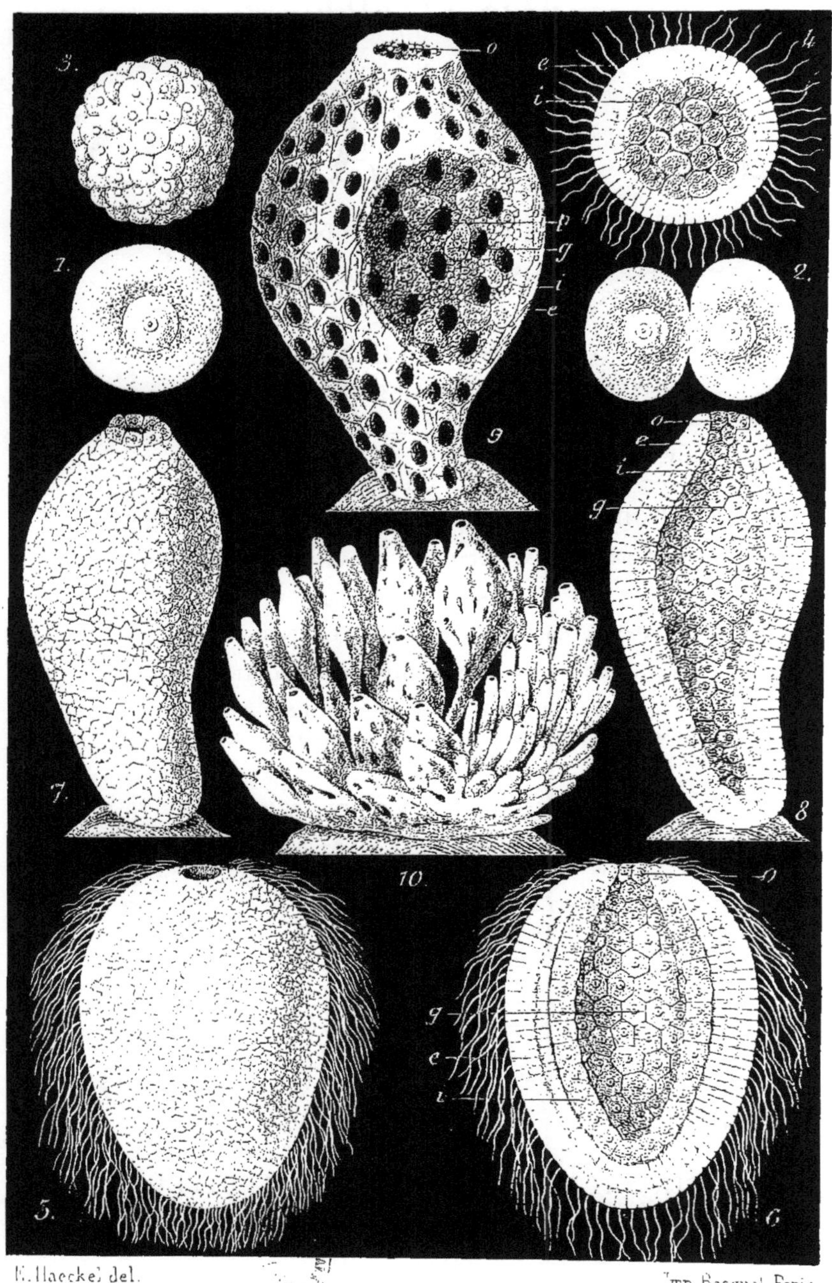

E. Haeckel del. Imp. Becquet Paris.

Embryologie d'une éponge calcaire. (Olynthus).

HISTOIRE

DE

LA CRÉATION

DES ÊTRES ORGANISÉS

D'APRÈS LES LOIS NATURELLES

PAR

ERNEST HAECKEL

PROFESSEUR DE ZOOLOGIE A L'UNIVERSITÉ DE IÉNA.

CONFÉRENCES SCIENTIFIQUES

SUR LA DOCTRINE DE L'ÉVOLUTION EN GÉNÉRAL

ET CELLE DE DARWIN, GOETHE ET LAMARCK EN PARTICULIER

TRADUITES DE L'ALLEMAND

Par le docteur CH. LETOURNEAU

ET PRÉCÉDÉES D'UNE INTRODUCTION BIOGRAPHIQUE

Par CHARLES MARTINS

Professeur d'histoire naturelle à la Faculté de médecine de Montpellier,
Correspondant de l'Institut.

DEUXIÈME ÉDITION

OUVRAGE CONTENANT

quinze planches, dix-neuf gravures sur bois, dix-huit tableaux généalogiques et une carte chromolithographique.

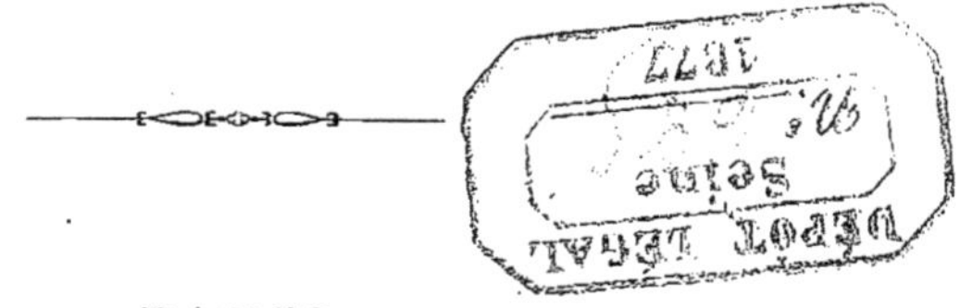

PARIS

C. REINWALD ET CIE, LIBRAIRES-ÉDITEURS

15, RUE DES SAINTS-PÈRES, 15

1877

TABLE DES MATIÈRES.

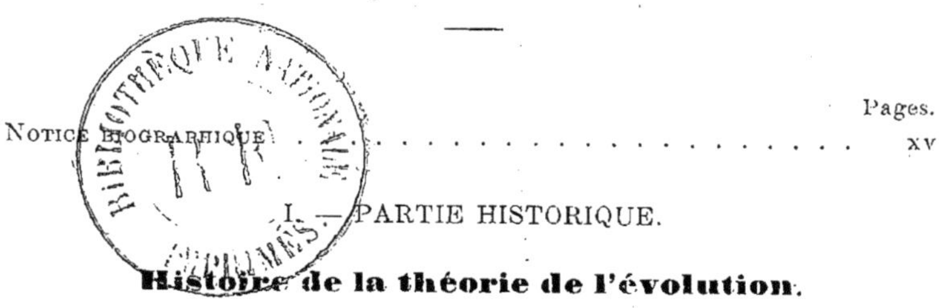

Pages.

I. — PARTIE HISTORIQUE.

Histoire de la théorie de l'évolution.

PREMIÈRE LEÇON.

SENS ET SIGNIFICATION DU SYSTÈME GÉNÉALOGIQUE OU THÉORIE DE LA DESCENDANCE.

DEUXIÈME LEÇON.

JUSTIFICATION DE LA THÉORIE DE LA DESCENDANCE. HISTOIRE DE LA CRÉATION D'APRÈS LINNÉ.

TROISIÈME LEÇON.

HISTOIRE DE LA CRÉATION D'APRÈS CUVIER ET AGASSIZ.

QUATRIÈME LEÇON.

THÉORIE ÉVOLUTIVE DE GOETHE ET D'OKEN.

II. — PARTIE DARWINIENNE.

Le Darwinisme ou la théorie de sélection.

SEPTIÈME LEÇON.

THÉORIE DE L'ÉLEVAGE OU THÉORIE DE LA SÉLECTION.

HUITIÈME LEÇON.

HÉRÉDITÉ ET REPRODUCTION.

NEUVIÈME LEÇON.

LOIS DE L'HÉRÉDITÉ. ADAPTATION ET NUTRITION.

DIXIÈME LEÇON.

LOIS DE L'ADAPTATION.

ONZIÈME LEÇON.

LA SÉLECTION NATURELLE PAR LA LUTTE POUR L'EXISTENCE.

LA DIVISION DU TRAVAIL ET LE PROGRÈS.

III. — PARTIE COSMOGÉNÉTIQUE.

Lois de la théorie de développement.

DOUZIÈME LEÇON.

LOIS DU DÉVELOPPEMENT DES GROUPES ORGANIQUES ET DES INDIVIDUS. PHYLOGÉNIE ET ONTOGÉNIE.

Pages.

TREIZIÈME LEÇON.

THÉORIE ÉVOLUTIVE DE L'UNIVERS ET DE LA TERRE. GÉNÉRATION SPONTANÉE. THÉORIE DU CARBONE. THÉORIE DES PLASTIDES.

QUATORZIÈME LEÇON.

MIGRATION ET DISTRIBUTION DES ORGANISMES. LA CHOROLOGIE ET L'AGE GLACIAIRE DE LA TERRE.

QUINZIÈME LEÇON.

PÉRIODE ET ARCHIVES DE LA CRÉATION.

IV. — PARTIE PHYLOGÉNÉTIQUE.

La phylogénie ou histoire généalogique des organismes.

SEIZIÈME LEÇON.

ARBRE GÉNÉALOGIQUE ET HISTOIRE DU RÈGNE DES PROTISTES.

DIX-SEPTIÈME LEÇON.

ARBRE GÉNÉALOGIQUE ET HISTOIRE DU RÈGNE VÉGÉTAL.

DIX-HUITIÈME LEÇON.

ARBRE GÉNÉALOGIQUE ET HISTOIRE DU RÈGNE ANIMAL.

I. — ANIMAUX PRIMAIRES, ZOOPHYTES, VERS.

DIX-NEUVIÈME LEÇON.

ARBRE GÉNÉALOGIQUE ET HISTOIRE DU RÈGNE ANIMAL.

II. — MOLLUSQUES, RADIÉS, ARTICULÉS.

VINGTIÈME LEÇON.

ARBRE GÉNÉALDGIQUE ET HISTORIQUE DU RÈGNE ANIMAL.

III. — VERTÉBRÉS.

Pages.

VINGT ET UNIÈME LEÇON.

ARBRE GÉNÉALOGIQUE ET HISTOIRE DU RÈGNE ANIMAL.

IV. MAMMIFÈRES.

V. — PARTIE ANTHROPOGÉNÉTIQUE.

Application de la théorie de développement à l'homme.

VINGT-DEUXIÈME LEÇON.

ORIGINE ET ARBRE GÉNÉALOGIQUE DE L'HOMME.

VINGT-TROISIÈME LEÇON.

MIGRATIONS ET DISTRIBUTION DU GENRE HUMAIN. ESPÈCES ET RACES HUMAINES.

VINGT-QUATRIÈME LEÇON.

OBJECTIONS CONTRE LA VÉRITÉ DE LA THÉORIE GÉNÉALOGIQUE ET PREUVES DE CETTE THÉORIE.

INTRODUCTION BIOGRAPHIQUE

L'ouvrage dont nous offrons la traduction au public français se compose de vingt-quatre conférences faites dans l'hiver de 1867 à 1868 par le Dr Haeckel, professeur de zoologie de l'Université d'Iéna : elles s'adressaient à un public éclairé appartenant en majorité aux diverses Facultés de cette Université, et désireux d'être initié à la doctrine de l'évolution telle qu'elle a été formulée d'abord par Lamarck, Goethe et Darwin, puis développée par l'auteur et un certain nombre de naturalistes contemporains. Ces conférences furent publiées en 1868 sous le titre de : *Natürliche Schöpfungsgeschichte; gemeinverständliche wissenschaftliche Vorträge über die Entwickelungslehre im allgemeinen, und diejenige von Darwin, Goethe und Lamarck im besonderen.* In-8°, 15 planches et 18 tableaux, *Berlin,* G. Reimer. Elles furent lues avec empressement par les partisans et par les adversaires de la nouvelle théorie.

Six éditions se succédèrent rapidement; c'est la dernière que M. Letourneau a traduite ; elle renferme l'exposé complet de l'état actuel de la doctrine de l'évolution connue aussi sous le nom de transformisme ou de Darwinisme. Cette doctrine tend à renouveler complétement ou du moins à modifier profondément l'histoire naturelle tout entière. Jusqu'ici le devoir des naturalistes était de décrire, de nommer et de classer les innombrables êtres organisés, vivants et fossiles, que le zèle et le dévouement des voyageurs accumulait dans les musées de l'Europe et de l'Amérique. Les zoologistes, les botanistes et les paléontologistes faisaient l'inventaire des richesses de la nature, tâche longue et pénible, mais nécessaire. S'ils ne l'eussent pas accomplie, celle des transformistes eût été impossible. Elle ne l'est plus actuellement, et le raisonnement, la généralisation, l'induction, qui ont fait faire tant de progrès aux sciences physiques et chimiques, ne doivent plus être bannis du domaine des sciences consacrées à l'étude des êtres organisés. Faute de matériaux suffisants empruntés surtout à la paléontologie, faute de preuves nombreuses tirées de l'anatomie comparée, de la morphologie et de l'embryologie, Lamarck et Geoffroy Saint-Hilaire n'avaient pas convaincu leurs contemporains; Darwin a été plus heureux. Mais on se tromperait beaucoup si l'on pensait que l'assentiment soit universel. Le temps est un élément nécessaire de toute réforme scientifique; nulle vérité ne saurait triompher sans lui. En Angleterre, Huxley rencontrait à la réunion de l'Association britannique à Oxford en 1860 une vive opposition. En 1863, ces idées exposées par Haeckel au congrès des naturalistes allemands réunis à Stettin étaient traitées de rêves chimériques, de vaines hypothèses, et comparées au spiritisme et aux tables tournantes. Il en a été de même en France lorsque l'Académie des sciences de Paris refusait, en 1870, d'admettre Darwin au nombre de ses correspondants. Pourquoi s'en étonner? C'est la loi : il faut que les preuves s'accumulent, que les convictions se forment, que les conceptions anciennes se modifient, que les préjugés disparaissent, en un mot, que la lumière se fasse. Dieu seul a pu supprimer le temps et dire « que la lumière soit et la lumière fut ». Tout homme de bonne foi approuvera donc la publication d'un livre, qui met les pièces du procès sous les yeux des juges compétents, afin de les soumettre au contrôle des faits, aux lumières de l'expérimentation et à l'étreinte du raisonnement. Rien ne résiste à cette triple épreuve; c'est le jour qui succède aux ténèbres, et à sa clarté les erreurs s'évanouissent et la vérité triomphe lentement, mais toujours.

Qu'on me permette un exemple personnel. En 1842, j'étais seul à soutenir devant la Société géologique de France l'ancienne extension des glaciers. J'avais reconnu les traces, qu'ils ont laissées sur les rivages de la Suède et de la Norvége comme dans les vallées des Vosges, de la Suisse et du Piémont. Je les avais étudiées sous les yeux de Charpentier, d'Agassiz, de Vogt et de Desor. Faute de les avoir reconnues, personne, à Paris, ne partageait mes convictions. Même en 1845, dans une séance solennelle à laquelle assistait le célèbre Murchison (converti depuis), la question fut solennellement enterrée. Mes amis me conseillaient le silence; je continuai à observer, à parler et à écrire. Où sont maintenant les incrédules de 1845? Aux preuves géologiques sont venues se joindre successivement les preuves tirées de la physique du globe, de la zoologie, de la botanique, de l'anthropologie, et actuellement l'époque glaciaire est une des vérités les mieux établies de la géologie positive. Mais il a fallu vingt ans pour qu'elle remplaçât définitivement l'hypothèse diluvienne qui régnait en souveraine dans la science, et avait aveuglé même les yeux si clairvoyants de de Saussure, qui pendant trente ans vécut sur des moraines sans les reconnaître.

Après le temps, il est pour entraîner la conviction du lecteur un élément nécessaire dont l'importance ne sera niée par personne : c'est l'autorité de celui qui parle, la confiance qu'il inspire par ses connaissances et ses travaux antérieurs. Nul en effet ne peut prétendre à imposer ses idées, s'il n'a lui-même étudié et approfondi les sciences qu'il veut réformer, en substituant aux anciennes conceptions de la nature une conception entièrement nouvelle. Je dirai plus : une instruction solide ne suffit pas; il faut que le réformateur ait lui-même découvert des faits nouveaux, décrit et classé des êtres qui ne l'avaient pas été avant lui; il faut, en un mot, qu'il ait travaillé utilement à l'avancement des sciences expérimentales ou naturelles. Galilée, Newton, Lavoisier, Lamarck, Darwin, remplissaient tous ces conditions, et, grâce à l'autorité qui s'attachait à leurs noms, ils ont forcé l'attention de leurs contemporains et préparé l'avénement des grandes vérités dont le trésor intellectuel de l'humanité s'est enrichi. Nous donnerons donc ici une courte notice biographique sur M. Ernest Haeckel : elle prouvera qu'il était admirablement préparé à traiter les sujets qu'il aborde, et pleinement autorisé pour travailler à la rénovation des sciences naturelles.

Ernest Haeckel naquit le 16 février 1834 à Potsdam, où son père, originaire de Hirschberg en Silésie, remplissait les fonctions de conseiller du gouvernement. Sa mère était de Clèves sur les bords du Rhin. En 1835, le père fut appelé à Mersebourg dans la province de Saxe, où le jeune Haeckel passa toute sa jeunesse jusqu'à l'âge de dix-huit ans. Dans son enfance il témoignait déjà d'un goût très-prononcé pour l'histoire naturelle, que les études classiques du gymnase de la ville étaient peu propres à développer. Néanmoins, à l'âge de huit ans, il commença à recueillir des plantes et à composer un herbier. Mais, dès l'âge de douze ans, des doutes s'élevèrent dans son esprit sur l'existence et la légitimité des espèces végétales. Personne n'étant en état de lui démontrer en quoi une bonne espèce différait d'une espèce dite mauvaise, il avait composé deux herbiers. L'un renfermait ce que l'on appelle de bonnes espèces; l'autre, consacré aux espèces des genres *Salix, Rubus, Rosa, Cirsium,* était une collection d'espèces dites douteuses, critiques ou mauvaises.

La lecture des *Tableaux de la nature,* par de Humbold, et de l'ouvrage de Schleiden intitulé : *la Vie de la plante,* l'avaient enthousiasmé pour la botanique, et en 1852 il se proposait d'étudier cette science sous les auspices de Schleiden, qui était alors professeur à l'Université d'Iéna. Des circonstances particulières le déterminèrent à se rendre à Berlin, où il suivit pendant l'été les cours du savant botaniste Alexandre Braun. A l'automne, il se rendit à Wurzbourg, où il étudia l'anatomie de l'homme pendant un an et demi sous la direction de Kœlliker. En 1854, il retourna à Berlin pour assister aux leçons d'anatomie comparée du célèbre physiologiste et zoologiste Jean Müller. Mais au printemps de 1855 il était de nouveau à Wurzbourg et se livrait spécialement à des études d'anatomie pathologique sous la direction de Virchow, dont il devint le préparateur. Après un séjour de dix-huit mois, Haeckel revint à Berlin et obtint, le 7 mars 1857, le titre de docteur en médecine et en chirurgie. Il passa ensuite l'été de 1857 à Vienne, afin de se perfectionner dans la médecine pratique. Ainsi préparé, il subit à Berlin son examen d'état, épreuve exigée en Allemagne pour pouvoir exercer la médecine. Haeckel essaya de la pratique médicale pendant un an à Berlin, mais il s'en dégoûta bientôt et résolut de se livrer entièrement à l'anatomie comparée et à la zoologie pour lesquelles les leçons de Jean Müller lui avaient inspiré une passion qui se réveillait avec une nouvelle force. En 1854, il séjourna avec son maître sur les plages de l'île d'Helgoland et en 1856 sur la côte de Nice en compagnie de Müller et de Kœlliker pour se familiariser avec la Faune marine. Désireux de la connaître à fond, il va passer quinze mois en Italie, pendant les années 1859 et 1860, stationnant en hiver à Naples et à Messine [1]. L'aspect des chefs-d'œuvre de la peinture et de la sculpture qui embellissent l'Italie développa chez lui l'instinct artistique et l'habileté de crayon dont les planches qui ornent son ouvrage fournissent un éclatant témoignage. Docile aux conseils de son ami Gegenbaur, avec lequel il s'était lié en 1853 à Wurzbourg, Haeckel se fit agréer comme *Privat-Docent* à l'Université d'Iéna. En 1862 il était professeur extraordinaire et en 1865 professeur titulaire de zoologie. Loin de se reposer dans sa chaire, et convaincu que les voyages sont pour le naturaliste une source d'informations que rien ne saurait remplacer, nous le retrouvons l'année même de sa nomination à Helgoland; en 1866 et en 1867 à Lisbonne, Madère, Ténériffe, Lanzerotte, Mogador et Gibraltar [2]; en 1869 à Christiania, Sogne et Bergen en Norvége; en 1871 à Trieste, Lesina et Cattaro sur les côtes de la Dalmatie. Enfin en 1873 la lecture de la promenade botanique le long des côtes de l'Asie-Mineure, de la Syrie et de l'Égypte par l'auteur de cette notice [3] lui inspira le désir de visiter l'Orient, d'où il rapporta une riche collection de polypiers recueillis dans la mer Rouge près de Tor et de Suez. On comprend tout ce qu'un zoologiste bien préparé, portant dans ses études l'esprit de réflexion, qui régit les sciences physiques, a dû puiser de notions

1. Voy. *Reiseskizzen aus Sicilien* (*Zeitschrift für allgemeine Erdkunde*, vol. VIII, p. 433 à 468).

2. *Eine zoologische Excursion nach den canarischen Inseln* (*Jenaische Zeitschrift*, 1868, t. III, p. 313) et *Eine Besteigung des Pic von Teneriffa* (*Berliner geographische Zeitschrift*, vol. V, p. 1).

3. Voy. Du Spitzbberg au Sahara, p. 466.

nouvelles en examinant sur toutes leurs faces, dans le milieu même qui leur a donné naissance, ces animaux marins, qui sont les ancêtres des animaux terrestres. Cet examen était d'autant plus fructueux que M. Haeckel, ayant travaillé sous la direction des naturalistes les plus éminents de l'Allemagne, connaissait leurs méthodes de travail, leurs moyens matériels d'exploration, et, mieux encore, leurs idées, leurs vues, qu'il pouvait comparer entre elles pour s'en approprier la quintessence. Avec Kœlliker il s'était occupé surtout d'anatomie et d'histologie, avec Virchow d'anatomie pathologique, avec J. Müller d'anatomie comparée. Ce dernier a exercé sur lui la plus puissante et la plus heureuse influence; mais celle qui de son propre aveu devint prédominante est l'impulsion qu'il reçut de son ami Carl Gegenbaur, avec lequel il a travaillé pendant douze années consécutives. En France nous avons le tort de nous attacher à un seul maître, dont nous partageons les idées, dont nous imitons les procédés, dont nous épousons même les erreurs en nous identifiant pour ainsi dire avec lui. La comparaison nous fait défaut pour les procédés matériels comme pour les méthodes intellectuelles. Nous reflétons une grande personnalité au lieu de devenir nous-mêmes des savants indépendants et originaux. En outre nous voyageons peu et nous ne recevons pas les leçons du plus grand des maîtres, la nature.

Le professorat est une grande école. Pour enseigner il faut savoir ce que les autres ont fait; avant d'exposer ses propres idées on est obligé de les éclaircir et de les résumer. Depuis douze ans, M. Haeckel a professé à Iéna les différentes branches de la zoologie : l'histoire naturelle des animaux, celle de leur évolution, l'anatomie comparée, l'histologie, la paléontologie, et chaque semestre il donne des leçons pratiques de zootomie et d'histologie. Mais les travaux originaux, les découvertes, étant le plus grand titre d'un savant aux yeux du public compétent, nous donnons, ci-après, la liste de tous les ouvrages et mémoires publiés par M. Haeckel en les rangeant par ordre chronologique.

LISTE DES MÉMOIRES ET OUVRAGES

DU PROFESSEUR HAECKEL.

1855.

1. *Ueber die Eier der Scomberesoces.* — Sur les œufs Scombénésoces. (*Müller's Archiv für Anatomie*, 1855, p. 23, planches IV et V.)

1856.

2. *Ueber die Beziehungen des Typhus zur Tuberculose. Fibroïd des Uterus.* — Sur les rapports du typhus avec la tuberculose. Tumeur fibreuse de l'utérus. (*Wiener medicinische Wochenschrift*, 6e année, I, p. 1, 17, 97).

1857.

3. *De telis quibusdam Astaci fluviatilis, Dissertatio inauguralis.* Berolini, cum 2 tav.

4. *Ueber die Gewebe des Flusskrebses.* — Sur les tissus de l'écrevisse. (*Müller's Archiv für Anatomie und Physiologie,* 1857, p. 469, 2 planches.)

1858.

5. *Beiträge zur normalen und pathologischen Anatomie der Plexus chorbides.* — Contributions à l'anatomie normale et pa-

thologique du plexus choroïdien. (*Virchow's Archiv für pathologische Anatomie*, t. XVI, p. 253, 1 planche.)

1859.

6. *Ueber die Augen und Nerven der Seesterne.* — Sur les yeux et les nerfs des Astéries. (*Zeitschrift für wissenschaftliche Zoologie*, t. X, p. 183, 1 planche.)

1860.

7. *Ueber neue lebende Radiolarien des Mittelmeeres.* — Sur de nouvelles Radiolaires vivantes de la Méditerranée. (*Monatsberichte der Berliner Akademie*, 1860, p. 794 à 845.)

1861.

8. *De Rhizopodum finibus et ordinibus; pro venia legendi in litteraria Universitate Jenensi.* — Sur la délimitation et les divisions des Rhizopodes; dissertation inaugurale pour professer à l'Université d'Iéna.

1862.

9. *Die Radiolarien (Rhizopodia radiaria); eine Monographie.* — Monographie des Radiolaires (Rhizopodes radiés). 1 vol. in-folio de 572 pages, avec un atlas de 35 planches. *Berlin*, chez Reimer.

1863.

10. *Ueber die Entwickelungstheorie Darwins. Oeffentlicher Vortrag am* 19 *September* 1863 *in der Versammlung deustcher Naturforscher und Aerzte zu Stettin.* — Conférence publique sur la théorie de l'évolution de Darwin, faite le 19 septembre 1863 à la réunion des naturalistes et des médecins allemands à Stettin. 16 pages in-4°.

1864.

11. *Beiträge zur Kenntniss des Corycaeiden (Copepoden).* Contributions à la connaissance des corycaéides, famille des copépodes. (*Jenaische Zeitchrift für Naturwissenschaft*, t. I, p. 61, 3 planches.)

12. *Beschreibung neuer Craspedoten-Medusen aus dem Golfe von Nizza.* — Description de nouvelles méduses pédiculées du golfe de Nice. (*Jenaische Zeitschrift für Naturwissenschaft*, t. I. p. 325.)

1865.

13. *Ueber eine neue Form des Generationswechsels.* — Sur un nouveau mode de génération alternante. (*Monatsbericht der Berliner Akademie*, 1865, p. 85.)

14. *Ueber fossile Medusen.* — Sur des méduses fossiles. (*Zeitschrift für wissenschaftliche Zoologie*, t. XV, p. 504, tab. XXXIX.)

15. *Ueber den Sarcodekörper der Rhizopoden.* — Sur le corps sarcodique des rhizopodes. (*Ibid.*, p. 342, tab. XXVI.)

16. *Beiträge zur Naturgeschichte der Hydromedusen.* I. *Heft : Die Familie der Rüssequallen* (*Medusæ geryonidæ*); *eine Monographie.* — Contributions à l'histoire naturelle des hydroméduses. 1er cahier : La famille des méduses à trompe (*Medusæ geryonidæ*). *Leipzig.* Engelmann, 204 p. avec 6 planches.

1866.

17. *Generelle Morphologie der Organismen.* I. Band : *Allgemeine Anatomie.* II. Band : *Allgemeine Entwickelungsgeschichte.* — Morphologie générale des organismes, vol. I : Anatomie comparée, vol. II : Histoire de l'évolution. Berlin, G. Reimer, 622 pages, 10 planches.

18. *Ueber zwei neue fossile Medusen aus der Familie der Rhizostomiden.* — Sur deux nouvelles méduses fossiles de la famille des rhizostomes. (*Neues Jahrbuch für Mineralogie*, 1866, p. 257, tab. V et VI.)

1868.

19. *Natürliche Schöpfungs-Geschichte.* — La création expliquée par les lois naturelles. 568 pages, 9 planches (4 éditions).

20. *Monographie der Moneren.* — Monographie des monères. (*Jenaische Zeitschrift*, IV, p. 64, planches II et III.)

21. *Ueber die Entstehung und den Stammbaum des Menschensegchlechts.* — Sur l'origine et l'arbre généalogique de l'espèce

humaine. Deux conférences. (*Virchow-Holtzendorff's Sammlung*, nos 52 et 53 ; 3e édition, 1873.)

1869.

22. *Entwickelungsgeschichte der Siphonophoren.* — Histoire du développement des siphonophores. Mémoire couronné par la Société d'Utrecht. In-4°, 124 pages, 14 planches.

23. *Ueber den Organismus der Schwämme.* — Sur l'organisation des éponges. (*Jenaische Zeitschrift*, vol. V. p. 207.)

24. *Prodrom eines Systems der Kalkschwämme.* — Prodrome d'une classification des éponges. (*Ibid.*, p. 236.)

25. *Ueber Entwickelung und Aufgabe der Zoologie.* — Sur le développement et le but de la zoologie. (*Ibid.*, p. 253.)

26. *Ueber Arbeitstheilung in Natur und Menschenleben.* — Sur la division du travail dans la nature et dans la vie humaine ; 2e édition, 1870. (*Virchow-Holzendorff's Sammlung*, n° 78.)

27. *Ueber die fossilen Medusen der Jurazeit.* — Sur les méduses fossiles de l'époque jurassique. (*Zeitschrift für wissenschaftliche Zoologie*, vol. XIX, p. 538, 3 planches.)

1870.

28. *Beiträge zur Plastidentheorie.* — Contribution à la théorie des plastides [1]. (*Jenaische Zeitschrift*, vol. V, p. 492, 3 planches.)

29. *Das Leben in den grössten Meerestiefen.* — La vie dans les plus grandes profondeurs de la mer. (*Virchow-Holzendorff's Sammlung*, n° 110.)

30. *Die Catallacten, eine neue Protistengruppe.* — Les catallactes, nouveau groupe de protistes. (*Jenaische Zeitschrift*, vol. VI, p. 1, 1 planche.)

1871.

31. *Ueber die sexuelle Fortpflanzung und das natürliche System*

1. Ce mémoire, réuni aux nos 20, 25, et 30, a été publié avec additions en un volume intitulé : *Studien über Moneren und andere Protisten*, 6 planches. *Leipzig, Engelmann*, 1870.

der Schwämme. — Sur la propagation sexuelle et la classification naturelle des éponges. (*Jenaische Zeitschrift*, vol. VI, p. 642.)

1872.

32. *Monographie der Kalkschwämme, Calcispongien oder Grantien.* — Monographie des éponges calcaires. *Berlin*, G. Reimer. 2 vol. in-8°, avec atlas in-4° de 60 planches.

1873.

33. *Zur Morphologie der Infusorien.* — Sur la morphologie des infusoires. (*Jenaische Zeitschrift*, v. IV, 4e cahier.)

Si l'ouvrage de M. Haeckel attire, comme nous l'espérons, l'attention des naturalistes, des penseurs et de tous ceux qui s'intéressent aux progrès des sciences d'observation, nous devons prévenir quelques objections et dissiper quelques malentendus, afin d'inspirer au lecteur cet esprit de tolérance et d'impartialité sans lequel la vérité éclaterait vainement à ses yeux. Adversaire des causes finales et du surnaturel, M. Haeckel sera taxé de matérialisme; c'est un reproche banal auquel sont habitués tous les naturalistes, astronomes ou physiciens qui excluent du domaine de leurs sciences respectives les dogmes théologiques ou les axiomes métaphysiques dont ils n'ont point à se préoccuper. Tous sont pénétrés instinctivement de cette vérité que M. Herbert Spencer [1] a le premier mise en pleine lumière : la séparation absolue du *connaissable* et de l'*inconnaissable*, de la *science* et de la *religion*. L'une et l'autre n'ont jamais eu à se louer de leurs empiétements réciproques. La

1. Les Premiers Principes, traduits de l'anglais et précédés d'une préface, par E. Cazelles, 1871.

théologie n'a point trouvé dans la science les arguments dont elle se flattait de pouvoir étayer les vérités qu'elle proclame, et plus d'une erreur scientifique, admise comme vérité pendant une longue série de siècles, n'a d'autre origine qu'un dogme théologique admis de confiance sans preuve et sans contrôle. Écartons donc cette première insinuation, qui ne saurait arrêter un esprit indépendant et amoureux avant tout de la vérité. Du reste, M. Haeckel a répondu lui-même à cette accusation, p. 32 de ce volume.

Passons à d'autres griefs plus sérieux et plus positifs. L'auteur sera accusé de néologisme, non sans raison; son ouvrage est rempli de mots nouveaux introduits par lui dans la science. Il en est qu'il aurait pu éviter, mais on est forcé d'avouer que la plupart se justifient. A des idées nouvelles correspondent des mots nouveaux. De nouvelles divisions et subdivisions zoologiques ou botaniques nécessitent des dénominations différentes de celles qui étaient attachées aux divisions et aux subdivisions anciennes. L'auteur a été ensuite entraîné à changer celles qui étaient en usage afin d'établir une certaine symétrie dans sa nomenclature. Il l'a été surtout afin de mettre la série zoologique actuelle en rapport avec la chronologie paléontologique. Du reste tous ces mots sont tirés du grec, leur sens est indiqué par l'étymologie. La langue allemande ayant la faculté de créer des mots composés, ces mots grecs peuvent se traduire facilement en allemand; il était presque toujours impossible de les rendre en français, la langue ne se prêtant pas à la formation des mots composés. Pour les zoologistes de profession ces termes nouveaux n'auront aucune obscurité, mais ils dérouteront tout d'abord l'étudiant ou l'homme du monde. Un peu d'attention et de mémoire suffiront pour vaincre cette difficulté. Je ne doute point d'ailleurs que les progrès de la science n'introduisent beaucoup de ces divisions avec leurs dénominations dans l'enseignement de la zoologie. Celles de Cuvier, excellentes et suffisantes au commencement du siècle, ne le sont plus aujourd'hui. Il me paraît impossible de ne pas admettre un embranchement des Arthropodes distinct des Annelés ; de confondre les Échinodermes (*Estrellæ*) avec les Zoophytes (Coelentérés), de ne pas considérer l'*Amphioxus* comme un type à part de Vertébrés acrâniens, et de ne pas séparer les Cyclostomes (*Monorhina*) des Poissons, et les Halisauriens (Simosaure, Ichthyosaure, Plésiosaure) des Reptiles.

Il est une autre impression que la lecture du livre de M. Haeckel laisse dans l'esprit : c'est que la théorie de la descendance des êtres organisés sortant tous d'un tronc commun comme les branches et les rameaux d'un arbre immense semble à ses yeux une vérité indiscutable et à l'abri de toute objection. Pour M. Haeckel, en effet, la charpente de l'arbre est achevée, les branches absentes se développeront, les rameaux secondaires pousseront à leur tour. L'auteur a réuni tant de faits, il les a analysés avec tant de sagacité, en usant tour à tour des méthodes de comparaison, de généralisation et d'induction, que pour lui la doctrine de l'évolution semble avoir dit son dernier mot et ne peut plus donner prise à la moindre objection. Il a fait plus : en combinant les données de l'embryologie et celles de la paléontologie chronologique, il a eu la hardiesse de reconstituer par la pensée des groupes primaires, dont on ne trouve aucune trace dans les terrains paléozoïques. D'heureuses découvertes ont confirmé en partie ces prévisions (p. 179), mais on conçoit que des naturalistes timides les trouvent téméraires et hasardées. Quant à moi, je les crois propres à hâter les progrès de la science. Une hypothèse probable est un point d'interrogation ; elle provoque la recherche, appelle la discussion et finalement elle sombre ou surnage. Fausse, elle disparaît tôt ou tard ; vraie, elle passe de l'état d'hypothèse à celui de vérité démontrée. L'hypothèse de l'attraction a créé la mécanique céleste ; celle de l'évolution transformera l'histoire naturelle. La tâche de ses adversaire est toute tracée : il s'agit de contester des faits, de réfuter des déductions et de ruiner l'édifice tout entier en enlevant une à une les pierres qui le composent. Cette œuvre ne peut être tentée que par des naturalistes instruits. Les théologiens, les métaphysiciens et les littérateurs sont radicalement incapables de l'accomplir. Les anathèmes le sont encore moins. Depuis qu'ils n'ont plus à leur service la force matérielle, leur impuissance est absolue. Nous faisons donc appel à tous les naturalistes, qui n'ont pas le malheur d'être arrêtés par des idées préconçues, pour améliorer ou détruire la théorie de l'évolution. Il s'agit du triomphe de la vérité, qui est indépendante de tous les dogmes et de tous les systèmes.

Quelques lecteurs ne partageront peut-être pas la

confiance de l'auteur dans le triomphe définitif du Darwinisme, mais tous rendront justice à sa bonne foi et à son impartialité. Bien différent de certains de ses compatriotes, qui, exagérant la part déjà si considérable de l'Allemagne dans les progrès des sciences physiques et naturelles, ne commencent l'historique d'une question qu'au moment où le premier Allemand a eu l'idée de s'en occuper et omettent systématiquement les noms des savants étrangers qui ont contribué à la résoudre, M. Haeckel rend justice aux savants de toutes les nations. Il l'a prouvé en mettant pour ainsi dire son livre sous le patronage de Lamarck, de Goethe et de Darwin. J'avoue cependant qu'il est des noms que j'aurais voulu trouver parmi ceux des promoteurs de l'histoire naturelle moderne : ce sont ceux d'Antoine-Laurent de Jussieu, le législateur de la méthode naturelle, d'Édouard Claparède, qui a tant contribué à la connaissance des animaux inférieurs, en adhérant dès 1861 à la doctrine de l'évolution, et de Richard Owen, qui a fait faire de si grands progrès à l'anatomie comparée et nous a initiés à la paléontologie australienne ; enfin ceux d'Oswald Heer, W. Ph. Schimper et Gaston de Saporta, qui ont démontré que la végétation actuelle du globe se rattache intimement aux Flores fossiles qui l'ont précédée. Ce sont là des titres à la reconnaissance de tous les naturalistes, et l'omission de ces noms serait un oubli facilement réparable dans une nouvelle édition.

Deux autres qualités se manifestent dans l'histoire de la création des êtres organisés : c'est le souffle libéral et réellement humanitaire qui anime toutes ses parties. On sent que l'auteur s'est dépouillé des préjugés politiques et sociaux qui s'opposent aux progrès de la civilisation. La guerre, le militarisme (p. 153), le despotisme, les castes, la superstition, lui inspirent une profonde répugnance. Le fétichisme monarchique a peu de prise sur lui, et il signale, après Esquirol (p. 162), les effets funestes de l'hérédité dans les races royales. L'auteur croit au perfectionnement indéfini de l'espèce humaine (p. 648), précisément parce qu'elle est elle-même le résultat d'un perfectionnement progressif et continu des êtres organisés. Le passé lui est garant de l'avenir. Si l'instruction se répand, si les carrières intellectuelles sont accessibles à tous ceux qui sont capables de les parcourir, la direction sera aux plus intelligents, aux plus instruits, aux meilleurs, et non pas aux descendants de familles jadis privilégiées. Quoique déchues, elles le sont encore grâce à des richesses transmises héréditairement, accrues par des alliances, mais non acquises et sanctifiées par le travail : elles le sont encore, parce qu'un nom ou un titre n'ont pas perdu leur prestige aux yeux des femmes de toute condition, des bourgeois vaniteux et des prolétaires ignorants.

Je voudrais signaler dans l'ouvrage de M. Haeckel un dernier mérite : c'est un vif sentiment de la nature, qu'il voit avec les yeux d'un artiste et l'intelligence d'un savant. Il admire et il aime les êtres qui peuplent la terre, l'air et la mer : il ne les sépare pas du milieu dans lequel ils se meuvent et auquel ils s'adaptent si bien. Les splendeurs des régions méditerranéennes l'ont ravi ; les austères paysages du Nord l'ont frappé, car il a su étudier la vie se multipliant dans les froides mers de la Norvége et se diversifiant dans les eaux tempérées de la Méditerranée : il a vu les animaux et les végétaux ternes dans le nord, colorés dans le midi, et en comparant ces impressions il a pu égayer quelquefois d'un mot pittoresque la sévérité du langage scientifique qui règne dans tout son ouvrage.

CHARLES MARTINS.

Montpellier, Jardin des plantes.

HISTOIRE

DE

LA CRÉATION NATURELLE

OU

DOCTRINE SCIENTIFIQUE DE L'ÉVOLUTION.

PREMIÈRE LEÇON.

SENS ET SIGNIFICATION DU SYSTÈME GÉNÉALOGIQUE OU THÉORIE DE LA DESCENDANCE.

Signification générale et portée essentielle du système généalogique, ou théorie de la descendance réformée par Darwin. — Sa valeur spéciale pour la biologie (zoologie et botanique). — Sa valeur spéciale au point de vue de l'histoire naturelle de l'évolution du genre humain. — La doctrine généalogique considérée comme l'histoire de la création naturelle. — Connexion de l'histoire du développement individuel avec celle du développement paléontologique. — Des organes inutiles ou science des organes rudimentaires. — Des inutilités et des superfluités de l'organisme. — Antithèse des deux conceptions fondamentales de l'univers, la conception unitaire (mécanique, causale), et la conception dualistique (téléologique, vitale). — Confirmation de la première par la doctrine généalogique. — Unité de la nature organique et inorganique; identité des éléments fondamentaux dans l'une et l'autre. — Portée de la doctrine généalogique au point de vue de la conception unitaire de toute la nature.

Messieurs, le mouvement intellectuel, auquel le naturaliste anglais Charles Darwin a donné l'impulsion première, en publiant, il y a dix-sept ans, son célèbre *Traité de l'origine des espèces* (1) [1], ce mouvement, disons-nous, a acquis dans ce court laps de temps une telle extension, qu'il doit exciter un

1. Voyez, pour les renvois par chiffres (1) et suivants, avant l'Appendice, la Liste des ouvrages dont l'étude est recommandée au lecteur.

universel intérêt. Toutefois la théorie d'histoire naturelle exposée dans cet ouvrage, cette théorie, que l'on désigne habituellement par la brève dénomination de théorie darwinienne ou darwinisme, est simplement un petit fragment d'une doctrine bien plus compréhensive, je veux dire de la théorie universelle de l'évolution, dont l'immense importance embrasse le domaine tout entier des connaissances humaines. Mais la manière, dont Darwin a solidement prouvé la dernière de ces théories par l'autre, est si convaincante, et la conclusion fatale de cette théorie a bouleversé notre conception de l'univers d'une façon si importante aux yeux de tous les penseurs, qu'on ne saurait priser trop haut la valeur du darwinisme. Oui! parmi les progrès si nombreux et si importants de l'histoire naturelle contemporaine, cet énorme élargissement de notre conception humaine doit être considéré comme étant le plus fécond en conséquences, comme le plus grandiose.

En appelant, et à si bon droit, notre siècle l'âge des sciences naturelles, en contemplant avec orgueil les immenses et importants progrès accomplis dans toutes les branches de la science, on songe habituellement bien moins à l'extension de nos connaissances générales sur la nature, qu'aux conséquences immédiatement pratiques de ces conquêtes. On pense au vaste développement des relations commerciales, dont les suites ne se peuvent calculer, et qui est dû à la perfection des machines, aux chemins de fer, aux bateaux à vapeur, aux télégraphes et à d'autres découvertes de la physique. Ou bien, l'on a en vue la puissante iufluence, que la chimie a exercée sur l'art de guérir, sur l'agriculture et en général sur l'ensemble des arts et des industries. Mais, quelque haut que, vous aussi, vous puissiez estimer cette influence des sciences naturelles sur la vie pratique, il faut, vous plaçant à un point de vue plus élevé et plus général, la mettre incontestablement bien au-dessous de la toute-puissante action, que les progrès théoriques de l'histoire naturelle contemporaine ne peuvent manquer d'exercer sur l'ensemble de nos connaissances, sur notre conception générale du monde, sur le perfectionnement de notre civilisation. Que l'on pense seulement au bouleversement complet de toutes nos vues théoriques dû à la généralisation de l'emploi du microscope. Songez encore à la théorie cellulaire, qui, résolvant l'apparente unité de l'organisme humain, nous la fait concevoir comme étant le résultat complexe de l'union sociale d'une multitude d'unités vivantes élémentaires, de cellules. Ou bien encore souvenez-vous de l'immense et nouveau domaine ouvert à nos spéculations théoriques par l'analyse spectrale et la doctrine mécanique de la chaleur. Pourtant, parmi tous ces admirables progrès théoriques, c'est à la théorie développée par Darwin, que revient la prééminence.

Il n'est parmi vous personne, à qui le nom de Darwin soit inconnu. Mais vraisemblablement la plupart de mes auditeurs n'ont de la valeur de sa doctrine qu'une idée imparfaite. Car, si l'on récapitule tout ce qui a été écrit sur ce sujet depuis l'apparition du livre de Darwin, de ce livre qui a fait époque, on voit, qu'à moins d'être familier avec les sciences naturelles organiques, qu'à moins d'une parfaite connaissance de la zoologie et de la botanique, on doit douter sérieusement de la valeur de cette théorie. Les jugements, qu'on en porte, sont si contradictoires, souvent si défectueux, qu'il n'est pas étonnant qu'aujourd'hui même, dix-sept ans après l'apparition du livre de Darwin, sa théorie n'ait pas encore acquis l'importance, qui lui revient de droit et que toutefois elle acquerra tôt ou tard. La plupart des nombreux écrits, qui, pendant ce laps de temps, ont été publiés pour ou contre le darwinisme, sont l'œuvre de gens, à qui faisaient défaut l'instruction biologique et surtout l'instruction zoologique suffisantes. Bien que presque tous les naturalistes contemporains les plus distingués soient partisans de la doctrine darwinienne, pourtant bien peu d'entre eux ont cherché à la faire apprécier et comprendre par le grand public. Aussi voit-on pulluler les contradictions étonnantes et les bizarres jugements, que l'on entend aujourd'hui formuler partout sur le darwinisme. Là est justement la raison déterminante, qui m'a décidé à faire des leçons familières sur la théorie darwinienne et la doctrine plus vaste, qui en dérive. Dans mon opinion, c'est pour le naturaliste un devoir de ne se point borner à chercher le progrès, à viser aux découvertes dans les étroites limites de sa spécialité; il ne doit pas seulement se plonger avec sollicitude, avec passion, dans des études de détail, il lui faut encore rendre fructueux pour l'ensemble les résultats généraux de ses travaux particuliers; il lui faut enfin faire participer le grand public aux connaissances, qu'il a acquises dans les sciences naturelles. Le plus glorieux triomphe de l'esprit humain, c'est-à-dire la connaissance vraie des lois les plus générales de la nature, ne saurait demeurer la propriété privée d'une caste privilégiée de savants; elle doit devenir le bien commun de l'humanité entière.

La théorie de Darwin, ce couronnement de nos sciences naturelles, est habituellement appelée doctrine généalogique ou théorie de la descendance. On l'a aussi dénommée doctrine des métamorphoses ou théorie de la transmutation. Les deux dénominations sont justes. En effet, cette doctrine prétend, que la totalité des organismes si divers, que toutes les espèces animales, toutes les espèces végétales, qui ont vécu jadis et vivent encore sur la terre, sont dérivées d'une seule forme ancestrale ou d'un fort petit nombre de formes ancestrales excessivement simples et que, de ce point de départ, elles ont évolué par une graduelle métamorphose. Bien que cette théorie de l'évolution ait été déjà mise en avant et défendue au commencement de ce siècle par divers grands naturalistes, notamment par Lamarck (2) et Gœthe (3), pourtant, c'est seulement il y a dix-sept ans, que Darwin l'a exposée dans son entier, en lui assignant une base étiologique, et voilà pourquoi on ne désigne plus cette théorie que par le nom quelque peu immérité de théorie darwinienne.

L'importance énorme et réellement inappréciable de la doctrine généalogique apparaît sous un jour différent, suivant que l'on se borne à envisager sa portée immédiate relativement à l'histoire naturelle organique, ou bien suivant que l'on considère l'influence bien plus grande, qu'elle exerce sur l'ensemble de notre connaissance du monde. L'histoire naturelle organique ou la biologie, qui, comme zoologie, embrasse l'étude des animaux, et, comme botanique, celle des plantes, est bouleversée de fond en comble et édifiée sur de nouveaux fondements par la doctrine généalogique. En effet, ce sont les causes efficientes des formes organisées s'offrant à nos yeux, que nous fait connaître la théorie de la descendance, tandis que jusqu'ici la zoologie et la botanique s'occupaient seulement de ces formes à titre de faits. On est donc aussi fondé à considérer la doctrine généalogique, comme étant l'explication mécanique des apparences, des formes du monde organisé ou comme « la science des véritables causes de la nature organique ».

Comme je ne sais si les expressions « nature organique, nature anorganique » sont familières à tous mes auditeurs, et comme j'aurai souvent dans le cours de ces leçons à m'occuper de ces deux faces opposées du monde des corps, il me faut donner d'abord à ce sujet une brève explication. Nous appelons organismes ou corps organisés tous les êtres vivants ou ayant vécu, toutes les plantes et tous les animaux, sans en excepter l'homme, parce que chez eux l'on constate presque toujours un composé de parties diverses, d'appareils ou d'organes combinant leur action pour engendrer les phénomènes de la vie. Cette structure spéciale fait au contraire défaut chez les corps sans organes ou inorganiques, chez ce que l'on appelle les corps privés de vie, les minéraux ou les pierres, l'eau, l'air atmosphérique, etc. Les organismes contiennent toujours des composés carbonés et albumineux à l'état d'agrégats mi-solides et mi-fluides ; ce qui ne se voit jamais chez les êtres inorganiques. Cette importante différence est la raison, qui a fait diviser toute l'histoire naturelle en deux grandes sections principales, la *biologie* ou science des organismes, comprenant la zoologie et la botanique, et l'*anorganologie* ou science des corps sans organes, embrassant la minéralogie, la géologie, la météorologie, etc.

L'inappréciable valeur de la doctrine généalogique en biologie provient aussi, comme nous l'avons déjà remarqué, de ce qu'elle explique mécaniquement l'origine des formes organisées et en fait voir les causes efficientes. Mais, si haut que l'on puisse apprécier ce mérite de la théorie de la descendance, il cède pourtant, et de beaucoup, le pas à l'énorme importance, que revendique pour elle seule une des conséquences nécessaires de cette doctrine. Cette conséquence nécessaire et incontestable est la doctrine de l'origine animale du genre humain.

L'importance de la place de l'homme dans la nature et de ses rapports avec l'ensemble des choses, cette question des questions pour l'humanité, comme le dit si justement Huxley (26), se trouve définitivement résolue par la connaissance de l'origine animale du genre humain. En même temps, grâce à la théorie de la descendance, telle que Darwin l'a réformée, nous sommes pour la première fois en mesure de faire l'histoire scientifiquement fondée de l'évolution du genre humain. En effet tous les partisans et tous les adversaires de Darwin s'accordent à reconnaître comme ressortant nécessairement de sa théorie, que l'origine de l'homme se rattache d'abord à celle des mammifères simiens et d'une manière plus lointaine à celle des vertébrés inférieurs.

Toutefois Darwin lui-même n'avait pas formulé cette conséquence de sa doctrine, qui est de toutes la plus importante. Dans son livre *Sur l'origine des espèces,* il n'y a pas un seul mot touchant l'origine animale de l'homme. Dans ce livre, notre naturaliste, unissant la prudence à la hardiesse, glisse à dessein sans bruit sur ce point, prévoyant bien, que cette conséquence de la doctrine généalogique, qui est la plus importante de toutes, serait aussi le plus sérieux obstacle à sa propagation et à son acceptation. Sûrement le livre de Darwin aurait suscité encore plus d'opposition et de scandale, si cette conséquence capitale y avait été clairement exprimée. C'est seulement douze ans plus tard, en 1871, dans son travail *Sur la descendance de l'homme et la sélection sexuelle* (48), que Darwin a ouvertement proclamé cette conclusion si importante de son système et s'est déclaré pleinement d'accord avec les naturalistes, qui l'en avaient déjà tirée. La portée d'une telle déduction est évidemment immense, et ses résultats seront tels, qu'aucune science ne pourra s'y dérober. L'anthropologie et après elle la philosophie tout entière en seront révolutionnées dans toutes leurs branches.

L'objet ultérieur de nos leçons sera l'examen de ce point particulier. Je traiterai de la descendance animale, dès que je vous aurai exposé les faits généraux et le sens de la théorie darwinienne. A dire vrai, cette conséquence si extraordinairement importante, mais devant laquelle reculent la plupart des hommes, est une simple déduction particulière, qu'en vertu des lois inductives les mieux fondées, nous tirons nécessairement de la théorie de la descendance, en nous maintenant strictement sur le terrain d'une logique inflexible.

Rien n'est plus propre à vous montrer clairement en quelques mots toute l'importance de la doctrine généalogique que de l'appeler l'*Histoire de la création naturelle*. J'adopterai donc cette dénomination dans mes leçons suivantes. Pourtant cette expression n'est juste que dans un certain sens et il est bon de remarquer que, au sens strict des mots, la dénomination *Histoire de la création naturelle* renferme une contradiction implicite, une *contradictio in adjecto*.

Pour bien comprendre cela, il nous faut examiner quelque peu attentivement l'idée de création. Si, par le mot création, on entend l'origine d'un corps par le fait d'une puissance, d'une force créatrice, on peut songer par là, soit à l'origine de la matière du corps, soit à l'origine de sa forme. Prise dans le premier sens, la création ne nous regarde pas. Ce mode de création, s'il s'est jamais produit, est tout à fait en dehors de la connaissance humaine; il ne saurait donc être l'objet d'aucune investigation dans le domaine de l'histoire naturelle. Pour l'histoire naturelle, la matière est éternelle et indestructible; car on n'a jamais pu démontrer expérimentalement l'apparition ou l'anéantissement de la plus petite particule de matière. Quand un corps de la nature paraît s'évanouir, par exemple dans la combustion, dans la putréfaction, dans l'évaporation, etc., il ne fait que changer sa forme, son mode d'agrégation physique ou sa composition chimique. De même l'apparition dans la nature d'un nouveau corps, par exemple, d'un cristal, d'un champignon, d'un infusoire, signifie seulement, que diverses particules matérielles, qui préexistaient sous une certaine forme, sous un mode de groupement particulier, ont adopté, par suite de modifications survenues dans les conditions de leur existence, une forme nouvelle, un nouveau mode de groupement. Mais, ce qu'on n'a jamais observé, même une seule fois, c'est que la plus imperceptible parcelle de matière ait été ravie au monde, c'est qu'un seul atome ait été ajouté à la masse préexistante. Le naturaliste est donc tout aussi impuisssant à se représenter l'origine que la destruction de la matière; c'est pourquoi il considère la quantité de matière existant dans l'univers comme un fait donné. Si quelqu'un éprouve le besoin de se figurer l'origine de cette matière comme l'œuvre d'une activité créatrice surnaturelle, d'une force créatrice existant en dehors de la matière, nous n'avons rien à dire à cela. Nous nous contentons de remarquer, que de cette conception il ne résulte pas le plus mince avantage pour la connaissance scientifique de la nature. Cette idée d'une force immatérielle, créant d'abord la matière, est un article de foi, qui n'a rien de commun avec la science humaine : *Là où commence la foi, la science finit.* Ce sont là deux modes d'activité de l'esprit humain nettement distincts l'un de l'autre. La foi relève de l'imagination poétique; le savoir est enfanté par la raison humaine scrutant le monde extérieur. Cueillir les fruits bienfaisants de l'arbre du savoir, voilà la tâche de la science; il lui importe peu, que ses conquêtes préjudicient ou non aux fantaisies de la foi.

L'histoire naturelle, alors qu'elle envisage « l'histoire de la création naturelle », comme son objet le plus élevé, le plus capital, le plus précieux, se voit obligée de prendre l'idée de création dans le second des sens, que nous avons indiqués, c'est-à-dire dans le sens d'origine de la forme des corps. Dans ce sens, on pourrait appeler « histoire de la création de la terre » la géologie, qui étudie les divers états de la surface terrestre et fait l'histoire des modifications survenues dans la forme des couches géologiques. De même on pourrait appeler « histoire de la création des organismes, l'histoire de l'évolution des animaux et des plantes », qui s'occupe de l'origine des formes ayant vécu et décrit l'histoire des multiples métamorphoses survenues chez les animaux et les plantes. Pourtant, comme l'idée de création, même prise dans le sens ci-dessus indiqué, entraîne facilement après elle la notion d'un créateur distinct de la matière et la modelant à son gré, il vaudra bien mieux à l'avenir remplacer le mot « création » par celui beaucoup plus précis d'« évolution ».

La grande importance de l'histoire de l'évolution pour l'intelligence scientifique du monde des animaux et des plantes, est si généralement reconnue depuis quelques dizaines d'années, que, sans elle, il est impossible de faire un pas quelque peu assuré dans la morphologie organique, dans la science des formes. Pourtant, par l'expression « histoire de l'évolution » on n'a presque jamais compris qu'un fragment de cette science, c'est-à-dire l'évolution des individus organisés, ce que l'on appelle habituellement embryologie, et qui serait mieux désigné par l'expression plus juste et plus compréhensive d'*ontogénie*[1]. Mais, en dehors

1. Ὄν, Ὄντός, être. Γένος, genre, naissance, espèce.

de cette science, il y a aussi une histoire de l'évolution des espèces, des classes, des familles organiques, et cette histoire se rattache à la première par des côtés extrêmement importants. Les matériaux de cette histoire nous sont fournis par la paléontologie. Cette science nous apprend, que, durant les multiples périodes de l'évolution terrestre, chaque groupe d'animaux et de plantes a passé successivement par toute une série morphologique de classes et d'espèces fort diverses. Le groupe des vertébrés, par exemple, a passé par la classe des poissons, par celle des amphibies, par celle des reptiles, par celle des oiseaux et des mammifères, et chacune de ces classes a passé, elle aussi, par une série d'espèces variées. Or cette histoire de l'évolution paléontologique des organismes, que l'on peut appeler histoire des familles organiques ou *phylogénie*[1], se relie de la façon la plus importante et la plus remarquable avec l'autre branche de l'histoire de l'évolution organique, celle qui s'occupe de l'individu, l'ontogénie. La dernière est strictement parallèle à la première. En résumé, l'histoire de l'évolution individuelle ou l'ontogénie est une répétition abrégée, rapide, une récapitulation de l'histoire évolutive, paléontologique

ou de la phylogénie, conformément aux lois de l'hérédité et de l'adaptation aux milieux.

Comme j'aurai plus tard à vous exposer en détail ces faits si intéressants et significatifs, je ne veux pas m'y appesantir quant à présent, et je me contenterai de remarquer, que, seule, la doctrine généalogique en peut éclairer les causes premières, et que, sans elle, ils sont de tout point inintelligibles et obscurs. Par là, nous découvrons aussi pourquoi animaux et plantes sont assujettis à la loi d'évolution, pourquoi ils n'entrent pas dans la vie complets et tout développés. Toutes les histoires de création surnaturelle sont impuissantes à donner le mot de la grande énigme du développement organique. Sur cette question, comme sur tous

1. Φυλή, tribu. Γένος, génération, naissance.

les autres grands problèmes biologiques, la doctrine de la descendance nous fournit des réponses non-seulement satisfaisantes, mais ayant, en outre, le mérite d'attribuer seulement aux causes mécaniques naturelles, aux forces physico-chimiques, des phénomènes, que, de longue date, on avait coutume de rattacher à des forces créatrices surnaturelles. Par conséquent, grâce à notre théorie, nous arrachons de tous les coins du domaine botanique et zoologique, et particulièrement de l'anthropologie, la plus importante des provinces zoologiques, ce voile mythique de miracle, de surnaturalisme, dont on se plaisait jusqu'ici à envelopper les phénomènes évolutifs dans ces branches de l'histoire naturelle. L'obscur fantôme enfanté par la poésie mythologique s'évanouit devant l'éclatante lumière d'une connaissance scientifique des lois naturelles.

De tous les phénomènes biologiques, les plus intéressants sont ceux qui sont absolument inconciliables avec l'hypothèse habituelle, suivant laquelle tout organisme est le produit d'une force créatrice agissant dans un but donné. Disons, à ce propos, que rien n'a plus embarrassé l'ancienne histoire naturelle que la difficulté de rendre raison des organes rudimentaires, de ces parties du corps, qui, chez les animaux et les plantes, sont véritablement dépourvues de fonctions, de signification physiologique, et n'en ont pas moins pourtant une existence formelle. Ces organes, peu ou point connus des gens étrangers à la science, n'en sont pas moins dignes du plus grand intérêt. Il n'est peut-être pas d'organisme, d'animal, de plante, qui, à côté d'appareils évidemment chargés de s'acquitter d'une fonction, n'en possède d'autres, dont l'objet est absolument impossible à découvrir.

Des exemples de ce genre se trouvent partout. Chez nombre d'embryons de ruminants, entre autres chez nos bêtes à cornes domestiques, on trouve à la mâchoire supérieure, dans l'épaisseur de l'os intermaxillaire, des dents incisives, dont l'éruption ne se fait jamais, et qui, par conséquent, sont sans la moindre utilité. Chez beaucoup de baleines, les embryons, qui, plus tard, seront munis de fanons au lieu de dents, ont, avant de naître, quand il leur est absolument impossible de manger, des mâchoires garnies de dents, et cette denture est aussi destinée à ne fonctionner jamais. La plupart des hommes ne peuvent mouvoir volontairement le pavillon de l'oreille, pourtant il y a des muscles préposés à ce mouvement, et quelques personnes parviennent, après un long exercice, à imprimer des mouvements volontaires à l'oreille externe. On peut encore, par une gymnastique spéciale, en soumettant longtemps à l'influence de la volonté ces organes atrophiés, qui ne veulent pas disparaître, y faire revivre à nouveau l'activité presque éteinte. Il nous est au contraire impossible d'obtenir ce résultat pour les petits muscles, qui se trouvent encore sur le cartilage même de l'oreille, et sont toujours absolument sans action. Chez nos ancêtres à longues oreilles de l'époque tertiaire, singes, makis, marsupiaux, qui, comme la plupart des mammifères, pouvaient imprimer des mouvements libres et prompts à leurs oreilles externes très-grandes, ces muscles étaient beaucoup plus développés et d'une bien autre importance. C'est ainsi que nombre de variétés de chiens et de lapins, dont les ancètres sauvages pouvaient imprimer mille mouvements à leurs oreilles droites, ont, par l'influence de la vie domestique, perdu ces oreilles pointues et ont maintenant des muscles auriculaires atrophiés et des oreilles flasques et pendantes.

L'homme possède encore, dans d'autres régions de son corps, des organes rudimentaires, absolument sans importance pour le maintien de la vie et ne fonctionnant jamais. Un des plus curieux, quoique des moins apparents, est le petit repli semi-lunaire (plica semilunaris), que nous portons à l'angle interne de l'œil, près de la racine du nez. Ce repli cutané insignifiant, entièrement inutile pour nos yeux, est le reste complétement atrophié d'une troisième paupière interne, qui, chez d'autres mammifères, chez les oiseaux et les reptiles, est très-développée, sans préjudice des paupières supérieure et inférieure. Déjà nos antiques ancêtres de l'époque silurienne, les premières formes de poissons apparues, paraissent avoir possédé cette troisième paupière dite membrane clignotante. En effet, beaucoup de leurs très-proches parents, qui existent encore de nos jours, avec des formes presque identiques, par exemple les requins, ont une membrane clignotante très-développée, qui, insérée à l'angle interne de l'œil, peut recouvrir tout le globe oculaire.

Parmi les plus frappants exemples d'organes rudimentaires, il faut citer les yeux qui ne voient pas. On en rencontre chez beaucoup d'animaux vivant dans les ténèbres, soit dans les cavernes, soit sous la terre. Les yeux existent, souvent ils sont bien développés ; mais ils sont recouverts d'une membrane, de telle sorte que pas un rayon de lumière n'y peut pénétrer, et que jamais ils ne sauraient voir. Ces yeux, sans fonction possible, se rencontrent chez beaucoup d'animaux souterrains, par exemple chez plusieurs espèces de taupes, de rats aveugles, de serpents, de lézards, d'amphibies (Proteus, Cecilia), de poissons, aussi chez beaucoup d'animaux invertébrés, dont la vie se passe dans les ténèbres, chez nombre de scarabées, de crustacés, de limaçons, de vers, etc,

Une foule d'exemples fort intéressants d'organes rudimentaires nous est fournie par l'ostéologie comparée, une des branches les plus attrayantes de l'anatomie comparée. Chez la plupart des vertébrés, deux paires de membres se détachent du tronc, l'une est antérieure, l'autre postérieure. Très-fréquemment l'une quelconque de ces deux paires est atrophiée ; rarement elles le sont toutes les deux, comme il arrive pourtant chez les serpents et chez quelques poissons anguiformes. Mais certains serpents, par exemple les grands serpents (boa python), portent encore à la partie postérieure de leur corps quelques pièces osseuses inutiles, reste des membres postérieurs qu'ils ont perdus. De même les mammifères pisciformes, les cétacés, qui n'ont de bien développés que les membres antérieurs, les nageoires pectorales, ont encore en arrière, et enfouie sous la chair, une paire de pièces osseuses tout-à-fait superflues : ce sont les débris des membres postérieurs atrophiés. Il en est de même chez beaucoup de vrais poissons, ayant aussi perdu les membres postérieurs, les nageoires ventrales. Au contraire, nos orvets (anguis) et quelques autres reptiles portent sous la peau la charpente osseuse complète de l'épaule ; et pourtant les membres antérieurs, qui devraient s'y rattacher, font absolument défaut. En outre, chez divers vertébrés, on trouve chacun des os des deux paires de membres, à tous les degrés d'atrophie, et fréquemment les os en voie de rétrogradation et les muscles, qui s'y rattachent, existent partiellement, quoique incapables d'exercer la moindre fonction. L'instrument est encore là, mais il ne peut plus jouer.

C'est un fait presque général que la présence d'organes rudimentaires dans les fleurs, où l'on rencontre plus ou moins atrophiées ou avortées, soit l'une, soit l'autre partie des organes masculins ou féminins de la reproduction, les étamines et les anthères, le style et l'ovaire, etc. Là aussi l'on peut suivre, chez diverses espèces voisines, les multiples degrés de la rétrogradation de l'organe. Ainsi la famille si nombreuse et si naturelle des plantes bilabiées (labiées), à laquelle appartiennent la mélisse, la menthe poivrée, la marjolaine, le lierre terrestre, le thym, etc., a pour caractère de renfermer dans sa corolle bilabiée deux étamines longues et deux courtes. Seulement, chez beaucoup d'espèces de cette famille, par exemple chez diverses espèces de sauge et de romarin, une seule paire d'étamines est développée, et l'autre est plus ou moins atrophiée ; souvent elle a disparu. Parfois les étamines existent, mais dépourvues d'anthères, et par suite entièrement inutiles. Plus rarement on trouve encore le rudiment, le reste atrophié d'une cinquième étamine, organe physiologiquement inutile, n'ayant absolument aucun rôle à jouer, mais extrêmement important morphologiquement, si l'on veut comprendre la raison de la forme, la parenté naturelle. Dans ma Morphologie générale des organismes, j'ai, au chapitre intitulé : « de la disconvenance des organes ou de la dystéléologie[1], » cité un grand nombre d'autres exemples du même genre. (*Morph. gén.*, II, 266.)

Pas de phénomène biologique qui ait rendu les zoologistes et les botanistes plus perplexes que ces organes rudimentaires ou abortifs. Quoi ! des outils sans emploi possible, des appareils organiques, qui existent et ne fonctionnent pas, qui sont construits pour un but donné et incapables en réalité d'atteindre ce but ! Quand on considère les efforts faits par les anciens naturalistes pour deviner cette énigme, on a réellement de la peine à ne pas rire des idées bizarres, auxquelles ils étaient arrivés. Comme on était hors d'état de trouver la véritable explication du fait, on était finalement arrivé à la conclusion, que le créateur avait mis là ces organes « par amour pour la symétrie » ; ou bien l'on supposait, qu'il avait paru inconvenant, déraisonnable au créateur que ces organes, incapables de jamais fonctionner, manquassent absolument aux organismes qui les portaient, quand des organismes, très-proches parents de ceux-là, en étaient pourvus, et que, conséquemment, il avait voulu, pour compenser la fonction absente, donner au moins, à titre d'ornement, une vaine apparence d'organes : de même, sans doute, que les employés civils invités à la cour parent leur uniforme d'une innocente épée, qu'ils ne tirent jamais du fourreau. Mais j'ai peine à croire que mes auditeurs se payent d'une telle explication.

Or ce phénomène si général et si énigmatique des organes rudimentaires, que les anciens naturalistes n'ont pu parvenir à expliquer, est maintenant parfaitement éclairci, et de la manière la plus simple et la plus évidente, par la théorie de l'hérédité et de l'adaptation organique donnée par Darwin. Il est possible de voir à l'œuvre les lois de l'hérédité et de l'adaptation sur nos animaux et nos plantes domes-

1. Δύς, difficile. Τέλος, fin. Λόγος, discours, raison, méditation.

tiques, que nous soumettons à un élevage artificiel, et de là sort déjà toute une série bien établie de lois d'hérédité. Sans traiter ce sujet à fond, quant à présent, je me bornerai à dire que l'influence, grâce à laquelle nous pouvons donner des organes rudimentaires une explication mécanique, l'influence, qui nous permet de considérer leur apparition comme un phénomène absolument naturel, c'est celle du *défaut d'usage des organes*. Du travail d'adaptation aux conditions extérieures de la vie, il résulte, que des organes, jadis actifs et fonctionnant réellement, cessent peu à peu d'être employés et ne trouvent plus leur usage. Par suite du défaut d'exercice, ils s'atrophient de plus en plus, et néanmoins l'hérédité les lègue d'une génération à la génération suivante, jusqu'à ce qu'ils disparaissent en fin de compte, soit en grande partie, soit en totalité. Mais supposons, que tous les vertébrés ci-dessus mentionnés descendent d'un même ancêtre commun, pourvu de deux yeux et d'une double paire de membres, rien de plus simple alors que de comprendre l'atrophie et la rétrogradation graduelle de ces organes chez des descendants, qui ne pouvaient plus en faire usage. De même on comprend tout aussi bien les divers degrés de développement des cinq étamines existant originairement chez les labiées (dans le bourgeon floral), si l'on admet que toutes les plantes de cette famille descendent d'un ancêtre commun muni de cinq étamines.

Je me suis, dès à présent, quelque peu étendu sur ce phénomène des organes rudimentaires, parce qu'il est de la plus haute importance, et parce qu'il nous fait aborder une des plus grandes, des plus générales, des plus profondes questions fondamentales de philosophie et d'histoire naturelle, que l'on ne saurait résoudre aujourd'hui sans prendre pour guide la théorie de la descendance. Dès que, par exemple, conformément à cette théorie, on ne reconnaît plus, aussi bien dans le monde des corps vivants organiques que dans celui des corps privés de vie ou inorganiques, d'autres causes réelles que les causes physico-chimiques, aussitôt on proclame le triomphe définitif de cette conception de l'univers dite *mécanique*, qui est l'antipode de la conception téléologique. Rapprochez et comparez les diverses idées, que l'on s'est faites du monde chez les divers peuples et aux diverses époques, vous verrez, qu'en fin de compte, on les peut classer en deux groupes bien tranchés : l'un, que l'on peut appeler groupe *causal* ou *mécanique,* l'autre, qui appartient au *téléologisme* ou au *vitalisme*. Jusqu'à nos jours, c'est le dernier groupe qui a prédominé dans la biologie. Ainsi l'on considérait les règnes animal et végétal comme le produit d'une activité créatrice, agissant dans un but donné. A la vue d'un organisme, la conviction, qui semble tout d'abord s'imposer sans conteste, c'est qu'une machine si parfaite, un appareil de mouvement si développé, peuvent seulement avoir été produits par une activité analogue à celle que l'homme déploie dans la construction de ses machines, mais infiniment plus parfaite. Quelque sublime idée que l'on se soit faite d'abord du créateur et de son activité créatrice, quelque effort que l'on ait fait pour en écarter toute analogie humaine, pourtant, en dernière analyse, cette analogie persiste inévitablement, nécessairement, dans la conception téléologique de la nature. En fin de compte, il faut toujours se figurer le créateur comme un organisme, un être, qui, étant analogue à l'homme, quoique infiniment mieux conformé, songe à l'emploi qu'il fera de son activité créatrice, esquisse le plan de sa machine, et enfin l'achève dans un but donné, en employant des matériaux convenables. Or toutes ces idées reposent nécessairement sur la base fragile de l'anthropomorphisme. En raisonnant ainsi, quelque haute idée que l'on veuille se faire du créateur, on ne l'en revêt pas moins des attributs humains nécessaires pour tracer un plan et construire un organisme dans un but donné. Cette idée a été très-clairement exprimée dans le système le plus opposé à celui de Darwin et dont Agassiz a été, parmi les naturalistes, le principal défenseur. Dans son célèbre ouvrage intitulé : *Essay on classification*, qui est tout à fait antidarwinien et a paru presque en même temps que le livre de Darwin, Agassiz a exposé, tout au long et avec toutes leurs conséquences, ces absurdes idées anthropomorphiques sur le créateur.

Quant à cette fameuse *conformité au but* dans la nature, elle existe généralement, pour ceux-là seulement, qui envisagent tout à fait superficiellement les phénomènes des règnes animal et végétal. Les organes rudimentaires, dont nous avons parlé, ont déjà porté un rude coup à cette doctrine. Mais quiconque a une connaissance quelque peu approfondie de l'organisation et du mode de vivre des animaux et des plantes, quiconque est familier avec l'activité du tourbillon vital, avec ce que l'on a appelé l'économie de la nature, celui-là arrivera nécessairement à conclure, que cette conformité à un but n'a guère plus d'existence que la non moins fameuse toute-bonté du créateur. Ces opinions optimistes n'ont malheureusement pas plus de fondement que l'expression si usitée « d'ordre moral du monde », ordre, que dément ironiquement l'histoire tout entière. Au moyen âge, la souveraineté « morale » du pape et de sa pieuse inquisition n'est pas moins significative que la prédominance du militarisme moderne avec son attirail « moral » de fusils à aiguille et d'autres engins raffinés de meurtre.

Examinez de plus près la vie générale et les relations réciproques des plantes et des animaux, sans en exempter l'homme; partout et toujours vous trouverez tout le contraire de cette union tendre et paisible préparée, dit-on, à la créature par la bonté du créateur; partout vous verrez une guerre acharnée et impitoyable de tous contre tous. En quelque coin de la nature que vous portiez vos regards, vous ne rencontrerez pas cette paix idyllique chantée par les poëtes; partout au contraire vous verrez la guerre, l'effort pour exterminer le plus proche voisin, l'antagoniste immédiat. Passion et égoïsme, voilà, que l'on en ait ou non conscience, le ressort de la vie. Le dicton poétique si connu :

« La nature est parfaite, partout où l'homme n'y introduit pas son tourment » : ce dicton ne manque pas de beauté ; mais il n'est malheureusement pas vrai. Bien au contraire, sous ce rapport, l'homme ne se distingue en rien du reste du monde animal. Les considérations que nous aurons à exposer, en parlant de « la lutte pour l'existence », justifieront de reste cette affirmation. C'est aussi Darwin, qui a mis en pleine lumière ce point important, qui en a fait ressortir la haute signification dans sa généralité ; c'est là un des points capitaux de son système, et lui-même l'a appelé « la lutte pour l'existence ».

Une fois contraint de répudier absolument l'opinion vitaliste ou téléologique concernant la nature vivante, cette opinion, qui fait des formes animales et végétales les produits d'un créateur bienveillant, agissant conformément à un but ou bien d'une force créatrice active, ayant aussi des desseins préconçus, alors il nous faut décidément accepter la conception de l'univers dite mécanique ou causale. On peut aussi appeler cette manière de voir *monistique*[1] ou *unitaire* par opposition à l'opinion dualistique implicitement contenue dans toute explication téléologique du monde. Depuis quelques dizaines d'années, la conception mécanique de la nature a si bien acquis le droit de bourgeoisie dans le solide domaine de l'histoire naturelle, que, de ce côté, on ne dépense plus inutilement un seul mot pour la combattre. Il ne vient plus à l'esprit d'aucun physicien ou chimiste, d'aucun minéralogiste ou astronome, d'invoquer ou d'imaginer, pour expliquer les phénomènes, qui s'offrent perpétuellement à lui dans son domaine scientifique, l'activité d'un créateur poursuivant un but donné. Les phénomènes de cette nature sont considérés généralement et sans conteste comme le produit nécessaire et incontestable des forces

1. De μόνος, seul.

physico-chimiques inhérentes à la matière; cette conception est donc purement matérialiste, en prenant dans un certain sens ce mot équivoque. Quand le physicien étudie, soit les phénomènes du mouvement dans l'électricité et le magnétisme, soit la chute d'un corps grave ou les oscillations des ondes lumineuses, il est bien éloigné d'appeler à son aide, dans ce travail, l'intervention d'une force créatrice surnaturelle. Jusqu'ici la biologie, considérée comme la science des corps dits « animés », se trouvait sous ce rapport en complète opposition avec la science des corps dénommés anorganiques. Sans doute la nouvelle physiologie a pleinement accepté la doctrine mécanique pour expliquer les mouvements des animaux et des plantes; seule, la morphologie, la science des formes des animaux et des plantes, n'a pas encore subi l'influence de cette doctrine. Les morphologistes se conduisent après comme avant, et aujourd'hui encore beaucoup d'entre eux, niant la doctrine mécanique des fonctions, regardent les formes animales et végétales comme des faits, qui se dérobent aux explications mécaniques et dont l'origine relève nécessairement d'une puissance créatrice supérieure, surnaturelle, agissant dans un but donné. Peu importe, que l'on considère cette puissance créatrice comme un Dieu personnel ou qu'on l'appelle force vitale (*vis vitalis*) ou cause finale (*causa finalis*). Dans les deux cas, on n'en a pas moins recours au miracle, pour tout dire en un mot, afin de trouver une explication. On se jette dans une croyance poétique absolument dénuée de valeur, quand il s'agit de science naturelle.

En ce qui concerne les efforts faits avant Darwin pour fonder une interprétation mécanique de l'origine des formes animales et végétales, disons que tous avortèrent et n'obtinrent jamais l'assentiment général. Le succès était réservé à la doctrine de Darwin, et c'est là un de ses immenses mérites; par là, en effet, a été solidement établie l'idée de l'unité de la nature organique et anorganique, et cette partie de l'histoire naturelle, qui jusqu'ici s'écartait le plus et le plus opiniâtrément de toute conception, de toute explication mécanique, c'est-à-dire la science de la structure des formes vivantes, de la signification et de l'origine de ces formes, s'est engagée à son tour, avec toutes les autres sciences naturelles, dans une seule et même voie de perfectionnement. Par là se trouve définitivement établie l'unité de tous les phénomènes naturels.

Cette unité de la nature entière, cette animation de toutes les variétés de matières, cette union indestructible de la force spirituelle et de la matière corporelle, Gœthe les a affirmées en disant : « La matière et l'esprit ne peuvent l'un sans l'autre ni exister ni agir. » Les grands philosophes unitaires de tous les temps ont défendu ces propositions fondamentales de la conception mécanique de l'univers. Déjà Démocrite d'Abdère, l'immortel fondateur de la théorie atomique, les a formulées clairement près de cinq cents ans avant Jésus-Christ. Elles ont été surtout proclamées par le grand moine dominicain Giordano Bruno, qui, pour cette raison, fut brûlé à Rome par l'inquisition chrétienne, le 17 février 1600, l'anniversaire du jour où, 36 ans plus tôt, naissait son illustre compatriote et compagnon d'armes Galilée. Ce sont de tels hommes, capables de vivre et de mourir pour une grande idée, que l'on flétrit du nom de « matérialistes », en vantant comme « spiritualistes » leurs adversaires, dont les moyens de persuasion sont la torture et le bûcher.

Grâce à la théorie de la descendance, on est pour la première fois en état de fonder la doctrine de l'unité de la nature assez bien, pour que l'intelligence de tous puisse expliquer par des causes mécaniques les phénomènes compliqués du monde organique, aussi facilement qu'un acte physique quelconque, par exemple que les tremblements de terre, la direction du vent, ou les courants marins. Nous arrivons ainsi à la conviction extrêmement importante, que tous les corps connus de la nature sont également « animés » et que l'opposition jadis établie entre le monde des corps vivants et celui des corps morts n'existe pas. Qu'une pierre lancée dans l'espace libre tombe sur le sol d'après des lois déterminées; que, dans une solution saline, un cristal se forme; ces phénomènes appartiennent tout aussi bien à la vie mécanique que la croissance ou la floraison des plantes, que la multiplication ou l'activité consciente des animaux, que la sensibilité ou l'entendement de l'homme. Avoir bien établi cette conception unitaire de la nature, voilà le mérite le plus grand et le plus général de la doctrine généalogique réformée par Darwin.

DEUXIÈME LEÇON.

JUSTIFICATION DE LA THÉORIE DE LA DESCENDANCE. HISTOIRE DE LA CRÉATION D'APRÈS LINNÉ.

La doctrine généalogique donne une explication unitaire des phénomènes organiques de la nature, en invoquant l'action des causes naturelles. — Comparaison de cette doctrine avec la théorie newtonienne de la gravitation. — Limites générales de toute explication scientifique et du savoir humain. — Toute connaissance a pour condition première une expérience faite par les sens; elle est *à posteriori*. — Les connaissances *à posteriori*, transmises héréditairement et devenant des connaissances *à priori*. — Opposition entre les hypothèses de création surnaturelle faites par Linné, Cuvier, Agassiz, et les théories d'évolution naturelle de Lamarck, Gœthe, Darwin. — Relation des premières avec la conception unitaire ou mécanique, et des dernières avec la conception dualistique ou téléologique. — Unitéisme et matérialisme. — Du matérialisme scientifique et du matérialisme moral. — Histoire de la création d'après Moïse. — Linné fondateur de la description systématique de la nature et de la détermination des espèces. — Classification de Linné et nomenclature binaire. — Valeur de l'idée de l'espèce dans Linné. — Son histoire de la création. — Vue de Linné sur l'origine des espèces.

Messieurs, la valeur d'une théorie scientifique se mesure aussi bien par le nombre et l'importance des points qu'elle éclaircit, que par la simplicité et la généralité des causes invoquées par elle pour servir de base à ses explications. Plus sont grands d'un côté le nombre et le poids des phénomènes expliqués par la théorie, plus d'autre part il y a de simplicité et de généralité dans les causes, que la théorie met en œuvre dans ses explications, plus alors en est grande l'importance scientifique, plus elle peut servir de guide sûr, plus nous sommes obligés de l'accepter.

Songez, par exemple, à une théorie jusqu'ici considérée

comme le plus brillant effort de l'esprit humain, à la théorie de la gravitation fondée, il y a 200 ans, par l'Anglais Newton dans ses « Principes mathématiques de la philosophie naturelle ». Là le problème à résoudre a une grandeur qui défie l'imagination. L'auteur a entrepris de soumettre aux lois mathématiques les phénomènes du mouvement des planètes et de l'architecture de l'univers. Newton établit, que la cause infiniment simple de ces phénomènes complexes est la loi de la pesanteur ou de l'attraction mutuelle des masses, cette loi, qui est la raison de la chute des corps, de leur adhérence, de leur cohésion et de beaucoup d'autres faits.

Mesurez avec le même étalon la théorie de Darwin, et vous conclurez nécessairement qu'il la faut aussi ranger parmi les grandes conquêtes de l'esprit humain et que sa place est immédiatement à côté de la théorie newtonienne de la gravitation. Sûrement, l'opinion que je viens d'exprimer vous semble exagérée ou à tout le moins fort hasardée; mais j'espère bien vous démontrer, dans le cours de ces leçons, que je n'ai pas prisé trop haut la théorie darwinienne. Déjà, dans les leçons précédentes, j'ai énuméré quelques-uns des phénomènes du monde organique, les plus importants et les plus généraux, dont la théorie de Darwin donne l'explication. A cet ordre de faits appartiennent avant tout les changements de forme liés au développement des organismes individuels. Il était bien difficile jusqu'ici de donner de ces phénomènes extrêmement variés et complexes une explication mécanique, c'est-à-dire de les rattacher à des causes efficientes. Déjà nous avons cité les organes rudimentaires, ces parties si remarquables des animaux et des plantes, qui n'ont aucun but et répugnent à toute explication téléologique, à toute interprétation assignant un dessein à l'organisme. Il est aisé de citer encore un grand nombre de phénomènes non moins importants, non moins énigmatiques jusqu'ici et dont la doctrine généalogique réformée par Darwin donne une explication des plus simples. Mentionnons en passant la distribution géographique des animaux et des plantes à la surface de notre planète, ainsi que la répartition des organismes éteints ou fossiles dans les diverses couches géologiques. Toutes ces lois géographiques et paléontologiques si importantes, que jusqu'ici nous étions réduits à enregistrer comme de simples faits, nous devons à la doctrine généalogique d'en connaître maintenant les causes efficientes. On en peut dire autant de toutes les lois générales de l'anatomie comparée et particulièrement de la grande loi de la division du travail ou de différenciation (polymorphisme), cette loi, qui joue un rôle capital aussi bien dans la société humaine en général que dans l'organisation individuelle des animaux et des plantes, et suppose une diversité de plus en plus grande ainsi qu'une évolution de plus en plus progressive. De même la loi d'évolution progressive, jusqu'à présent admise aussi, à titre de fait, comme celle de la division du travail, cette loi du progrès, visible partout, dans l'histoire des peuples aussi bien que dans celle des animaux et des plantes, est aussi éclairée dans ses origines par la doctrine généalogique. Enfin si, embrassant d'un regard la totalité de la grande nature organique, vous rapprochez les uns des autres, en les comparant, tous les grands groupes de phénomènes de cet immense domaine de la vie, alors, éclairés par la doctrine généalogique, vous n'y voyez plus l'œuvre artificielle et préméditée d'un créateur réalisant un plan, mais bien l'effet fatal de causes efficientes, résidant dans la constitution chimique de la matière et dans ses propriétés physiques.

On est aussi en droit d'affirmer, et dans le sens le plus large, comme je le démontrerai dans le cours de ces leçons, que la doctrine généalogique nous permet, pour la première fois,. de ramener à une seule loi l'ensemble de tous les phénomènes organiques de la nature et d'assigner une cause unique au mécanisme infiniment complexe de ce monde de phénomènes si variés. Sous ce rapport, la théorie darwinienne se place à côté de la théorie newtonienne de la gravitation, si même elle ne lui est pas supérieure!

La nature de l'explication n'est pas moins simple dans un cas que dans l'autre. Pour expliquer cette masse de phénomènes si compliqués, Darwin n'a pas eu à découvrir des propriétés nouvelles et jusqu'alors inconnues de la matière. En effet, on ne trouve dans le darwinisme rien qui implique des modes nouveaux de combinaison matérielle ou de nouvelles forces d'organisation; on y trouve seulement des rapprochements extraordinairement ingénieux, le groupement synthétique et la comparaison réfléchie de nombre de faits depuis longtemps connus, à l'aide desquels Darwin a résolu « la sainte énigme » du monde des formes animées. Ce qu'il y a de capital dans la théorie de Darwin, c'est la considération des liens étroits, qui rattachent l'une à l'autre deux des propriétés générales de l'organisme, savoir l'hérédité et l'adaptation. En constatant seulement les mutuelles relations existant entre ces deux activités vitales, ces deux fonctions physiologiques de l'organisme, en notant aussi les rapports mutuels rattachant nécessairement entre eux les animaux et les plantes, qui ont un habitat commun; en se bornant à apprécier, comme ils le méritent, ces simples faits et à les relier habilement ensemble, Darwin est parvenu à découvrir les vraies causes efficientes (*causæ efficientes*) des formes infiniment complexes de la nature organique.

Nous sommes obligés d'admettre et de défendre cette théorie, au moins tant qu'il ne s'en présentera pas une autre capable d'expliquer aussi simplement une telle quantité de faits. Quant à présent, cette théorie rivale fait absolument défaut. Sûrement l'idée fondamentale du darwinisme, qui consiste à faire descendre toutes les diverses formes animales et végétales d'un petit nombre de formes extrêmement simples ou même d'une seule forme, cette idée n'a rien de neuf; on l'avait eue depuis bien longtemps, et, au commencement de ce siècle, le grand Lamarck surtout l'avait nettement formulée. Seulement Lamarck se borne, à vrai dire, à émettre simplement l'hypothèse d'une origine commune, sans l'appuyer sur la démonstration des causes efficientes. Or c'est précisément dans la démonstration de ces causes, que consiste l'énorme progrès réalisé par la théorie darwinienne. Darwin a trouvé dans les propriétés physiologiques d'hérédité et d'adaptation de la matière organique les vraies causes du lien généalogique. L'ingénieux Lamarck, il est vrai, n'avait pas à sa disposition le colossal matériel de faits biologiques, que les infatigables recherches zoologiques et botaniques ont rassemblé dans ces cinquante dernières années, et que Darwin a converti en un triomphant appareil de démonstration.

La théorie darwinienne n'est pas, en effet, comme ses adversaires se plaisent souvent à le dire, une capricieuse hypothèse, une supposition en l'air, dépourvue de corps. Il ne dépend pas de la fantaisie de chaque zoologiste ou botaniste de l'accepter ou non à titre de théorie explicative. On est rigoureusement obligé, en vertu des principes fondamentaux en vigueur dans le domaine des sciences naturelles, d'accepter et de conserver, tant qu'il ne s'en présente pas une meilleure, toute théorie, fût-elle même faiblement fondée, qui se peut concilier avec les causes efficientes. Ne le point faire, c'est repousser toute *explication scientifique* des phénomènes, et, en fait, c'est bien là le point de vue où se sont placés beaucoup de biologistes. Considérant le domaine entier de la nature animée comme parfaitement énigmatique, tenant l'origine des espèces animales et végétales, les phénomènes de leur évolution et de leur parenté comme au-dessus de toute explication, comme miraculeux, ils ne veulent pas entendre parler d'une véritable interprétation de ces faits.

Ces adversaires de Darwin, si rebelles devant une explication biologique, disent habituellement : « Le système de Darwin supposant une commune origine des divers organismes est une simple hypothèse ; nous lui en opposons une autre, savoir que toutes les espèces animales et toutes les espèces végétales ne sont pas dérivées généalogiquement les unes des autres, mais qu'elles sont nées isolément, en vertu d'une loi naturelle encore inconnue. »

Mais, tant qu'on n'a pas donné quelques raisons de songer à cette origine, de la considérer comme une « loi naturelle » ; tant qu'on n'a pas donné le moindre fondement vraisemblable à cette manière de concevoir isolément l'origine des espèces animales et végétales, cette hypothèse contradictoire n'est pas en réalité une hypothèse, c'est un jeu de mots vide et dénué de sens. En effet la dénomination d'hypothèse ne convient pas à la théorie darwinienne ; car une hypothèse scientifique est une supposition basée sur des propriétés, des phénomènes de mouvement encore inconnus, n'ayant jamais été contrôlés par les sens, mais que l'on attribue aux corps de la nature. Or la théorie darwinienne ne suppose aucun fait ignoré de ce genre ; elle a pour base des propriétés générales depuis longtemps reconnues dans les organismes, et c'est, comme nous l'avons déjà remarqué, le groupement si compréhensif, si extrêmement ingénieux d'une quantité de phénomènes jusqu'ici isolés, qui donne à cette théorie son extraordinaire importance; par elle, nous parvenons, pour la première fois, à attribuer à une cause efficiente l'ensemble des phénomènes morphologiques généraux constatés dans le monde des animaux et dans celui des plantes; cette cause est une, toujours la même, c'est l'action combinée de l'hérédité et de l'adaptation, c'est en outre une cause physiologique, c'est-à dire un rapport physico-chimique ou mécanique. Pour ces motifs, l'acceptation de la doctrine généalogique, fondée par Darwin sur des bases mécaniques, est, pour la zoologie et la botanique tout entières, une impérieuse et inévitable nécessité.

Puisque, à mon sens, l'immense valeur de la théorie darwinienne consiste, en ce qu'elle explique mécaniquement les phénomènes des formes organiques jusqu'ici inintelligibles, il est tout à fait nécessaire de dire en passant quelques mots au sujet du sens, qu'il faut attacher à l'expression équivoque d'explication. Souvent on objecte à la théorie darwinienne, que sans doute elle explique bien les phénomènes en question, en invoquant l'hérédité et l'adaptation, mais sans expliquer ces propriétés de la matière organisée, que, par conséquent, elle ne pénètre pas jusqu'au fond des choses. Rien de plus juste que cette objection, seulement on la peut faire à propos de tous les phénomènes. Nulle part nous ne parvenons à connaître le fond des choses. L'origine de chacun des cristaux de sel, que nous obtenons par l'évaporation des eaux-mères, n'est au fond pas moins mystérieuse, pas moins inintelligible en soi que l'origine d'un animal quelconque évoluant, en ayant pour point de départ une cellule ovulaire simple. En expliquant les plus simples phénomènes physiques ou chimiques, par exemple la chute d'une pierre ou une combinaison chimique, nous nous heurtons, après avoir découvert et constaté les causes efficientes, soit la pesanteur, soit l'affinité chimique, à d'autres phénomènes plus lointains encore, qui, dans leur nature intime, sont des énigmes. Cela provient des limites bornées, de la relativité de nos moyens de connaître. Ne l'oublions jamais : l'entendement humain est absolument limité ; son champ d'action n'a qu'une étendue relative ; ce qui dépend avant tout de la constitution de nos organes des sens et de notre cerveau.

Toute connaissance a pour origine première une perception sensuelle. A cela on objecte, il est vrai, les connaissances innées chez l'homme, les connaissances dites *à priori ;* mais la doctrine darwinienne permet de démontrer, comme vous le verrez, que ces connaissances soi-disant *à priori*, ont été acquises *à posteriori,* et proviennent en dernière analyse de l'expérience. Des connaissances provenant originairement de perceptions purement empiriques et dérivant par conséquent d'expériences purement sensuelles, mais ayant ceci de particulier, qu'elles ont été acquises par une série de générations, semblent être, chez les générations venues les dernières, des notions indépendantes, innées, acquises *à priori*. Toutes ces notions dites *à priori* ont été formées *à posteriori* par nos antiques ancêtres animaux, puis, ayant été peu à peu transmises par hérédité, elles sont devenues des notions *à priori*. En dernière analyse, elles ont pour base des expériences et nous sommes en mesure de démontrer nettement par les lois de l'hérédité et de l'adaptation, que, dans l'espèce, les notions *à priori* ne diffèrent pas essentiellement des notions *à posteriori*. Allons plus loin et disons que l'expérience sensuelle est la source de toutes les connaissances. C'est là ce qui borne notre science tout entière, et jamais nulle part nous ne pouvons arriver au fond réel d'un phénomène quelconque. La force de cristallisation, la pesanteur, l'affinité chimique demeurent, dans leur essence, tout aussi inintelligibles pour nous que l'hérédité et l'adaptation.

Or, si la théorie darwinienne explique par une vue unique l'ensemble de tous les phénomènes, que nous avons tout à l'heure rapidement passés en revue, si elle nous démontre que la cause efficiente de ces phénomènes est l'unité de constitution de l'organisme, elle accomplit tout ce que nous avons le droit d'en attendre, quant à présent. Mais nous avons de bonnes raisons d'espérer, que ces causes dernières auxquelles Darwin est parvenu, c'est-à-dire les propriétés d'hérédité et d'adaptation, nous pourrons les poursuivre plus loin encore, et que nous arriverons, par exemple, à assigner à ces phénomènes, comme raison unique, le mode de groupement des molécules matérielles de l'œuf. Sûrement nous n'aurons, d'ici à quelque temps, aucune idée de ces faits, et nous nous contentons, pour le moment, d'avoir suivi les phénomènes jusqu'à cette limite, de même que, dans la théorie newtonienne, nous nous arrêtons aux mouvements planétaires et à la pesanteur, qui, elle aussi, est, dans son essence, une énigme pour nous.

Mais, avant d'aborder plus sérieusement le sujet principal de ces leçons, c'est-à-dire la doctrine généalogique et ses principales conséquences, permettez-moi de faire un peu d'histoire, de jeter un coup d'œil rétrospectif sur les opinions les plus importantes, les plus larges, qu'avant Darwin, les hommes se soient formées sur la création organique, sur l'origine des nombreuses espèces animales et végétales. Il n'est nullement dans mon intention de vous entretenir de tant de cosmogonies poétiques imaginées par les diverses espèces, races ou tribus humaines. Tout intéressant et fécond que soit un tel examen au point de vue ethnographique et à celui de l'histoire de la civilisation, il nous entraînerait beaucoup trop loin. En outre, la plupart de ces légendes cosmogoniques ont un caractère tellement fantaisiste, toute connaissance sérieuse de la nature y fait tellement défaut, que, pour un examen scientifique de l'histoire de la création, elles manquent absolument d'intérêt. Je me bornerai donc à exposer une seule de toutes les cosmogonies imaginaires, la cosmogonie mosaïque, à cause de l'énorme influence, qu'elle a exercée sur la civilisation occidentale, puis je passerai aux hypothèses de ce genre ayant un caractère scientifique et qui ont été formulées pour la première fois par Linné, au commencement du siècle dernier.

Toutes les idées si diverses, que les hommes se sont faites au sujet de l'origine des diverses espèces animales et végétales, se peuvent facilement classer en deux grands groupes opposés ; dans l'un de ces groupes on explique la création par des moyens naturels, dans l'autre par des moyens surnaturels.

Ces deux groupes répondent parfaitement aux deux manières principales, dont l'homme a conçu le monde, à ces deux opinions, que nous avons opposées l'une à l'autre, en appelant l'une monistique ou unitaire, et l'autre, dualistique. L'opinion vulgaire, qui est l'opinion dualistique, téléologique ou vitale, considère la nature organique comme l'œuvre préméditée d'un créateur agissant conformément à un plan ; il lui faut découvrir dans chaque espèce animale ou végétale « une pensée créatrice incarnée », l'expression matérielle d'une cause finale ayant un dessein, poursuivant un but (*causa finalis*). Nécessairement elle a besoin de recourir, pour expliquer l'origine des organismes, à des procédés surnaturels et nullement mécaniques. Nous avons donc le droit de l'appeler l'*histoire de la création surnaturelle*. De toutes ces histoires téléologiques de la création, celle de Moïse a exercé la plus grande influence, puisque, sous le patronage d'un naturaliste aussi éminent que Linné, elle fut généralement accueillie avec faveur dans l'histoire naturelle. Les vues émises sur la création par Cuvier, Agassiz, et plus généralement par la plupart des naturalistes, se rangent aussi dans ce groupe tout comme celles des gens du monde.

Au contraire, la théorie évolutive exposée par Darwin et dont nous nous occuperons ici en l'appelant *histoire de la création naturelle*, cette théorie, que Gœthe et Lamarck avaient déjà formulée, conduit nécessairement, si on la suit dans ses conséquences logiques, à admettre définitivement la conception *monistique* ou *mécanique*. Contrairement à l'opinion dualistique ou téléologique, la théorie mécanique regarde les formes de la nature organique aussi bien que de l'anorganique, comme étant les produits nécessaires des forces naturelles. Dans chaque espèce animale ou végétale, elle voit non pas la pensée matérialisée d'un créateur personnel, mais bien l'expression transitoire d'une phase de l'évolution mécanique de la matière, l'expression d'une cause nécessairement efficiente, d'une cause mécanique (*causa efficiens*). Quand le dualisme téléologique cherche seulement dans les merveilles de la création les idées arbitraires d'un créateur capricieux, le monisme ou l'unitéisme, considérant les véritables causes, trouve seulement dans ces phases évolutives les effets nécessaires des lois naturelles, éternelles et inéluctables.

Bien souvent on a déclaré que le monisme, dont nous plaidons ici la cause, est identique avec le matérialisme. Comme on a par conséquent appelé *matérialistes* le darwinisme et la doctrine de l'évolution, je ne puis me dispenser de protester d'avance contre l'ambiguïté de cette expresion et contre la perfidie avec laquelle on en use d'un certain côté pour frapper d'interdit notre doctrine.

Par l'expression «matérialisme» on mêle et confond généralement ensemble deux choses, qui n'ont en réalité absolument rien de commun, c'est-à-dire le matérialisme des sciences naturelles et le matérialisme moral. Quel est au fond la prétention du matérialisme des sciences naturelles, qui est identique à notre monisme ? C'est simplement, que tout marche dans le monde par des raisons naturelles, que tout effet ait sa cause et toute cause son effet. Il soumet aussi l'ensemble de tous les phénomènes perceptibles à la loi de causalité, c'est-à-dire à la loi de connexion nécessaire entre les effets et les causes. Il répudie absolument toute croyance au miracle et toute idée préconçue de procédés surnaturels. Pour lui il n'y a plus nulle part, dans le domaine du savoir humain, de vraie métaphysique ; il n'y a partout que de la physique. Pour lui, il va de soi, que la matière, la forme et la force sont indissolublement unies. Dans tout le vaste domaine des sciences anorganiques, en physique, en chimie, en minéralogie, en géologie, ce matérialisme est si généralement admis et depuis si longtemps, que personne ne saurait seulement douter que ce soit à bon droit. Mais il en est tout autrement en biologie, où de divers côtés l'on continue encore à le combattre, sans lui opposer d'ailleurs autre chose que le fantôme métaphysique d'une force vitale, ou même de simples dogmes théologiques. Si maintenant nous arrivons à démontrer, que toute la nature perceptible est une, que les mêmes « grandes lois éternelles, des lois d'airain », agissent dans les phénomènes de la vie des animaux et des plantes aussi bien que dans la croissance des cristaux et dans la force d'expansion de la vapeur aqueuse, nous aurons ainsi soumis justement à la doctrine monistique ou mécanique tout le domaine biologique, aussi bien la zoologie que la botanique. Sera-t-on fondé alors à nous accuser de matérialisme ? Dans ce sens toute l'histoire naturelle exacte, et au-dessus d'elle la loi de causalité, sont purement matérialistes.

Le matérialisme des mœurs ou éthique est toute autre chose que ce matérialisme scientifique, avec lequel il n'a absolument rien de commun. Celui-là, le matérialisme éthique, le « vrai matérialisme », a pour but unique dans la pratique de la vie le plaisir sensuel raffiné. Enivré par une déplorable erreur, qui lui montre dans la jouissance purement matérielle le seul moyen pour l'homme d'arriver à une vraie satisfaction et ne trouvant pourtant cette satisfaction dans aucune forme de volupté sensuelle, il court de l'une à l'autre, en se consumant à cette poursuite. Que la vraie valeur de la vie ne consiste pas dans le plaisir matériel, mais dans le fait moral ; que la vraie félicité ne réside pas dans les biens extérieurs, mais uniquement dans une conduite vertueuse, c'est là une vérité inconnue au matérialisme éthique. C'est donc bien vainement, que l'on essayera de trouver ce matérialisme chez des naturalistes, des philosophes, dont la jouissance suprême est la contemplation intellectuelle de la nature, dont le but suprême est la connaissance des lois naturelles. Veut-on le rencontrer ? qu'on le cherche dans les palais des princes de l'Église et chez ces hypocrites, qui, s'abritant derrière le masque d'une austère piété, visent seulement à exercer une tyrannie hiérarchique et à exploiter leurs contemporains. Trop blasés pour comprendre l'infinie noblesse de ce qu'on appelle « la vile matière », et aussi la splendeur du monde de phénomènes qu'elle engendre, insensibles au charme inépuisable de la nature, ignorants de ses lois, ils fulminent contre la science naturelle tout entière, contre les progrès intellectuels qu'elle enfante, taxant le tout de matérialisme coupable, et ce sont eux-mêmes, qui se plongent dans la forme la plus repoussante de matérialisme. Ce n'est pas seulement la papauté infaillible avec son enchaînement sans fin de crimes horribles, mais aussi l'histoire morale si honteuse des orthodoxes dans toutes les formes de religion, qui peut prouver ce que nous avançons.

Pour éviter à l'avenir la confusion entre ce matérialisme moral tout à fait condamnable et notre matérialisme scientifique et philosophique, nous croyons nécessaire d'appeler le dernier *monisme* ou réalisme. Le principe de ce monisme est celui que Kant appelle *principe du mécanisme*, et duquel il dit expressément, que, sans lui, aucune science naturelle ne saurait exister. Ce principe est absolument inséparable de notre histoire naturelle de la création ; il en est la caractéristique, ce qui en fait l'opposé de la croyance téléologique au miracle de la création surnaturelle.

Permettez-moi maintenant de jeter tout d'abord un coup d'œil sur la plus importante des histoires de création surnaturelle, sur celle de Moïse, telle que nous la connaissons par les antiques archives de l'histoire et des lois du peuple juif, par la Bible. On sait que l'histoire de la création mosaïque, formant dans le premier chapitre de la Genèse l'introduction de l'Ancien Testament, est encore généralement admise chez tous les peuples, qui ont accepté la civilisation judaïco-chrétienne. Ce succès extraordinaire ne s'explique pas seulement par son intime union avec les dogmes chrétiens et juifs, mais aussi par la disposition simple et naturelle des idées, qui y sont exposées et qui contrastent avantageusement avec la confusion des cosmogonies mythologiques chez la plupart des peuples anciens. D'après la Genèse, le Seigneur Dieu forme d'abord la terre, en tant que corps inorganique. Ensuite il sépare la lumière et les ténèbres, puis les eaux et la terre ferme. Voilà la terre habitable pour les êtres organisés. Dieu forme alors en premier lieu les plantes, plus tard les animaux et même parmi ces derniers il façonne d'abord les habitants de l'eau et de l'air, plus tardivement ceux de la terre ferme. Enfin Dieu crée le dernier venu des êtres organisés, l'homme ; il le crée à son image pour être le maître de la terre.

Dans cette hypothèse mosaïque de la création, deux des plus importantes propositions fondamentales de la théorie évolutive se montrent à nous avec une clarté et une simplicité surprenantes : ce sont l'idée de division du travail ou de la différenciation et l'idée du développement progressif, du perfectionnement. Bien que ces grandes lois de l'évolution organique, ces lois, que nous prouverons être la conséquence nécessaire de la doctrine généalogique, soient regardées par Moïse comme l'expression de l'activité d'un créateur façonnant le monde, pourtant on y découvre la belle idée d'une évolution progressive, d'une différenciation graduelle de la matière primitivement simple. Nous pouvons donc payer à la grandiose idée renfermée dans la cosmogonie hypothétique du législateur juif un juste et sincère tribut d'admiration, sans pour cela y reconnaître ce que l'on appelle « une manifestation divine ». Qu'il n'y ait là rien de divin, cela ressort du fait que deux erreurs fondamentales sont contenues dans cette hypothèse, d'abord l'erreur *géocentrique*, qui fait de la terre le centre du monde, autour duquel roulent le soleil, la lune et les étoiles ; puis l'erreur *anthropocentrique*, qui considère l'homme comme le but suprême et voulu de la création terrestre, l'être pour qui tout le reste de la nature a été créé. Ces deux erreurs ont été mises à néant, la première par la théorie copernicienne du système du monde, au commencement du seizième siècle ; la seconde par la théorie généalogique de Lamarck, au commencement du dix-neuvième siècle.

Quoique l'erreur géocentrique contenue dans la cosmogonie mosaïque ait été clairement démontrée par Copernic, et que, par là, toute l'autorité d'une manifestation divine ait été enlevée à cette hypothèse, pourtant elle s'est maintenue jusqu'à nos jours à tel point, qu'elle est encore de beaucoup le plus sérieux obstacle à l'acceptation générale de la théorie évolutive. Ainsi, même durant ce siècle, beaucoup de naturalistes ont cherché à mettre cette hypothèse d'accord avec les données de l'histoire naturelle moderne, particulièrement avec la géologie, en considérant les sept jours de la création mosaïque comme sept grandes périodes géologiques. Pourtant toutes ces tentatives d'interprétation sont tellement artificielles, que nous n'essayerons pas ici de les réfuter. La Bible n'est pas un livre d'histoire naturelle, c'est un recueil de documents touchant l'histoire, la législation, la religion du peuple juif ; qu'elle soit sans réelle valeur, qu'elle soit même pleine de grosses erreurs en ce qui concerne toutes les questions d'histoire naturelle, cela ne diminue en rien son importance pour l'histoire de la civilisation.

Nous pouvons maintenant faire un grand saut de trois mille ans, depuis Moïse, qui mourut environ vers 1480 avant Jésus-Christ, jusqu'à Linné, qui naquit mille sept cent sept ans après le Christ. Durant ce laps de temps, on ne formula aucune histoire de la création, qui ait eu une notable valeur ou dont l'examen puisse offrir ici quelque intérêt. Durant les quinze derniers siècles spécialement, comme le christianisme dominait, la cosmogonie mosaïque si intimement liée à ses dogmes régna en souveraine à tel point, que, seul, le dix-neuvième siècle osa se mettre contre elle en révolte ouverte. Même le grand naturaliste suédois, Linné, le fondateur de la nouvelle histoire naturelle, s'attache étroitement à la cosmogonie de Moïse.

Le progrès extraordinaire accompli par Ch. Linné dans l'histoire naturelle descriptive consiste principalement, en ce qu'il trouva une classification systématique des animaux et des plantes, tellement rationnelle et logique que, jusqu'à nos jours, elle est restée sous beaucoup du rapports le *vade mecum* des naturalistes, qui étudient les formes animales et végétales. Le système linnéen, bien que tout à fait artificiel, bien qu'employant exclusivement une seule partie de l'organisme comme caractère de classification, a pourtant suscité les plus importantes conséquences, ce qui tient à la manière logique, dont il est conçu, et surtout au mode de dénomination si précieux, dont il se sert pour désigner les corps de la nature. Il nous importe d'en dire quelques mots. Avant Linné, les naturalistes, perdus dans l'infini chaos des formes animales et végétales déjà connues, avaient inutilement cherché une nomenclature et une classification convenables ; Linné parvint à en trouver une en proposant la nomenclature dite binaire, et, grâce à cet heureux artifice, il résolut cet important et difficile problème. Aujourd'hui encore la nomenclature binaire ou le système de double dénomination, que Linné fut le premier à proposer, est toujours généralement employé par les zoologistes et les botanistes et sans doute il le sera longtemps encore. Cette nomenclature consiste en ceci, que chaque espèce animale ou végétale est désignée par deux noms ayant un rôle tout à fait analogue à celui des noms de baptême et de famille dans la société humaine. Le nom spécial, celui qui correspond au nom de baptême et exprime l'idée d'espèce, sert de dénomination commune à tous les individus animaux ou végétaux semblables entre eux dans toutes les particularités essentielles de leur forme et ne différant que par des caractères tout à fait secondaires. Au contraire, le nom le plus général correspond à nos noms de famille ; il exprime l'idée de genre (*genus*) et sert de dénomination commune à toutes les espèces analogues entre elles. Conformément à la nomenclature de Linné habituellement en vigueur, le plus général, le plus compréhensif des noms se place le premier ; le nom spécial, de second ordre, se met à la suite. Ainsi, par exemple, on appelle le chat domestique *felis domestica ;* le chat sauvage, *felis catus ;* la panthère, *felis pardus ;* le jaguar, *felis onca ;* le tigre, *felis tigris ;* le lion, *felis leo*, et ces six animaux de proie sont regardés comme des espèces distinctes d'un seul et même genre *felis*. Ou bien encore, pour emprunter un exemple au règne végétal, la sapinette, dans la nomenclature linnéenne, s'appelle *pinus abies ;* le sapin, *pinus picea ;* le mélèze, *pinus larix ;* le pin pignon, *pinus pinca ;* le pin de Genève, *pinus cembra ;* le pin noueux, *pinus mughus ;* le pin vulgaire, *pinus sylvestris ;* et ces sept types de conifères sont sept espèces distinctes d'un seul et même genre, le genre *pinus*.

Sans doute le progrès introduit par Linné dans la différenciation pratique et dans la nomenclature des divers organismes vous semble d'une valeur secondaire ; mais en réalité il est de la plus haute importance aussi bien au point de vue théorique qu'au point de vue pratique. En effet, grâce à lui, on parvint pour la première fois à classer la multitude des diverses espèces organiques d'après leur plus ou moins grande analogie ; on put alors en embrasser d'un regard la totalité méthodiquement rangée dans les casiers d'un système. Linné donna au catalogue de ce casier une valeur plus compréhensive encore, en groupant les genres les plus analogues (*genera*) en ce qu'il appelle des ordres (*ordines*), puis en réunissant les ordres les plus voisins dans des divisions plus générales, dans des classes (*classes*). Ainsi les deux règnes organiques se divisent tout d'abord, d'après Linné, en un petit nombre de classes. Le règne végétal a vingt-quatre classes ; le règne animal en a six. Chaque classe, de son côté contient plusieurs ordres ; chaque ordre renferme un plus grand nombre de genres et chaque genre un certain nombre d'espèces.

Mais, outre l'inappréciable utilité pratique, qu'a eue la nomenclature binaire de Linné au point de vue de la division générale et systématique, de la dénomination, du groupement ordonné, de la distribution des formes organisées, cette théorie a, en outre, exercé une influence théorique d'une incalculable portée sur la manière générale de comprendre le monde organisé et tout particulièrement sur l'histoire de la création. Encore aujourd'hui, toutes les grandes questions fondamentales, que nous avons déjà débattues, aboutissent en définitive à la solution d'une question préalable, et, à première vue, fort isolée et peu importante, qui consiste à déterminer ce qu'il faut réellement entendre par le mot espèce. Encore aujourd'hui, la notion de l'espèce organique peut être regardée comme la pierre angulaire de toute la question de la création, comme le point important du problème, autour duquel bataillent darwiniens et anti-darwiniens.

Dans l'opinion de Darwin et de ses partisans, les diverses espèces sont simplement les rejetons diversement développés d'une seule et même forme primitive. Ainsi, toutes les espèces de conifères citées ci-dessus proviendraient à l'origine d'une seule espèce de pin. De même toutes les espèces de chats précédemment énumérées descendraient d'un seul type félin, ancêtre commun de tout le genre. De plus il faudrait, selon la doctrine darwinienne, que les divers genres composant un ordre provinssent d'une forme ancestrale commune, et que, de même, tous les ordres d'une classe eussent aussi une souche primitive unique.

A en croire les adversaires de Darwin, au contraire, toutes les espèces animales et végétales sont absolument indépendantes l'une de l'autre, et ce sont seulement les individus appartenant à une même espèce, qui descendent d'une seule forme ancestrale commune ; que si nous leur demandons, comment sont nées ces formes ancestrales primitives de chaque espèce, ils nous répondent en se plongeant dans l'inintelligible : « Toutes ces formes, disent-ils, ont été créées ainsi. »

Linné lui-même comprend ainsi la notion de l'espèce, quand il dit : « Il y a autant d'espèces diverses que l'être infini a créé de formes distinctes originairement. » *Species tot sunt diversæ, quot diversas formas ab initio creavit infinitum ens.* Il accepte donc rigoureusement, sous ce rapport, la cosmogonie mosaïque, suivant laquelle les animaux et les plantes ont été créés, « chacun selon son espèce ». L'opinion plus explicite de Linné était que, dans le principe, un individu ou une paire d'individus de chaque espèce animale et végétale avait été créée et sûrement une paire, « un mâle et une femelle », selon l'expression mosaïque, quand les espèces ont des sexes séparés. Au contraire, pour les espèces, où chaque individu possède les organes féminins et masculins, pour les espèces hermaphrodites, par exemple les vers de terre, les escargots des jardins et des vignes, le plus grand nombre des plantes, Linné regardait comme suffisante la création primitive d'un seul individu. Linné accepte aussi la légende mosaïque du déluge ; car il admet que, dans ce grand cataclysme, tous les organismes alors existants ont péri, sauf les quelques individus de chaque espèce, réfugiés dans l'arche : les sept paires d'oiseaux et d'animaux domestiques purs, les deux paires d'animaux impurs, etc., qui, après la fin du déluge, débarquèrent sur le mont Ararat. Il cherche à écarter la difficulté géographique de faire vivre ensemble, sur le même point terrestre, des animaux et des plantes si diverses, en disant que le mont Ararat, situé en Arménie, dans un climat chaud, a une altitude de seize mille pieds, et peut conséquemment servir de résidence temporaire à des animaux habitués à vivre dans les diverses zones terrestres. Les animaux des régions polaires pouvaient gravir sur le sommet glacé de la montagne ; ceux des climats chauds en pouvaient habiter le pied et les espèces des zones moyennes avaient la faculté de se tenir à mi-hauteur. Puis ils pouvaient de là se répandre sur la terre, vers le nord et vers le sud.

A peine est-il besoin de remarquer que ce récit de la création, que Linné s'efforce évidemment de rattacher étroitement aux croyances bibliques, ne mérite pas une réfutation sérieuse. Si l'on songe à la pénétrante clarté ordinaire à Linné, il est permis de douter que lui-même crût ici à son dire. Quant à la descendance simultanée de tous les individus de chaque espèce d'une unique paire d'ancêtres, ou pour les hermaphrodites d'un seul ancêtre bisexué, c'est là une opinion manifestement insoutenable ; car, sans parler d'autres empêchements, dès les premiers jours de la création, les animaux de proie, malgré leur petit nombre, auraient suffi à exterminer tous les herbivores, et, de leur côté, les herbivores auraient sûrement détruit les rares échantillons d'espèces végétales. Un équilibre analogue à celui qui existe aujourd'hui dans l'économie de la nature, ne pouvait s'établir dans l'hypothèse où un seul individu ou une seule paire de chaque espèce eussent été à l'origine créés en même temps.

Que d'ailleurs Linné attache peu d'importance à cette insoutenable hypothèse, cela ressort, entre autres choses, de ce qu'il reconnaît comme source de nouvelles espèces : le croisement bâtard des organismes, l'hybridisme. Il admet qu'un grand nombre d'espèces nouvelles et indépendantes se sont ainsi produites par le croisement de deux espèces distinctes. En fait, ces espèces sont loin d'être rares, et il est aujourd'hui démontré, qu'un grand nombre d'espèces des genres roncier (*rubus*), molène (*verbascum*), saule (*salix*), chardon (*cirsium*), sont des produits bâtards de ces différents genres. On connaît aussi des hybrides du lièvre et du lapin, deux espèces distinctes du genre *lepus,* et divers autres hybrides du genre *canis,* qui sont capables de se perpétuer comme espèces indépendantes.

Certainement il est bien remarquable que Linné ait déjà affirmé l'origine physiologique et mécanique de nouvelles espèces par voie d'hybridité. Évidemment cela est absolument inconciliable avec l'origine surnaturelle des autres espèces, issues d'une création conforme à la tradition mosaïque. Il faudrait donc qu'une portion des espèces provînt d'une création dualistique, téléologique, et l'autre d'une évolution mécanique. Si, durant tout le dernier siècle, les idées linnéennes sur la création ont conservé pleinement leur crédit, cela tient évidemment aux vues si grandes et si utiles contenues dans la classification systématique et à tous les services que Linné a rendus à la biologie. Si la zoologie et la botanique systématiques tout entières n'avaient pas conservé presque intacts les modes de division, de classification et de nomenclature des espèces introduites par Linné, et en même temps l'idée dogmatique de l'espèce, qui s'y relie, on ne comprendrait pas comment la théorie de la création isolée de chaque espèce a pu rester en vigueur jusqu'à nos jours. La grande autorité de Linné, et le soin qu'il a eu de s'appuyer sur les croyances bibliques dominantes, ont seuls pu faire vivre jusqu'ici son hypothèse cosmogonique.

TROISIÈME LEÇON.

HISTOIRE DE LA CRÉATION D'APRÈS CUVIER ET AGASSIZ.

Importance théorique générale de l'idée de l'espèce. — Différence entre la détermination pratique et la détermination théorique de l'idée de l'espèce. — Définition de l'espèce d'après Cuvier. — Services rendus par Cuvier considéré comme fondateur de l'anatomie comparée. — Division du règne animal en quatre formes principales, types ou branches, par Cuvier et Bær. — Services rendus par Cuvier à la paléontologie. — Son hypothèse de révolutions du globe entraînant des périodes de créations distinctes. — Causes inconnues, surnaturelles, de ces révolutions et des nouvelles créations qui en résultent. — Système téléologique d'Agassiz. — Grossier anthropomorphisme du créateur dans l'hypothèse des créations d'Agassiz. — Fragilité de cette hypothèse, son incompatibilité avec les importantes lois paléontologiques découvertes par Agassiz lui-même.

Messieurs, la manière de comprendre le mot espèce est le point capital à déterminer dans le conflit d'opinions existant entre les naturalistes au sujet de l'origine des organismes, de la création ou de l'évolution. D'un côté, l'on croit avec Linné, que les diverses espèces sont des formes créées isolément, indépendamment l'une de l'autre, ou bien, de l'autre, avec Darwin, on les considère comme parentes. Accepte-t-on les vues de Linné, que nous avons exposées dans la dernière leçon, et suivant lesquelles les diverses espèces organiques seraient nées indépendamment l'une de l'autre, sans avoir entre elles aucune parenté, alors il faut supposer qu'elles ont été créées individuellement. Force serait donc d'admettre, que chaque individu organisé est le résultat d'un acte créateur spécial, ce qu'un naturaliste croira bien difficilement, ou bien que tous les individus d'une même espèce tirent leur origine d'un seul ancêtre ou d'une seule paire d'ancêtres ; en outre la provenance de ces derniers n'aurait rien de naturel, mais ils devraient l'existence à la décision souveraine d'un créateur. Ce faisant, on abandonne le solide terrain de l'étude raisonnée de la nature pour se plonger dans le domaine mythologique de la foi aux miracles.

Si au contraire, avec Darwin, on attribue l'analogie morphologique des diverses espèces à une réelle parenté, il faut alors considérer les diverses espèces animales et végétales comme la postérité modifiée d'une seule forme ou d'un petit nombre de formes ancestrales extrêmement simples. Dans cette manière de voir, la systématisation naturelle des organismes, c'est-à-dire leur disposition, leur division en un arbre ramifié, formé par les classes, les ordres, les familles, les genres et les espèces, devient un véritable arbre généalogique, dont la racine est constituée par les antiques formes ancestrales, depuis longtemps éteintes, dont nous venons de parler. Mais quiconque se fera des organismes une idée réellement logique et conforme aux lois naturelles, ne saurait considérer ces formes ancestrales primitives si extrêmement simples, comme le résultat d'un acte créateur surnaturel ; il ne saurait voir là autre chose qu'un fait de génération primitive (archigonie ou *generatio spontanea*). L'opinion de Darwin sur la nature de l'espèce nous conduit donc à une théorie d'évolution naturelle ; l'opinion de Linné, au contraire, aboutit à une idée dogmatique de création surnaturelle.

Comme les grands services rendus par Linné à l'histoire naturelle taxinomique et descriptive lui ont acquis une très-grande autorité, la plupart des naturalistes marchent sur ses traces, et, sans plus se soucier de l'origine des êtres organisés, ils admettent, comme Linné, la création isolée de chaque espèce, dans le sens de la cosmogonie mosaïque. Linné a exprimé son idée fondamentale sur l'espèce, en disant : « Il y a autant d'espèces qu'il y a eu de formes distinctes créées à l'origine. » Observons pourtant, sans avoir la prétention de discuter à fond la valeur de l'idée d'espèce, que, dans la pratique, quand il s'agit de classer, de coordonner, de qualifier les espèces animales et végétales, les zoologistes et les botanistes se soucient fort peu des formes ancestrales paternelles, et réellement ils ne sauraient s'en soucier. A ce propos, on peut appliquer à nos meilleurs zoologistes l'observation si topique du spirituel Fritz Müller : « De même que, dans les pays chrétiens, il y a un catéchisme de morale, que tout le monde a à la bouche, mais que personne ne s'astreint à observer, que personne ne s'attend à voir observer par les autres, ainsi en zoologie il y a aussi des dogmes, que tout le monde proclame et que tout le monde renie dans la pratique. » (Für Darwin ; p. 71) (16). Le dogme linnéen de l'espèce est un de ces dogmes déraisonnables et dominants par cela même ; c'est même le plus despotique de ces dogmes.

Bien que, pour la plupart, les naturalistes se soumettent aveuglément à ce dogme, ils seraient naturellement incapables de démontrer, que tous les individus d'une même espèce descendent de cette forme ancestrale originairement créée. Bien plus, quand il s'agit de classer et de dénommer systématiquement les diverses espèces, les zoologistes et les botanistes se servent très-bien, dans la pratique, de l'analogie des formes. Ils placent dans une même espèce tous les individus organisés ayant une conformation très-analogue, presque identique, tous ceux qui se distinguent les uns des autres seulement par des différences de forme presque insignifiantes. Au contraire, ils considèrent comme appartenant à des espèces différentes les individus, qui présentent entre eux des différences de conformation essentielles, frappantes. Ce procédé a eu naturellement pour résultat d'introniser l'arbitraire le plus complet dans la classification systématique. En effet, comme il n'y a jamais absolue parité de forme entre les individus d'une même espèce, bien plus, comme chaque espèce se modifie, varie plus ou moins, personne ne peut déterminer quel degré de variation caractérise une véritable espèce, « une bonne espèce », quel autre degré indique une variété ou une race.

Cette manière dogmatique d'entendre l'idée d'espèce, et l'arbitraire qu'elle entraîne, conduisaient nécessairement à d'insolubles contradictions et à d'insoutenables hypothèses. Cela se peut déjà constater nettement chez celui des naturalistes, qui, après Linné, a exercé la plus grande influence sur les progrès de la zoologie, chez le célèbre Cuvier (né en 1769). Dans sa manière de comprendre et de définir l'espèce, il suit entièrement Linné, et partage son opinion sur la création isolée de chaque espèce. Aux yeux de Cuvier, l'immutabilité de l'espèce est un point si capital qu'il va jusqu'à affirmer témérairement, « que la fixité de l'espèce est une condition nécessaire à l'existence même de l'histoire naturelle ». Comme la définition de Linné ne lui suffisait pas, il chercha à déterminer avec plus de précision l'idée de l'espèce, à lui donner une valeur plus grande pour la classification pratique, et formula ainsi sa définition : « L'espèce est la réunion des individus descendus l'un de l'autre ou de parents communs, et de ceux qui leur ressemblent, autant qu'ils se ressemblent entre eux. »

Cuvier comprenait cette définition, comme suit : « Pour les individus organisés, que nous savons descendus d'une seule et même forme, pour ceux, dont la communauté d'origine est démontrée, on ne saurait douter qu'ils appartiennent à une même espèce, soit qu'ils diffèrent peu ou beaucoup les uns des autres ou bien qu'ils soient identiques ou très-dissemblables. De même il faut considérer aussi comme appartenant à cette espèce, tous les individus ne différant pas plus de ces derniers (ceux dont la communauté d'origine est empiriquement démontrée) que ceux-ci diffèrent les uns des autres. » Si l'on examine attentivement cette définition de l'espèce donnée par Cuvier, on voit qu'elle est insuffisante en théorie et inapplicable en pratique. Par cette définition, Cuvier met le pied dans le cercle sans issue où tournent presque toutes les définitions de l'espèce basées sur l'immutabilité.

Le rôle extrêmement important, que Georges Cuvier a joué dans l'histoire naturelle organique, la toute-puissante domination, que ses vues ont exercée en zoologie durant la première moitié de notre siècle, méritent d'être examinés ici plus explicitement. Cela, d'ailleurs, est d'autant plus nécessaire, qu'en combattant Cuvier, nous luttons avec le principal adversaire de la doctrine généalogique et de la conception unitaire de la nature.

Parmi les grands et nombreux services, dont la science est redevable à Cuvier, il faut placer en première ligne ceux qu'il lui a rendus comme fondateur de l'anatomie comparée. Tandis que Linné, pour déterminer les espèces, les genres, les ordres et les classes, s'était le plus souvent appuyé sur des caractères extérieurs, sur des particularités facilement constatables dans le nombre, la grandeur, la situation, la forme de parties isolées du corps, Cuvier pénétra bien plus profondément dans l'organisation essentielle ; il fit reposer la science et la classification sur de grands, de décisifs caractères constatés dans la structure interne des animaux. Il groupa les familles naturelles en classes d'animaux, et basa sur l'anatomie comparée de ces classes sa taxinomie naturelle du règne animal.

Le progrès accompli par le système naturel de Cuvier, comparativement au système artificiel de Linné, est extraordinairement important. Linné avait groupé l'ensemble du règne animal en une série unique, divisée en six classes, deux classes d'invertébrés et quatre de vertébrés. Il subdivisa ses classes artificiellement d'après la constitution du sang et la conformation du cœur. Cuvier, au contraire, montra, que l'on devait diviser le règne animal en quatre grands groupes naturels ; ce furent pour lui les types principaux, les cadres généraux, les branches du règne animal, les embranchements. Les voici : 1° l'embranchement des animaux à vertèbres (*vertebrata*) ; 2° les animaux annelés (*articulata*) ; 3° les animaux mous (*mollusca*) ; 4° et les animaux rayonnés (*radiata*). Il démontra en outre, que, dans chacune de ces branches, il y avait visiblement un plan de structure spécial ou typique, par lequel elle se pouvait distinguer des trois autres. Chez les vertébrés, le caractère typique est nettement représenté par la conformation du squelette ou de la charpente osseuse, ainsi qne par la structure et la situation de la moelle épinière, indépendamment de beaucoup d'autres particularités. Les annelés sont caractérisés par les renflements noueux de leur système nerveux central et leur cœur dorsal. Les mollusques se reconnaissent à leur corps dépourvu de membres et ayant l'apparence d'un sac. Les rayonnés enfin se différencient des trois autres types principaux par la conformation de leur corps, qui est muni de quatre ou d'un plus grand nombre de prolongements rayonnés (*antimères*).

Habituellement c'est à Cuvier, que l'on attribue cette distinction des quatre types animaux, dont l'utilité pour le progrès ultérieur de la zoologie a été immense. Pourtant cette idée a été exprimée, indépendamment de Cuvier et presque en même temps que lui, par un des plus grands naturalistes encore vivant, par von Bær, à qui l'histoire du développement embryologique des animaux est redevable des plus grands services. Bær montra, que dans le mode d'évolution des animaux on devait aussi distinguer quatre formes principales, quatre types (20), correspondant aux quatre cadres généraux, que Cuvier avait déterminés d'après l'anatomie comparée. Ainsi, par exemple, l'évolution individuelle de tous les animaux vertébrés est si identiquement la même dans ses traits généraux, qu'il est impossible, au début de la vie embryonnaire, de distinguer les germes, les embryons des divers vertébrés (reptiles, oiseaux et mammifères). Plus tard, dans le cours de l'évolution, apparaissent graduellement des dissemblances de forme de plus en plus accusées, qui différencient les diverses classes, les divers ordres. De même aussi la forme générale du corps est d'abord essentiellement la même durant l'évolution individuelle des animaux annelés (insectes, araignées, écrevisses, etc.) chez tous les individus, mais elle diffère de la forme des vertébrés. On en peut dire autant, avec certaines réserves, des mollusques et des rayonnés.

En arrivant, l'un par la voie de l'embryologie, l'autre par celle de l'anatomie comparée, à distinguer quatre types animaux, ni Baer ni Cuvier n'avaient reconnu les vraies causes de ces différences typiques. Ces causes nous ont été dévoilées seulement par la doctrine généalogique. Supposez que tous les animaux d'un même type, par exemple tous les vertébrés, aient une seule et même origine ; alors rien de plus simple que l'analogie surprenante, vraiment merveilleuse, de leur organisation intime, de leur structure anatomique, et même que la remarquable identité de leur évolution embryonnaire. Que si l'on repousse cette hypothèse, alors l'incontestable ressemblance de la structure interne et du développement embryonnaire chez les divers vertébrés devient complétement inexplicable. L'hérédité seule en peut dévoiler le secret.

Après l'anatomie comparée des animaux et la zoologie systématique, qui en est sortie, c'est particulièrement à la science des fossiles, à la paléontologie, que Cuvier rendit de grands services. Nous devons nous occuper de ces derniers travaux ; car les vues de Cuvier sur la paléontologie et les théories géologiques, qui y sont étroitement liées, ont été presque universellement acceptées pendant la première moitié de notre siècle et elles ont été le plus grand obstacle aux progrès de l'histoire naturelle.

Au commencement de ce siècle, Cuvier fit faire les plus grands progrès à l'histoire scientifique des fossiles ; il la fonda même entièrement, en ce qui concerne les animaux vertébrés. Or ces fossiles jouent dans « l'histoire de la création naturelle » un rôle des plus importants. En effet ces restes pétrifiés, ces empreintes de plantes et d'animaux éteints sont les vraies *médailles de la création,* les documents authentiques et incontestables, qui nous permettent de fonder, sur des bases inébranlables, une véritable histoire des organismes. Ces restes fossiles, ces empreintes nous renseignent sur la forme, la structure des animaux et des plantes, qui furent ou les ancêtres des organismes contemporains ou les représentants de branches éteintes, ayant eu avec ces organismes une forme ancestrale commune.

Ces documents, d'une inappréciable valeur pour l'histoire de la création, ont pendant très-longtemps été fort dédaignés dans la science. Cependant leur véritable nature avait déjà été parfaitement reconnue plus d'un demi-millier d'années avant Jésus-Christ, et justement par un des plus grands philosophes grecs, Xénophanes de Colophon, le fondateur de la philosophie dite éléatique, celui qui, pour la première fois, démontra bien nettement, que toutes les idées touchant les dieux personnels dérivent toutes plus ou moins d'un grossier anthropomorphisme. Le premier, Xénophanes avança, que les impressions fossiles d'animaux et de plantes sont réellement les traces d'êtres ayant jadis vécu et que les montagnes, dans les roches desquelles on les trouve, ont autrefois été recouvertes par les eaux. Mais, bien que d'autres grands philosophes de l'antiquité, et notamment Aristote, eussent partagé cette idée si juste, néanmoins, pendant tout le moyen âge et même généralement dans le siècle dernier, l'opinion dominante fut que ces fossiles étaient des jeux de la nature (*lusus naturæ*), ou bien les produits d'une force créatrice naturelle inconnue, d'un effort créateur (*nisus formativus, vis plastica*).

On se faisait de la nature et de l'activité de cette force mystérieuse les idées les plus bizarres. Pour les uns, cette force créatrice était aussi celle, à laquelle il fallait attribuer l'origine des plantes et des animaux actuels ; elle avait fait de nombreux essais pour arriver à créer les formes vivantes ; ces essais n'avaient réussi qu'en partie, souvent ils avaient échoué, et les fossiles étaient le résultat de ces tentatives avortées. Pour d'autres, les fossiles étaient dus à l'influence des étoiles sur les couches internes du sol. Certains se forgeaient à ce sujet des idées plus grossières encore : ils disaient que le créateur avait préalablement modelé en argile ou en plâtre les formes animales et végétales, que plus tard il avait définitivement achevées en substance organique, en les animant de son souffle divin. Les fossiles étaient simplement ces informes ébauches anorganiques. Des vues aussi grossières avaient cours encore au siècle dernier, et l'on croyait à un certain souffle séminal (*aura seminalis*), qui, pénétrant dans le sol avec les eaux, allait féconder les roches ; d'où les fossiles, cette « chair pétrifiée » (*caro fossilis*).

Vous le voyez, il a fallu bien longtemps pour arriver à l'idée simple et naturelle, que les fossiles étaient simplement ce qu'ils semblaient être au premier coup d'œil, c'est-à-dire les inaltérés débris d'organismes éteints. Pourtant, au quinzième siècle, le célèbre peintre Leonardo da Vinci osait déjà affirmer, que la lente pétrification des débris calcaires indestructibles, comme les coquilles des mollusques, était le fait du limon se déposant au fond des eaux et englobant peu à peu ces restes. Au seizième siècle, un potier français, célèbre par ses découvertes dans l'art de fabriquer les faïences émaillées, Bernard Palissy, affirma la même chose. Mais les savants patentés étaient bien éloignés de faire quelque cas de ces vues dictées par le simple bon sens, et ce fut seulement à la fin du siècle dernier, au moment où Werner fondait la géologie neptunienne, qu'elles obtinrent l'assentiment général.

Il faut arriver au commencement de notre siècle pour trouver une paléontologie vraiment scientifique. Elle date de la publication des recherches classiques de Cuvier sur les ossements des vertébrés fossiles et des travaux de son grand adversaire Lamarck sur les fossiles des invertébrés. Dans son célèbre ouvrage sur les ossements fossiles des vertébrés, surtout des mammifères et des reptiles, Cuvier formula déjà quelques lois importantes et générales, très-précieuses pour l'histoire de la création. Citons tout d'abord la proposition, suivant laquelle les espèces animales éteintes, dont nous trouvons les restes enfouis dans les diverses couches géologiques superposées, diffèrent des espèces analogues contemporaines, d'autant plus que leur gisement est plus profond ; c'est-à-dire d'autant plus que les animaux, auxquels ils ont appartenu, ont une antiquité plus grande. En effet, si l'on examine une coupe perpendiculaire des couches géologiques successivement déposées au fond des eaux dans un ordre chronologique bien déterminé, on voit que ces couches sont caractérisées par les fossiles qu'elles renferment ; plus on s'élève dans l'échelle géologique, plus ces organismes éteints se rapprochent des organismes actuels, et cette gradation correspond à l'âge relatif des périodes géologiques, pendant lesquelles ils ont vécu, sont morts et ont été englobés dans les couches de limon pétrifié déposées au fond des eaux.

Sans doute cette observation de Cuvier avait une grande importance, mais, d'autre part, elle engendra une grosse erreur. En effet, tenant les fossiles caractéristiques de chaque grande période géologique pour entièrement distincts des fossiles situés au dessus et au dessous, Cuvier croyait, à tort, qu'une même espèce organique ne pouvait se trouver dans deux couches superposées, d'où il conclut, et cela fit loi pour la plupart des naturalistes contemporains, qu'il y avait eu une série de périodes de création successives absolument distinctes. Chaque période de création devait avoir son monde végétal et animal distinct, sa faune et sa flore spéciales. Cuvier s'imagina, qu'à partir de l'apparition d'êtres vivant à la surface de la terre, toute l'histoire géologique pouvait se diviser en un certain nombre de périodes parfaitement distinctes, et que ces périodes étaient séparées l'une de l'autre par des bouleversements de nature inconnue, par des révolutions, ou des catastrophes appelées cataclysmes. Chaque révolution avait pour résultat immédiat l'extermination complète du monde végétal et animal existant, et, la révolution une fois terminée, apparaissait une création de formes organiques absolument nouvelles. Un monde animal et végétal tout neuf, spécifiquement distinct de celui de la période géologique précédente, faisait son apparition dans la vie ; il allait maintenant peupler à son tour le globe pendant des milliers d'années, jusqu'au jour où une révolution nouvelle le replongerait dans le néant.

Quant à la nature et aux causes de ces révolutions, Cuvier disait expressément, qu'on ne pouvait s'en faire une idée et que les forces actuellement agissantes dans la nature ne pouvaient nous les faire comprendre. Cuvier admet quatre forces naturelles, quatre agents mécaniques travaillant perpétuellement, mais lentement, au remaniement de la surface terrestre. Ce sont : 1° la pluie, qui, en lavant le penchant abrupt des montagnes, accumule à leur pied les couches alluviales ; 2° les eaux courantes, qui charrient cette alluvion et en font le limon qui se dépose dans les eaux tranquilles ; 3° la mer, qui, par le ressac de ses vagues, ronge le pied des falaises escarpées et en amoncèle les débris sur la surface des plages ; 4° enfin les volcans, qui rompent l'écorce terrestre durcie, en redressent les couches, et accumulent ou disséminent les produits de leurs éruptions. Tout en reconnaissant, que la surface terrestre actuelle est incessamment remaniée par la lente action de ces quatre causes puissantes, Cuvier affirme en même temps, que ces causes n'ont pu suffire à accomplir les révolutions géologiques du passé et qu'elles ne peuvent rendre raison de la structure totale de l'écorce terrestre. Bien plus, selon lui, ces grands, ces merveilleux bouleversements de la surface du globe devaient être l'œuvre de causes spéciales, entièrement inconnues. Il fallait admettre, que ces révolutions ont interrompu la marche habituelle de l'évolution et changé l'allure de la nature.

Cuvier exposa ses vues à ce sujet dans son livre *sur les révolutions du globe*, qui a été traduit en allemand. Cette manière de voir fit longtemps autorité et empêcha, plus que toute autre chose, l'avénement d'une véritable histoire de la création. En effet, s'il y a eu de ces révolutions absolument destructives, il est naturellement impossible de songer à un développement continu des espèces ; on n'a plus d'autre expédient que l'activité des forces surnaturelles ; il faut, pour expliquer les faits, invoquer le miracle. Seul, le miracle pouvait avoir produit les révolutions géologiques, et après leur accomplissement, au commencement de chaque nouvelle période, lui seul pouvait avoir créé à nouveau un monde végétal et animal. Mais nulle part la science n'admet le miracle, si par miracle on entend l'intervention de forces surnaturelles dans l'évolution de la nature.

La grande autorité, que Linné s'était acquise par la classification et la nomenclature des espèces organiques, avait déterminé ses successeurs à admettre une idée de l'espèce dogmatique et immuable, à abuser de la classification systématique ; de même les grands services, dont la science et la classification des espèces éteintes étaient redevables à Cuvier, eurent pour résultat l'acceptation générale de sa doctrine des révolutions et des catastrophes. Conséquemment, pendant la première moitié de ce siècle, la plupart des zoologistes et des botanistes crurent fermement à l'existence de périodes indépendantes l'une de l'autre dans l'histoire de la vie organique à la surface de la terre ; chacune de ces périodes était caractérisée par une population animale et végétale déterminée, particulière. A la fin de chaque période, tout ce monde organique était anéanti par une révolution générale, à laquelle succédait une création animale et végétale, nouvelle et spéciale. Sans doute quelques esprits capables de penser par eux-mêmes, et avant tout le grand naturaliste philosophe Lamarck, firent bientôt valoir une série de puissants arguments contraires à la théorie des cataclysmes de Cuvier et favorables à l'idée d'un développement continu, ininterrompu de l'ensemble des êtres organisés terrestres ; ils affirmaient que les espèces animales et végétales de chaque période descendaient directement de celles de la période précédente et en étaient seulement la postérité modifiée. Mais la grande autorité de Cuvier suffit pour faire rejeter cette manière de voir si juste. Même, après que la publication des « Principes de géologie » de Lyell eut absolument éliminé du domaine de la géologie la doctrine des catastrophes de Cuvier, cette doctrine de la différence spécifique des diverses créations organiques continua à dominer encore en paléontologie. (*Morph. Gen.*, II, 312.)

Par un singulier hasard, il y a seize ans, au moment où l'ouvrage de Darwin portait le coup mortel à l'histoire de la création, selon Cuvier, il advint qu'un autre célèbre naturaliste entreprit de ressusciter cette doctrine et de la faire figurer avec autant d'éclat que possible dans un système téléologique et théologique de la nature. Je veux parler du géologue suisse Louis Agassiz, si célèbre par ses théories sur les glaciers et l'âge glaciaire, empruntées à Schimper et à Charpentier. Ce savant, qui, durant un certain nombre d'années, résida dans l'Amérique du Nord, commença, en 1858, la publication d'un ouvrage extrêmement important, intitulé : *Recherches sur l'histoire naturelle des États-Unis de l'Amérique du Nord.* Le premier volume de cette grande et coûteuse publication, qui, grâce au patriotisme des Américains, se répandit pourtant d'une manière inouïe, est intitulé : *Essai de classification* (5). Dans cet essai, Agassiz ne se borne pas à exposer la classification naturelle des organismes et les diverses tentatives faites par les naturalistes pour arriver à établir cette classification ; il embrasse dans son exposé tous les faits de biologie générale ayant trait à son sujet. L'histoire du développement des organismes, aussi bien au point de vue embryologique qu'au point de vue paléontologique, l'anatomie comparée, l'économie générale de la nature, la distribution géographique et topographique des animaux et des plantes, en résumé, presque toute la série des phénomènes généraux de la nature sont examinés dans l'essai de classification d'Agassiz et généralement exposés à un point de vue aussi antidarwinien que possible. Le mérite principal de Darwin est d'avoir démontré quelles sont les causes naturelles de l'origine des animaux et des plantes et par là d'avoir intronisé la conception mécanique ou monistique du monde dans cette partie si intéressante de l'histoire de la création ; Agassiz, au contraire, s'efforce partout d'exclure tout procédé mécanique de ce domaine, de remplacer partout les forces naturelles de la matière par l'idée d'un créateur personnel, et de faire ainsi triompher une conception de l'univers décidément téléologique ou dualistique. Par cela seul, vous voyez qu'il convient d'examiner ici avec soin les vues biologiques d'Agassiz et spécialement ses opinions sur la création, d'autant plus que, dans aucun autre ouvrage de nos adversaires, on ne trouve ces grandes questions fondamentales traitées avec plus de détail, que nulle part aussi on ne voit avec tant de clarté combien la conception dualistique du monde est insoutenable.

Nous avons dit ci-dessus que les diverses manières d'entendre l'idée d'espèce étaient le point capital débattu par les doctrines rivales ; pour Agassiz, aussi bien que pour Cuvier et Linné, l'espèce est considérée comme une forme organique immuable dans tous ses caractères essentiels ; sans doute les espèces peuvent varier, mais dans d'étroites limites et seulement dans leurs particularités non essentielles. Jamais une espèce réellement nouvelle ne saurait sortir des formes modifiées, des variétés. Aucune espèce organique ne descend d'une autre espèce ; chacune d'elles a été isolément créée par Dieu ; chaque espèce animale est, pour parler le langage d'Agassiz, une pensée créatrice incarnée de la divinité.

S'il est une proposition solidement étayée par les faits paléontologiques observés, c'est que la durée totale des diverses espèces organiques est très-inégale, que quelques espèces persistent invariables à travers plusieurs périodes géologiques consécutives, tandis que d'autres durent seulement pendant une petite fraction de ces périodes. Se mettant en contradiction absolue avec cette proposition, Agassiz affirme, que jamais une même espèce ne se rencontre dans deux périodes distinctes, et même que chaque période est caractérisée par un monde animal et végétal tout particulier et lui appartenant en propre. Il prétend en outre, avec Cuvier, que chaque grande révolution géologique, qui toujours s'interposerait entre deux périodes, détruit absolument ce monde organique et qu'une création nouvelle toute différente succède à cette extermination. Selon Agassiz, lors de chaque nouvelle création, le créateur a ordonné les choses de telle façon, que la nouvelle population du globe est apparue subitement, représentée par un nombre moyen convenable d'individus et par des espèces ayant subi les variations nécessaires pour se trouver en harmonie avec les changements survenus dans l'économie de la nature. Ce disant, il se met en opposition avec une des lois les mieux établies et les plus importantes de la géographie animale et végétale, la loi qui fixe à chaque espèce un lieu particulier d'origine, ce que l'on a appelé un centre de création, d'où elle se répand peu à peu sur le reste de la surface terrestre. Agassiz veut, au contraire, que chaque espèce ait été créée simultanément sur divers points de la surface terrestre et représentée originairement par un grand nombre d'individus.

La systématisation naturelle des organismes, tous ces groupes graduellement subordonnés les uns aux autres, ces embranchements, ces classes, ces ordres, ces familles, ces genres et espèces, que la doctrine généalogique nous apprend à regarder comme les rameaux divers d'une souche ancestrale commune, tout cela, d'après Agassiz, serait seulement l'expression immédiate du plan divin de la création, et, en étudiant la classification naturelle, le naturaliste ne fait que retrouver l'idée divine de la création. C'est là, pour Agassiz, une preuve irréfragable attestant que l'homme est bien l'image et l'enfant de Dieu. Les diverses catégories graduées de la classification naturelle répondent aux divers degrés de perfection, que le plan divin de la création a successivement atteints. Dans la conception et l'exécution de ce plan, le créateur partit des idées les plus générales et particularisa de plus en plus. En ce qui concerne, par exemple, le règne animal, Dieu eut d'abord, lorsqu'il voulut le créer, quatre idées principales et diverses de la forme à donner au corps animal; ces idées, il les incarna dans les quatre grandes branches du règne animal, dans les quatre grands types vertébrés, annelés, mollusques et rayonnés. Puis, le créateur se demandant comment, ces quatre types étant donnés, il pourrait les varier de diverses manières, en arriva à créer, dans les limites des quatre formes principales, diverses classes, par exemple, dans l'embranchement des vertébrés, les classes des mammifères, des oiseaux, des reptiles, des amphibies et des poissons. Puis Dieu, méditant plus profondément au sujet de chacune de ces classes, en tira diverses variations graduées de structure, qui furent les ordres. En variant de nouveau les formes ordinales, il obtint les familles naturelles. Ensuite le créateur modifia encore dans chaque famille les dernières particularités de structure des diverses parties du corps; de là naquirent les genres. Enfin, par un dernier raffinement du plan de la création, les diverses espèces virent le jour. Ce sont bien toujours des incarnations de la pensée créatrice; mais elles sont très-spécialisées. Il est seulement à regretter que le créateur ait exprimé « ses pensées créatrices » les plus spécialisées et les plus profondément méditées dans des formes si obscures et si indécises, qu'il leur ait imprimé un cachet si effacé, qu'il leur ait accordé une telle latitude de variabilité que pas un naturaliste ne soit capable de distinguer les « bonnes » espèces des « mauvaises », les « vraies » espèces des fausses espèces, des variétés ou des races. (*Morph. Gen.*, II, 374.)

Vous le voyez, si l'on en croit Agassiz, le créateur se comporte dans la génération des formes organiques exactement comme un entrepreneur de bâtiments, qui se proposerait d'imaginer et d'élever les édifices les plus divers possibles adaptés au plus grand nombre de destinations possibles, d'après le plus grand nombre de styles architectoniques possibles, et différant autant que possible par le degré de simplicité, de luxe, de grandeur, de perfection. Cet architecte aurait tout d'abord adopté pour l'ensemble de ses constructions quatre styles divers, savoir : le gothique, le byzantin, le chinois et le rococo. Il aurait, dans chacun de ces styles, bâti un certain nombre d'églises, de palais, de casernes, de prisons, de maisons d'habitation. Il aurait réalisé chacun de ces genres de construction grossièrement ou avec soin, en grand ou en petit, simplement ou luxueusement, etc. Pourtant l'architecte humain aurait sur le créateur divin un avantage, celui de pouvoir fixer le nombre de ses catégories, comme il l'entendrait. Au contraire, selon Agassiz, le créateur doit se renfermer dans les six catégories énumérées ci-dessus, dans l'espèce, le genre, la famille, l'ordre, la classe et le type. Hors de là il n'y a plus rien pour lui.

Si vous voulez bien (ce que je ne puis que vous conseiller) lire, dans le travail même d'Agassiz sur la classification, l'exposition complète et raisonnée de ces vues étranges, vous aurez peine à comprendre comment, tout en conservant l'apparence de la rigueur scientifique, on peut pousser si loin l'anthropomorphisme du divin créateur et en faire minutieusement le portrait le plus fantastique. Dans tout ce système, le créateur est seulement un homme tout-puissant, qui, lassé de ses longs loisirs, s'est amusé à imaginer et à fabriquer d'innombrables espèces, véritables jouets produits de son imagination. Après s'en être diverti pendant quelques milliers d'années, il s'en fatigue, et alors, par le moyen d'une révolution générale de la surface terrestre, il anéantit et bouleverse tous ces êtres inutiles; puis, pour tuer le temps, en s'occupant de quelque chose de nouveau et de meilleur, il appelle à la vie un autre monde animal et végétal plus parfait. Pourtant, ne voulant pas se donner la peine de recommencer de fond en comble son travail de création, il se renferme dans le plan, qu'il avait une première fois arrêté, et se borne à créer de nouvelles espèces ou bien de nouveaux genres, bien plus rarement de nouvelles familles, de nouveaux ordres ou de nouvelles classes. Jamais il ne crée rien suivant un nouveau type, un nouveau style. Toujours il s'astreint strictement à ne pas sortir de ses six catégories.

Quand le créateur, toujours d'après l'opinion d'Agassiz, se fut diverti durant des millions de milliers d'années à ce jeu de construction et de destruction alternatives, il eut enfin (un peu tard, il est vrai) l'heureuse idée de créer quelque chose qui lui ressemblât, et il forma l'homme à son image! Alors fut atteint le but suprême de la création, et la série des révolutions géologiques fut close. L'homme, cette image, cet enfant de Dieu, donne tant à faire à son père, lui occasionne tant de peine et à la fois tant d'agrément, que maintenant Dieu ne connaît plus l'ennui et n'a plus besoin de tuer le temps en faisant des créations nouvelles. Il est évident, n'est-ce pas? que, si, comme le fait Agassiz, on dote le créateur de qualités et de propriétés absolument humaines, que si l'on juge son œuvre créatrice exactement comme s'il s'agissait d'un ouvrage humain, on est forcément amené à accepter toutes les absurdes conséquences indiquées ci-dessus.

Les contradictions nombreuses et profondes, les absurdités flagrantes inhérentes aux vues d'Agassiz sur la création et qui en ont fait nécessairement un adversaire acharné du darwinisme, doivent d'autant plus nous étonner, que lui-même, dans ses précédents travaux d'histoire naturelle, avait réellement devancé Darwin, particulièrement en ce qui concerne la paléontologie. Parmi les nombreux travaux, qui ont si vite attiré sur la paléontologie nouvelle l'attention générale, il faut placer en première ligne le célèbre ouvrage d'Agassiz « sur les poissons fossiles », cette œuvre tout à fait digne de prendre place à côté des traités fondamentaux de Cuvier. Les poissons fossiles décrits par Agassiz ont non-seulement une valeur extraordinaire pour l'histoire de l'embranchement des vertébrés et de son évolution; mais ils nous enseignent les lois les plus solidement établies de l'évolution générale, et ces lois, c'est Agassiz, qui les a découvertes en grande partie. Ainsi, c'est lui, qui, le premier, a bien fait ressortir le remarquable parallélisme entre l'évolution embryonnaire et l'évolution paléontologique, entre l'ontogénie et la phylogénie. Déjà, précédemment, j'ai revendiqué cette conformité comme une des preuves les plus solides de la doctrine généalogique. Personne n'a montré aussi nettement qu'Agassiz, comment les vertébrés ne furent d'abord représentés que par les poissons, comment plus tard les amphibies apparurent, comment, après un laps de temps beaucoup plus long encore, survinrent les oiseaux et les mammifères, comment, en outre, pour les mammifères aussi bien que pour les poissons, ce furent les ordres les plus imparfaits, les plus inférieurs, qui apparurent les premiers. Agassiz montre donc, que non-seulement l'évolution de tout le groupe vertébré est parallèle à l'évolution embryonnaire, mais qu'il l'est aussi à ce développement systématique, par gradation, que nous voyons s'échelonner depuis les classes, les ordres les plus inférieurs jusqu'aux classes les plus élevées. Ces faits si importants, aussi bien que la conformité des évolutions embryonnaire et paléontologique, s'expliquent très-simplement par la doctrine généalogique, tandis que, sans elle, ils sont absolument inexplicables. On en peut dire autant de la grande loi d'évolution progressive, de ce progrès historique de l'organisation, qui se montre avec éclat aussi bien dans la succession de tous les organismes que dans le perfectionnement particulier de chaque partie de leur corps. Ainsi, par exemple, ce fut lentement, peu à peu, par degrés, que le squelette des vertébrés acquit ce haut degré de perfectionnement, que nous lui voyons aujourd'hui chez l'homme et les autres vertébrés supérieurs. Ce progrès, bien et dûment constaté par Agassiz, est l'effet nécessaire de la loi de sélection naturelle formulée par Darwin, qui en démontre les causes efficientes. Si cette loi est fondée, il faut, de toute nécessité, que le perfectionnement et la multiplicité des espèces aient grandi par degrés dans le cours de l'histoire organique terrestre, et c'est seulement aux époques les plus récentes, qu'elles ont pu arriver à une grande perfection.

Toutes les lois précédemment citées et quelques autres

lois générales de l'évolution bien constatées par Agassiz et sur lesquelles il insiste à bon droit, toutes ces lois, bien qu'il les ait en partie découvertes, ne se peuvent pourtant expliquer, comme nous le verrons plus tard, que par la doctrine généalogique, et, sans elle, elles demeurent complétement inintelligibles. Seules, les influences modificatrices exposées par Darwin, l'hérédité et l'adaptation en peuvent être les vraies causes. Au contraire, ces lois sont en opposition absolue avec l'hypothèse émise par Agassiz sur la création et aussi avec toute l'idée d'activité préméditée, émanant d'un créateur. Si l'on voulait invoquer sérieusement ces hypothèses pour expliquer de si merveilleux phénomènes, alors on serait forcément entraîné à admettre, que le créateur a évolué aussi avec la nature organipue, créée et métamorphosée par lui. Impossible alors de ne pas croire que le créateur ait conçu son plan à la manière humaine, l'ait amélioré et finalement l'ait exécuté après de nombreuses modifications. « L'homme grandit à mesure qu'il vise un but plus élevé. » Il nous faut donc nécessairement nous faire une conception de la divinité indigne de sa grandeur. A en juger par la vénération, avec laquelle Agassiz parle à chaque page du créateur, il semblerait, que nous dussions nous faire ainsi de Dieu une idée très-élevée; or c'est précisément le contraire qui arrive. Par là, le divin créateur est ravalé au niveau d'un homme idéalisé, d'un organisme soumis à un développement progressif.

L'ouvrage d'Agassiz est si répandu, il a une telle autorité, bien méritée d'ailleurs, si l'on songe aux services rendus par son auteur à la science, que j'ai cru de mon devoir de faire en quelques mots ressortir devant vous la grande fragilité des vues générales qui y sont exposées. Comme histoire naturelle de la création, ce livre est absolument sans valeur; mais il en a d'autre part une grande; car c'est le seul travail moderne, dans lequel il nous soit donné de voir un naturaliste éminent, s'efforcer explicitement, et avec un appareil de démonstration scientifique, de fonder une histoire de la création téléologique et dualistique. Cela fait sauter aux yeux de tout le monde, combien la réussite d'une pareille tentative est profondément impossible. Nul adversaire d'Agassiz n'a combattu ses conceptions dualistiques sur la nature et l'origine de la nature organique d'une manière aussi concluante, qu'il ne l'a fait lui-même par les contradictions flagrantes dont son travail est rempli.

Les adversaires de la conception monistique ou mécanique du monde ont salué avec joie l'ouvrage d'Agassiz ; ils le regardent comme une démonstration parfaite de l'activité créatrice immédiate d'un Dieu personnel. Mais ils ne remarquent pas que ce Dieu personnel est simplement un organisme idéalisé, doté d'attributs humains. Cette idée dualistique et si vulgaire de Dieu répond à un degré de développement animal, inférieur, de l'organisme humain. L'homme actuel, parvenu à un haut degré de développement, peut et doit se faire de Dieu une idée infiniment plus noble, plus élevée, la seule qui soit compatible avec la conception monistique du monde. Suivant cette manière de voir, il faut reconnaître l'esprit et la force de Dieu dans tous les phénomènes, sans exception. Cette idée monistique de Dieu, qui est celle de l'avenir, a été déjà exprimée par Giordano Bruno en ces termes : « Dans tout il y a un esprit ; pas un corps, si petit soit-il, qui ne renferme une parcelle de la substance divine qui l'anime. » Gœthe se fait aussi de Dieu la même idée ennoblie, quand il dit : « Certainement, nul culte n'est plus beau que celui qui se passe de toute image et provient seulement d'une sorte de dialogue entre la nature et notre cœur. » Par là, nous parvenons à la conception élevée de l'unité de Dieu et de la nature.

QUATRIÈME LEÇON.

THÉORIE ÉVOLUTIVE DE GOETHE ET D'OKEN.

Insuffisance scientifique de toutes les idées de création isolée de chaque espèce. — Les théories évolutives ont un caractère de nécessité. — Aperçu historique des théories évolutives les plus importantes. — Aristote. — Sa doctrine de la génération spontanée. — Importance de la philosophie naturelle. — Goethe. — Les services qu'il a rendus à l'histoire naturelle. — Sa théorie des métamorphoses des plantes. — Sa théorie des vertèbres crâniennes. — Sa découverte de l'os intermaxillaire humain. — Sa découverte des deux agents de création organique, la tendance à conserver l'espèce (l'hérédité) et la tendance à une métamorphose progressive (l'adaptation). — Vue de Goethe sur la communauté d'origine des vertébrés y compris l'homme. — Théorie évolutive de Gottfried-Reinhold Tréviranus. — Sa conception monistique de la nature. — Oken. — Sa philosophie naturelle. — Son idée d'une substance colloïde primitive (théorie du protoplasme). — Idée d'Oken sur les infusoires (théorie cellulaire). — Théorie évolutive d'Oken.

Messieurs, les diverses opinions, que l'on peut se faire au sujet d'une création isolée, indépendante, des espèces organiques, aboutissent toutes, pour peu que l'on soit conséquent, à ce qu'on appelle l'anthropomorphisme, l'humanisation du créateur, comme nous l'avons vu dans les leçons précédentes. Le créateur est alors assimilé à un être organisé, qui se propose un plan, le médite, le modifie et en fin de compte exécute la créature d'après ce plan, exactement comme un architecte construit un édifice. Quand des naturalistes aussi éminents que Linné, Cuvier, Agassiz, les principaux champions de l'hypothèse dualistique de la création, ne peuvent réussir à trouver une théorie passable, cela suffit bien à démontrer l'inconsistance de toute prétention à faire dériver la variété de la nature organique d'une telle création des espèces. Quelques naturalistes, il est vrai, voyant combien toutes ces hypothèses étaient scientifiquement insuffisantes, ont essayé de remplacer le créateur personnel par une force créatrice inconsciente ; c'est là une pure circonlocution ; car on ne démontre pas davantage, où est le siége de cette force naturelle et quel est son mode d'action. Les tentatives de ce genre sont donc aussi parfaitement sans valeur. Bien plus, toutes les fois que l'on a admis l'origine isolée des diverses formes animales et végétales, il a toujours fallu supposer en même temps des actes de création multiples, c'est-à-dire faire intervenir l'action surnaturelle du créateur dans le cours naturel des choses, qui, ces cas exceptés, marchent sans sa coopération.

D'autres naturalistes téléologiens, sentant bien l'inconsistance scientifique d'une création surnaturelle, ont cherché à rectifier cette idée, en disant que, par le mot « création », il fallait seulement entendre un mode d'origine inconnu, incompréhensible. L'excellent Fritz Müller met en pièces la planche de salut offerte par ce subterfuge sophistique au moyen de l'observation incisive que voici : « C'est, dit-il, une manière détournée d'avouer timidement, que l'on n'a sur l'origine des espèces aucune opinion et qu'on n'en veut pas avoir. Une telle explication pourrait tout aussi bien s'appliquer à la création du choléra et de la syphilis, d'un incendie ou d'un accident de chemin de fer, qu'à celle de l'homme. » (*Jenaische Zeitschrift*, f. M. et N., vol. V, page 272.)

Abandonnant ces hypothèses de création absolument insuffisantes au point de vue scientifique, nous n'avons plus, si nous voulons nous faire une idée raisonnable de l'origine des organismes, qu'à nous réfugier dans la théorie de l'évolution organique. Nous serons contraints et forcés d'adopter cette théorie de l'évolution, pour peu qu'elle rende compte avec une lueur de vraisemblance de l'origine mécanique, naturelle, des espèces animales et végétales ; mais nous le sommes bien davantage, si, comme nous venons de le voir, elle explique simplement, clairement, complétement, l'ensemble des faits que nous considérons.

Ces théories évolutives ne sont pas, comme on le prétend faussement bien souvent, soit des idées arbitraires, soit le produit d'une imagination vagabonde ; elles n'ont pas pour but de donner une explication approximative de l'origine de tel ou tel organisme particulier : elles sont rigoureusement fondées sur des bases scientifiques ; elles embrassent solidement et clairement l'ensemble des phénomènes organiques naturels ; elles expliquent spécialement l'origine des espèces organiques de la manière la plus simple, et démontrent que cette origine est uniquement l'effet nécessaire d'actes naturels mécaniques.

Comme je l'ai déjà montré dans ma deuxième leçon, ces théories d'évolution sont naturellement d'accord avec la conception générale du monde, que l'on appelle ordinairement unitaire ou monistique, souvent aussi mécanique ou causale, parce que, pour expliquer les phénomènes naturels, elle invoque seulement des causes mécaniques, nécessairement actives (*causæ efficientes*). D'autre part, les hypothèses de création surnaturelle déjà examinées par nous sont parfaitement d'accord avec la conception du monde, qui est diamétralement opposée à celle dont nous venons de parler et que l'on appelle habituellement dualistique, téléologique ou vitale, parce qu'elle fait dériver les phénomènes de la nature organique d'une activité voulue, de causes actives ayant un but (*causæ finales*). Ce rapport étroit entre les diverses théories sur la création et les plus hautes questions de philosophie nous détermine à examiner soigneusement les premières.

L'idée fondamentale, qui se trouve nécessairement au fond de toutes les théories naturelles d'évolution, est celle du développement graduel de tous les organismes, même les plus parfaits, à partir d'un être primitif ou d'un très-petit nombre d'êtres primitifs extrêmement simples. En outre, ces formes primitives ne seraient pas l'œuvre d'une création surnaturelle, elles proviendraient de la matière organique par génération spontanée ou archigonie (*generatio spontanea*). Dans cette conception fondamentale, il y a réellement deux idées : d'abord l'idée de la génération spontanée ou archigonie de la forme ancestrale primitive, puis l'idée du développement progressif des diverses espèces organiques à partir de cette forme originelle si simple. Ces deux importantes explications mécaniques sont les données fondamentales, inséparables de toute théorie évolutive rigoureusement scientifique. Ces théories évolutives, d'après lesquelles les diverses espèces animales et végétales descendent d'une forme ancestrale commune extrêmement simple, nous pouvons les appeler doctrines généalogiques ou théorie de la descendance, et, d'autre part, comme elles ne sauraient se séparer de l'idée de métamorphose des espèces, nous les pouvons aussi dénommer doctrines des métamorphoses ou théories de la transmutation.

L'origine des histoires de création surnaturelle remonte a des milliers d'années en arrière, à ce temps oublié où l'homme, émergeant à peine des formes simiennes, commença pour la première fois à réfléchir quelque peu et sur lui-même et sur le monde des corps environnants. Au contraire, les théories d'évolution naturelle sont nécessairement de date beaucoup plus récente. Ces théories, nous ne pouvons les rencontrer que chez des peuples, déjà mûris par la civilisation, des peuples, à qui l'éducation philosophique a démontré la nécessité de remonter à des causes primitives naturelles, et, même chez ces peuples, nous pouvons seulement attendre de quelques natures d'élite, qu'elles considèrent l'origine du monde des phénomènes aussi bien que les phases du développement progressif, comme l'effet nécessaire de causes mécaniques, agissant naturellement. Ces conditions préalables, indispensables à l'apparition d'une théorie d'évolution naturelle, ne furent jamais aussi bien réalisées que chez les Grecs de l'antiquité classique. Mais, d'autre part, comme une connaissance suffisante des faits de la nature, de leur succession et de leurs modes leur faisait encore défaut, la base expérimentale leur manquait aussi ; c'est pourquoi ils ne réussirent pas à formuler complétement une théorie de l'évolution. Dans l'antiquité, et aussi dans le moyen âge, point d'étude exacte de la nature, point de connaissances naturelles empiriquement fondées ; ce sont là des conquêtes des temps modernes. Inutile donc d'examiner en détail les théories d'évolution, qui se trouvent dans les diverses doctrines philosophiques de la Grèce ; car la connaissance expérimentale de la nature organique et anorganique faisant alors défaut, ces doctrines se perdent presque toujours dans de vaines spéculations.

Un seul homme de cette époque mérite d'être mis en relief ; c'est le plus grand, le seul vraiment grand naturaliste de l'antiquité et du moyen âge, c'est un des plus grands génies de tous les temps, c'est Aristote. Comment cet homme put conserver, pendant plus de deux mille ans, une influence souveraine dans le domaine des sciences naturelles, expérimentales et philosophiques, particulièrement dans l'interprétation de la nature organique, c'est ce que nous font comprendre les fragments précieux de ses œuvres, qui nous ont été conservés.

Dans ces fragments, nous trouvons aussi des traces nombreuses d'une théorie de l'évolution. Aristote admet, sans hésiter, la génération spontanée, comme étant le mode naturel d'origine des êtres organisés inférieurs. Selon lui, les animaux et les plantes naissent spontanément de la matière même ; par exemple, il fait provenir les teignes de la laine, les puces du fumier corrompu, les cirons du bois humide, etc. Mais, comme la classification des espèces organisées trouvée plus de deux mille ans plus tard par Linné lui était inconnue, il ne pouvait naturellement se faire aucune idée de leurs rapports généalogiques.

L'idée d'une forme ancestrale commune, d'où seraient descendues par métamorphose les diverses espèces animales et végétales, cette idée fondamentale de la théorie généalogique, ne pouvait être clairement formulée avant que les espèces fussent plus exactement connues, avant que l'on eût embrassé d'un même regard les espèces éteintes et les espèces vivantes, avant qu'on les eût sérieusement comparées entre elles. Cela arriva seulement vers la fin du siècle dernier et le commencement de celui-ci. Pour la première fois, en 1801, le grand Lamarck énonça la théorie généalogique, que, plus tard, en 1809, il exposa avec plus de développement dans sa classique *Philosophie zoologique* (2). Pendant que Lamarck et son compatriote Geoffroy Saint-Hilaire combattaient en France les vues de Cuvier et soutenaient l'idée d'une évolution naturelle des espèces organiques par métamorphose et descendance, en Allemagne, Gœthe et Oken s'engageaient dans la même voie et contribuaient à fonder la théorie de l'évolution. Comme on a coutume de donner à ces naturalistes le nom de « philosophes de la nature », et que cette expression équivoque est vraie pourtant dans un certain sens, je crois utile d'indiquer d'abord, en quelques mots, dans quel sens il convient de prendre l'expression de philosophie de la nature.

Tandis que depuis bien longtemps, en Angleterre, l'idée d'une science de la nature se confond presque avec l'idée de philosophie, à ce point qu'on appelle très-justement philosophe de la nature tout naturaliste, dont les travaux ont un caractère vraiment scientifique ; en Allemagne, au contraire, depuis déjà un demi-siècle, la science de la nature a été nettement séparée de la philosophie, et la nécessité logique de les unir l'une à l'autre pour fonder une véritable « philosophie de la nature » n'a été reconnue que par peu de personnes. Il faut attribuer cette erreur d'appréciation aux fantastiques errements des premiers philosophes de la nature en Allemagne, à Oken, à Schelling, etc., qui ont cru pouvoir construire de toutes pièces, dans leur tête, les lois naturelles, sans avoir besoin de s'appuyer sur le solide terrain de l'observation. Une fois l'inanité de ces prétentions pleinement démontrée, les naturalistes se jetèrent dans l'excès opposé à celui où était tombée « la nation des penseurs », et ils crurent que le but suprême de la science, c'est-à-dire la connaissance de la vérité, pouvait être atteint par la seule expérience des sens, en dehors de tout travail philosophique de la pensée. C'est particulièrement depuis 1830, que s'est accentuée, chez les naturalistes, cette forte opposition contre toute conception générale et philosophique de la nature. On a cru que l'unique objet de l'histoire naturelle était la connaissance des détails, et l'on a pensé atteindre ce but en biologie, en étudiant exactement les formes et les phénomènes de la vie chez tous les organismes individuels à l'aide d'instruments et de moyens d'observation très-délicats. Sans doute, parmi ces naturalistes si exclusivement empiriques, mais exacts, il y en a beaucoup qui s'élèvent au-dessus de ce point de vue borné et se proposent, comme but suprême, la connaissance des lois générales de l'organisation ; mais, durant les trente ou quarante dernières années, la plupart des zoologistes et des botanistes ne voulaient pas entendre parler de ces lois générales ; tout au plus accordaient-ils que, dans un avenir encore très-éloigné, quand on aurait terminé toutes les recherches empiriques, quand on aurait fait un examen détaillé de la totalité des animaux et des plantes, peut-être alors pourrait-on songer à découvrir les lois biologiques générales.

Considérez par la pensée l'ensemble des progrès les plus importants accomplis par l'esprit humain dans la connaissance de la vérité, et vous verrez que toujours ces progrès ont été réalisés par le travail philosophique de la pensée, nécessairement précédé cependant de ces observations purement matérielles, de ces connaissances de détail, qui ne sont que des matériaux indispensables pour formuler les lois générales. L'expérience et la philosophie ne sont donc pas des ennemies acharnées, comme on le pense généralement ; elles sont le complément mutuel l'une de l'autre. Le philosophe, à qui fait défaut le terrain solide de l'observation, la connaissance empirique, se perd bientôt, s'il veut faire de la spéculation générale, dans des raisonnements vides, qu'un naturaliste médiocrement instruit est en état de réfuter. D'autre part, les naturalistes purement empiriques, qui ne se donnent pas la peine de grouper philosophiquement leurs observations et ne visent pas à une connaissance générale, ces naturalistes, disons-nous, servent très-peu à l'avancement de la science, et la principale valeur de leurs connaissances de détail si péniblement amassées consiste dans les résultats généraux, que plus tard en saura tirer un esprit plus compréhensif. Si l'on jette un coup d'œil général sur la marche progressive de la biologie depuis Linné, on remarque aussitôt, comme Bær l'a fait ressortir, une perpétuelle oscillation de la science entre ces deux méthodes, une prédominance alternante tantôt de la méthode empirique ou exacte, tantôt de la méthode philosophique ou spéculative. Ainsi, dès le début du siècle dernier, voyons-nous se produire, en opposition à la méthode purement empirique de Linné, une réaction dans le sens de la philosophie de la nature ; cette réaction eut pour promoteurs Lamarck, Geoffroy Saint-Hilaire, Gœthe, Oken, et, par ses travaux théoriques, elle chercha à mettre de la lumière et de l'ordre dans l'amas chaotique des grossiers matériaux empiriques. En revanche, Cuvier réagit contre les nombreuses erreurs, les spéculations hasardées de ces philosophes de la nature, et il inaugura une deuxième période purement empirique. Le beau temps de cette évolution unilatérale de la science est compris entre 1830 et 1860, et aujourd'hui nous assistons à un second revirement philosophique suscité par l'œuvre de Darwin. Ce fut seulement dans les dix dernières années, que l'on se remit à s'occuper des lois générales de la nature, dont, en fin de compte, toutes les connaissances expérimentales de détail sont seulement des matériaux, auxquels ces lois générales donnent leur vraie valeur. C'est par la philosophie seule, que la connaissance physique de la nature devient une vraie science, une « philosophie de la nature ». (*Morph. Gén.*, I, 63-108.)

Parmi les grands philosophes de la nature, auxquels nous devons les premiers linéaments d'une théorie de l'évolution, et qu'il faut regarder, avec Ch. Darwin, comme les promoteurs de la doctrine généalogique, citons au premier rang Jean Lamarck et Wolfgang Gœthe. Je m'occuperai d'abord de notre cher Gœthe, qui nous intéresse plus particulièrement, nous autres Allemands. Mais, avant d'examiner en détail les services, qu'il a rendus à la théorie de l'évolution, je crois devoir dire quelques mots de sa valeur comme naturaliste ; car, sous ce rapport, il est généralement peu connu.

Sûrement la plupart d'entre vous vénèrent en Gœthe seulement le poëte et l'homme, et très-peu ont une idée de la grande valeur de ses travaux dans les sciences naturelles, du pas de géant, par lequel il a devancé son temps et tellement devancé, que la plupart des meilleurs naturalistes de cette époque ne purent le suivre. Le mauvais accueil fait, de son vivant, à sa conception philosophique de la nature a toujours profondément blessé Gœthe. En divers endroits de ses écrits sur les sciences naturelles, il se plaint amèrement de l'esprit borné des savants de profession incapables d'apprécier ses travaux, auxquels les arbres cachent la vue de la forêt, et qui ne peuvent s'élever au-dessus du fouillis des détails et en faire sortir les lois générales. Il n'a que trop raison de dire : « Le philosophe ne tardera pas à s'apercevoir, que les observateurs s'élèvent bien rarement à un point de vue assez élevé pour pouvoir embrasser un grand nombre d'objets ayant entre eux des rapports qu'il leur importerait de connaître. » Il faut dire cependant que ce mauvais accueil était en partie justifié par la fausse voie dans laquelle Gœthe s'était égaré dans sa théorie des couleurs. La théorie des couleurs, que Gœthe regardait comme l'enfant chéri de ses loisirs, est, dans ses données principales, absolument sans fondement, malgré les beautés de détail qu'elle renferme. La méthode mathématique exacte, qui veut dans les sciences naturelles anorganiques, dans la physique particulièrement, que l'on construise pas à pas, en ayant toujours sous les pieds un terrain solide, cette méthode était absolument antipathique à Gœthe. En la répudiant, il se laissa entraîner à de grandes injustices vis-à-vis des physiciens les plus éminents ; en outre il s'égara, et cela a fait beaucoup de tort à ses autres bons travaux. Il en est tout autrement dans les sciences naturelles organiques ; là nous pouvons bien rarement nous appuyer tout d'abord sur une base inébranlable, mathématique ; bien plus, les données de la nature sont tellement difficiles à saisir, tellement compliquées, que nous sommes contraints de nous formuler avant tout des conclusions inductives ; c'est-à-dire que, des nombreuses observations de détail, incomplètes pourtant, il nous faut déduire une loi générale. La comparaison des séries de phénomènes analogues, la combinaison, voilà quels sont ici les plus importants instruments de recherche, et Gœthe s'en servit dans ses travaux sur la philosophie de la nature avec autant de bonheur que de succès.

Des écrits de Gœthe, qui se rapportent à la nature organique, le plus célèbre est celui intitulé *Métamorphoses des plantes*, qui parut en 1790. Dans cet ouvrage, on retrouve clairement la donnée fondamentale de la théorie de l'évolution ; car Gœthe s'efforce d'y démontrer l'existence d'un organe fondamental unique, dont le développement et les métamorphoses variées peuvent expliquer l'origine de toutes les formes du règne végétal ; cet organe est la feuille. Si l'usage du microscope eût alors été aussi général qu'il l'est devenu, si Gœthe avait pu examiner au microscope la structure des organismes, il serait encore allé plus loin, et aurait vu que la feuille est déjà un composé de parties isolées d'un ordre plus inférieur, de cellules. Il aurait alors proclamé, non plus la feuille, mais la cellule, comme le véritable organe fondamental, d'où la feuille résulte par voie de multiplication, de métamorphose, d'association ; c'est le premier degré ; puis, plus tard, de la métamorphose, de la variation et du groupement des feuilles proviennent les nombreuses beautés des formes et des couleurs, que nous admirons ensuite sur les vraies feuilles, les feuilles de nutrition, et sur les feuilles de reproduction ou les fleurs. Pourtant la proposition fondamentale affirmée par Gœthe était, dès lors, absolument vraie. Gœthe montra alors que, pour bien comprendre la totalité du phénomène, il fallait d'abord comparer, puis ensuite chercher un type simple, une forme primitive simple, un thème en quelque sorte, dont toutes les autres formes seraient seulement des variétés infiniment nombreuses.

Gœthe fit pour les vertébrés, dans sa célèbre théorie des vertèbres crâniennes, quelque chose d'analogue à ce qu'il avait fait dans sa métamorphose des plantes. En effet, sans connaître Oken, qui presque en même temps eut la même idée, Gœthe considéra le crâne humain ainsi que celui de tous les vertébrés et particulièrement des mammifères, comme étant simplement une capsule osseuse formée par l'assemblage de pièces semblables à celles qui constituent la colonne vertébrale, c'est-à-dire par des vertèbres. Les vertèbres crâniennes, tout comme celles de la colonne vertébrale, sont, d'après lui, des anneaux osseux superposés ; seulement, à la tête, ces anneaux subissent une métamorphose particulière et se différencient. Quoique cette manière de voir ait été bien modifiée par les récentes recherches de Gegenbaur, pourtant, à cette époque, elle réalisa un des plus grands progrès de l'anatomie comparée ; non-seulement elle fut une proposition fondamentale pour l'intelligence de la structure des vertèbres, mais elle donna aussi l'explication de beaucoup de phénomènes. S'il était possible de démontrer que deux parties du corps aussi dissemblables que le crâne cérébral et la colonne vertébrale n'étaient, dans le principe, qu'une seule et même forme fondamentale, alors un des plus difficiles problèmes de la philosophie de la nature était résolu. Là encore nous reconnaissons la pensée d'une unité de type, d'un thème simple varié à l'infini dans les diverses espèces et dans les parties de chaque espèce.

Mais Gœthe ne se borna point à s'efforcer de dégager la formule de ces lois si grosses de conséquences, il s'occupa aussi activement de nombreuses recherches de détail, ayant trait particulièrement à l'anatomie comparée. Parmi ces derniers travaux, il n'en est sûrement pas de plus intéressant que la découverte de l'os intermaxillaire chez l'homme. Comme c'est là un point fort important pour la théorie de l'évolution, je crois devoir vous l'exposer brièvement. Il y a, chez tous les mammifères, à la mâchoire supérieure, deux pièces osseuses, situées à la partie médiane de la face, au-dessous et autour du nez, entre les deux os maxillaires supérieurs. Ces deux os intermaxillaires, qui supportent les quatre dents incisives supérieures, sont chez la plupart des mammifères très-faciles à voir; chez l'homme, au contraire, ils étaient à cette époque tout à fait inconnus, et, en anatomie comparée, beaucoup d'auteurs attachaient une très-grande importance à cette absence d'os intermaxillaires ; on en faisait un caractère différentiel capital entre l'homme et les singes ; on faisait sonner bien haut, d'une manière fort comique, l'absence d'os intermaxillaires comme le plus hnmain de tous les caractères humains. Mais Gœthe ne pouvait absolument pas admettre que l'homme, simple mammifère très-perfectionné par tous les autres points de son corps, fût dépourvu de cet os intermaxillaire. De la loi générale inductive admettant chez tous les mammifères la présence d'un os intermaxillaire, il tira la conclusion déductive que cet os devait aussi exister chez l'homme, et il n'eut pas de repos avant de l'avoir constaté par la comparaison d'un grand nombre de crânes. Chez quelques individus, cet os persiste pendant toute la durée de la vie, mais habituellement il se soude de bonne heure avec les maxillaires supérieurs voisins, et, d'ordinaire, on ne peut le rencontrer à l'état d'os indépendant que sur les très-jeunes crânes humains. Chez les embryons humains, on le reconnaît d'un simple coup d'œil. Mais, chez l'homme même, l'os intermaxillaire existe aussi réellement, et c'est à Gœthe que revient la gloire d'avoir, le premier, établi ce fait important sous beaucoup de rapports, et cela en dépit de l'opposition des plus hautes autorités spéciales, par exemple, du célèbre anatomiste Pierre Camper. La méthode par laquelle il arriva à ce résultat est particulièrement intéressante : c'est celle à laquelle nous nous conformons toujours dans les sciences naturelles organiques; c'est la méthode d'induction et de déduction. L'induction consiste à conclure à une loi générale d'après de nombreux faits de détail observés. La déduction au contraire conclut, d'après cette loi générale, un fait de détail non encore observé. De l'ensemble des faits empiriques alors connus ressortait la conclusion inductive, que tous les mammifères avaient des os intermaxillaires. Gœthe en tira la conclusion déductive, que l'homme, dont l'organisation ne diffère sous aucun rapport essentiel de celle des mammifères, doit aussi être muni de ces os intermaxillaires, et il vérifia le fait par une recherche de détail. Car c'est l'expérience consécutive, qui confirme ou vérifie la conclusion déductive.

Ces quelques indications suffisent pour vous montrer combien nous devons attacher de prix aux recherches biologiques de Gœthe. Par malheur ses travaux spéciaux de cette nature sont, pour la plupart, tellement enfouis dans ses œuvres complètes, et ses observations ou ses remarques les plus importantes sont tellement disséminées dans de nombreux écrits traitant de sujets tout autres, qu'il est difficile de les en dégager. Parfois aussi une remarque excellente, vraiment scientifique, est accolée à une foule d'inutiles fantaisies sur la philosophie de la nature, et si étroitement, que les dernières nuisent beaucoup à la première.

Rien ne prouve mieux l'extraordinaire intérêt porté par Gœthe aux études sur la nature organique, que l'extrême attention avec laquelle, dans les dernières années de sa vie, il suivit le débat engagé en France entre Cuvier et Geoffroy Saint-Hilaire. Dans un traité spécial achevé en mars 1832, peu de jours avant sa mort, Gœthe a donné une idée de ce remarquable débat, de son importance générale, et en même temps il a su bien caractériser les deux adversaires en présence. Ce traité est intitulé : *Principes de philosophie zoolo-*

gique, par M. Geoffroy de Saint-Hilaire ; c'est le dernier travail de Gœthe, et il est placé à la fin de ses œuvres complètes. Le débat en lui-même était, à beaucoup de titres, d'un haut intérêt. Il roule essentiellement sur la légitimité de la théorie de l'évolution. Ce débat fut soutenu au sein de l'Académie des sciences française, et les deux adversaires y mirent un emportement presque inouï dans les séances des corps savants de ce genre, à qui la dignité est habituelle ; c'est que les deux naturalistes combattaient pour leurs convictions les plus profondes et les plus sacrées. Le premier conflit eut lieu le 22 février 1830 ; il fut bientôt suivi de plusieurs autres, dont le plus vif éclata le 19 juillet 1830. En sa qualité de chef de la philosophie de la nature en France, Geoffroy défendait la théorie de l'évolution naturelle et la conception unitaire ou monistique de la nature. Il affirmait la variabilité des espèces organisées, la commune descendance des espèces à partir d'une forme ancestrale unique, l'unité de l'organisation, ou l'unité du plan de structure, pour parler le langage d'alors. Cuvier était l'adversaire le plus décidé de ces vues, et, d'après ce que nous avons vu précédemment, il n'en pouvait être autrement. Il cherchait à montrer, que les philosophes de la nature n'étaient aucunement fondés à tirer des matériaux scientifiques existant alors dans le domaine expérimental une aussi large conclusion ; il disait que la prétendue unité d'organisation ou de plan n'existait pas. Il défendait la conception téléologique ou dualistique de la nature, et prétendait que l'invariabilité des espèces était la condition même de l'existence d'une histoire naturelle scientifique Cuvier avait sur son adversaire le grand avantage de pouvoir fournir à l'appui de ses prétentions des preuves palpables, mais qui toutefois étaient simplement des lambeaux isolés arrachés à l'ensemble. Au contraire Geoffroy n'était pas en mesure de prouver la connexion générale des phénomènes de détail, qu'il affirmait, en produisant des faits isolés aussi saisissants. Aussi, aux yeux du plus grand nombre, Cuvier parut avoir remporté la victoire, et cela décida l'abaissement de la philosophie de la nature et le triomphe de la méthode purement empirique pour les trente années qui suivirent. Gœthe au contraire prit naturellement parti pour Geoffroy. On peut juger par l'anecdote suivante, que raconte Soret, combien ce grand débat l'intéressait encore, quoiqu'il eût 81 ans.

« Dimanche 2 août 1830. Les journaux nous ont annoncé aujourd'hui que la révolution de Juillet était commencée et ont tout mis en émoi. Dans l'après-midi je suis allé chez Gœthe. — « Eh bien ! s'écria-t-il en m'apercevant, que pensez-vous de ce grand événement ? Le volcan est en éruption ; tout est en flammes ; ce n'est plus ici un débat à huis-clos. » — « Un grave événement, répliquai-je. Mais, d'après ce que l'on sait des choses et avec un tel ministère, il faut s'attendre à ce que cela finisse par l'expulsion de la famille royale. » — « Nous ne paraissons pas nous entendre, mon excellent ami, répliqua Gœthe. Je ne vous parle pas de ces gens. C'est d'une bien autre affaire qu'il s'agit pour moi. J'entends parler de l'éclat, qui vient de se faire à l'Académie, du débat si important pour la science, survenu entre Cuvier et Geoffroy Saint-Hilaire. » — Cette sortie de Gœthe était si inattendue pour moi, que je ne sus que dire, et que pendant quelques moments mon trouble fut visible. — « L'affaire est de la plus haute importance, continua Gœthe, et vous ne pouvez pas vous figurer ce que j'ai éprouvé, en lisant le compte-rendu de la séance du 19 juillet. Nous avons maintenant, en Geoffroy Saint-Hilaire, un puissant allié, qui ne nous abandonnera pas. Je vois quel grand intérêt le monde scientifique français porte à cette affaire ; car, en dépit de la terrible animation politique, la salle des séances de l'académie était comble le 19 juillet. Mais, ce qu'il a de plus important, c'est que la méthode synthétique en histoire naturelle, que Geoffroy vient d'inaugurer en France, ne peut plus disparaître. Par le fait d'une libre discussion à l'académie et en présence d'un nombreux auditoire, l'affaire est lancée dans le public; impossible à présent de s'en débarrasser par une exclusion secrète, on ne pourra plus l'expédier et l'étouffer à huis-clos. »

Dans ma *Morphologie générale* (4), j'ai placé en épigraphe, en tête de chaque livre et de chaque chapitre, un choix des principaux passages, dans lesquels Gœthe exprime sa manière de concevoir la nature organique et son évolution constante. Je vous citerai d'abord un passage d'une pièce de vers intitulée : « La métamorphose des animaux. » (1819.)

« Toutes les parties se modèlent d'après les lois éternelles, et toute forme, fût-elle extraordinaire, recèle en soi le type primitif. La structure de l'animal détermine ses habitudes, et le genre de vie, à son tour, réagit puissamment sur toutes les formes. Par là, se révèle la régularité du progrès, qui tend au changement sous la pression du milieu extérieur. »

On voit déjà signalé, dans ces vers, l'antagonisme entre les deux influences, qui modèlent les formes organiques, se font face l'une à l'autre, et, par leur mutuelle action, fixent les contours de l'organisme : ce sont, d'un côté, un type commun intime, se conservant toujours sous les formes les plus diverses ; de l'autre côté, l'influence extérieure du milieu et du genre de vie, qui pèse sur le type primitif pour le métamorphoser. Cet antagonisme est exprimé plus nettement encore dans les lignes suivantes :

« Au fond de tous les organismes il y a une communauté originelle ; au contraire, la différence des formes provient des rapports nécessaires avec le monde extérieur ; il faut donc admettre une diversité originelle simultanée et une métamorphose incessamment progressive, si l'on veut comprendre et les phénomènes constants et les phénomènes variables. »

Le « type » représentant « l'intime communauté originelle », qui est au fond de toutes les formes organiques, c'est la puissance formatrice interne, qui, à l'origine, détermine la direction du mouvement organisateur et se transmet par l'hérédité. Au contraire « la métamorphose incessamment progressive » provenant « des rapports nécessaires avec le monde extérieur » produit « l'infinie diversité des formes », en agissant comme puissance formatrice extérieure, en adaptant l'organisme aux conditions que lui fait le milieu ambiant (*Morph. Gén.*, I, 154 ; II, 224). La puissance formatrice intérieure de l'hérédité, qui maintient l'unité du type, Gœthe l'appelle aussi, autre part, la force centripète de l'organisme, sa puissance de spécification, par opposition à la puissance formatrice externe de l'adaptation, d'où dérive la variété des formes organiques, et il appelle force centrifuge de l'organisme, sa puissance de variation. Voici le passage, dans lequel il signale nettement l'antagonisme de ces deux influences formatrices si importantes dans la vie organique : « L'idée de métamorphose est comparable à la *vis centrifuga,* et elle se perdrait dans l'infini des variétés, si elle ne rencontrait pas un contre-poids, c'est-à-dire la puissance de spécification, cette tenace force d'inertie, qui, une fois réalisée, constitue une *vis centripeta* se dérobant dans son essence intime à toute influence extérieure. »

Par le mot métamorphose, Gœthe n'entend pas seulement parler, comme on le fait habituellement aujourd'hui, des changements de forme, que l'individu organique subit dans le cours de son développement individuel ; il s'agit pour lui de l'idée plus large, plus générale de la transformation des formes organiques. Son « idée de la métamorphose » est presque équivalente à notre « théorie de l'évolution ». Cela se voit dans le passage suivant, entre autres : « Le triomphe de la métamorphose physiologique éclate là où l'on voit l'ensemble se subdiviser en familles, les familles se subdiviser en genres, les genres en espèces, et celles-ci en variétés, qui aboutissent à l'individu ; mais il n'y a pas seulement subdivision, il y a aussi transformation. Ce procédé de la nature n'a d'autres limites que l'infini. Pour la nature, nul repos, nul arrêt ; mais, d'autre part, elle ne saurait maintenir et conserver tout ce qu'elle produit. A partir de la semence, les plantes subissent un développement de plus en plus divergent, qui change de plus en plus les rapports mutuels de leurs parties. »

En signalant les deux puissances formatrices organiques, l'une conservatrice, centripète, interne, qui est l'hérédité ou la tendance à la spécification, l'autre progressive, centrifuge, externe, qui est la tendance à l'adaptation ou à la métamorphose, Gœthe avait déjà découvert les deux grandes forces mécaniques naturelles, qui constituent les causes efficientes de la conformation chez les êtres organisés. Ces notions biologiques si profondes devaient naturellement conduire Gœthe à l'idée fondamentale de la doctrine généalogique, savoir : que les espèces organiques, parentes par la forme, sont réellement consanguines et issues d'une forme ancestrale commune. En ce qui regarde le groupe animal le plus important, l'embranchement des vertébrés, Gœthe fait la remarquable réflexion suivante (**1796** !) :

« Nous en sommes arrivés à pouvoir affirmer sans crainte que toutes les formes les plus parfaites de la nature organique, par exemple les poissons, les amphibies, les oiseaux, les mammifères, et, au premier rang de ces derniers, l'homme, ont tous été modelés sur un type primitif, dont les parties les plus fixes en apparence ne varient que dans d'étroites limites, et que, tous les jours encore, ces formes se développent et se métamorphosent en se reproduisant. »

Cette proposition est intéressante à plus d'un titre. La théorie d'une descendance commune à toutes les formes organisées les plus parfaites, c'est-à-dire à tous les vertébrés, qui proviendraient d'un type primitif unique et s'en seraient écartés par la reproduction (hérédité), et la métamorphose (adaptation), cette théorie ressort nettement de la proposition citée. Ce qui est aussi particulièrement intéressant à constater, c'est que Gœthe non-seulement ne fait aucune exception pour l'homme, mais le place expressément dans le groupe des vertébrés. On trouve donc là en germe la plus importante des conséquences particulières de la doctrine généalogique, celle qui fait descendre l'homme des autres vertébrés (3).

Gœthe exprime encore plus clairement cette idée fondamentale dans un autre passage (1807) : « Si l'on examine les plantes et les animaux placés au bas de l'échelle des êtres, on peut à peine les distinguer les uns des autres. Nous pouvons donc dire que les êtres, d'abord confondus dans un état de parenté où ils se différenciaient à peine les uns des autres, sont peu à peu devenus plantes et animaux, en se perfectionnant dans deux directions opposées, pour aboutir, les unes à l'arbre durable et immobile, les autres à l'homme, qui représente le plus haut degré de mobilité et de liberté. » Dans ce remarquable passage, on ne trouve pas seulement nettement exprimée l'idée de la parenté généalogique entre les deux règnes animal et végétal, on y voit aussi en germe l'hypothèse de la descendance unitaire ou monophylétique, que j'aurai plus tard à vous exposer en détail. (Voir la XVIe leçon.)

Dans le temps même où Gœthe ébauchait ainsi la théorie de la descendance, on voit un autre philosophe de la nature s'en occuper aussi en Allemagne avec ardeur ; je veux parler de Gottfried-Reinhold Tréviranus de Brême (né en 1776, mort en 1837). Comme W. Folke de Brême l'a brièvement indiqué, Tréviranus a déjà, tout à fait au commencement de ce siècle, dans ses premiers grands ouvrages, dans sa « Biologie ou philosophie de la nature vivante », exposé sur l'unité de la nature et la connexion généalogique des espèces organisées, des vues exactement analogues aux nôtres. Dans les trois premiers volumes de sa Biologie, qui parurent en 1802, 1803, 1805, par conséquent plusieurs années avant les œuvres capitales de Oken et de Lamarck, nous rencontrons de nombreux passages fort intéressants sous ce rapport. Je ne veux citer ici que les plus importants.

Tréviranus parle de la question capitale de notre théorie, de l'origine des espèces organiques, de la manière suivante :

« Toute forme vivante peut être produite par les forces physiques de deux manières : elle peut provenir soit de la matière amorphe, soit, par modification, d'une forme déjà existante. Dans le dernier cas, la cause première de la modification peut être, soit l'influence d'une substance fécondante hétérogène sur le germe, soit l'influence d'autres forces apparaissant seulement après la fécondation. Dans tout être vivant, réside la faculté de se plier à une foule de modifications ; chaque être a le pouvoir d'adapter son organisation aux changements, qui se produisent dans le monde extérieur. C'est cette faculté mise en jeu par les vicissitudes survenues dans l'univers, qui a permis aux simples zoophytes du monde antédiluvien d'atteindre des degrés d'organisation de plus en plus élevés, et a introduit dans la nature vivante une variété infinie. »

Par zoophytes, Tréviranus entend ici les organismes de l'ordre le plus inférieur, de la constitution la plus élémentaire, surtout ces êtres neutres, tenant le milieu entre les animaux et les plantes, qui, d'une façon générale, correspondent aux protistes. « Ces zoophytes, dit-il dans un autre endroit, sont les formes primitives, d'où sont provenus tous les organismes des classes supérieures par voie de développement graduel. Nous croyons, en outre, que chaque espèce, aussi bien que chaque individu, parcourt certaines périodes de croissance, de floraison et de mort ; mais que la mort de l'espèce n'est pas la dissolution, comme chez l'individu, c'est de la dégénération. De là nous paraît résulter, que ce ne sont pas, comme on le croit généralement, les grandes catastrophes géologiques, qui ont exterminé les animaux antédiluviens : beaucoup de ces animaux ont survécu, et, s'ils ont disparu de la nature contemporaine, c'est parce que leurs espèces, ayant accompli le cours de leur existence, se sont fondues dans d'autres genres. »

Quand, dans ce passage et dans plusieurs autres, Tréviranus considère la *dégénération* comme la cause la plus importante de la métamorphose des espèces animales et végétales, il n'entend pas ce mot, comme on l'entend généralement aujourd'hui, dans le sens de « dégénérescence ». Bien plus, sa dégénération est exactement ce que nous appelons aujourd'hui adaptation ou modification par l'influence des causes extérieures. Que Tréviranus explique, d'une part, la métamorphose des espèces organiques par l'adaptation et leur conservation par l'hérédité ; qu'il attribue, d'autre part, la multiplicité des formes organiques à l'action combinée de l'adaptation et de l'hérédité, cela ressort clairement aussi de plusieurs autres passages. Combien Tréviranus se faisait une idée juste de la mutuelle dépendance de tous les êtres vivants, ou plus généralement du *lien causal universel*, c'est-à-dire de la connexion étiologique unitaire entre tous les membres et toutes les parties de l'univers ! Cela ressort du passage suivant choisi entre plusieurs autres dans sa Biologie : « L'individu vivant dépend de l'espèce, l'espèce dépend du genre, celui-ci dépend de toute la nature vivante, et cette dernière elle-même dépend de l'organisme de la terre. L'individu possède donc une vie qui lui est propre, et, sous ce rapport, il constitue un monde particulier. Mais, par cela même que sa vie est limitée, il constitue aussi un organe dans l'organisme général. Tout corps vivant existe par l'univers ; mais, réciproquement, l'univers existe aussi par ce corps vivant. »

Conformément à cette conception mécanique et si large de l'univers, Tréviranus ne pouvait réclamer pour l'homme aucune place privilégiée dans la nature ; il devait même admettre, que l'homme descendait des formes animales inférieures par une évolution graduelle ; dans la pensée si profonde et si lucide d'un tel philosophe de la nature, il n'en pouvait être autrement. Pour Tréviranus, cela était d'autant plus naturel, qu'il n'admettait aucun gouffre entre la nature organique et la nature anorganique ; il affirmait même l'unité absolue d'organisation dans tout le système du monde. La phrase suivante prouve notre dire : « Toute recherche, ayant pour objet l'influence de l'ensemble de la nature sur le monde vivant, doit avoir pour point de départ cette donnée fondamentale, savoir, que *toutes les formes vivantes sont des produits physiques*, apparaissant encore à notre époque, et qu'il y a eu modification seulement dans le degré, dans la direction des influences. » Par là, comme le dit Tréviranus lui-même, « le problème fondamental de la biologie est résolu », et nous ajoutons, qu'il est résolu dans un sens purement monistique ou mécanique.

Parmi les philosophes de la nature, on n'accorde généralement le premier rang ni à Tréviranus, ni à Gœthe, mais bien à Lorenz Oken, qui, par sa théorie des vertèbres crâniennes, s'est posé en rival de Gœthe, pour lequel, d'ailleurs, il n'était pas précisément bienveillant. La grande diversité de nature, qui exista entre ces deux grands hommes, les empêcha de sympathiser ensemble, quoiqu'ils aient longtemps vécu dans le voisinage l'un de l'autre. Le Manuel de la philosophie de la nature d'Oken, qui peut être regardé comme la production capitale des écoles allemandes de philosophie de la nature à cette époque, parut en 1809, l'année même où Lamarck publiait aussi son ouvrage fondamental, la *Philosophie zoologique*. Déjà, en 1802, Oken avait publié un *Abrégé de la philosophie de la nature*. Comme nous l'avons déjà dit, on trouve chez Oken quantité de vues justes et profondes, enfouies sous un amas d'idées erronées, hasardées et fantastiques. Parmi les premières, il s'en est trouvé, qui ont pu, seulement de notre temps, acquérir peu à peu droit de cité dans la science. Je me contenterai de citer deux de ces idées prophétiques, qui ont d'ailleurs des rapports étroits avec la théorie de l'évolution.

Une des principales théories d'Oken, d'abord très-décriée et vivement combattue particulièrement par les partisans de l'expérience soi-disant exacte, est l'idée, qui donne pour point de départ aux phénomènes vitaux de tous les organismes un substratum chimique commun, une sorte de *substance vitale* générale et simple, appelée par Oken « substance colloïde primitive » (*Urschleim*). Il entendait par là, comme l'expression l'indique, une substance visqueuse, une sorte de composé albuminoïde, existant dans les agrégats semi-fluides et ayant le pouvoir de produire les formes les plus diverses par l'adaptation aux conditions d'existence du monde extérieur et par l'action mutuelle que cette substance et les éléments du monde extérieur exercent les uns sur les autres. Aujourd'hui, nous avons coutume de remplacer simplement la dénomination « substance colloïde primitive » par le mot protoplasma ou substance cellulaire, pour désigner une des plus grandes conquêtes dues aux recherches microscopiques de ces dix dernières années, et notamment à celles de Max-Schultze (24). Ces travaux ont établi, que, dans tous les corps vivants, sans exception, il existe une certaine quantité d'une matière colloïde, albuminoïde, à l'état semi-fluide ; que, de plus, cette matière, ce composé, où dominent l'azote et le carbone, est le siége unique et en même temps l'agent producteur de tous les phénomènes vitaux et de toutes les formes organisées. Les autres matériaux existant encore dans l'organisme ou bien sont formés aux dépens de cette substance vitale active, ou bien sont empruntés au dehors. L'œuf organique ou la cellule originelle, d'où proviennent tout animal et toute plante, est essentiellement constitué par une petite masse de cette matière albuminoïde. Le jaune d'œuf n'est pas autre chose que de l'albumine contenant des globules de graisse. Oken a aussi parfaitement raison, quand il dit, pressentant ce qu'il sait mal encore : « Tout ce qui est organisé est provenu d'une substance colloïde ; c'est simplement de la matière colloïde diversement modelée. Cette substance colloïde primitive s'est produite dans la mer aux dépens de la matière anorganique, durant l'évolution de la planète. »

Une autre grande idée du même philosophe de la nature est étroitement liée à cette théorie de la matière colloïde primitive, d'accord maintenant dans ses traits essentiels avec la théorie si importante du protoplasma. Dès 1809, Oken affirma nettement, que la matière colloïde primitive spontanément produite dans la mer avait tout d'abord revêtu la forme de petites vésicules microscopiques, qu'il appela infusoires. « La base du monde organique est constituée par une infinité de ces vésicules. » Ces vésicules se forment aux dépens de la matière colloïde primitive et leur périphérie se durcit. Les organismes les plus simples ne sont autre chose que ces vésicules isolées ; ce sont les infusoires. Tout organisme d'un rang élevé, tout animal, toute plante plus perfectionnés, sont simplement une agrégation (*synthesis*) de ces vésicules infusoires, qui, « en se combinant diversement, revêtent des formes variées et parviennent à constituer les organismes supérieurs ». Mettez seulement à la place du mot vésicules ou infusoires le mot cellules, et vous aurez l'une des plus grandes théories biologiques de notre siècle, la théorie cellulaire. Schleiden et Schwann ont, pour la première fois, démontré, il y a trente ans, que tous les organismes sont ou de simples cellules, ou des agrégations de cellules simples, et la nouvelle théorie du protoplasma a prouvé, que la base la plus essentielle et parfois la base unique des vraies cellules est le protoplasma. Bien plus, les propriétés dont Oken dote ses infusoires sont les propriétés des cellules, les propriétés des individus élémentaires, dont l'agrégation, la combinaison et les diverses modifications de forme constituent les organismes supérieurs.

Ces deux idées si extraordinairement fécondes d'Oken furent assez mal accueillies ou même entièrement dédaignées, à cause de la forme absurde qu'il leur avait donnée ; il était réservé à une époque postérieure de leur fournir une base expérimentale. Naturellement ces idées se relient de la façon la plus étroite avec l'hypothèse attribuant aux espèces animales et végétales une même origine, une forme ancestrale commune, et supposant une évolution lente, graduelle, qui aurait fait provenir les organismes supérieurs des organismes inférieurs. Oken affirme aussi que l'homme est issu des organismes inférieurs : « L'homme s'est développé ; il n'a pas été créé. » Quelles que soient les absurdités évidentes et les divagations insensées renfermées dans la Philosophie de la nature d'Oken, cela ne saurait nous empêcher de payer un légitime tribut d'admiration à ces grandes idées, si fort en avant de leur temps. Des affirmations de Gœthe et d'Oken citées tout à l'heure, des vues de Lamarck et de Geoffroy Saint-Hilaire, que nous aurons bientôt à examiner, il ressort que, dans les vingt ou trente premières années de ce siècle, rien n'approcha autant que la philosophie de la nature, si décriée pourtant, de la théorie de l'évolution fondée par Darwin.

CINQUIÈME LEÇON.

THÉORIE DE L'ÉVOLUTION, D'APRÈS KANT ET LAMARCK.

Biologie dualistique de Kant. — Son opinion, qui attribue l'origine des êtres inorganiques à des causes mécaniques et l'origine des organismes à des causes finales. — Contradiction de cette manière de voir avec sa tendance à adopter la doctrine généalogique. — Théorie évolutive et généalogique de Kant. — Limites que sa téléologie assignait à cette théorie. — Comparaison de la biologie généalogique avec la philologie comparée. — Opinions favorables à la théorie de la descendance professées par Léopold de Buch, Bær, Schleiden, Unger, Schaaffhausen, Victor Carus, Büchner. — La philosophie de la nature en France. — Philosophie zoologique de Lamark. — Système de la nature monistique ou mécanique de Lamarck. — Ses vues sur l'action réciproque des deux influences formatrices organiques, l'hérédité et l'adaptation. — Opinion de Lamarck suivant laquelle l'homme descendrait de mammifères simiens. — La théorie de la descendance défendue par Geoffroy Saint-Hilaire, Naudin et Lecoq. — La philosophie de la nature en Angleterre. — Opinions favorables à la théorie de la descendance professées par Érasme Darwin, W. Herbert, Grant, Freke, Herbert-Spencer, Hooker, Huxley. — Double mérite de Charles Darwin.

Messieurs, la théorie téléologique de la nature, qui attribue les phénomènes du monde organique à l'activité voulue d'un créateur personnel ou d'une cause finale consciente, cette théorie, si on la suit dans ses dernières conséquences, conduit soit à d'insoutenables contradictions, soit à une conception dualistique de la nature en contradiction flagrante avec l'unité, avec la simplicité partout visible des grandes lois naturelles. Les philosophes, qui admettent cette téléologie, doivent nécessairement supposer deux natures radicalement différentes : une nature anorganique et une nature organique, la première explicable par des causes efficientes mécaniques, l'autre, qu'il faut rapporter à des causes ayant conscience de leur but (*causæ finales*).

Ce dualisme est flagrant dans la conception de la nature de l'un des plus grands philosophes allemands, de Kant, et dans les idées qu'il se faisait sur l'origine des organismes. Examiner en détail ces idées est pour nous d'autant plus nécessaire, que nous nous plaisons à vénérer dans Kant un des rares philosophes ayant uni une connaissance solide de l'histoire naturelle à une clarté et à une profondeur extraordinaires dans la spéculation. Non-seulement le philosophe de Kœnigsberg s'est acquis, en fondant la philosophie critique, une haute renommée parmi les philosophes spéculatifs, mais en outre, par sa cosmogénie mécanique, il s'est fait un nom glorieux parmi les naturalistes. Dès l'année 1755, Kant, dans son ouvrage intitulé ***Histoire naturelle générale et théorie du ciel*** (22), essayait hardiment d'exposer « la constitution et l'origine mécanique de l'univers, d'après les principes newtoniens » et d'expliquer les phases de l'évolution naturelle de la matière mécaniquement et en dehors de tout miracle. La cosmogénie kantiste ou la « théorie cosmologique des gaz », que nous aurons bientôt (XIIIe leçon) à examiner brièvement, fut plus tard fondée plus explicitement par le mathématicien français Laplace et par l'astronome anglais Herschell, et aujourd'hui encore elle est généralement acceptée. Ne fût-ce que pour cette œuvre importante, où une exacte connaissance des sciences physiques est unie à la plus ingénieuse spéculation, Kant mériterait le titre honorable de philosophe naturaliste, en prenant cette qualification dans son meilleur sens.

Lisez la Critique du jugement téléologique de Kant, qui est son principal ouvrage, et vous verrez, à n'en pas douter, que, dans l'examen de la nature organique, il embrasse toujours exclusivement le point de vue téléologique ou dualistique, tandis que, pour la nature anorganique, il accepte, sans hésitation ni réserve, l'explication mécanique ou monistique.

Il affirme que, dans le domaine de la nature anorganique, tous les phénomènes se peuvent expliquer par des causes mécaniques, par les forces motrices de la matière elle-même, mais qu'il en est tout autrement dans le domaine de la nature organique. Dans l'inorganologie tout entière, dans la géologie et la minéralogie, dans la météorologie et l'astronomie, dans la physique et la chimie des corps inorganiques, tous les phénomènes sont explicables par le seul mécanisme (*causa efficiens*), sans qu'il soit besoin d'invoquer une cause finale. Dans toute la biologie, au contraire, dans la botanique, la zoologie et l'anthropologie, le mécanisme serait insuffisant pour expliquer tous les phénomènes ; nous ne les pourrions même comprendre sans invoquer des causes finales agissant en vue d'un but à atteindre. En divers endroits de ses œuvres, Kant proclame expressément, qu'en s'en tenant au point de vue strict de l'histoire naturelle philosophique, il faut admettre une explication mécanique de tous les phénomènes sans exception, et que *le mécanisme seul fournit une véritable explication*. Mais il pense, au contraire, que, pour les corps de la nature vivante, pour les animaux et les végétaux, notre pouvoir humain de connaître est limité, qu'il ne suffit pas, pour arriver jusqu'aux vraies causes des faits organiques, et particulièrement de l'origine des formes organisées. La *compétence* de la raison humaine, quand il s'agit d'expliquer mécaniquement *tous* les phénomènes, est sans limites, mais *son pouvoir* s'arrête en présence de la nature organique, qu'il faut examiner téléologiquement.

Mais, dans plusieurs passages fort remarquables, Kant est manifestement infidèle à cette manière de voir, et il formule plus ou moins nettement les idées fondamentales de la doctrine généalogique. Il va même jusqu'à affirmer, qu'en général, pour arriver à une conception scientifique du système organique, il faut, de toute nécessité, le concevoir comme généalogiquement formé. Le plus important et le plus remarquable de ces passages se trouve dans *la Méthodologie du Jugement téléologique*, publiée en 1790, dans *la Critique du*

Jugement. Comme ces passages offrent un intérêt capital, autant pour l'appréciation de la philosophie kantienne que pour l'histoire de la théorie de la descendance, je me permettrai de vous les citer en entier :

« Il est beau de parcourir, au moyen de l'anatomie comparée, la vaste création des êtres organisés, afin de voir s'il ne s'y trouve pas quelque chose de semblable à un système dérivant d'un principe générateur, en sorte que nous ne soyons pas obligés de nous en tenir à un simple principe du jugement (qui ne nous apprend rien sur la production de ces êtres), et de renoncer sans espoir à la prétention *de pénétrer la nature* dans ce champ de la science. La concordance de tant d'espèces d'animaux avec un certain type commun, qui ne paraît pas seulement leur servir de principe dans la structure de leurs os, mais aussi dans la disposition des autres parties, et cette admirable simplicité de forme, qui, en raccourcissant certaines parties et en allongeant certaines autres, en enveloppant celles-ci et en développant celles-là, a pu produire une si grande variété d'espèces, font naître en nous l'espérance, bien faible, il est vrai, de pouvoir arriver à quelque chose avec le principe du mécanisme de la nature. Cette analogie des formes, qui, malgré leur diversité, paraissent avoir été produites conformément à un type commun, fortifie l'hypothèse que ces formes ont une affinité réelle, et qu'elles sortent d'une mère commune, en nous montrant chaque espèce se rapprochant graduellement d'une autre espèce, depuis celle où le principe de la finalité semble le mieux établi, à savoir l'homme, jusqu'au polype, et depuis le polype jusqu'aux mousses et aux algues, enfin jusqu'au dernier degré de la nature que nous puissions connaître, jusqu'à la matière brute, d'où semble dériver, d'après les lois mécaniques (semblables à celles qu'elle suit dans ses cristallisations), toute cette technique de la nature, si incompréhensible pour nous dans les êtres organisés, que nous nous croyons obligés de concevoir un autre principe.

« Il est permis à l'archéologue de la nature de se servir

des vestiges encore subsistants de ses plus anciennes productions, pour chercher dans tout le mécanisme, qu'il connaît ou qu'il soupçonne, le principe de cette grande famille de créatures (car c'est ainsi qu'il faut se la représenter, si cette prétendue affinité générale a quelque fondement). » (*Critique du Jugement*, § LXXIX. Traduction Barni.)

Si l'on isole ce remarquable passage de *la Critique du Jugement téléologique* de Kant, si on le considère à part, on sera étonné de voir avec quelle profondeur et quelle clarté le grand penseur reconnaissait déjà en 1790 la stricte nécessité de la doctrine généalogique et la signalait comme le seul moyen possible d'expliquer la nature organique par les lois mécaniques, c'est-à-dire d'en avoir une connaissance vraiment scientifique. En se basant sur cet unique passage, on pourrait placer Kant précisément à côté de Gœthe et de Lamarck, comme étant un des premiers fondateurs de la doctrine généalogique, et, à cause de la haute estime dans laquelle on tient à bon droit la philosophie critique de Kant, cela serait sûrement de nature à prédisposer nombre de philosophes en faveur de cette doctrine. Mais, si l'on rapproche ce passage de tout l'exposé raisonné de *la Critique du Jugement,* si on le compare à d'autres passages contradictoires, on voit bien nettement que, dans ce paragraphe et dans quelques autres analogues, quoique plus faibles, Kant va au-delà de sa pensée et oublie le point de vue téléologique, qu'il adopte habituellement en biologie.

Le remarquable passage, que nous avons littéralement cité, est précisément suivi d'une addition qui lui ôte toute sa valeur. Après avoir si bien affirmé, que les formes organiques tirent leur origine de la matière brute, en vertu de lois mécaniques semblables à celles de la cristallisation, après avoir aussi affirmé l'évolution graduelle et généalogique des espèces, qui auraient eu une mère primitive commune, Kant ajoute aussitôt : « Mais il faut toujours, en définitive, attribuer à cette mère universelle une organisation, qui ait pour but toutes ces créatures ; sinon il serait impossible de concevoir la possibilité des productions du règne animal et du règne végétal. » Évidemment cette addition détruit complétement l'idée principale exprimée dans la proposition précédente, et d'après laquelle la théorie de la descendance seule était capable de donner de la nature organique une explication purement mécanique. Cette manière téléologique de considérer la nature dominait si bien chez Kant, qu'elle se montre déjà dans le titre du paragraphe 79, celui qui contient les deux passages contradictoires que j'ai cités. Voici ce titre : « De la subordination nécessaire du principe du mécanisme au principe téléologique dans l'explication d'une chose comme fin de la nature. »

Kant se prononce de la façon la plus nette contre l'explication mécanique de la nature organique dans le passage suivant (§ 74) : « Il est absolument certain, que nous ne pouvons apprendre à connaître d'une manière suffisante, et, à plus forte raison, à nous expliquer les êtres organisés et leur possibilité intérieure par des principes purement mécaniques de la nature ; et on peut soutenir hardiment, avec une égale certitude, qu'il est absurde pour des hommes de tenter quelque chose de pareil et d'espérer que quelque nouveau Newton viendra un jour expliquer la production d'un brin d'herbe par des lois naturelles, auxquelles aucun dessein n'a présidé; car c'est là une vue qu'il faut absolument refuser aux hommes. » (*Critique du Jugement*, § LXXIV. Trad. Barni.) Pourtant ce Newton, réputé impossible, est apparu soixante ans plus tard. C'est Darwin, qui, par sa théorie de la sélection, a effectivement résolu le problème, que Kant déclarait insoluble.

Après Kant et les philosophes naturalistes allemands, dont nous avons examiné les théories évolutives dans les leçons précédentes, il nous paraît convenable de nous occuper quelque peu d'autres naturalistes et philosophes, Allemands aussi, qui, dans notre siècle même, se sont plus ou moins énergiquement révoltés contre les cosmogonies téléologiques et ont défendu l'idée fondamentale du mécanisme, base de la théorie généalogique.

Ce fut tantôt par des considérations philosophiques générales, tantôt par des observations empiriques, que ces penseurs arrivèrent à imaginer, que les espèces organiques pouvaient bien descendre d'une forme ancestrale commune. Je veux, avant tout, citer le grand géologue allemand, Léopold de Buch. D'importantes observations sur la distribution géographique des plantes l'amenèrent, dans son excellente *Description physique des îles Canaries,* à écrire les remarquables lignes suivantes :

« Sur les continents, les individus des groupes organiques se répandent, se disséminent au loin, et, à cause de la diversité de l'habitat, de l'alimentation, du sol, ils forment des variétés, qui, se trouvant éloignées des autres, ne peuvent subir de croisement et être ainsi ramenées au type principal ; c'est pourquoi, finalement, elles deviennent des espèces constantes, particulières. Puis les espèces, qui ont été simultanément modifiées, se retrouvent en contact avec la variété première, aussi modifiée ; mais elles sont maintenant fort différentes, et ne peuvent plus se mêler ensemble. Il en est tout autrement dans les îles. Là, confinés ordinairement dans d'étroites vallées ou dans des zones restreintes, les individus peuvent se rejoindre et détruire ainsi toute variété en train de se fixer. C'est ainsi sans doute que des singularités ou des vices de langage, d'abord particuliers au chef d'une famille, s'étendent avec cette famille et deviennent communs à tout un district. Si ce district est séparé, isolé, si de perpétuels rapports avec les districts voisins ne ramènent pas constamment le langage à sa pureté première, un dialecte naîtra de cet écart linguistique. Que des obstacles naturels, des forêts, la configuration du lieu, aussi le gouvernement, relient plus étroitement encore entre eux les habitants du district dont nous parlons, ils se sépareront plus nettement de leurs voisins ; leur dialecte se fixera ; il deviendra une langue parfaitement distincte. » (*Coup d'œil sur la Flore des Canaries.*)

Vous le voyez, Buch est ici conduit à la donnée fondamentale de la doctrine généalogique par les phénomènes de la géographie des plantes ; et c'est là, en effet, un terrain biologique, qui fournit quantité de preuves en faveur de cette doctrine. Darwin l'a explicitement démontré dans deux chapitres de son livre sur l'origine des espèces, dans le onzième et le douzième. La remarque de Buch est surtout intéressante, parce qu'elle nous conduit à la comparaison extrêmement instructive des dialectes et des espèces organiques, et ce rapprochement est aussi utile pour la linguistique comparée que pour la botanique et la zoologie comparées. En effet, de même que les divers dialectes et idiomes, les divers rameaux ou branches des langues fondamentales allemandes, slaves, gréco-latines et indo-iraniennes, proviennent d'une seule langue indo-européenne commune, de même que leurs différences et leurs caractères généraux communs s'expliquent, les unes par l'adaptation, les autres par l'hérédité, ainsi les espèces, genres, familles, ordres et classes des vertébrés descendent d'un seul type vertébré commun ; et ici, aussi, l'adaptation est la cause des différences, l'hérédité est la cause des caractères fondamentaux communs. Cet intéressant parallélisme entre l'évolution divergente des formes linguistiques et des formes organisées a été très-clairement établi par un des maîtres en linguistique comparée, par l'ingénieux Auguste Schleicher, dont la mort prématurée a été une perte irréparable non pas seulement pour l'université d'Iéna, mais pour la science monistique tout entière (6).

Parmi les naturalistes allemands éminents, qui se sont prononcés d'une manière plus ou moins nette en faveur de la théorie de la descendance, et qui y ont été conduits par diverses voies, j'ai tout d'abord à mentionner Carl-Ernst Bær, le grand réformateur de la théorie zoologique de l'évolution. Dans une leçon faite en 1834, et intitulée : « La loi la plus générale de la nature ou de l'évolution de tous les êtres », il expose excellemment, que c'est une manière de voir tout-à-fait enfantine que de considérer les espèces organiques comme des types fixes, invariables ; que ces espèces, au contraire, ne peuvent être que des séries généalogiques provenant, par métamorphose, d'une souche commune. Bær appuya encore cette vue (1859), en invoquant les lois de la distribution géographique des organismes.

J.-M. Schleiden, qui, il y a trente ans, ici même, à Iéna, inaugura une nouvelle ère pour la botanique, grâce à sa méthode vraiment scientifique et strictement conforme à la philosophie expérimentale, envisagea d'un point de vue nouveau dans ses *Principes de botanique philosophique* le sens philosophique de l'idée de l'espèce organique, et montra que cette idée était née subjectivement de la loi générale de spécification. Les diverses espèces de plantes sont seulement, pour lui, les produits spécifiés des influences formatrices végétales, résultat de la combinaison variée des forces fondamentales de la matière organique.

Un botaniste viennois distingué, F. Unger, fut amené par ses importantes et vastes recherches sur les espèces botaniques éteintes à une histoire de l'évolution paléontologique du règne végétal, où se trouve clairement exprimée la donnée fondamentale de la doctrine généalogique. Dans son *Essai sur une histoire du monde végétal* (1852), il affirme que toutes les espèces végétales sont descendues d'un petit nombre de formes ancestrales et peut-être d'une plante primitive unique, d'une cellule végétale très-simple. Il montre que cette idée d'un lien généalogique entre toutes les formes végétales n'est pas seulement physiologique, mais qu'elle est encore expérimentalement fondée (8).

Dans l'introduction de son excellent *Système de morphologie animale* (3), paru à Leipzig, en 1853, et où il cherche à donner une base philosophique aux lois générales de la formation du corps des animaux, en invoquant l'anatomie comparée et l'histoire de l'évolution, Victor Carus formule la proposition suivante : « Les organismes enfouis dans les couches géologiques les plus profondes doivent être considérés comme les aïeux des êtres qui composent l'ensemble des règnes vivants actuels, êtres modifiés par un long travail de génération et d'accommodation progressive aux conditions du milieu ambiant. »

La même année, en 1853, l'anthropologiste Schaafhausen de Bonn, dans un mémoire « sur la fixité et la variabilité de l'espèce », prit décidément parti pour la théorie de la descendance. Les espèces vivantes, animales et végétales, sont, d'après lui, la postérité modifiée par une graduelle transformation des espèces éteintes, dont elles sont issues. L'écart, la divergence, la séparation des espèces parentes, sont dus à la destruction des formes intermédiaires, qui les reliaient entre elles. Schaafhausen se déclara aussi nettement, dès 1857, pour l'origine animale du genre humain, qui descendrait d'animaux pithécoïdes, par une graduelle évolution; or, c'est là la conséquence la plus importante de la doctrine généalogique.

Enfin, parmi les naturalistes philosophes de l'Allemagne, il faut encore mentionner spécialement Louis Büchner, qui, dans son célèbre livre : *Force et matière,* développa aussi, en 1855, les principes de la théorie de la descendance, d'une façon originale et en s'appuyant principalement sur les irrécusables témoignages empiriques, que nous fournissent l'évolution paléontologique et individuelle des organismes, leur anatomie comparée et le parallélisme de ces diverses séries de développement. Büchner fait déjà judicieusement remarquer, que de ce seul fait résulte la nécessité d'une forme ancestrale commune aux diverses espèces organiques ; il ajoute que l'origine de cette forme ancestrale originelle est explicable seulement par la génération spontanée (10).

Après avoir parlé des philosophes de la nature en Allemagne, passons maintenant à ceux qui, en France, ont aussi, dès le commencement de ce siècle, défendu la théorie de l'évolution.

Le chef de la philosophie de la nature, en France, est Jean Lamarck, qui, dans l'histoire de la doctrine généalogique, est en première ligne à côté de Gœthe et de Darwin. A lui revient l'impérissable gloire d'avoir, le premier, élevé la théorie de la descendance au rang d'une théorie scientifique indépendante, et d'avoir fait de la philosophie de la nature la base solide de la biologie tout entière. Quoique Lamarck fût né en 1744, il ne commença à publier sa théorie qu'au commencement de ce siècle, en 1801, et ne l'exposa en détail qu'en 1809, dans sa classique *Philosophie zoologique* (2). Cette œuvre admirable est la première exposition raisonnée, et strictement poussée jusqu'à ses dernières conséquences, de la doctrine généalogique. En considérant la nature organique à un point de vue purement mécanique, en établissant d'une manière rigoureusement philosophique la nécessité de ce point de vue, le travail de Lamarck domine de haut les idées dualistiques en vigueur de son temps, et, jusqu'au traité de Darwin, qui parut juste un demi-siècle après, nous ne trouvons pas un autre livre qui puisse, sous ce rapport, se placer à côté de la « Philosophie zoologique ». On voit encore mieux combien cette œuvre devançait son époque, quand on songe qu'elle ne fut pas comprise et resta pendant cinquante ans ensevelie dans un profond oubli. Le plus grand adversaire de Lamarck, Cuvier, dans son rapport sur les progrès des sciences naturelles, où il y a place pour les plus insignifiantes recherches anatomiques, ne trouve pas un mot à dire de cette œuvre capitale. Gœthe lui-même, qui s'intéressait si vivement au naturalisme philosophique français, et « aux pensées des esprits parents de l'autre côté du Rhin », Gœthe n'a jamais cité Lamarck et ne semble pas avoir connu sa « Philosophie zoologique ». La grande réputation de naturaliste, que s'acquit Lamarck, il ne la dut point à cette œuvre de généralisation si neuve et si importante, mais à de nombreux travaux de détail sur les animaux inférieurs, et particulièrement les mollusques ; il la dut aussi à une remarquable Histoire naturelle des animaux sans vertèbres, qui parut en sept volumes, de 1815 à 1822. Dans l'introduction du premier volume de ce célèbre ouvrage (1815), se trouve aussi une exposition détaillée de la doctrine généalogique de Lamarck. Le meilleur moyen de vous donner une idée de l'immense importance de la « Philosophie zoologique » est sûrement de vous citer quelques-unes des principales propositions qu'elle contient :

« Les divisions systématiques, classes, ordres, familles, genres et espèces, ainsi que leurs dénominations, sont une œuvre purement artificielle de l'homme. Les espèces ne sont pas toutes contemporaines ; elles sont descendues les unes des autres, et ne possèdent qu'une fixité relative et temporaire ; les variétés engendrent des espèces. La diversité des conditions de la vie influe, en les modifiant, sur l'organisation, la forme générale, les organes de l'animal ; on en peut dire autant de l'usage ou du défaut d'usage des organes. Tout d'abord, les animaux et les plantes les plus simples ont seuls été produits, puis les êtres doués d'une organisation plus complexe. L'évolution géologique du globe et son peuplement organique ont eu lieu d'une manière continue et n'ont pas été interrompues par des révolutions violentes. La vie n'est qu'un phénomène physique. Tous les phénomènes vitaux sont dus à des causes mécaniques, soit physiques, soit chimiques, ayant leur raison d'être dans la constitution de la matière organique. Les animaux et les plantes les plus rudimentaires, placés aux plus bas degrés de l'échelle organique, sont nés et naissent encore aujourd'hui par génération spontanée. Tous les corps vivants ou organiques de la nature sont soumis aux mêmes lois que les corps privés de vie ou inorganiques. Les idées et les autres manifestations de l'esprit sont de simples phénomènes de mouvement, qui se produisent dans le système nerveux central. En réalité, la volonté n'est jamais libre. La raison n'est qu'un plus haut degré de développement et de comparaison des jugements. »

Les vues exprimées par Lamarck, il y a plus de soixante ans, dans ces propositions sont étonnamment hardies ; elles sont larges, grandioses et ont été formulées à une époque où l'on ne pouvait entrevoir même la possibilité lointaine de les fonder, comme nous le pouvons aujourd'hui, sur des faits d'une évidence écrasante. Vous le voyez, l'œuvre de Lamarck est vraiment, pleinement et strictement monistique, c'est-à-dire mécanique : ainsi l'unité des causes efficientes dans la nature organique et anorganique, la base fondamentale de ces causes attribuée aux propriétés physiques et chimiques de la matière ; l'absence d'une force vitale spéciale ou d'une cause finale organique ; la descendance de tous les organismes d'un petit nombre de formes ancestrales simples, issues par génération spontanée de la matière anorganique ; la perpétuité non interrompue de l'évolution géologique, l'absence de révolutions du globe violentes et totales, et surtout l'inadmissibilité de tout miracle, de toute idée surnaturelle dans l'évolution naturelle de la matière ; en un mot, toutes les propositions fondamentales les plus importantes de la biologie monistique y sont déjà formulées.

Si l'admirable effort intellectuel de Lamarck a été de son temps presque absolument méconnu, cela tient d'une part à la grandeur du pas de géant, par lequel il franchissait un demi-siècle, et d'autre part aussi, à ce que l'œuvre de Lamarck manquait d'une base expérimentale suffisante, et que souvent la démonstration est incomplète. Lamarck signale très-justement les conditions de l'adaptation, comme étant les causes mécaniques de premier ordre, qui produisent la perpétuelle métamorphose des formes organiques ; quant à l'analogie morphologique des espèces, genres, familles, etc., c'est à bon droit qu'il la ramène à une relation de consanguinité, et l'explique par l'hérédité. Pour lui, l'adaptation consiste seulement dans une relation entre la modification lente et constante du monde extérieur et un changement correspondant dans les activités et, par suite, les formes des organismes. Il attribue, à cet effet, le principal rôle *à l'habitude*, à l'usage et au défaut d'usage des organes. Sans doute, c'est là un agent extrêmement important de la métamorphose des formes organiques. Cependant il est le plus souvent impossible d'expliquer, comme le fait Lamarck, par cette seule influence ou par sa prépondérance, la modification des formes. Il dit, par exemple, que le long cou de la girafe est dû à la perpétuelle extension de ce cou, à l'effort, que fait l'animal pour brouter les feuilles des grands arbres ; la girafe, vivant ordinairement dans des contrées arides, où le feuillage des arbres est sa seule nourriture, était contrainte à cette activité particulière. De même, la longue langue du pic, du colibri, du fourmilier, est produite par l'habitude, qu'ont ces animaux, de tirer leur nourriture de fentes ou de canaux étroits, minces et profonds. Les membranes natatoires des grenouilles et d'autres animaux aquatiques sont dues uniquement aux perpétuels efforts pour nager, à la résistance que l'eau offre aux extrémités, aux mouvements natatoires eux-mêmes. L'hérédité transmet, en les fortifiant, ces habitudes aux descendants ; elles vont se perfectionnant, et, finalement, les organes sont métamorphosés. Quelque juste que soit en général cette idée fondamentale, pourtant Lamarck assigne à l'habitude une importance trop exclusive ; sans doute c'est une des principales causes de la modification des formes, mais ce n'est pas la seule. Néanmoins il faut bien reconnaître que Lamarck a parfaitement compris l'action réciproque des deux influences formatrices organiques, de l'adaptation et de l'hérédité. Mais il ignore le principe, extrêmement important, « de la sélection naturelle dans la lutte pour l'existence », principe que Darwin nous a fait connaître cinquante ans plus tard.

Un des principaux mérites de Lamarck est d'avoir, dès lors, cherché à prouver que l'espèce humaine descend, par évolution, d'autres mammifères très-voisins des singes. Là aussi, c'est l'habitude qu'il met en première ligne ; c'est à elle qu'il fait jouer le principal rôle dans la métamorphose. Les hommes les plus inférieurs, les hommes primitifs, proviennent, croit-il, des singes anthropoïdes, qui se sont accoutumés à la station droite. Le redressement du tronc, l'effort perpétuel pour se tenir debout, amenèrent peu à peu la métamorphose des membres, une différenciation plus accusée des extrémités antérieures et postérieures, ce qui est sûrement une des différences les plus essentielles entre l'homme et le singe. En arrière il se forma des mollets et une plante des pieds ; en avant des extrémités préhensiles, des mains. La station droite avait eu pour effet de permettre un examen plus facile du monde ambiant, et il en était résulté un progrès intellectuel considérable. Les hommes-singes acquirent ainsi une grande supériorité sur les autres singes et généralement sur les êtres organisés qui les environnaient. Pour consolider cette supériorité, ils s'associèrent, et alors, comme il arrive chez tous les animaux vivant en société, se développa chez eux le besoin de mettre en commun leurs efforts et leurs pensées. Ainsi naquit le besoin du langage, représenté d'abord par des cris grossiers, inarticulés, qui, peu à peu, furent groupés, perfectionnés et articulés. A son tour, le développement du langage articulé devint un puissant levier pour aider à une évolution organique, plus progressive encore, et surtout à une évolution du cerveau ; ce fut ainsi que, peu à peu et lentement, les hommes-singes devinrent de véritables hommes. Que les hommes primitifs, encore grossiers, descendissent réellement des singes plus perfectionnés, c'est là un point que Lamarck affirmait déjà de la manière la plus nette et qu'il soutenait à l'aide d'une série de preuves solides.

Habituellement on place à la tête des naturalistes philosophes en France, non pas Lamarck, mais Étienne Geoffroy Saint-Hilaire (le premier des Geoffroy Saint-Hilaire) ; il naquit en 1771. Gœthe le tenait en haute estime, et il fut, comme nous l'avons déjà vu ci-dessus, l'adversaire le plus décidé de Cuvier.

Dès la fin du siècle dernier, il exposait ses idées sur la métamorphose des espèces organiques, mais il les publia pour la première fois seulement en 1828, puis il les défendit vaillamment durant les années suivantes, particulièrement en 1830, contre Cuvier. Geoffroy Saint-Hilaire admet, dans ce qu'elle a d'essentiel, la théorie de la descendance de Lamarck ; il crut pourtant que la métamorphose des espèces animales et végétales était due moins à l'activité propre de l'organisme (habitude, exercice, usage ou défaut d'usage des organes), qu'à l'influence « du monde ambiant », c'est-à-dire aux perpétuelles variations du monde extérieur, particulièrement de l'atmosphère. Pour lui, l'organisme est, devant les conditions du milieu extérieur, plutôt passif, inactif; pour Lamarck, au contraire, il est plus actif, plus agissant. Geoffroy croit, par exemple, que, par le fait de la diminution de la quantité d'acide carbonique dans l'atmosphère, les oiseaux sont sortis des reptiles sauriens; car, l'air étant plus riche en oxygène, ces derniers animaux en devinrent plus vivaces et plus énergiques. Il en résulta une élévation dans la température de leur sang, une plus grande activité nerveuse et musculaire, et par suite les écailles se changèrent en plumes, etc. Sans doute, cette idée est au fond très-juste. Mais, s'il est certain qu'une modification survenue dans l'atmosphère, aussi bien que toute autre modification survenue dans les conditions de l'existence, peut contribuer directement ou indirectement à transformer l'organisme, pourtant ces seules causes sont en elles-mêmes trop peu importantes, pour qu'on puisse leur attribuer exclusivement un tel résultat. Elles n'ont pas plus de valeur que l'exercice et l'habitude invoquées, exclusivement aussi, par Lamarck. Le principal mérite de Geoffroy consiste surtout à avoir soutenu, malgré la puissante influence de Cuvier, la conception unitaire de la nature, l'unité du mode de formation organique et l'intime parenté généalogique des diverses formes organisées. Déjà, dans les précédentes leçons, j'ai mentionné les célèbres débats de ces deux grands adversaires au sein de l'Académie de Paris, et spécialement les ardents conflits du 22 février et du 19 juillet 1830, auxquels Gœthe s'intéressa si vivement. Cuvier triompha alors sans conteste, et, depuis lors, il ne s'est fait en France presque rien pour faire progresser la doctrine généalogique et pour contribuer à l'achèvement d'une théorie évolutive monistique.

Un tel résultat est évidemment attribuable à l'influence

rétrograde qu'a exercée la grande autorité de Cuvier. Aujourd'hui encore, la plupart des naturalistes français sont les élèves ou les aveugles partisans de Cuvier. Il n'est pas une contrée scientifiquement cultivée en Europe, où la doctrine de Darwin ait eu si peu d'influence, où elle ait été si mal comprise qu'en France, à tel point que, désormais, dans le cours de ces études, nous n'aurons plus à mentionner les naturalistes français. Tout au plus, pouvons-nous citer, parmi les naturalistes français contemporains, deux hommes distingués, Naudin (1852) et Lecoq (1854), qui se soient prononcés en faveur de la mutabilité et de la transformation des espèces.

Après avoir exposé les services que la philosophie de la nature a rendus en contribuant à fonder la doctrine généalogique, il nous reste à nous occuper de la troisième grande nation cultivée de l'Europe, de la libre Angleterre, qui, dans ces dix dernières années, a été le centre, le vrai foyer, où s'est élaborée et définitivement achevée la théorie de l'évolution. Au commencement de ce siècle, les Anglais, qui prennent aujourd'hui une part si active à ce grand progrès scientifique et maintiennent au premier rang les éternelles vérités de l'histoire naturelle, se souciaient assez peu et de la philosophie de la nature défendue sur le continent et du progrès le plus considérable accompli par cette philosophie, c'est-à-dire de la théorie de la descendance. Érasme Darwin, le grand-père du réformateur de la théorie généalogique, est peut-être le seul naturaliste anglais de cette époque, que l'on ait à citer. En 1794, il publia, sous le titre de *Zoonomia*, un ouvrage de philosophie naturelle, où il exprime des idées tout à fait analogues à celles de Gœthe et de Lamarck, qui, pourtant, lui étaient entièrement inconnues. Il est évident que la théorie de la descendance était déjà dans l'air. Érasme Darwin attache aussi une grande importance à la transformation des espèces animales et végétales par leur propre activité vitale, par leur accoutumance aux variations survenues dans les conditions du milieu, etc. Il faut ensuite arriver à 1822 pour voir W. Herbert prétendre que les espèces animales et végétales sont seulement des variétés fixées. De même, en 1826, Grant d'Édimbourg déclara que les nouvelles espèces provenaient des espèces fixées, et cela par un travail persistant de métamorphose. En 1841, Freke affirma que tous les êtres organisés descendent d'une forme primitive unique. En 1852, Herbert Spencer démontra explicitement, sous une forme philosophique très-claire, la nécessité de la doctrine généalogique ; il la fonda mieux encore dans ses excellents *Essais*, parus en 1858, et dans les *Principles of Biology* (45), qu'il publia plus tard. Le même écrivain a, en outre, le grand mérite d'avoir appliqué à la psychologie la théorie de l'évolution, et d'avoir montré que, même les activités intellectuelles, les forces de l'esprit, n'ont pu se développer que graduellement et lentement. Notons enfin qu'en 1859, Huxley fut le premier des zoologistes anglais à signaler la théorie de la descendance, comme étant la seule hypothèse cosmologique conciliable avec la philosophie scientifique. La même année parut l'*Introduction à la Flore Tasmanienne*, dans laquelle le célèbre botaniste anglais Hooker admet la théorie de la descendance et l'appuie sur d'importantes observations, qui lui sont propres.

Les naturalistes philosophes, que nous avons passés en revue dans cette courte notice et rangés parmi les partisans de la théorie de l'évolution, arrivent le plus souvent à cette conclusion, que toutes les espèces animales et végétales, vivant ou ayant vécu à un moment quelconque de la durée, en un point quelconque de la surface terrestre, sont seulement la postérité lentement modifiée et transformée d'une forme ou d'un petit nombre de formes ancestrales, originelles, très-simples, issues par génération spontanée de la matière organique. Mais pas un de ces naturalistes philosophes ne réussit à développer étiologiquement cette donnée fondamentale de la doctrine généalogique et à démontrer réellement quelles sont les vraies causes mécaniques de la métamorphose des espèces organiques. Seul, Charles Darwin est parvenu à résoudre ce difficile problème, et par là il a mis une énorme distance entre lui et ses devanciers.

A mon sens, Charles Darwin a un mérite doublement extraordinaire. En premier lieu, cette théorie généalogique, dont Gœthe et Lamarck avaient déjà clairement formulé les données principales, il l'a développée plus largement, il l'a suivie avec plus de profondeur dans toutes les directions, il en a relevé les diverses parties plus strictement que ne l'avaient fait ses prédécesseurs. En second lieu, il a fondé une théorie nouvelle, qui nous dévoile les causes naturelles de l'évolution organique, les causes efficientes de la métamorphose organique, des variations et des transformations des espèces animales et végétales. Cette théorie est celle que nous appelons théorie de la sélection, ou, plus exactement, théorie du choix naturel (*selectio naturalis*).

Avant Darwin, le monde biologique tout entier, sauf les quelques noms que nous avons cités précédemment, professait les idées les plus opposées au Darwinisme; pour presque tous les zoologistes et botanistes, l'hypothèse de la fixité absolue des espèces organiques dominait tout l'ensemble des considérations morphologiques. Le dogme erroné de la fixité de l'espèce et de la création isolée des diverses espèces avait acquis une telle autorité; il était si généralement admis, et, de plus, pour quiconque n'examine que superficiellement les choses, il a une apparence de réalité si trompeuse, qu'il ne fallait vraiment pas un mince degré de courage, de force et d'intelligence pour se dresser en réformateur en face de ce dogme tout-puissant et ruiner la théorie artificielle, qu'il soutenait. Mais Darwin enrichit encore la théorie généalogique de Gœthe et de Lamarck de l'importante et nouvelle donnée de la « sélection naturelle ».

Il est deux points qu'il faut nettement distinguer (ce que l'on fait bien rarement) : il faut bien séparer, premièrement, la théorie généalogique de Lamarck, c'est-à-dire l'affirmation pure et simple, suivant laquelle toutes les espèces animales et végétales descendraient de formes primitives communes très-simples, spontanément engendrées; secondement, la théorie Darwinienne de la sélection, qui nous montre pourquoi cette métamorphose progressive des formes organiques s'est accomplie, qui nous fait voir les causes mécaniques de cette création non interrompue et toujours nouvelle, ainsi que de la diversité toujours grandissante des animaux et des plantes.

L'immortel mérite de Darwin ne sera pas justement apprécié avant le jour où la théorie évolutive, ayant triomphé de toutes les théories précédemment exposées, sera considérée comme le principe suprême de toute explication anthropologique et par conséquent de toutes les branches de l'histoire naturelle. Aujourd'hui, au milieu de la guerre acharnée, que l'on se fait pour dégager la vérité, le nom de Darwin sert de mot d'ordre à ses adhérents, et sa valeur est très-diversement méconnue, surfaite par les uns, rabaissée par les autres.

On surfait le mérite de Darwin, alors qu'on le considère comme étant le fondateur de la théorie de la descendance, c'est-à-dire de toute la théorie de l'évolution. Comme on peut le voir par l'exposé historique contenu dans cette leçon et dans les leçons suivantes, la théorie de l'évolution n'est pas nouvelle; tout naturaliste philosophe, qui ne veut pas se laisser enchaîner par le dogme aveugle d'une création surnaturelle, doit admettre une évolution naturelle. Bien plus, la théorie de la descendance, considérée comme une grande branche de la théorie évolutive universelle, a été déjà nettement formulée par Lamarck, et poussée par lui jusqu'à ses conséquences les plus importantes, à tel point qu'il faut le considérer comme en étant le vrai fondateur. Il faut donc appeler Darwinisme, non la théorie de la descendance, mais bien la théorie de la sélection. Cette dernière théorie est d'une telle importance, qu'on ne saurait l'estimer trop haut.

Naturellement, le mérite de Darwin est rabaissé par ses adversaires. Pourtant, quant aux adversaires scientifiques, à ceux qui, étant réellement naturalistes, sont fondés à formuler un jugement, il ne vaut vraiment pas la peine d'en parler. En effet, de tous les écrits publiés contre Darwin et la théorie de la descendance, il n'en est pas un, celui d'Agassiz excepté, qui mérite d'être pris en considération, et, à plus forte raison, d'être réfuté : tous sont écrits sans aucune connaissance réelle des faits biologiques, ou bien sans une claire intelligence de la valeur philosophique de ces faits. Les attaques des théologiens ou du vulgaire incompétent nous importent peu. Le seul adversaire scientifique éminent qui, jusqu'à présent, ait combattu Darwin et la théorie de la descendance tout entière, est Louis Agassiz; mais, à vrai dire, les objections qu'il produit ne méritent d'être mentionnées qu'à titre de simple curiosité scientifique. En 1869, dans une traduction française, publiée à Paris, de son *Essay on Classification* (5), dont nous avons déjà parlé, Agassiz a formulé de la manière la plus nette son opposition au Darwinisme, que, d'ailleurs, il avait déjà maintes fois manifestée. On a ajouté à cette traduction un chapitre de seize pages intitulé : « Le Darwinisme, Classification de Hæckel. » Ce singulier chapitre renferme les choses les plus curieuses, par exemple : « L'idée Darwinienne est une conception *à priori*.—Le Darwinisme est un travestissement des faits.— La science perdrait la confiance, que lui ont jusqu'ici accordée les esprits sérieux, si elle accueillait des ébauches aussi imparfaites, comme indiquant un réel progrès scientifique ! » Mais le plus merveilleux de cette étrange polémique est la phrase suivante : « Le Darwinisme exclut presque toute la masse des connaissances acquises pour en retenir et s'assimiler seulement ce qui est favorable à sa doctrine ! »

Voilà ce qui peut s'appeler prendre le contre-pied des choses! Le biologiste au courant des faits doit vraiment s'étonner du courage, avec lequel Agassiz formule des assertions absolument sans fondement et auxquelles lui-même ne peut ajouter foi ! L'inébranlable force de la théorie de la descendance consiste précisément en ce que, seule, elle peut expliquer l'ensemble des faits biologiques, qui, sans elle, demeurent à l'état de miracle incompréhensible. Toutes « nos connaissances acquises » en anatomie comparée, en physiologie, en embryologie et en paléontologie, tout ce que nous savons de la distribution géographique et topographique des organismes, etc., tout cela témoigne irrécusablement en faveur de la vérité de la théorie de la descendance.

Dans ma « Morphologie générale » (4), et particulièrement dans le sixième livre de cet ouvrage, dans la phylogénie des genres, j'ai soigneusement réfuté l'*Essay on Classification* d'Agassiz dans tous ses points essentiels. Dans mon vingt-quatrième chapitre, j'ai soumis à un examen détaillé et strictement scientifique le chapitre même qu'Agassiz considère comme le plus important, savoir, la partie qui traite de la gradation des groupes ou catégories du système, et j'ai montré qu'il y avait là simplement un château de cartes sans consistance. Mais Agassiz n'a garde de dire un mot de cette réfutation; aussi bien lui serait-il impossible d'alléguer contre elle quelque chose de plausible. Ce n'est pas avec des preuves qu'il lutte, c'est avec des phrases ! Une opposition de cette nature est faite, non pas pour retarder, mais bien pour hâter le triomphe complet de la théorie de l'évolution.

SIXIÈME LEÇON.

THÉORIE DE L'ÉVOLUTION D'APRÈS LYELL ET DARWIN.

Principes de géologie de Ch. Lyell. — Son histoire de l'évolution naturelle de la terre. — Que les plus grands effets résultent de l'accumulation des petites causes. — Incommensurable durée des périodes géologiques. — La théorie de la création de Cuvier refutée par Lyell. — Preuves de la continuité ininterrompue de l'évolution d'après Lyell et Darwin. — Notice biographique sur Ch. Darwin. — Ses œuvres scientifiques. — Sa théorie des récifs de coraux. — Évolution de la théorie de la sélection. — Une lettre de Darwin. — Charles Darwin et Alfred Wallace publient simultanément la théorie de la sélection. — Opinion d'Andréas Wagner touchant une création des organismes cultivés, spécialement faite à l'usage de l'homme. — L'arbre de la science du paradis. — Comparaison des organismes sauvages et des organismes cultivés. — Les pigeons domestiques étudiés par Darwin. — Importance de la sélection chez les pigeons. — Commune origine de toutes les races de pigeons.

Messieurs, pendant les trente années qui ont précédé l'apparition de l'ouvrage de Darwin, de l'année 1830 à l'année 1859, les idées de création inaugurées par Cuvier dominèrent absolument. On acquiesçait à l'hypothèse antiscientifique, suivant laquelle il serait survenu, durant l'histoire géologique, une série d'inexplicables révolutions ayant périodiquement détruit tout le monde végétal et animal ; à la fin de chaque nouvelle révolution, au commencement de chaque nouvelle période serait apparue une édition nouvelle, augmentée et corrigée, de la population organique du globe. Quoique le nombre de ces éditions fût fort contestable, qu'il fût même insoutenable, quoique les nombreux progrès accomplis dans toutes les branches de la zoologie et de la botanique fissent de plus en plus voir l'absolu défaut de fondement de l'hypothèse de Cuvier et la vérité de la théorie d'évolution naturelle formulée par Lamarck, pourtant, la première continua seule à trouver crédit chez presque tous les biologistes. Cet état de choses résultait, avant tout, de la grande autorité de Cuvier, et cela montre d'une manière frappante combien est nuisible au développement intellectuel de l'humanité la croyance à une autorité quelconque. Gœthe a dit excellemment, de l'autorité, que toujours elle éternise ce qui devrait disparaître, mais abandonne et laisse périr ce qu'il faudrait appuyer, et que c'est particulièrement à elle qu'il faut attribuer l'état stationnaire de l'humanité.

Si la théorie de la descendance de Lamarck commença seulement à être acceptée en 1859, quand Darwin lui eut donné une base nouvelle, cela s'explique uniquement par la grande influence de l'autorité de Cuvier et par la puissance de l'inertie chez l'homme. On n'abandonne pas facilement la route frayée des idées banales pour s'engager dans un nouveau sentier, considéré comme difficilement praticable. Pourtant le terrain propice à la théorie nouvelle avait été depuis longtemps préparé, surtout grâce à un autre naturaliste anglais, Charles Lyell, qui a rendu de tels services à « l'histoire de la création naturelle », que nous devons nécessairement nous en occuper ici.

En 1830, Charles Lyell publia, sous le titre de : *Principes de Géologie,* un ouvrage qui bouleversait de fond en comble la géologie, c'est-à-dire l'histoire de l'évolution de la terre, et la réformait, comme, trente ans plus tard, Darwin réforma la biologie. Le livre de Lyell, ce livre, qui fit époque et détruisit radicalement l'hypothèse de la création de Cuvier, parut juste l'année où Cuvier remportait son grand triomphe sur le naturalisme philosophique et inaugurait dans le domaine morphologique une domination qui dura trente ans. Pendant que Cuvier, par son hypothèse sans fondement des créations successives et la théorie des catastrophes, qui s'y relie, barrait la voie à la théorie de l'évolution et rendait impossible toute explication naturelle, Lyell frayait de nouveau la route à la vérité et démontrait d'une manière évidente, par la géologie, que les idées dualistiques de Cuvier étaient mal fondées et inutiles. Il prouva que les modifications de la surface terrestre, qui se produisent encore aujourd'hui sous nos yeux, suffisent parfaitement à nous rendre compte de tout ce que nous savons sur l'écorce du globe, et qu'il est tout à fait oiseux et superflu d'invoquer des révolutions mystérieuses, causes inintelligibles de ces changements. Il montra que, pour expliquer l'origine et la structure de l'écorce terrestre de la façon la plus simple et la plus naturelle, en invoquant seulement les causes actuelles, il suffit de supposer des périodes chronologiques extrêmement longues. Nombre de géologues ont cru, autrefois, que l'origine des plus hautes chaînes de montagnes devait être rapportée à d'immenses révolutions ayant bouleversé une grande partie de la surface du globe et particulièrement à de colossales éruptions volcaniques. Des chaînes de montagnes, par exemple, comme celles des Alpes et des Cordillères, auraient jailli subitement par une énorme fissure de l'écorce terrestre donnant passage à un flot de matières en fusion, qui débordait au loin. Lyell montra, au contraire, que nous pouvons nous expliquer tout naturellement la formation de ces grandes chaînes montagneuses par de lents et imperceptibles mouvements d'élévation et de dépression de l'écorce terrestre, qui s'exécutent encore aujourd'hui sous nos yeux et dont les causes ne sont nullement merveilleuses. Que ces exhaussements et ces abaissements soient seulement de deux pouces ou au plus d'un pied par siècle, ils suffiront très-bien, s'ils ont une durée de quelques millions d'années, à faire saillir les plus hautes chaînes de montagnes, sans qu'on ait besoin de faire intervenir des révolutions mystérieuses et incompréhensibles. L'activité météorologique de l'atmosphère, l'action de la pluie et de la neige, le ressac des vagues le long des côtes, phénomènes en apparence insignifiants, suffisent à produire les modifications les plus considérables, pour peu qu'on leur accorde un laps de temps suffisant. L'accumulation des petites causes produit les plus grands eflets. La goutte d'eau perce la pierre.

Force nous est bien de revenir sur l'incommensurable durée des périodes géologiques, que l'on invoque ; car, comme vous le voyez, l'hypothèse de laps de temps tout-à-fait énormes est absolument nécessaire, aussi bien pour la théorie de Darwin que pour celle de Lyell. Si réellement la terre et les organismes qu'elle supporte se sont développés naturellement, cette évolution, lente et graduelle, doit avoir exigé une durée, dont la mesure dépasse entièrement la portée de notre entendement. Aux yeux de beaucoup de gens, c'est une des difficultés de ces théories évolutives ; je tiens donc à faire remarquer par avance, que nous n'avons pas le moindre motif raisonnable pour prétendre fixer des limites à la durée du temps invoqué. Que, non-seulement beaucoup de gens du monde, mais même des hommes éminents, croient faire à ces théories une objection capitale, en leur reprochant d'exiger des périodes trop longues, c'est ce qu'il est difficile de comprendre. En effet, pourquoi vouloir limiter la durée des périodes géologiques? En ce qui concerne la composition et l'origine des couches terrestres, nous savons que le dépôt des roches neptuniennes au sein des eaux doit avoir exigé au moins plusieurs millions d'années. Mais que nous supposions pour cette formation dix mille millions ou dix mille billions d'années, au point de vue de la philosophie naturelle, cela est tout-à-fait équivalent. Devant nous et derrière nous, il y a l'éternité. Si, chez beaucoup de personnes, l'hypothèse de ces énormes périodes soulève une répugnance instinctive, c'est là une conséquence des idées fausses qui nous sont inculquées, dès notre plus tendre enfance, au sujet de la prétendue brièveté de l'histoire de la terre, qui ne compterait que quelques milliers d'années. Comme Albert Lange l'a si bien démontré dans son *Histoire du Matérialisme* (12), au point de vue d'une critique strictement philosophique, on doit bien plutôt supposer en histoire naturelle des périodes trop longues que des périodes trop courtes. Toute évolution progressive se comprend d'autant mieux qu'elle a mis plus de temps à s'accomplir. Pour ces phénomènes, une période courte et limitée est, à première vue, ce qu'il y a de plus invraisemblable.

Le temps me manque pour vous résumer plus au long l'excellent ouvrage de Lyell ; je dois me borner à vous en indiquer le résultat le plus important, qui est d'avoir mis à néant les révolutions mythologiques de Cuvier, ainsi que sa théorie des créations successives, et de les avoir remplacées simplement par une lente et incessante transformation de l'écorce terrestre, due à l'activité persistante de forces encore en action à la surface du globe, c'est-à-dire à l'action des eaux et des matières volcaniques renfermées dans le sein de la terre. Lyell démontra aussi l'enchaînement continu, ininterrompu de toute l'histoire géologique du globe ; il le démontra si irréfutablement, il établit si clairement la prédominance des causes existantes (*existing causes*), de causes actives encore aujourd'hui, travaillant sans cesse à transformer l'écorce de notre planète, que, dans un très-court espace de temps, les géologues abandonnèrent complétement l'hypothèse de Cuvier.

Mais il est bien remarquable que la paléontologie, du moins la paléontologie étudiée par les botanistes et les zoologistes, n'ait pas suivi le grand progrès effectué par la géologie. La biologie continue à admettre ces créations successives, renouvelant toute la population animale et végétale au début de chaque nouvelle période géologique, bien que cette hypothèse de créations partielles intercalées dans le monde, ne soit plus, après le rejet de la théorie des révolutions, qu'un simple non-sens absolument insoutenable. Évidemment, il est parfaitement absurde de supposer des créations nouvelles, spéciales, à des époques déterminées, de tout le monde animal et végétal, si l'écorce terrestre elle-même n'a pas subi un bouleversement considérable. Quoique cette idée soit liée de la façon la plus étroite à la théorie des catastrophes de

Cuvier, pourtant elle continue à régner après que l'autre a été abandonnée.

Il était réservé au grand naturaliste anglais, Charles Darwin, de faire cesser ce désaccord et de montrer que le monde vivant a son histoire ininterrompue, comme celle de l'écorce terrestre, de prouver que les animaux et les plantes se sont différenciés les uns des autres par une graduelle transmutation, tout comme les formes variables de l'écorce terrestre, les continents et les mers, qui les baignent et les séparent, proviennent d'une configuration ancienne tout à fait différente. Nous sommes donc en droit de dire, que Darwin a fait faire à la zoologie et à la botanique un progrès équivalent à celui dont la géologie est redevable à son grand compatriote Lyell. Grâce aux travaux de ces deux hommes, la continuité de l'évolution historique en histoire naturelle est démontrée ainsi que la succession d'ordres de choses divers provenant les uns des autres par une lente modification.

Disons maintenant, comme nous l'avons déjà fait remarquer dans les précédentes leçons, que Darwin a un double mérite. Premièrement, il a discuté la théorie de la descendance établie par Lamarck et Gœthe d'une manière beaucoup plus large et plus générale ; il en a relié toutes les parties, mieux que ne l'avaient fait ses prédécesseurs. Deuxièmement, par sa théorie de la sélection, qui lui appartient en propre, il a donné à la doctrine de l'évolution une base solide, en en démêlant la cause principale ; c'est-à-dire, qu'il a démontré les causes efficientes des modifications invoquées jusqu'alors seulement à titre de faits. La théorie de la descendance, introduite en 1809 par Lamarck dans la biologie, affirmait que toutes les diverses espèces animales et végétales descendaient d'une ou d'un petit nombre de formes primitives très-simples, nées par génération spontanée. La théorie de la sélection, fondée par Darwin en 1859, nous montre pourquoi il en doit être ainsi ; elle nous en dévoile les causes efficientes et accomplit ainsi le vœu de Kant. En effet, dans le domaine de l'histoire naturelle organique,

Darwin est bien le Newton, dont Kant désespérait de pouvoir prophétiquement saluer l'avénement futur.

Avant d'aborder la théorie de Darwin, il ne sera certainement pas sans intérêt pour vous d'être renseignés sur la personnalité de ce grand naturaliste, sur sa vie, sur le chemin qu'il a suivi pour arriver à jeter les bases de sa doctrine. Charles-Robert Darwin est né le 12 février 1809, à Shrewsbury, sur la rivière Severn ; il est donc âgé actuellement de soixante-sept ans. Dans sa dix-septième année (1825), il entra à l'université d'Édimbourg, et, deux ans après, au collége du Christ, à Cambridge. A peine âgé de vingt-deux ans, en 1831, il fut appelé à prendre part à une expédition scientifique envoyée par le gouvernement anglais pour reconnaître en détail l'extrémité méridionale du continent américain et explorer divers points de la mer du Sud. Comme beaucoup d'autres expéditions célèbres préparées en Angleterre, celle-ci était chargée de résoudre à la fois des problèmes scientifiques et des questions pratiques relatives à l'art nautique.

Le navire, commandé par le capitaine Fitzroy, portait un nom symboliquement frappant ; il s'appelait le *Beagle,* c'est-à-dire le *Limier*. Le voyage du *Beagle,* qui dura cinq ans, eut la plus grande influence sur le développement intellectuel de Darwin, et dès lors, quand il foula pour la première fois le sol de l'Amérique du Sud, germait en lui l'idée de la théorie généalogique, que plus tard il réussit à développer complétement. La relation du voyage, écrite par Darwin sous une forme très-intéressante, a été publiée en français par les soins de M. E. Barbier (Paris, Reinwald), et, chemin faisant, je vous en recommande la lecture. Dans cette relation, bien supérieure à la moyenne habituelle de ces sortes d'ouvrages, on fait non-seulement connaissance avec l'aimable personnalité de Darwin, mais encore on trouve des traces nombreuses de la voie qu'il a suivie pour arriver à ses idées. Le résultat de ce voyage fut tout d'abord une grande relation scientifique, à la partie zoologique et géologique de laquelle Darwin collabora. Puis il publia sur la formation des récifs de coraux un travail remarquable, qui, à lui tout seul, aurait suffi pour couronner son nom d'une gloire durable. Vous savez que la plupart des îles de la mer du Sud sont constituées ou entourées par des bancs de coraux. Jusqu'alors on n'avait pu parvenir à expliquer d'une manière satisfaisante les formes singulières de ces récifs et leur situation relativement aux îles non coralliennes. A Darwin était réservé de résoudre ce difficile problème ; il y parvint, en invoquant, outre l'activité des animaux constructeurs des coraux, l'exhaussement et l'affaissement du fond de la mer, ce qui rend compte de l'origine des diverses formes de récifs. La théorie de Darwin sur l'origine des bancs de coraux est, comme sa théorie ultérieure de l'origine des espèces, une théorie qui explique parfaitement les phénomènes en invoquant seulement les causes naturelles les plus simples, sans recourir hypothétiquement à des agents inconnus. Parmi les autres travaux de Darwin, il faut encore citer sa belle Monographie des Cirrhipèdes, remarquable classe d'animaux marins, ressemblant par leurs caractères extérieurs à des mollusques, et que Cuvier avait en effet classés parmi les mollusques bivalves, quoique en réalité ils appartiennent aux crustacés.

Les fatigues extrêmes, que Darwin avait dû supporter pendant son voyage de cinq ans sur le *Beagle*, avaient tellement altéré sa santé qu'à son retour, il dut s'éloigner du tumulte de Londres, et, depuis lors, il vécut dans une tranquille retraite, dans son domaine de Down, près de Bromley, dans le comté de Kent, à une heure de Londres, par le chemin de fer. Cet éloignement de l'incessante agitation de la grande capitale fut extrêmement heureux pour Darwin, et nous lui devons vraisemblablement la théorie de la sélection. Débarrassé du tracas des affaires de toute sorte, qui, à Londres, lui aurait fait gaspiller son temps et ses forces, il put concentrer toute son activité sur l'étude du vaste problème en face duquel son grand voyage l'avait placé. Pour vous montrer quelles observations avaient, durant cette circumnavigation, fait naître dans l'esprit de Darwin la pensée fondamentale de la théorie de la sélection, et comment, plus tard, il la compléta, permettez-moi de vous citer un passage d'une lettre, qu'il m'écrivit le 8 octobre 1864 :

« Dans l'Amérique du Sud, trois classes de phénomènes firent sur moi une vive impression : premièrement, la manière dont des espèces, très-voisines, se succèdent et se remplacent à mesure que l'on va du Nord au Sud ; — deuxièmement, la proche parenté des espèces qui habitent les îles du littoral de l'Amérique du Sud et de celles qui sont propres à ce continent ; cela me jeta dans un profond étonnement, ainsi que la variété des espèces qui habitent l'archipel des Galapagos, voisin de la terre ferme ; troisièmement, les rapports étroits, qui relient les mammifères édentés et les rongeurs contemporains aux espèces éteintes des mêmes familles. Je n'oublierai jamais la surprise, que j'éprouvai en déterrant un débris de tatou gigantesque analogue au tatou vivant.

« En réfléchissant sur ces faits, en les comparant à d'autres du même ordre, il me parut vraisemblable que les espèces voisines pourraient bien être la postérité d'une forme ancestrale commune. Mais, durant plusieurs années, il me fut impossible de comprendre comment une telle forme avait pu s'adapter si bien à des conditions de vie si diverses. Je me mis donc à étudier systématiquement les animaux et les plantes domestiques, et, au bout de quelque temps, je vis nettement que l'influence modificatrice la plus importante réside dans le libre choix de l'homme, et le triage des individus choisis pour propager l'espèce. Comme j'avais maintes fois étudié le genre de vie et les mœurs des animaux, j'étais tout préparé à me faire une juste idée de la lutte pour l'existence, et mes travaux géologiques m'avaient donné une idée de l'énorme longueur des espaces de temps écoulés. Ayant lu alors, par un heureux hasard, le livre de Malthus sur le *Principe de la Population,* l'idée de la sélection naturelle se présenta à mon esprit. Parmi les principes de second ordre, le dernier, dont j'appris à apprécier la valeur, fut la signification et les causes du principe de divergence. »

Comme on le voit par cette citation, Darwin, dès son retour, s'appliqua principalement, et tout d'abord, dans le silence de sa retraite, à étudier les organismes domestiques, animaux et plantes : c'était indubitablement le moyen le plus naturel et le plus sûr pour arriver à la théorie de la sélection.

Dans ce travail, comme dans tous les autres, Darwin procéda avec un soin et une attention extrêmes. Avec une circonspection et une abnégation admirables, il ne publia rien sur ces idées de 1835 à 1857, c'est-à-dire pendant vingt et un ans ; rien, pas même un exposé préliminaire de sa théorie, qu'il avait pourtant formulée par écrit dès 1844. Sans cesse il accumulait des faits positifs, afin de ne pas publier sa théorie avant de l'avoir assise sur une large base expérimentale. Par bonheur, au milieu de cette recherche patiente de la plus grande perfection possible, qui peut-être eût fini par l'empêcher de rien publier, il fut troublé dans sa quiétude par un de ses compatriotes, qui, de son côté, sans connaître Darwin, avait trouvé et formulé la théorie de la sélection, en 1858, et qui en adressa un abrégé à Darwin, avec prière d'envoyer le travail à Lyell, afin qu'il fût publié dans un journal anglais. Cet Anglais était Alfred-Russel Wallace (36), un des naturalistes voyageurs contemporains les plus intrépides et les plus méritants. Pendant nombre d'années, Wallace avait erré dans les îles de l'archipel de la Sonde, dans les sombres forêts vierges de l'archipel Indien, et, en étudiant largement, sur les lieux mêmes, cette contrée si riche, si intéressante par la grande variété de sa population animale et végétale, il était arrivé précisément aux mêmes vues générales que Darwin sur l'origine des espèces organiques. Lyell et Hooker, qui, tous deux, connaissaient depuis longtemps les idées de Darwin, le décidèrent à en publier un court précis en même temps que le récit envoyé par Wallace. Cette publication eut lieu en août 1858 dans le journal de la société Linnéenne de Londres[1].

En novembre 1859, parut l'ouvrage capital de Darwin sur l'*Origine des Espèces;* la théorie de la sélection y fut explicitement développée. Pourtant ce livre, dont la cinquième édition parut en 1869 et dont (1) on a publié différentes traductions françaises (Paris, Reinwald), est annoncé par Darwin comme étant seulement un simple prodrome d'un ouvrage plus grand et plus détaillé, où serait donnée une large démonstration expérimentale, s'appuyant sur une masse de faits favorables à sa théorie. La première partie de ce grand ouvrage annoncé par Darwin a paru en 1868, sous le titre de : *Variations des Animaux et des Plantes domestiques*, et elle a été traduite en français par J.-J. Moulinié (Paris, Reinwald) (14). On y trouve une riche moisson de faits tout à fait probants, montrant quelles modifications extraordinaires des formes organiques l'homme peut obtenir par l'élevage et la sélection artificielle. Malgré cette surabondance de faits démonstratifs, pourtant je ne partage en aucune façon l'opidion de ces naturalistes, aux yeux de qui la théorie de la sélection a été fondée seulement par ces développements complémentaires. Pour moi, le premier travail de Darwin, paru en 1859, a établi la théorie sur des bases pleinement suffisantes. L'inattaquable force de la théorie ne consiste pas dans le nombre immense de faits particuliers, que l'on peut citer à titre de preuves, mais dans l'harmonieuse concordance de faits capitaux et de phénomènes appartenant à la nature organique, concordance qui atteste la vérité de la théorie de la sélection.

La conséquence la plus importante de la théorie de la descendance, la parenté généalogique de l'espèce humaine avec d'autres mammifères, fut un point, que tout d'abord Darwin réserva intentionnellement. Ce fut seulement quand d'autres naturalistes eurent nettement établi que cette con-

1. *La Sélection naturelle*. Essais par Alfred-Russel Wallace, traduits en français par M. Lucien de Candolle. Paris, C. Reinwald et Cie.

séquence très-importante résultait nécessairement de la doctrine généalogique, que Darwin le reconnut aussi expressément, et acheva ainsi « le couronnement de son édifice ». Il le fit seulement en 1871, en publiant l'ouvrage d'un haut intérêt, intitulé : *l'Origine de l'homme et la sélection sexuelle,* ouvrage qui a aussi été traduit en français par J.-J. Moulinié (Paris, Reinwald) (48).

L'étude minutieuse, que Darwin a faite des animaux domestiques et des plantes cultivées, est d'un grand poids pour l'établissement de la théorie de la sélection. Pour bien comprendre les formes animales et végétales, il est très-important de considérer les modifications variées à l'infini, que l'homme obtient des organismes domestiques par la sélection artificielle ; pourtant cette étude a été, jusqu'à ces derniers temps, délaissée par les zoologistes et les botanistes d'une manière incroyable. Non-seulement d'épais volumes, mais des bibliothèques entières ont été remplies par des descriptions d'espèces isolément considérées et par les débats réellement enfantins engagés pour savoir si ces espèces sont bonnes, médiocres ou mauvaises ; en dépit de tout cela, l'idée de l'espèce elle-même n'avait pas réussi à prendre corps. Si les naturalistes, au lieu de perdre leur temps à ces inutiles bagatelles, avaient convenablement étudié les organismes cultivés et s'étaient occupés non pas seulement des formes mortes, mais aussi de la métamorphose des formes vivantes, on eût été moins longtemps retenu captif dans les entraves des dogmes de Cuvier. Mais, comme ces organismes cultivés sont précisément fort gênants pour l'idée dogmatique de l'immutabilité de l'espèce, on ne s'en est pas occupé, de propos délibéré. Souvent même, des naturalistes célèbres ont exprimé la pensée que ces organismes cultivés, animaux domestiques et plantes des jardins, étant des produits artificiels de l'homme, leur formation et leur métamorphose ne signifiaient absolument rien en ce qui concerne le caractère de l'espèce et l'origine des formes chez les types sauvages, vivant à l'état de nature.

Cette absurde appréciation des faits alla si loin que, par exemple, un zoologiste de Munich, Andréas Wagner, émit très-sérieusement la risible assertion suivante : Les animaux et les plantes sauvages ont été créés par Dieu à l'état d'espèces nettement distinctes et immuables; mais cela n'était pas nécessaire pour les animaux domestiques et les plantes cultivées, puisqu'ils étaient destinés d'avance à l'usage de l'homme. Le créateur, ayant modelé l'homme à l'aide d'un bloc de limon, lui insuffla dans les narines le souffle de la vie, puis il créa pour lui les divers animaux domestiques utiles et les diverses plantes de jardin, pour lesquels il pouvait s'épargner la peine de songer à différencier les espèces. L'arbre de la science du paradis terrestre était-il une bonne espèce sauvage, ou bien, en sa qualité de plante cultivée, n'était-il pas une espèce spontanée? Voilà un point sur lequel, malheureusement, Andréas Wagner ne nous éclaire en rien. Puisque l'arbre de la science avait été placé par le créateur au milieu du jardin, on est d'abord enclin à croire que ce devait être une plante cultivée, choisie avec soin, et par conséquent que ce n'était pas une espèce. Mais, d'autre part, comme le fruit de l'arbre de la science était pour l'homme un fruit défendu, et comme beaucoup d'hommes, ainsi que nous le montre bien clairement l'exemple de Wagner lui-même, n'y ont jamais goûté, il est évident que cet arbre n'avait pas été créé pour l'usage de l'homme, et, vraisemblablement, ce devait être une bonne espèce sauvage. Il est à regretter que Wagner ne nous ait pas renseigné sur ce point important et délicat !

Quelque ridicule que nous semble cette manière de voir, c'est pourtant simplement l'exagération naturelle d'une idée fausse, mais fort répandue, sur la nature spéciale des êtres organisés domestiques, et vous pourrez entendre parfois des objections analogues de la bouche même de naturalistes fort distingués. Je dois combattre tout d'abord cette idée radicalement erronée. C'est une absurdité identique à celle qu'émettent certains médecins, en prétendant que les maladies sont des produits artificiels et point du tout des phénomènes naturels. C'est au prix de bien des efforts que l'on a triomphé de ce préjugé, et c'est seulement de nos jours que l'on est arrivé à voir dans les maladies des modifications naturelles de l'organisme, des phénomènes vitaux réellement naturels, fruits de variations, de faits anormaux survenus dans les conditions de l'existence. Il en est tout à fait de même pour les produits de l'élevage et de la culture; ce ne sont pas des créations artificielles de l'homme, mais bien des produits naturels résultant de conditions particulières. L'homme n'a jamais le pouvoir de créer immédiatement de nouvelles formes organiques; il peut seulement faire grandir des organismes au milieu de conditions nouvelles, qui exercent sur eux une action modificatrice. Tous les animaux domestiques, toutes les plantes cultivées, descendent originairement d'espèces sauvages, qui ont seulement été modifiées par les conditions spéciales de la domestication.

Il est pour la théorie de la sélection d'une grande importance de comparer attentivement les formes organiques domestiquées (races ou variétés), avec les organismes sauvages (espèces ou variétés), que la culture n'a pas modifiées. Ce qui frappe tout d'abord le plus dans cette comparaison, c'est l'extraordinaire brièveté du temps nécessaire à l'homme pour obtenir une forme nouvelle, et l'écart extraordinairement grand existant entre cette forme produite par l'homme et le type qui en est la souche. Tandis que plantes et animaux sauvages semblent, en dépit des années qui s'écoulent, offrir toujours des formes approximativement les mêmes aux zoologistes et aux botanistes qui les collectionnent, ce qui même a pu donner naissance au dogme erroné de la fixité de l'espèce, les animaux domestiques et les plantes cultivées, au contraire, subissent en très-peu d'années les plus grands changements. Les progrès obtenus dans l'art de l'élevage par le jardinier et l'agriculteur sont tels qu'aujourd'hui on peut, dans un très-court espace de temps, en quelques années, obtenir à volonté une forme animale ou végétale toute nouvelle. Pour cela, on soumet simplement l'organisme à l'influence de conditions spéciales, on le fait se reproduire sous cette influence, qui est capable de produire une organisation nouvelle, et, après quelques générations, on arrive à obtenir des espèces nouvelles, différant de la forme première plus que ne diffèrent l'une de l'autre les espèces sauvages, dites « bonnes espèces ». On prétend à tort que les formes cultivées, descendant d'une seule et même forme, diffèrent moins entre elles que les espèces sauvages. Qu'on les compare sans parti pris, et l'on reconnaîtra sans peine que quantité de races et de variétés obtenues en une très-courte série d'années, d'une seule forme cultivée, diffèrent plus l'une de l'autre que ce que l'on appelle les bonnes espèces ou même certains genres d'une famille à l'état sauvage.

Pour donner à ces faits extrêmement importants une base empirique aussi solide que possible, Darwin se décida à étudier un groupe spécial d'animaux domestiques dans ses multiples variétés, et il choisit les pigeons domestiques, qui, sous plus d'un rapport, sont particulièrement propres à cette étude. Il garda, pendant longtemps, dans son domaine toutes les races et variétés qu'il lui fut possible de se procurer, et il fut aidé dans l'accomplissement de son projet par de nombreux envois, qui lui furent faits de toutes les contrées du monde. En outre, il s'affilia à deux clubs de pigeons de Londres, qui s'occupaient de l'élevage des pigeons avec un talent vraiment artistique et une passion infatigable. Enfin il se mit en relation avec quelques-uns des amateurs les plus célèbres. Il eut donc ainsi à sa disposition les plus riches matériaux.

L'art et le goût de l'élevage des pigeons sont fort anciens. Les Égyptiens les cultivèrent plus de 3000 ans avant Jésus-Christ. Les Romains de l'empire y consacraient des sommes énormes, et ils tenaient exactement registre de la descendance des pigeons, comme nous voyons les Arabes et les nobles Mecklembourgeois tenir avec un soin extrême le registre généalogique, les uns de leurs chevaux, les autres de leurs ancêtres. Aussi, en Asie, l'élevage des pigeons était une fantaisie très-anciennement à la mode chez les princes opulents, et à la cour d'Akber-Khan, vers 1600, il y avait plus de 20,000 pigeons; aussi, à la suite de plusieurs milliers d'années, et sous l'influence de méthodes d'élevage variées, qui ont été mises en œuvre dans les contrées les plus diverses, on a vu provenir d'un type originel unique, apprivoisé dans le principe, une énorme quantité de races et de variétés diverses, dont les types extrêmes sont extraordinairement différents les uns des autres et ont souvent des caractères fort remarquables.

Une des races de pigeons les plus étonnantes est la race bien connue du pigeon-paon, dont la queue a pris une forme analogue à celle de l'oiseau dont il porte le nom; elle se compose de trente à quarante plumes disposées en roues, tandis que les autres pigeons ont un bien plus petit nombres de plumes caudales, presque toujours douze. A ce propos, il est bon de remarquer que le nombre des plumes caudales chez les oiseaux est pour les naturalistes une caractéristique très-sûre, à ce point qu'on a pu s'en servir pour distinguer des ordres entiers. Par exemple, les oiseaux chanteurs ont, presque sans exception, douze plumes caudales, les oiseaux crieurs (*strisores*), dix, etc. De nombreuses races de pigeons sont encore particulièrement caractérisées par une touffe de plumes cervicales formant une espèce de houppe; d'autres, par une transformation étrange du bec et des pieds, par des ornements spéciaux, souvent très-frappants, par exemple par des replis cutanés, qui se développent sur la tête; par un gros jabot faisant une forte saillie sur l'œsophage, dans la région du cou, etc. Les habitudes particulières prises par beaucoup de pigeons sont aussi remarquables. Citons, par exemple, les exercices musicaux des pigeons-tourterelles, des pigeons-tambours, l'instinct topographique des pigeons-courriers. Les pigeons-culbutants ont l'étrange habitude, après s'être élevés dans les airs en troupe nombreuse, de faire la culbute et de se laisser tomber comme morts. Les mœurs, les habitudes de ces races de pigeons infiniment variées, leur forme, leur grandeur, la couleur des diverses parties de leur corps, leurs proportions relatives diffèrent d'une manière étonnante, bien plus que cela n'arrive chez les espèces, dites bonnes espèces, ou même entre les différents genres, chez les pigeons sauvages. Et, ce qui est bien plus important, ces différences ne sont point bornées à la conformation extérieure, elles portent aussi sur les organes internes les plus importants; on observe, par exemple, d'importantes modifications du squelette et du système musculaire. On trouve une grande diversité dans le nombre des vertèbres et des côtes, dans la grandeur et la forme du bréchet sternal, dans la forme et la grandeur de la fourchette, du maxillaire inférieur, des os de la face, etc. En résumé, le squelette osseux, que les morphologistes tiennent pour une partie du corps très-fixe, ne variant jamais au même degré que les autres parties, est, chez les pigeons, tellement modifié, que l'on pourrait considérer beaucoup de races de pigeons comme des genres distincts, ce que, sans nul doute, on ferait, si on les rencontrait à l'état sauvage.

Une circonstance montre bien jusqu'où va la diversité chez les races de pigeons : c'est que tous les éleveurs sont unanimes à penser que chaque race particulière de pigeons, chaque race ayant des caractères à elle, descend d'une espèce sauvage spéciale. Sans doute, chacun admet un nombre divers d'espèces-souches. Néanmoins, Darwin a démontré très-nettement, ce qui était fort difficile, que ces races descendent toutes, sans exception, d'une seule espèce sauvage, le pigeon bleu des rochers (*Columba livia*). On peut aussi prouver, de la même manière, que les différentes races de la plupart des animaux domestiques et des plantes cultivées sont la postérité d'une unique espèce sauvage domestiquée par l'homme.

Notre lapin domestique nous donne, pour les mammifères, un exemple analogue à celui des pigeons. Tous les zoologistes, sans exception, considèrent, depuis très-longtemps, comme démontré, que toutes les races et variétés de lapin proviennent du lapin sauvage et par conséquent d'une espèce unique. Et pourtant les types extrêmes de ces races diffèrent tellement l'un de l'autre, que tout zoologiste, s'il les rencontrait à l'état sauvage, devrait, sans balancer, déclarer que ce ne sont pas seulement de « bonnes espèces », mais même des espèces appartenant à des genres très-distincts de la famille des léporides. Ce ne sont pas seulement la couleur, la longueur des poils et d'autres particularités du pelage, qui varient extraordinairement chez les diverses races de lapins domestiques, et dans des directions absolument opposées; mais, ce qui est encore bien plus remarquable, c'est la forme typique du squelette et de ses diverses parties, particulièrement la forme du crâne, celle des dents, si importante pour la classification, ainsi que la longueur relative des oreilles, des os, etc., qui varient également. Sous tous ces rapports, les races des lapins domestiques s'écartent incontestablement plus les unes des autres que toutes les diverses formes de lapins sauvages, de lièvres, reconnues comme de bonnes espèces et répandues sur toute la surface de la terre. Cependant, en dépit de ces faits si clairs, les adversaires de la théorie de l'évolution prétendent encore que les derniers types, les espèces sauvages, ne descendent pas d'une seule souche sauvage commune, tandis qu'ils accordent, sans difficulté, la descendance commune pour les premiers types, les races domestiques. Quand des adversaires ferment si obstinément les yeux à la lumière de la vérité, éclatante comme le soleil, il est sûrement bien inutile de lutter plus longtemps pour les convaincre.

Tandis qu'il est certain que les pigeons et les lapins domestiques, les chevaux, etc., malgré leur remarquable diversité, descendent d'une seule « espèce » sauvage, il est encore plus vraisemblable que les races multiples de quelques animaux domestiques, par exemple de chien, de porc, de bœuf, proviennent de plusieurs espèces sauvages, qui se sont ensuite mêlées ensemble dans l'état de domesticité. Pourtant le nombre de ces types sauvages primitifs est toujours bien inférieur à celui des formes domestiques dérivées, provenant de leur croisement et de leur élevage, et naturellement ces types primitifs eux-mêmes descendent originairement d'une forme ancestrale commune à tout le genre. Jamais une race domestique ne descend d'une espèce correspondante sauvage et unique.

Mais presque tous les agriculteurs et les jardiniers affirment, au contraire, sans hésitation, que chacune des races domestiques qu'ils élèvent, descend d'une espèce sauvage spéciale. Cela tient à ce que, connaissant parfaitement bien les différences des races entre elles, et appréciant beaucoup le caractère héréditaire des particularités de ces races, ils ne peuvent s'imaginer que ces particularités soient simplement le résultat d'une lente accumulation de variations à peine perceptibles. Aussi, sous ce rapport, la comparaison des races domestiques avec les espèces sauvages est-elle extrêmement instructive.

Bien des gens, et spécialement les adversaires de la théorie de l'évolution, ont fait les plus grands efforts pour découvrir quelque criterium morphologique ou physiologique, quelque propriété caractéristique, qui puisse différencier d'une manière nette et tranchée les races cultivées, artificiellement élevées, des espèces sauvages, qui se sont naturellement constituées. Toutes ces tentatives ont entièrement échoué et n'ont fait que donner une certitude plus grande au résultat opposé, c'est-à-dire montrer qu'une telle distinction est impossible. Dans ma critique de l'idée de l'espèce, j'ai discuté ce point avec détail et je l'ai élucidé par des exemples. (*Morphologie générale*, II, 323-364.)

Nous pouvons seulement examiner ici, en passant, l'un des côtés de cette question, ce qui a trait à l'hybridité ; car ce point a été considéré non-seulement par les adversaires du Darwinisme, mais même par quelques-uns de ses adhérents les plus considérables, comme un des côtés les plus faibles de la doctrine. On différenciait les races domestiques des espèces sauvages, en disant que les premières pouvaient donner des produits bâtards fertiles, et les autres point. Deux races cultivées, distinctes, ou deux variétés sauvages d'une même *espèce,* devaient posséder, dans tous les cas, la faculté de produire ensemble des bâtards capables de se reproduire en se croisant, soit entre eux, soit avec les types paternels ; au contraire deux *espèces réellement distinctes,* deux espèces domestiques ou sauvages, appartenant à un même genre, ne devaient point posséder cette faculté.

Quant à la première assertion, elle est purement et simplement démentie par les faits ; il y a des organismes, qui ne peuvent plus se croiser soit avec leurs ancêtres incontestables, soit avec une postérité féconde. Ainsi, par exemple, notre cochon d'Inde domestique ne s'accouple plus avec son ancêtre brésilien. Inversement, le chat domestique du Paraguay, qui descend de notre chat domestique européen, ne s'accouple plus avec ce dernier. Entre certaines races de nos chiens domestiques, par exemple, entre le grand chien de Terre-Neuve et le bichon nain, tout accouplement est déjà mécaniquement impossible. Un exemple de ce genre, et particulièrement intéressant, nous est fourni par le lapin de l'île Porto-Santo (*Lepus Huxleyi*). En l'année 1419, quelques lapins, nés, à bord d'un navire, d'un lapin espagnol domestique, furent déposés sur l'île Porto-Santo, près de Madère. Comme l'île était dépourvue d'animaux de proie, ces petits animaux se multiplièrent en peu de temps d'une façon si extraordinaire, qu'ils devinrent une vraie calamité, et même amenèrent la suppression d'une colonie établie dans cette localité. Encore aujourd'hui, ils habitent l'île en grand nombre ; mais, dans l'espace de 450 ans, ils ont formé une variété toute spéciale, ou, si l'on veut, une « bonne espèce », caractérisée par une couleur particulière, une forme qui se rapproche de celle du rat, des habitudes noctambules et une sauvagerie extraordinaire. Mais le plus important, c'est que cette nouvelle espèce, dénommée par moi *Lepus Huxleyi*, ne se croise plus avec le lapin européen dont elle descend, et ne produit avec lui aucun bâtard métis ou hybride.

D'autre part, nous avons aujourd'hui de nombreux exemples de vrais hybrides féconds, c'est-à-dire d'individus provenant du croisement de deux espèces tout à fait distinctes, et qui, pourtant, se reproduisent entre eux ou avec leurs parents. Depuis fort longtemps, les botanistes connaissent une quantité de ces espèces bâtardes (*species hybridæ*), par exemple celles qui ont fourni certains genres des chardons (*Cirsium*), des cytises (*Cytisus*), des ronces (*Rubus*), etc. De tels faits ne sont nullement rares non plus chez les animaux, on peut même dire qu'ils sont très-fréquents. On connaît des hybrides féconds, provenant du croisement de deux espèces distinctes d'un même genre, des hybrides de plusieurs genres de papillons (*Zigaena*, *Saturnia*); des hybrides des genres de la famille des carpes, des hybrides de pinsons, de gallinacés, de chiens, de chats, etc. Un des hybrides les plus intéressants est le *lièvre-lapin*, ou léporide (*Lepus Darwinii*), produit bâtard de notre lièvre et de notre lapin indigènes; dès 1850, on avait obtenu en France une série de générations de ces hybrides, et on les utilisait dans un but gastronomique. Grâce à l'obligeance du professeur Conrad, qui a répété ces essais d'élevage dans son domaine, je possède des échantillons de ces hybrides, obtenus en accouplant des hybrides, qui avaient eu pour parents un lièvre mâle et une lapine. L'hybride demi-sang ainsi obtenu, et que j'ai nommé *Lepus Darwinii*, en l'honneur de Darwin, semble, par une sélection persistante, se comporter comme une « vraie espèce ». Quoique, d'une manière générale, il ressemble plus à sa mère lapine, pourtant il reproduit, dans la forme des oreilles et celle des membres postérieurs, certains traits de son père lièvre. Sa chair a un goût excellent, se rapprochant de celui du lièvre, quoique la couleur rappelle plutôt celle du lapin. Or le lièvre (*Lepus timidus*) et le lapin (*Lepus cuniculus*) sont deux espèces distinctes du genre *Lepus*, et aucun classificateur n'y voudrait voir seulement des variétés. Ces deux espèces ont, en outre, un genre de vie si différent, et, à l'état sauvage, elles éprouvent tant d'aversion l'une pour l'autre, qu'elles ne se croisent pas en liberté. Mais si pourtant l'on élève ensemble des jeunes des deux espèces, leur antipathie mutuelle ne se montre pas ; ils se croisent et produisent le *Lepus Darwinii.*

Un autre exemple remarquable de croisement entre espèces distinctes (et ici les espèces appartiennent même à des genres différents) est fourni par les hybrides féconds de mouton et de chèvre, que l'on élève depuis longtemps au Chili dans un but industriel. Dans le croisement sexuel, la fécondité dépend de circonstances peu importantes, cela ressort du fait suivant, savoir : que le bouc et la brebis engendrent des hybrides féconds, tandis que le bélier et la chèvre s'accouplent rarement et toujours sans résultat. On voit donc que les faits d'hybridité, auxquels on a voulu donner une importance excessive, sont, en ce qui concerne l'idée de l'espèce, absolument sans valeur. L'hybridité, pas plus que tout autre phénomène, ne nous met en état de distinguer nettement les races cultivées des espèces sauvages. Ce résultat est donc extrêmement favorable à la théorie de la sélection.

SEPTIÈME LEÇON.

THÉORIE DE L'ÉLEVAGE, OU THÉORIE DE LA SÉLECTION (DARWINISME).

Darwinisme (théorie de la sélection) et Lamarckisme (théorie de la descendance). — Procédés de la sélection artificielle : choix de divers individus pour la reproduction. — Causes efficientes de la transformation : corrélation de la variation et de l'alimentation, d'une part, de l'hérédité et de la reproduction, de l'autre. — Nature mécanique de ces deux fonctions physiologiques. — Procédés de sélection naturelle : choix (sélection) par la lutte pour l'existence. — Théorie Malthusienne de la population. — Disproportion entre le nombre des individus virtuellement possibles et celui des individus réels d'une espèce organique. — Lutte générale pour l'existence ou rivalité pour satisfaire les besoins nécessaires. — Pouvoir modificateur et éducateur de cette lutte pour l'existence. — Comparaison de la sélection naturelle et de la sélection artificielle. — Sélection dans la vie humaine. — Sélection militaire et médicale.

Messieurs, aujourd'hui on désigne bien souvent par le nom de Darwinisme l'ensemble de la théorie de la sélection, qui va faire le sujet de ces leçons ; mais, à vrai dire, cette dénomination n'est pas exacte. En effet, comme vous l'avez pu prévoir par les préliminaires historiques contenus dans les précédentes leçons, les idées fondamentales de la théorie de l'évolution, particulièrement la théorie généalogique, ont été très-nettement formulées dès le commencement de ce siècle, et Lamarck les a introduites le premier dans l'histoire naturelle. Cette partie de la théorie évolutive, consistant à affirmer que la totalité des espèces animales et végétales a pour ancêtre primitif commun une forme très-simple, doit s'appeler Lamarckisme, du nom de son illustre fondateur, si l'on désire attacher une fois pour toutes au nom d'un naturaliste éminent la gloire d'avoir, avant tout autre, développé une théorie aussi fondamentale. Au contraire, on devra appeler Darwinisme la théorie de la sélection, cette partie de la doctrine, qui nous fait voir comment et *pourquoi* les diverses espèces organisées se sont développées à partir de cette forme primitive très-simple. (*Morph. gén.*, II, 166.)

Cependant nous trouvons déjà les premières traces d'une idée de sélection naturelle, quarante ans avant l'apparition du livre de Darwin. Ainsi, en 1818, parut un travail lu dès 1813 devant la *Royal Society,* et intitulé « Rapport sur une fille de race blanche, dont la peau a partiellement l'apparence d'une peau de nègre ». L'auteur de ce travail, le docteur W. C. Wells, note que le nègre et le mulâtre se distinguent de la race blanche par une immunité en présence de certaines maladies tropicales. A ce propos, il remarque que tous les animaux tendent, dans une certaine mesure, à changer, et que, grâce à cette propriété, les laboureurs peuvent, en choisissant les individus, améliorer leurs animaux domestiques ; puis il ajoute : « Mais l'équivalent du résultat artificiel ainsi obtenu paraît se produire de même, quoique plus lentement, dans l'organisation des races humaines, qui se sont adaptées aux contrées dans lesquelles elles vivent. Parmi les variétés humaines accidentelles, apparaissant au milieu des rares habitants épars dans les régions africaines, il s'en trouve qui résistent mieux que les autres aux maladies du pays. Conséquemment ces dernières variétés se multiplient, tandis que les autres diminuent, non pas seulement parce qu'elles sont moins aptes à résister aux maladies, mais parce qu'elles ne sont pas en état de supporter la concurrence de rivales plus robustes. J'admets comme démontré que la couleur de ces races plus vigoureuses soit de nuance foncée. Mais, comme le penchant à la formation des variétés subsiste toujours, il se forme, avec le temps, une race de plus en plus noire ; et, comme la race la plus foncée est le mieux adaptée au climat, elle finit par être, sinon la seule, au moins la race dominante. »

Quoique, dans cet écrit de Wells, le principe de la sélection naturelle soit nettement formulé et reconnu, cependant on n'en fait qu'une application très-restreinte à l'origine des races humaines et on ne l'étend pas à l'origine des espèces animales et végétales. Le grand mérite de Darwin, celui d'avoir perfectionné la théorie de la sélection, de lui avoir donné sa pleine et entière valeur, est aussi peu amoindri par cette remarque ancienne et longtemps ignorée de Wells, que par quelques autres remarques fragmentaires sur la sélection naturelle, qui ont été faites par Patrick Matthew et cachées dans un livre sur « le bois de construction des navires et l'arboriculture », qui parut en 1831. De même, le célèbre voyageur Alfred Wallace, qui, indépendamment de Darwin, avait formulé la théorie de la sélection et l'avait publiée en 1858, en même temps que la première communication de Darwin, Wallace, disons-nous, est, pour la profondeur des vues, pour leur large application, bien en arrière de son grand compatriote, qui, en donnant à toute la doctrine l'extension la plus grande et la plus ingénieuse possible, a mérité l'honneur d'y voir attacher son nom.

La doctrine de la domestication, la théorie de la sélection, le Darwinisme proprement dit, que nous allons maintenant examiner, repose essentiellement (comme nous l'avons déjà indiqué dans les précédentes leçons) sur la comparaison de l'intervention active de l'homme dans l'élevage des animaux domestiques et la culture des plantes de jardin avec les procédés, qui, à l'état sauvage, dans la liberté de la nature, président à l'origine de nouvelles espèces et de nouveaux genres. Il faut donc, pour comprendre ces derniers procédés, nous occuper tout d'abord de la sélection artificielle exercée par l'homme, comme l'a fait Darwin. Nous allons examiner à quels résultats l'homme arrive par sa sélection artificielle, quels moyens il emploie pour obtenir ces résultats; puis nous devrons nous demander : « Y a-t-il dans la nature des forces analogues, des causes efficientes analogues à celles que l'homme met en œuvre ? »

Quant à la sélection artificielle, nous partons du fait, déjà examiné par nous, que, nombre de fois, les produits de cette sélection diffèrent plus les uns des autres que ceux de la sélection naturelle. En fait, les races et les variétés s'écartent souvent plus les unes des autres et sous des rapports plus importants, que ne le font, à l'état de nature, ce que l'on appelle « les bonnes espèces » et même parfois ce que l'on appelle « les bons genres ». Comparons par exemple les diverses variétés de pommes, que l'horticulteur tire d'un seul et même type de pommier, ou bien les diverses races chevalines, que l'éleveur obtient d'un seul et même type chevalin, et nous reconnaîtrons sans peine que les différences entre les plus dissemblables de ces formes sont extrêmement importantes, infiniment plus que les différences dites spécifiques, dont les zoologistes et les botanistes se servent, en comparant les espèces sauvages, pour soi-disant distinguer les bonnes espèces entre elles.

Comment donc l'homme arrive-t-il à obtenir cette différence, cette divergence extraordinaire de formes nombreuses, incontestablement dérivées d'une seule et même forme? Pour répondre à cette question, observons un jardinier donnant tous ses soins à une plante d'un nouveau type remarquable par la beauté de sa fleur. Tout d'abord il commence par choisir, par faire une sélection sur un grand nombre d'échantillons provenant des graines d'un seul et même type végétal. Il choisit celles de ces plantes, sur la fleur desquelles la couleur désirée lui paraît la plus vive. Précisément, la couleur de la fleur en général est chose fort variable. Par exemple, des plantes, dont la fleur est ordinairement blanche, varient très-souvent jusqu'à revêtir des nuances bleues et rouges. Supposons maintenant que le jardinier désire avoir une variété rouge d'une plante dont la fleur est ordinairement blanche, il choisira pour cela, avec le plus grand soin, parmi les individus issus de la même semence ceux qui posséderont la teinte rouge la plus prononcée, et il en sèmera exclusivement la graine pour obtenir de nouveaux individus de cette variété. Il rejettera et ne cultivera plus les semences des plantes, dont la fleur est blanche ou d'un rouge moins accusé. Il cultivera uniquement les plantes, dont la fleur est du rouge le plus vif; il n'en reproduira pas d'autres et sèmera seulement les graines recueillies sur ces plantes de choix. Parmi les plantes de cette deuxième génération, il choisira encore celles qui sont le plus vivement teintées de cette nuance rouge, possédée dès lors par la plupart des individus. Que ce triage ait lieu durant une série de six à dix générations, que le jardinier choisisse toujours ainsi avec le plus grand soin les fleurs teintes du rouge le plus intense, et, au bout de ces six à dix générations, il obtiendra une plante, dont la fleur sera d'un beau rouge, comme il l'avait désiré.

Les mêmes procédés sont mis en usage par l'agriculteur, qui veut produire une race animale particulière, par exemple un type de brebis remarquable par la finesse de la laine. Le procédé mis en œuvre pour obtenir cette amélioration de la laine, consiste uniquement à choisir avec le plus grand soin et la plus grande persévérance dans tout le troupeau les individus qui ont la laine la plus fine. Ceux-là seulement servent à la reproduction, et, parmi les produits de ces bêtes de choix, on trie encore ceux qui se distinguent par une plus grande finesse de la laine. Que ce triage soit continué avec persévérance durant une série de générations, et les brebis choisies se distingueront à la fin par une toison fort différente de celle de leur ancêtre, conformément au désir et aux intérêts de l'éleveur.

Les différences entre les individus soumis à cette sélection artificielle sont très-faibles. Une personne non exercée ne saurait reconnaître ces particularités extrêmement délicates, qui frappent tout d'abord l'œil de l'éleveur habile. Ce métier n'est pas facile ; il exige un coup d'œil extrêmement délicat, une grande patience, un traitement très-judicieux des organismes soumis à la sélection. Dans chaque génération prise isolément les différences échapperaient peut-être à un profane ; mais, par l'accumulation de ces délicates différences durant une série de générations, l'écart subi à partir de la forme primitive s'accuse à la fin très-nettement. Cet écart devient même si tranché, qu'en fin de compte la forme artificiellement obtenue s'éloigne plus de la forme primitive que ne le font, dans l'état de nature, deux soi-disant bonnes espèces. L'art de l'élevage a déjà fait de tels progrès, que l'homme peut souvent produire à volonté des particularités données chez les espèces domestiques animales et végétales. On peut faire des commandes précises aux jardiniers et aux agriculteurs habiles et leur dire par exemple : Je désire avoir cette espèce de plante avec telle ou telle couleur, de telle et telle forme. Là où, comme en Angleterre, l'art de l'élevage est très-perfectionné, les jardiniers et les éleveurs sont souvent en état de fournir le produit désiré dans un temps prévu, après un nombre donné de générations. Un des éleveurs anglais les plus expérimentés, sir John Sebright, pouvait dire, « qu'en trois ans, il produirait chez un oiseau une plume donnée, mais que, pour obtenir telle ou telle forme de la tête ou du bec, il lui fallait six ans ».

En Saxe, pour élever les moutons mérinos, on place à trois reprises différentes les animaux les uns auprès des autres sur une table et on en fait un examen comparatif des plus attentifs. A chaque épreuve, on choisit seulement les meilleures brebis, celles qui ont la plus fine toison, de telle sorte que, l'expertise finie, il reste seulement quelques élues triées parmi un grand nombre ; mais ce sont des échantillons tout à fait hors ligne et les seuls que l'on emploie pour la reproduction. Comme vous le voyez dans l'élevage artificiel, c'est à l'aide de causes infiniment simples que l'on finit par obtenir de grands effets, et ces grands effets se produisent en accumulant des différences isolées, en elles-mêmes insignifiantes, mais qui grandissent dans une mesure étonnante, par le fait d'un choix, d'une sélection réitérés avec persistance.

Avant de passer à la comparaison de la sélection artificielle avec la sélection naturelle, voyons d'abord quelles sont les propriétés naturelles de l'organisme utilisées par l'éleveur ou le cultivateur. Les diverses propriétés, qui sont ici mises en jeu, peuvent en définitive se ramener à deux propriétés physiologiques fondamentales de l'organisme, toutes deux communes à la totalité des animaux et des plantes, et intimement liées aux deux activités de la reproduction et de la nutrition. Ces deux propriétés fondamentales sont l'hérédité ou la faculté de transmission et la variabilité ou la faculté d'adaptation. L'éleveur part de ce fait, que tous les individus d'une seule et même espèce sont quelque peu différents entre eux, et ce fait est vrai pour tous les organismes, aussi bien à l'état sauvage qu'à l'état domestique. Jetez un regard sur une forêt composée d'arbres d'une seule essence, par exemple de hêtres : sûrement vous n'y trouverez pas deux arbres de l'espèce indiquée, qui soient absolument pareils, qui se ressemblent parfaitement dans leur mode de ramification, dans le nombre de leurs branches et de leurs feuilles, de leurs fleurs et de leurs fruits. Partout il y a des différences individuelles exactement comme chez les hommes. Il n'y a pas deux hommes qui soient absolument identiques par la taille, la physionomie, la quantité de cheveux, le tempérament, le caractère, etc., et l'on en peut dire autant des individus quelconques pris dans toutes les espèces animales et végétales. Dans la plupart des organismes, les différences paraissent ordinairement tout à fait insignifiantes aux gens du monde. C'est uniquement à force d'exercice, que l'on parvient à constater ces caractères morphologiques souvent très-délicats. Un berger, par exemple, connaît individuellement chacun des animaux composant son troupeau, uniquement parce qu'il en a soigneusement observé les particularités ; un œil non exercé ne les verrait pas. C'est sur ce fait extrêmement important, que repose toute la puissance de sélection exercée par l'homme. Sans l'existence si générale de ces différences individuelles, comment l'homme pourrait-il tirer d'une seule et même forme ancestrale tant de variétés et de races diverses? Il nous faut établir *à priori,* à titre de proposition fondamentale, que ce fait a un caractère de généralité absolue. Nous devons présupposer cette diversité, là même où les différences échappent à nos sens grossiers. Chez les végétaux élevés dans la hiérarchie, chez les phanérogames ou plantes à fleurs apparentes, qui diffèrent tant, soit par le nombre des rameaux et des feuilles, soit par la forme de la tige et des branches, nous pouvons presque toujours constater facilement ces dissemblances. Mais chez les végétaux inférieurs, par exemple chez les mousses, les algues, les champignons, et aussi chez la plupart des animaux inférieurs, il en est tout autrement. La différenciation individuelle de tous les individus d'une même espèce est ici le plus souvent extrêmement difficile ou même entièrement impossible. Pourtant nous ne sommes nullement autorisés à attribuer des différences individuelles seulement aux organismes, chez qui nous sommes en état de les constater. Bien plus, nous pouvons, en toute sûreté, admettre cette diversité comme une propriété générale de tous les organismes, et nous le pouvons d'autant mieux, que nous sommes en mesure de ramener la variabilité des individus à de simples relations mécaniques de nutrition. On démontre, qu'en agissant sur la nutrition, nous avons la faculté de provoquer des différences individuelles éclatantes, là où nous n'en aurions pu constater, si les conditions de la nutrition étaient demeurées les mêmes. Or les conditions si multiples et si complexes de la nutrition ne sont jamais absolument identiques chez deux individus.

De même que nous voyons la variabilité ou la faculté d'adaptation se rattacher par un lien étiologique aux conditions générales de la nutrition des animaux et des plantes, nous trouvons aussi, que le second phénomène fondamental de la vie, dont nous avons maintenant à nous occuper, c'est-à-dire la faculté de transmission ou d'hérédité, est immédiatement lié aux phénomènes de la reproduction. Le but que se proposent en second lieu l'agriculteur et le jardinier après avoir choisi une variété et après l'avoir utilisée, c'est de fixer les formes modifiées et de les perfectionner par l'hérédité. Leur point de départ est le fait général de la ressemblance des enfants aux parents : « La pomme ne tombe pas loin du pommier, » dit le proverbe. Ce phénomène de l'hérédité a été jusqu'ici très-mal étudié, scientifiquement parlant; la raison en est, pour une part, que c'est un phénomène banal. Chacun trouve tout à fait naturel que chaque espèce produise des rejetons qui lui ressemblent; qu'un cheval, par exemple, n'enfante pas tout d'un coup une oie ou qu'une oie n'enfante pas une grenouille. On est habitué à regarder ces phénomènes journaliers de l'hérédité comme allant de soi. Pourtant ce fait n'est pas d'une simplicité aussi parfaite qu'il le paraît au premier coup d'œil, et bien souvent, en songeant à l'hérédité, on oublie que les divers descendants d'un même couple ne sont en réalité jamais identiquement semblables entre eux ou semblables à leurs parents, mais que toujours il y a de légères différences. On ne saurait donc formuler le principe de l'hérédité, en disant que le « semblable produit son semblable ». Il faut plutôt dire : « l'analogue produit l'analogue ». Le jardinier et l'agriculteur utilisent en effet les phénomènes de l'hérédité de la façon la plus large et incontestablement en désirant transmettre par l'hérédité non-seulement les propriétés, dont les organismes ont hérité de leurs parents, mais aussi celles qu'ils ont acquises. C'est là un point important et de grande conséquence. L'organisme a la faculté de transmettre à sa postérité non-seulement les propriétés, que lui-même a reçues de ses progéniteurs, par exemple la forme, la couleur, la grandeur; il peut même léguer les propriétés, qu'il a acquises pendant sa vie sous l'influence des conditions de climat, d'alimentation, d'éducation, etc.

Telles sont les deux propriétés fontamentales des animaux et des végétaux, qu'utilisent les éleveurs pour créer de nouvelles formes. Quelque simple que soit le principe théorique de la sélection, pourtant la réalisation pratique en est, dans le détail, extrêmement difficile et complexe. L'éleveur intelligent, agissant suivant un plan préconçu, doit être assez habile pour appliquer convenablement dans chaque cas particulier les relations réciproques d'ordre général, reliant l'une à l'autre les deux propriétés fondamentales de l'hérédité et de la variabilité.

Si maintenant nous examinons en elle-même la nature de ces deux importantes propriétés vitales, nous les pourrons ramener, comme toutes les fonctions physiologiques, aux causes physiques et chimiques, aux propriétés et aux phénomènes de mouvement de la matière, qui constituent la vie des animaux et des plantes. Comme nous l'établirons plus tard en examinant plus à fond ces deux fonctions, on peut dire, d'une manière générale, que l'hérédité est caractérisée par la continuité matérielle, par l'identité matérielle mais partielle de l'organisme générateur et de l'organisme procréé, de l'enfant et des parents. Par le fait de tout acte reproducteur une certaine quantité du protoplasme ou de la matière albuminoïde des parents est transmise à l'enfant, et avec ce protoplasme *le mode individuel spécial du mouvement moléculaire* est simultanément transmis. Or ces mouvements moléculaires du protoplasme, qui suscitent les phénomènes vitaux et en sont la vraie cause, sont plus ou moins variés et dissemblables chez tous les individus vivants.

D'autre part, l'adaptation ou la variation est simplement le résultat des influences matérielles subies par la matière constituante de l'organisme sous l'influence du milieu matériel ambiant, c'est-à-dire des conditions de la vie dans le sens le plus large de l'expression. Ces influences extérieures ont pour moyens d'action les phénomènes moléculaires de la nutrition dans la trame de chaque partie du corps. Dans chaque acte d'adaptation, le mouvement moléculaire spécial à l'individu est troublé ou modifié, soit dans la totalité de l'individu, soit dans une de ses parties, par des influences mécaniques, physiques ou chimiques. Par là les mouvements vitaux du plasma, ceux qui sont innés, hérités, c'est-à-dire les mouvements moléculaires des plus petites particules albuminoïdes, sont plus ou moins changés. Le phénomène de l'adaptation ou de la variation dépend de l'influence matérielle que subit l'organisme de la part du milieu ambiant, des conditions de son existence, tandis que l'hérédité consiste dans l'identité partielle de l'organisme générateur et de l'organisme engendré. Tels sont les principes spéciaux, simples, mécaniques, des phénomènes de la sélection artificielle.

Darwin s'est posé les questions suivantes : Existe-t-il dans la nature un procédé de sélection analogue? Y a-t-il des forces naturelles capables de suppléer à l'activité déployée par l'homme dans la sélection naturelle? Les bêtes sauvages et les plantes subissent-elles des conditions naturelles susceptibles d'exercer une sélection, de trier, comme la volonté raisonnée de l'homme trie dans la sélection artificielle? Il s'agissait de découvrir ces conditions, et Darwin y réussit si bien, que nous jugeons sa doctrine de la sélection parfaitement capable d'expliquer mécaniquement l'origine des espèces animales et végétales. La condition qui, dans la liberté de l'état de nature, choisit et modifie les formes animales et végétales, cette condition, Darwin l'a appelée : « lutte pour l'existence » (*struggle for life*).

L'expression « lutte pour l'existence » est subitement devenue usuelle ; pourtant, sous beaucoup de rapports, elle n'est peut-être pas heureusement choisie. On aurait pu dire bien plus exactement : « lutte pour satisfaire les nécessités de l'existence ». Ainsi sous la dénomination de « lutte pour l'existence » on a compris nombre de conditions, qui, à vrai dire, ne s'y rapportent pas. Comme nous l'avons vu par un passage d'une lettre de Darwin citée dans la dernière leçon, Darwin est arrivé à l'idée du *struggle for life*, en étudiant le livre de Malthus « sur la condition et le résultat de l'accroissement de la population ». Dans cet important ouvrage on démontre que le nombre des hommes croît en moyenne suivant une progression géométrique, tandis que la masse des substances alimentaires augmente seulement suivant une progression arithmétique. De cette disproportion naissent une foule d'inconvénients dans la société humaine ; il en résulte une perpétuelle compétition entre les hommes dans le but de se procurer des moyens de subsistance nécessaires, mais qui ne peuvent suffire pour tout le monde.

La théorie darwinienne de la lutte pour l'existence est en quelque sorte une application générale de la théorie malthusienne de la population à l'ensemble de la nature organique. Son point de départ est, que le nombre des individus organiques possibles, pouvant sortir des germes produits, surpasse de beaucoup le nombre des individus réels, qui vivent effectivement à un moment donné à la surface de la terre. Le nombre des individus possibles ou virtuels sera représenté par le nombre des œufs et des germes asexués, que les organismes produisent. Le nombre de ces germes, dont chacun, dans des conditions favorables, pourrait donner naissance à un individu, est beaucoup plus considérable que le nombre des individus vivants, actuels, c'est-à-dire naissant effectivement de ces germes et réussissant à vivre et à se produire. De ces germes, le plus grand nombre périt dès les premiers moments de la vie, et ce sont seulement des organismes privilégiés qui arrivent à se développer, surtout à sortir heureusement de leur première jeunesse et à se reproduire. Ce fait si important ressort de la seule comparaison entre le nombre des œufs de chaque espèce et le nombre réellement existant d'individus appartenant à cette même espèce. Le rapprochement de ces nombres met en évidence les contradictions les plus frappantes. Par exemple, certaines espèces gallinacées pondent des œufs nombreux et comptent néanmoins parmi les oiseaux les plus rares, tandis que l'oiseau le plus commun, le pétrel (*Procellaria glacialis*), ne pond qu'un seul œuf. Le même phénomène s'observe chez d'autres animaux. Beaucoup d'animaux vertébrés très-rares pondent une énorme quantité d'œufs, tandis que d'autres vertébrés, qui ont très-peu d'œufs, passent pour les plus communs des animaux. Songez, par exemple, à la proportion numérique du ver solitaire de l'homme. Chaque ver solitaire produit en un très-court espace de temps des millions d'œufs, tandis que l'homme, qui loge le ver solitaire dans son organisme, a un nombre de germes beaucoup moindre, et pourtant, fort heureusement le nombre des vers solitaires est bien inférieur à celui des hommes. De même, parmi les plantes, beaucoup de magnifiques orchidées produisent des milliers de germes et sont pourtant très-rares, tandis que certaines radiées, de la famille des composées, qui ont seulement un petit nombre de graines, sont extrêmement communes.

Ces faits importants pourraient être appuyés d'une grande quantité d'autres exemples. Il est donc évident que le nombre d'individus destinés à naître et à vivre ne résulte pas nécessairement du nombre de germes existant en réalité, mais qu'il dépend de conditions différentes et parfois des rapports mutuels entre l'organisme et les milieux organiques et anorganiques, au sein desquels ils vivent.

Tout organisme lutte, dès le début de son existence, avec une foule d'influences ennemies ; il lutte avec les animaux, qui vivent à ses dépens, dont il est l'aliment naturel, avec les bêtes de proie et les parasites ; il lutte avec les influences anorganiques de diverse nature, avec la température, avec les intempéries et d'autres circonstances ; il lutte (et cela surtout est important) avec les organismes qui lui ressemblent le plus, qui sont de la même espèce. Tout individu, à quelque espèce animale ou végétale qu'il appartienne, est en compétition acharnée avec les autres individus de la même espèce habitant la même localité. Les moyens d'existence sont loin d'être en profusion dans l'économie de la nature, ils sont même habituellement en quantité très-restreinte et loin de pouvoir suffire à la masse d'individus, qui pourrait provenir de germes fécondés ou non fécondés. Les jeunes individus des espèces animales et végétales ont donc beaucoup de peine à trouver ce qui est nécessaire à leur subsistance; il leur faut, de toute nécessité, entrer en lutte pour se procurer ce qui est indispensable au maintien de leur existence.

Cette grande compétition pour subvenir aux nécessités de la vie existe partout et toujours, aussi bien entre les hommes qu'entre les animaux et même les plantes, chez qui, au premier abord, elle semble moins évidente. Voyez un champ de blé largement ensemencé : sur tant de jeunes pieds de froment, qui se pressent sur un tout petit espace, sur mille peut-être, une très-faible partie persistera. Il y a compétition pour la surface, dont chaque plante a besoin pour y plonger ses racines, compétition pour la lumière du soleil, compétition pour l'humidité. Vous voyez de même, dans chaque espèce animale, tous les individus lutter ensemble pour se procurer les moyens de subsistance indispensables, les conditions de l'existence dans le plus large sens du mot. Ces conditions sont également indispensables à tous, mais seront le partage seulement d'un petit nombre. Tous sont appelés; mais il y a peu d'élus! Cette rivalité est un fait qui a un caractère de généralité absolue. Un simple regard jeté sur la société humaine suffit pour que l'on constate cette compétition partout, dans toutes les branches de l'activité humaine. Là aussi les conditions essentielles de la lutte sont déterminées par la libre concurrence des travailleurs. Là aussi, comme partout, la rivalité tourne à l'avantage de l'industrie, du travail, qui est l'objet de la concurrence. Plus la rivalité ou la concurrence est grande et générale, plus les améliorations et les découvertes relatives au genre de travail en question se multiplient, plus les travailleurs se perfectionnent.

Il est évident que, dans cette lutte pour l'existence, il y a une inégalité absolue entre les divers individus. Cette incontestable inégalité entre les individus étant reconnue, il nous faut, de toute nécessité, admettre aussi que partout les individus d'une seule et même espèce n'ont pas des chances également favorables. Tout d'abord, en raison même de l'inégalité de leurs forces et de leurs facultés, leur situation dans la lutte est différente, sans compter qu'à chaque point de la surface terrestre les conditions de l'existence sont diverses et agissent diversement. Évidemment il y a là une complication extrême d'influences, qui, ajoutées à l'inégalité native des individus, ont pour effet, dans la compétition pour conquérir les conditions de l'existence, de favoriser certains combattants, de léser certains autres. Les individus favorisés l'emportent sur leurs rivaux, et, tandis que ces derniers périssent plus ou moins vite, sans laisser derrière eux de postérité, les autres survivent seuls et finalement parviennent à se perpétuer. Mais, par ce seul fait tout naturel, que les individus favorisés dans la lutte pour l'existence arrivent seuls à se perpétuer, nous constaterons que la seconde génération diffère de la première. Déjà, dans cette seconde génération, certains individus, sinon tous, posséderont, par voie d'hérédité, l'avantage, qui a fait triompher leurs parents sur leurs compétiteurs.

Mais, en outre, et ceci est une loi très-importante de l'hérédité, quand un caractère a été ainsi légué durant une série de générations, il ne se transmet plus simplement tel qu'il était à l'origine, mais s'accentue et grandit sans cesse, pour arriver enfin, chez la dernière génération, à un tel degré de puissance, qu'il la différencie essentiellement de la souche originelle. Considérons, par exemple, un certain nombre de plantes croissant côte à côte dans un terrain très-sec. Comme les appendices pileux des feuilles sont fort utiles pour recueillir l'humidité de l'air, et comme ce revêtement pileux est très-variable, il en résultera que, dans cette localité peu favorisée, où les plantes ont à lutter directement contre la sécheresse et aussi à rivaliser entre elles pour trouver de l'eau, l'avantage sera pour les individus pourvus de feuilles très-velues. Ces derniers seuls se maintiendront, tandis que les plantes à feuilles glabres périront; seules, les plantes velues se perpétueront, et, en moyenne, leur postérité sera caractérisée de plus en plus par des poils plus épais et plus forts que ceux de la première génération. Que cette progression se poursuive dans une même localité durant plusieurs générations, il en résultera une telle exagération du caractère, une telle multiplication des poils sur la surface des feuilles, que l'on croira voir une espèce toute nouvelle. Il faut remarquer ici, qu'en raison de la solidarité de toutes les parties d'un organisme donné, il est de règle, qu'une partie quelconque ne puisse changer sans entraîner des modifications corrélatives dans d'autres parties. S'il arrive, comme dans l'exemple ci-dessus, que le nombre des poils s'accroisse d'une manière notable, il en résultera qu'une notable quantité du matériel nutritif sera soustraite à d'autres parties; le matériel nutritif, qui aurait pu être employé à la formation des fleurs ou des graines, sera diminué, et il en résultera un moindre développement de la fleur et de la graine: ce sera là une conséquence indirecte de la lutte pour l'existence, qui tout d'abord avait seulement modifié la conformation des feuilles. La lutte pour l'existence agit donc dans ce cas en faisant de la sélection et en transformant. Le combat entre les divers individus pour obtenir les conditions indispensables à leur vie individuelle, ou, dans un sens plus large, la solidarité des rapports entre les organismes et le milieu général, provoquent des variations de forme, comme le fait dans l'état de culture l'activité de l'éleveur.

Au premier abord, cette manière de voir vous paraîtra peut-être de peu de valeur, et vous inclinerez à ne pas accorder aux influences indiquées ci-dessus l'importance qu'elles ont réellement. Je me réserve de vous démontrer plus au long, en invoquant d'autres exemples, l'énorme puissance de transformation que possède la sélection naturelle. Pour le moment, je me bornerai à comparer encore une fois les deux modes d'action de la sélection artificielle et de la sélection naturelle, et à distinguer nettement l'un de l'autre ces deux procédés de sélection.

Il va de soi que, conformément à ce qui se passe dans la

sélection artificielle, les phénomènes vitaux, résultant de la mutuelle dépendance des deux fonctions physiologiques de l'adaptation et de l'hérédité, sont extrêmement simples, naturels, mécaniques, et, de leur côté, ces deux fonctions peuvent se ramener à des propriétés physiques ou chimiques de la matière organique. La différence entre ces deux formes de sélection consiste en ceci, que, dans la sélection artificielle, la volonté de l'homme fait un choix, un triage d'après une idée préconçue, tandis que, dans la sélection naturelle, la lutte pour l'existence, c'est-à-dire la mutuelle solidarité des organismes agit sans plan, mais arrive néanmoins à un résultat identique, à un triage, à une sélection des individus les mieux doués, pour les employer à la reproduction. Les modifications résultant de la sélection se produisent, dans la sélection artificielle, au bénéfice de l'homme, qui exerce cette sélection, tandis que, dans la sélection naturelle, au contraire, elles se font au plus grand avantage de l'organisme, qui en est le siége; cela résulte de la nature même des choses.

Telles sont les différences et ressemblances essentielles entre les deux genres de sélection. Il est à remarquer encore, qu'il y a une autre différence dans la durée du temps nécessaire à ces deux modes de sélection. Dans la sélection artificielle, l'homme peut produire des changements considérables en un très-court espace de temps, tandis que, dans la sélection naturelle, des variations équivalentes exigeraient un laps de temps bien plus grand. Cela tient à ce que l'homme peut choisir avec beaucoup plus de soin. Parmi un grand nombre d'individus, il en trie quelques-uns avec une extrême attention, abandonne les autres et emploie seulement à la reproduction les individus qu'il préfère. La sélection naturelle ne peut rien faire de pareil. Dans l'état de nature, d'autres individus moins bien doués, en plus ou moins grand nombre, se mêleraient aux individus choisis pour la reproduction et se reproduiraient aussi. L'homme a encore la faculté d'empêcher le croisement entre la forme primitive et la forme nouvelle, croisement souvent inévitable dans la sélection naturelle. Or, qu'un tel croisement entre la forme primitive et la forme dérivée ait lieu, alors le produit retourne facilement au type originel. Pour qu'un tel croisement soit évité dans la sélection naturelle, il faut que la variété se sépare et s'isole de la souche première par l'émigration.

La sélection naturelle agit donc beaucoup plus lentement; elle exige un laps de temps beaucoup plus long que la sélection artificielle; mais, en revanche et en raison même de cette différence, le produit de la sélection artificielle disparaît bien plus facilement; la forme nouvellement produite se fond dans l'ancienne; tandis que rien de pareil n'arrive dans la sélection naturelle. Les nouvelles espèces produites par voie de sélection naturelle se maintiennent avec bien plus de fixité, elles ne retournent pas facilement à la forme primitive, contrairement à ce qui arrive dans la sélection artificielle; aussi durent-elles bien plus longtemps que les races artificielles, œuvres de l'homme. Mais ce sont là des différences secondaires, qui s'expliquent par la disparité des conditions du choix naturel et du choix artificiel, et ces différences portent seulement sur la durée. Dans la sélection artificielle, aussi bien que dans la sélection naturelle, le fait de la variation des formes et les causes qui le produisent sont identiques. (*Morph. gén.,* II, 248.)

Les adversaires de Darwin ne se lassent pas de prétendre, avec l'obstination d'esprits vides et bornés, que la théorie de la sélection est une conjecture sans fondement, tout au plus une hypothèse qu'il faudrait d'abord démontrer. Cette assertion est parfaitement gratuite; vous pouvez déjà le conclure des principes de la théorie de la sélection, tels que nous les avons exposés. Darwin ne prend pas pour causes efficientes de la métamorphose des formes organiques, des forces naturelles inconnues, des conditions hypothétiques, mais purement et simplement les activités vitales bien connues, appartenant à tous les organismes et que nous appelons hérédité et adaptation. Tout naturaliste versé dans la physiologie sait, que ces deux fonctions sont indissolublement liées aux activités de la reproduction et de la nutrition, et que, pareillement à tous les autres phénomènes vitaux, ce sont en définitive des actes mécaniques naturels, dépendant de mouvements moléculaires dans la trame de la matière organisée. Que l'action réciproque de ces deux fonctions travaille à modifier lentement et perpétuellement les formes organiques, que ce travail conduise à la création de nouvelles espèces, c'est là une suite nécessaire de la lutte pour l'existence, comme l'entend Darwin. C'est un phénomène aussi peu hypothétique et ayant aussi peu besoin de démonstration que l'action combinée de l'hérédité et de l'adaptation. Il y a plus : la guerre pour l'existence est un résultat mathématiquement nécessaire de la disproportion entre le nombre limité des places dans l'économie budgétaire de la nature et le nombre excessif des germes organiques. Les migrations actives et passives des animaux et des plantes, qui ont lieu partout et toujours, sont en outre extrêmement favorables à la naissance de nouvelles espèces, sans qu'on puisse les invoquer à titre de facteurs nécessaires dans le mécanisme de la sélection naturelle. La production de nouvelles espèces par la sélection naturelle est en soi une nécessité mathématique, fatale, qui n'a besoin d'aucune démonstration. Persister, dans l'état actuel de la science, à demander des preuves de la théorie de la sélection, c'est montrer ou qu'on ne l'a pas bien comprise, ou que l'on n'est pas suffisamment au courant de l'ensemble des faits scientifiques de l'anthropologie, de la zoologie et de la botanique.

Si, comme nous le prétendons, la sélection naturelle est la grande cause efficiente, qui a produit toutes les manifestations étonnamment variées de la vie organique sur la terre, il faut aussi que tous les phénomènes si intéressants de la vie humaine puissent s'expliquer par la même cause; car l'homme est simplement un animal vertébré plus développé, et tous les côtés de la vie humaine ont leurs analogues ou plus exactement leurs phases inférieures d'évolution esquissées dans le règne animal. L'histoire des peuples, ce que l'on appelle l'histoire universelle, doit s'expliquer aussi par la sélection naturelle ; ce doit être en définitive un phénomène physico-chimique, dépendant de l'action combinée de l'adaptation et de l'hérédité dans la lutte pour l'existence. Telle est en effet la réalité. Nous en donnerons plus tard la preuve. Néanmoins il n'est point sans intérêt de montrer ici, que la sélection naturelle n'agit pas seule, mais que la sélection artificielle se joint bien souvent à elle dans l'histoire universelle.

Les Spartiates nous fournissent un remarquable exemple de sélection artificielle, appliquée à l'homme et sur une grande échelle ; chez eux, en vertu d'une loi spéciale, les enfants subissaient aussitôt après leur naissance un examen rigoureux, un triage. Tous les enfants faibles, maladifs, entachés de quelque vice corporel, étaient mis à mort. Seuls, les enfants parfaitement sains et robustes avaient le droit de vivre, et seuls, plus tard, ils se reproduisaient. Par ce moyen, non-seulement la race spartiate se maintenait dans un état exceptionnel de force et de vigueur, mais encore, à chaque génération, elle gagnait en perfection corporelle. Sûrement, c'est à cette sélection artificielle, que le peuple de Sparte dut ce haut degré de force virile et de rude vertu héroïque, par lequel il s'est signalé dans l'histoire de l'antiquité.

Beaucoup de ces tribus d'Indiens Peaux-rouges de l'Amérique du Nord, qui actuellement sont refoulées dans la lutte pour l'existence par la prépondérance de la race blanche, en dépit de la plus héroïque résistance, doivent aussi leur grande force corporelle et leur vaillance guerrière à un triage minutieux des nouveau-nés. Là aussi tous les enfants débiles ou atteints d'un vice corporel quelconque sont mis à mort, seuls les individus parfaitement robustes sont épargnés et perpétuent la race. Que par l'effet de cette sélection artificielle continuée durant de nombreuses générations, la race soit considérablement fortifiée, c'est ce qu'on ne peut mettre en doute et ce qui est suffisamment démontré par quantité de faits bien connus.

C'est tout à fait à rebours de la sélection artificielle des Indiens et des anciens Spartiates, que se fait dans nos modernes états militaires le choix des individus pour le recrutement des armées permanentes. Nous considérerons ce triage comme une forme spéciale de la sélection et nous lui donnerons le nom très-juste de « sélection militaire ». Malheureusement, à notre époque plus que jamais, le militarisme joue le premier rôle dans ce qu'on appelle la civilisation ; le plus clair de la force et de la richesse des États civilisés les plus prospères est gaspillé pour porter ce militarisme à son plus haut degré de perfection. Au contraire l'éducation de la jeunesse, l'instruction publique, c'est-à-dire les bases les plus solides de la vraie prospérité des États et de l'ennoblissement de l'homme, sont négligées et sacrifiées de la manière la plus lamentable. Et cela se passe ainsi chez des peuples, qui se prétendent les représentants les plus distingués de la plus haute culture intellectuelle, qui se croient à la tête de la civilisation ! On sait que, pour grossir le plus possible les armées permanentes, on choisit par une rigoureuse conscription tous les jeunes hommes sains et robustes. Plus un jeune homme est vigoureux, bien portant, normalement constitué, plus il a de chances d'être tué par les fusils à aiguille, les canons rayés et autres engins civilisateurs de la même espèce. Au contraire tous les jeunes gens malades, débiles, affectés de vices corporels sont dédaignés par la sélection militaire ; ils restent chez eux en temps de guerre, se marient et se reproduisent. Plus un jeune homme est infirme, faible, étiolé, plus il a de chances d'échapper au recrutement et de fonder une famille. Tandis que la fleur de la jeunesse perd son sang et sa vie sur les champs de bataille, le rebut dédaigné, bénéficiant de son incapacité, peut se reproduire et transmettre à ses descendants toutes ses faiblesses et toutes ses infirmités. Mais, en vertu des lois qui régissent l'hérédité, il résulte nécessairement de cette manière de procéder que les débilités corporelles et les débilités intellectuelles, qui en sont inséparables, doivent non-seulement se multiplier, mais encore s'aggraver. Par ce genre de sélection artificielle et par d'autres encore s'explique suffisamment le fait navrant mais réel que, dans nos États civilisés, la faiblesse de corps et de caractère soit en voie d'accroissement, et que l'alliance d'un esprit libre, indépendant, à un corps sain et robuste devienne de plus en plus rare.

Aux progrès de la débilité chez les peuples civilisés modernes, inévitable conséquence de la sélection militaire, vient s'ajouter un autre mal : c'est que la médecine contemporaine, quelque perfectionnée qu'elle soit, est encore bien souvent impuissante à guérir radicalement les maladies, mais elle est bien plus en état qu'autrefois de faire durer les affections lentes, chroniques pendant de longues années. Or précisément des maladies de ce genre fort meurtrières, comme la phthisie, la scrofule, la syphilis et aussi nombre d'affections mentales sont tout spécialement héréditaires et passent de parents maladifs à une partie, quelquefois à la totalité de leurs enfants. Or, plus les parents malades réussissent, grâce à l'art médical, à prolonger longtemps leur misérable existence, plus leurs rejetons ont chance d'hériter de leur incurable maladie. Le nombre des individus de la génération suivante, qui seront atteints, grâce à cette sélection médicale, du vice héréditaire paternel, s'accroît ainsi continuellement.

Si quelqu'un osait proposer de mettre à mort dès leur naissance, à l'exemple des Spartiates et des Indiens Peaux-rouges, les pauvres et chétifs enfants, auxquels on peut à coup sûr prophétiser une vie misérable, plutôt que de les laisser vivre à leur grand dommage et à celui de la collectivité, notre civilisation soi-disant humanitaire pousserait avec raison un cri d'indignation. Mais cette « civilisation humanitaire » trouve tout simple et admet sans murmurer, à chaque explosion guerrière, que des centaines et des milliers de jeunes hommes vigoureux, les meilleurs de leur génération, soient sacrifiés au jeu de hasard des batailles, et pourquoi, je le demande, cette fleur de la population est-elle sacrifiée ? Pour des intérêts qui n'ont rien de commun avec ceux de la civilisation, des intérêts dynastiques tout à fait étrangers à ceux des peuples qu'on pousse à s'entre-égorger sans pitié. Or, avec le progrès constant de la civilisation dans le perfectionnement des armées permanentes, les guerres deviendront naturellement de plus en plus fréquentes. Nous entendons aujourd'hui cette « civilisation humanitaire » vanter l'abolition de la peine de mort, comme « une mesure libérale ! » Pourtant la peine de mort, quand il s'agit d'un criminel, d'un scélérat incorrigible, est non-seulement de droit, elle est même un bienfait pour la partie la meilleure de la société ; c'est pour elle un avantage semblable à ce qu'est la destruction des mauvaises herbes dans un jardin cultivé. De même que c'est seulement en déracinant ces parasites, que l'on peut donner aux plantes utiles l'air, la lumière et l'espace, ainsi par l'impitoyable destruction de tous les criminels incorrigibles, non-seulement on faciliterait à la partie saine de l'humanité sa lutte pour l'existence, mais encore on userait d'un procédé très-utile de sélection artificielle ; car on ôterait au rebut dégénéré de l'humanité la possibilité de transmettre ses funestes penchants.

Pour balancer l'influence nuisible des sélections militaire et médicale, il y a heureusement le contre-poids partout victorieux et inéluctable de la sélection naturelle, qui est de beaucoup la plus forte. En effet, dans la vie humaine, comme dans la vie des animaux et des plantes, la sélection naturelle est le principe transformateur le plus puissant, c'est aussi le plus fort levier du progrès, le principal agent de perfectionnement. Un caractère essentiel de la guerre pour l'existence, c'est que toujours, dans la généralité, dans l'ensemble, le meilleur, par cela même qu'il est le plus parfait, triomphe du plus faible et du plus imparfait. Or, dans l'espèce humaine, cette lutte pour vivre devient de plus en plus une lutte intellectuelle, de moins en moins une bataille avec des armes meurtrières. Grâce à l'influence ennoblissante de la sélection naturelle, l'organe qui se perfectionne plus que tout autre chez l'homme, c'est le cerveau. En général ce n'est pas l'homme armé du meilleur revolver, c'est l'homme doué de l'intelligence la plus développée, qui l'emporte ; et il léguera à ses rejetons les facultés cérébrales qui lui ont valu la victoire. Nous avons donc le droit d'espérer, qu'en dépit des forces rétrogrades, nous verrons, sous l'influence bénie de la sélection naturelle, se réaliser toujours de plus en plus le progrès de l'humanité vers la liberté et par conséquent vers le plus grand perfectionnement possible.

HUITIÈME LEÇON.

HÉRÉDITÉ ET REPRODUCTION.

L'hérédité et l'héritage sont des phénomènes ayant un caractère de généralité. — Exemples particulièrement remarquables de faits héréditaires. — Hommes ayant quatre, six ou sept doigts ou orteils. — Hommes porcs-épics. — Hérédité des maladies, particulièrement des maladies mentales. — Péché originel. — Monarchie héréditaire. — Noblesse héréditaire. — Talents et facultés intellectuelles héréditaires. — Causes matérielles de l'hérédité. — Rapports étroits entre l'hérédité et la reproduction. — Génération spontanée et reproduction. — Reproduction asexuée ou monogène. — Reproduction par scissiparité. — Monères et amibes. — Reproduction par bourgeonnement, par des bourgeons-germes et par des cellules-germes. — Reproduction sexuelle ou amphigonique. — Hermaphroditisme. — Séparation des sexes ou gonochorisme. — Reproduction virginale ou parthénogénèse. — Transmission à l'enfant des propriétés des deux progéniteurs dans la reproduction sexuelle. — Différents caractères de la reproduction sexuée et asexuée.

Messieurs, vous avez vu, dans la dernière leçon, que la force naturelle, qui modifie la conformation des diverses espèces animales et végétales est, d'après la théorie de Darwin, *la sélection naturelle.* Nous désignons par cette dernière expression l'action combinée, générale, de l'hérédité et de la variabilité dans la lutte pour l'existence, l'action de ces deux fonctions physiologiques, qui appartiennent à l'ensemble des animaux et des végétaux et qui peuvent se ramener à d'autres activités vitales, aux fonctions de reproduction et de nutrition. Toutes les diverses formes organisées, que nous sommes accoutumés à considérer comme étant les produits d'une force créatrice active et téléologique, nous pouvons les comprendre, conformément à cette théorie de la sélection, comme les produits nécessaires d'une sélection naturelle agissant sans but et d'une action combinée, inconsciente, de deux grandes propriétés, la variabilité et l'hérédité. La grande importance de ces deux propriétés vitales des organismes nous oblige à en faire un sérieux examen, et, dans cette leçon, nous nous occuperons spécialement de l'hérédité. (*Morph. gén.*, II, 170-191.)

Il faut soigneusement distinguer l'hérédité, la force de transmission, la faculté, que possèdent les organismes de transmettre leurs qualités à leur descendance par voie de reproduction, et le fait de la transmission, l'héritage, qui est l'exercice réel de cette faculté, la transmission effective.

Hérédité et legs héréditaires, sont des phénomènes tellement généraux, quotidiens, qu'ordinairement la plupart des hommes ne songent pas le moins du monde à s'occuper sérieusement de la valeur et de la signification de ces phénomènes vitaux. On trouve tout naturel, tout simple, que chaque organisme se reproduise et que, dans l'ensemble et les détails, les enfants ressemblent aux parents. Habituellement on ne remarque l'hérédité et on ne s'en occupe que dans les cas où une particularité, apparaissant pour la première fois chez un individu, est transmise par lui à ses rejetons. L'hérédité se montre aussi d'une manière bien frappante dans certaines maladies et aussi dans des écarts extraordinaires, irréguliers, monstrueux, de la conformation habituelle du corps.

Parmi les monstruosités héréditaires, les faits d'augmentation ou de diminution du nombre régulier des doigts et des orteils chez l'homme sont particulièrement instructifs. Il n'est pas rare de rencontrer des familles humaines, qui présentent, pendant plusieurs générations, six doigts à chaque main et six orteils à chaque pied. Plus rarement les doigts et les orteils sont au nombre de sept ou de quatre. L'irrégularité de conformation apparaît ordinairement chez un individu, qui, en vertu de causes ignorées, naît avec des doigts et des orteils supplémentaires, et transmet héréditairement cette particularité à une partie de ses descendants. Dans une même famille on peut voir la sexdigitation se perpétuer durant trois, quatre générations, ou même davantage. Dans une famille espagnole on ne comptait pas moins de quatorze individus pourvus de ces doigts supplémentaires. L'hérédité du sixième ou du septième doigt n'est pas permanente dans tous les cas ; car les hommes sexdigités se croisent toujours avec des individus normaux. Si les membres d'une famille sexdigitée se reproduisaient seulement entre eux, si les hommes sexdigités épousaient seulement des femmes sexdigitées, on obtiendrait par la fixation de ce caractère une espèce humaine à six doigts. Mais, comme les hommes sexdigités épousent toujours des femmes ayant seulement les cinq doigts normaux et inversement, leur postérité offre habituellement des caractères mixtes, et finalement, après quelques générations, elle retourne au type normal. Par exemple, de huit enfants d'un père sexdigité et d'une mère normale, deux pourront avoir aux deux mains et aux deux pieds six doigts et six orteils, quatre auront un nombre mixte de doigts et d'orteils, deux seront tout à fait normaux. Dans une famille espagnole tous les enfants, un excepté, avaient des pieds et des mains sexdigités ; seul le plus jeune était normal, et le père, qui était sexdigité, ne voulait pas le reconnaître comme son enfant.

L'influence de l'hérédité est aussi très-frappante dans la structure et la coloration de la peau et des cheveux. Tout le monde sait avec quelle régularité se transmettent chez beaucoup de familles humaines, pendant un grand nombre de générations, soit une conformation spéciale du système cutané, par exemple une grande finesse ou une grande rudesse de la peau, soit une exubérance du système pileux, soit une couleur ou une dimension particulière des yeux. De même certaines excroissances, ce que l'on appelle envies, ou certaines taches de la peau, taches de rousseur, ainsi que d'autres altérations pigmentaires, se transmettent souvent durant plusieurs générations avec une telle exactitude, qu'on les voit apparaître chez les descendants précisément aux mêmes endroits que chez les parents. Les hommes porcs-épics de la famille Lambert, qui vivaient à Londres au siècle dernier, ont été particulièrement célèbres. Édouard Lambert, né en 1717, était remarquable par une conformation extraordinaire et monstrueuse de la peau. Tout son corps était revêtu d'une croûte cornée d'un pouce d'épaisseur, hérissé de piquants et d'écailles également cornées, ayant jusqu'à un pouce de longueur. Lambert légua cette conformation monstrueuse de l'épiderme à ses fils et petits-fils, mais point à ses petites-filles. Dans ce cas, comme il arrive souvent, la transmission se fit seulement dans la ligne masculine. De même, certaines hypertrophies graisseuses locales se transmettent seulement dans la ligne féminine. Est-il besoin de rappeler avec quelle exactitude se transmettent la physionomie et la conformation caractéristique du visage? Tantôt cette transmission suit exclusivement soit la ligne masculine, soit la ligne féminine, tantôt il y a mélange entre les deux lignes.

Tout le monde connaît aussi les faits d'hérédité, si pleins d'enseignement, des états pathologiques. Notons en particulier les maladies des organes respiratoires, la scrofule et les affections du système nerveux, toutes si facilement transmissibles des parents à leurs enfants. Très-fréquemment on voit apparaître tout à coup dans une famille une maladie qui jusqu'alors y était inconnue ; elle s'est développée sous l'influence de causes externes, de conditions pathologiques particulières. Or cette maladie, occasionnée chez un individu isolé par des causes externes, sera transmise par ce dernier à ses descendants, qui tous dorénavant, ou en plus ou moins grand nombre, en seront atteints. C'est là un fait lamentable et bien connu, en ce qui concerne les maladies des poumons, la phthisie par exemple, aussi bien que les maladies du foie, la syphilis, les maladies mentales. Ces dernières offrent surtout un intérêt particulier. Les traits particuliers du caractère, comme l'orgueil, l'ambition, la légèreté, se transmettent intégralement ; il en est de même des manifestations anomales de l'activité intellectuelle : les idées fixes, la mélancolie, la faiblesse d'esprit et, comme je l'ai déjà remarqué, les maladies mentales. Ces faits prouvent bien, et d'une manière irréfutable, que l'âme de l'homme, comme celle des bêtes, n'est qu'une activité mécanique, la somme des mouvements moléculaires, accomplis par les particules cérébrales. Cette activité, comme toutes les autres propriétés corporelles, quelles qu'elles soient, se transmet et se lègue comme l'organe qui en est le siége.

On ne peut citer ces faits si importants et si incontestables, sans faire crier au scandale, et cependant, à vrai dire, tout le monde en confesse tacitement la réalité. En effet, sur quoi reposent les idées de « santé héréditaire », de « science infuse », de « noblesse héréditaire », sinon sur la conviction, que la *constitution* de l'esprit peut être transmise des parents aux descendants par le fait de la reproduction physique, c'est-à-dire par un acte purement matériel ? La conscience de la haute importance de l'hérédité se montre dans une foule d'institutions humaines, par exemple, dans la division des castes, chez beaucoup de peuples, en caste des prêtres, caste des guerriers, caste des travailleurs. Évidemment, l'institution de telles castes repose sur l'idée de la haute valeur des mérites héréditaires inhérents à certaines familles et que l'on supposait devoir toujours se transmettre des parents à la postérité. L'institution de la noblesse et de la monarchie héréditaires est basée sur cette conviction, que des qualités toutes spéciales peuvent se transmettre des ancêtres à leurs descendants. Malheureusement ce ne sont pas seulement les vertus, mais aussi les vices, qui se transmettent, en se fortifiant, par l'hérédité, et, si vous prenez la peine de comparer, dans l'histoire universelle, les individus ayant appartenu aux diverses dynasties, vous trouverez partout mille preuves attestant la puissance de l'hérédité, mais bien moins l'hérédité des vertus que celle des vices. Songez par exemple aux empereurs romains, aux Juliens, aux Claudiens, ou aux Bourbons de France, d'Espagne et d'Italie.

En réalité, il est impossible de citer plus d'exemples frappants d'hérédité portant sur les traits les plus délicats du corps et de l'esprit, qu'on n'en trouve dans l'histoire des maisons régnantes, là où il existe des monarchies héréditaires. Cela est particulièrement vrai pour les maladies mentales, dont nous avons déjà parlé. Précisément, chez les familles régnantes, les maladies mentales sont héréditaires dans une mesure exceptionnelle. Déjà le médecin aliéniste Esquirol a démontré que, dans les familles régnantes, les maladies mentales sont soixante fois plus nombreuses que dans la masse de la population. Si l'on faisait la même étude statistique pour la noblesse héréditaire, on verrait aussitôt, que les familles nobles payent aux maladies mentales un tribut beaucoup plus grand que les familles roturières. Cela ne nous étonnera guère, si nous songeons au mal que ces familles se font à elles-mêmes en rétrécissant l'intelligence des enfants par une éducation étroite et incomplète et en s'isolant volontairement du reste de l'humanité. C'est ainsi que beaucoup de tristes côtés de la nature humaine se développent extraordinairement, deviennent l'objet d'une sélection artificielle, et se transmettent avec une force toujours grandissante dans une direction définie à travers la série des générations.

Chez certaines dynasties, par exemple chez les princes de la maison de Saxe-Thuringe, chez les Médicis, on a vu durer et se transmettre, à travers une série de générations, de nobles penchants, le goût des productions les plus parfaites de l'humanité dans les sciences et dans les arts, tandis que dans d'autres dynasties, le métier des armes, la tendance à opprimer la liberté humaine, les instincts les plus violents semblent des vocations innées et par conséquent héréditaires ; ce sont là des faits suffisamment connus de tous ceux qui sont familiers avec l'histoire des peuples. De même, nombre de familles possèdent héréditairement certaines aptitudes intellectuelles, soit pour les mathématiques, soit pour la poésie, soit pour la musique, soit pour les arts d'imitation, soit pour l'histoire naturelle, soit pour la philosophie, etc. Dans la famille Bach on a compté jusqu'à vingt-deux musiciens distingués. Naturellement l'hérédité de ces aptitudes spéciales, comme celle des aptitudes intellectuelles en général, a pour base l'acte matériel de la reproduction. Là aussi, comme dans toute la nature, les phénomènes vitaux, la manifestation des forces, sont immédiatement liés à des combinaisons matérielles. Ce qui est transmis par la génération, c'est le mode de combinaison, le mode des mouvements moléculaires de la matière.

Mais, avant d'examiner plus en détail les diverses lois de l'hérédité, dont certaines sont fort curieuses, il importe de bien faire comprendre quelle est la nature réelle du phénomène. Souvent on regarde les phénomènes d'hérédité comme quelque chose de tout à fait mystérieux, comme des faits particuliers, que l'histoire naturelle n'a pas approfondis et qui ne sauraient être compris dans leurs causes premières et leur essence. Mais, dans l'état actuel de la physiologie, on peut démontrer, d'une manière incontestable, que les phénomènes de l'héredité sont des faits absolument naturels, qu'ils sont dus à des causes mécaniques, qu'ils résultent de mouvements matériels s'effectuant dans les corps organisés et qu'on peut les considérer comme des particularités des faits de reproduction.

Chaque organisme, chaque individu vivant doit son existence, soit à un acte de production sans parents (*generatio spontanea, Archigonia*) [1], soit à un acte de production avec parents ou génération proprement dite (*generatio parentalis, Tocogonia*) [2]. Dans une des leçons suivantes, nous reviendrons sur la génération spontanée ou archigonie. Quant à présent, nous avons seulement à nous occuper de la génération proprement dite ou tocogonie, dont l'étude attentive est d'une haute importance pour l'intelligence de l'hérédité. Très-vraisemblablement la plupart d'entre vous connaissent

1. Ἀρχή, origine. Γονή, génération.
2. Τόκος, enfantement. Γονή, génération.

seulement les faits de reproduction, qui s'observent chez les plantes et les animaux haut placés dans la série, c'est-à-dire les faits de génération sexuelle ou d'amphigonie. Les faits de génération asexuée ou de monogonie sont généralement ignorés [1]. Or ces derniers sont précisément bien plus propres que les autres à mettre en lumière la nature des rapports, qui unissent l'hérédité et la génération.

Tout d'abord, je m'efforcerai de vous faire bien comprendre les faits de la génération asexuée ou de reproduction monogonique (*Monogonia*). Ils prennent différentes formes, celles de scissiparité, de bourgeonnement, de formation de germes cellulaires ou spores (*Morph. gén.*, II, 36-58). Ce qui nous importe surtout en ce moment, c'est de considérer la reproduction chez les organismes les plus élémentaires, chez ces organismes, sur lesquels nous aurons plus tard à revenir à propos de la génération primitive. Les plus simples des organismes connus jusqu'ici, et aussi les plus simples que nous puissions imaginer, sont les *Monères* aquatiques : ce sont de très-petits corpuscules vivants, qui, à proprement parler, ne méritent pas le nom d'organismes. En effet, quand il s'agit d'êtres vivants, l'expression « organisme » suppose un corps animé, composé d'organes, de parties dissemblables entre elles, qui, à la manière des parties d'une machine artificielle, s'engrènent et agissent de concert pour produire l'activité de l'ensemble. Mais, durant ces dernières années, nous avons reconnu dans les monères des organismes, qui réellement ne sont pas composés d'organes ; ils sont constitués par une matière sans structure, simple, homogène. Durant la vie, le corps de ces monères est uniquement représenté par un petit grumeau mucilagineux, mobile et amorphe, constitué par une substance carbonée albuminoïde. Il nous est impossible d'imaginer des organismes plus simples et plus imparfaits (15).

Les premières observations complètes sur l'histoire natu-

1. Μόνος, seul. Γονή, génération.

relle d'une monère (*Protogenes primordialis*) ont été faites par moi à Nice, en 1864. Plus tard, j'ai pu observer d'autres monères très-remarquables, en 1866, à Lanzerote, île des Canaries, et en 1867 dans le détroit de Gibraltar. Le tableau complet de la vie d'une de ces monères des îles Canaries, de la *Protomyxa aurantiaca,* qui est d'un rouge orangé, est représenté dans notre première planche, et la note explicative, qui l'accompagne, en donne la description. J'ai aussi trouvé une monère particulière sur les côtes de la mer du Nord, à Bergen en Norvège (1869). En 1865, Cienkowski a décrit sous le nom de *Vampyrella* une intéressante monère d'eau douce. Mais la plus remarquable peut-être de toutes les monères a été découverte, en 1868, par le célèbre zoologiste anglais Huxley, qui l'a appelée *Bathybius Hæckelii.* Bathybius signifie « qui vit à de grandes profondeurs ». En effet, cet étonnant organisme se trouve à ces énormes profondeurs océaniennes de 4,000 et même 8,000 mètres, que les laborieuses explorations des Anglais nous ont fait connaître dans ces dernières années. Là, parmi un grand nombre de polythalamiens et de radiolaires, peuplant le fin limon crayeux de ces abîmes, se trouve une immense quantité de *Bathybius;* ce sont des grumeaux mucilagineux, les uns de forme arrondie, les autres amorphes, formant parfois des réseaux visqueux, qui recouvrent des fragments de pierre ou d'autres objets. Souvent de petits corpuscules calcaires (discolithes, cyatholithes[1], etc.), englobés dans ces masses de mucosités, en sont vraisemblablement des produits d'excrétion. Le corps tout entier de ce *Bathybius* si remarquable, ainsi que celui des autres monères, consiste purement et simplement en un plasma sans structure, ou protoplasma, c'est-à-dire en un de ces composés carbonés albuminoïdes, qui, en se modifiant à l'infini, forment le substratum constant des phénomènes de la vie dans tous les organismes. En 1870, dans ma *Monographie des monères,* j'ai donné une descrip-

1. Δίσκος, disque. Κύαθος, vase. Λίθος, pierre.

tion détaillée du *Bathybius* et des autres monères ; c'est de cette monographie qu'est tirée notre première planche.

A l'état de repos, la plupart des monères sont de petites boules muqueuses, invisibles à l'œil nu, ou, si elles sont visibles, de la grosseur d'une tête d'épingle. Quand la monère se met en mouvement, il se forme à sa surface des saillies digitées, informes ou ayant quelquefois l'aspect de rayons très-fins ; on les appelle pseudopodies[1]. Ces semblants de pieds sont des prolongements simples, immédiats de la masse albumineuse amorphe, constituant le corps entier de la monère. Il nous est impossible de distinguer dans cette monère des parties hétérogènes, et nous pouvons tirer la preuve directe de la simplicité absolue de cette masse albuminoïde semi-fluide du mode même de nutrition de la monère, que nous voyons fonctionner au microscope. S'il arrive, par exemple, que quelques corpuscules propres à la nutrition de la monère, des débris de corps organisés, des plantes microspiques, des animalcules infusoires se trouvent accidentellement en contact avec elle, ils adhèrent à la surface visqueuse de la petite masse muqueuse semi-fluide, y provoquent une irritation, d'où il résulte un afflux plus considérable, en ce point, de la substance colloïde constituant le corps ; en fin de compte, ils sont entièrement englobés ; ou bien le simple déplacement de quelques points du corps visqueux de la monère suffit pour que les corpuscules dont nous parlons pénètrent dans la masse, et là ils sont digérés et absorbés par simple diffusion (endosmose).

La reproduction de ces êtres primitifs, que l'on ne saurait appeler, à proprement parler, ni animaux, ni végétaux, est aussi simple que leur nutrition. Toutes les monères se reproduisent uniquement par le procédé asexuel, par monogonie ; et même, dans les cas les plus simples, par ce mode de monogonie, que nous avons considéré comme le premier terme de la série des divers procédés de reproduction, par

1. Ψεῦδος, faux. Πούς, ποδός, pied.

scissiparité. Quand un de ces petits corpuscules muqueux, par exemple une *Protamœbea* ou un *Protogenes*, a acquis une certaine grosseur par l'absorption d'une matière albuminoïde étrangère, alors il tend à se diviser en deux parties; il se forme autour de lui un étranglement annulaire, entraînant finalement la séparation des deux moitiés (*fig.* 1). Chaque moitié s'arrondit aussitôt; c'est désormais un individu distinct, au sein duquel recommence de nouveau le jeu fort simple des phénomènes vitaux, la nutrition et la reproduction. Chez d'autres monères (*Vampyrella*) le corps se

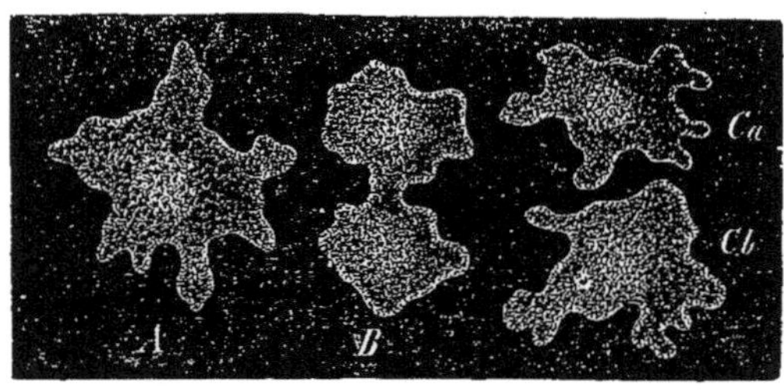

Fig. 1. — Reproduction par segmentation d'un organisme élémentaire, d'une monère *A*. Une monère entière (*protamœba*). *B*. La même monère divisée en deux moitiés par un sillon médian. *C*. Les deux moitiés se sont séparées et constituent maintenant des individus indépendants.

subdivise par la reproduction non pas en deux, mais bien en quatre parties égales, et chez d'autres encore (*Protomonas*, *Protomyxa*, *Myxastrum*) en un grand nombre de globules muqueux, qui, par simple accroissement, acquièrent le volume de leurs parents. On voit ici bien nettement que l'acte de reproduction n'est *qu'un excès de croissance de l'organisme qui dépasse son volume normal.*

Ce mode si simple de reproduction des monères, la scissiparité, est, à proprement parler, le procédé de multiplication le plus général, le plus répandu; en effet, c'est par ce simple mode de division, que se reproduisent les cellules, ces individus organiques rudimentaires, dont l'agglomération constitue la masse de la plupart des organismes, sans en excepter le corps humain. Si l'on excepte les organismes les plus inférieurs, n'ayant pas encore atteint une forme cellulaire bien nette (monères), ou étant, leur vie durant, réduits à l'état de simple cellule, comme les protistes et les plantes unicellulaires, le corps de chaque individu organique est toujours composé d'un grand nombre de cellules. Chaque cellule organique est, dans une certaine mesure, un organisme indépendant, ce qu'on appelle un « organisme élémentaire » ou « un être d'ordre primaire ». Tout organisme élevé est en quelque sorte une société, un état composé d'individus élémentaires, multiformes, diversement modifiés suivant les exigences de la division du travail (39). Dans le principe, toute cellule organique est un simple globule muqueux, comme la monère, mais en différant en ceci, que sa masse albuminoïde homogène est divisée en deux parties constituantes, un corpuscule interne, plus dur, le noyau de la cellule (*nucleus*), et une partie externe également albuminoïde, mais plus molle, la substance cellulaire (*protoplasma*). Nombre de cellules ont, en outre, une troisième partie constituante qui pourtant fait souvent défaut; elles la forment en se recouvrant, par une sorte d'exsudation, d'un tégument extérieur ou enveloppe cellulaire (*membrana*). Les autres corps, qui peuvent se trouver dans la cellule, sont d'une importance secondaire et nous n'avons pas à nous en occuper ici.

Originairement tout organisme polycellulaire est une cellule simple; il devient polycellulaire, parce que la cellule primitive se divise, et que les jeunes cellules ainsi formées demeurent juxtaposées et constituent, grâce à la division du travail, une communauté, un véritable état. Les formes et les phénomènes vitaux de tous les organismes polycellulaires sont uniquement l'œuvre et l'expression de la totalité des formes et des phénomènes vitaux de toutes les cellules réunies. L'œuf, qui est le point de départ de la plupart des animaux et des plantes, est une simple cellule.

Les organismes unicellulaires, c'est-à-dire ceux qui, durant la vie, ont une forme cellulaire déterminée, par exem-

Cycle biologique d'un organisme très rudimentaire. Pl. I

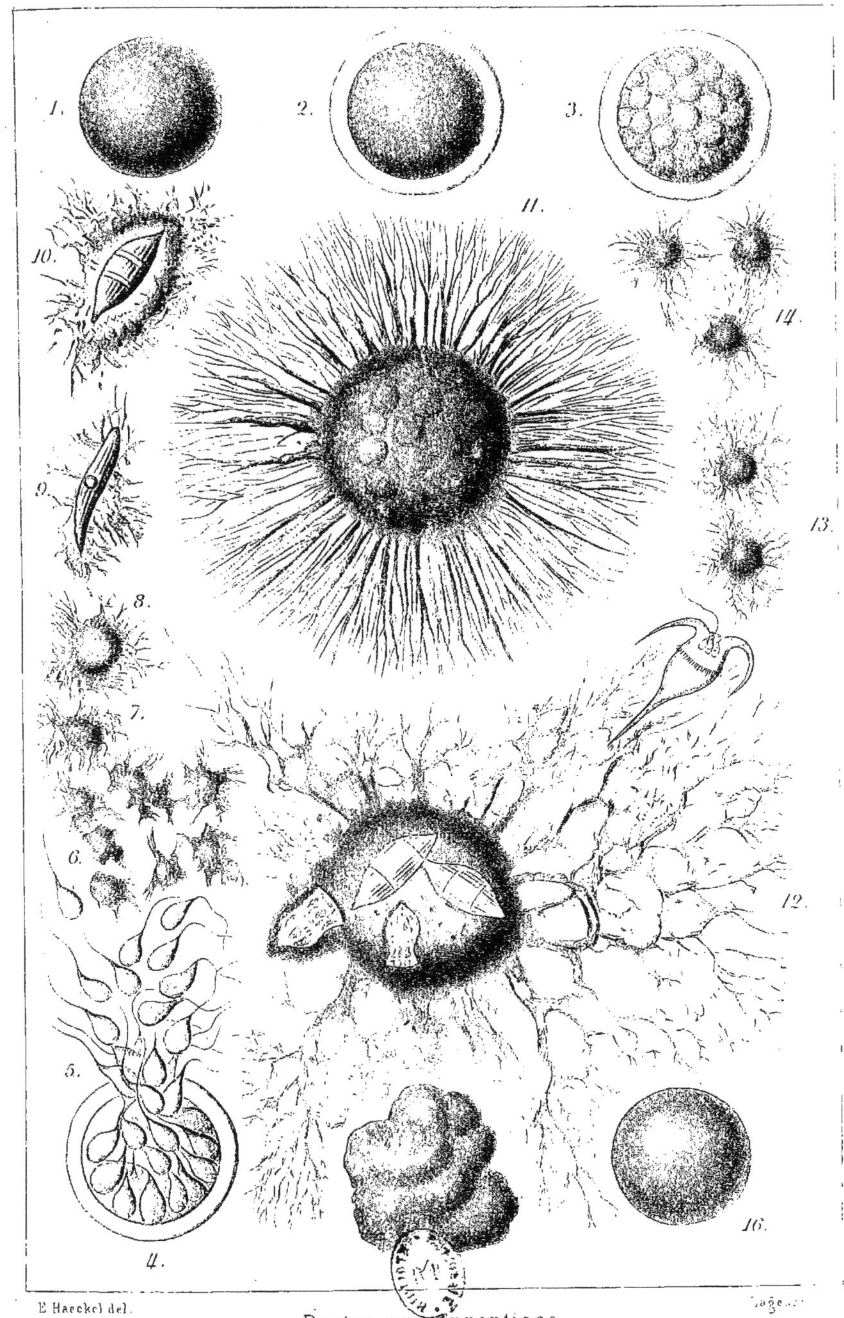

E. Haeckel del.

Protomyxa Aurantiaca

ple les amibes (*fig.* 2), se reproduisent habituellement de la manière la plus simple, par division. Ce procédé diffère de la multiplication décrite ci-dessus chez les monères, en ce que c'est le noyau cellulaire dur (*nucleus*), qui se sépare en deux moitiés par un étranglement circulaire. Puis les deux jeunes noyaux s'écartent l'un de l'autre et agissent alors sur la masse albuminoïde plus molle qui les entoure, sur la matière cellulaire (*protoplasma*), comme deux centres d'attraction distincts. Il en résulte, à la fin, que cette masse cellulaire se divise aussi en deux moitiés, et, à partir

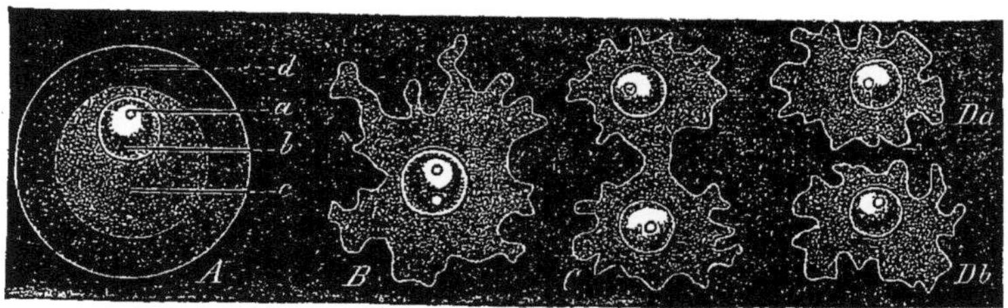

Fig. 2. — Reproduction par segmentation d'un organisme monocellulaire, d'une *amœba sphærococcus*. *A*. *Amœba* enkystée, simple cellule sphérique consistant en une masse protoplasmatique (*c*) contenant un noyau (*b*) et un nucléole (*a*), le tout renfermé dans une membrane enveloppante. *B*. *Amœba* qui a déchiré et quitté le kyste, la membrane cellulaire. *C*. La même *amœba*, commençant à se diviser ; son noyau s'est partagé en deux et, entre ces deux noyaux, la substance s'est divisée aussi en deux parties par un sillon. *D*. La division est complète ; la substance cellulaire elle-même s'est séparée en deux moitiés (*D a* et *D b*).

de ce moment, il y a deux nouvelles cellules, semblables à la cellule-mère. Si la cellule est revêtue d'une membrane, alors cette membrane ou ne se divise pas, comme il arrive dans la segmentation de l'œuf (*fig.* 3 et 4), ou elle subit passivement l'étranglement actif du protoplasma, ou chaque nouvelle jeune cellule sécrète le nouveau tégument qui l'entoure. Les cellules captives, composant les communautés, les états organiques et par conséquent les corps des organismes supérieurs, se reproduisent exactement comme les organismes unicellulaires indépendants. La cellule est le point de départ de l'existence individuelle des animaux, la vésicule embryonnaire celui des plantes. Toutes deux se multiplient aussi par simple division. Quand un animal, par exemple un mammifère (*fig.* 3, 4), se développe à partir de l'œuf, ce mode de développement débute toujours par la division persistante et successive de la cellule, qui finit par engendrer un groupe cellulaire (*fig.* 4). Le tégument externe, l'enve-

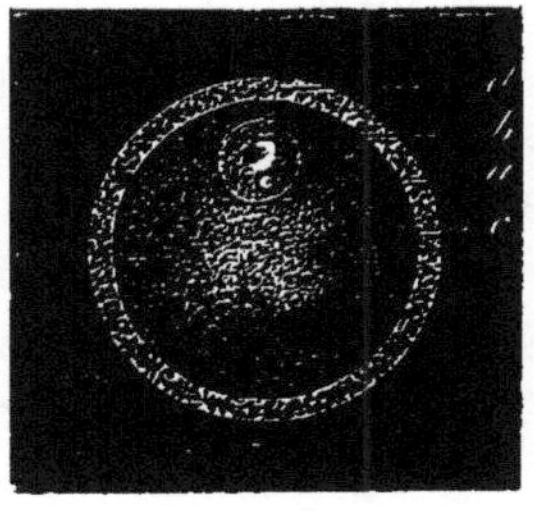

Fig. 3. — Un œuf de mammifère (une simple cellule). *A*. Nucléole (*nucleolus*) ou point germinatif de l'œuf. *B*. *Nucleus* ou vésicule germinative de l'œuf. *C*. Substance cellulaire, ou protoplasma, jaune d'œuf. *D*. Membrane enveloppante du jaune ; chez les mammifères on l'appelle *membrana pellucida* à cause de sa transparence.

loppe de l'œuf sphérique reste indivis. D'abord le noyau cellulaire de l'œuf, *la vésicule germinative,* se divise par fissiparité en deux noyaux, puis la matière cellulaire, le jaune de l'œuf, suit le mouvement (*fig.* 4. A). De même les

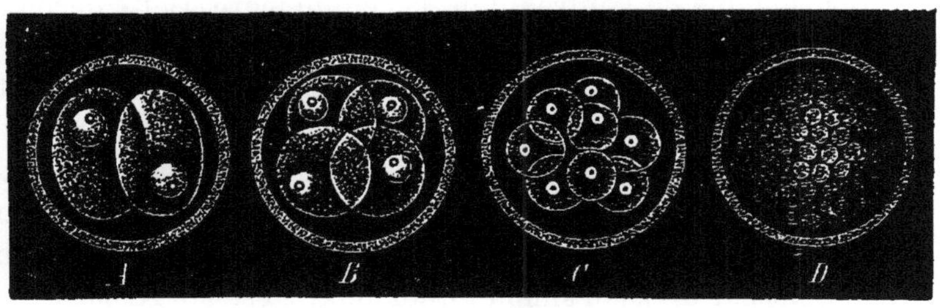

Fig. 4. — Premier stade de l'évolution d'un mammifère, « segmentation de l'œuf », multiplication des cellules par des scissions réitérées. *A*. L'œuf se divise par un premier sillon en deux cellules. *B*. Ces deux cellules se divisent en quatre cellules. *C*. Ces dernières se divisent en huit cellules. *D*. La segmentation indéfiniment réitérée a produit un amas sphérique de nombreuses cellules.

deux cellules se divisent à leur tour en quatre (*fig.* 4, B), celles-ci en huit (*fig.* 4, C), en seize, en trente-deux, etc., et il en résulte enfin un amas sphérique de nombreuses petites cellules (*fig.* 4, D). Cet amas lui-même, par voie de multiplication, de formation cellulaire hétérogène (division du travail), construit peu à peu l'organisme polycellulaire.

Chacun de nous a parcouru, au début de son existence individuelle, les phases de développement représentées dans la figure 4. Bien plus, l'œuf de mammifère représenté dans la figure 3 et l'évolution représentée dans la figure 4 peuvent indifféremment appartenir à un homme, à un singe, à un chien, à un cheval ou à tout autre mammifère placentaire.

Songez maintenant à la forme de reproduction la plus élémentaire, à la scissiparité ; vous ne vous étonnerez certes pas que, dans ce cas, les segments séparés de l'organisme soient doués des mêmes propriétés que l'organisme générateur. Ce sont de simples portions de l'organisme paternel. La substance est identique dans les deux moitiés, les deux jeunes individus ont reçu de l'organisme générateur une somme de matière égale en quantité et en qualité ; il est donc tout naturel que les phénomènes de la vie, les propriétés physiologiques soient aussi identiques chez eux. En effet, sous le rapport de la forme, de la matière, aussi bien que sous celui des phénomènes de la vie, les deux cellules-sœurs ne diffèrent ni l'une de l'autre, ni de la cellule-mère. Cette dernière leur a légué la même nature.

Or ce mode si simple de reproduction par division existe non-seulement chez les cellules isolées, mais aussi chez des organismes polycellulaires haut placés dans la série, par exemple chez les coraux. Beaucoup de ces coraux, qui pourtant sont doués d'une organisation compliquée, se reproduisent par division simple. Chez eux, c'est l'organisme tout entier qui se scinde en deux moitiés égales, dès que par la croissance il a atteint un certain volume. Puis chacune des moitiés s'accroît et devient un individu complet. Là encore, vous trouverez sûrement très-naturel que ces deux produits partiels possèdent les propriétés de l'organisme générateur, puisque chacun d'eux représente simplement l'une des moitiés de sa substance.

A la reproduction par division ou fissiparité se rattache de très-près la reproduction par bourgeonnement. Ce genre de monogonie est extrêmement répandu. On le rencontre aussi bien, quoique plus rarement, chez les cellules simples que chez les organismes polycellulaires haut placés dans la série. La reproduction par bourgeonnement est très-répandue dans le règne végétal; elle l'est moins dans le règne animal. Pourtant ce mode de reproduction existe aussi dans le groupe des zoophytes, spécialement chez les coraux, et souvent chez beaucoup de méduses hydrostatiques; on le rencontre encore chez une partie des vers (*planaires*, *annélides*, *bryozoaires*, *tuniciers*). La plupart des polypes tubiformes ramifiés, qui ont extérieurement tant de ressemblance avec les plantes ramifiées, se reproduisent aussi par bourgeonnement.

La reproduction par bourgeonnement (*gemmatio*) diffère de la reproduction par division simple, essentiellement, en ce que les deux organismes produits par la gemmation ne sont pas du même âge et par conséquent ne sont pas identiques au début de leur existence, comme il arrive dans la fissiparité. Dans ce dernier cas, nous ne pouvons pas évidemment considérer l'un des deux individus nouvellement produits, comme l'aîné, comme le générateur, puisque l'un et l'autre ont pris une part égale de l'individu à qui ils doivent leur origine. Au contraire, quand un individu pousse un bourgeon, alors le second est bien le produit du premier. Tous deux sont d'âge différent, par conséquent aussi leur grandeur et leur forme ne sont pas identiques. Quand, par exemple, une cellule se reproduit par bourgeonnement, on ne la voit point se diviser en deux moitiés égales; mais il se forme en un point de sa surface une proéminence, grossissant toujours, qui diffère plus ou moins de la cellule-mère et prend un développement qui lui est propre. De même, nous remarquons dans la gemmation soit d'une plante, soit d'un animal, qu'en un point de l'individu pleinement développé, il se produit une sorte d'hypertrophie locale grossissant de plus en plus et se différenciant aussi plus ou moins, dans sa croissance indépendante, de l'organisme générateur. Plus tard, quand le bourgeon a atteint un certain volume, il peut ou se détacher complétement du générateur primordial, ou lui demeurer uni et former une sorte de rameau ayant néanmoins une vie complétement indépendante. La croissance, qui prépare la reproduction par fissiparité, est générale ; elle se fait dans l'organisme tout entier ; au contraire, dans le bourgeonnement, il y a seulement une croissance partielle, n'intéressant qu'une partie de l'organisme générateur. Mais, dans ce dernier cas encore, l'individu nouvellement formé, qui pendant si longtemps a été étroitement uni à l'organisme producteur et en est sorti, conserve les propriétés essentielles de cet organisme et se développe sur le même plan.

Il est un troisième mode de génération asexuée, qui touche de fort près à la génération par gemmation : c'est la *reproduction par bourgeons germinatifs* (*polysporogonia*[1]).

Chez les organismes inférieurs et imparfaits, spécialement chez les zoophytes et les vers, pour le règne animal, on voit fréquemment, au milieu d'un organisme polycellulaire, un petit groupe de cellules s'isoler des cellules voisines ; puis peu à peu ce petit groupe isolé grandit, devient un individu analogue à l'organisme générateur, dont il se sépare tôt ou tard. C'est ainsi que, dans le corps des entozoaires à suçoirs (*trématodes*), on voit souvent naître de nombreux corpuscules polycellulaires, des *bourgeons germinatifs* ou polyspores, qui se séparent de l'organisme producteur, dès qu'ils ont acquis un certain degré de développement propre.

Évidemment la reproduction par bourgeons germinatifs diffère bien peu de la vraie gemmation. Mais, d'autre part, elle confine à une quatrième forme de reproduction asexuée, qui est déjà bien voisine de la génération sexuelle ; je veux parler de la *reproduction par cellules germinales* (*monosporogonia*), qui souvent est désignée par la dénomination vicieuse de reproduction par spores (*sporogonia*). Ici ce n'est plus un groupe de cellules, mais bien une cellule uni-

1. Πολὺς, nombreux. Σπόρος, semence. Γονὴ, génération.

que, qui se sépare des cellules voisines, au sein de l'organisme producteur, puis se développe ultérieurement, quand elle s'en est tout à fait détachée. Quand une fois cette cellule germinale ou monospore, que l'on appelle d'ordinaire, par abréviation, *spore,* a quitté l'organisme, elle se multiplie par division spontanée et forme ainsi un organisme polycellulaire, qui, par croissance et développement graduel, acquiert les propriétés de l'organisme générateur. C'est ce qui se passe généralement chez les plantes inférieures ou cryptogames.

Bien que la génération par cellules germinales se rapproche beaucoup de la génération par bourgeons germinatifs, pourtant elle en diffère évidemment et essentiellement, ainsi que des autres formes ci-dessus mentionnées de génération asexuée, en ce que, dans ce mode de reproduction, c'est seulement une toute petite parcelle de l'organisme producteur, qui sert de véhicule à la reproduction et aussi à l'hérédité. Dans la division spontanée, où l'organisme entier se subdivise en deux moitiés, dans la gemmation, où une notable partie du corps, une partie déjà plus ou moins développée, se sépare de l'organisme producteur, nous trouvons très-simple que les formes et les phénomènes vitaux du générateur et du produit soient les mêmes. On comprend déjà plus difficilement dans la génération par bourgeons germinatifs, et plus difficilement encore dans la génération par cellules germinales, comment une parcelle du corps extrêmement minime, point développée, groupe de cellules ou cellule isolée, non-seulement conserve certaines propriétés du générateur, mais encore devient, après sa séparation, un corps polycellulaire, reproduisant les formes et les phénomènes vitaux de l'organisme producteur. Cette dernière forme de reproduction monogénique, la génération par cellules germinales ou spores, nous conduit d'emblée au mode le plus obscur de reproduction, à la génération sexuelle.

La génération sexuelle (*amphigonia*) est le procédé habituel de reproduction chez l'ensemble des végétaux et des animaux supérieurs. C'est sûrement à une époque bien tardive de l'histoire de la terre, que cette forme de reproduction est enfin sortie, par voie de perfectionnement, de la reproduction asexuelle et sans doute de la génération par cellules germinales. Durant les périodes les plus anciennes de l'histoire de la terre, tous les organismes se reproduisirent asexuellement, comme le font encore actuellement nombre d'organismes inférieurs, particulièrement ceux qui, placés au plus bas degré de l'échelle, ne sont ni des animaux, ni des végétaux : on doit par conséquent les en séparer sous le nom de *protistes*. Actuellement la génération sexuée est de règle pour la plupart des individus, chez les animaux et les végétaux supérieurs.

Dans tous les modes principaux de génération asexuée précédemment indiqués, dans la division spontanée, le bourgeonnement, la génération par bourgeons germinatifs et celle par cellules germinales, les cellules isolées ou les groupes de cellules, possèdent par eux-mêmes la faculté de produire un nouvel individu ; au contraire, dans la reproduction sexuée, il faut que ces cellules soient fécondées par une autre matière génératrice. Il faut que la semence masculine imprègne la cellule germinale féminine, l'œuf, avant que ce dernier puisse devenir le point initial d'un nouvel individu. Ces deux substances génératrices, la semence mâle et l'œuf femelle, ou bien sont produites par un seul et même individu (hermaphroditisme) ou par deux individus distincts (séparation des sexes, gonochorisme [1]). (*Morph. gén.*, II, 58-59.)

La forme la plus simple et la plus ancienne de la reproduction sexuée est l'hermaphroditisme. Elle existe dans la grande majorité des plantes, et seulement chez une grande minorité des animaux, par exemple chez le colimaçon des jardins, la sangsue, le lombric et beaucoup d'autres vers. Dans l'hermaphroditisme, tout individu isolé produit les deux

1. Γονή, génération. Χωρὶς, séparé.

substances génératrices, l'œuf et la semence. Chez la plupart des végétaux supérieurs, chaque fleur renferme aussi bien les organes mâles, filets et étamines, que les organes femelles, style et ovaire. Tout limaçon des jardins possède, en un point de ses glandes génératrices, les œufs, en un autre la semence. Beaucoup d'hermaphrodites peuvent se féconder eux-mêmes ; chez d'autres, une copulation, une fécondation réciproque de deux individus est nécessaire, pour que les œufs se développent. Ce dernier cas marque évidemment déjà le passage à la séparation des sexes.

La reproduction par sexes séparés (*gonochorismus*), la plus parfaite des deux formes de génération sexuée, est évidemment provenue de l'hermaphrodisme à une époque moins reculée de l'histoire organique de la terre. Actuellement, c'est là le mode de reproduction le plus général des animaux supérieurs ; au contraire peu de végétaux le possèdent, par exemple nombre de plantes aquatiques : *Hydrocharis*, *Vallisneria*, et des arbres : les saules, les peupliers. Tout individu organique non hermaphrodite (*gonochoristus*) produit seulement l'une des deux substances génératrices, la substance mâle ou la substance femelle. Chez les animaux aussi bien que chez les plantes, les individus femelles produisent des œufs ou des cellules ovulaires. Les œufs des plantes sont ordinairement appelés « vésicules embryonnaires », chez les végétaux à fleurs (phanérogames), et « sphères de fructification » chez les végétaux sans fleurs (cryptogames). Les mâles sécrètent, chez les animaux, une substance fécondante (le sperme), et, chez les végétaux, des corpuscules correspondants au sperme, savoir : le grain de pollen, la poussière fécondante des phanérogames, le sperme des cryptogames, qui, comme celui de la plupart des animaux, est constitué par des cellules brillantes, nageant dans un liquide (zoospermes, spermatozoaires, cellules spermiques).

Il est une intéressante forme transitoire de génération sexuée, qui se rapproche beaucoup de la reproduction asexuée par cellules germinales, c'est la génération virginale (*parthenogenesis*), maintes fois constatée de notre temps, chez les insectes notamment, par les précieuses recherches de Siebold.

Nous voyons ici des cellules germinales, d'ailleurs tout à fait analogues aux cellules ovulaires et capables comme elles d'engendrer un nouvel individu, sans intervention de la semence fécondante. Les cas les plus curieux et les plus instructifs des divers modes de parthénogenèse sont ceux dans lesquels les cellules germinales produisent de nouveaux individus avec ou sans le concours de la fécondation. Chez nos abeilles communes, les œufs de la reine donnent naissance à des individus mâles (faux bourdons), s'ils n'ont pas été fécondés, et à des femelles ouvrières ou reines, s'ils l'ont été. On voit par là, que la génération sexuée et la génération asexuée ne sont pas séparées par un abîme, que ce sont même deux procédés très-analogues. D'ailleurs, il faut voir seulement dans la parthénogenèse un retour de la génération sexuée, que possédaient les ancêtres primitifs des insectes, à l'antique mode de génération asexuée (*Morph. gén.*, II, 56.) Quoi qu'il en soit, chez les végétaux aussi bien que chez les animaux, la génération sexuée, quelque merveilleuse qu'elle paraisse, est provenue, à une époque récente, de l'antique génération asexuée. Dans l'un comme dans l'autre cas, l'hérédité est une conséquence secondaire et nécessaire de la génération.

Le fait essentiel dans les divers cas de reproduction est toujours la séparation d'une partie de l'organisme générateur, et l'aptitude de cette partie à mener une existence individuelle, indépendante. Nous devons donc, dans tous les cas, nous attendre d'avance à voir les jeunes individus, qui sont, comme on le dit, la chair et le sang de leurs parents, reproduire les mêmes phénomènes vitaux, les mêmes propriétés morphologiques, que ces parents possédaient. Toujours une plus ou moins grande quantité de matière, de protoplasme albuminoïde ou substance cellulaire, est transmise des parents aux enfants. Mais en même temps se transmettent aussi les propriétés de cette matière, les mouvements moléculaires du plasma, qui plus tard se manifestent suivant le mode qui leur est propre. Si l'on embrasse, d'un coup d'œil et dans ses étroites connexions, l'enchaînement des diverses formes de reproduction, alors l'hérédité résultant de la génération sexuée perd beaucoup de l'aspect énigmatique et merveilleux qu'elle a au premier abord. Il semble, d'abord, très-étonnant que, dans la génération sexuée humaine, par exemple, aussi bien que dans celle de tous les animaux supérieurs, un petit œuf, une petite cellule, souvent invisibles à l'œil nu, puissent transmettre à l'enfant toutes les propriétés de l'organisme maternel ; il ne semble pas moins mystérieux, que les propriétés essentielles de l'organisme paternel puissent passer à l'enfant par l'intermédiaire du sperme mâle fécondant, c'est-à-dire par l'intermédiaire d'une masse albuminoïde représentée par les cellules filiformes et mobiles des zoospermes. Mais il faut considérer comparativement les divers modes de reproduction, dans lesquels l'organisme-enfant apparaît, comme un produit de croissance exubérante, se séparant de plus en plus tôt de l'individu générateur, et entrant de plus en plus hâtivement dans la carrière qui lui est propre. Il faut remarquer, en même temps, que la croissance et le développement de tout organisme supérieur se ramène à la simple multiplication des cellules, qui le constituent, c'est-à-dire à la reproduction par simple division, et alors il sera bien évident que tous ces remarquables phénomènes sont liés entre eux.

La vie d'un organisme quelconque n'est rien autre chose qu'un enchaînement continu de mouvements matériels très-complexes. Ces mouvements sont des changements dans la position relative et la composition chimique des molécules, c'est-à-dire des plus minimes particules de la matière vivante ; ce sont des combinaisons atomiques fort variées. La direction spécifiquement déterminée de ce mouvement vital, homogène, persistant, immanent, résulte, dans chaque organisme, du mélange chimique de la substance albuminoïde génératrice, qui lui a donné naissance. Chez l'homme et chez les animaux supérieurs, qui se reproduisent sexuellement, le mouvement vital individuel commence au moment où la cellule ovulaire est fécondée par le spermatozoïde filiforme, au moment où les deux substances génératrices se mêlent effectivement ; alors la direction de ce mouvement vital est déterminée par la constitution spécifique ou plus exactement individuelle de la semence et de l'œuf. Pas le moindre doute n'est possible quant à la nature purement mécanique et matérielle de ce phénomène. Mais nous devons être frappés d'étonnement et d'admiration devant cette délicatesse infinie et incompréhensible pour nous de la matière albuminoïde. Nous sommes stupéfaits en face de ces faits incontestables, en voyant la simple cellule ovulaire de la mère, la simple cellule spermatique du père, transmettre à l'enfant avec une telle fidélité le mouvement vital propre à chacun des deux individus, à tel point que ce dernier reproduira les plus délicates particularités corporelles et morales des deux parents.

C'est un phénomène naturel et mécanique, dont Virchow, l'ingénieux fondateur de la « pathologie cellulaire », a dit à bon droit : « Si, à l'imitation de l'historien et du prédicateur, le naturaliste aimait à exprimer par un vain étalage de grands mots retentissants des phénomènes prodigieux et uniques dans leur espèce, ce serait ici l'occasion de le faire ; car nous sommes en présence de l'un des plus grands mystères de la nature animale ; là est le secret de la situation de l'animal vis-à-vis du monde phénoménal tout entier. La question de la formation des cellules, celle de la mise en branle d'un mouvement homogène persistant, enfin la question de l'autonomie du système nerveux et de l'âme, tels sont les vastes problèmes que l'homme ose aborder. Déterminer les rapports de la cellule ovulaire avec l'homme et la femme, c'est expliquer presque tous ces mystères. L'origine et le développement de la cellule ovulaire dans le corps maternel, la transmission à cette cellule des particularités corporelles et morales du père par le moyen de la semence; voilà des faits qui touchent à toutes les questions que l'esprit humain s'est posées au sujet de l'essence de l'homme. » Nous ajouterons que, grâce à la théorie de la descendance, ces hautes questions reçoivent une solution purement mécanique, purement monistique.

Que, même dans la génération sexuée de l'homme et des organismes supérieurs, l'hérédité soit un fait purement mécanique, résultant immédiatement de l'union matérielle des deux organismes producteurs, exactement comme dans la reproduction asexuée des organismes inférieurs, c'est là un point sur lequel le doute n'est plus permis. Mais j'ai à vous signaler à ce sujet une importante différence entre la génération sexuée et la génération asexuée. On sait depuis longtemps que les particularités individuelles de l'organisme producteur se transmettent bien plus exactement par la génération asexuée que par la génération sexuée. Les jardiniers utilisent ce fait depuis bien longtemps. S'il arrive par exemple, accidentellement, qu'un arbre appartenant à une espèce, dont les branches sont rigides et redressées, ait des branches tombantes, ce n'est pas par le moyen de la reproduction sexuée, mais bien par la reproduction asexuée, que l'horticulteur parvient à fixer héréditairement cette parcularité. Des branches détachées de cet arbre et plantées comme boutures deviennent plus tard des arbres, qui ont aussi les branches tombantes, comme le saule pleureur, certains frênes et certains hêtres. Au contraire, les individus provenant des graines d'un tel arbre poussent ordinairement des branches rigides et dressées comme celles de leurs ancêtres. On peut faire la même observation sur ces arbres vulgairement dits « de couleur de sang », et qui sont des variétés caractérisées par la nuance rouge ou rouge-brun de leurs feuilles. Les descendants de ces arbres (par exemple, les hêtres couleur de sang), obtenus par la reproduction asexuée, par des boutures, possèdent la couleur spéciale et la constitution des feuilles caractéristiques de l'individu d'où ils proviennent, tandis que les individus issus des graines reprennent un feuillage de couleur verte.

Cette dissemblance dans l'hérédité vous semblera très-naturelle, si vous considérez que la connexion matérielle entre le générateur et son produit est bien plus intime et bien plus durable dans la génération asexuée que dans la génération sexuée. Dans la génération asexuée, la direction individuelle du mouvement vital moléculaire a donc plus de temps pour s'incorporer au jeune organisme, et l'hérédité a ainsi une base plus solide. Tous ces faits envisagés dans leur connexion montrent clairement que l'hérédité des propriétés physiques et morales est un fait purement matériel et mécanique. La génération transmet à l'enfant une quantité plus ou moins grande de particules matérielles albuminoïdes, et lui lègue en même temps le mode individuel de mouvement inhérent à ces molécules de protoplasma appartenant à l'organisme générateur. Puisque ce mode de mouvement persiste, il faut bien que les particularités délicates inhérentes à l'organisme producteur apparaissent aussi tôt ou tard chez l'organisme produit.

NEUVIÈME LEÇON.

LOIS DE L'HÉRÉDITÉ. — ADAPTATION ET NUTRITION.

Différence entre l'hérédité conservatrice et l'hérédité progressive. — Lois de l'hérédité conservatrice : hérédité des caractères acquis. — Hérédité ininterrompue ou continue. — Hérédité interrompue ou latente. — Hérédité alternante. — Retour atavique. — Retour à l'état sauvage. — Hérédité sexuelle. — Caractères secondaires sexuels. — Hérédité mixte ou amphigonique. — Hybridisme. — Hérédité abrégée ou simplifiée. — Hérédité fixée ou constituée. — Hérédité simultanée ou homochrone. — Hérédité dans les mêmes lieux ou homotopique. — Adaptation et variabilité. — Connexion entre l'adaptation et la nutrition. — Différence entre l'adaptation indirecte et l'adaptation directe.

Messieurs, des deux grandes activités vitales de l'organisme, l'adaptation et l'hérédité, dont l'action combinée produit les diverses espèces organiques, l'une, l'hérédité, a été examinée dans la dernière leçon, et nous avons essayé de ramener cette activité vitale si mystérieuse dans ses effets à une autre fonction physiologique de l'organisme, à la génération. Cette dernière fonction, de son côté, comme tous les autres phénomènes de la vie des animaux et des plantes, résulte des phénomènes physiques et chimiques, et ces phénomènes, tout complexes qu'ils soient en apparence, se ramènent au fond à des causes simples, mécaniques, à des faits d'attraction et de répulsion au sein des molécules, en résumé à des mouvements matériels.

Avant d'aborder la fonction antagoniste de l'hérédité, l'adaptation ou variabilité, il me semble convenable de jeter d'abord un coup d'œil sur ces divers modes de manifestation de l'hérédité, que l'on a peut-être, dès à présent, le droit de formuler en lois. Malheureusement on a encore très-peu fait pour éclairer ce sujet si extraordinairement intéressant aussi bien pour la zoologie que pour la botanique, et presque tout ce que l'on sait des diverses lois de l'hérédité n'a d'autre fondement que les expériences des agriculteurs et des horticulteurs. Il n'y a donc pas lieu de s'étonner que, dans leur ensemble, ces phénomènes si intéressants et si importants n'aient pas été examinés avec toute la rigueur scientifique désirable et qu'on ne les ait pas codifiés en vraies lois de l'histoire naturelle. Je n'aurai donc à vous communiquer au sujet des diverses lois de l'hérédité que quelques fragments empruntés au trésor, d'une richesse infinie, qui s'ouvre ici devant le savoir humain.

Tout d'abord nous pouvons diviser les phénomènes de l'hérédité en deux groupes : l'un représentant l'hérédité des caractères légués, l'autre l'hérédité des caractères acquis; le premier mode d'hérédité s'appellera l'*hérédité conservatrice*, le second sera l'*hérédité progressive*. Cette distinction est fondée sur ce fait extrêmement important, savoir, que les individus appartenant à une espèce végétale ou animale quelconque lèguent à leur postérité non-seulement les propriétés dont ils ont hérité de leurs ancêtres, mais aussi les propriétés individuelles qu'ils ont acquises pendant leur vie. Les dernières sont transmises en vertu de l'hérédité progressive, les secondes en vertu de l'hérédité conservatrice. Nous avons d'abord à examiner ici les phénomènes qui se rapportent à l'hérédité conservatrice (*Morph. gén.*, II, 180).

Ce qui nous frappe d'abord parmi les faits de l'hérédité conservatrice, comme étant la loi la plus générale, c'est ce que nous appellerons la loi d'hérédité ininterrompue ou continue. Pour les animaux et les plantes d'ordre supérieur cette loi a une valeur si générale, que les gens du monde en apprécient d'emblée la puissance et la tiennent pour l'unique loi, pour le fait capital de l'hérédité. Cette loi consiste simplement en ceci que, généralement, chez la plupart des espèces animales et végétales, les générations se ressemblent, que les parents sont analogues aussi bien aux aïeux qu'aux enfants. « Le semblable enfante son semblable, » dit-on habituellement. Il serait plus juste de dire : « L'analogue enfante l'analogue. » En effet, la postérité ou les descendants de chaque organisme ne lui sont jamais de tout point identiques; ils lui ressemblent seulement plus ou moins. Cette loi est si généralement reconnue, qu'il est inutile d'en donner des exemples.

Il y a une certaine opposition entre cette loi et la loi d'*hérédité intermittente ou latente,* que l'on peut aussi appeler *hérédité alternante.* Cette importante loi agit spécialement chez nombre de végétaux et d'animaux inférieurs; elle est opposée à la précédente en ceci que les enfants, loin de ressembler aux parents, en diffèrent beaucoup, et que c'est seulement la troisième génération ou une génération plus lointaine, qui ressemble à la première. Les petits-fils ressemblent aux aïeux, mais sont tout à fait différents de leurs parents. C'est là un fait remarquable, qui, comme il est notoire, se produit aussi, quoique à un moindre degré, dans les familles humaines. Sans aucun doute tous mes auditeurs connaissent des membres de leur famille ressemblant plus par telle ou telle particularité à leur grand-père ou à leur grand'mère qu'à leur père ou à leur mère. Tantôt ce sont les propriétés corporelles, les traits, la couleur de la barbe, la taille; tantôt ce sont les propriétés morales, le tempérament, l'énergie, l'intelligence, qui se transmettent ainsi, en quelque sorte par bonds. Ces faits se peuvent observer chez les animaux domestiques aussi bien que chez l'homme. Chez la plupart des animaux modifiés par l'élevage, chez les chiens, les chevaux, les bœufs, les éleveurs observent très-souvent que le produit de leur sélection ressemble plus au grand-père qu'au père. Si l'on voulait exprimer cette loi par une formule générale, en désignant les générations par les lettres de l'alphabet, on aurait $A = C = E$ et $B = D = F$, etc.

Chez les animaux inférieurs et les plantes, ces faits vous paraîtront encore plus frappants que chez les organismes supérieurs, particulièrement dans les célèbres phénomènes de la génération alternante (*metagenesis*). Chez les planaires, les tuniciers, les zoophytes, chez les fougères et les mousses, on trouve fréquemment que l'individu organique engendre d'abord une forme absolument différente de la sienne, et que seul le produit de cette seconde forme ressemble au premier générateur. Ce mode régulier de génération alternante fut découvert en 1819 par le poëte Chamisso, dans son voyage autour du monde ; il l'observa chez les Salpas, tuniciers cylindriques, mous et diaphanes, qui nagent à la surface de la mer. Chez ces animaux, le grand type, qui est représenté par des individus isolés, munis d'un œil en fer à cheval, engendre asexuellement, par bourgeonnement, un type entièrement différent et de petite taille. Les individus de cette deuxième génération vivent unis, en formant une chaîne, et ont un œil conique. Chacun des individus de cette chaîne produit à nouveau par génération sexuée, hermaphrodite, un individu solitaire, asexué, du type de grande taille. Chez les salpas, ce sont toujours les première, troisième, cinquième générations d'une part, et de l'autre les deuxième, quatrième, sixième générations, qui se ressemblent. Mais l'hérédité ne se borne pas à sauter ainsi une seule génération ; dans d'autres cas tout aussi nombreux, la première génération ressemble à la quatrième, à la septième, etc. ; la seconde ressemble à la cinquième et à la huitième ; la troisième, à la sixième et à la neuvième, etc. Chez un gracieux petit tunicier en forme de baril, le ***Doliolum,*** très-voisin des salpas, trois générations successives changent ainsi. Ici nous avons A = D = G, B = E = H, C = F = I. Chez les pucerons, chaque génération sexuée est suivie d'une série de huit, dix, douze générations asexuées, très-analogues entre elles et fort différentes de la génération sexuée. Enfin apparaît une génération sexuée, semblable à la première génération sexuée disparue depuis si longtemps.

Si l'on voulait suivre plus loin encore cette hérédité latente ou intermittente et y rattacher tous les phénomènes qui y touchent, on pourrait aussi y comprendre les faits bien connus d'*atavisme*. Par atavisme les éleveurs désignent la singulière réapparition, chez un animal, d'une forme disparue depuis un grand nombre de générations et ayant appartenu à une génération depuis longtemps éteinte. Un des plus remarquables exemples de ce genre se montre chez quelques chevaux, dont la robe est parfois striée de raies sombres analogues à celles du zèbre, du couagga et d'autres espèces chevalines sauvages d'Afrique. Les chevaux domestiques des races les plus diverses et de toutes les couleurs portent parfois de ces raies sombres, par exemple, une raie le long du dos, des raies transversales sur les épaules et les jambes, etc. L'apparition subite de ces stries ne peut s'expliquer que par l'effet d'une hérédité latente ; c'est le retour atavique d'un caractère ayant appartenu au type ancestral depuis longtemps éteint de toutes les espèces chevalines, type qui sans doute était rayé comme le zèbre et le couagga, etc. On voit de même reparaître inopinément, chez d'autres animaux domestiques, certaines propriétes, qui distinguaient leur ancêtre sauvage depuis longtemps éteint. Chez les végétaux, on peut aussi observer très-souvent l'atavisme. Vous connaissez tous très-bien le muflier jaune sauvage (*Linaria vulgaris*), très-commun dans nos champs cultivés et sur nos routes. La corolle, en forme de gueule, de cette plante, renferme deux étamines longues et deux courtes. Mais parfois la plante porte exceptionnellement une corolle en entonnoir, à cinq divisions égales et renfermant cinq étamines de même grandeur (*peloria*). Le seul moyen de comprendre l'apparition de cette *peloria,* c'est de supposer un retour atavique vers la forme ancestrale primitive et commune, d'où proviennent toutes les plantes ayant, comme le muflier, une corolle en forme de gueule bilabiée, deux étamines longues et deux courtes. Ce type ancestral possédait, comme la *peloria,* une corolle régulière, à cinq divisions, renfermant cinq étamines égales, qui plus tard et graduellement devinrent inégales. Il faut rapporter de tels retours ataviques à la loi de l'hérédité intermittente ou latente, quand même le nombre des générations franchi d'un bond par cette influence héréditaire serait énorme.

Que les plantes cultivées et les animaux domestiques redeviennent sauvages, qu'ils soient soustraits au milieu de la vie domestique, alors apparaissent des modifications, qui ne sont pas seulement le résultat d'une adaptation à de nouvelles conditions d'existence, mais qu'il faut aussi considérer comme un retour atavique partiel à la forme ancestrale primitive, d'où provient le type domestique. C'est ainsi que l'on peut, en cessant de cultiver les variétés de choux si extraordinairement diverses, les ramener peu à peu à la forme ancestrale originelle. De même les chiens, chevaux, bœufs, etc., redevenus sauvages retournent souvent plus ou moins aux types éteints. Une immense série de générations peut s'écouler avant que la puissance de cette hérédité latente s'amortisse complétement.

Nous pouvons encore signaler comme troisième loi de l'hérédité conservatrice *la loi d'hérédité sexuelle*, en vertu de laquelle chaque sexe transmet à sa postérité les caractères sexuels particuliers, qu'il ne lègue pas à ses descendants de l'autre sexe. Les « caractères sexuels secondaires » si extraordinairement intéressants sous tant de rapports nous fournissent de nombreux exemples à l'appui de cette loi. On entend par caractères sexuels secondaires les particularités qui sont propres à l'un ou à l'autre sexe, sans être immédiatement liées aux organes de la génération. Citons, comme caractères de cet ordre, particuliers au sexe mâle, les bois du cerf, la crinière du lion, l'éperon du coq. Il en est de même de la barbe chez l'homme, ornement qui fait habituellement défaut au sexe féminin. Pour le sexe féminin, les glandes mammaires des mammifères femelles, la bourse des marsupiaux féminins, sont des caractères de même ordre. Chez les femelles de beaucoup d'animaux, la taille, la couleur du pelage diffèrent aussi. Tous ces caractères sexuels secondaires sont, exactement comme les organes sexuels eux-mêmes, transmis par l'organisme mâle seulement au descendant mâle et inversement. Les faits contradictoires à cette loi sont de rares exceptions à la règle.

Il est une quatrième loi de l'hérédité, qui, dans une certaine mesure, contrarie et limite celle dont nous venons de nous occuper : *c'est la loi d'hérédité mêlée ou bilatérale* (amphigonique). En vertu de cette loi, tout individu organique, produit par génération sexuée, reçoit de ses deux générateurs, du père et de la mère, des caractères particuliers. Ce fait de la transmission aux enfants de l'un et de l'autre sexe des caractères particuliers des deux parents est très-important. Gœthe a exprimé ce fait dans de jolis vers :

« De mon père j'ai reçu la stature et l'allure sérieuse de la vie, de ma bonne mère une libre nature et une vive imagination. »

Ces faits vous sont d'ailleurs tellement familiers qu'il est inutile d'insister davantage. C'est de l'inégal mélange des caractères légués aux enfants par le père et la mère, que résultent principalement les dissemblances entre frères et sœurs.

C'est encore à cette loi d'hérédité mixte ou amphigonique, que se rapporte le phénomène très-important et très-intéressant de l'hybridisme et du métissage. Si on lui donne sa vraie valeur, il suffit pleinement, à lui seul, pour ruiner le dogme de la fixité de l'espèce. Des plantes et des animaux appartenant à deux espèces peuvent se croiser et engendrer des produits hybrides, capables, dans nombre de cas, de se reproduire eux-mêmes, soit, ce qui est le cas le plus fréquent, en se croisant avec l'un des deux générateurs, soit en se fécondant mutuellement eux-mêmes, ce qui est le cas le plus rare. Les métis du lièvre et du lapin (*Lepus Darwini*) nous fournissent un exemple du second cas. Tout le monde connaît les hybrides du cheval et de l'âne, deux espèces distinctes du genre *Equus*. Les hybrides diffèrent suivant que le père ou la mère appartiennent à l'une ou à l'autre espèce. Le mulet (*Mulus*), qui provient d'une jument et d'un âne, a des caractères très-différents de ceux du bardeau (*Hinnus*) provenant du cheval et de l'ânesse. Toujours l'hybride provenant du croisement de deux espèces distinctes est une forme mixte, ayant hérité des caractères des deux générateurs ; mais ces caractères de l'hydride sont fort différents suivant le genre du croisement. De même les enfants mulâtres nés d'un père européen et d'une négresse offrent des caractères mixtes différents de ceux qui s'observent sur l'enfant d'un nègre et d'une Européenne. Pas plus pour l'hybridisme que pour les autres lois de l'hérédité précédemment examinées, nous ne sommes en mesure d'indiquer exactement et minutieusement les causes efficientes des phénomènes. Mais aucun naturaliste n'oserait douter de la nature purement mécanique de ces causes, ou contester qu'elles aient pour raison d'être la constitution même de la nature organique. Si nous possédions des moyens d'investigation plus délicats que nos grossiers organes des sens et les instruments qui en augmentent la puissance, nous saurions reconnaître ces causes et les ramener aux propriétés chimiques et physiques de la matière.

La cinquième loi de l'hérédité conservatrice est *la loi de l'hérédité abrégée ou simplifiée*. Cette loi est fort importante pour l'embryologie ou ontogénie, c'est-à-dire pour l'histoire du développement des individus organiques. Comme je l'ai déjà indiqué dans la première leçon et comme je l'exposerai plus tard avec détail, l'ontogénie, ou l'histoire du développement de l'individu, est simplement une récapitulation courte, rapide, conforme aux lois de l'hérédité et de l'adaptation, de la *phylogénie,* c'est-à-dire de l'évolution paléontologique de toute la tribu organique ou *phylum,* à laquelle appartient l'individu examiné. Suivez le développement individuel de l'homme, du singe, d'un mammifère supérieur quelconque dans l'utérus maternel : vous trouverez que le germe inclus dans l'œuf, puis l'embryon, parcourent une série de formes très-diverses. En outre ces formes reproduisent d'une manière générale ou du moins suivent parallèlement la série des formes offertes par la série ancestrale historique des mammifères supérieurs. Parmi ces ancêtres se trouvent certains poissons, amphibies, marsupiaux, etc. Mais le parallélisme ou la concordance des deux séries évolutives ne sont jamais rigoureusement exacts. Toujours il y a dans l'ontogénie des lacunes, des sauts répondant à l'absence de quelques stades phylogéniques. Comme l'a excellemment indiqué Fritz Müller dans son remarquable mémoire *pour Darwin* (16) en citant l'exemple des crustacés : « Ces documents historiques conservés dans l'évolution individuelle s'effacent peu à peu, à mesure que le développement suit une voie de plus en plus directe de l'œuf à l'animal complet. » Cet effacement, cette abréviation sont dus à la loi de l'hérédité abrégée, et je tiens à mettre ici ce fait en relief; car il est d'une grande importance pour l'intelligence de l'embryogénie; il explique un phénomène surprenant au premier abord, savoir, que toutes les formes évolutives, par où nos ancêtres ont passé, ne sont pas visibles actuellement dans la série des formes que parcourt notre évolution individuelle.

Les lois de l'hérédité conservatrice sont en contradiction avec celles de la deuxième série, avec les lois de l'hérédité progressive. Ces dernières lois consistent, comme nous l'avons déjà dit, en ce que l'organisme ne lègue pas à sa descendance seulement les propriétés qu'il a reçues de ses ancêtres, mais aussi un certain nombre de ces particularités individuelles qu'il a lui-même acquises durant sa vie. L'adaptation se relie ici à l'hérédité (*Morph. gén.*, II, 186).

En tête de ces faits importants d'hérédité progressive nous pouvons placer le plus général de tous, *la loi d'hérédité adaptée ou acquise*. Cette formule exprime simplement ce que j'ai déjà dit plus haut, c'est-à-dire que, dans des circonstances données, l'organisme peut transmettre à sa descendance toutes les propriétés qu'il a acquises par adaptation durant sa vie. La manifestation la plus nette de cette loi se produit, lorsque la particularité nouvellement acquise modifie notablement la forme héritée. Ce cas se présente dans les exemples cités dans la dernière leçon, dans les faits de sexdigitation héréditaire, dans ceux d'hommes-hérissons, de hêtres couleur de sang, de saules-pleureurs, etc. L'hérédité des maladies acquises, par exemple, de la phthisie, de la folie, démontre aussi cette loi d'une manière frappante ; il en est de même de l'hérédité de l'albinisme. On appelle albinos ou kakerlaks des individus caractérisés par le défaut de matière colorante ou pigmentaire dans la peau. Ces cas d'albinisme sont très-fréquents chez l'homme aussi bien que chez les animaux et les plantes : chez les animaux d'une coloration obscure nettement accusée, il n'est pas rare de voir naître des individus tout à fait incolores, et, chez les animaux pourvus d'yeux, ce défaut de matière pigmentaire n'épargne pas ces organes, d'où résulte que l'iris normalement teinté de nuances vives ou sombres est incolore ou semble rouge ; car alors les vaisseaux capillaires sanguins sont visibles par transparence. Chez beaucoup d'animaux, par exemple chez les lapins, les souris, ces albinos sont fort recherchés ; aussi on veille à leur reproduction, pour en obtenir des races spéciales ; or cela serait impossible sans la loi de l'hérédité acquise.

Quelles modifications organiques acquises peuvent se transmettre par voie d'hérédité, quelles autres ne le peuvent pas ? Voilà ce que nous ne saurions déterminer par avance ; car nous ignorons malheureusement les conditions déterminantes de l'hérédité. Nous savons seulement, d'une manière générale, que certaines propriétés acquises se transmettent beaucoup plus facilement que certaines autres, et, dans la seconde catégorie, il faut placer les mutilations par suite de blessures. Ordinairement ces mutilations par blessures ne sont pas héréditaires ; s'il en était autrement la postérité des hommes ayant perdu un bras ou une jambe devrait naître privée des mêmes membres. Pourtant il y a des exceptions, et l'on a obtenu une race de chiens sans queue, en retranchant avec persévérance, durant plusieurs générations, la queue des mâles et des femelles. Il y a quelques années un cas de ce genre s'est produit près d'Iéna ; un taureau ayant eu la queue coupée à la racine par la fermeture brusque et accidentelle de la porte de l'étable, les veaux qu'il engendra plus tard naquirent privés de queue. Sans doute c'est là une exception; mais il est fort important de constater que, sous l'influence de certaines conditions à nous inconnues, même des altérations de forme violemment produites peuvent devenir héréditaires, comme beaucoup de maladies.

Dans nombre de cas, la variation, que transmet et conserve l'hérédité acquise, est congénitale, comme il arrive pour l'albinisme, dont nous avons parlé précédemment. Alors la variation est due à cette forme d'adaptation, que nous appelons indirecte ou potentielle. Les bœufs sans cornes du Paraguay nous en fournissent un frappant exemple. On élève dans ce pays une race de bœufs absolument dépourvus de cornes. Cette race provient d'un taureau sans cornes né en 1770 de parents armés de cornes comme tous les bœufs ordinaires, et l'on ne sait rien des causes qui ont occasionné cette anomalie originaire. Tous les produits que l'on obtint de ce taureau et d'une vache pourvue de cornes, furent tous sans cornes. Cette particularité fut considérée comme avantageuse, et, en croisant ensemble les bœufs sans cornes, on obtint une race bovine sans cornes, qui aujourd'hui a presque entièrement remplacé les bœufs à cornes au Paraguay. On peut citer comme autre exemple analogue les moutons-loutres de l'Amérique du Nord. En 1771 vivait dans l'État de Massachusetts un cultivateur nommé Seth Wright. Dans un troupeau d'animaux normalement conformés, qu'il possédait, naquit un jour un agneau ayant un ventre fort allongé et des pattes très-courtes et courbées. Il était donc impossible à cet animal de bondir bien haut, de sauter par exemple par-dessus une haie dans le jardin du voisin, particularité que le propriétaire de l'animal considéra comme précieuse, parce que son domaine était clos par des haies. L'on songea donc aussi à transmettre cette conformation particulière aux descendants, et, en effet, en accouplant cet individu, qui était un bélier, avec des brebis normales, on obtint une race de moutons, ayant tous, comme leur ancêtre mâle, des pattes courtes, incurvées, et un long ventre. Ces moutons étaient incapables de franchir les haies, et, pour cette raison, ils furent recherchés dans le Massachusetts et se propagèrent.

Nous pouvons appeler *loi de l'hérédité fixée ou constituée* une deuxième loi, qui se rattache également à l'hérédité progressive. On peut exprimer cette loi, en disant que les propriétés acquises par un organisme durant sa vie individuelle sont d'autant plus sûrement transmises que cet organisme a été plus longtemps soumis à l'action des causes modificatrices, et, d'autre part, ces propriétés sont d'autant plus sûrement héréditaires, à travers la série successive des générations, que ces générations elles-mêmes ont plus longtemps subi l'influence des mêmes causes modificatrices. La propriété acquise par adaptation ou modification doit habituellement être fixée, constituée jusqu'à un certain point, avant que l'on en puisse raisonnablement espérer la transmission héréditaire. Sous ce rapport, l'hérédité se comporte comme l'adaptation. Plus une propriété nouvellement acquise a été longtemps transmise par voie d'hérédité, plus elle sera sûrement conservée par les générations futures. Si, par exemple, un jardinier a obtenu, grâce à une culture méthodique, une nouvelle variété de pommes, il aura d'autant plus de chances de la voir se conserver qu'elle aura été plus longtemps transmise héréditairement. Le même fait est facile à constater dans l'hérédité des maladies. Plus il y a de temps que la phthisie ou la folie sont héréditaires dans une famille, plus le mal y est enraciné, plus il est vraisemblable qu'il atteindra la série des générations futures.

Nous terminerons ces considérations générales sur l'hérédité, en signalant les deux lois extrêmement importantes concernant l'identité de siége et d'époque du fait héréditaire. Nous voulons dire, par là, que les variations acquises par un organisme durant sa vie et transmises héréditairement à sa postérité apparaîtront chez les descendants dans la même région où elles siégeaient chez l'organisme générateur et qu'elles apparaîtront aussi au même âge chez l'ancêtre et chez son descendant.

La loi d'hérédité homochrone [1], que Darwin appelle « loi d'hérédité aux âges correspondants », est très-manifeste dans les maladies héréditaires, surtout dans celles qui, en raison même de leur caractère héréditaire, sont les plus funestes. Ces maladies apparaissent ordinairement chez les descendants à l'âge même où l'organisme paternel les a acquises. Les maladies héréditaires des poumons, du foie, des dents, du cerveau, de la peau, se déclarent ordinairement chez les descendants au même âge où elles sont apparues chez l'organisme générateur ou ont été acquises par lui ; quelquefois elles éclatent un peu plus tôt. Les cornes du veau se développent au même âge que celles de ses parents. De même le bois du jeune faon naît au même âge où ce bois a poussé sur la tête de son père ou de son grand-père. Sur les divers cépages, les raisins mûrissent aussi à la même époque que chez les cépages ancestraux. Or on sai que l'époque de cette maturité est très-différente suivant le variétés ; mais, comme toutes ces variétés descendent d'u seul type, cette diversité a dû être acquise par les ancêtre de chaque variété et s'être ensuite perpétuée par hérédité.

La loi d'hérédité dans les mêmes régions ou loi d'hérédit homotopique [2], qui a des rapports étroits avec les lois pré cédemment énumérées et que l'on peut aussi appeler « lo d'hérédité dans les régions correspondantes du corps », es encore très-évidente dans les cas d'hérédité pathologique Souvent de grandes taches hépatiques (*pityriasis versicolor* des amas pigmentaires et des tumeurs cutanées apparaisse durant une série de générations, non-seulement aux mêm époques de la vie, mais aussi à des points correspondants la peau. De même encore certaines accumulations grai

1. Ὁμὸς, semblable. Χρόνος, temps.
2. Ὁμὸς, semblable. Τόπος, lieu.

seuses excessives, dans certaines régions du corps, sont héréditaires. Mais, pour cette loi aussi bien que pour les précédentes, c'est surtout dans l'embryologie qne l'on peut trouver de nombreux exemples. *La loi d'hérédité homochrone et celle d'hérédité homotopique sont l'une et l'autre des lois fondamentales de l'embryologie ou ontogénie.* Que les diverses formes transitoires du développement individuel se succèdent toujours dans le même ordre, pour la même espèce, dans toute la série des générations, que ces métamorphoses se produisent toujours de même dans les mêmes régions du corps, ce sont là des faits remarquables, et les deux lois dont nous venons de parler nous en donnent la raison. Ces phénomènes en apparence si simples, si naturels, sont pourtant, en réalité, curieux, surprenants ; nous n'en pouvons indiquer les causes premières ; mais nous pouvons affirmer sans crainte, qu'ils ont pour base essentielle la transmission immédiate d'une certaine quantité de matière vivante de l'organisme progéniteur à l'organisme produit, comme nous l'avons précédemment démontré par les faits de la reproduction, en parlant d'une manière générale du mécanisme de l'hérédité.

Après avoir signalé les lois les plus importantes de l'hérédité, il nous reste à aborder la seconde série des phénomènes qui entrent en jeu dans la sélection naturelle, c'est-à-dire les faits d'adaptation ou de variation. Considérés dans leur ensemble, ces faits sont jusqu'à un certain point en contradiction avec les faits d'hérédité. Ce qui rend cette étude difficile, c'est que les faits s'entre-croisent et s'entrelacent autant qu'il est possible. Aussi sommes-nous rarement en état de dire dans quelle mesure les changements de forme, qui s'accomplissent sous nos yeux, se rapportent à l'hérédité, dans quelle mesure ils se rapportent à la variation. Toutes les formes caractéristiques par lesquelles se différencient les organismes, ont pour causes soit l'hérédité, soit l'adaptation ; mais, comme les effets de ces deux fonctions se combinent perpétuellement, il est extraordinairement difficile, pour le classificateur, d'assigner à chacune de ces fonctions sa part dans la production des formes spéciales. Ce qui ajoute à la difficulté, c'est que l'on commence à peine à sentir l'énorme importance de ces faits et que la plupart des naturalistes ne se sont pas plus occupés de la théorie de l'adaptation que de celle de l'hérédité. Les lois de l'hérédité, que nous venons de formuler, ainsi que celles de l'adaptation, que nous allons passer en revue, ne représentent à coup sûr qu'une faible partie des phénomènes de cet ordre, non encore étudiés pour la plupart; or, comme chacune de ces lois se combine avec toutes les autres, il en résulte une complication infinie d'activités physiologiques, qui concourent toutes à déterminer les formes des organismes.

Quant aux phénomènes de variation ou d'adaptation en général, nous devons les considérer, avec ceux de l'hérédité, comme l'expression d'une propriété physiologique fondamentale et commune de tous les organismes sans exception, comme une manifestation vitale absolument inséparable de l'idée d'organisme. Ici encore, comme nous l'avons fait pour l'hérédité, il faut distinguer nettement le fait de l'adaptation de la faculté d'adaptation. Par adaptation ou variation nous entendons dire que, sous l'influence du monde extérieur ambiant, l'organisme a acquis dans ses fonctions physiologiques, dans sa constitution, dans sa forme, quelques particularités nouvelles qui ne lui avaient pas été léguées. Au contraire nous appelons faculté d'adaptation ou variabilité la faculté inhérente à tous les organismes d'acquérir des propriétés nouvelles sous l'influence du monde extérieur (*Morph. gén.*, II, 191).

Tout le monde connaît des faits incontestables d'adaptation organique ou de variation; ce sont là des phénomènes, que nous pouvons constater mille et mille fois en jetant seulement un regard autour de nous. Mais c'est précisément parce que les phénomènes de variation sous l'influence des agents extérieurs semblent tout naturels, que jusqu'ici on ne les a, pour ainsi dire, point soumis à une sévère critique scientifique. Il faut ranger sous ce chef tous les faits que nous rattachons à l'habitude ou au défaut d'habitude, à l'exercice ou au défaut d'exercice, au dressage, à l'éducation, à l'acclimatation, à la gymnastique, etc. Nombre de variations persistantes ont une cause pathologique, nombre de maladies sont simplement de périlleuses adaptations de l'organisme à de pernicieuses conditions d'existence. Chez les animaux domestiques et les plantes cultivées, les faits de variation sont si éclatants et si importants, qu'ils constituent l'art tout entier de l'éleveur et de l'horticulteur, ou, pour mieux dire, cet art consiste à combiner ces faits de variation avec les phénomènes d'hérédité. Personne n'ignore, en effet, qu'à l'état sauvage, les plantes et les animaux changent et varient. Pour être complète et traitée à fond, toute classification d'un groupe d'animaux ou de plantes devrait mentionner dans chaque espèce les modifications qui s'écartent plus ou moins de la forme typique, habituelle à l'espèce. En réalité, dans tout travail de classification quelque peu soigné, on trouve signalées presque dans chaque espèce beaucoup de ces modifications de formes, que l'on désigne sous le nom de variations, variétés, races, espèces bâtardes, sous-espèces, et qui s'éloignent souvent extraordinairement du type de l'espèce, uniquement parce que l'organisme s'est adapté aux conditions du milieu extérieur.

Si nous recherchons maintenant les causes générales de ces faits d'adaptation, nous verrons qu'en réalité ces causes sont tout aussi simples que celles de l'hérédité. De même qu'en traitant des phénomènes de l'hérédité, nous avons démontré qu'ils avaient pour cause fondamentale, générale, la transmission dans le corps de l'enfant d'une certaine quantité de la matière des parents, ainsi nous pouvons regarder l'activité physiologique de la nutrition ou des échanges matériels comme étant la cause fondamentale de l'adaptation ou de la variation. En donnant pour cause déterminante à l'adaptation la nutrition, je prends ce mot dans son sens le plus large, j'entends désigner ainsi la totalité des variations matérielles, que l'organisme subit dans toutes ses parties sous l'influence du monde extérieur. Pour moi, la nutrition n'est pas seulement l'ingestion de substances réellement nutritives, mais encore l'influence de l'eau, de l'atmosphère, celle de la lumière solaire, de la température, de tous les phénomènes météorologiques, que l'on désigne en somme par le mot « climat ». J'y comprends encore l'influence médiate ou immédiate de la constitution du sol, de l'habitat, puis l'action si variée et si importante, que les organismes du voisinage, amis, ennemis ou parasites, etc., exercent sur chaque animal et sur chaque plante. Toutes ces influences et d'autres plus importantes encore affectent plus ou moins l'organisme dans sa composition matérielle et doivent être considérées ici au point de vue des échanges matériels. L'adaptation sera donc la résultante de toutes les modifications matérielles suscitées dans les échanges matériels de l'organisme par les conditions extérieures de l'existence, par l'influence du milieu ambiant.

Tous, vous savez d'une manière générale combien chaque organisme dépend du milieu extérieur qui l'entoure, combien les modifications de ce milieu retentissent sur lui. Songez seulement combien l'énergie de l'homme dépend de la température de l'air, et son état moral de la couleur du ciel. Suivant que le ciel est serein et lumineux ou couvert de nuages noirs et lourds, notre humeur est gaie ou assombrie. Combien le tour de nos pensées et de nos sentiments est divers par une tempêtueuse nuit d'hiver passée dans une forêt ou par une limpide journée d'été ! Tous ces états variés de notre âme dépendent de pures modifications matérielles de notre cerveau, et ces modifications sont produites grâce à l'intermédiaire des sens, par les diverses influences de la lumière, de la chaleur, de l'humidité, etc. « Nous sommes les jouets de chaque variation dans la pression de l'air. »

Les influences que notre esprit et notre corps subissent, par suite des changements qualitatifs et quantitatifs des aliments, ne sont ni moins importantes ni moins profondes. Notre travail intellectuel, l'activité de notre esprit et de notre imagination, sont toutes différentes, suivant que, durant ou avant cette activité, nous avons bu du thé ou du café, du vin ou de la bière. Notre humeur, nos désirs, nos sentiments, sont tout autres, suivant que nous sommes affamés ou rassasiés. Le caractère national des Anglais et des Gauchos de l'Amérique du Sud, qui vivent principalement de viande, c'est-à-dire d'une nourriture riche en azote, n'est pas du tout celui des Irlandais, mangeurs de pommes de terre, et des Chinois, mangeurs de riz, qui les uns et les autres usent surtout d'aliments peu azotés. Aussi les derniers ont-ils beaucoup plus de tissu graisseux que les premiers. Ici, comme partout, les modifications de l'esprit suivent pas à pas celles du corps ; les unes et les autres sont déterminées par des causes purement matérielles. Il en est des autres organismes comme de l'organisme humain ; ils sont aussi modifiés et métamorphosés par l'alimentation. Vous savez tous que nous pouvons changer à volonté la forme, la taille, la couleur, etc., de nos plantes cultivées et de nos animaux domestiques en changeant l'alimentation, que nous pouvons, par exemple, donner ou ôter à une plante des propriétés déterminées, selon que nous lui mesurons plus largement ou plus parcimonieusement la lumière et l'humidité. Comme les faits de ce genre sont fort communs et fort connus, comme d'autre part nous devons nous occuper des diverses lois de l'adaptation, nous ne nous attarderons pas à parler plus longtemps des faits généraux de variation.

De même que les diverses lois de l'hérédité se divisent naturellement en deux séries, celle de l'hérédité conservatrice et celle de l'hérédité progressive, ainsi les lois de l'adaptation peuvent se ranger en deux séries distinctes, la série des lois indirectes ou médiates et celle des lois directes ou immédiates. On peut aussi appeler les lois de la première catégorie lois de l'adaptation actuelle, et celles de la seconde, lois de l'adaptation potentielle.

L'étude de la première série, celle de l'adaptation médiate ou indirecte (potentielle), a été généralement fort négligée jusqu'ici, et c'est un des mérites de Darwin d'avoir tout particulièrement attiré l'attention sur cet ordre de modifications. C'est là un sujet difficile à traiter avec toute la clarté désirable ; j'essayerai de l'éclaircir par des exemples. L'hérédité indirecte ou potentielle consiste d'une manière générale en ce que certaines modifications organiques produites par l'influence de la nutrition, en prenant le mot dans son sens le plus large, ne se manifestent pas dans la conformation individuelle de l'individu influencé, mais bien dans celle de sa postérité. Souvent il arrive, par exemple, chez les êtres organisés, qui se reproduisent sexuellement, que les organes de la génération soient influencés par des agents extérieurs de telle sorte que les descendants de ces êtres présentent des modifications remarquables.

Les monstruosités artificielles fournissent des exemples frappants de ces faits. On peut produire des monstruosités, en soumettant l'organisme générateur à certaines conditions de vie extraordinaires. Mais ces conditions anormales ne modifient pas l'organisme lui-même, elles changent seulement sa descendance. Impossible ici d'invoquer l'hérédité ; car il ne s'agit pas d'une propriété existante chez l'organisme générateur et transmise ensuite à sa postérité. C'est une modification portant il est vrai sur cet organisme générateur, mais sans l'affecter sensiblement et en ne devenant visible que sur sa descendance. Il y a simplement impulsion vers une nouvelle forme, et cette impulsion est transmise dans la génération soit par l'œuf maternel, soit par les spermatozoïdes paternels. Chez l'organisme paternel, la conformation nouvelle existe seulement à l'état de possibilité (*in potentia*) ; chez l'enfant elle se réalise en fait (*in actu*).

Tant que l'on a négligé absolument ce fait si général et si important, on a été porté à considérer toutes les modifications, toutes les transformations organiques appréciables, comme appartenant à la seconde catégorie des faits d'adaptation, à l'adaptation immédiate ou directe (actuelle). Cette loi d'adaptation directe consiste essentiellement en ce que la modification affectant un organisme par le moyen de la nutrition, etc., se manifeste déjà dans la forme propre à cet organisme et non pas seulement chez sa descendance. A cet ordre de faits appartiennent tous ceux, dans lesquels nous pouvons suivre l'action modificatrice du climat, de la nutrition, de l'éducation, du dressage, etc., sur l'individu même qui a subi cette action.

Les deux séries de faits de l'hérédité conservatrice et de l'hérédité progressive, malgré leur différence essentielle, s'engrènent et se modifient mutuellement, se combinent et s'entre-croisent; mais les deux séries de phénomènes opposés et pourtant intimement unis de l'adaptation indirecte et de l'adaptation directe se mêlent et se combinent encore plus intimement. Quelques naturalistes, notamment Darwin et Carl Vogt, attribuent à l'adaptation indirecte ou potentielle une activité plus considérable et même presque exclusive. Au contraire la plupart des naturalistes inclinaient jusqu'ici à faire jouer le principal rôle à l'adaptation directe ou actuelle. Quant à moi, ce débat me semble assez inutile.

Nous sommes bien rarement en état, dans les cas isolés de variation, de pouvoir décider la part qui revient à l'adaptation directe et celle qui est due à l'adaptation indirecte. Nous connaissons trop mal encore ces faits si importants et si complexes, et ordinairement nous devons nous borner à établir, d'une manière générale, que la transformation des formes organiques doit s'attribuer, soit à l'adaptation directe, soit à l'adaptation indirecte, soit enfin à l'action combinée de l'une et de l'autre.

DIXIÈME LEÇON.

LOIS DE L'ADAPTATION.

Lois de l'adaptation indirecte ou potentielle. — Adaptation individuelle. — Lois de l'adaptation directe ou actuelle. — Adaptation générale ou universelle. — Adaptation accumulée ou cumulative. — Influence cumulative des conditions extérieures de l'existence et contre-influence cumulative de l'organisme. — La libre volonté. — Usage et défaut d'usage des organes. — Exercice et habitude. — Adaptation réciproque ou corrélative. — Corrélation de développement. — Corrélation d'organes. — Explication de l'adaptation indirecte ou potentielle par la corrélation des organes sexuels et des autres parties du corps. — Adaptation divergente. — Adaptation illimitée ou infinie.

Messieurs, dans la dernière leçon, nous avons divisé en deux groupes les phénomènes d'adaptation ou de variation, qui, de concert avec les phénomènes d'hérédité, produisent l'infinie variété des formes animales et végétales. L'un de ces groupes comprend la série des adaptations indirectes ou potentielles, et l'autre la série des adaptations directes ou actuelles. Aujourd'hui nous allons procéder à un examen plus détaillé des diverses lois générales, qu'il nous est possible de reconnaître dans ces deux séries de faits de variation. Occupons-nous d'abord des faits si remarquables, si importants, et pourtant jusqu'ici si négligés, de la variation indirecte ou médiate.

L'adaptation indirecte ou potentielle consiste, comme vous vous le rappelez, en ce que les individus organiques subissent des transformations, revêtent de nouvelles formes, parce qu'il est survenu dans la nutrition des changements, qui n'ont pourtant affecté que leurs parents. L'influence modificatrice des conditions extérieures de l'existence, du climat, de l'alimentation, etc., ne manifeste pas ici directement son action, en transformant l'organisme même ; elle agit indirectement sur la descendance de cet organisme. (*Morph. gén.*, II, 202).

Nous pouvons indiquer, comme étant la première et la plus générale des lois de la variation, *la loi d'adaptation individuelle,* et particulièrement ce fait si important, que tous les individus organiques sont réellement dissemblables, quoique fort analogues à partir du début de leur existence. Nous pouvons alléguer comme preuve de cette proposition, tout d'abord, que, chez l'homme, tous les frères et sœurs, tous les enfants d'un même couple, sont ordinairement dissemblables. Qui oserait prétendre, qu'au moment de leur naissance, deux frères soient identiquement semblables, que, chez l'un et chez l'autre, les diverses parties du corps aient la même dimension, que le nombre des cheveux, le nombre des cellules de l'épiderme, celui des globules sanguins soit exactement le même, qu'ils soient nés avec les mêmes aptitudes et les mêmes talents ? Mais il est une preuve particulièrement frappante de cette loi de différence individuelle, c'est ce qu'on observe chez les animaux qui ont une portée multiple, par exemple chez les chiens et les chats. Tous les petits d'une même portée se distinguent les uns des autres par des différences tantôt faibles, tantôt considérables, dans la taille, la couleur, la longueur des diverses parties du corps, la vigueur, etc. Cette loi a un caractère de généralité. Au début de leur existence, tous les individus organiques se distinguent par certaines différences, parfois très-délicates, et, quoique les causes de ces différences nous soient ordinairement inconnues, pourtant elles consistent en partie ou exclusivement dans certaines influences subies par les organes de la génération des parents.

Il est une deuxième loi moins importante et moins générale que celle de la variation individuelle, *c'est celle de l'adaptation monstrueuse* ou par saut brusque. Ici l'écart entre le produit et l'organisme générateur est si frappant qu'habituellement nous pouvons l'appeler monstruosité. Souvent, comme le prouve l'expérience, ces monstruosités résultent d'un traitement particulier subi par l'organisme générateur. Les conditions particulières de la nutrition ont été changées ; on a privé cet organisme d'air, de lumière ; on a modifié des influences, qui exerçaient, dans un sens donné, une puissante action sur sa nutrition. La nouvelle condition d'existence produit une forte et frappante variation de la forme, non pas immédiatement et sur l'organisme directement affecté, mais sur la postérité de cet organisme. Nous ne savons pas toujours comment cette influence procède dans le détail, et nous devons nous borner à signaler d'une manière tout à fait générale un lien étiologique entre la conformation monstrueuse du produit et une certaine modification dans les conditions d'existence des parents, en y ajoutant l'influence de cette modification sur les organes de la génération de ces derniers. C'est vraisemblablement dans cette série de déviations monstrueuses ou par bonds, qu'il faut ranger les phénomènes d'albinisme précédemment cités, et aussi les cas de sexdigitation des mains et des pieds, les bœufs sans cornes, les moutons et les chèvres à quatre ou six cornes. Dans ces divers cas, la déviation monstrueuse est due vraisemblablement à une cause qui, d'abord, a affecté seulement l'œuf maternel ou le sperme du mâle.

Nous pouvons signaler comme troisième manifestation particulière de l'adaptation indirecte *la loi d'adaptation sexuelle*. Nous entendons désigner par là ce fait remarquable que certaines influences agissant, soit spécialement sur les organes générateurs mâles, soit spécialement sur les mêmes organes femelles, affectent seulement la conformation soit des organes mâles, soit des organes femelles des produits. Ce phénomène si digne d'attention est encore fort obscur et mal observé ; mais il est vraisemblablement d'une haute importance pour rendre compte de l'origine de ce que nous avons appelé « caractères sexuels secondaires ».

Tous ces faits d'adaptation sexuelle, d'adaptation par bonds, d'adaptation individuelle, que nous pourrions comprendre sous la dénomination commune d'adaptation indirecte ou médiate (potentielle), sont encore très-imparfaitement connus dans leur essence propre, dans leur relation étiologique profonde. Mais, dès à présent, on peut affirmer avec certitude, que des modifications très-nombreuses et très-importantes des formes organisées doivent leur origine à cet ordre de faits. Nombre de modifications frappantes de forme sont dues uniquement à des causes, qui d'abord ont agi seulement sur la nutrition de l'organisme progéniteur et même sur ses organes générateurs. Évidemment les étroites corrélations qui unissent les organes sexuels aux autres parties du corps sont ici de la plus grande importance. Nous aurons à en parler plus longuement à propos de la loi d'adaptation mutuelle. Combien les changements dans les conditions d'existence, dans la nutrition, agissent puissamment sur la reproduction des organismes, cela est déjà démontré par ce fait remarquable, que nombre d'animaux sauvages de nos jardins zoologiques et aussi quantité de végétaux exotiques transplantés dans nos jardins botaniques perdent la faculté de se reproduire ; citons les oiseaux de proie, les perroquets, les singes. L'éléphant et les carnassiers plantigrades (ours) ne se reproduisent non plus presque jamais en captivité. Nombre de plantes deviennent stériles quand on les cultive. Les relations sexuelles s'effectuent toujours, mais il n'y a plus de fécondation ou plus de développement des germes fécondés. De là résulte indubitablement que les changements apportés à la nutrition par l'état de culture peuvent abolir entièrement la faculté génératrice et exercer aussi la plus grande influence sur les organes sexuels. D'autres adaptations, d'autres changements dans la nutrition, peuvent aussi, sans abolir totalement la descendance, lui faire subir d'importantes modifications morphologiques.

Les faits d'*adaptation directe ou actuelle,* que nous allons examiner maintenant en détail, sont beaucoup plus connus que ceux d'adaptation indirecte ou potentielle. Il faut ranger sous ce chef toutes ces modifications organiques, que nous rapportons à l'exercice, à l'accoutumance, au dressage, à l'éducation, etc., ainsi que les transformations des formes organiques dues à l'influence immédiate de l'alimentation, du climat et d'autres conditions externes de l'existence. Comme nous l'avons déjà remarqué, dans l'adaptation directe ou immédiate, l'influence modificatrice des causes externes agit directement sur la forme même de l'organisme qui subit cette influence, et non pas seulement sur sa descendance (*Morph. gén.*, II, 207).

Parmi les diverses lois d'adaptation directe ou actuelle nous pouvons donner la prééminence à la plus compréhensive de toutes, *à la loi d'adaptation générale ou universelle.* Cette loi peut se formuler brièvement comme suit : « Tous les individus organiques se différencient les uns des autres dans le cours de leur vie par le fait de l'adaptation aux diverses conditions d'existence, bien que pourtant les individus d'une seule et même espèce restent toujours très-analogues entre eux. » Comme vous l'avez vu, une certaine inégalité des individus organiques résulte déjà de la loi d'adaptation individuelle (indirecte). Mais cette inégalité individuelle s'accentue bien davantage encore, parce que chaque individu, durant sa vie, subit des conditions d'existence particulières et s'y adapte. Tous les individus d'une même espèce, quelque analogues qu'ils puissent être, deviennent plus ou moins dissemblables entre eux dans le cours ultérieur de leur existence. Ils diffèrent l'un de l'autre par des particularités plus ou moins importantes, et cela résulte de la diversité des conditions au milieu desquelles chacun d'eux est appelé à vivre. Il n'y a pas deux êtres appartenant à une espèce quelconque, dont la vie s'écoule au milieu de circonstances extérieures identiques. Tout diffère, l'alimentation, l'humidité, l'air, la lumière; il en est de même des conditions sociales, des relations avec les individus de la même espèce et des autres espèces ; or ces différences influent sur les fonctions d'abord, puis sur les formes de chaque organisme, qu'elles modifient. Si, dans une famille humaine, les frères et sœurs se distinguent déjà, dès le début de leur existence, par certaines dissemblances individuelles, que nous attribuons à l'adaptation individuelle indirecte, combien nous sembleront-ils plus différents encore dans le cours ultérieur de leur vie, alors que chacun d'eux aura passé par des vicissitudes diverses et se sera adapté à des conditions de milieu différentes! Évidemment la différence originelle de l'évolution individuelle s'accuse d'autant plus que la durée de la vie est plus longue et que des milieux plus dissemblables ont influé sur chaque individu. Rien n'est plus facile à vérifier sur l'homme même et aussi sur les animaux et les plantes domestiques, dont on peut faire varier à volonté les conditions d'existence. Deux frères, dont l'un devient un travailleur, l'autre un prêtre, se développent tout différemment tant au point de vue du corps qu'à celui de l'esprit; il en est de même pour deux chiens d'une même portée, mais qu'on destine l'un à faire un chien de chasse, l'autre à être un chien de garde. Il en est de même aussi dans l'état de nature. Au milieu d'un bois, soit de sapins, soit de hêtres, composé d'arbres d'une seule essence forestière, comparez soigneusement entre eux les divers arbres, vous ne trouverez jamais deux individus absolument semblables par le volume du tronc, par le nombre des rameaux, des feuilles, du fruit, etc. Chez tous, vous trouverez des différences individuelles, qui, du moins en partie, sont le résultat de la diversité des conditions au milieu desquelles les arbres ont grandi. Mais déterminer avec certitude dans cette diversité quelle est la part de l'adaptation individuelle indirecte, quelle est la part de l'adaptation directe, universelle, ou en d'autres termes quelles sont les différences originelles, quelles sont les différences acquises, c'est ce qui sera toujours impossible.

Il est une deuxième série de phénomènes non moins généraux, non moins importants que ceux de l'adaptation universelle : ce sont les phénomènes d'adaptation directe, que nous pouvons comprendre sous la dénomination d'*adaptation accumulée ou cumulative*. J'entends désigner par là un grand nombre de faits très-importants, habituellement divisés en deux groupes absolument différents. On les distingue ordinairement, premièrement, en modifications organiques immédiatement dues à l'influence persistante des conditions extérieures, par exemple de l'alimentation, du climat, du milieu, etc., et, deuxièmement, en modifications produites par l'habitude, l'exercice, l'accoutumance à de certaines conditions de vie, à l'usage ou au défaut d'usage des organes. Ces dernières influences ont été particulièrement signalées par Lamark comme des causes puissantes de transformation des formes organiques ; quant aux premières, on les reconnaît généralement comme telles depuis un fort long temps.

La distinction tranchée, que l'on fait d'ordinaire entre ces deux départements de l'adaptation cumulative, et que Darwin lui-même fait ressortir, s'évanouit aussitôt que l'on examine plus attentivement, plus profondément, l'essence même et la cause première de ces deux séries de phénomènes si divers en apparence. On arrive bientôt alors à la conviction que, dans l'un et l'autre cas, on a toujours affaire à deux causes efficientes, savoir, d'une part, à l'influence extérieure ou aux effets des conditions de l'adaptation, et, d'autre part, à la résistance, à la réaction de l'organisme, qui est soumis et s'adapte à ces conditions de la vie. Si l'on envisage l'adaptation accumulée seulement du premier point de vue, si l'on attribue toutes les transformations à l'action persistante des conditions extérieures de la vie, alors on néglige la réaction interne de l'organisme, qui est pourtant nécessaire. Si au contraire on examine l'adaptation cumulative du second point de vue, si l'on considère seulement l'activité transformatrice de l'organisme même, la réaction qu'il oppose aux influences extérieures, les changements, que lui font subir l'exercice, l'habitude, l'usage ou le défaut d'usage des organes; alors on oublie que cette réaction est suscitée uniquement par l'influence des conditions extérieures de la vie. La distinction de ces deux groupes tient seulement aux diverses manières d'envisager les faits, et je crois qu'on peut très-bien les réunir. Qu'y a-t-il en définitive de vraiment essentiel dans ces faits d'adaptation cumulative? c'est que la modification organique, d'abord fonctionnelle et plus tard morphologique, est occasionnée par des influences extérieures, agissant soit lentement et d'une manière continue, soit par des impulsions fréquemment réitérées. Ces petites causes, en accumulant leur action, peuvent produire les plus grands effets.

Les exemples de ce genre d'adaptation directe sont infiniment nombreux. Examinez avec quelque soin la vie des animaux et des plantes : partout des modifications de ce genre, évidentes et frappantes, se présenteront à vos yeux. Je veux commencer par signaler ici quelques-uns de ces phénomènes d'adaptation, résultant immédiatement de l'alimentation. Chacun de vous sait que l'on peut modifier diversement les animaux domestiques élevés pour tel ou tel but, en variant la quantité et la qualité de leurs aliments. L'agriculteur qui, dans l'élevage des brebis, vise à la finesse de la laine, donne à son troupeau un autre fourrage que celui qui veut obtenir de bonne viande ou une graisse abondante. Les chevaux de course, les chevaux de luxe, ont un fourrage de qualité supérieure, que l'on ne donne pas aux pesants chevaux de charge ou de trait. Chez l'homme même, la forme du corps, la quantité de tissu graisseux, varient considérablement selon l'alimentation. Que la nourriture soit riche en azote, la quantité du tissu graisseux sera faible ; qu'elle soit pauvrement azotée, le tissu graisseux se formera en abondance. Les gens qui, pour maigrir, ont recours à la cure Banting récemment préconisée, mangent seulement de la viande, des œufs, point de pommes de terre.

Qui ne sait quelles modifications importantes on peut obtenir dans la culture des plantes en variant la quantité et la qualité des aliments? La même plante revêt un aspect tout différent, suivant qu'on la maintient dans un endroit sec et chaud exposée à la lumière du soleil, ou dans un lieu frais, humide, ombreux. Nombre de plantes, alors qu'on les transplante sur le rivage de la mer, acquièrent des feuilles épaisses, charnues, et ces mêmes plantes ont des feuilles sèches et velues, alors qu'elles poussent dans un endroit extrêmement chaud et aride. Or toutes ces modifications dans la forme résultent immédiatement des variations dans l'alimentation et de leur influence accumulée.

Mais la quantité et la qualité des aliments ne sont pas seules à produire dans l'organisme des changements, des modifications importantes : il en est de même de toutes les autres conditions extérieures de l'existence et surtout du milieu organique le plus immédiat, de la société des organismes amis ou ennemis. Un arbre poussera très-différemment, suivant qu'il sera dans un endroit découvert, libre de toutes parts, ou bien dans un bois, où, obligé de s'adapter au milieu, étroitement serré par les voisins qui l'entourent, il est forcé de pousser en hauteur. Dans le premier cas, les rameaux s'étaleront au loin; dans le dernier, la tige amincie s'allongera et supportera des rameaux grêles et étiolés.

Combien sont importantes toutes ces circonstances, combien est puissante l'influence amicale ou hostile des organismes voisins, des parasites, etc., sur chaque animal, sur chaque plante! Tout cela est tellement notoire, qu'il serait superflu de citer d'autres exemples. La modification morphologique, la transformation qui résulte de ces causes, ne sont jamais la conséquence immédiate de l'influence extérieure; il les faut rapporter à la réaction correspondante de l'organisme, à cette activité spontanée, que l'on appelle habitude, exercice, usage ou défaut d'usage des organes. Si l'on sépare habituellement ces derniers phénomènes des premiers, cela tient d'une part, comme nous l'avons dit, à l'habitude où l'on est, de considérer les choses d'un seul côté, et ensuite à ce que l'on se fait une idée absolument fausse de la nature et de l'influence de l'activité volontaire chez les animaux.

L'activité de la volonté, cette raison d'être de l'habitude, de l'exercice, de l'usage ou du non-usage des organes chez les animaux, est, comme toute autre activité psychique animale, déterminée par les phénomènes matériels s'accomplissant au sein du système nerveux central, par les mouvements propres de la matière albuminoïde, qui constitue les cellules ganglionnaires et les filets nerveux s'y rattachant. Chez les animaux supérieurs, la volonté et aussi toutes les autres activités intellectuelles ne diffèrent sous ce rapport des mêmes facultés chez l'homme que quantitativement et point du tout qualitativement. Chez l'animal comme chez l'homme, la volonté n'est jamais libre. Au point de vue de l'histoire naturelle, le dogme si répandu du libre arbitre est absolument insoutenable. Tout physiologiste, qui examinera conformément aux méthodes de l'histoire naturelle les phénomènes de l'activité volontaire chez l'homme et chez les animaux, arrivera nécessairement à la conviction que *la volonté proprement dite n'est jamais libre,* mais est toujours déterminée par des influences extérieures ou intérieures. Ces influences sont, pour une large part, des idées acquises soit par adaptation, soit par hérédité, et pouvant se rattacher à l'une de ces deux fonctions physiologiques. Que chacun examine sérieusement sa propre volonté en action, mais en s'affranchissant du préjugé traditionnel du libre arbitre, il verra que tout acte de la volonté en apparence libre est produit par des idées préexistantes, ayant leurs racines dans d'autres idées héritées ou acquises, mais qui, en dernière analyse, sont déterminées aussi par les lois de l'adaptation ou de l'hérédité. On en peut dire autant de l'activité volontaire chez tous les animaux. Il suffit d'examiner sérieusement le genre de vie de ces animaux et les changements introduits dans ce genre de vie par les conditions extérieures, pour se convaincre aussitôt que toute autre manière de voir est insoutenable. Il faut donc ranger aussi parmi les phénomènes matériels de l'hérédité accumulée ces variations des actes de la volonté, qui résultent de changements dans la nutrition et exercent à leur tour une action modificatrice, ces actes connus sous le nom d'exercice, d'habitude, etc.

En s'adaptant par une longue accoutumance, par l'exercice, etc., aux variations survenues dans les conditions d'existence, la volonté animale peut produire dans les formes organiques les plus grands changements. Que d'exemples de ce genre ne trouve-t-on pas dans la vie des animaux! C'est ainsi que, chez les animaux domestiques, nombre d'organes s'atrophient par suite du changement de genre de vie, qui les a réduits à l'inaction. Les canards et les poules, qui, à l'état sauvage, volent très-bien, perdent plus ou moins cette faculté dans l'état domestique. Ils s'accoutument à user plus de leurs pattes que de leurs ailes, et il en résulte que les muscles et les os des membres se modifient essentiellement, suivant qu'ils servent ou non, dans leur degré de développement et dans leur forme. Darwin a démontré ce fait pour les diverses races de canards domestiques, qui toutes descendent du canard sauvage (*Anas boschas*), en mesurant et pesant comparativement avec beaucoup de soin les pièces de squelette. Chez le canard domestique, les os des ailes sont moins développés, ceux des pattes au contraire sont plus forts que chez le canard sauvage. Chez l'autruche et chez d'autres oiseaux coureurs, qui ont entièrement perdu l'habitude du vol, les ailes se sont pour cette raison entièrement atrophiées; elles en sont réduites à n'être plus que de « véritables organes rudimentaires ». Chez beaucoup d'animaux domestiques, notamment chez beaucoup de races de chiens et de lapins, vous pourrez aussi remarquer que l'état de domestication a rendu les oreilles pendantes. Cela résulte simplement d'un moindre usage des muscles de l'oreille. A l'état sauvage, ces animaux doivent dresser sans cesse l'oreille pour épier l'approche d'un ennemi ; aussi l'appareil musculaire capable de redresser les oreilles et de les diriger dans toutes les directions s'est-il bien développé. A l'état domestique, les mêmes animaux n'ont pas besoin d'avoir l'oreille si vigilante ; ils la redressent et la meuvent rarement ; les muscles de l'oreille restent donc inactifs, s'atrophient peu à peu, les oreilles tombent ou deviennent rudimentaires.

De même que dans ce dernier cas la fonction et par suite la forme de l'organe s'amoindrissent par le défaut d'usage, il arrive, au contraire, qu'elles s'exagèrent par un exercice forcé. Rien de plus facile à vérifier, si l'on veut prendre la peine de comparer le cerveau et ses activités psychiques chez les animaux sauvages et les animaux domestiques qui en descendent. Citons spécialement le chien et le cheval, si étonnamment ennoblis par la domestication et si supérieurs à leurs frères sauvages par le développement de l'activité intellectuelle ; or évidemment ici la transformation correspondante du cerveau est due en grande partie à un exercice persistant. Tout le monde sait avec quelle rapidité et à quel point les muscles grossissent et changent de forme par un exercice soutenu. Comparez par exemple les bras et les jambes d'un gymnaste exercé à ceux d'un homme casanier, toujours immobile.

Nombre d'exemples d'amphibies et de reptiles montrent avec quelle puissance l'influence extérieure des habitudes agit sur le genre de vie des animaux et les transforme morphologiquement. Notre serpent indigène le plus commun, la couleuvre à collier, pond des œufs, qui, pour éclore, ont encore besoin de trois semaines. Mais, si l'on tient ces animaux captifs dans une cage, en ayant soin de ne point la joncher de sable, alors ils ne pondent pas et gardent leurs œufs jusqu'à leur éclosion. Ainsi il suffit ici de modifier le sol sur lequel repose l'animal, pour effacer toute différence apparente entre des animaux ovipares et des animaux vivipares.

Sous ce rapport les tritons, que l'on force à conserver leurs branchies originelles, sont aussi extrêmement intéressants. Les tritons sont des amphibies voisins de la grenouille et possédant comme elle, dans leur jeunesse, des organes respiratoires externes, des branchies, à l'aide desquelles ils peuvent vivre dans l'eau et respirer l'air qu'elle contient. Plus tard, chez les tritons comme chez les grenouilles, s'opère une métamorphose. Ils sortent de l'eau, perdent leurs branchies et s'accoutument à la respiration pulmonaire. Si on les maintient dans un réservoir plein d'eau, en les empêchant d'en sortir, ils ne perdent plus leurs branchies, et le triton s'arrête toute sa vie à ce degré inférieur d'organisation, que d'autres reptiles, ses proches parents, les pneumo-branches, ne franchissent jamais.

Il y a quelques années, l'axolotl du Mexique (*Siredon pisciformis*), très-voisin de notre triton, excita un grand émoi parmi les zoologistes. On connaissait depuis longtemps cet animal, et, dans ces dernières années, on l'élevait en grand au jardin des Plantes de Paris. Comme le triton, cet animal a aussi des branchies externes, mais il les conserve sa vie durant, comme les autres pneumo-branches. Ordinairement l'axolotl vit et se reproduit dans l'eau. Mais tout à coup, parmi une centaine de ces animaux, conservés au muséum de Paris, quelques-uns sortirent de l'eau en rampant, perdirent leurs branchies et reproduisirent, au point de n'en pouvoir pas être distingués, un type de triton abranche de l'Amérique du Nord (*Amblyostoma*), puis ils continuèrent à respirer uniquement par leurs poumons. Dans ces cas si intéressants, l'on peut assister au saut brusque, que fait un animal à respiration aquatique en devenant animal à respiration aérienne; mais ce saut brusque peut s'observer chez chaque larve de grenouille et de salamandre. En effet, de même que chaque larve de grenouille et de salamandre passe de l'état d'animal à respiration branchiale à celui d'amphibie à respiration pulmonaire, de même le groupe entier des grenouilles et des salamandres est aussi provenu originairement d'un animal à respiration branchiale, voisin du siredon. Jusqu'à ce jour encore les pneumo-branches sont restés à ce degré inférieur de développement. On voit donc que l'ontogénie peut expliquer la phylogénie, et que l'histoire de l'évolution individuelle éclaire celle de tout le groupe.

A l'adaptation cumulative se rattache un troisième fait d'adaptation directe ou actuelle : *c'est la loi d'adaptation corrélative*. En vertu de cette importante loi, la modification organique ne porte pas seulement sur les parties, qui ont immédiatement subi l'influence extérieure, mais encore sur d'autres parties, qui n'ont pas été directement impressionnées. C'est là un résultat de la connexion organique et notamment du caractère unitaire de la nutrition, qui relie tous les organes. Que, par exemple, par suite d'une transplantation dans un terrain aride, une plante acquière un système pileux plus développé, cette modification réagira sur la nutrition des autres parties ; il en pourra résulter un raccourcissement de la tige, et par suite la plante tout entière aura une forme plus ramassée. Chez quelques races porcines et canines, par exemple chez le chien turc, qui, en s'adaptant à un climat chaud, a perdu plus ou moins de son pelage, il y a eu en même temps arrêt de développement, arrêt de la nutrition. C'est ainsi que les baleines et les édentés (tatous, pangolins), qui, par leur système pileux, diffèrent le plus des autres mammifères, s'en écartent aussi le plus par le système de denture. De même certaines races d'animaux domestiques (bœufs, porcs, etc.) à courtes pattes ont aussi habituellement une tête courte et tronquée. Certaines races de pigeons à longues pattes sont aussi remarquables par la longueur de leur bec. Cette relation entre la longueur des pattes et celle du bec se remarque très-généralement dans l'ordre des échassiers (cigogne, grue, bécasse, etc.). Cette solidarité des diverses parties d'un même organisme est extrêmement remarquable ; nous n'en connaissons pas les causes spéciales ; mais nous pouvons dire d'une manière générale, que les modifications de la nutrition, influant sur une partie, doivent nécessairement réagir sur les autres, à cause du caractère général, centralisateur de l'activité nutritive. Mais pourquoi précisément telles ou telles parties sont-elles unies par cette corrélation singulière ? c'est ce que nous ignorons le plus souvent. Nous connaissons un bon nombre de corrélations de ce genre; il en existe notamment chez les animaux et les plantes privés de substances pigmentaires, chez les albinos ou kakerlacs. Le défaut de substance colorée pigmentaire entraîne alors certaines modifications dans la forme des autres parties, du système musculaire, du système osseux, des systèmes de la vie organique, qui, à première vue, n'ont aucun rapport avec le système cutané externe. Très-souvent alors ces systèmes sont mal développés : d'où une structure générale plus délicate, plus faible que celle des animaux colorés de la même espèce. Les organes des sens eux-mêmes et le système nerveux sont affectés d'une manière particulière par le défaut de pigment. Les chats blancs aux yeux bleus sont presque toujours sourds. Les chevaux blancs se distinguent des chevaux colorés par une certaine propension aux tumeurs sarcomateuses. Chez l'homme aussi, le degré de développement pigmentaire cutané a la plus grande influence sur l'aptitude de l'organisme à contracter certaines maladies; ainsi l'Européen à peau brune, à cheveux noirs, aux yeux de nuance sombre, s'acclimate plus facilement dans les climats tropicaux et y est bien moins frappé par les maladies endémiques dominantes (inflammation du foie, fièvre jaune, etc.,) que l'Européen à la peau blanche, aux cheveux blonds et aux yeux bleus.

Mais, de toutes ces corrélations morphologiques, les plus remarquables, sont celles qui existent entre les organes sexuels et les autres parties du corps. Nulle modification organique partielle ne réagit autant sur les autres parties que certaines altérations des organes de la génération. Pour obtenir une grande abondance de tissu graisseux chez les porcs et les moutons, les éleveurs leur enlèvent les organes sexuels par la castration, et les mêmes résultats se produisent chez les deux sexes. C'est ce que faisait aussi Sa Sainteté, le Pape infaillible, pour se procurer les castrats destinés à chanter les louanges de Dieu dans l'église de Saint-Pierre. Ces malheureux étaient châtrés dans leur enfance, et par ce moyen ils conservaient leur voix d'enfant; car, par suite de cette mutilation, le larynx subit un arrêt de développement. En outre le système musculaire tout entier se développe peu et une grande quantité de graisse s'accumule sous la peau. Mais la castration réagit aussi sur le système nerveux central, sur l'énergie de la volonté, etc., et il est notoire que les castrats humains aussi bien que les animaux domestiques mâles châtrés perdent les caractères psychiques de leur sexe. L'homme n'est complétement homme, aussi bien au point de vue de l'âme qu'à celui du corps, que par ses glandes génératrices.

Ces relations si importantes et si puissantes entre les organes sexuels et le reste du corps, spécialement avec le cerveau, existent également chez les deux sexes. Ce fait est d'ailleurs tout naturel, puisque, chez la plupart des animaux, les organes sexuels des deux sexes ont un même point de départ et ne diffèrent point au début. Chez l'homme aussi bien que chez les autres vertébrés, les organes masculins et féminins sont, à l'origine, parfaitement identiques dans l'embryon; c'est peu à peu, dans le cours du développement embryonnaire, durant la neuvième semaine, que se montrent les différences entre les deux sexes et qu'une seule et même glande sexuelle devient l'ovaire de la femme et le testicule de l'homme. Aussi toute modification de l'ovaire ne réagit-elle pas moins sur l'ensemble de l'organisme féminin qu'une modification du testicule sur l'organisme masculin. Dans son excellent mémoire intitulé « *la Femme et la cellule* », Virchow a signalé dans les termes suivants toute l'importance de cette corrélation : « La femme est femme uniquement par ses glandes génératrices. Toutes les particularités de son corps et de son esprit, sa vie nutritive, son activité nerveuse, la délicatesse, la rondeur des membres, l'élargissement du bassin; le développement de la poitrine accompagné d'un arrêt de développement des organes de la voix; sa luxuriante chevelure contrastant avec le duvet fin et imperceptible qui couvre le reste du corps; en outre, la profondeur de sentiment, la perception primesautière et sûre, la douceur, l'abnégation, la fidélité, en résumé tous les caractères essentiellement féminins, que nous admirons et vénérons dans la vraie femme, tout cela dépend de l'ovaire. Que l'on extirpe l'ovaire, et la virago nous apparaîtra dans sa hideuse imperfection. »

Cette même corrélation intime entre les organes sexuels et le reste du corps existe aussi chez les végétaux. Si l'on désire obtenir d'une plante de jardin une fructification plus riche, on restreint la production des feuilles en en retranchant une partie. Veut-on au contraire une plante d'ornement pourvue d'un riche et beau feuillage, on empêche l'épanouissement des fleurs et des fruits en retranchant les bourgeons floraux. Dans l'un et dans l'autre cas, un système d'organes se développe aux dépens d'un autre. De même presque tous les changements survenus dans la frondaison des plantes sauvages entraînent une modification correspondante dans les parties de la fleur spécialement affectées à la reproduction. Déjà Gœthe, Geoffroy Saint-Hilaire et d'autres naturalistes philosophes ont signalé la haute portée de cette « compensation de développement », de ce balancement des organes. La raison de cette corrélation est qu'aucune partie isolée du corps ne peut se modifier sous l'influence d'une adaptation directe ou actuelle, sans que simultanément tout l'organisme n'en subisse le contre-coup.

L'adaptation corrélative des organes de la génération et des autres parties du corps mérite d'être spécialement examinée; car elle peut projeter, plus que toute autre chose, une éclatante lumière sur ces phénomènes obscurs et mystérieux de l'adaptation indirecte précédemment indiqués. En effet, de même que toute modification des organes sexuels réagit puissamment sur le reste du corps, de même toute modification profonde d'une autre partie du corps réagit à son tour plus ou moins sur les organes générateurs. Mais cette réaction ne se manifestera visiblement que chez la postérité, qui naîtra de ces organes générateurs modifiés. Or ces modifications du système de la génération, de l'œuf et du sperme, qui sont si remarquables et si peu remarquées, parce qu'en eux-mêmes elles sont extrêmement faibles, exercent précisément une très-grande influence sur le développement de la descendance, et tous les faits d'adaptation indirecte précédemment cités peuvent en fin de compte se ramener à une adaptation réciproque.

Une autre série d'exemples frappants d'adaptation corrélative nous est fournie par les divers animaux et végétaux, qui, en s'adaptant à une vie de parasite, sont frappés de rétrogradation. Nul autre changement de genre de vie n'agit autant sur le développement d'un organisme que l'accoutumance à la vie parasitique. Par cette accoutumance les plantes perdent leurs feuilles vertes, comme nos plantes parasites indigènes : *Orobanche, Lathræa, Monotropa.* Des animaux, qui, précédemment, vivaient indépendants et libres, perdent tout d'abord, en devenant les parasites d'animaux ou de plantes, l'activité de leurs organes du mouvement ou des sens. Mais la perte de l'activité entraîne celle des organes par lesquels se manifestait cette activité, et l'on voit alors, par exemple, nombre de crustacés, qui, après avoir eu dans leur jeunesse un assez haut degré d'organisation, des pattes, des palpes tactiles, des yeux, dégénèrent avec l'âge, quand ils sont devenus tout à fait parasites parfaits, et alors ils n'ont plus ni yeux, ni organes du mouvement, ni palpes tactiles. La forme transitoire de la jeunesse mobile et agile se transforme en une masse informe, immobile. Seuls, les organes les plus indispensables, ceux de la nutrition et de la génération, conservent encore leur activité. Tout le reste du corps est frappé de rétrogradation. Sans doute ces transformations si profondes sont en grande partie la conséquence directe de l'adaptation cumulative, de l'inaction des organes; mais on peut aussi les rapporter pour une large part à l'adaptation réciproque ou corrélative (Voy. pl. X et XI).

La septième loi d'adaptation, la quatrième dans le groupe des adaptations directes, est *la loi d'adaptation divergente.* Nous désignons ainsi ce fait du développement dissemblable, que subissent, sous la pression des circonstances externes, des parties originairement identiques. Cette loi d'adaptation n'est pas peu importante pour faire comprendre la division du travail, ou polymorphisme. Rien de plus facile que de la vérifier sur nous mêmes, par exemple dans l'inégale activité de nos deux mains. La main droite, dont on se sert habituellement bien plus que de la gauche, a des nerfs, des muscles, des os bien plus développés. On en peut dire autant du bras tout entier. Chez la plupart des hommes, les os et les muscles du bras droit sont, à cause de leur plus grand usage, plus forts et plus pesants que ceux du bras gauche. Mais comme, chez l'espèce humaine de la zone moyenne de la terre, on se sert de préférence du bras droit, comme c'est là un usage invétéré et héréditaire depuis des milliers d'années, la forme plus accentuée, la grandeur plus accusée du bras droit sont déjà devenues héréditaires. Un naturaliste hollandais distingué, P. Harting, a montré par des mensurations et des pesées, que, même chez les enfants, le bras droit est plus fort que le gauche.

C'est en vertu de la même loi d'adaptation divergente, que les deux yeux sont fréquemment inégalement développés. Qu'un naturaliste s'accoutume à se servir d'un seul œil pour ses observations microscopiques, de l'œil gauche, par exemple, cet œil gauche acquerra une conformation toute particulière. L'œil gauche deviendra myope ; il sera plus propre à voir de près; l'autre aura une portée plus longue et sera meilleur pour distinguer les objets éloignés. Si au contraire on se sert du microscope avec les deux yeux, en alternant, on n'acquerra pas cette vue longue d'un côté, courte de l'autre, que l'on aurait obtenue par une sage division du travail des yeux. Dans les cas de ce genre, l'habitude rend inégale et divergente d'abord la fonction, l'activité des organes primitivement identiques; puis à son tour la fonction réagit sur la forme de l'organe, et, au bout d'un long temps, il se produit sous cette influence une modification dans les plus délicats linéaments de la forme, dans la croissance relative des organes divergents; enfin cet écart devient visible même dans les grandes lignes.

Dans le règne végétal nous trouvons un exemple bien net de cette adaptation divergente chez les plantes volubiles. Les branches, originairement égales, de ces plantes acquièrent une forme, une longueur, un degré de courbure, un diamètre des spires absolument différents, suivant qu'ils s'enroulent autour d'un tuteur d'un faible ou d'un gros diamètre. Cet écart de formes primitivement semblables sous l'influence de circonstances extérieures peut se vérifier facilement dans maint autre cas. En se combinant avec l'hérédité progressive, cette adaptation divergente détermine la division du travail des divers organes.

Il est une huitième et dernière loi d'adaptation, que nous pouvons appeler *loi d'adaptation illimitée ou indéfinie*. Nous entendons dire seulement par là, qu'il n'y a aucune limite connue à la variation des formes organiques sous l'influence des conditions extérieures de l'existence. Nous ne saurions affirmer d'aucune partie d'un organisme, que cette partie n'est plus modifiable et que, soumise à des conditions nouvelles et autres, elle n'en resterait pas moins immuable. L'expérience n'a encore permis de découvrir aucune limite à la variabilité. Que, par exemple, un organe dégénère par défaut d'usage, cette dégénération finira par aboutir à l'atrophie; c'est ce qui arrive en effet pour les yeux de beaucoup d'animaux. D'autre part, nous pouvons, au moyen d'un exercice persévérant, de l'accoutumance, d'un exercice progressif, perfectionner un organe à un degré, que tout d'abord il nous eût semblé impossible d'atteindre. Comparons les sauvages aux peuples civilisés ; nous trouverons, chez les premiers, un développement des organes des sens, de la vue, de l'odorat, de l'ouïe, que les civilisés ne soupçonnent même pas. Au contraire, chez les peuples très-civilisés, le cerveau, l'activité intellectuelle se sont développés à un point, dont les grossières peuplades sauvages ne se font aucune idée.

Cependant il semble que, pour chaque organisme, il y ait une limite à la faculté d'adaptation, et cette limite serait déterminée par le type de la race ou *phylum,* c'est-à-dire par les facultés fondamentales essentielles de cette race, telles qu'elles proviennent de la souche ancestrale commune et telles qu'elles se sont transmises à la descendance par le fait de l'hérédité conservatrice. Jamais, par exemple, un vertébré ne possédera, au lieu d'une moelle épinière, la chaîne ganglionnaire abdominale des articulés. Mais, dans les limites de la forme fondamentale héréditaire, du type inaliénable, le degré d'adaptation est infini, et la flexibilité, la malléabilité de la forme organique peuvent se manifester dans toutes les directions. Pourtant il y a des animaux, par exemple les crustacés et les vers frappés de rétrogradation par le parasitisme, qui semblent franchir même cette frontière du type et qui, par suite d'une dégénération excessive, perdent jusqu'aux caractères essentiels de leur type, Quant à la faculté d'adaptation chez l'homme, elle est également sans limites, et comme, chez l'homme, elle se manifeste surtout par la transformation du cerveau, il est absolument impossible de fixer au savoir humain une limite, que l'homme ne puisse arriver à franchir dans le cours de son développement intellectuel. Une perspective indéfinie d'adaptation s'ouvre donc au perfectionnement futur de l'esprit humain.

Ces remarques sont plus que suffisantes, pour montrer quelle est la portée des phénomènes d'adaptation, pour en faire bien comprendre l'immense valeur. Les lois d'adaptation, les faits de variabilité sous la pression des conditions extérieures, ont autant d'importance que les lois d'hérédité. Tous les faits d'adaptation peuvent se ramener en dernière analyse à des phénomènes de nutrition, de même que les faits d'hérédité reposent en définitive sur des particularités de la génération ; mais, poursuivis plus loin encore, les uns et les autres se rattachent à des faits chimiques et physiques, c'est-à-dire à des causes mécaniques. C'est uniquement par l'action combinée de ces lois, que se produisent, d'après la théorie Darwinienne de la sélection, les nouvelles formes organiques, les métamorphoses provoquées dans l'état domestique et dans l'état de nature par la sélection artificielle et la sélection naturelle.

ONZIÈME LEÇON.

LA SÉLECTION NATURELLE PAR LA LUTTE POUR L'EXISTENCE. LA DIVISION DU TRAVAIL ET LE PROGRÈS.

Action combinée des deux facteurs de la formation organique. — Sélection naturelle et sélection artificielle. — Lutte pour l'existence ou rivalité pour satisfaire les besoins de la vie. — Disproportion entre le nombre des individus possibles (potentiels) et celui des individus réels (actuels). — Complexité des rapports mutuels entre les organismes voisins. — Mode d'action de la sélection naturelle. — Sélection homochrome, cause des nuances sympathiques. — La sélection sexuelle, cause des caractères sexuels secondaires. — Loi de différenciation ou de division du travail (polymorphisme, divergence des caractères). — Transition des variétés aux espèces. — Idée de l'espèce. Métissage et hybridisme. — Loi de progrès ou de perfectionnement (*progressus teleosis*).

Messieurs, pour avoir une idée juste du Darwinisme, il faut avant tout comprendre parfaitement bien les deux fonctions organiques, que nous avons examinées dans les précédentes leçons, l'hérédité et l'adaptation. Si l'on ne saisit pas bien nettement, d'une part, la nature purement mécanique de ces deux activités physiologiques et l'action multiforme de leurs diverses lois, si, d'autre part, on ne se rend pas bien compte de la complexité d'action de ces lois d'hérédité et d'adaptation et de la nécessité de cette complexité, on aura peine à comprendre que, seules, ces deux fonctions aient suffi à produire toutes les formes si nombreuses du monde animal et végétal; et pourtant il en est ainsi. Du moins, jusqu'à ce jour, ce sont les deux seules causes formatrices que nous ayons pu découvrir; et, si nous savons apprécier sainement l'action combinée, nécessaire et infiniment complexe de l'hérédité et de l'adaptation, nous trouverons inutile de chercher d'autres causes encore inconnues à la métamorphose des formes organiques : celles que nous avons invoquées nous semblent parfaitement suffisantes.

Déjà longtemps avant que Darwin eût formulé sa théorie de la sélection, quelques naturalistes et notamment Gœthe expliquaient la multiplicité des formes oganisées par l'action combinée de deux forces formatrices, l'une conservatrice, l'autre modificatrice ou progressive. Gœthe appelle la première la force centripète ou de spécification, et la seconde la force centrifuge ou de métamorphose. Ces deux forces correspondent parfaitement aux deux fonctions de l'hérédité et de l'adaptation. L'hérédité est la force formatrice, *centripète* ou *interne ;* elle travaille à maintenir les formes organiques dans la limite de leurs espèces, à faire que la descendance ressemble aux ancêtres, à produire des générations toujours frappées à la même effigie. L'adaptation, au contraire, fait contre-poids à l'hérédité; c'est la force formatrice *centrifuge* ou *externe ;* elle tend perpétuellement à transformer les formes organiques sous la pression des influences extérieures, à tirer de nouvelles formes des formes préexistantes, à infirmer absolument la constance et l'immutabilité de l'espèce. Suivant que la prépondérance dans la lutte appartient à l'hérédité ou à l'adaptation, la forme spécifique persiste ou se transforme en une espèce nouvelle. Le degré de fixité ou de variabilité des diverses espèces animales et végétales est simplement le résultat de la prépondérance momentanée exercée par l'une de ces deux forces formatrices, de ces deux fonctions physiologiques sur son antagoniste.

Si maintenant nous considérons à nouveau les procédés de sélection, dont nous avons déjà examiné les données principales dans la septième leçon, nous reconnaîtrons plus clairement et plus nettement encore, que la sélection artificielle et aussi la sélection naturelle ont pour base l'action combinée de ces deux fonctions ou forces formatrices. Une juste appréciation des procédés de sélection artificielle employés par l'éleveur et l'horticulteur montre bien, que, pour obtenir des formes nouvelles, on utilise uniquement ces deux forces formatrices. Tout l'art de la sélection artificielle repose simplement sur une application raisonnée et intelligente des lois de l'hérédité et de l'adaptation, sur leur réglementation, sur leur utilisation artificielle et volontaire. L'agent de sélection est ici la volonté humaine raisonnée.

Il en est de même de la sélection naturelle. Elle aussi utilise ces deux forces formatrices organiques, ces propriétés physiologiques fondamentales de l'adaptation et de l'hérédité, pour produire les diverses espèces. Mais la force qui trie dans la sélection artificielle, la volonté humaine raisonnée et consciente, est représentée, dans la sélection naturelle, par la lutte pour l'existence. Dans la septième leçon nous avons déjà indiqué ce que nous entendions par « la lutte pour l'existence ». Le plus grand mérite de Darwin est précisément d'avoir su découvrir ce fait si important. Mais, comme il s'agit là d'un agent très-fréquemment méconnu et fort mal compris, il est nécessaire de nous y arrêter quelque peu, de montrer par des exemples la réalité de la lutte pour l'existence et de faire voir comment elle est l'instrument de la sélection naturelle (*Morph. gén.,* II, p. 231).

Dans notre manière d'envisager la lutte pour l'existence, nous partons du fait de la disproportion entre le nombre des germes engendrés par la totalité des animaux et des plantes et le nombre des individus, qui, vivant réellement plus ou moins longtemps, sont infiniment moins nombreux que les germes primitifs. La plupart des organismes engendrent durant leur vie des milliers et des millions de germes, dont chacun pourrait, étant données des circonstances favorables, produire un nouvel individu. Chez la plupart des animaux et des plantes, ces germes sont des œufs, c'est-à-dire des cellules, qui pour se développer ultérieurement ont besoin d'une fécondation. Au contraire, chez les organismes les plus inférieurs, chez les protistes, qui ne sont ni animaux ni végétaux et se reproduisent asexuellement, les cellules germinales ou spores n'ont pas besoin de fécondation. Dans tous les cas, le nombre de ces germes sexuels ou asexuels est absolument hors de proportion avec le nombre des individus de même espèce réellement vivants.

On peut dire, d'une manière générale, que le nombre des animaux et des végétaux vivant à la surface de notre planète est en moyenne toujours le même. Dans l'économie de la nature le nombre des places est limité, et presque partout sur la terre ces places sont à très-peu près occupées. Sans doute il se produit chaque année des oscillations dans le nombre absolu et relatif des individus de toutes les espèces. Mais, si l'on considère ces oscillations d'une manière générale, on voit combien elles ont peu d'importance en regard de la constance approximative du chiffre moyen de la totalité des individus. Le seul changement qui se produise consiste en ce que, chaque année, la prééminence appartient tantôt à tel ordre d'animaux et de plantes, tantôt à tel autre, en ce que, chaque année, la guerre pour l'existence apporte quelque changement à la situation respective de ces ordres.

Je ne connais pas d'espèce animale ou végétale, qui n'arrivât, dans un laps de temps très-court, à couvrir la terre d'une population très-dense, si elle n'avait à lutter contre une foule d'ennemis et d'influences nuisibles. Déjà Linné calculait que, si une plante annuelle produisait seulement deux graines donnant naissance à deux rejetons, elle aurait engendré en vingt ans seulement un million d'individus ; or il n'y a pas de plante qui produise un si petit nombre de semences. Darwin suppute à propos des éléphants, c'est-à-dire des animaux les plus lents à se reproduire, qu'au bout de cinq cents ans, la descendance d'une seule paire compterait déjà quinze millions d'individus, en supposant que chaque éléphant produisît, durant la période féconde de sa vie (de 30 à 90 ans), seulement trois paires de jeunes. De même un groupe humain, d'après les chiffres moyens de la statistique, double en vingt ans, en admettant que rien ne vienne entraver l'accroissement normal de la population. Dans le cours d'un siècle, la population humaine totale deviendrait donc seize fois plus considérable. Mais nous savons, qu'en fait, le chiffre total de la population humaine grandit très-lentement et que l'accroissement de cette population est très-variable suivant les contrées. Tandis que les races européennes se propagent par toute la terre, d'autres races, d'autres espèces humaines même tendent chaque année à un anéantissement total. Cela est vrai notamment pour les Peaux-Rouges d'Amérique et pour les noirs aborigènes de l'Australie. Quand même ces peuples se reproduiraient largement, comme la race blanche européenne, tôt ou tard ils n'en succomberaient pas moins devant cette dernière dans la lutte pour l'existence. Mais dans l'espèce humaine, comme dans toutes les autres, le trop plein de la population disparaît dès les premiers temps de l'existence. De l'énorme quantité de germes que produit chaque espèce, très-peu parviennent à se développer, et de ces derniers même une très-petite fraction atteint l'âge de la reproduction.

De cette disproportion entre l'énorme excédant des germes organiques et le petit nombre des individus privilégiés qui subsistent en même temps, résulte nécessairement cette lutte, cette guerre, cet incessant combat pour l'existence, dont je vous ai déjà tracé le tableau dans la septième leçon. C'est cette lutte pour l'existence, qui effectue la sélection naturelle, utilise le résultat combiné de l'adaptation et de l'hérédité et travaille ainsi à une perpétuelle transformation de toutes les formes organiques. Le triomphe dans la lutte pour obtenir les conditions nécessaires à l'existence est le partage des individus dotés de quelque avantage particulier, de quelque propriété utile, dont leurs concurrents sont privés. Sans doute c'est seulement dans un très-petit nombre de cas, chez les animaux et les végétaux, qui nous sont le mieux connus, que nous parvenons à nous faire une idée approximative de la combinaison infiniment complexe des nombreux phénomènes entrant ici en jeu. Songeons seulement aux rapports infiniment variés et compliqués, qui existent entre chaque homme et le reste de l'espèce ou plus généralement avec le monde extérieur ambiant. Mais entre les animaux et les végétaux vivant dans un même lieu, il y a des relations analogues. Tous ces êtres exercent une action mutuelle, active ou passive, les uns sur les autres. Chaque animal, chaque plante, luttent directement avec un certain nombre d'ennemis, avec des bêtes de proie, des animaux parasites, etc. Les plantes voisines l'une de l'autre se disputent l'espace nécessaire à leurs racines, la quantité d'air, de lumière, d'humidité, etc., qui leur est nécessaire. De même les animaux d'une même localité luttent entre eux pour la nourriture, l'habitat, etc. Dans cette guerre si acharnée, si complexe, tout avantage personnel, si petit soit-il, toute supériorité individuelle peut faire pencher la balance en faveur de celui qui la possède. Cet individu privilégié triomphe et se reproduit, tandis que son concurrent succombe avant d'avoir pu se reproduire. L'avantage personnel, qui a donné la victoire, est légué à la descendance du vainqueur, et, par un perfectionnement ultérieur, cet avantage peut donner naissance à une nouvelle espèce. Les rapports infiniment complexes existant entre les organismes d'une même localité, et que nous devons considérer comme les conditions mêmes de la lutte pour l'existence, nous sont en grande partie inconnus et sont même le plus souvent fort difficiles à découvrir. Nous ne pouvons les suivre dans une certaine mesure que dans un petit nombre de cas, dans celui, par exemple, cité par Darwin, du rapport entre les chats et le trèfle rouge en Angleterre. Le trèfle rouge (*trifolium pratense*), qui est, en Angleterre, le fourrage le plus recherché pour le bétail, a besoin, pour fructifier, d'être hanté par les frelons. Ces insectes, en pompant le nectar au fond de la corolle des fleurs du trèfle, mettent la poussière pollinique en contact avec le stigmate et déterminent ainsi la fructification de la fleur, qui, sans eux, n'aurait pas lieu. Darwin a montré, par des expériences, que le trèfle rouge mis à l'abri des frelons ne produit plus de semences. Or le nombre des frelons dépend de celui de leurs ennemis, dont le plus destructeur est le campagnol. Plus le nombre des rats des champs s'accroît, moins le trèfle est fécondé. Mais le nombre de ces rats dépend aussi de celui de leurs ennemis, notamment des chats. C'est pourquoi les frelons sont particulièrement nombreux dans le voisinage des villages et des villes, où il y a beaucoup de chats. Donc le grand nombre des chats profite à la fructification du trèfle. Mais on peut encore, comme l'a fait Karl Vogt, poursuivre plus loin cet exemple, en remarquant que le bétail alimenté par le trèfle rouge est un des principaux éléments de la prospérité de l'Angleterre. C'est surtout en se nourrissant d'une excellente viande, de beefsteacks et de roastbeefs de bonne qualité, que les Anglais conservent leur vigueur corporelle et intellectuelle. C'est à cette alimentation, principalement animale, que les Anglais doivent en grande partie leur prééminence cérébrale et intellectuelle sur les autres nations. Mais évidemment cette prééminence dépend indirectement des chats, qui pourchassent les campagnols. On peut même, à l'exemple d'Huxley, remonter de conséquence en conséquence jusqu'aux vieilles filles, qui soignent et choient tout particulièrement les chats et jouent par suite un rôle très-important pour la fécondation du trèfle et la prospérité de l'Angleterre. On voit, par cet exemple, que plus on s'élève dans la série des effets et des causes, plus le champ des influences et des rapports mutuels grandit dans la nature. On peut affirmer que chaque animal, chaque plante, présentent un grand nombre de relations de ce genre. Seulement nous sommes rarement en état de les apercevoir, d'en embrasser l'ensemble, comme nous l'avons fait dans le cas particulier que nous avons cité.

Darwin mentionne encore un autre exemple de corrélation intéressante : on ne trouve au Paraguay ni bœufs, ni chevaux sauvages; pourtant il y en a dans les pays limitrophes, au nord et au sud du Paraguay. Ce fait singulier s'explique très-simplement par la grande fréquence en ce pays d'une petite mouche, qui a l'habitude de déposer ses œufs dans le nombril des veaux et des poulains nouveau-nés, qui en meurent. Cette terrible petite mouche empêche donc qu'il puisse y avoir dans cette contrée des bœufs et des chevaux sauvages. Supposons que cette mouche soit détruite par un oiseau insectivore quelconque, aussitôt les grands mammifères pourront vivre en grandes troupes sauvages au Paraguay, comme dans les contrées voisines, et, comme ces animaux consommeront en grande quantité certaines plantes, toute la flore et par suite toute la faune du pays seront changées. Il va de soi, que du même coup toute l'économie de la population humaine, ainsi que son caractère, deviendront autres.

Ainsi la prospérité et même l'existence d'une population tout entière peuvent dépendre d'une seule petite espèce animale ou végétale en apparence insignifiante. Il y a dans le Grand Océan des îles, dont les habitants doivent, à une seule espèce de palmier, la base essentielle de leur alimentation. La fécondation de ces palmiers a pour principaux agents des insectes, qui portent aux palmiers femelles le pollen des palmiers mâles. L'existence de ces utiles insectes est menacée par des oiseaux insectivores, qui de leur côté sont pourchassés par des oiseaux de proie. Mais les oiseaux de proie sont exposés aux attaques fréquentes d'une petite mite parasite, qui se loge par millions dans leur plumage. Ce dangereux petit parasite à son tour est détruit par un champignon parasite. Dans ce cas, le champignon, les oiseaux de proie et les insectes favorisent la fructification des palmiers et par suite l'accroissement de la population : les mites et les oiseaux insectivores, au contraire, y sont nuisibles.

D'intéressants exemples propres à bien montrer les changements des rapports dans la lutte pour l'existence nous sont aussi fournis par ces îles océaniques, isolées et inhabitées, où, à diverses reprises, des navigateurs ont déposé des chèvres ou des porcs. Ces animaux deviennent sauvages, et, comme ils ne rencontrent pas d'ennemis, ils se multiplient tellement, que tout le reste de la population animale et végétale de l'île en souffre et qu'en fin de compte l'île est presque dépeuplée ; car les aliments finissent par manquer à ces grands mammifères devenus trop nombreux. Quelquefois des marins lâchent aussi un couple de chiens sur ces îles, qu'habite une population exubérante de chèvres et de porcs ; ces chiens se trouvent à merveille de la nourriture surabondante qu'ils rencontrent ; ils se multiplient rapidement et font de terribles vides dans les troupeaux, de sorte qu'au bout d'un certain nombre d'années les chiens eux-mêmes manquent de nourriture et finissent presque par disparaître. Ainsi, dans l'économie de la nature, l'équilibre des espèces change sans cesse, suivant que telle ou telle espèce se multiplie aux dépens de telle autre. Le plus souvent sans doute les rapports mutuels des diverses espèces animales et végétales sont beaucoup plus complexes qu'ils ne nous semblent, et je laisse à votre imagination le soin de se figurer quels rouages infiniment compliqués la lutte pour l'existence doit mettre en jeu à la surface de la terre. En définitive le mobile, qui rend cette lutte nécessaire, qui partout la modifie et lui donne sa physionomie, est le mobile de la conservation de soi-même, aussi bien de la conservation de l'individu (mobile de la nutrition) que de la conservation de l'espèce (mobile de la reproduction).

Ces deux ressorts de la conservation organique sont ceux, dont Schiller, l'idéaliste (non pas le réaliste Gœthe), a pu dire :

« En attendant que la philosophie sache régir le système du monde, le mécanisme de l'univers se maintient par la faim et par l'amour. »

C'est l'inégale énergie de ces puissants mobiles, qui fait varier à l'infini chez les diverses espèces la lutte pour l'existence ; c'est sur eux que reposent les phénomèmes d'hérédité et d'adaptation. Nous pouvons en effet ramener tous les faits d'hérédité à la génération et tous les faits d'adaptation à la nutrition, comme à leur base matérielle.

Dans la sélection naturelle, la lutte pour l'existence fait son choix tout comme le fait la volonté de l'homme dans la sélection artificielle. Mais celle-ci agit avec conscience et conformément à un plan, celle-là agit sans plan et sans conscience. Cette importante différence entre la sélection naturelle et la sélection artificielle mérite d'être particulièrement remarquée. En effet nous voyons par là, que des organisations répondant à un but donné peuvent être l'œuvre aussi bien de causes mécaniques agissant sans conscience que de causes finales poursuivant un but déterminé. Les produits de la sélection naturelle sont aussi bien et même mieux adaptés à un but que les produits de l'industrie humaine, et pourtant ils ne doivent pas leur origine à une force créatrice visant à un but donné, mais bien à des phénomènes mécaniques, inconscients et nullement combinés. Si l'on n'a pas sérieusement songé à l'action combinée de l'hérédité et de l'adaptation sous l'influence de la lutte pour vivre, on a peine à attribuer à cette sélection naturelle les effets qu'elle produit en réalité. Il ne sera donc pas hors de propos de citer ici un ou deux exemples particulièrement éclatants de l'efficacité de la sélection naturelle.

Occupons-nous d'abord de la *sélection des couleurs analogues* ou du « *choix des couleurs sympathiques* » chez les animaux.

Déjà des naturalistes s'étaient étonnés de voir nombre d'animaux revêtir en général et habituellement la couleur du lieu qu'ils habitent, de leur habitat. Ainsi, par exemple, les pucerons et beaucoup d'autres insectes vivant sur les feuilles sont verts. Les animaux du désert, les gerboises, le fennec ou renard du désert, la gazelle, les oiseaux, etc., sont le plus souvent de couleur jaune ou jaune brunâtre, comme le sable du désert. Les animaux polaires, vivant sur la glace et la neige, sont blancs ou gris, comme la glace et la neige. Beaucoup de ces animaux changent de couleur l'été et l'hiver. L'été, alors que la neige a en partie disparu, le pelage des animaux polaires devient gris-brun ou noirâtre, comme l'est le sol dénudé ; l'hiver ce pelage redevient blanc. Les papillons, les colibris, qui voltigent autour des fleurs diaprées, aux nuances éclatantes, leur ressemblent par la coloration. Or Darwin explique ces faits singuliers de la manière la plus simple, en remarquant qu'il est fort utile à un animal d'être de même couleur que son habitat. Si les animaux vivent de proie, ils peuvent s'approcher du gibier, qu'ils chassent plus sûrement et avec moins de chances d'être remarqués ; de leur côté les animaux poursuivis peuvent s'enfuir d'autant plus facilement que leur couleur diffère moins de celle du milieu ambiant. Si même une espèce animale était d'abord de plusieurs couleurs, ceux des individus de cette espèce, dont la couleur différait le moins de celle de l'habitat, auront été les plus favorisés dans la guerre pour l'existence. Ils ont pu passer inaperçus, se maintenir et se reproduire, tandis que les individus ou les variétés d'une autre couleur périssaient.

J'ai invoqué cette sélection des couleurs analogues pour expliquer la singulière ressemblance, qu'ont avec l'eau les animaux pélagiques translucides ; il est remarquable, en effet, que la plupart de ces animaux, parmi ceux qui vivent à la surface de la mer, soient bleuâtres ou absolument incolores et transparents comme le verre. On trouve de ces animaux incolores, vitreux, dans les classes d'animaux les plus différentes. On peut citer, parmi les poissons, les helmichthyides, dont le corps est tellement transparent qu'on peut lire au travers les caractères d'un livre ; parmi les mollusques, les ptéropodes et les carinaires ; parmi les vers, les Salpas, Alciope et Sagitta ; en outre un très-grand nombre de crustacés marins et la plupart des méduses et des Beroès. Tous ces animaux pélagiques, qui nagent à la surface de la mer, sont vitrés, transparents, incolores, comme l'eau elle-même, tandis que les espèces les plus voisines, mais vivant au fond de la mer, sont colorées et opaques comme les animaux terrestres. Ces faits remarquables s'expliquent par la sélection naturelle tout aussi bien que la coloration sympathique des animaux terrestres. Parmi les ancêtres des animaux marins transparents, qui étaient incolores et transparents à divers degrés, ceux qui l'étaient le plus étaient aussi le plus favorisés dans cette lutte pour l'existence, qui se livre à la surface de la mer. Ils pouvaient s'approcher le plus possible de leur proie sans être aperçus, ils étaient aussi peu que possible remarqués par leurs ennemis. Il leur fut plus facile de se maintenir et de se reproduire qu'à leurs semblables plus colorés et plus opaques, et finalement, en vertu de l'adaptation et de l'hérédité accumulées pendant une longue série de générations, leur corps devint transparent et incolore à un degré, qui nous étonne aujourd'hui chez les animaux marins. (*Morph. gén.*, II, 242.)

Une autre sélection non moins intéressante que celle des couleurs analogues est cette sélection naturelle spéciale, que Darwin a nommée sélection sexuelle et qui explique l'origine de ce qu'on a appelé « caractères sexuels secondaires ». Nous avons déjà parlé de ces caractères sexuels de second ordre si instructifs sous tant de rapports, et nous avons désigné ainsi les particularités des animaux et des plantes échues en partage seulement à l'un des sexes et n'ayant pas un rapport étroit avec la fonction génératrice elle-même.

Ces caractères sexuels secondaires sont très-fréquents chez les animaux. Vous savez tous de quelle manière frappante les deux sexes diffèrent chez beaucoup d'oiseaux et de papillons. Le plus souvent le mâle est plus beau et plus grand. Souvent il a des armes, des ornements particuliers : citons par exemple l'éperon et la crête du coq, le bois du cerf et du chevreuil mâle, etc. Toutes ces différences sexuelles n'ont aucun rapport immédiat avec la génération même, avec les caractères sexuels primaires, les organes sexuels proprement dits, qui sont la condition de la génération.

Or Darwin explique l'existence de ces caractères sexuels

secondaires en invoquant simplement la sélection, qui a lieu dans la génération même. Chez la plupart des animaux, le nombre des individus des deux sexes est plus ou moins inégal ; tantôt il y a un excédant de mâles, tantôt un excédant de femelles, et, dans la saison du rut, il y a ordinairement lutte entre les rivaux pour posséder des animaux de l'autre sexe. On sait avec quelle ardeur, avec quel acharnement cette lutte s'engage, particulièrement chez les animaux d'ordre supérieur, chez les mammifères et les oiseaux. Chez les gallinacés, où, pour un coq, il y a beaucoup de poules, on voit les rivaux se faire une guerre acharnée pour grossir le plus possible leur harem. On en peut dire autant de beaucoup de ruminants. Chez les cerfs et les chevreuils, par exemple, il y a, au moment du rut, des combats sérieux entre les mâles pour la possession des femelles. D'après Darwin, le caractère sexuel secondaire, qui distingue ici le mâle de la femelle, est le résultat de cette lutte. Ce n'est pas dans ce cas, comme dans la lutte pour l'existence individuelle, la conservation de soi-même, c'est la conservation de l'espèce, la génération, qui est le motif déterminant de la guerre.

Quantité d'armes défensives et offensives ont été ainsi acquises par les animaux, On peut sûrement citer comme une de ces armes défensives la crinière du lion, qui manque à la lionne ; c'est un moyen de protection très-efficace contre les morsures, que les lions cherchent à se faire dans la région du cou, alors qu'ils se battent pour les femelles; par conséquent les mâles ayant la plus forte crinière auront le plus souvent l'avantage dans la rivalité sexuelle. Le fanon du taureau et le collier de plume du coq sont des armes défensives analogues. Le bois du cerf, la défense du sanglier, l'éperon du coq et le développement de la mâchoire supérieure du cerf-volant mâle sont au contraire des armes offensives; tous ces appareils servent dans la rivalité des mâles pour les femelles à détruire ou à écarter les concurrents.

Dans les cas que nous venons de citer, c'est immédiatement la guerre d'extermination entre les rivaux, qui donne naissance aux caractères sexuels secondaires. Outre cette lutte d'extermination directe, il existe aussi dans la sélection sexuelle une lutte indirecte d'une grande importance, qui provoque chez les rivaux des modifications non moins grandes. Cette rivalité consiste principalement en ce que le sexe, qui brigue les faveurs de l'autre, cherche à lui plaire, soit par la richesse de sa parure, soit par sa beauté, soit par des sons mélodieux. Darwin pense que le gracieux ramage des oiseaux chanteurs a cette origine. Chez nombre d'oiseaux, il y a un vrai tournoi musical entre les mâles, qui luttent pour la possession des femelles. On sait que, dans beaucoup d'espèces d'oiseaux chanteurs, les mâles à l'époque du rut, se réunissent en nombre devant la femelle; qu'en sa présence, ils entonnent leurs chansons, et que la femelle choisit pour époux celui qui lui a plu davantage. D'autres oiseaux chanteurs mâles chantent seuls dans la solitude des bois pour attirer les femelles, et celles-ci vont trouver le chanteur qui les séduit davantage. Un tournoi musical analogue, mais moins mélodique, a lieu parmi les cigales et les sauterelles. La cigale mâle porte à l'abdomen deux sortes de tambours, qui produisent les sons stridulants, que les anciens Grecs prisaient si singulièrement. Chez les sauterelles, les mâles frottent leurs élytres avec leurs pattes postérieures, comme avec un archet de violon, ils frottent aussi leur élytres l'une contre l'autre et produisent ainsi ces stridulations, peu mélodiques pour nous, mais qui plaisent assez aux sauterelles femelles, pour qu'elles recherchent les meilleurs de ces violonistes mâles.

Chez d'autres insectes et d'autres oiseaux, ce n'est pas le chant, ou plus généralement un bruit musical quelconque, qui plaît à l'un des sexes; c'est la parure ou la beauté. Ainsi nous voyons que, chez la plupart des gallinacés, le coq se distingue par sa crête, ou par une queue magnifique s'étalant en éventail, comme celle du paon et du coq d'Inde. La belle queue de l'oiseau de paradis est aussi un ornement particulier au sexe mâle. Chez beaucoup d'autres oiseaux et insectes, chez les papillons particulièrement, les mâles se distinguent des femelles par des nuances spéciales. Ce sont là évidemment des produits de la sélection sexuelle. Comme ces moyens de séduction, ces ornements manquent aux femelles, nous devons en conclure, que les mâles les ont lentement acquis par le fait de la rivalité pour plaire aux femelles, là où ces femelles pouvaient faire un choix.

Il est facile d'étendre à la société humaine l'application de cette intéressante donnée. Là aussi les mêmes causes ont évidemment contribué à créer les caractères sexuels secondaires. Les traits caractéristiques de l'homme aussi bien que ceux de la femme doivent certainement leur origine, pour une grande part, à la sélection sexuelle de l'autre sexe. Dans l'antiquité, le moyen âge, et surtout dans l'âge romantique de la chevalerie, c'était par la rivalité immédiate, par les duels, les tournois, que se faisait le choix d'une fiancée; le plus fort s'en emparait. Dans nos temps modernes, au contraire, les rivaux préfèrent la compétition indirecte; c'est par la musique instrumentale et vocale, ou bien par des avantages naturels, par la beauté, ou encore par la parure artificielle, que, dans nos sociétés « raffinées » et « très-civilisées », l'on combat ses compétiteurs. Mais de ces diverses formes de sélection sexuelle la plus noble de beaucoup est la *sélection psychique,* celle dans laquelle les avantages intellectuels d'un sexe sont des motifs déterminants du choix de l'autre. Quand de génération en génération l'homme, qui a reçu le plus haut degré possible de culture intellectuelle, se détermine dans le choix de la compagne de sa vie par l'attrait des dons moraux, dont sa descendance héritera, il contribue ainsi plus puissamment que par tout autre moyen à creuser l'abîme, qui nous sépar aujourd'hui des peuples encore grossiers et de nos ancêtres animaux. Ce qui est surtout important, c'est le rôle que joue la sélection sexuelle ennoblie et la division pro gressive du travail entre les deux sexes, et, selon moi, il faut voir là une des causes premières les plus puissantes de l'origine phylétique et du développement historique du genre humain (*Morph, gén.,* II, 247.) Darwin ayant traité ce sujet de la façon la plus ingénieuse et en l'élucidant par les exemples les plus frappants dans le très-intéressant ouvrage, qu'il a publié en 1871 sur « la descendance de l'homme et la sélection sexuelle » (48), je vous renvoie particulièrement à ce livre pour les détails.

Permettez-moi de jeter maintenant un coup d'œil sur deux lois fondamentales organiques extrêmement importantes, démontrées par la théorie de la sélection et qui sont des conséquences nécessaires du choix naturel dans la lutte pour l'existence. Ces lois sont : la loi de la *division du travail* ou de la différenciation, et la loi du progrès ou du perfectionnement. On avait déjà, jadis, constaté expérimentalement l'action de ces deux lois dans l'évolution historique, dans le développement individuel, dans l'anatomie comparée des animaux et des plantes, et l'on inclinait à les rapporter à une force créatrice directe. Il avait été prévu dans le plan du créateur, que, dans le cours des siècles, les formes devaient se multiplier et se perfectionner de plus en plus. Évidemment nous aurons fait un grand progrès dans la connaissance de la nature, si, rejetant cette vue téléologique et anthropomorphique, nous pouvons démontrer, que les deux lois de la division du travail et du perfectionnement sont des résultats nécessaires de la sélection naturelle dans la lutte pour l'existence.

La première grande loi, qui découle immédiatement de la sélection naturelle, est la *loi de différenciation ;* on la désigne fréquemment sous la dénomination de *loi de division du travail* ou *polymorphisme,* et Darwin l'a appelée *divergence des caractères.* (*Morph. gén.,* II, 249.) Nous entendons désigner ainsi la tendance générale de tous les êtres organisés à se développer graduellement, mais inégalement, en s'écartant sans cesse du type primitif commun. Selon Darwin, la cause de cette tendance générale à la variation et, par suite, à la production de formes dissemblables sortant d'éléments semblables, cette cause, dis-je, serait simplement due à ce que la lutte pour l'existence entre deux organismes est d'autant plus ardente que ces organismes sont plus voisins, plus analogues entre eux. C'est là un fait très-important, très-simple, mais généralement méconnu.

Il saute aux yeux de chacun, que, dans un champ d'une grandeur déterminée, il peut exister à côté des céréales, qui ont été semées, un grand nombre de mauvaises herbes, et ces mauvaises herbes viendront même là où les céréales ne pourraient prospérer. Les endroits arides, stériles du champ, où ne pourrait vivre aucun pied de céréales, peuvent suffire à nourrir des mauvaises herbes de diverses espèces. Plus les individus et les espèces vivant ensemble différeront, mieux ces diverses mauvaises herbes seront en état de s'adapter aux diverses modifications du sol. Il en est de même pour les animaux. Évidemment, dans un district donné, les animaux peuvent, s'ils sont de nature différente, coexister en plus grand nombre qu'ils ne le feraient s'ils étaient tous semblables. Il y a des arbres, le chêne par exemple, sur chacun desquels peuvent vivre côte à côte deux cents diverses espèces d'insectes. Les unes se nourrissent des fruits de l'arbre ; les autres des feuilles, d'autres de l'écorce, quelques-unes des racines, etc. Il serait absolument impossible qu'un pareil nombre d'individus vécût sur cet arbre, si tous appartenaient à la même espèce, si tous, par exemple, vivaient aux dépens de l'écorce ou seulement des feuilles. La même chose se produit dans la société humaine. Dans une petite ville, pour qu'un certain nombre d'ouvriers puissent vivre, il faut que ces ouvriers exercent des professions différentes. La division du travail, qui est d'une si haute utilité à la communauté et à chaque travailleur en particulier, est une conséquence immédiate de la lutte pour l'existence, de la sélection naturelle ; en effet les animaux se tirent d'autant plus facilement de cette lutte, qu'il y a plus de diversité dans l'activité et aussi dans la forme des individus. Naturellement la diversité des fonctions réagit sur la forme, en la modifiant, et la division physiologique du travail entraîne nécessairement la différenciation morphologique, « la divergence des caractères » (37).

Je vous prie de considérer maintenant que toutes les espèces animales et végétales sont modifiables et ont la faculté de s'adapter aux conditions locales. Les variétés, les races de chaque espèce, en vertu des lois de l'adaptation, s'écarteront d'autant plus de la souche primitive originelle que les conditions nouvelles, auxquelles elles devront s'adapter, seront plus différentes. Représentons-nous donc les variétés issues d'un type fondamental commun sous la forme d'un faisceau ramifié : ces variétés pourront vivre côte à côte et se reproduire d'autant plus facilement qu'elles seront plus distantes l'une de l'autre, qu'elles seront aux extrémités de la série, aux côtés opposés du faisceau. Au contraire, les formes moyennes ont la situation la plus désavantageuse dans la lutte pour l'existence. Les conditions nécessaires de la vie sont le plus dissemblables pour les variétés extrêmes, les plus éloignées l'une de l'autre, par conséquent ces variétés seront moins sujettes à se trouver en conflit sérieux dans la guerre pour l'existence. Au contraire les formes intermédiaires, celles qui diffèrent le moins de la souche originelle, partagent plus ou moins avec cette dernière les mêmes besoins; elles sont donc réduites à lutter, et avec le plus de désavantage, dans la compétition qui s'engage à ce sujet. Si, dans un même coin de terre, de nombreuses variétés d'une espèce vivent côte à côte, les formes extrêmes, les plus divergentes, pourront plus facilement coexister ensemble que les formes moyennes, obligées de lutter avec chacune de ces formes extrêmes. Les formes moyennes finiront à la longue par succomber sous les coups de ces influences ennemies, dont les autres auront triomphé. Ces dernières seules se maintiendront, se reproduiront et finiront par n'être plus reliées au type originel par aucune forme intermédiaire. C'est ainsi que les « bonnes espèces » proviennent des variétés. La lutte pour vivre favorise nécessairement la divergence générale, l'écart mutuel des formes organiques, la tendance perpétuelle à la formation d'espèces nouvelles. Ce résultat n'est pas dû à une propriété mythique, à une force mystérieuse de l'organisme, mais à l'action combinée de l'hérédité et de l'adaptation dans la lutte pour vivre. Par l'extinction des formes intermédiaires moyennes de chaque espèce, par la disparition des êtres de transition, l'écart s'accentue toujours de plus en plus et engendre des formes extrêmes, que nous déclarons constituer de nouvelles espèces.

Quoique tous les naturalistes aient dû admettre la variabilité ou la mutabilité des espèces animales et végétales, néanmoins la plupart ont contesté que la variation, la transformation des formes organiques pussent dépasser les limites des caractères spécifiques. Nos adversaires s'en tiennent toujours à la proposition suivante : « Quelles que soient les différences qui séparent entre elles les variétés d'une même espèce, pourtant elles n'arrivent jamais à différer entre elles autant que le font deux véritables « bonnes espèces ». Cette affirmation, que les adversaires de Darwin placent ordinairement en tête de leurs démonstrations, est parfaitement insoutenable et sans fondement. Cela vous semblera évident, pour peu que vous fassiez une critique comparative des diverses définitions que l'on a essayé de donner de l'*idée d'espèce*. Que peut être une «vraie et bonne espèce » (*bona species*) ? C'est là une question à laquelle aucun naturaliste ne saurait répondre, quoique tous les classificateurs se servent sans cesse de cette expression, et qu'on puisse composer une bibliothèque tout entière seulement avec les livres écrits pour déterminer si telle ou telle forme observée est une espèce ou une variété, une bonne ou une mauvaise espèce. La réponse la plus usitée est ordinairement celle-ci : « Tous les individus qui se ressemblent par tous les caractères essentiels sont de la même espèce. Les caractères essentiels sont ceux qui sont fixes, constants, et ne changent ni ne varient jamais. » Mais advient-il que l'un de ces caractères jusqu'alors considérés comme essentiels vienne à varier, alors on déclare que ce caractère n'est pas essentiel à l'espèce; car les caractères essentiels ne sauraient varier. On se meut ainsi dans un cercle vicieux évident, et il est réellement étonnant de voir cette définition semblable à un mouvement circulaire de manége donnée et répétée sans cesse dans des milliers de livres comme une incontestable vérité.

Tous les essais tentés pour établir solidement et logiquement l'idée d'espèce ont été aussi pleinement infructueux et inutiles que celui que nous avons cité. Cela tient au fond même de la question, et il ne saurait en être autrement. L'idée d'espèce est tout aussi peu absolue que les idées de variété, de famille, d'ordre, de classe, etc. C'est là un point que j'ai explicitement démontré en faisant la critique de l'idée de l'espèce dans ma Morphologie générale. (*Morph. gén.*, II, 323-364.) Sans perdre mon temps à reproduire ici cette fastidieuse démonstration, je veux seulement dire quelques mots touchant la relation qui existe entre l'espèce et les hybrides. Tout d'abord on admit comme un dogme que jamais deux bonnes espèces ne pouvaient, en se croisant, engendrer un produit fécond. On citait toujours à l'appui de cette assertion les hybrides du cheval et de l'âne, les mulets et les bardeaux, qui en effet ne se reproduisent que rarement. Mais il est démontré que ces hybrides stériles sont de rares exceptions et que, dans la plupart des cas, les hybrides sont féconds et peuvent se reproduire. Presque toujours ils peuvent se croiser avec succès, soit avec l'une des deux espèces mères, soit simplement entre eux. Mais ce croisement peut, en vertu des lois de « l'hérédité mixte », donner naissance à des formes toutes nouvelles.

En effet *l'hybridité peut donner naissance à de nouvelles espèces ;* c'est là une source de nouvelles espèces tout à fait distincte de la sélection naturelle, que nous avons examinée jusqu'ici. J'ai déjà, en passant, cité quelques-unes de ces espèces hybrides, particulièrement les léporides (*Lepus Darvinii*) provenant du croisement du lièvre mâle avec le lapin femelle, la chèvre-brebis (*Capra ovina*) résultant de l'appariation du bouc et de la brebis, en outre diverses espèces de chardons (*Cirsium*), de ronces (*Rubus*), etc. Il est possible, comme Linné l'admettait déjà, que beaucoup d'espèces sauvages aient été produites de cette façon. Quoi qu'il en soit, ces hybrides, qui se maintiennent et se reproduisent aussi bien que de véritables espèces, montrent que l'hybridité ne peut servir en aucune façon à caractériser l'idée d'espèce.

Les tentatives aussi nombreuses qu'inutiles faites pour déterminer théoriquement l'idée d'espèce n'ont aucune influence sur la différenciation pratique des espèces. La diversité dans l'appréciation pratique de l'idée d'espèce, telle qu'on la voit dans la zoologie et la botanique taxinomiques, est bien propre à montrer la folie humaine. La plupart des zoologistes et des botanistes ont tâché jusqu'ici, dans la détermination et la description des diverses formes animales et végétales, de distinguer nettement les formes voisines et les ont appelées « bonnes espèces ». Mais presque jamais on ne constate que ces « bonnes et véritables espèces » soient nettement et logiquement distinguées. Rarement deux zoologistes, deux botanistes, sont d'accord pour dire quelles formes voisines d'un même genre constituent de bonnes espèces, quelles autres ne le sont pas.

Tous les auteurs ont à ce sujet des manières de voir différentes. Dans le genre *Hieracium*, par exemple, un des genres végétaux les plus communs en Europe, on a distingué, en Allemagne seulement, plus de 300 espèces. Mais le botaniste Fries n'admet que 106 espèces, Loch énumère seulement 52 « bonnes espèces » ; d'autres n'en accordent que 20. Les divergences sont tout aussi grandes pour les ronces (*Rubus*). Là où un botaniste compte plus de 100 espèces, un second n'en tolère que la moitié, un troisième n'en admet qu'un cinquième ou un sixième. On connaît depuis longtemps très-exactement les oiseaux de l'Allemagne. Bechstein a, dans sa consciencieuse Ornithologie allemande, distingué 367 espèces, L. Reichenbach en a compté 379, Meyer et Wolff 406, et un autre ornithologiste, le pasteur Brehm, en a admis plus de 900.

Vous le voyez, ici, comme dans tout le reste de la taxinomie zoologique et botanique, règne la plus grande confusion, et cela tient à l'essence même du sujet. En effet il est entièrement impossible de distinguer les variétés et les races des soi-disant « bonnes espèces ». *Les variétés sont des espèces qui commencent.* De la variabilité ou faculté d'adaptation des espèces résultent nécessairement, sous l'influence de la lutte pour l'existence, la différenciation toujours croissante des variétés et la perpétuelle divergence de formes nouvelles. Quand, grâce à l'hérédité, ces formes se sont maintenues durant un certain nombre de générations, quand les formes moyennes sont éteintes, alors « de nouvelles espèces » indépendantes se sont formées. L'origine de nouvelles espèces par la division du travail, la divergence ou différenciation des variétés, résulte nécessairement de la sélection naturelle (37).

On en peut dire autant de la deuxième grande loi, que nous déduisons directement de la sélection naturelle ; cette loi est sans doute très-voisine de la loi de divergence ; mais elle ne lui est nullement identique : c'est la *loi de progrès ou de perfectionnement* (*teleosis*). (*Morph. gén.*, II, 257.) Comme la loi de différenciation, cette grande et importante loi était depuis longtemps empiriquement établie par la paléontologie, avant que la sélection naturelle de Darwin eût permis d'en expliquer les causes. Presque tous les paléontologistes les plus distingués ont formulé la loi du progrès, comme étant le résultat le plus général de leurs recherches sur les fossiles et sur la succession historique de ces fossiles. C'est ce qu'a fait, entre autres, le savant Bronn, dont les travaux sur les lois de formation et sur les lois de développement des organismes, quoique peu appréciés, sont excellents et dignes de la plus sérieuse considération. Les résultats généraux auxquels Bronn est arrivé relativement aux lois de différenciation et de progrès, uniquement par la voie empirique, à la suite de recherches assidues, opiniâtres et consciencieuses, sont l'éclatante confirmation de l'existence de ces deux grandes lois, que nous avons formulées comme des conséquences nécessaires de la sélection naturelle.

En se basant sur l'observation paléontologique, la loi de progrès et de perfectionnement constate ce fait capital, qu'à toutes les époques de la vie organique sur la terre, il y a eu progression dans le degré de perfection des êtres organisés. Depuis l'époque, perdue dans la nuit des temps, où la vie a débuté sur notre planète par la production spontanée des monères, les organismes de tous les groupes se sont constamment perfectionnés dans l'ensemble et le détail; à chaque étape, ils ont atteint un plus haut degré de développement. La multiplication perpétuellement croissante des formes vivantes s'accompagnait toujours d'un progrès dans l'organisation. Plus on pénètre profondément dans les couches géologiques où sont enfouis les restes des animaux et des végétaux éteints, plus ces débris sont anciens, et plus il y a de simplicité, d'uniformité, d'imperfection dans leur conformation. Cela est vrai des organismes en général et aussi de tous les groupes grands et petits, à l'exception, bien entendu, de ces formes rétrogrades isolées dont nous aurons à parler.

En confirmation de cette loi, je me contenterai de vous citer le plus important de tous les groupes animaux, celui des vertébrés. Les restes les plus anciens de vertébrés fossiles, que nous connaissions, appartiennent aux groupes les plus inférieurs des poissons. Après eux vinrent les amphibies, types plus perfectionnés, puis les reptiles, et enfin, à une époque plus récente encore, les classes de vertébrés d'une organisation supérieure, les oiseaux et les mammifères. Les premiers mammifères qu'on voit apparaître appartiennent au type le plus imparfait, le plus inférieur, celui des mammifères dépourvus de placenta; ce furent des marsupiaux. Les mammifères complets, avec placenta, ne vinrent que plus tard. Enfin, parmi ces derniers, les types inférieurs apparurent d'abord, les types supérieurs suivirent, et ce fut seulement à la fin de l'époque tertiaire, que le type mammifère évolua peu à peu jusqu'à l'homme.

En suivant le règne végétal dans son évolution historique, on constate la même loi : ce furent d'abord les classes les plus inférieures, les plus imparfaites, qui apparurent. D'abord le groupe des algues ou fucus. Puis vint le groupe des fougères (fougères, prêles, lycopodes, etc.). Il n'y avait encore aucune plante à fleurs ou phanérogame. Ces dernières commencèrent plus tard par les gymnospermes (conifères et cycadées), qui, par leur conformation tout entière, sont bien au-dessous des phanérogames angiospermes et forment une transition entre les fougères et les angiospermes. Ces dernières se développèrent plus tardivement encore, et au début c'étaient simplement des plantes sans corolle (monocotylées et monochlamydées); ensuite apparurent les plantes corollifères (dichlamydées). Enfin, dans ce dernier groupe, les fleurs polypétales précèdent les gamopétales, dont l'organisation paraît plus parfaite. Cette succession est une irréfutable démonstration de la grande loi d'évolution progressive.

Si nous cherchons maintenant la raison de cette évolution, nous arrivons, exactement comme pour les faits de différenciation, à la sélection naturelle dans la lutte pour l'existence. Or représentez-vous encore une fois l'ensemble des procédés de la sélection naturelle, agissant par l'influence combinée des diverses lois de l'hérédité et de l'adaptation, et vous en conclurez que les conséquences inévitables et forcées de cette sélection sont non-seulement la divergence des caractères, mais aussi leur perfectionnement graduel. C'est exactement ce que nous voyons dans l'histoire du genre humain. Là aussi il est naturel et nécessaire que l'humanité aille toujours plus avant dans la voie de la division progressive du travail, et que, dans chaque branche de son activité, elle aspire toujours à de nouvelles découvertes, à de nouvelles améliorations. D'une manière générale, le progrès a pour base la différenciation : il est donc également un résultat immédiat de la sélection naturelle par la lutte pour l'existence.

DOUZIÈME LEÇON.

LOIS DU DÉVELOPPEMENT DES GROUPES ORGANIQUES ET DES INDIVIDUS. PHYLOGÉNIE ET ONTOGÉNIE.

Lois du développement de l'humanité : différenciation et perfectionnement — Causes mécaniques de ces deux lois primordiales. — Progrès sans différenciation et différenciation sans progrès. — Production des organes rudimentaires par le défaut d'usage et la désaccoutumance. — Ontogénèse ou développement individuel des organismes, — Signification générale de l'ontogénèse. — Ontogénie ou histoire du développement individuel des vertébrés y compris l'homme. — Sillonnement de l'œuf. — Formation des trois feuillets du germe. — Histoire du développement du système nerveux central, des extrémités; des arcs branchiaux et de la queue des animaux vertébrés. — Connexion étiologique et parallélisme de l'ontogénèse et de la phylogénèse, du développement individuel et du développement des groupes. — Connexion étiologique du parallélisme phylogénétique et du développement taxinomique. — Parallélisme des trois séries évolutives organiques.

Messieurs, pour que l'homme puisse bien voir quelle est sa place dans la nature et avoir une juste idée de ses rapports avec le monde des phénomènes, il lui faut de toute nécessité comparer objectivement les faits humains à ceux du monde extérieur et avant tout à ceux du monde animal. Déjà nous avons vu que les lois physiologiques si importantes de l'hérédité et de l'adaptation sont applicables à l'organisme humain exactement comme aux règnes animal et végétal; nous avons vu que, là comme ici, elles combinent leur action. La sélection naturelle par la lutte pour l'existence travaille donc à métamorphoser la société humaine tout aussi bien que la vie des animaux et des plantes; dans le champ de l'une comme dans celui de l'autre, de nouvelles formes surgissent. Ce rapprochement des phénomènes de transformation chez l'homme et l'animal est particulièrement important à considérer au sujet de la loi de divergence et de la loi de progrès, ces deux lois fondamentales qui, nous l'avons démontré à la fin de la dernière leçon, sont le résultat immédiat et nécessaire de la sélection naturelle dans la lutte pour l'existence.

Le fait le plus général qui ressorte du premier coup d'œil comparatif jeté sur l'histoire des peuples, sur l'histoire universelle, c'est une variété toujours croissante de l'activité humaine aussi bien dans la vie de l'individu que dans celle des familles et des États. Cette différenciation, cette divergence sans cesse croissante du caractère de l'homme et de sa manière de vivre, sont dues aux progrès incessants de la division du travail individuel. Ce qui nous frappe, quand nous considérons les ébauches les plus anciennes et les plus imparfaites de la civilisation humaine, c'est une grosièreté, une simplicité presque partout uniformes; au contraire, dans les périodes historiques qui suivent, nous remarquons une grande variété de coutumes, d'usages, d'institutions chez les diverses nations. C'est la division progressive du travail, qui engendre ainsi une diversité croissante des formes. Cela est de toute évidence rien que dans la physionomie humaine. Chez les races humaines les plus inférieures, les individus se ressemblent tellement, pour la plupart, que souvent les voyageurs européens ne parviennent pas à les distinguer les uns des autres. Au contraire, chez les peuples très-civilisés, la disparité des physionomies, chez les individus appartenant à la même race, est telle que bien rarement nous sommes exposés à confondre deux visages l'un avec l'autre.

La seconde loi primordiale, qui se présente à nous dans l'histoire des peuples, est la grande loi de progrès ou de perfectionnement. L'histoire de l'humanité est, en général, l'histoire de son *développement progressif*. Sans doute il se produit partout et toujours quelques mouvements partiels en arrière ; sans doute un peuple s'engage parfois dans des voies obliques, ne menant qu'à un progrès unilatéral, superficiel, et s'écartant par conséquent de plus en plus du noble but à atteindre, du perfectionnement intime et réel. Mais, dans l'ensemble, le mouvement évolutif de l'humanité entière est et demeure progressif, à mesure que l'homme s'éloigne de plus en plus de ses ancêtres pithécoïdes et s'approche en même temps du but idéal auquel il tend.

Quelles sont les conditions spéciales de ces deux grandes lois du développement humain, que nous avons appelées loi de divergence et loi de progrès ? Pour le savoir, il faut les comparer avec les mêmes lois d'évolution dans l'animalité, et l'on se convaincra ainsi profondément que, dans l'un et dans l'autre cas, il y a identité de phénomènes et de causes. Dans le monde humain comme dans le monde animal, les deux lois fondamentales de la marche du progrès, les lois de perfectionnement et de différenciation, dépendent uniquement de causes mécaniques ; ce sont les résultats nécessaires de la sélection naturelle dans la guerre pour l'existence.

Peut-être, en écoutant les considérations précédentes, vous êtes-vous demandé si les deux lois ne sont pas identiques, si le progrès n'est pas indissolublement lié à la divergence. Souvent on a répondu affirmativement à ces questions, et Carl Ernst Baer, par exemple, un de ceux qui ont le mieux exploré le domaine de l'histoire de l'évolution, a formulé la proposition suivante, comme une des lois primordiales de l'ontogénèse des animaux : « Le degré de perfectionnement consiste dans le degré de différenciation des parties (20). » Quelque juste que soit cette proposition en général, elle n'a pas néanmoins une valeur absolue. Bien plus, dans nombre de cas, on voit que la divergence et le progrès ne coïncident nullement. *Le progrès n'est pas toujours une différenciation, et toute différenciation n'est pas un progrès.*

Pour ce qui est du perfectionnement ou du progrès, l'anatomie suffit pour nous apprendre que, si le perfectionnement de l'organisme repose pour une large part sur la division du travail dans chaque partie du corps; d'autres métamorphoses organiques aboutissent également au progrès. Tel sera, entre autres, *la réduction numérique des parties semblables*. Pour bien constater cette loi, il suffit de comparer, par exemple, les crustacés inférieurs munis de pattes nombreuses avec les araignées qui ont invariablement quatre paires de pattes, et avec les insectes qui en ont seulement trois. Il serait facile de citer beaucoup d'exemples de cette loi. Chez les annelés, la réduction numérique du nombre des paires de pattes est un progrès. De même, chez les vertébrés, la réduction numérique des vertèbres est un progrès organique. Les poissons et les amphibies, pourvus d'un très-grand nombre de vertèbres analogues, sont par cela même déjà plus imparfaits et plus inférieurs que les oiseaux et les mammifères, chez qui les vertèbres sont non-seulement beaucoup plus différenciées, mais encore beaucoup moins nombreuses. En vertu de la même loi, les fleurs pourvues d'étamines nombreuses sont plus imparfaites que les fleurs de plantes analogues moins riches en étamines, etc. Si originairement un corps est muni de nombreuses parties similaires, et si, dans le cours de nombreuses générations, ce nombre diminue peu à peu, cette métamorphose est un progrès (18).

Une autre loi de perfectionnement indépendante de la différenciation et qui lui est en quelque sorte opposée, c'est la loi de *centralisation*. En général tout l'organisme est d'autant plus parfait qu'il est plus unifié, que les parties sont mieux subordonnées au tout, que les fonctions et les organes sont mieux centralisés. Ainsi, par exemple, le système sanguin atteint son plus haut degré de perfection quand il existe un cœur central. De même la substance nerveuse centralisée, qui forme la moelle épinière des vertébrés et la moelle abdominale des annelés supérieurs, est plus parfaite que la chaîne ganglionnaire décentralisée des annelés inférieurs et que le système de ganglions séparés des mollusques.

Exposer en détail ces lois si compliquées du progrès serait une tâche trop longue; je suis obligé de ne pas m'y appesantir davantage, et de vous renvoyer à ce sujet aux excellentes *Études morphologiques* de Bronn (18) et à ma *Morphologie générale* (I, 370, 550 et II, 257-266).

Je viens de vous signaler des phénomènes progressifs tout à fait indépendants de la divergence; il y a, d'autre part, de nombreuses différenciations, qui non-seulement ne constituent pas un progrès, mais qui même sont des rétrogradations. Il est bien facile de constater que toutes les métamorphoses subies par les espèces animales et végétales ne sont pas toujours des améliorations. Bien plus, nombre de phénomènes de différenciation, immédiatement avantageux pour l'organisme, lui nuisent pourtant en amoindrissant sa puissance. Souvent, par le fait du retour à des conditions de vie plus simples, il y a adaptation à ces conditions nouvelles et différenciation dans un sens rétrograde. Si, par exemple, des organismes accoutumés jusqu'alors à une vie indépendante s'habituent à vivre en parasites, cette vie parasitaire entraînera leur rétrogradation. Jusqu'alors ces animaux avaient été doués d'un système nerveux bien développé, d'organes des sens bien aiguisés, de la faculté de se mouvoir librement; en s'accoutumant à la vie parasitaire, ils perdent tous ces avantages, et rétrogradent plus ou moins. La différenciation est donc ici un mouvement rétrograde, bien que, pour l'organisme parasitaire même, elle constitue un avantage. L'animal, qui vit aux dépens des autres, gaspille des matériaux nutritifs pour conserver des yeux et des organes moteurs, qui ne lui sont d'aucune utilité. Qu'il vienne à perdre ces organes, il épargne alors toute cette substance nutritive, qui est utilisée pour les autres parties, et c'est un privilége pour la concurrence vitale. Dans cette lutte entre les divers parasites, ceux qui sont le moins exigeants ont sur les autres un avantage qui favorise leur rétrogradation.

Ce que nous venons de dire de l'organisme en général est applicable aux diverses parties d'un même organisme. Là encore telle différenciation de ces parties, qui, considérée en elle-même, est un recul, peut, dans la lutte pour l'existence, être avantageuse à l'organisme entier. On combat plus facilement et mieux, alors qu'on se débarrasse d'un bagage inutile. Nous voyons donc partout, dans le corps des animaux et des plantes complexes, des faits de divergence qui aboutissent essentiellement à la rétrogradation et finalement à la perte des parties isolées. Mais ici nous sommes en présence de la série si importante, si instructive, des faits relatifs aux *organes rudimentaires ou atrophiés*.

Dans ma première leçon, je vous ai déjà signalé ces exemples si remarquables; j'ai appelé votre attention sur leur grande valeur théorique; je les ai considérés comme les preuves les plus frappantes de la vérité de la doctrine généalogique. On appelle organes rudimentaires les parties du corps qui, organisées pour un but donné, sont néanmoins sans fonction. Je vous ai parlé des yeux de certains animaux vivant, soit dans des cavernes, soit sous la terre, et par conséquent n'ayant nul besoin d'un organe de la vue. Nous trouvons, chez ces animaux, des yeux réels, cachés sous la peau, et souvent ces yeux sont exactement conformés comme les yeux des animaux qui voient; pourtant ces yeux ne fonctionnent jamais. Ils ne peuvent fonctionner, par la bonne raison qu'ils sont recouverts par une membrane opaque; par conséquent aucun rayon lumineux ne peut pénétrer jusqu'à eux. Chez les ancêtres de ces animaux, qui vivaient à la pleine lumière du jour, les yeux étaient bien développés; ils avaient une cornée transparente et servaient réellement à voir. Mais, l'espèce ayant pris peu à peu des habitudes souterraines, et s'étant soustraite à la lumière solaire, ses yeux sont restés sans usage et ont subi un mouvement de rétrogradation.

On peut citer, comme de frappants exemples d'organes rudimentaires, les ailes des animaux incapables de voler; par exemple, parmi les oiseaux, les ailes des oiseaux coureurs analogues à l'autruche (*autruche, casoar, etc.*,) et dont les pattes ont pris un développement extraordinaire. Cet oiseaux se sont déshabitués du vol et ont fini par perdre les ailes, qui pourtant existent encore, mais atrophiées. Ces ailes atrophiées sont très-communes dans la classe des insectes, qui presque tous peuvent voler. En nous basant sur des faits d'anatomie comparée et autres, nous pouvons en toute sûreté affirmer que tous les insectes actuels (libellules, sauterelles, scarabées, abeilles, punaises, mouches, papillons, etc.), descendent d'une forme ancestrale commune, qui était munie de deux paires d'ailes bien développées et de trois paires de pattes. Or, aujourd'hui, il y a de nombreux insectes, chez qui l'une ou l'autre de ces paires d'ailes a rétrogradé, et il en est beaucoup, chez qui les deux paires sont complétement atrophiées. Tantôt c'est la paire d'ailes antérieure, tantôt c'est la paire postérieure, qui est réduite ou disparue : c'est la paire postérieure, chez les mouches ou diptères ; c'est la paire antérieure, chez les strepsiptères. En outre on rencontre, dans tous les ordres d'insectes, des genres ou des espèces isolés, chez qui il y a des degrés divers de rétrogradation ou atrophie des ailes. Cela arrive spécialement chez les parasites. Souvent les femelles sont sans ailes, tandis que les mâles sont ailés ; c'est ce qui a lieu chez les vers luisants (*Lampyris*), chez les strepsiptères, etc. Évidemment cette rétrogradation totale ou partielle des ailes des insectes est due à la sélection naturelle dans la lutte pour l'existence. En effet, les insectes aptères sont précisément ceux à qui les ailes seraient inutiles ou même évidemment nuisibles. Supposons, par exemple, que des insectes habitant une île soient bien doués sous le rapport du vol ; alors le vent pourra facilement les entraîner vers la haute mer, et, si, comme il arrive d'ordinaire, il y a des différences individuelles dans la puissance du vol, alors les individus mal doués sous ce rapport auront un avantage sur les autres ; ils seront moins facilement entraînés vers la mer et vivront plus longtemps que les individus mieux organisés. Or, en vertu de l'action de la sélection naturelle, cette circonstance doit nécessairement conduire à une atrophie graduelle des ailes. Après avoir développé cette conclusion au point de vue purement théorique, on se demande si les faits la justifient. Or, en effet, dans les îles, la proportion des insectes aptères aux insectes ailés est très-notable, beaucoup plus que sur le continent. Ainsi, selon Wollaston, sur 550 espèces de scarabées habitant l'île de Madère, il y en a 200 sans ailes ou au moins ayant des ailes imparfaites; et, sur 29 genres spécialement particuliers à cette île, 23 sont dans le cas indiqué. Évidemment ce fait remarquable ne saurait s'expliquer par la sagesse du créateur. C'est la sélection naturelle qu'il faut invoquer; c'est elle qui, en raison du danger de la lutte contre le vent pour des insectes ailés, a donné un grand avantage aux insectes les plus sédentaires. Chez d'autres insectes aptères, le manque d'ailes a été avantageux pour d'autres raisons. Considérée en soi, la perte des ailes est un mouvement de recul; mais, pour tel organisme vivant dans des conditions spéciales, c'est un privilége dans la lutte pour l'existence.

Je veux citer encore, comme organes rudimentaires et à titre d'exemples, les poumons des serpents et ceux des lézards ophidiens. Tous les vertébrés pourvus de poumons, les amphibies, les reptiles, les oiseaux et les mammifères, ont une paire de poumons, un poumon droit et un poumon gauche. Mais, quand le corps s'amincit et s'allonge extraordinairement, comme il arrive chez les serpents et les lézards ophidiens, alors les deux poumons ne peuvent plus se loger côte à côte, et, pour le mécanisme de la respiration, il y a avantage évident à ce qu'un seul poumon se développe. Un seul grand poumon fonctionne mieux alors que deux petits poumons juxtaposés; aussi trouve-t-on presque toujours chez ces animaux l'un des poumons, le droit ou le gauche, seul développé. L'autre est complétement atrophié, et reste seulement comme organe rudimentaire inutile. De même, chez tous les oiseaux, l'ovaire drôit est atrophié et sans fonctions; seul, l'ovaire gauche est développé et fournit tous les œufs.

Dans une première leçon, j'ai montré que l'homme lui-même possède de ces organes inutiles, et j'ai cité les muscles de l'oreille. A la même catégorie d'organes appartient le rudiment de queue représenté chez l'homme par les troisième, quatrième et cinquième vertèbres caudales, rudiment qui est encore très-visible durant les deux premiers mois de la vie intra-utérine (voir pl. II et III). Plus tard cette queue s'atrophie complétement. Cette queue humaine atrophiée atteste, d'une manière incontestable, que l'homme descend d'ancêtres pourvus d'une queue. Chez la femme, cette queue embryonnaire comprend généralement une vertèbre de plus. Notons en outre que, chez l'homme, on trouve encore les muscles autrefois destinés à mouvoir cette queue.

Il est d'autres organes rudimentaires humains, mais qui sont particuliers au sexe masculin, et se trouvent aussi chez tous les mammifères mâles; ce sont les glandes mammaires pectorales. Ces glandes ne fonctionnent ordinairement que chez la femme. Pourtant on a observé chez l'homme, chez le mouton et chez le bouc, quelques cas de développement complet des glandes mammaires sur des individus du sexe masculin; alors ces glandes pouvaient servir à l'allaitement. Nous avons déjà dit que, chez quelques personnes, les muscles rudimentaires auriculaires pouvaient aussi, par suite d'un long exercice, servir à mouvoir le pavillon de l'oreille. Ordinairement ces organes sont très-inégalement développés chez les individus de la même espèce; assez grands chez les uns, ils sont très-petits chez les autres. Cette circonstance est fort importante pour notre théorie explicative; il en est de même de cet autre fait, savoir, que, chez les embryons et plus généralement dans le premier âge de la vie, les organes rudimentaires sont relativement beaucoup plus grands et plus forts que chez l'adulte. Cela est surtout visible pour les organes sexuels rudimentaires des plantes (étamines et style), dont j'ai déjà parlé. Ces organes sont proportionnellement beaucoup plus développés dans le bourgeon floral que dans la fleur éclose. J'ai déjà remarqué que l'existence des organes rudimentaires et atrophiés témoigne très-fortement en faveur de la conception monistique ou mécanique du monde. Si les adversaires de cette théorie, les dualistes et les théologiens, comprenaient l'énorme valeur de ces faits, ils en seraient désespérés. Les ridicules tentatives d'explication essayées par ces adversaires; la supposition que le créateur a doté les organismes d'organes rudimentaires « par amour de la symétrie », « à titre d'ornements », « par respect pour son plan général de création », ces tentatives, disons-nous, montrent assez la radicale impuissance de la théorie que nous combattons. Je le répète encore; quand même tous les phénomènes du développement embryologique nous seraient absolument inconnus, nous devrions déjà, sans autres preuves que les organes rudimentaires, tenir pour vraie la théorie de la descendance. Pas un des adversaires de cette théorie n'a pu donner, de ces faits si curieux et si importants, même une ombre d'explication acceptable. On trouverait à peine un type animal ou végétal d'ordre supérieur qui n'ait quelques-uns de ces organes rudimentaires, et presque toujours on peut démontrer que ces organes sont produits par la sélection naturelle, qu'ils se sont atrophiés par le défaut d'usage ou la désaccoutumance. C'est le phénomène inverse de ce qui arrive, quand, par l'adaptation à des conditions de vie spéciales et par l'exercice, de nouveaux organes naissent d'une partie non encore développée. Nos adversaires prétendent, il est vrai, que la théorie de la descendance est impuissante à expliquer l'origine d'organes absolument nouveaux. Mais je ne crains pas d'affirmer que cette explication n'offre pas la moindre difficulté à quiconque est versé dans l'anatomie comparée et la physiologie. Pour les personnes compétentes, il n'y a pas plus de difficulté pour l'origine d'organes absolument nouveaux, qu'il n'y en a dans la complète disparition des organes rudimentaires. La disparition des derniers n'est en définitive que le contraire de l'apparition des premiers. Ces deux procédés modificateurs sont des faits de différenciation, que nous expliquons comme tous les autres, simplement et mécaniquement, par l'action de la sélection naturelle dans la lutte pour l'existence.

La considération si importante des organes rudimentaires et de leur origine, la comparaison de leur évolution paléontologique et embryologique nous conduisent tout naturellement à aborder maintenant une des plus importantes, des plus grandes séries de faits biologiques, c'est-à-dire le parallélisme que nous montrent, dans une triple direction, les phénomènes de progrès et de divergence. En parlant plus haut de perfectionnement et de division du travail, nous n'avons pas distingué les phénomènes de progrès et de différenciation des métamorphoses qui leur sont inhérentes et qui, durant les immenses cycles géologiques, ont modifié constamment les flores et les faunes, ont suscité l'apparition de nouvelles espèces animales et végétales en provoquant la disparition des espèces anciennes. Ce sont identiquement les mêmes phénomènes de progrès et de différenciation, rangés même dans un ordre semblable, que nous rencontrerons maintenant, en examinant l'origine, le développement et l'évolution de la vie d'un organisme individuel quelconque. Le développement individuel progressif, ou l'ontogénèse de chaque organisme individuel, à partir de l'œuf jusqu'à la forme parfaite, consiste simplement en un mouvement de croissance, de différenciation et de progrès. Cela est vrai aussi bien des animaux que des plantes et des protistes. Suivez l'ontogénie, soit d'un mammifère, de l'homme, du singe, d'un marsupial, soit d'un vertébré quelconque appartenant à une autre classe, partout vous trouverez des phénomènes essentiellement les mêmes. Chacun de ces animaux a pour point de départ originel une simple cellule, un ovule. Cette cellule ovulaire se multiplie par division et forme un groupe de cellules; ce groupe de cellules s'accroît, les cellules primitivement semblables se développent inégalement, la division du travail et le perfectionnement s'opèrent; de tout cela résulte l'organisme parfait, dont nous admirons la structure.

Il me semble maintenant indispensable de signaler particulièrement à votre attention les faits si importants, si intéressants, qui accompagnent l'ontogénèse ou le développement individuel des organismes et tout spécialement des vertébrés, y compris l'homme. Je pourrais invoquer un double motif, pour vous recommander instamment l'étude de ces phénomènes si curieux et si instructifs; d'abord ils intéressent au plus haut degré la théorie de la descendance, en outre bien peu de personnes en ont reconnu l'immense portée.

N'y a-t-il pas en effet lieu de s'étonner de l'ignorance profonde où l'on est encore généralement plongé au sujet de tout ce qui touche au développement individuel de l'homme et des autres organismes? Ces faits, dont on ne saurait apprécier trop haut l'importance, ont été déjà établis, dans leurs traits principaux, il y a plus d'un siècle, en 1759, par le grand naturaliste allemand, Caspar Friedrich Wolff, dans sa classique *Theoria generationis*. Mais, de même que la théorie de la descendance fondée par Lamarck en 1809 sommeilla un demi-siècle et fut seulement ressuscitée en 1859 par Darwin, ainsi la théorie de l'épigénèse de Wolff resta inconnue aussi un demi-siècle, et ce fut seulement quand Oken eut publié, en 1806, son *Histoire du développement du canal intestinal*, quand Meckel, en 1812, eut traduit en allemand le travail de Wolff sur le même sujet, que la théorie de l'épigénèse de Wolff fut généralement connue et servit de point de départ aux recherches subséquentes sur l'histoire du développement individuel. Alors l'étude de l'ontogénèse prit un puissant essor, et bientôt parurent les travaux classiques des deux amis Christian Pander (1817) et Carl Ernst Baer (1819). L'*Embryologie des animaux* de Baer mit surtout en lumière les faits principaux de l'ontogénie des vertébrés par de si frappantes observations; elle les élucida par des réflexions si philosophiques, que cet ouvrage capital devint indispensable à quiconque voulait se faire une juste idée de ce groupe d'animaux si importants dont l'homme fait partie. A eux seuls, même, ces faits suffiraient à déterminer quelle est sa place dans la nature et à résoudre par conséquent le plus grand des problèmes. Regardez attentivement et comparez entre elles les huit figures des planches II et III, et vous verrez que l'on ne saurait estimer trop haut l'importance philosophique de l'embryologie.

Demandons-nous maintenant ce que savent de ces faits biologiques si importants, de ces notions indispensables pour comprendre son propre organisme, nos classes soi-disant « éclairées », qui se font tant d'illusion sur le haut degré de civilisation du dix-neuvième siècle? Que savent de tout cela nos philosophes raisonneurs et nos théologiens, qui croient arriver par des spéculations pures et des inspirations divines à comprendre l'organisme humain? Que savent même sur ce sujet la plupart des soi-disant zoologistes (y compris les les entomologistes)?

Les réponses à ces questions sont de nature à nous faire rougir, et, bon gré mal gré, il faut convenir que ces faits si inestimables d'ontogénie humaine sont encore aujourd'hui entièrement inconnus, ou que du moins ils sont loin d'être appréciés comme ils le méritent. Cette ignorance montre bien dans quelle voie fausse et imparfaite la civilisation trop vantée du dix-neuvième siècle s'est engagée. Ignorance et superstition, voilà les bases sur lesquelles la plupart des hommes font reposer la conception de leur propre organisme et les rapports de cet organisme avec l'ensemble des choses; quant aux faits si saisissants de l'embryologie, ils sont ignorés. Quoi qu'il en soit, ces faits ne sauraient plaire à ceux qui creusent un abîme entre l'homme et le reste de la nature, à ceux surtout qui ne veulent pas entendre parler de l'origine animale du genre humain. Chez les peuples surtout où, en vertu d'une interprétation erronée des lois de l'hérédité, le régime des castes existe encore, les membres de ces castes privilégiées et dominantes seront certainement peu agréablement impressionnés par les conclusions de l'embryologie. Aujourd'hui encore, dans beaucoup d'États barbares ou civilisés, la hiérarchie héréditaire des classes va si loin qu'un noble, par exemple, se croit d'une tout autre nature qu'un bourgeois, et, quand il commet un acte déshonorant, il est, en punition de sa faute, rejeté dans la caste des bourgeois, parias de cet ordre social. Ces nobles personnes ne seraient pas si fières du sang précieux qui coule dans leurs veines privilégiées, si elles savaient que, durant les deux premiers mois de leur vie embryologique, tous les embryons humains, nobles ou bourgeois, se distinguent à peine des embryons urodèles du chien et des autres mammifères.

Ces leçons ayant uniquement pour but de contribuer à la diffusion des vérités naturelles et de faire pénétrer dans le public la conception des vrais rapports de l'homme avec le reste de la nature, vous m'approuverez certainement, si je n'accepte point le préjugé si répandu, qui assigne à l'homme une place privilégiée dans la création, et si je me borne à vous exposer simplement les faits embryologiques, qui, d'eux-mêmes, vous démontreront combien ce préjugé est mal fondé. J'insiste auprès de vous, pour que vous prêtiez à cet exposé la plus sérieuse attention; car la connaissance générale de ces faits est propre, j'en ai la ferme conviction, à élever l'intelligence et à favoriser le progrès intellectuel de l'humanité.

Les faits d'expérience, qui constituent le fond de l'ontogénie ou embryologie individuelle des vertébrés, sont nombreux et intéressants; mais je me bornerai à vous en citer quelques-uns, ceux qui intéressent particulièrement la théorie de la descendance en général et qui en même temps s'appliquent spécialement à l'homme. Au début de son existence individuelle, l'homme est, au même titre que tout autre organisme animal, un ovule, une simple petite cellule produite par la génération sexuée. L'ovule humain est essentiellement semblable à ceux des autres mammifères et ne saurait se distinguer absolument en rien de l'ovule des mammifères supérieurs. L'œuf représenté dans la figure 5 pourrait provenir indifféremment d'un être humain ou d'un singe, d'un chien, d'un cheval ou de tout autre mammifère supérieur. Non-seulement la forme et la structure de l'ovule, mais encore son diamètre, sont les mêmes chez la plupart des mammifères et chez l'homme. Le diamètre est d'environ $\frac{1}{10}$ de millimètre ou $\frac{1}{120}$ de pouce, de telle sorte que, dans des conditions favorables, on peut apercevoir l'ovule à l'œil nu; il a l'apparence d'un point. La différence qui existe réellement entre l'ovule des mammifères et l'ovule humain ne réside pas dans la conformation extérieure, mais bien dans la composition chimique, dans la constitution moléculaire des substances carbonées albuminoïdes, qui constituent essentiellement l'ovule. Sans doute ces délicates différences individuelles des ovules, qui dépendent de l'adaptation indirecte ou potentielle et probablement surtout de l'adaptation individuelle, ces différences, dis-je, échappent à nos grossiers moyens d'investigation et ne peuvent tomber directement sous nos sens. On est néanmoins en droit de conclure indirectement qu'elles sont les causes déterminantes des différences individuelles.

L'ovule humain est, comme celui de tous les autres mammifères, une vésicule sphérique, ayant toutes les parties constituantes essentielles d'une simple cellule organique (*fig.* 5). La portion la plus essentielle de cet ovule est la substance cellulaire albumineuse ou le protoplasme (*c*) appelé « *jaune* » de l'œuf ou encore *vitellus*, et le noyau cellulaire enveloppé par cette substance et appelé « *vésicule germinative* » ou *nucleus*. Ce dernier est un globule albuminoïde, délicat, transparent, ayant environ $\frac{1}{50}$ de millimètre de diamètre et englobant encore un nucléole plus petit, arrondi, nettement limité : c'est le *corpuscule nucléolaire*, la *tache germinative*. A l'extérieur, la cellule ovulaire sphérique des mammifères est revêtue d'une membrane épaisse, transparente : c'est la *membrane cellulaire* ou *zone transparente* (*d*). Chez beaucoup d'animaux inférieurs, par exemple chez les méduses, les ovules sont des cellules nues absolument dépourvues d'enveloppe.

Dès que l'œuf (*ovulum*) des mammifères est arrivé à maturité, il sort de l'ovaire femelle où il s'est formé, pénètre dans un conduit étroit, l'oviducte, par lequel il arrive à la matrice (*uterus*), qui est pour lui une sorte de réservoir. Dans ce réservoir, l'ovule rencontre la semence du mâle, qui le féconde (*sperma*); il se développe alors, passe à l'état embryonnaire et ne quitte plus la matrice avant d'être

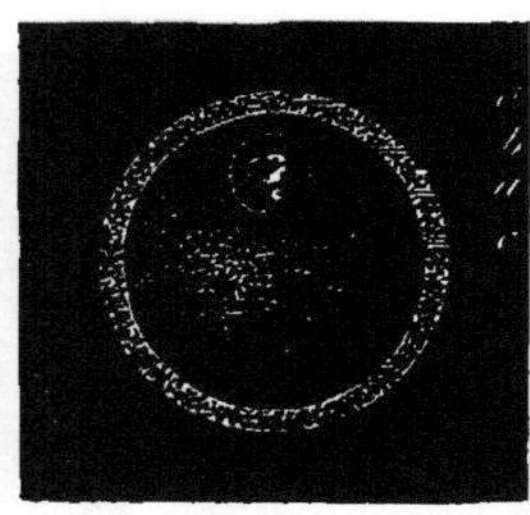

Fig. 5. — L'œuf humain (grossi cent fois). — *A*. Nucléole (*nucleolus*) ou point germinal de l'œuf. *B*. *Nucleus* ou vésicule germinative de l'œuf. *C*. Substance cellulaire ou protoplasma, jaune d'œuf. *D*. Membrane enveloppante du jaune chez les mammifères. on l'appelle *membrana pellucida* à cause de sa transparence.

devenu, par évolution, un jeune mammifère complet, que l'accouchement fait entrer dans le monde.

Les métamorphoses, que l'œuf fécondé subit dans la matrice avant de revêtir la forme d'un jeune mammifère, sont fort curieuses, et, au début, elles sont identiques chez l'homme et chez les autres mammifères. D'abord l'ovule mammifère fécondé se comporte exactement comme un organisme unicellulaire, se reproduisant, se multipliant sans cesse, de lui-même, à l'instar d'une amibe (*fig.* 2), par exemple. La cellule ovulaire se divise d'abord en deux cellules par le procédé de segmentation que je vous ai précédemment décrit. Ensuite naissent de la tache germinative ou nucléole de la cellule ovulaire primitive deux nouveaux nucléoles; alors la cellule germinative se dédouble aussi. Puis, autour de la sphère protoplasmatique, se dessine un sillon équatorial, qui divise cette sphère en deux moitiés comprenant chacune une des deux cellules germinatives avec son nucléole correspondant. Il y a donc alors, sous la membrane enveloppante de la cellule primitive, deux cellules sans enveloppe et pourvues chacune d'un noyau (*fig.* 6).

Ce procédé de segmentation cellulaire se répète successivement un grand nombre de fois. Des deux cellules (*fig.* 6, A), et de la manière ci-dessus indiquée, naissent quatre cellules (*fig.* 6 B), de celles-ci huit (*fig.* 6, C), de ces huit seize, des seize trente-deux, etc. Toujours la division du nucléole précède celle du noyau, et la division du noyau celle de la substance cellulaire ou protoplasma. Comme

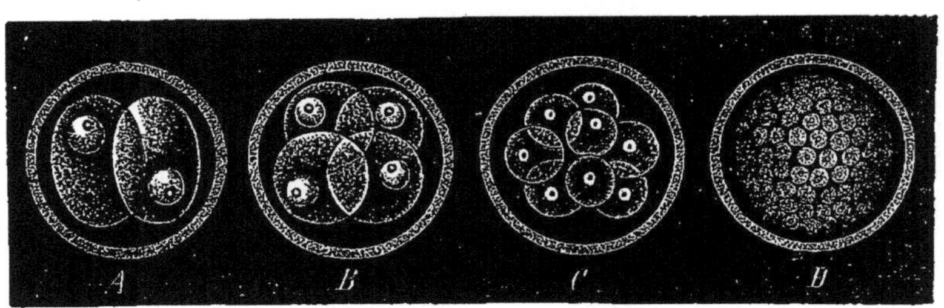

Fig. 6. — Premier stade de l'évolution d'un mammifère, « sillonnement de l'œuf », multiplication des cellules par des scissions réitérées. *A*. L'œuf se divise par un premier sillon en deux cellules. *B*. Ces deux cellules se divisent en quatre cellules. *C*. Ces dernières se divisent en huit cellules. *D*. La segmentation indéfiniment réitérée a produit un amas sphérique de nombreuses cellules, la *morula*.

la division de ce protoplasma ou vitellus commence toujours par un sillon annulaire superficiel, le phénomène entier s'appelle *sillonnement de l'œuf*, et le produit de ce sillonnement, les petites cellules engendrées par la segmentation persistante, s'appellent les *sphères de segmentation*. En résumé le phénomène tout entier est simplement une segmentation cellulaire prolongée, et les produits qui en résultent sont uniquement de vraies cellules sans enveloppe. En fin de compte, le produit de cette scission continue, de ce sillonnement de l'œuf des mammifères, est une sphère ressemblant à une mûre ou à une framboise, composée de très-nombreuses sphérules, de cellules nues et pourvues de noyaux (*fig.* 6, D). Ces cellules sont les matériaux de construction qui serviront à édifier le corps du jeune animal. Chacun de nous a été autrefois une de ces sphères simples, mûriformes, composées de petites cellules transparentes et semblables entre elles.

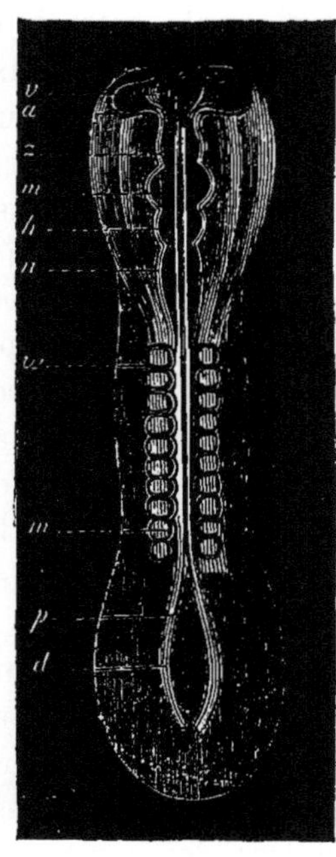

Fig. 7. — Embryon d'un mammifère ou d'un oiseau, dont le cerveau vient de se diviser en cinq ampoules juxtaposées. — *v*. Ampoule du cerveau antérieur; *z*. Ampoule du cerveau intermédiaire; *m*. Ampoule du cerveau moyen; *h*. Ampoule du cerveau postérieur; *n*. arrière-cerveau postérieur; *p*. Moelle allongée; *a*. Couches optiques; *w*. Canal médullaire (*medulla spinalis*): *d*. *Chorda*.

Le développement ultérieur de cet amas cellulaire sphérique, qui représente actuellement le corps du jeune mammifère, consiste tout d'abord en ce que les éléments de cet amas se groupent à la périphérie en une membrane ayant la forme d'une sphère creuse et incluse dans la membrane cellulaire. Une certaine quantité de liquide s'amasse dans cette cavité. Cette membrane de nouvelle formation s'appelle *membrane proligère* (*vesicula blastodermica*). Elle est d'abord composée de cellules transparentes, semblables entre elles. Mais bientôt, en un point de cette membrane, se forme, par une multiplication plus rapide des cellules en ce point, un épaississement en forme de disque. Cet épaississement partiel sera dorénavant la base du corps de l'embryon, et le reste de la membrane proligère sera simplement employé à nourrir cet embryon. Bientôt le disque épaissi, constituant le rudiment embryonnaire, prend une forme elliptique, et, comme ses bords latéraux s'échancrent à droite et à gauche, il acquiert la forme d'un violon, d'un biscuit (*fig*. 7). A ce stade de l'évolution, dans cet état rudimentaire du germe, non-seulement tous les mammifères, y compris l'homme, mais aussi tous les vertébrés, mammifères, oiseaux, reptiles, amphibies ou poissons, se ressemblent; ils ne sauraient alors se distinguer les uns des autres et ne diffèrent que par le volume, d'insignifiantes particularités de forme, ou par la structure de la membrane enveloppante. Chez tous, le corps tout entier consiste uniquement en un mince disque simple, elliptique ou en forme de violon, qui est constitué d'abord par deux, puis par quatre feuillets superposés, étroitement unis. Chaque feuillet est composé de cellules semblables entre elles; mais chacun de ces feuillets joue un rôle spécial dans la construction du corps du vertébré futur. Du feuillet superficiel ou externe naîtront seulement le tégument, l'épiderme ainsi que les masses centrales du système nerveux (moelle épinière et cerveau); du second feuillet ou feuillet interne proviendront tout le tégument interne, l'épithélium, qui tapissera le canal intestinal de la bouche à l'anus, et aussi toutes les glandes voisines de ce canal (poumon, foie, glandes salivaires, etc.); de la membrane intermédiaire, placée entre les deux précédentes, proviendront tous les autres organes.

Quant aux procédés par lesquels, de ces matériaux si simples, de ces quatre feuillets composés de cellules, peuvent naître les organes si divers et si complexes du vertébré adulte, ce sont, premièrement, des segmentations réitérées, produisant des multiplications de cellules; deuxièmement la division du travail ou différenciation des cellules, et troisièmement, l'association des cellules diversement constituées ou différenciées pour former les organes. Ainsi s'effectue ce progrès graduel, ce perfectionnement, que l'on peut suivre pas à pas durant l'évolution embryonnaire.

Les cellules primordiales, destinées à constituer le corps du vertébré, se comportent comme des citoyens qui veulent fonder un État. De ces citoyens, en effet, les uns se chargent de telle besogne, les autres de telle autre, et ils exécutent leur office de leur mieux dans l'intérêt de la collectivité. Grâce à cette division du travail, à cette différenciation et aux avantages qui lui sont inhérents, l'État peut accomplir des travaux, dont chaque individu isolé eût été incapable. Or le corps de tout vertébré, celui de tout autre organisme polycellulaire, sont des fédérations républicaines de cellules, et peuvent, par conséquent, s'acquitter de fonctions, dont serait parfaitement incapable chaque cellule vivant dans un isolement monastique (par exemple une amibe ou une plante unicellulaire) (37).

Quel homme intelligent songerait à supposer l'activité personnelle d'un créateur surnaturel dans les institutions politiques, qui fonctionnent dans l'intérêt de tous et dans celui de chaque citoyen en particulier ? Chacun sait même que toute institution publique, organisée dans un but quelconque, résulte du concours de chaque citoyen, du gouvernement et aussi de l'adaptation aux conditions d'existence du monde extérieur. C'est exactement ainsi qu'il faut apprécier un organisme polycellulaire. Là aussi toute disposition conforme à un but est uniquement le résultat naturel et nécessaire du concours, de la différenciation, et du perfectionnement de chaque citoyen, c'est-à-dire de chaque cellule, et point du tout l'œuvre artificielle et préméditée d'un créateur. Pour qui comprend bien cette comparaison et en discerne toutes les conséquences, la fausseté de la conception dualistique de la nature est évidente, et il ne saurait plus voir, dans la conformité d'une organisation à un but déterminé, le résultat d'une création d'après un plan conçu d'avance.

Suivons maintenant un peu plus loin le développement individuel d'un vertébré, et voyons quels sont les premiers actes des citoyens de notre organisme embryonnaire. Au milieu du disque en forme de violon constitué par les quatre feuillets germinaux polycellulaires, se dessine un sillon étroit, la *ligne primitive,* qui divise le disque en deux moitiés égales, l'une droite et l'autre gauche (antimères[1]). De chaque côté de cette ligne ou fente, le feuillet externe se

1. Ἀντί, préposition marquant l'opposition. Μέρος, partie.

soulève en un repli allongé ; ces deux replis grandissent, se réunissent au-dessus de la fente et forment ainsi un canal cylindrique. C'est le canal médullaire, ainsi nommé parce qu'il est la base du système nerveux central, de la moelle épinière (*medulla spinalis*). Ce canal se termine d'abord en pointe à ses deux extrémités, et il demeure ainsi pendant toute la vie, chez les vertébrés les plus inférieurs, chez ces animaux lanciformes, dépourvus, comme l'*Amphyoxus,* de crâne et de cerveau. Mais chez tous les autres vertébrés, que nous appellerons, pour les distinguer des autres, animaux crâniens ou *crâniotes,* on voit bientôt l'extrémité antérieure du canal médullaire se distinguer de la postérieure. En effet la première se renfle en une vésicule arrondie, qui est l'origine du cerveau.

Chez tous les crâniotes, c'est-à-dire chez tous les vertébrés pourvus d'un cerveau et d'un crâne, le cerveau, qui d'abord était simplement une ampoule membraneuse, se divise bientôt en cinq vésicules juxtaposées en série, par le fait de quatre étranglements transversaux et superficiels. On peut voir (*fig.* 7) les *cinq ampoules cérébrales,* telles qu'elles sont dans le principe chez l'embryon ; ce sont elles qui formeront plus tard toutes les parties si complexes du cerveau adulte. Peu importe, à cette période du développement, que l'on ait affaire à un embryon de chien, de poule, de tortue ou d'un vertébré supérieur quelconque. En effet, dans le stade représenté figure 7, il est encore absolument impossible de distinguer les uns des autres les embryons des divers vertébrés crâniens, du moins ceux des trois classes supérieures des reptiles, des oiseaux et des mammifères. Le corps entier est encore d'une simplicité de forme extrême ; c'est un disque mince et aplati. Il n'y a encore ni face, ni jambes, ni intestins, etc. Mais les cinq ampoules cérébrales se distinguent déjà nettement l'une de l'autre.

La première ampoule ou cerveau antérieur est particulièrement importante ; c'est elle qui formera surtout les grands *hémisphères* cérébraux, organes des facultés les plus hautes, celles de l'intelligence. Plus ces facultés se développent chez un vertébré, plus les deux hémisphères du cerveau antérieur grandissent aux dépens des quatre autres ampoules et s'élèvent en avant et en haut, au-dessus de ces autres ampoules. Chez l'homme, où ces hémisphères atteignent le plus haut degré de développement correspondant à la puissance du fonctionnement intellectuel, ils recouvrent plus tard presque entièrement les autres masses nerveuses contenues dans le crâne (voir pl. II et III). La deuxième ampoule, ou *cerveau intermédiaire,* forme spécialement cette partie des centres nerveux que l'on appelle *couches optiques ;* elle est dans un rapport étroit avec les yeux, qui commencent par se détacher du cerveau antérieur sous forme de deux bourgeons creux, à droite et à gauche, et sont placés plus tard au-dessous du cerveau intermédiaire. La troisième ampoule, le *cerveau moyen,* contribue en grande partie à la formation des *tubercules quadrijumeaux ;* c'est une partie du cerveau en forme de proéminences bombées, qui prend surtout un grand développement chez les reptiles et chez les oiseaux (*fig.* E, F, pl. II) en s'amoindrissant beaucoup chez les mammifères. La quatrième ampoule, le cerveau postérieur, constituera ce qu'on appelle les *hémisphères cérébelleux,* partie de l'encéphale, sur la fonction de laquelle on a formé les conjectures les plus contradictoires, mais qui paraît présider plus particulièrement à la coordination des mouvements. Enfin la cinquième ampoule, ou *arrière-cerveau postérieur,* devient cette partie si importante des centres nerveux, que l'on appelle *moelle allongée* (*medulla oblongata*). C'est l'organe central des mouvements respiratoires et d'autres importantes fonctions ; ses blessures entraînent la mort immédiate, tandis que l'on peut exciser des fragments des hémisphères cérébraux, qui sont, rigoureusement parlant, les organes de « l'âme » ; on peut même détruire ces hémisphères, sans tuer pour cela l'animal vertébré ; on a seulement aboli ses facultés intellectuelles.

Ces cinq ampoules cérébrales sont, dans le principe, dis-

Pl. II.

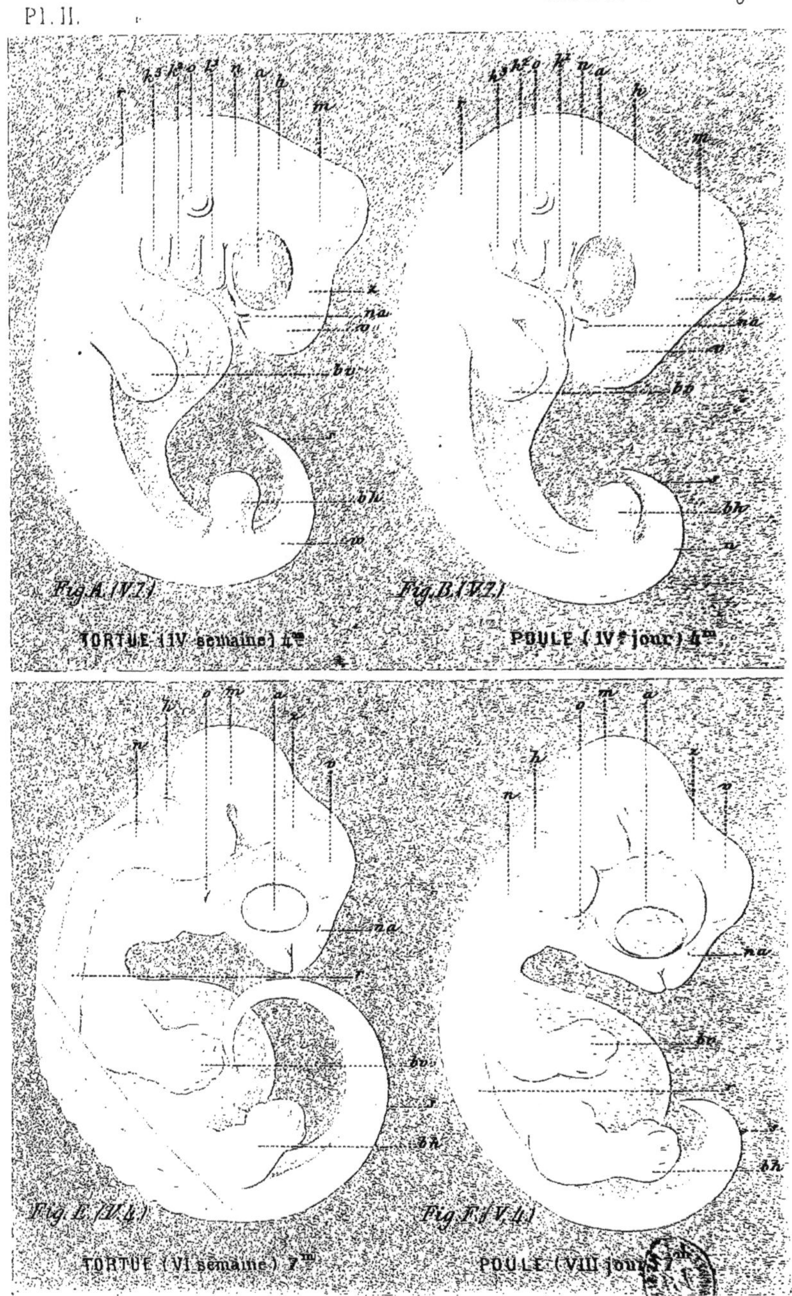

v. Cerveau antérieur. *z*. Cerveau intermédiaire. *m*. Cerveau moyen
h. Cerveau postérieur. *n*. Arrière cerveau. *w*. Vertebres. *r*. Moelle epinière.

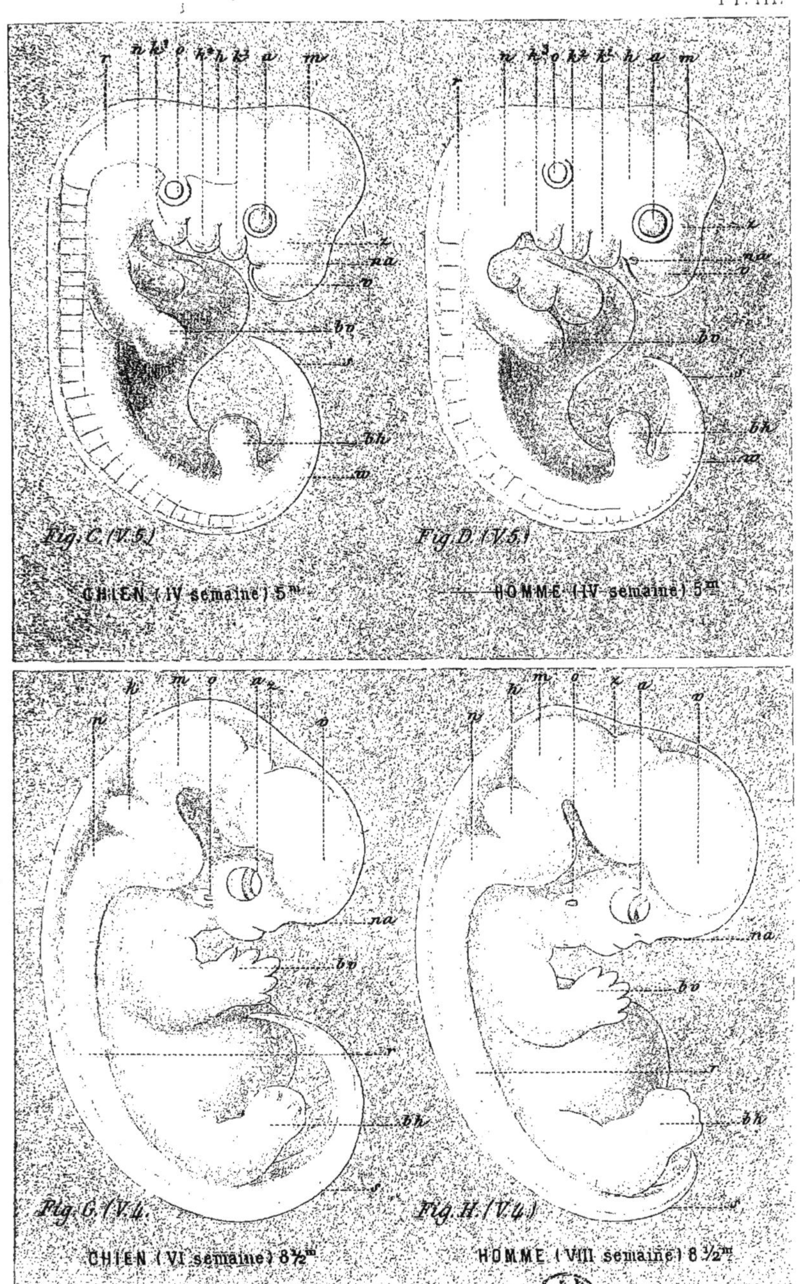

na. Nez. — *a.* Œil. — *o.* Oreille. — *k¹ k² k³* Arcs branchiaux — *s.* Queue.
bv. Membre antérieur — *bh.* Membre postérieur.

posées de la même manière chez tous les vertébrés ayant un cerveau ; mais peu à peu elles évoluent différemment, dans les divers groupes, à ce point, qu'une fois le cerveau complétement développé, il est bien difficile de retrouver les parties homologues. Dans le premier stade représenté figure 7, il est absolument impossible de distinguer les uns des autres les embryons des mammifères, des oiseaux et des reptiles. Comparez au contraire les embryons beaucoup plus développés, figurés dans les planches II et III ; vous constaterez nettement les différences de développement, vous verrez surtout que le cerveau des deux mammifères (G et H) s'écarte beaucoup de celui des oiseaux (F) et des reptiles (E). Chez les deux derniers, c'est le cerveau moyen ; chez les deux premiers, c'est déjà le cerveau antérieur qui domine. Mais à ce moment encore le cerveau de l'oiseau (F) se distingue à peine de celui de la tortue (E), et le cerveau du chien (G) est encore presque identiquement semblable à celui de l'homme (H). S'il vous arrive, au contraire, de comparer les cerveaux de ces quatre animaux à l'âge adulte, vous les trouverez alors tellement différents dans toutes leurs particularités anatomiques, que vous n'hésiterez pas un instant à indiquer la provenance de chacun d'eux.

Pour vous montrer la parité originelle, puis la différenciation lente et graduelle de l'embryon chez les divers vertébrés, j'ai pris pour exemple le cerveau, parce que cet organe de l'activité intellectuelle offre un intérêt tout particulier ; mais j'aurais pu prendre tout aussi bien le cœur, le foie, les membres, en un mot, une partie quelconque du corps ; car chaque organe passe par les mêmes phases d'évolution. En tout, au début, les divers vertébrés sont semblables, puis peu à peu les particularités apparaissent, et les divers groupes, classes, ordres, familles, genres, se distinguent et se hiérarchisent. Dans mes leçons sur l'anthropogénie (56), j'ai démontré ce fait pour chaque organe en particulier.

Certes, peu de parties du corps diffèrent autant entre

elles que les extrémités des divers vertébrés (*voir* p. IV). Or veuillez comparer les extrémités antérieures des divers embryons, et vous aurez bien de la peine à trouver une différence quelque peu importante entre le bras de l'homme, l'aile de l'oiseau, la patte antérieure du chien et le moignon difforme de la tortue. Vous ne réussirez pas mieux si, en comparant les extrémités postérieures dans ces figures, vous cherchez à trouver les différences entre la jambe de l'homme, la patte de l'oiseau, la patte postérieure du chien et celle de la tortue. Dans ce stade initial, les extrémités antérieures et postérieures sont des palettes larges et courtes, sur le bord libre desquelles les rudiments des cinq doigts sont simplement cachés sous une membrane natatoire. A un stade plus précoce encore (*fig.* A, D), les cinq doigts même ne sont pas encore indiqués, et il est absolument impossible de distinguer les membres antérieurs des extrémités postérieures. Les uns et les autres sont seulement des prolongements très-simples, arrondis, qui ont poussé de chaque côté du tronc. Enfin, dans le stade plus antérieur encore, qui est représenté figure 7, les membres font entièrement défaut, et l'embryon tout entier est un simple tronc sans trace de membres.

Dans la conformation des embryons de quatre semaines représentés planches II et III (*fig.* A, D) et où l'on ne trouve pas encore le moindre caractère de l'animal adulte, je vous signalerai des organes extrêmement importants, communs à tous les vertébrés à ce moment de leur évolution, mais qui plus tard subissent les transformations les plus diverses. Tous, sans aucun doute, vous connaissez les arcs branchiaux des poissons, ces arcs osseux échelonnés au nombre de trois ou quatre, de chaque côté du cou, et supportant les organes respiratoires des poissons, c'est-à-dire cette double série de lames rouges, vulgairement appelées « les ouïes ». Or ces arcs branchiaux existent dans le principe chez l'homme, chez le chien, chez la poule et la tortue, ainsi que chez tous les autres vertébrés (dans la figure A, D les trois arcs branchiaux du côté droit sont désignés par les caractères K_1, K_2, K_3) ; mais ils persistent et deviennent des organes respiratoires chez les poissons. Chez les autres vertébrés, ils entrent dans la constitution de la face et de l'appareil maxillaire en particulier ou bien dans celle des organes de l'ouïe.

Enfin, en comparant encore une fois les embryons représentés sur les planches II et III, je veux de nouveau appeler votre attention sur la *queue,* que l'homme possède à l'origine, comme tous les autres vertébrés. Beaucoup de monistes espèrent anxieusement depuis bien longtemps, comme preuve de l'étroite parenté de l'homme et des autres mammifères, que l'on découvrira des « hommes à queue », et, de leur côté, leurs adversaires, les dualistes, font sonner bien haut que l'absence de queue est une des principales différences physiques entre l'homme et les animaux, oubliant qu'il existe en réalité beaucoup d'animaux qui en sont privés. Or, dans le premier mois de son évolution intra-utérine, l'homme est muni d'une queue tout aussi bien que les singes anoures, orang, chimpanzé, gorille, ses plus proches voisins, et tous les vertébrés en général. Mais, tandis que chez la plupart d'entre eux, chez le chien, par exemple (fig. C, G), cette queue grandit pendant toute la durée du développement, chez l'homme (fig. D, H) et chez les mammifères sans queue, elle diminue à un certain moment de l'évolution et finit par s'atrophier complétement. Pourtant, même chez l'homme adulte, les traces de la queue sont visibles encore; ce sont les trois ou cinq vertèbres caudales (*vertebræ coccygeæ*), qui terminent inférieurement la colonne vertébrale.

Aujourd'hui encore, on repousse très-habituellement la plus importante conséquence de la théorie de la descendance, c'est-à-dire l'évolution paléontologique de l'homme à partir des mammifères pithécoïdes et même plus généralement des mammifères inférieurs; l'on tient pour impossible une telle métamorphose des formes organiques. Mais, je vous le demande, l'évolution individuelle de l'homme, que je viens de vous retracer à grands traits, est-elle moins étonnante?

N'est-il pas extrêmement remarquable que tous les vertébrés des classes les plus diverses, poissons, amphibies, reptiles, oiseaux et mammifères, ne se puissent distinguer les uns des autres, justement au début de leur évolution embryonnaire, et que beaucoup plus tard, quand déjà les reptiles et les oiseaux se différencient nettement des mammifères, le chien et l'homme soient encore presque identiques? En vérité, si l'on compare entre elles ces deux séries évolutives et si l'on se demande laquelle des deux est la plus merveilleuse, l'on conviendra qu'il y a plus de mystère dans l'ontogénie, c'est-à-dire dans le développement court et rapide de l'individu, que dans la phylogénie, c'est-à-dire dans la lente et graduelle évolution généalogique. Il s'agit, en définitive, d'une métamorphose identiquement la même; mais cette métamorphose s'opère dans le second cas à travers des milliers d'années; dans le premier, en quelques mois. Évidemment cette métamorphose si surprenante, si rapide, de l'individu dans l'ontogénèse, cette métamorphose, que nous pouvons à chaque instant constater par l'observation directe, est bien plus incompréhensible, bien plus étonnante, que la métamorphose analogue, mais lente et graduelle, subie dans la phylogénèse par la longue série ancestrale de l'individu.

Les deux séries de développement organique, l'ontogénèse de l'individu et la phylogénèse du groupe auquel il appartient, sont étiologiquement liées de la façon la plus intime. J'ai tâché d'exposer en détail cette théorie, selon moi d'une extrême importance, dans le deuxième volume de ma Morphologie générale (4) et dans mon « anthropogénie » (56) j'en ai fait l'application à l'homme. Comme je l'ai dit alors, l'ontogénèse, ou l'évolution individuelle, est une courte et rapide récapitulation de la phylogénèse, ou du développement du groupe correspondant, c'est-à-dire de la chaîne ancestrale de l'individu, et cette ontogénèse s'effectue conformément aux lois de l'hérédité et de l'adaptation. (*Morph. gén.*, II, p. 110-147, 371.) Cette proposition fondamentale est la loi générale la plus capitale de l'évolution organique; c'est la loi biogénétique fondamentale.

Cette connexité intime de l'ontogénie et de la phylogénie est une des preuves les plus capitales et les plus irréfutables de la théorie de la descendance. C'est seulement en invoquant les lois de l'hérédité et de l'adaptation qu'il est possible d'expliquer ces faits. Il faut surtout recourir aux lois, que nous avons appelées *lois de l'hérédité abrégée, simultanée et avec identité de siége.* Quand un organisme élevé et compliqué, comme l'organisme humain ou celui de tout autre mammifère, d'abord simple amas cellulaire, s'élève, progresse, en se différenciant et se perfectionnant de plus en plus, il parcourt la même série de métamorphoses que, durant un laps de temps incommensurable, ses ancêtres ont parcourue avant lui. J'ai déjà dit précédemment quelques mots de ce parallélisme si important entre les deux évolutions individuelle et collective. Certaines phases primordiales du développement humain correspondent absolument à certaines conformations, qui persistent toute la vie chez les poissons inférieurs. Puis l'organisation, d'abord pisciforme, devient amphibie. C'est beaucoup plus tardivement qu'apparaissent les caractères particuliers aux mammifères : l'on peut ainsi reconnaître, dans cette série de phases évolutives successives, les différents degrés d'un développement progressif, qui correspondent évidemment aux particularités distinctives des divers ordres et familles de mammifères. De même aussi nous voyons les ancêtres de l'homme et des mammifères supérieurs se succéder dans le même ordre géologiquement : les poissons apparaissent les premiers, puis viennent les amphibies, plus tard les mammifères inférieurs et enfin les mammifères supérieurs. Ici encore il y a parallélisme parfait entre l'évolution embryologique de l'individu et l'évolution paléontologique du groupe entier auquel il appartient; et ce fait si intéressant, si capital, ne saurait s'expliquer que par l'action combinée des lois de l'hérédité et de l'adaptation.

Le parallélisme paléontologique et embryologique, que nous venons de citer, nous conduit à remarquer une troisième série évolutive étroitement reliée aux deux premières et qui, d'une manière générale, leur est également parallèle. J'entends parler de cette série de formes évolutives, dont s'occupe l'anatomie comparée, et que j'appellerai *évolution systématique ou spécifique*. Je désigne par cette expression l'ensemble de ces formes diverses, mais pourtant analogues et reliées l'une à l'autre, qui coexistent à un moment donné de l'histoire géologique, par exemple à notre époque. Quand l'anatomie comparée rapproche entre elles les diverses formes achevées des organismes, elle s'efforce d'en dégager le type commun empreint dans toutes ces formes analogues, espèces, genres, classes, etc., mais que la différenciation a seulement plus ou moins voilé. Elle tâche de construire l'échelle du progrès réalisé par les divers degrés de perfectionnement des rameaux divergents du groupe. Pour ne pas sortir de l'exemple que nous avons choisi, disons que l'anatomie comparée nous montre comment les organes isolés et les systèmes d'organe du groupe vertébré se sont inégalement différenciés et perfectionnés dans les diverses classes, familles et espèces de ce groupe. Elle nous explique comment la série des classes vertébrées s'élève des poissons aux mammifères, en passant par les amphibies ; comment, parvenue à cette classe, elle forme une échelle ascendante, des ordres de mammifères inférieurs aux ordres supérieurs. Cette tendance à déterminer une série bien liée de développement anatomique, nous la rencontrons dans les travaux de tous les maîtres en anatomie comparée, à toutes les époques, dans les travaux de Gœthe, Meckel, Cuvier, Jean Müller, Gegenbaur et Huxley (5).

La série évolutive des formes achevées, dont l'anatomie comparée démontre l'existence dans les divers degrés de divergence et de progrès du système organique, cette série, que nous avons appelée série du développement systématique, est parallèle à la série d'évolution paléontologique, puisqu'elle embrasse le résultat anatomique de cette dernière ; elle est aussi parallèle à la série d'évolution individuelle, puisque celle-ci est, elle-même, parallèle à la série paléontologique. En effet, deux lignes parallèles à une troisième sont parallèles entre elles.

La différenciation multiforme et l'inégal degré de perfectionnement, que l'anatomie comparée démontre exister dans la série évolutive taxinomique, est essentiellement due à la diversité croissante des conditions d'existence, auxquelles les différents groupes ont dû s'adapter dans la lutte pour l'existence, et aussi à l'inégale promptitude, à l'inégale perfection, avec lesquelles cette adaptation s'est effectuée. Les groupes conservateurs, ceux qui ont gardé avec le plus de ténacité les particularités acquises, restent stationnaires, par cela même, au degré d'évolution le plus bas et le plus rudimentaire. Les groupes, chez qui un progrès multiforme s'est effectué le plus rapidement possible, ceux qui se sont adaptés avec le plus d'empressement aux conditions plus complexes de l'existence, ceux-là atteignent le plus haut degré de perfection. Plus le monde organique s'est développé à travers les périodes géologiques, plus cette divergence entre les groupes inférieurs conservateurs et les groupes supérieurs progressifs a dû grandir. Il en est de même, comme chacun sait, dans l'histoire des peuples.

Cela nous explique pourquoi, ainsi qu'on l'a constaté, les groupes animaux et végétaux les plus parfaits atteignent le plus haut degré de développement dans un temps relativement court, tandis que les groupes les plus inférieurs, les plus conservateurs, restent immobiles à travers la longue série des siècles sur l'échelon inférieur qu'ils occupaient dans l'origine, ou ne progressent que peu à peu avec une extrême lenteur. La même loi se manifeste nettement dans la série ancestrale de l'homme. Les requins actuels se rapprochent encore beaucoup des poissons primitifs, figurant parmi les plus anciens ancêtres vertébrés de l'homme ; de même les amphibies actuels les plus inférieurs (protées et salamandres) tiennent de très-près aux amphibies issus de ces poissons primitifs. De même encore les ancêtres plus récents de l'homme, les monotrèmes et les marsupiaux, les plus anciens de tous les mammifères, sont aussi les plus imparfaits des mammifères actuels. Les lois d'hérédité et d'adaptation à nous bien connues suffisent pleinement à rendre raison de ce fait capital, que l'on peut appeler *le parallélisme des évolutions individuelle, paléontologique et taxinomique du progrès et de la différenciation.* Quel est l'adversaire de la théorie de la descendance, qui soit en état d'expliquer ces faits si remarquables, dont cette théorie de la descendance rend très-bien raison en invoquant les lois de l'hérédité et de l'adaptation ?

Si l'on saisit bien toute la portée de ce parallélisme dans les trois séries d'évolution organique, on admettra plus facilement encore le corollaire explicatif suivant. L'ontogénie, ou l'histoire du développement individuel de chaque organisme (embryologie et métamorphologie), forme une chaîne simple, non ramifiée, une échelle ; il en est de même de la partie de la phylogénie, qui comprend l'évolution paléontologique des ancêtres *directs* de tout organisme individuel. Au contraire, la phylogénie, tout entière, qui se manifeste à nos yeux dans la classification systématique de tout groupe organique ou *phylum*, et qui comprend le développement paléontologique de toutes les branches de ce groupe, cette phylogénie forme une série évolutive ramifiée, un véritable arbre généalogique. Comparez entre eux les divers rameaux de cet arbre généalogique, et disposez-les l'un près de l'autre d'après leur degré de différenciation et de perfectionnement, vous obtiendrez ainsi la série évolutive taxinomique et ramifiée de l'anatomie comparée. Cette dernière série, si on l'établit exactement, est aussi parallèle à la phylogénie tout entière, mais elle ne l'est que partiellement à l'ontogénie ; c'est qu'en effet l'ontogénie est, elle aussi, parallèle seulement à une partie de la phylogénie.

Tous les faits d'évolution organique indiqués dans les pages précédentes, particulièrement le triple parallélisme généalogique ainsi que les lois de différenciation et de progrès visibles dans ces trois séries, en y ajoutant le groupe entier des organes rudimentaires, sont évidemment des preuves extrêmement fortes en faveur de la vérité de la théorie de la descendance. Cette théorie peut seule en rendre raison, tandis que ses adversaires sont impuissants à en donner la moindre explication. Sans le secours de la doctrine généalogique, les faits d'évolution organique sont incompréhensibles. Force nous serait donc d'adhérer à la théorie de la descendance de Lamarck, quand même nous n'aurions pas son complément, la théorie Darwinienne de la sélection.

TREIZIÈME LEÇON.

THÉORIE ÉVOLUTIVE DE L'UNIVERS ET DE LA TERRE. GÉNÉRATION SPONTANÉE. THÉORIE DU CARBONE. THÉORIE DES PLASTIDES.

Histoire de l'évolution terrestre. — Théorie Kantienne de l'évolution de l'univers, ou théorie cosmologique des gaz. — Évolution du soleil, des planètes et de la lune. — Origine première de l'eau. — Comparaison des organismes et des inorganismes. — Matière organique et matière inorganique. — Degrés de densités ou états d'agrégation. — Combinaisons carbonées albuminoïdes. — Formes organiques et inorganiques. — Cristaux et organismes sans organes ou sans structure. — Forces organiques et inorganiques. — Force vitale. — Croissance et adaptation dans les cristaux et dans les organismes. — Force formatrice du cristal. — Unité de la nature organique et inorganique. — Génération spontanée ou archigonie. — Autogonie et plasmagonie. — Origine des monères par génération spontanée. — Origine des cellules des monères. — Théorie cellulaire. — Théorie des plastides, — Plastides ou matériaux organiques modelés. — Cytodes et cellules. — Quatre différentes espèces de plastides.

Messieurs, dans les considérations précédentes, nous avons surtout cherché à expliquer comment de nouvelles espèces animales et végétales pouvaient se dégager des espèces existantes. Invoquant la théorie de Darwin, nous avons résolu le problème, en disant que la sélection naturelle dans la lutte pour l'existence, c'est-à-dire l'action combinée des lois d'hérédité et d'adaptation, suffisait pleinement à produire mécaniquement l'infinie variété des divers animaux et végétaux organisés en apparence d'après un plan prémédité. En suivant cette exposition, vous vous serez sans doute déjà maintes fois posé la question suivante : Mais comment sont nés les premiers organismes ou l'organisme ancestral originel, dont nous descendons tous ?

Lamarck a répondu à cette question (2) par l'hypothèse de la génération spontanée ou archigonie. Au contraire Darwin glisse sur ce point, en disant expressément « qu'il ne s'occupe ni de l'origine des forces fondamentales de l'intelligence, ni celles de la vie ». A la fin de son livre, il s'exprime à ce sujet en ces termes : « J'admets que vraisemblablement tous les êtres organisés, ayant vécu sur la terre, descendent d'une forme primitive quelconque, que le créateur a animée du souffle de la vie. » En outre, pour tranquilliser ceux qui voient dans la théorie de la descendance « la destruction de l'ordre moral tout entier », Darwin s'en réfère à un célèbre écrivain ecclésiastique, qui lui avait écrit : « Je me suis convaincu peu à peu que croire à la création d'un petit nombre de types primitifs, susceptibles de se transformer par évolution spontanée en d'autres formes nécessaires, ce n'est pas se faire de la divinité une idée moins élevée que de la supposer contrainte à recourir sans cesse à de nouveaux actes créateurs, pour combler les vides résultant du jeu même des lois qu'elle a établies. » Ceux dont le cœur a besoin de croire à une création surnaturelle pourront trouver un refuge dans cette interprétation. On peut concilier cette croyance avec la théorie de la descendance ; en effet, créer un seul organisme primitif, capable d'engendrer tous les autres par hérédité et adaptation, est réellement plus digne de la puissance et de la sagesse du Créateur, que de supposer qu'il a créé successivement et une à une les nombreuses espèces dont la terre est peuplée.

Attribuer l'origine des premiers organismes terrestres, pères de tous les autres, à l'activité voulue et combinée d'un créateur personnel, c'est renoncer à en donner une explication scientifique, c'est quitter le terrain de la vraie science pour entrer dans le domaine de la croyance poétique, qui en est absolument distinct. Admettre un créateur surnaturel, c'est se plonger dans l'inintelligible. Mais, avant de nous résoudre à ce pas décisif, avant de renoncer ainsi à toute interprétation scientifique de l'origine des organismes, notre devoir est d'essayer d'expliquer cette origine par une hypothèse mécanique. Il est nécessaire d'examiner si réellement ces phénomènes sont si merveilleux, de voir si nous ne pouvons expliquer l'origine de ce premier organisme tout naturellement par une théorie acceptable. Dans ce cas il faudrait renoncer au miracle de la création.

Pour cela nous devons remonter bien plus haut, étudier la cosmogonie naturelle de la terre, et même tracer à grands traits la cosmogonie naturelle de l'univers entier. Vous savez tous que, de la constitution actuelle de la terre, on a tiré une conclusion jusqu'à présent non réfutée, savoir, que l'intérieur de notre globe est en fusion et que l'enveloppe solide, formée de couches superposées, à la surface de laquelle vivent les êtres organisés, n'est qu'une croûte mince, une écorce enveloppant un noyau incandescent. Des observations, des déductions de toute nature toutes concordantes entre elles justifient cette manière de voir. Il faut citer tout d'abord le fait de l'élévation de la température, à mesure qu'on pénètre vers le centre du globe. Plus on descend, et plus la température s'élève en suivant la proportion régulière d'environ un degré pour une profondeur de cent pieds. A une profondeur de six milles, il y aurait déjà une température de 1,500°, suffisante pour maintenir en fusion la plupart des matériaux solides de l'écorce terrestre. Mais cette profondeur de six milles est seulement la 286e partie du diamètre terrestre (1,717 milles). Nous savons encore que les sources provenant d'une certaine profondeur ont une température très-élevée et parfois même jaillissent bouillantes à la surface du sol. Citons enfin, à titre de témoignages importants, les phénomènes volcaniques, l'éruption de matières minérales en fusion par certaines fissures de l'écorce terrestre. Tous ces faits permettent de conclure sûrement que l'écorce terrestre solide n'occupe qu'une faible fraction, pas même la millième partie, du diamètre terrestre et que la terre est encore aujourd'hui en majeure partie à l'état de matière en fusion.

En appliquant cette hypothèse à l'histoire de l'évolution du globe terrestre, nous sommes amenés à faire encore un pas en avant, à supposer qu'autrefois la terre entière a été en fusion, et que cette formation d'une mince écorce solide fut un phénomène consécutif. D'abord la surface du globe incandescent s'est épaissie peu à peu, en se refroidissant par le rayonnement de cette chaleur intense dans les espaces célestes relativement glacés et il se forma une mince écorce. Nombre de faits prouvent que la température terrestre était, dans le principe, beaucoup plus élevée. On peut invoquer, par exemple, la distribution uniforme des organismes dans les premiers âges géologiques. Aujourd'hui les diverses zones terrestres ont chacune une population animale et végétale spéciale, correspondant à la diversité des températures moyennes ; or il en était tout autrement d'abord, et la distribution des fossiles durant les cycles écoulés nous montre que ce fut très-tardivement, à une période relativement récente de l'histoire organique terrestre, au début de l'âge cénolithique ou tertiaire, que se produisit la différenciation des zones et de leurs populations correspondantes. Pendant l'énorme durée des âges primaire et secondaire, les plantes dites tropicales, à qui une température élevée est nécessaire, vivaient non-seulement dans les zones actuellement chaudes, dans les zones équatoriales, mais aussi dans les zones actuellement tempérées et froides. Bien d'autres faits dénotent qu'il s'est produit un graduel abaissement de la température du globe terrestre en général et surtout un refroidissement consécutif de l'écorce terrestre des régions polaires. Dans ses remarquables recherches sur les lois d'évolution du monde organique, Bronn (19) a réuni les nombreuses preuves géologiques et paléontologiques de ce fait.

Toutes ces preuves, que vient appuyer l'astronomie mathématique du système de l'univers, servent de base à la théorie, qui nous montre la terre à l'état de globe en fusion, incandescent, à une époque infiniment lointaine, bien antérieurement à l'apparition des êtres organisés. Mais, d'autre part, cette théorie est d'accord avec la théorie grandiose de Kant sur l'origine du système du monde et particulièrement de notre système planétaire. En 1755, notre philosophe critique Kant (22) construisit, d'après des faits mathématiques et astronomiques, cette théorie que les célèbres mathématiciens Laplace et Herschell formulèrent plus explicitement. Aujourd'hui encore cette cosmogonie, ou théorie de l'évolution de l'univers, a conservé presque toute sa valeur ; nulle autre théorie préférable ne l'a supplantée, et les mathématiciens, les astronomes et les géologues ont travaillé à l'étayer de preuves toujours plus nombreuses et plus solides.

Selon la cosmogonie de Kant, à un moment infiniment lointain de sa durée, tout l'univers était un *chaos gazeux*. Les matériaux, qui actuellement sont à divers degrés de solidité soit sur la terre, soit sur les autres astres, les agrégats solides, demi-solides, liquides, élastiques ou gazeux, qui depuis lors se sont différenciés, étaient à l'origine confondus en une masse homogène remplissant l'univers et maintenue à un état d'extrême ténuité par une température excessivement élevée. Les millions d'astres groupés maintenant en systèmes solaires n'existaient pas encore. Ils naquirent par suite d'un mouvement général de rotation, pendant la durée duquel un certain nombre de masses plus solides que le reste de la substance gazeuse agirent dès lors et se condensèrent sur elle, comme centres d'attraction. Ainsi le nuage chaotique primitif ou gaz cosmique se partagea en un certain nombre de nébuleuses sphériques, animées d'un mouvement de rotation et se condensant de plus en plus. Notre système solaire fut une de ces énormes nébuleuses, dont les parties s'ordonnèrent et gravitèrent autour d'un centre commun, le noyau solaire. Cette nébuleuse prit, comme toutes les autres, en vertu de son mouvement rotatoire, la forme d'un sphéroïde, d'une boule aplatie.

Tandis que la force centripète attirait toujours vers le centre immobile les molécules entraînées dans le mouvement de rotation et condensait de plus en plus la nébuleuse, la force centrifuge, au contraire, tendait à écarter du centre les molécules périphériques et à les disséminer au loin. C'était dans la zone équatoriale de cette sphère aplatie aux pôles, que la force centrifuge avait le plus de puissance : aussi, dès qu'en vertu de la condensation croissante, elle put l'emporter sur la force centripète, des anneaux nébuleux se séparèrent de la sphère tournante dans cette région équatoriale. Ces anneaux nébuleux dessinaient l'orbite des futures planètes. Peu à peu la masse nébuleuse des anneaux se condensa en planètes, tournant elles-mêmes sur leur axe, tout en gravitant autour du corps central. De nouveaux anneaux nébuleux se détachèrent, exactement de la même manière, de la masse planétaire, dès que la force centrifuge l'emporta de nouveau sur la force centripète, et ces anneaux tournèrent autour des planètes, comme celles-ci tournaient autour du soleil. Ainsi se formèrent les lunes, une seule pour la Terre, quatre pour Jupiter et six pour Uranus. Aujourd'hui encore l'anneau de Saturne nous représente une lune à cette phase primitive de son évolution. A mesure que l'abaissement de température augmentait, ces phénomènes si simples de condensation et de dispersion se répétaient un plus grand nombre de fois, et ainsi naquirent les divers systèmes solaires, les planètes et leurs satellites ou lunes, les unes gravitant circulairement autour de leur soleil central et les autres tournant autour de leurs planètes.

Peu à peu, par les progrès du refroidissement et de la condensation, les astres animés d'un mouvement de rotation passèrent de l'état gazeux primitif à celui de corps en fusion. Par le fait même de cette condensation croissante, une grande quantité de chaleur se dégagea, et tous ces corps entraînés par la gravitation, soleils, planètes, lunes, devinrent des globes incandescents, semblables à d'énormes gouttes de métal en fusion, rayonnant de la chaleur et de la lumière. A cause de la déperdition de chaleur due à ce rayonnement, la masse en fusion se condensa encore, et il se forma à la surface de la sphère incandescente une mince couche solide. Pour tous ces phénomènes, la terre, notre mère commune, n'a pas dû différer notablement des autres corps célestes.

Le but spécial de ces leçons ne nous prescrit pas d'exposer en détail « l'histoire naturelle de la création de l'univers », de passer en revue les divers systèmes solaires et planétaires, et d'énumérer toutes les preuves mathématiques, astronomiques et géologiques, sur lesquelles repose cette grande conception de l'univers. Je me bornerai donc aux données générales ci-dessus exposées, et, pour plus de détail, je vous renvoie à « l'Histoire générale de la nature et à la Théorie du ciel de Kant » (22). J'ajouterai cependant que cette admirable théorie, à laquelle on pourrait donner le nom de *théorie cosmologique gazeuse*, s'accorde jusqu'ici avec l'ensemble des faits généraux connus et n'est absolument inconciliable avec aucun d'eux. En outre cette théorie est purement mécanique ou monistique ; elle invoque seulement les forces inhérentes à la matière éternelle et exclut entièrement tout phénomène surnaturel, toute activité voulue et consciente d'un créateur personnel. La théorie cosmologique gazeuse occupe donc dans l'anorganologie et spécialement dans la géologie une place aussi importante que la théorie de la descendance de Lamarck en biologie et en anthropologie ; comme cette dernière, elle est le couronnement de notre ensemble de connaissances. Ces théories s'appuient exclusivement l'une et l'autre sur des causes premières mécaniques et inconscientes (*causæ efficientes*), jamais sur des causes conscientes, poursuivant un but (*causæ finales*). Toutes les deux par conséquent satisfont aux conditions d'une théorie scientifique et conserveront toute leur valeur, tant qu'elles n'auront pas été remplacées par une théorie préférable.

J'avouerai néanmoins qu'il y a dans la cosmogonie grandiose de Kant un côté faible, qui ne nous permet pas de l'accepter sans restriction comme la théorie de la descendance de Lamarck. Il y a des difficultés aussi grandes que variées à admettre l'idée d'un chaos gazeux primitif, remplissant l'univers; mais une difficulté plus grande et plus insoluble encore, c'est que la théorie cosmologique des gaz ne nous explique en rien la première impulsion, qui imprima un mouvement rotatoire à la masse gazeuse remplissant l'univers. En cherchant cette impulsion première, nous sommes involontairement conduits à songer à « un premier commencement ». Mais, quand il s'agit du mouvement éternel de l'univers, un *premier commencement* est aussi peu concevable qu'un arrêt définitif.

Dans l'espace et dans le temps, l'univers est sans bornes et sans mesure. Il est éternel, il est infini; et, en ce qui touche le mouvement ininterrompu et éternel qui entraîne les molécules de l'univers, nous ne pouvons songer ni à un commencement ni à une fin. Les grandes lois de *la conservation de la force* et *de la conservation de la matière,* sur lesquelles repose toute notre conception de la nature, nous interdisent toute autre manière de voir. Le monde, en tant qu'objet de la connaissance humaine, nous offre le spectacle d'un enchaînement continu de mouvements matériels, entraînant avec eux un perpétuel changement de formes. Toute forme, étant le résultat fugitif d'une somme de mouvements, est, à ce titre, périssable et d'une durée limitée. Mais, en dépit du perpétuel changement des formes, la matière et la force, qui lui est inhérente, demeurent éternelles et indestructibles.

Bien que la théorie cosmologique gazeuse de Kant ne puisse nous expliquer d'une manière satisfaisante le mouvement évolutif de l'univers entier au-delà du chaos gazeux, bien qu'on lui puisse objecter de nombreuses et graves difficultés, surtout sous le point de vue chimique et géologique, pourtant elle a le grand mérite d'expliquer très-bien par évolution tout le système du monde observé, ainsi que l'anatomie des systèmes solaires et spécialement de notre planète. Peut-être en réalité cette évolution a-t-elle été tout autre; peut-être les planètes et notre terre sont-elles nées par l'agrégation de petits météorites infiniment nombreux, dispersés dans tout l'espace cosmique, ou de toute autre façon. Mais jusqu'ici personne encore n'a pu nous donner une théorie évolutive rivale de celle-là, ni remplacer la cosmogonie de Kant par une autre qui puisse lui être préférée.

Après ce coup d'œil d'ensemble jeté sur la cosmogonie monistique ou l'histoire naturelle de l'évolution de l'univers, revenons à une infiniment petite partie de cet univers, à notre terre maternelle, que nous avons laissée à l'état de globe incandescent, aplati aux pôles et recouvert d'une mince écorce solide, due à son refroidissement. La première croûte solidifiée recouvrait toute la superficie du sphéroïde terrestre d'une enveloppe unie et continue. Mais bientôt cette surface devint raboteuse et inégale. Par les progrès du refroidissement, le noyau incandescent se condensait, se contractait de plus en plus, d'où un raccourcissement du diamètre terrestre; or l'écorce mince et rigide, qui ne pouvait suivre dans son mouvement le retrait du noyau fluide, se fendit en maint endroit. Sans la pression atmosphérique, qui sans cesse refoulait cette écorce, il se serait formé un espace vide entre elle et le noyau. D'autres inégalités provinrent vraisemblablement de ce qu'en différents points l'écorce refroidie se fêla, se fissura en se solidifiant. Par ces fissures la substance du noyau incandescent jaillit de nouveau et se solidifia à son tour. Ainsi se formèrent de bonne heure maintes saillies et dépressions, qui furent les premières assises des montagnes et les premiers rudiments des vallées.

Une fois la température du globe terrestre abaissée jusqu'à un certain degré, un phénomène nouveau et très-important se produisit, je veux parler de la *première apparition de l'eau*. Jusqu'alors l'eau avait flotté à l'état de vapeur au sein de l'atmosphère environnant le globe terrestre. Évidemment, pour que l'eau pût passer à l'état liquide, il fallait que la température atmosphérique s'abaissât notablement. Alors commença un autre remaniement de la surface terrestre par l'action de l'eau. En tombant sous la forme d'une pluie perpétuelle, cette masse d'eau délayait, en les nivelant, les saillies de l'écorce terrestre ; le limon ainsi entraîné comblait les vallées ; il se déposait par couches et constituait ces énormes formations neptuniennes de l'écorce terrestre, qui depuis ont grandi sans interruption et sur lesquelles nous reviendrons avec plus de détail dans la prochaine leçon.

Quand l'écorce terrestre fut ainsi refroidie, quand l'eau s'y fut condensée à l'état liquide, quand la croûte terrestre, jusqu'alors aride, fut recouverte d'eau liquide, alors apparurent les premiers organismes. En effet tous les animaux, toutes les plantes, tous les organismes en général sont constitués en grande partie ou même pour la plus grande partie par de l'eau à l'état liquide, qui se combine d'une manière spéciale avec les autres matériaux et les maintient à l'état d'agrégats semi-fluides. De ces données générales de l'histoire terrestre inorganique nous pouvons déduire un fait important, c'est que la vie a commencé sur la terre à un moment déterminé, que les organismes terrestres n'ont pas toujours existé, mais sont nés à un certain moment.

Demandons-nous maintenant comment nous devons nous figurer cette origine des premiers organismes. Aujourd'hui encore la plupart des naturalistes, une fois parvenus à ce point, sont tentés de renoncer à toute explication naturelle et de chercher un refuge dans le miracle d'une création incompréhensible. Par là, comme nous l'avons déjà fait remarquer, ils mettent le pied hors du domaine de l'histoire naturelle et renoncent à poursuivre plus loin l'enchaînement des faits de cette science. Pour nous, avant de perdre ainsi courage, avant de faire ce pas décisif, avant de désespérer d'avoir jamais une notion claire sur ce fait capital, nous voulons du moins essayer de l'expliquer. Voyons, si réellement l'origine d'un premier organisme naissant de la matière inorganique, la génération d'un corps vivant par la matière sans vie, sont des phénomènes inconcevables et en dehors de toute expérience connue. En un mot, examinons la question de la génération spontanée ou archigonie. Avant tout, il importe de déterminer les propriétés fondamentales des corps dits privés de vie ou inorganiques et des corps vivants ou organiques ; il faut discerner ce qui est commun aux deux espèces de corps et ce qui est spécial à chacun d'eux. Il est d'autant plus nécessaire d'insister ici sur cette comparaison entre les organismes et les inorganismes, qu'elle est habituellement négligée, quoiqu'elle soit indispensable pour se faire une idée juste, unitaire ou monistique, de l'ensemble de la nature. Notre premier soin devra être d'examiner isolément les trois propriétés fondamentales de tout corps, savoir : la matière, la forme et la force. Commençons par la matière. (*Morph. gén.*, I, 111.)

Grâce à la chimie, nous sommes parvenus à réduire tous les corps connus à un petit nombre d'éléments ou matériaux primordiaux, non décomposables, par exemple, en carbone, oxygène, azote, soufre et en divers métaux : potassium, sodium, fer, or, etc. On compte aujourd'hui environ soixante de ces éléments ou matériaux primordiaux. La plupart d'entre eux sont rares et peu importants : quelques-uns sont fort répandus et constituent non-seulement la plupart des inorganismes, mais même tous les organismes. Si nous comparons maintenant ces éléments, qui constituent le corps des organismes, avec ceux qui se trouvent dans les inorganismes, nous noterons d'abord un fait bien important, c'est qu'il n'existe dans les animaux et les végétaux aucune matière primordiale, qui ne se retrouve dans la nature privée de vie. Il n'y a pas d'éléments ou de matériaux primordiaux organiques. Les différences chimiques et physiques existant entre les organismes et les anorganismes ne reposent pas sur la diversité de nature des matériaux primordiaux qui les constituent, mais bien sur des modes spéciaux de combinaison chimique de ces éléments premiers. De cette diversité dans les modes de combinaison résultent en effet certaines particularités physiques, notamment en ce qui concerne la densité des matériaux, et ces particularités semblent, au premier abord, creuser un abîme entre les deux catégories des corps. Les corps constitués inorganiquement, sans vie, ont ce degré de densité que nous appelons solide, comme les cristaux, les pierres amorphes; ou bien ils sont à l'état liquide, comme l'eau, ou bien enfin ils se présentent à l'état gazeux. Vous savez que ces trois divers degrés de densité, que ces modes d'agrégation ne tiennent en aucune façon à la diversité des éléments constituants, mais dépendent du degré de la température. Tout corps anorganique solide peut, par suite de l'élévation de la température, passer d'abord à l'état liquide ou de fusion, puis, par le fait d'une température plus élevée encore, revêtir l'état gazeux ou élastique. De même tout corps gazeux peut, par un abaissement convenable de la température, passer d'abord à l'état liquide, puis à l'état solide.

A côté de ces trois modes de densité des inorganismes, tous les corps vivants, animaux et végétaux, nous offrent un quatrième mode d'agrégation tout spécial. Ce n'est ni la solidité de la pierre, ni la liquidité de l'eau, mais bien un état intermédiaire, semi-solide ou semi-fluide. Dans tous les corps vivants, sans exception, une certaine quantité d'eau est unie d'une manière toute spéciale aux matériaux solides ; c'est même de cette union caractéristique de l'eau avec les matières organiques que provient cet état, ni solide, ni fluide, qui joue un si grand rôle dans l'explication des phénomènes de la vie. C'est dans les propriétés physiques et chimiques de l'une des substances primordiales, indécomposables, du carbone, qu'il faut chercher la raison essentielle de cet état. (*Morph. gén.*, 122-130.)

De tous les éléments, le carbone est pour nous de beaucoup le plus intéressant, le plus important ; car, chez tous les corps animaux, et végétaux, cette matière primordiale joue le rôle principal. C'est cet élément qui, par sa tendance spéciale à former avec les autres éléments des combinaisons complexes, produit une grande diversité dans la constitution chimique et par suite dans les formes et les propriétés vitales des animaux et des plantes. La propriété caractéristique du carbone, c'est de pouvoir se combiner avec les autres éléments dans des proportions infiniment variées en nombre et en poids. C'est par la combinaison du carbone avec trois autres éléments, l'oxygène, l'hydrogène et l'azote, auxquels il faut ajouter le plus souvent le soufre et aussi le phosphore, que naissent ces combinaisons extrêmement importantes, ce premier et indispensable substratum de tous les phénomènes vitaux, je veux parler des composés albuminoïdes (matières protéiques). Déjà, en nous occupant des monères, nous avons constaté l'existence d'organismes extrêmement simples, dont le corps, même bien développé, se compose seulement d'un petit grumeau semi-solide, albuminoïde ; ce sont là des organismes infiniment précieux pour se rendre compte de l'origine de la vie. Mais, à un moment de leur existence, quand ils sont encore à l'état d'ovules ou de cellules germinatives, la plupart des autres organismes sont aussi essentiellement de simples petits grumeaux de cette substance albuminoïde, plasma ou proto-plasma. Ils diffèrent alors des monères seulement en ce que, dans l'intérieur du corpuscule albuminoïde, le noyau (*nucleus*) se distingue de la matière cellulaire ambiante. Comme nous l'avons déjà remarqué précédemment, ces cellules d'une texture si simple sont des citoyens qui, par le concert de leur action et la division de leur travail, font du corps des organismes les plus parfaits un état cellulaire républicain. Grâce à l'activité de ces corpuscules albuminoïdes, les formes complexes et les phénomènes vitaux des organismes supérieurs parviennent à se réaliser.

C'est, pour la biologie moderne et spécialement pour l'histologie, un bien grand triomphe, que d'avoir ramené à ces éléments matériels le miracle des phénomènes vitaux et *d'avoir démontré que les propriétés physiques et chimiques in-*

finiment variées et complexes des corps albuminoïdes sont les causes essentielles des phénomènes organiques ou vitaux. Toutes les formes organiques si diverses sont, en premier lieu et immédiatement, le résultat de l'association des divers types de cellules. Les dissemblances infiniment nombreuses dans la forme, le volume, le groupement des cellules, résultent uniquement d'une lente division du travail, d'un lent perfectionnement des particules plasmatiques, simples et homogènes, qui, dans le principe, étaient les seuls représentants de la vie cellulaire. D'où il suit nécessairement que les phénomènes primordiaux de la vie organique, la nutrition et la reproduction, que leurs manifestations soient complexes ou simples, peuvent se ramener à la constitution matérielle de cette substance plastique albuminoïde, du plasma. Ce sont là les deux activités vitales, dont toutes les autres se sont dégagées peu à peu. L'explication générale de la vie n'est donc pas plus difficile pour nous maintenant que celle des propriétés physiques des corps inorganiques. Tous les phénomènes vitaux, tous les faits de l'évolution des organismes, dépendent étroitement de la constitution chimique et des forces de la matière organique comme les phénomènes vitaux des cristaux inorganiques, c'est-à-dire leur croissance, leurs formes spécifiques, dépendent de leur composition chimique et de leur état physique. Certainement, dans un cas comme dans l'autre, les *causes premières* nous sont également cachées. Que l'or et le cuivre cristallisent en octaèdres pyramidaux, le bismuth et l'antimoine en hexaèdres, l'iode et le soufre en rhomboèdres, tout cela n'est pour nous ni plus ni moins mystérieux qu'un phénomène élémentaire quelconque de l'apparition des formes organiques, que la formation spontanée de cellules. Sous ce rapport, encore, nous sommes incapables, quant à présent, de déterminer entre les organismes et les corps anorganiques la distinction fondamentale si généralement admise autrefois.

Nous avons à examiner, en second lieu, les ressemblances

et les dissemblances qui peuvent se constater dans la formation des corps anorganiques et des corps organiques (*Morph. gén.*, I, 130). On allégua d'abord comme une différence de premier ordre la structure compliquée chez les derniers, simple chez les autres. Les corps de tous les organismes, disait-on, sont composés de parties dissemblables, d'appareils, d'organes concourant tous au but de la vie. Au contraire les inorganismes les plus parfaits, les cristaux, sont uniquement composés d'une substance homogène. Au premier abord cette différence semble tout à fait essentielle. Mais elle perd toute son importance par la découverte des monères faite dans ces dernières années (15). Le corps de ces organismes si simples consiste seulement en une petite masse albuminoïde, amorphe, sans structure ; c'est en réalité un simple composé chimique, et sa structure est aussi parfaitement simple que celle d'un cristal quelconque, que ce cristal soit un sel métallique ou un composé siliceux.

Non content d'avoir voulu trouver, dans la structure intime, des différences frappantes entre les organismes et les inorganismes, on en a voulu voir d'autres dans la forme extérieure, particulièrement dans la configuration mathématique des cristaux. Sans doute la cristallisation est une propriété, qui appartient plus particulièrement aux corps inorganiques. Les cristaux sont limités par des surfaces planes se coupant suivant des lignes droites et des angles constants et mesurables. Au contraire la forme des animaux et des plantes semble, de prime abord, défier toute détermination géométrique. Le plus souvent elle est limitée par des surfaces courbes, se coupant suivant des lignes également courbes et des angles variables. Mais récemment les radiolaires (23) et beaucoup d'autres protistes nous ont montré un grand nombre d'organismes inférieurs, dont la forme peut se ramener, comme celle des cristaux, à une configuration mathématique déterminée, limitée par des surfaces et des angles nettement géométriques. Dans ma *Théorie générale des formes primordiales, ou promorphologie,* j'ai explicitement prouvé ce fait, et j'ai aussi déterminé un système général de formes, dont le type idéal, stéréométrique, rend compte aussi bien des formes réelles des cristaux anorganiques que des individus organiques (*Morphol. gén.*, I, 475-574).

En outre, il y a des organismes parfaitement amorphes, comme les monères, les amibes, etc., qui à chaque instant changent de formes et chez qui il est tout aussi impossible de déterminer une forme fondamentale que chez les inorganismes amorphes, les pierres non cristallisées, les précipités, etc. Il est donc impossible de trouver entre les organismes et les inorganismes une différence radicale dans la forme aussi bien que dans la structure.

Occupons-nous, maintenant et en troisième lieu, des forces ou des phénomènes du mouvement dans ces deux grandes catégories de corps (*Morph. gén.*, I, 140). Ici nous nous heurtons aux plus grandes difficultés. Les phénomènes vitaux, j'entends parler des seuls que l'on connaisse généralement, ceux qui s'observent chez les organismes supérieurs, chez les animaux les plus parfaits, semblent si mystérieux, si merveilleux, si spéciaux, que, très-généralement, on est convaincu que, dans la nature inorganique, il n'y a rien d'analogue, rien même qui y ressemble le moins du monde. C'est même pour cette raison que l'on a appelé les organismes corps vivants, et les inorganismes, corps sans vie. Ainsi, de nos jours encore, l'opinion erronée que les propriétés physiques et chimiques de la matière ne suffisent pas à expliquer les phénomènes de la vie a dominé même dans la science qui s'occupe spécialement des phénomènes vitaux, dans la physiologie. Mais aujourd'hui, surtout après les travaux des quinze dernières années, cette opinion est absolument insoutenable. En biologie du moins, il n'y a plus de place pour elle. Pas un physiologiste ne songe aujourd'hui à considérer les phénomènes de la vie comme le résultat d'une force vitale mystérieuse, d'une force consciente, existant en dehors de la matière et asservissant en quelque sorte les forces physico-chimiques. La physiologie actuelle est arrivée à la conviction monistique, que l'ensemble des phénomènes vitaux et, avant tout, les deux phénomènes fondamentaux de la nutrition et de la reproduction sont des actes purement physico-chimiques et aussi immédiatement liés à la conformation matérielle de l'organisme que toutes les propriétés physiques et chimiques et les propriétés d'un cristal le sont à sa constitution matérielle. Puisque la matière primordiale, celle d'où résulte la constitution matérielle spéciale des organismes, est le carbone, il nous faut donc ramener, en dernière analyse, aux propriétés du carbone tous les phénomènes de la vie et notamment les deux faits fondamentaux de la nutrition et de la reproduction. *C'est uniquement dans les propriétés spéciales, chimico-physiques du carbone, et surtout dans la semi-fluidité et l'instabilité des composés carbonés albuminoïdes, qu'il faut voir les causes mécaniques des phénomènes de mouvement particuliers, par lesquels les organismes et les inorganismes se différencient, et que l'on appelle dans un sens plus restreint « la vie ».*

Pour bien comprendre cette *théorie du carbone*, que j'ai explicitement exposée dans le deuxième volume de ma *Morphologie générale*, il faut avant tout se rendre compte des phénomènes de mouvement communs aux deux catégories des corps. Parmi ces phénomènes, il faut placer en première ligne la *croissance*. Quand on laisse évaporer lentement une solution saline anorganique, il s'y forme des cristaux salins, qui grandissent au fur et à mesure que l'eau s'évapore. Cet accroissement tient à ce que sans cesse de nouvelles molécules de la solution liquide se solidifient et se déposent sur les cristaux solides déjà formés, en obéissant à certaines lois. De ce dépôt, de cette juxtaposition de molécules, résultent les formes cristallines mathématiquement déterminées. C'est aussi par l'addition de nouvelles molécules que se fait la croissance de l'organisme. La seule différence est que, dans la croissance des organismes, les molécules nouvellement acquises pénètrent dans l'intérieur de l'organisme (intussusception), ce qui tient à l'état semi-solide de l'agrégat, tandis que les inorganismes croissent seulement par l'addition de nouveaux matériaux homogènes à leur surface extérieure. Pourtant cette grande différence entre la croissance par juxtaposition et la croissance par intussusception n'est qu'apparente ; elle est seulement le résultat nécessaire et immédiat des divers modes de condensation, d'agrégation des organismes et des anorganismes.

Il m'est malheureusement impossible ici de poursuivre plus loin ce parallèle si intéressant, d'énumérer les analogies si nombreuses, qui existent dans le mode de formation des anorganismes les plus parfaits, des cristaux, et celui des organismes les plus simples, des monères et des êtres qui s'en rapprochent. Je dois vous renvoyer à la comparaison détaillée, que j'ai faite dans le cinquième chapitre de ma *Morphologie générale*, entre les organismes et les anorganismes. (*Morph. gén.*, I, 111-166.) Là j'ai démontré, tout au long, qu'entre les corps organiques et les corps inorganiques, il n'y a aucune différence importante ni de forme, ni de structure, ni de matière, ni de force, que les différences réelles tiennent à la nature spéciale du carbone et qu'il n'y a, entre la nature inorganique et la nature organique, aucun abîme infranchissable. Ce sera surtout en comparant l'origine des formes des cristaux et celle des individus organiques les plus simples, que vous constaterez l'évidence de ces faits si importants. Dans la formation des cristaux, deux tendances formatrices diverses et antagonistes entrent en jeu. La force formatrice interne, correspondant à l'hérédité chez les organismes, est, dans le cristal, l'effet immédiat de la constitution matérielle, de la composition chimique. La forme du cristal, dans sa corrélation avec cette force formatrice intime, primitive, dépend du mode spécifiquement déterminé, suivant lequel les molécules des matières cristallisables se superposent régulièrement. Cette force formatrice interne, intime, inhérente à la matière, rencontre en face d'elle une autre force antagoniste. Or cette force, cette tendance formatrice externe, nous la pouvons appeler l'*adaptation* aussi bien pour les cristaux que pour les organismes. Lors de son apparition, tout cristal aussi bien que tout organisme doit se soumettre, s'adapter aux conditions d'existence du monde extérieur. En effet la forme et le volume de tout cristal dépendent du milieu général ambiant, par exemple du vase où se fait la cristallisation, de la température, de la pression atmosphérique, de l'absence ou de la présence de corps hétérogènes, etc. La forme de tout cristal est donc aussi bien que celle de tout organisme le résultat de la lutte de deux facteurs, savoir : la force formatrice interne, inhérente à la constitution chimique de la matière même, et la force formatrice externe, dépendant de l'influence de la matière ambiante. Ces deux forces formatrices, dont l'action se combine, sont de nature purement mécanique aussi bien dans l'organisme que dans le cristal, et elles sont profondément inhérentes à la matière du corps. Si l'on considère la croissance et la formation des organismes comme des actes vitaux, on a le droit d'en faire autant pour le cristal, qui se forme spontanément. La théorie téléologique, qui voit dans les formes organisées des machines combinées, créées conformément à un but, doit, pour être conséquente, interpréter de même les formes cristallisées. Les différences, qui existent entre les plus simples individus organiques et les cristaux inorganiques, tiennent à l'état solide des derniers agrégats et à l'état semi-fluide des autres. Mais d'ailleurs les causes efficientes de la forme sont identiques chez les uns et chez les autres. Cette conviction s'impose surtout à l'esprit, alors que l'on compare les phénomènes si remarquables de croissance, d'adaptation et de corrélation des parties, chez les cristaux à l'état naissant, avec les faits de même genre qui peuvent s'observer lors de la formation des individus organisés les plus simples (monères et cellules). L'analogie est telle, qu'il est réellement impossible de trouver une différence bien nette. Dans ma *Morphologie générale*, j'ai cité à ce sujet un grand nombre de faits frappants. (*Morph. gén.*, I, 146, 156, 158.)

Si l'on a bien présent à l'esprit cette « unité de la nature organique et inorganique », cette conformité essentielle des organismes et des anorganismes sous le triple rapport de la matière, de la forme et de la force ; si l'on n'oublie pas que, contrairement à l'opinion autrefois admise, nous sommes incapables de déterminer une différence fondamentale entre ces deux catégories de corps, alors la question de la génération spontanée devient bien moins épineuse qu'elle ne l'avait semblé au premier coup d'œil. La formation du premier organisme aux dépens de la matière anorganique semble bien plus admissible, bien plus intelligible, qu'elle ne le paraissait, quand on dressait, entre la nature organique ou vivante et la nature inorganique ou sans vie, un mur de séparation infranchissable.

Quant à la question de la génération spontanée, ou archigonie, à laquelle nous pouvons maintenant répondre plus nettement, rappelez-vous tout d'abord que nous entendons par là la production d'un individu organique sans parents, sans le concours d'un organisme générateur. Nous avons déjà opposé dans ce sens la génération spontanée à la génération généalogique, à la reproduction. Dans ce dernier cas, l'individu organique provient de ce qu'une partie plus ou moins grande s'est séparée d'un organisme déjà préexistant et a ensuite grandi isolément (*Morph. gén.*, II, 32).

Tout d'abord il nous faut distinguer deux modes essentiellement distincts de génération spontanée (*generatio spontanea, æquivoca, primaria*), l'autogonie[1] et la plasmagonie[2]. Par autogonie j'entends désigner la production d'un individu organique très-simple dans une solution génératrice inor-

1. Αὐτο préfixe, venant de αὐτὸς, signifie de soi-même. Γονεία, génération.
2. Πλάσμα, πλάσματος, ce qu'on a façonné, modelé. Γονεία, génération.

ganique, c'est-à-dire dans un liquide contenant à l'état de dissolution, et sous forme de combinaison simple et stable, les matériaux nécessaires à la composition de l'organisme (par exemple de l'acide carbonique, de l'ammoniaque, des sels binaires, etc.). J'appelle, au contraire, plasmagonie la génération spontanée d'un organisme dans un liquide générateur organique, c'est-à-dire dans un liquide, qui contient les matériaux nécessaires sous forme de composés carbonés, complexes, instables, par exemple de l'albumine, de la graisse, des hydrates carbonés, etc. (*Morph. gén.*, I, 174; II, 33).

Jusqu'ici ni le phénomène de l'autogonie, ni celui de la plasmagonie, n'ont été observés directement et incontestablement. Autrefois et de nos jours, on a institué, pour vérifier la possibilité, la réalité de la génération spontanée, des expériences nombreuses et souvent fort intéressantes. Mais ces expériences ont trait en général non à l'autogonie, mais à la plasmagonie, à la formation spontanée d'un organisme aux dépens de matières déjà organiques. Évidemment, pour notre histoire de la création, cette dernière catégorie d'expériences n'offre qu'un intérêt secondaire. « L'autogonie existe-t-elle? » voilà surtout la question qu'il nous importe de résoudre. « Est-il possible qu'un organisme naisse spontanément d'une matière n'ayant pas préalablement vécu, d'une matière strictement inorganique? » Nous pouvons donc négliger toutes les expériences, si nombreuses, tentées durant ces dix dernières années avec tant d'ardeur au sujet de la plasmagonie, et qui d'ailleurs ont eu, pour la plupart, un résultat négatif. En effet, la réalité de la plasmagonie fût-elle rigoureusement établie, que cela ne prouverait rien touchant l'autogonie.

Ces essais d'autogonie n'ont aussi jusqu'à présent donné aucun résultat positif. Pourtant nous avons le droit d'affirmer, par avance, que ces expériences n'ont nullement démontré l'impossibilité de la génération spontanée. La plupart des naturalistes, qui ont tâché de résoudre cette question expérimentalement, et qui, après avoir pris les plus minutieuses précautions et opéré dans des conditions bien déterminées, n'ont vu apparaître aucun organisme, ont, en se basant sur ce résultat négatif, affirmé « qu'aucun organisme ne peut naître spontanément, sans parents ». Cette affirmation téméraire et irréfléchie s'appuie uniquement sur le résultat négatif d'expériences, qui ne peuvent prouver autre chose, sinon que dans telles ou telles conditions tout à fait artificielles, où se sont placés les expérimentateurs, nul organisme ne s'est formé. Mais, de ces essais tentés ordinairement dans des conditions purement artificielles, on n'est nullement autorisé à conclure, d'une manière générale, que la génération spontanée soit impossible. L'impossibilité du fait ne saurait s'établir. En effet, quel moyen avons-nous de savoir si, durant ces époques primitives, infiniment reculées, il n'existait pas des conditions tout autres que les conditions actuelles, des conditions au sein desquelles la génération spontanée était possible? Bien plus, nous avons même pleinement le droit d'affirmer que, dans les âges primitifs, les conditions générales de la vie ont dû différer absolument des conditions actuelles. Songeons seulement que les énormes quantités de carbone de la période houillère, accumulées dans les terrains carbonifères, ont été fixées uniquement par le jeu de la vie végétale et sont les débris prodigieusement comprimés, condensés, d'innombrables cadavres de plantes accumulés pendant des millions d'années. Or, à l'époque où, l'eau s'étant déposée à l'état liquide sur l'écorce terrestre refroidie, les organismes se formèrent pour la première fois par génération spontanée, ces immenses quantités de carbone existaient sous une autre forme, probablement pour une large part, sous la forme d'acide carbonique, mélangé à l'atmosphère. La composition tout entière de l'atmosphère différait donc beaucoup de la composition actuelle. En outre, comme on peut le déduire de considérations chimiques, physiques et géologiques, la densité et l'état électrique de l'atmosphère étaient tout autres. La mer, qui enveloppait alors la surface terrestre tout entière, avait également une constitution chimique et physique particulière. La température, la densité, l'état salin, etc., de cette mer devaient différer beaucoup de ce qui s'observe dans les mers actuelles. En tout cas, et sans qu'il soit besoin d'invoquer d'autres raisons, on ne saurait contester qu'une génération spontanée, possible alors, dans des conditions tout autres, puisse ne plus l'être aujourd'hui.

Mais, grâce aux récents progrès de la chimie et de la physiologie, ce qu'il semblait y avoir de mystérieux, de merveilleux dans ce phénomène tant contesté et pourtant nécessaire de la génération spontanée, tout cela s'est en grande partie ou même totalement évanoui. Tous les chimistes affirmaient, il n'y a pas cinquante ans encore, qu'il était impossible de produire artificiellement dans nos laboratoires l'un quelconque des composés carbonés complexes, un composé organique quelconque. Seule, la mystique force vitale avait, selon eux, le pouvoir de produire de telles combinaisons.

Aussi quand, en 1828, à Göttingue, Wœhler démontra, pour la première fois, expérimentalement, la fausseté de ce dogme, en tirant artificiellement de corps purement anorganiques, de composés de cyanogène et d'ammoniaque, la substance purement « organique » qu'on appelle urée, on fut extrêmement surpris et étonné. Plus récemment, on a pu, grâce aux progrès de la chimie synthétique, obtenir artificiellement dans nos laboratoires, tirer de substances anorganiques nombre de ces composés carbonés dits organiques, par exemple l'alcool, l'acide acétique, l'acide formique, etc. Aujourd'hui même, on obtient artificiellement nombre de composés carbonés très-complexes ; aussi y a-t-il tout lieu d'espérer, que l'on arrivera tôt ou tard à produire artificiellement dans nos laboratoires les plus compliquées de ces combinaisons, les composés albuminoïdes ou plasmatiques. Mais par là disparaît en tout ou en partie l'abîme, que l'on supposait jadis exister entre les corps organiques et les corps inorganiques, et la voie est frayée à l'idée de la génération spontanée.

Mais ce qui est infiniment plus important pour l'hypothèse de la génération spontanée, ce sont les monères, ces êtres si singuliers, déjà maintes fois cités par moi, et qui sont non-seulement les plus simples des organismes observés, mais même les plus simples des organismes imaginables (15). Déjà précédemment, en passant en revue les phénomènes les plus élémentaires de la reproduction et de l'hérédité, je vous ai décrit ces étranges organismes sans organes. Déjà nous connaissons sept genres distincts de ces monères vivant les unes dans l'eau douce, les autres dans la mer. A l'état parfait, alors qu'il se meut librement, chacun de ces organismes se compose uniquement d'un petit grumeau de substance carbonée albuminoïde, sans structure. C'est seulement par les particularités de la reproduction, de l'évolution, de la nutrition, que les divers genres et espèces diffèrent quelque peu entre eux. La découverte de ces organismes met à néant la plus grande partie des objections élevées contre la théorie de la génération spontanée. En effet, puisque, chez ces organismes, il n'y a ni organisation, ni différenciation quelconque de parties hétérogènes, puisque, chez eux, tous les phénomènes de la vie sont accomplis par une seule et même matière homogène et amorphe, il ne répugne nullement à l'esprit d'attribuer leur origine à la génération spontanée. S'agit-il de plasmagonie? Y a-t-il déjà un plasma capable de vivre? alors ce plasma a simplement à s'individualiser, comme le cristal s'individualise dans une solution mère. S'agit-il, au contraire, de la production de monères par véritable autogonie? alors il est nécessaire que le plasma susceptible de vivre, la substance colloïde primitive, se forme d'abord aux dépens de composés carbonés plus simples. Or nous sommes aujourd'hui en mesure de produire artificiellement dans nos laboratoires chimiques des composés carbonés complexes de ce genre ; rien n'empêche donc d'admettre que, dans la libre nature, des conditions favorables à la formation de ces composés puissent aussi se présenter. Jadis, quand on cherchait à se faire une idée de la génération spontanée, on se heurtait aussitôt à la complication même des organismes les plus simples que l'on connût alors. Pour résoudre cette difficulté capitale, il fallait connaître ces êtres si importants, les monères, ces organismes absolument privés d'organes, constitués par un simple composé chimique et doués pourtant de la faculté de croître, de se nourrir et de se reproduire. Grâce à ce fait, l'hypothèse de la génération spontanée acquiert assez de vraisemblance, pour qu'on ait le droit de l'employer à combler la lacune existant entre la cosmogonie de Kant et la théorie de la descendance de Lamarck. Peut-être même, parmi les monères actuellement connues, y a-t-il une espèce qui, aujourd'hui, continue à naître par génération spontanée. C'est l'étrange *Bathybius Hæckelii* découvert et décrit par Huxley. Comme nous l'avons déjà vu. cette monère se rencontre dans les mers profondes, entre 12,000 et 24,000 pieds, et elle tapisse le fond de ces mers soit de traînées plasmatiques réticulées, soit de masses de plasma irrégulières, grandes ou petites.

Ces organismes homogènes, nullement différenciés encore, ressemblant par la simplicité de composition de leurs particules aux cristaux anorganiques, ont seuls pu naître par génération spontanée ; seuls ils ont pu être les primitifs ancêtres de tous les autres organismes. Le phénomène le plus important de leur évolution ultérieure est tout d'abord la formation d'un noyau (*nucleus*) dans la petite masse albuminoïde sans structure.

Pour comprendre la formation de ce noyau, il nous suffit de supposer une simple condensation physique des molécules albuminoïdes centrales. La masse centrale, d'abord confondue avec le plasma périphérique, s'en sépare peu à peu et forme un globule albuminoïde, le noyau. Mais par cette simple modification la monère est déjà devenue une cellule. Que cette cellule puisse donner naissance à tous les autres organismes, cela vous semblera très-simple après les leçons précédentes.

En effet, au début de sa vie individuelle, tout animal et toute plante sont représentés par une simple cellule. L'homme, aussi bien que tout autre animal, n'est d'abord qu'une simple cellule contenant un noyau (*fig.* 3).

Comme le noyau des cellules organiques se forme dans la masse centrale par différenciation, aux dépens du glomérule plasmatique originel, l'enveloppe ou membrane cellulaire se forme à la surface par le même procédé. Mais nous pouvons donner de ce phénomène si simple et si important une explication purement physique et y voir soit un précipité chimique, soit un épaississement physique de l'écorce superficielle, soit une simple division de la substance. Un des premiers actes d'adaptation qu'accomplissent les monères nées par génération spontanée est l'épaississement de leur couche superficielle, qui devient, pour la molle substance du centre, une membrane protectrice contre les attaques du monde extérieur. Mais, si les monères homogènes peuvent former, par simple condensation, un noyau central et une membrane externe, nous aurons ainsi toutes les formes fondamentales des moellons, qui, l'expérience le démontre, forment, par leur intrication variée à l'infini, le corps de tous les organismes supérieurs.

Comme nous l'avons déjà dit, notre manière de concevoir l'organisme repose tout entière sur la théorie cellulaire établie, il y a une trentaine d'années, par Schleiden et Schwann.

Selon cette théorie, tout organisme est ou bien une cellule simple ou une collectivité, un état formé de cellules étroitement unies. Dans tout organisme, l'ensemble des formes et des phénomènes vitaux est simplement le résultat général des formes et des phénomènes vitaux de toutes les cellules composant l'organisme. A cause des récents perfectionnements de la théorie cellulaire, il est devenu nécessaire de donner aux organismes élémentaires, aux individus organiques primordiaux appelés cellules, le nom plus général, plus juste, d'éléments plastiques ou *plastides*[1]. Parmi ces éléments plastiques, nous distinguerons deux groupes principaux, les *cytodes*[2] et les vraies *cellules*. Les cytodes sont des particules plasmatiques sans noyau, comme les monères (*fig*, 1). Au contraire les cellules sont des particules plasmatiques pourvues d'un noyau ou *nucleus* (*fig*. 2). Ces deux types principaux de plastides se subdivisent à leur tour en deux groupes secondaires, suivant qu'ils sont ou non revêtus d'une membrane quelconque. Nous pouvons donc distinguer quatre espèces de plastides : 1° les cytodes primitives (*fig*. 1, A) ; 2° les cytodes à membrane ; 3° les cellules primitives (*fig*. 2, B) ; 4° les cellules à membrane (*fig*. 2, A) (*Morph. gén.*, I, 269-289).

Quant aux rapports de ces quatre types de plastides avec la génération spontanée, ils sont vraisemblablement comme suit : 1° les cytodes primitives, particules plasmatiques, nues, sans noyau (*gymnocytoda*)[3], semblables aux monères actuelles, sont les seules plastides provenant immédiatement de la génération spontanée ; 2° les cytodes à membrane (*lepocytoda*)[4], particules plasmatiques sans noyau, mais pourvues d'une membrane, naissent des cytodes primitives soit par condensation de la couche plasmatique superficielle, soit par simple séparation d'une membrane enveloppante ; 3° les cellules primitives (*gymnocyta*)[5], ou cellules nues, particules plasmatiques avec noyau, mais sans enveloppe, proviennent des cytodes primitives par l'épaississement en forme de noyau du plasma central, par la différenciation du noyau central et de la substance cellulaire périphérique ; 4° les cellules à membrane (*lepocyta*)[6], particules de plasma pourvues de noyau et de membrane, naissent, soit des cytodes à membranes par la formation d'un noyau, soit des cellules

1. De πλάσσω, façonner, modeler.
2. De κύτος, cavité.
3. Γυμνός, nu Κύτος, cavité.
4. Λέπος, coquille. Κύτος, cavité.
5. Γυμνός, nu. Κύτος, cavité.
6. Λέπος, coquille. Κύτος, cavité.

primitives par la formation d'une membrane. Toutes les autres formes d'éléments plastiques ou plastides, quelles qu'elles soient, naissent secondairement de ces quatre types par sélection naturelle, par descendance avec adaptation, par différenciation et transformation.

De cette théorie des plastides, de cette dérivation de leurs divers types et par suite de tous les organismes qui en sont composés, à partir des monères, résulte, dans la théorie évolutive tout entière, une cohésion plus simple et plus naturelle. L'origine des premières monères par génération spontanée nous semble être un phénomène simple et nécessaire du mode d'évolution des corps organisés terrestres. J'accorde que ce phénomène, tant qu'il n'a pas été directement observé ou reproduit, soit et demeure une simple hypothèse ; mais, je le répète, cette hypothèse est indispensable à l'enchaînement tout entier de l'histoire de la création ; en soi, elle n'a absolument rien de forcé, de merveilleux, et on n'a jamais pu en faire une réfutation positive. Observons aussi que, quand même le fait de génération spontanée se reproduirait chaque jour, à chaque instant encore, il est, dans tous les cas, extrêmement difficile de l'observer, de le constater avec une incontestable sûreté. Quant aux monères actuelles, nous sommes à leur égard dans l'alternative suivante : ou bien elles descendent directement des monères primitivement formées ou « créées », et alors elles auraient dû se reproduire invariablement, sans changer de forme, et conserver à travers tant de millions d'années leur forme originelle, celle de simples particules de plasma ; ou bien ces monères actuelles sont nées beaucoup plus tardivement dans le cours de l'évolution géologique, par des actes réitérés de génération spontanée, et alors la génération spontanée peut tout aussi bien exister aujourd'hui encore. La dernière hypothèse est évidemment bien plus vraisemblable que la première.

Si l'on rejette l'hypothèse de la génération spontanée, force est alors, pour ce point seulement de la théorie évolutive, d'avoir recours au miracle d'une création surnaturelle. Il faut que le créateur ait créé, dans leur état actuel, les premiers organismes, dont tous les autres sont descendus, au moins les plus simples des monères, les cytodes primitives ; il faut aussi qu'il leur ait donné la faculté de se développer ensuite mécaniquement. Je laisserai chacun de vous choisir entre cette idée et l'hypothèse de la génération spontanée. Supposer qu'en ce seul point de l'évolution régulière de la matière, le créateur soit intervenu capricieusement, quand d'ailleurs tout marche sans sa coopération, c'est là, il me semble, une hypothèse aussi peu satisfaisante pour le cœur du croyant que pour la raison du savant. Expliquons, au contraire, l'origine des premiers organismes par la génération spontanée, hypothèse qui, appuyée par les arguments précédents et surtout par la découverte des monères, n'offre plus de sérieuses difficultés, et alors nous relions par un enchaînement ininterrompu et naturel l'évolution de la terre et celle des êtres organisés enfantés par elle, et, là même où subsistent encore quelques points douteux, nous proclamons l'unité de la nature entière, l'unité des lois de son développement (*Morph. gén.*, I, 164).

QUATORZIÈME LEÇON.

MIGRATION ET DISTRIBUTION DES ORGANISMES. LA CHOROLOGIE ET L'AGE GLACIAIRE DE LA TERRE.

Faits chorologiques et leurs causes. — Apparition de la plupart des espèces, à un moment donné et en un point donné : centres de création, — Dispersion des espèces par migration. — Migrations actives et passives des animaux et des plantes. — Moyens de transport. — Transport des germes par l'eau et le vent, — Perpétuelles modifications des districts de distribution par le fait des soulèvements et des affaissements du sol. — Importance chorologique des faits géologiques. — Influence du changement de climat. — Age glaciaire ou période glaciale. — Son importance pour la chorologie. — Influence des migrations sur l'origine des nouvelles espèces. — Isolement des colons. — Lois de la migration d'après Wagner. — Rapport de la théorie de la migration et de celle de la sélection. — Concordance des conclusions de ces lois avec la théorie de la descendance.

Messieurs, on ne saurait trop redire ce que je vous ai déjà fait remarquer maintes fois, c'est-à-dire que la vraie valeur et la force irrésistible de la théorie de la descendance ne consistent pas en ce que cette théorie élucide tel ou tel phénomène particulier : mais bien en ce qu'elle explique l'ensemble des phénomènes biologiques ; en ce qu'elle nous fait comprendre l'intime connexion de tous les phénomènes botaniques et zoologiques. Tout savant, ayant l'esprit quelque peu philosophique, sera donc d'autant plus fermement, d'autant plus profondément convaincu de la vérité de la théorie évolutive, qu'il détournera davantage ses regards des observations biologiques isolées, pour embrasser le domaine tout entier de la vie animale et végétale. Nous mettant à ce point de vue d'ensemble, considérons maintenant un département de la biologie, dont les phénomènes multiples et complexes sont expliqués par la théorie de la sélection d'une manière tout particulièrement simple et lumineuse. Je veux parler de la chorologie ou théorie de la distribution des organismes à la surface de la terre. J'entends désigner par cette expression non-seulement la distribution géographique des espèces animales et végétales dans les diverses régions ou provinces terrestres, sur les continents et les îles, dans les mers et les fleuves, mais bien encore la distribution topographique de ces organismes dans le sens vertical, à mesure qu'ils gravissent au sommet des montagnes et descendent dans les profondeurs de l'Océan. (***Morph. gén.***, II, 286.)

Vous n'ignorez pas que la série des faits chorologiques isolés, observés, soit dans la distribution horizontale des organismes dans les diverses contrées, soit dans la distribution verticale en hauteur et profondeur, a depuis longtemps excité un intérêt général. De notre temps, par exemple, Alexandre de Humboldt (39), Alphonse de Candolle et Frédéric Schouw ont esquissé la géographie botanique ; Berghaus et Schmarda en ont fait autant pour la géographie des animaux. Mais, bien que ces naturalistes et beaucoup d'autres aient fait largement progresser nos connaissances touchant la distribution des animaux et des plantes, et nous aient rendu accessible un vaste domaine scientifique tout rempli de phénomènes curieux et intéressants, la chorologie n'en est pas moins restée une collection confuse de notions sur une masse de faits isolés. Impossible de donner à la chorologie le nom de science aussi longtemps que l'on ne pouvait expliquer ces faits en les rapportant à leurs causes efficientes. C'est la théorie de la sélection, qui, grâce à sa doctrine des migrations animales et végétales, nous a dévoilé ces causes, et c'est seulement depuis Darwin et Wallace, qu'il nous est possible de parler d'une *science* chorologique.

Si l'on considère exclusivement la totalité des phénomènes de la distribution géographique et topographique des organismes, sans faire intervenir le développement graduel des espèces, si, en même temps, se conformant à la vieille tradition religieuse, on regarde chaque espèce animale ou végétale comme séparément créée, comme indépendante, alors il ne reste plus qu'à admirer tous ces phénomènes comme un ensemble confus de prodiges inintelligibles et inexplicables. Mais quittez ce point de vue borné, élevez, vous avec la théorie de l'évolution à l'idée d'une consanguinité des diverses espèces, et vous verrez cette région mythologique s'éclairer tout à coup d'une vive lumière, vous verrez comment tous ces faits chorologiques se comprennent simplement et facilement, dès qu'on admet la commune descendance des espèces, et leurs migrations passives et actives.

Il est un fait capital, point de départ de la chorologie, et dont la vérité nous est affirmée par une interprétation profonde et conforme à la théorie de la sélection, c'est qu'en général chaque espèce animale et végétale n'a été produite par la sélection naturelle qu'une fois, en un seul moment et en un seul point de l'espace ; c'est ce que l'on a appelé « son centre de création ». Je partage absolument cette opinion de Darwin en ce qui concerne la plupart des organismes supérieurs, parfaits, la plupart des animaux et des plantes, chez qui la division du travail ou la différenciation des cellules constituantes, ainsi que celle des organes, ont été poussées jusqu'à un certain degré. En effet, comment admettre que l'ensemble des faits si complexes et si multiples, la totalité des diverses circonstances de la lutte pour l'existence, qui entrent en jeu, en vertu de la sélection naturelle, dans la formation d'une nouvelle espèce, aient pu agir de concert exactement de la même manière, plus d'une fois à la surface du globe ou simultanément en divers points de cette surface ?

Quant à certains organismes très-imparfaits, d'une structure extrêmement simple, à certaines formes spécifiques de nature fort indifférente, par exemple beaucoup de protistes unicellulaires et particulièrement les plus simples de tous, les monères, je regarde comme très-vraisemblable que ces formes spécifiques aient été produites mainte fois ou simultanément en divers points de la surface terrestre. En effet, les conditions peu nombreuses et très-simples, sous l'influence desquelles ces formes spécifiques se sont réalisées dans la lutte pour l'existence, ont pu se représenter souvent dans le cours des siècles ou se répéter isolément en diverses localités. Il y a aussi des espèces hiérarchiquement supérieures, qui ont pu se former à diverses reprises, en divers lieux ; ce sont ces espèces, qui ne proviennent pas de la sélection naturelle, mais d'un croisement, ces espèces bâtardes que j'ai déjà mentionnées. Mais, comme ces organismes, relativement peu nombreux, nous intéressent peu en ce moment, nous pouvons en faire abstraction en traitant de la chorologie, et nous occuper seulement de la distribution de l'immense majorité des espèces animales et végétales, de celles qui se sont produites une seule fois, en un seul lieu dit « centre de création », comme semblent l'établir nombre de sérieuses raisons.

Mais, dès les premiers moments de son existence, chaque espèce animale ou végétale a eu une tendance à franchir les bornes étroites de sa localité d'origine, de son centre de création, ou plutôt de sa patrie primitive, du lieu de sa naissance. C'est là une suite nécessaire des lois du peuplement et de son excès, que nous avons citées plus haut. Plus une espèce animale ou végétale se multiplie énergiquement, moins l'étendue restreinte du lieu de sa naissance peut suffire à son entretien. La lutte pour l'existence devient d'autant plus acharnée que l'excès de population s'accroît toujours plus, et l'émigration en est la conséquence nécessaire. Ces émigrations sont communes à tous les organismes, et ce sont les vraies causes de la large extension des diverses espèces organiques à la surface du globe. Animaux et plantes quittent leur patrie originelle, lorsqu'elle est trop peuplée, comme les hommes émigrent hors des États regorgeant de population.

Nombre de naturalistes distingués, notamment Lyell (11), Schleiden, etc., ont, à diverses reprises, signalé la grande importance de ces intéressantes migrations. Les moyens de transport, à l'aide desquels elles s'effectuent, sont extrêmement variés. Darwin a fait un examen complet de ces moyens de transport dans les onzième et douzième chapitres de son livre, qui traitent exclusivement de la « distribution géographique » des êtres organisés. Les agents de transport sont les uns actifs, les autres passifs ; en d'autres termes, l'organisme accomplit ses migrations en partie par des déplacements volontaires, en partie involontairement par les mouvements d'autres corps de la nature.

Les migrations actives jouent naturellement le plus grand rôle chez les animaux doués de la faculté de se déplacer. Plus l'organisation d'une espèce animale lui permet de se mouvoir librement dans toutes les directions, plus cette espèce émigre avec facilité, plus elle se répand rapidement à la surface de la terre Naturellement, les animaux les plus favorisés sous ce rapport sont les animaux ailés, et spécialement les oiseaux parmi les vertébrés, les insectes parmi les articulés. Ces deux classes peuvent, plus facilement que toutes les autres, se répandre par toute la terre aussitôt après leur apparition, et cela explique en partie l'étonnante uniformité de structure qui distingue ces deux grandes classes de toutes les autres. En effet, bien que ces classes comprennent un nombre prodigieux d'espèces distinctes, bien que la classe des insectes compte à elle seule plus d'espèces que toutes les autres classes d'animaux réunies, pourtant ces innombrables espèces d'insectes et aussi les diverses espèces d'oiseaux se ressemblent étonnamment dans toutes les particularités essentielles de leur organisation. Aussi, dans la classe des insectes et dans celle des oiseaux, on ne peut distinguer qu'un fort petit nombre de grands groupes naturels ou d' « ordres », et ces quelques groupes naturels diffèrent très-peu les uns des autres dans leur structure intime. Les ordres d'oiseaux, si riches en espèces, sont bien loin de différer entre eux autant que les ordres de la classe des mammifères, bien plus pauvres en espèces. De même les ordres des insectes, si riches en formes génériques et spécifiques, se rapprochent les uns des autres par leur structure interne bien plus que ne le font les ordres bien plus pauvres de la classe des crustacés. Sous ce rapport, le parallèle général des oiseaux et des insectes est fort intéressant, et la grande importance de cette richesse de formes consiste, pour la morphologie scientifique, dans le fait général qui en ressort, savoir, que la plus grande diversité des formes extérieures du corps peut se concilier avec de très-faibles écarts anatomiques et une grande uniformité de l'organisation essentielle. Évidemment, c'est dans le genre de vie des animaux ailés et dans la très-grande facilité de leurs déplacements qu'il faut chercher la raison de ce fait. C'est pourquoi les oiseaux et les insectes se sont répandus rapidement à la surface de la terre, ont élu domicile dans tous les endroits possibles, dans des localités inaccessibles aux autres animaux, et ont, en s'adaptant superficiellement aux conditions d'un lieu déterminé, modifié tant de fois leur forme spécifique.

Après les animaux ailés, ceux qui se sont propagés le plus vite et le plus loin sont naturellement ceux qui pouvaient émigrer le plus facilement, c'est-à-dire les meilleurs coureurs parmi les animaux terrestres, les meilleurs nageurs parmi les animaux aquatiques. Mais la possibilité d'émigrer ainsi n'appartient pas seulement aux animaux qui, pendant toute leur vie, jouissent de la faculté de pouvoir se déplacer librement. En effet, les animaux immobiles, par exemple les coraux, les serpules, les crinoïdes, les ascidies, les cirrhipèdes, et beaucoup d'autres animaux inférieurs, qui vivent et croissent à demeure sur les plantes marines, sur les rochers, ont joui, au moins dans leur jeunesse, de la faculté de se déplacer librement. Tous cheminent avant de se fixer. Habituellement ils sont libres dans leur jeunesse ; sous la forme de larves ciliées, de corpuscules cellulaires arrondis, couverts de cils vibratiles, qui leur permettent de rôder capricieusement dans l'eau; ils portent alors le nom de planulaires.

Mais la faculté de libre déplacement, et par conséquent d'émigration active, n'est pas le privilége des seuls animaux; beaucoup de plantes en jouissent. Nombre de plantes aquatiques inférieures, particulièrement dans la classe des algues, nagent dans leur première jeunesse exactement comme les animaux inférieurs précédemment cités. Elles portent à leur surface des appendices mobiles: ce sont, ou bien une sorte de fouet oscillant ou des cils vibratiles, formant une sorte de pelage; grâce à ces organes, elles vaguent librement dans l'eau et ne se fixent que tardivement. Nous pouvons même attribuer des migrations actives à beaucoup de plantes, que nous appelons plantes rampantes et grimpantes. La tige aérienne allongée ou la tige souterraine, le rhizôme, gagnent, durant leur lente croissance, l'une en grimpant, l'autre en rampant, des stations nouvelles; en émettant au loin des stolons ramifiés, elles conquièrent des habitats nouveaux, s'y enracinent par des bourgeons et donnent ainsi naissance à de nouvelles colonies de leur espèce.

Quelque importantes que soient ces migrations actives de la plupart des animaux et de beaucoup de plantes, elles ne nous donneraient pas, à elles seules, une explication suffisante de la chorologie des organismes. En effet, de tout temps, les migrations passives ont été de beaucoup plus importantes et incomparablement plus efficaces, au moins en ce qui concerne la plupart des plantes et bon nombre d'animaux. Les déplacements passifs sont dus à des causes extrêmement variées. L'air et l'eau, éternellement mobiles, le vent et la vague, si diversement agités, jouent ici le principal rôle. Partout et incessamment le vent soulève dans les airs des organismes légers, de petits animaux, de petites plantes, mais surtout leurs germes, les œufs et les semences, puis il les disperse au loin sur la terre et dans la mer. Si ces germes tombent dans la mer, ils sont aussitôt saisis par le courant et les vagues, et emportés en d'autres lieux. On sait, par de nombreux exemples, à quelle énorme distance de leur lieu d'origine sont souvent charriés par les fleuves et les courants marins les semences des arbres, les fruits à péricarpe dur et d'autres parties difficilement putrescibles des plantes. Des troncs de palmiers sont apportés par le gulf-stream des Indes occidentales sur les côtes de la Grande-Bretagne et de la Norvége. Tous les grands fleuves charrient des bois flottants venant des montagnes et souvent des plantes alpines, depuis leurs sources jusque dans la plaine et jusqu'à leur embouchure dans l'Océan. Souvent, entre les racines et les branches des plantes et des arbres entraînés par les courants et les flots, se tiennent de nombreux habitants, qui participent à cette émigration passive. L'écorce des arbres est recouverte de mousses, de lichens et d'insectes parasites. Des insectes, des arachnides et même de petits reptiles et de petits mammifères sont cachés dans les souches creuses ou se fixent sur les branches. Dans la terre adhérente aux radicelles, dans la poussière accumulée dans les fentes de l'écorce, se trouvent quantité de germes de petits animaux et de petites plantes. Que maintenant le tronc flottant atterrisse heureusement sur une côte étrangère ou dans une île lointaine, alors les hôtes, qui, malgré eux, ont pris part au voyage, quittent leur véhicule et s'établissent dans leur nouvelle patrie.

Les montagnes de glaces flottantes, qui, chaque année, se détachent des glaciers polaires, constituent un des plus singuliers de ces moyens de transport. Bien que ces régions désolées soient en général très-pauvres en espèces, pourtant il peut arriver que certains de leurs habitants se trouvent sur des montagnes de glace, au moment où elles se détachent des glaciers, qu'ils soient entraînés avec elles par les courants et abordent sur des rivages plus cléments. C'est ainsi que déjà, bien souvent, par l'intermédiaire des glaces flottantes des mers arctiques, une petite population d'animaux et de plantes a échoué sur les côtes septentrionales de l'Europe et de l'Amérique. Il est arrivé ainsi en Islande et dans les Iles Britanniques jusqu'à des renards et des ours polaires.

Le transport par la voie de l'air ne le cède nullement en importance au transport par eau. La poussière qui recouvre nos rues et nos toits, la couche la plus superficielle du sol des champs et des lits desséchés des cours d'eau, contiennent des millions de germes et de petits organismes. Beaucoup de ces petits animaux et de ces petites plantes peuvent se dessécher sans dommage et se réveiller ensuite à la vie aussitôt qu'ils sont mouillés. Chaque coup de vent enlève dans l'air d'innombrables quantités de ces petits organismes et les transporte souvent à plusieurs lieues. Il y a même des organismes plus volumineux, et surtout les germes de ces organismes, qui peuvent faire ainsi passivement de longs voyages aériens. Chez beaucoup de plantes, les graines, munies d'une couronne d'aigrettes légères, qui jouent le rôle d'un parachute, planent dans l'air et tombent doucement à terre. Des araignées suspendues à leur fil léger, vulgairement appelé « fil de la Vierge », accomplissent des voyages aériens de plusieurs lieues. Des trombes aériennes soulèvent souvent par milliers dans l'air de jeunes grenouilles, qui vont ensuite retomber fort loin : ce sont les soi-disant pluies de grenouilles. Des tempêtes peuvent faire franchir à des oiseaux et à des insectes la moitié de la circonférence terrestre. Enlevés de l'Angleterre, ils abordent aux États-Unis. Après avoir pris leur vol en Californie, ils ne peuvent plus se poser qu'en Chine. Mais beaucoup d'autres organismes peuvent voyager d'un continent à l'autre avec les oiseaux et les insectes. Naturellement tous les organismes, qui habitent ces animaux, émigrent avec eux, et leur nombre est légion : ce sont les poux, les puces, les mites, les champignons, etc. Dans la terre, qui souvent reste adhérente entre les doigts et au ventre des oiseaux au moment où ils prennent leur essor, se trouvent souvent de petits animaux, de petites plantes ou leurs germes. Ainsi la migration volontaire ou involontaire d'un organisme quelque peu volumineux peut transporter d'une partie du monde dans une autre une petite flore ou une petite faune.

Outre les moyens de transport dont nous venons de parler, il y en a encore beaucoup d'autres, qui rendent raison de la distribution des espèces animales et végétales sur de vastes étendues de la surface terrestre, et surtout de la distribution générale des espèces dites cosmopolites. Pourtant tout cela ne suffit pas, à beaucoup près, à expliquer tous les faits chorologiques. Comment se fait-il, par exemple, que beaucoup d'êtres organisés, habitant dans l'eau douce, vivent dans beaucoup de lacs ou de bassins séparés et entièrement distincts les uns des autres? Comment se fait-il que beaucoup d'organismes des montagnes, qui ne peuvent absolument pas vivre dans la plaine, se rencontrent sur des chaînes alpines tout-à-fait séparées et très-éloignées l'une de l'autre? Que, d'une manière quelconque, active ou passive, ils aient pu franchir, les premiers, les vastes espaces de terre ferme, les seconds, les plaines, qui séparent leurs habitats, cela est difficile à admettre, et c'est invraisemblable dans beaucoup de cas. Ici la géologie nous fournit des traits d'union fort importants. Elle résout parfaitement cette difficile énigme.

La géologie nous apprend, en effet, que la répartition de la terre et de l'eau à la surface du globe change éternellement et incessamment. Partout, par suite de phénomènes géologiques internes, il se produit des soulèvements et des affaissements du sol plus ou moins forts. Quand même ces mouvements s'effectueraient avec assez de lenteur pour n'élever ou n'abaisser les rivages de la mer que de quelques pouces ou même de quelques lignes dans le cours d'un siècle, ils n'en produiraient pas moins, le temps aidant, des résultats surprenants. Or, dans l'histoire de la terre, les cycles chronologiques d'une grande, d'une immense longueur, n'ont jamais manqué. Depuis que la vie organique existe à la surface de la terre, c'est-à-dire depuis tant de millions d'années, la terre et la mer se sont perpétuellement disputé la souveraineté. Des continents et des îles ont été engloutis sous les flots, d'autres continents et d'autres îles en ont surgi. Le fond des lacs et des mers, lentement soulevé, a été mis à sec, et le sol, en s'abaissant, a donné aux eaux d'autres bassins. Des presqu'îles sont devenues des îles, à mesure que disparaissaient sous les eaux les étroites langues de terre qui les reliaient au continent. Les îles d'un archipel deviennent les sommets d'une chaîne continue de montagnes, pour peu que le fond de la mer se soit notablement soulevé.

Ainsi la Méditerranée était autrefois une mer intérieure, alors qu'à la place du détroit de Gibraltar un isthme reliait l'Espagne à l'Afrique. A une époque géologique récente, quand l'homme existait déjà, l'Angleterre a été à diverses reprises unie au continent européen, et à diverses reprises elle en a été séparée. L'Europe a même été reliée à l'Amérique septentrionale. La mer du Sud forma autrefois un vaste continent, qu'on pourrait appeler Pacifique, et les nombreuses petites îles qui la parsèment étaient simplement alors les cimes les plus hautes des montagnes de ce continent. A la place de l'Océan indien était un continent s'étendant le long de l'Asie méridionale, des îles de la Sonde à la côte occidentale de l'Afrique. Ce vaste et antique continent a été appelé *Lemuria* par l'Anglais Sclater, d'après les singes inférieurs, qui caractérisaient sa faune. Son existence est d'un haut intérêt; car c'est là que fut vraisemblablement le berceau du genre humain; c'est là que, très-probablement, l'homme se dégagea de la forme simienne anthropoïde. Alfred Wallace (36) a démontré, à l'aide de faits chorologiques, que l'archipel Malais actuel se divise en deux régions distinctes, et c'est là un fait très-important. La région occidentale de l'archipel Indo-Malais comprend les grandes îles de Bornéo, Java, Sumatra; elle tenait jadis par la presqu'île de Malacca au continent asiatique et probablement au continent lémurien, dont nous avons parlé. La région orientale, au contraire, Célèbes, les Moluques, la Nouvelle-Guinée, les îles Salomon, etc., fit d'abord corps avec l'Australie. Ces deux régions furent alors séparées par une mer étroite; aujourd'hui elles sont en grande partie ensevelies sous les vagues. En s'appuyant uniquement sur ses excellentes observations chorologiques, Wallace a réussi à révéler très-nettement la situation de cette étroite mer de séparation, dont l'extrémité méridionale pénétrait entre Bali et Lombok.

Ainsi donc, depuis que l'eau existe sur la terre à l'état liquide, les limites de la terre ferme et de l'eau se sont perpétuellement modifiées, et l'on peut affirmer que les contours des continents et des îles ne sont pas restés les mêmes durant une heure, durant une seconde. En effet, le choc des flots ronge le rivage éternellement et sans trêve; et ce que la terre ferme perd ainsi en étendue, elle le regagne en d'autres points par l'accumulation du limon, qui s'accumule sur la roche solide et forme ainsi une nouvelle terre surgissant de nouveau au-dessus de l'Océan. L'idée de la fixité, de l'invariabilité des contours de nos continents, telle que nous l'inculque dès l'enfance notre système d'instruction si imparfait et si dédaigneux de la géologie, cette idée est une des plus erronées qui puissent être.

A peine ai-je besoin de vous faire remarquer de quelle extrême importance ont dû être, pour les migrations des organismes et pour leur chorologie, ces changements géologiques de la surface terrestre. Cela nous explique comment des espèces animales ou végétales, identiques, ou du moins très-voisines, peuvent se trouver sur diverses îles, bien qu'elles n'aient jamais pu franchir l'étendue d'eau intermédiaire, comment d'autres espèces d'eau douce peuvent habiter divers amas d'eau, fermés et isolés les uns des autres, sans avoir jamais pu traverser la terre ferme qui les sépare. Autrefois ces îles étaient les sommets des montagnes d'un continent; autrefois ces lacs communiquaient entre eux. Les premières ont été séparées par suite de l'affaissement du sol, les seconds par son exhaussement. Songeons en outre avec quelle irrégularité ces alternatives d'exhaussement et d'affaissement se sont produites dans les diverses localités, et quels changements elles ont apportés dans les limites des districts habités par telles ou telles espèces; songeons quelles influences multiples ces faits ont exercées sur les migrations actives et passives des organismes, et nous comprendrons alors très-bien l'aspect infiniment bigarré que nous présente aujourd'hui la distribution des espèces animales et végétales.

Il est encore un autre facteur très-important et propre à faire comprendre cette variété, en éclairant nombre de faits obscurs, qui, sans lui, seraient des énigmes pour nous. Je veux parler du changement graduel de climat, qui s'est produit durant la longue durée de l'histoire organique de la terre. Comme nous l'avons déjà vu dans les leçons précédentes, au début de la vie organique sur la terre, il a dû régner partout une température plus élevée et plus uniforme qu'aujourd'hui. Les différences de température suivant les zones, ces différences, actuellement si frappantes, devaient être alors peu marquées. Vraisemblablement, il régna sur la terre, durant bien des millions d'années, un climat qui se rapprochait beaucoup de notre climat tropical le plus chaud, si même il n'était plus chaud encore. Les régions les plus éloignées dans l'extrême Nord, où l'homme ait pu pénétrer de nos jours, étaient alors couvertes d'arbres et d'autres plantes, dont nous trouvons encore les restes fossiles. Très-lentement, peu à peu, la température de ce climat s'abaissa; mais les pôles n'en restaient pas moins encore assez chauds pour que toute la surface terrestre fût habitable pour les êtres organisés. Ce fut dans un âge géologique relativement récent, au commencement de l'époque tertiaire, que se produisit probablement le premier abaissement sensible de la température de l'écorce terrestre vers les deux pôles; alors seulement les diverses zones de température commencèrent à s'accuser. Durant l'époque tertiaire, l'abaissement de la température alla toujours en s'accentuant peu à peu, jusqu'au moment où les premières glaces apparurent aux deux pôles.

Il est presque inutile de faire remarquer combien ce changement graduel de climat dut jouer un rôle important dans la formation de nombreuses espèces nouvelles. Les espèces animales et végétales, qui jusqu'à l'époque tertiaire avaient trouvé par toute la terre un climat tropical convenable, étaient maintenant contraintes soit à s'adapter à un froid intense, soit à fuir devant lui. Les espèces, qui s'adaptèrent et s'habituèrent à l'abaissement de la température, se métamorphosèrent en espèces nouvelles par le fait même de cette acclimatation sous l'influence de la sélection naturelle. Les autres espèces, celles qui s'enfuirent devant le froid, durent émigrer sous des latitudes plus basses, pour y chercher un climat plus doux. De là résultèrent de puissantes modifications dans la distribution des espèces à cette époque.

Mais durant la dernière phase géologique, durant la période quaternaire, qui succéda à l'époque tertiaire, l'abaissement de la température ne fut plus confiné aux pôles. Il s'accusa de plus en plus, et descendit même au-dessous de la température actuelle. L'Asie septentrionale et moyenne, l'Europe et l'Amérique du Nord se recouvrirent, à partir du pôle, d'une couche de glace, qui, dans notre Europe, semble s'être étendue jusqu'aux Alpes. Au pôle sud, la glace progressa de la même manière; elle recouvrit d'un manteau rigide l'hémisphère méridional jusque dans des régions aujourd'hui libres de glaces. Entre ces deux continents glacés, immenses, léthifères, il ne resta qu'une étroite zone, où la vie du monde organique put trouver un refuge. Cette période, durant laquelle l'homme ou du moins l'homme-singe existait déjà et qui forme la première portion de ce que l'on a appelé l'*âge diluvien,* cette période est aujourd'hui célèbre et connue sous le nom d'*âge glaciaire* ou *période glaciaire.*

L'ingénieux Ch. Schimper fut le premier naturaliste qui conçut nettement l'idée de l'âge glaciaire, et qui, à l'aide des blocs erratiques et des stries burinées par le glissement des glaciers, démontra la grande étendue des glaciers primitifs au centre de l'Europe. Excité par l'exemple de Ch. Schimper, et puissamment aidé par les travaux spéciaux du géologue distingué Charpentier, le naturaliste suisse Louis Agassiz entreprit plus tard de compléter la théorie de l'époque glaciaire. En Angleterre, le naturaliste Edward Forbes s'occupa avec succès de cette théorie, et déjà il la formula en ce qui concerne les migrations et la distribution géographique des espèces qui en résulte. Au contraire, Agassiz gâta plus tard la théorie de l'âge glaciaire ; car, fasciné par la doctrine des révolutions du globe de Cuvier, il voulut expliquer la destruction totale du monde organique alors vivant par l'invasion subite de l'époque glaciaire et la catastrophe qui en fut le résultat.

Je n'ai nullement besoin de parler plus longuement de l'âge glaciaire et d'en indiquer très-exactement les limites ; je puis même m'en abstenir d'autant mieux que c'est là un sujet rebattu dans la littérature géologique moderne tout entière. Vous en trouverez une exposition détaillée surtout dans les ouvrages de Cotta (31), Lyell (30), Vogt (27), Zittel (32), etc. Pour nous, ce qui nous importe seulement, c'est de bien mettre en relief le rôle important, qui incombe à cet âge dans l'explication des problèmes les plus ardus de la chorologie, rôle que Darwin a su parfaitement déterminer.

Nul doute, par exemple, que cette extension des glaciers sur les zones aujourd'hui tempérées n'ait dû influer prodigieusement sur la distribution géographique et topographique des êtres organisés et même la métamorphoser totalement. A mesure que le froid polaire progressait lentement vers l'équateur, en couvrant d'un manteau de glace les terres et les mers, il devait naturellement refouler devant lui la totalité des êtres vivants. Émigrer ou périr de froid, telle fut l'alternative offerte aux animaux et aux plantes. Mais, comme les zones tempérées et tropicales n'avaient pas vraisemblablement alors une faune et une flore moins riches qu'aujourd'hui, les habitants de ces régions et les immigrants venant des pôles durent se faire une terrible guerre pour l'existence. Durant cette lutte, qui se continua sans doute pendant des milliers d'années, nombre d'espèces succombèrent, les autres se modifièrent et se transformèrent en espèces nouvelles. La distribution géographique des espèces dut être absolument changée. Cette guerre continua encore par la suite; elle se ralluma avec une fureur nouvelle et métamorphosa encore de nouveau les espèces, lorsque, parvenu à son maximum d'intensité, l'âge glaciaire commença à décliner, lorsque, la température s'élevant de nouveau, durant la période post-glaciaire, les êtres organisés reprirent le chemin des pôles.

Sûrement, cette révolution climatologique aussi profonde, quelque importance qu'on lui veuille d'ailleurs attribuer, fut un événement géologique, qui influa énormément sur la distribution des formes organisées. Il est, par exemple, un phénomène chorologique important et obscur, dont cet événement rend raison de la manière la plus simple; je veux parler de l'identité spécifique de nombre d'organismes alpins et polaires. Quantité de formes végétales et animales typiques sont communes à ces deux régions et manquent absolument aux espaces si énormes qui les séparent. Dans l'état climatologique actuel, une migration de ces espèces depuis les régions polaires jusqu'aux Alpes, ou inversement, serait difficilement admissible, ou ne le serait que dans des cas tout à fait exceptionnels. Mais cette migration a pu s'effectuer; elle a même dû s'effectuer durant la lente invasion et la lente rétrogradation de l'âge glaciaire. Puisque les glaces de l'Europe septentrionale se sont avancées jusqu'à notre massif alpestre, les organismes polaires convoyés par elles, les gentianes et les saxifrages, les renards et les lièvres polaires ont pu venir alors peupler l'Allemagne, ou plus généralement l'Europe moyenne. Lorsque la température s'éleva de nouveau, une portion de cette population arctique retourna dans les zones polaires, en suivant le mouvement rétrograde des glaces; le reste se contenta de gravir les hautes montagnes, et, à une altitude suffisante, ces organismes trouvèrent le climat qui leur convenait. Telle est la solution fort simple du problème en question.

Nous avons jusqu'ici insisté sur la théorie des migrations, spécialement parce qu'elle explique la dispersion rayonnante de chaque espèce animale et végétale à partir d'une patrie originelle primitive, d'un centre de création, aussi parce qu'elle rend raison de la distribution d'une espèce donnée sur une plus ou moins grande partie de la surface terrestre. Mais les migrations des animaux et des plantes importent fort à la théorie de l'évolution, en ce qu'elles peuvent éclairer vivement l'origine des nouvelles espèces. En émigrant, les animaux et les plantes, tout comme les émigrants humains, trouvent dans leur nouvelle patrie des conditions d'existence différentes de celles auxquelles ils étaient héréditairement accoutumés. Ces conditions nouvelles, insolites, l'émigrant doit les subir, s'y adapter ou périr. Mais, par le fait même de l'adaptation, le caractère particulier, spécifique de l'organisme est modifié, et proportionnellement à la différence entre les conditions nouvelles et les anciennes. Le nouveau climat, la nouvelle alimentation, mais surtout le voisinage de nouvelles espèces animales et végétales, tout tend à transformer le type héréditaire de l'immigrant, et, si celui-ci n'a pas une force de résistance suffisante, tôt ou tard il engendrera une espèce nouvelle. Le plus souvent, cette métamorphose de l'espèce immigrante sous l'influence des changements survenus dans la lutte pour l'existence, s'effectue avec une telle rapidité que quelques générations suffisent pour donner naissance à une espèce nouvelle.

Sous ce rapport, l'émigration agit principalement sur les êtres organisés à sexes séparés. En effet, la production de nouvelles espèces par la sélection naturelle est entravée ou ralentie chez ces êtres, surtout par le mélange sexuel fortuit de leur postérité en voie de variation avec le type primitif intact. Ce croisement ramène les variétés à la forme originelle. Mais, si ces variétés ont émigré, si elles sont suffisamment séparées de leur ancienne patrie, soit par une distance convenable, soit par des barrières naturelles, par la mer, les montagnes, etc., alors le danger d'un croisement avec la forme-souche n'existe plus ; grâce à leur isolement, les formes émigrées, en train de passer à une espèce nouvelle, ne peuvent retourner à la forme-souche par le fait d'un croisement.

C'est l'ingénieux voyageur Maurice Wagner, de Munich, qui a surtout insisté sur l'importance du rôle que joue l'émigration, en isolant les espèces nouvellement produites et en empêchant leur prompt retour au type spécifique ancien. Dans un petit écrit intitulé : « la Théorie Darwinienne et la Loi des migrations des organismes » (40), Wagner, fort de sa riche expérience personnelle, cite un grand nombre d'exemples frappants, qui confirment la théorie des migrations exposée par Darwin dans les onzième et douzième chapitres de son livre et mettent tout particulièrement en relief l'utilité de l'isolement parfait des espèces émigrées au point de vue de la formation de nouvelles espèces. Wagner a résumé dans les trois propositions suivantes le jeu des causes fort simples, « qui limitent la forme dans l'espèce et lui impriment un caractère différentiel typique » :

1° Plus la somme des différences de milieu, avec lesquelles les êtres organisés se trouvent aux prises en émigrant dans une contrée nouvelle, est considérable, plus la variabilité inhérente à tout organisme doit se manifester énergiquement.

2° Moins cette variabilité exagérée des organismes sera troublée dans son travail incessant de métamorphose par le mélange avec de nombreux émigrants retardataires de la même espèce, mieux la nature réussira à former de nouvelles variétés ou races, c'est-à-dire des commencements d'espèces, par le moyen de l'accumulation des caractères et de leur transmission héréditaire.

3° Plus les modifications organiques de détail subies par la variété sont avantageuses pour elle, plus elles sont en harmonie avec le milieu; plus, sur un territoire nouveau, la sélection d'une variété au début s'effectue longtemps sans trouble, sans mélange avec des émigrants retardataires de la même espèce, plus alors la variété a de chances de devenir une espèce nouvelle.

On peut adhérer sans hésitation à ces trois propositions de Maurice Wagner. Au contraire, quand il prétend que l'émigration et l'isolement, qui en résulte, sont des conditions nécessaires à l'apparition d'espèces nouvelles, il est complètement dans l'erreur. Suivant Wagner « une longue séparation des colons de leurs anciens congénères est indispensable, pour qu'une nouvelle espèce se forme, pour que la sélection naturelle puisse agir. L'inévitable effet du croisement illimité, du mélange sexuel libre entre tous les individus d'une même espèce, est l'uniformité; alors les variétés, dont les caractères n'ont pas été fixés par une série de générations, retombent dans le type primitif. »

C'est dans cette proposition que Wagner prétend résumer le résultat général de son travail; mais il ne serait fondé à le faire que si tous les organismes avaient des sexes séparés et si le mélange d'individus mâles et femelles était le seul mode de production possible de nouveaux individus. Or il n'en est rien; il est singulier que Wagner ne dise mot des hermaphrodites si nombreux, réunissant les organes sexuels des deux sexes et pouvant se féconder eux-mêmes; singulier aussi qu'il passe sous silence les innombrables organismes tout à fait privés de sexe. Or, dès les âges les plus lointains de l'histoire organique terrestre, il a existé et il existe encore aujourd'hui des milliers d'espèces organiques, chez qui il n'y a aucune différence sexuelle, chez qui la génération sexuée ne s'effectue jamais; tous se reproduisent invariablement par un mode asexué, par la fissiparité, le bourgeonnement, la formation de spores, etc. L'énorme monde des protistes, les monères, les amibes, les mycomicètes, les rhizopodes, etc., en un mot l'ensemble des organismes inférieurs, que nous sommes obligés de ranger dans un règne de protistes intermédiaire aux règnes végétal et animal, tous ces êtres se reproduisent uniquement par génération asexuée. Or ce groupe est le plus riche au point de vue morphologique; on pourrait même dire, sous un certain rapport, qu'il est le plus riche en formes diverses; car toutes les formes principales géométriquement possibles s'y trouvent réalisées. Citons particulièrement l'étonnante classe des rhizopodes, à laquelle appartiennent les acyttaires à carapaces calcaires et les radiolaires, à carapaces siliceuses. (*Voir* la XVIe leçon.)

Naturellement la théorie de Wagner ne saurait s'appliquer à tous ces organismes asexués. Il en est de même de tous les hermaphrodites, chez qui chaque individu est pourvu d'organes mâles et d'organes femelles et peut se féconder lui-même. Citons les turbellariées, les trématodes, les cestoïdes, la plupart des vers et en outre les remarquables tuniciers, ces invertébrés voisins des vertébrés, sans compter nombre d'autres organismes appartenant à différents groupes. Beaucoup de ces espèces sont l'œuvre de la sélection naturelle, et pourtant tout croisement des espèces nouvelles avec le type primitif était impossible.

Comme je vous l'ai déjà fait remarquer dans la huitième leçon, l'origine des deux sexes et par suite toute la génération sexuée doivent être considérées comme des phénomènes appartenant aux époques relativement récentes de l'histoire organique de la terre; c'est l'œuvre de la différenciation ou de la division du travail. Nul doute que les plus anciens organismes de la terre ne se soient reproduits uniquement par les procédés asexués les plus simples. Aujourd'hui encore, c'est par génération asexuée, que se reproduisent tous les protistes ainsi que les innombrables cellules constituant le corps des organismes supérieurs. Pourtant, dans ce domaine aussi, il naît partout de nouvelles espèces, œuvre de la sélection naturelle, agissant par différenciation.

Mais, même en considérant seulement les espèces animales et végétales à sexes séparés, nous devrions critiquer la proposition fondamentale de Wagner, aux termes de laquelle « la migration des organismes, leur colonisation seraient la condition préalable nécessaire au jeu de la sélection naturelle ». Déjà Auguste Weismann, dans son mémoire « sur l'influence de l'isolement dans la formation des espèces » (24), a suffisamment réfuté cette proposition ; il a montré que, même dans un district circonscrit, une espèce peut se subdiviser en plusieurs autres sous l'influence de la sélection naturelle. En terminant ces observations, je veux insister encore tout particulièrement sur la haute valeur de la division du travail, de la différenciation, cette conséquence nécessaire de la sélection naturelle. Toutes les diverses espèces de cellules constituant le corps des organismes supérieurs, les cellules nerveuses, les cellules musculaires, les cellules glandulaires, etc., toutes ces formes, qui sont de bonnes espèces parmi les organismes élémentaires, sont simplement le résultat de la division du travail suscitée par la sélection naturelle ; bien qu'elles n'aient jamais été isolées dans l'espace et que, depuis leur origine, elles aient toujours vécu dans une étroite union sociale. Mais ce qui est vrai des organismes élémentaires ou « individus de premier ordre », l'est aussi des organismes polycellulaires d'un rang plus élevé ; en effet, c'est secondairement et par l'association des premiers que les autres sont devenus de « bonnes espèces ».

Sans doute, je pense, avec Darwin et Wallace, que la migration des organismes, leur isolement dans leur nouvelle patrie sont des conditions favorables, avantageuses à la formation de nouvelles espèces ; mais que ce soit là une condition nécessaire, que, sans elle, comme le prétend Wagner, toute formation d'espèce nouvelle soit impossible, c'est ce que je ne puis accorder. Si Wagner veut établir, comme loi spéciale des migrations, « que la migration est une condition nécessaire de la sélection naturelle », nous affirmons que cette loi est contredite par les faits que nous avons cités. Déjà nous avons fait voir que la formation de nouvelles espèces par la sélection naturelle était une nécessité mathématique et logique, résultant uniquement de la combinaison de trois grands faits. Ces trois faits fondamentaux sont : la guerre pour l'existence, la faculté d'adaptation et la faculté d'hérédité des organismes.

Quant aux faits si intéressants et si nombreux, que fournit l'étude détaillée de la distribution géographique et topographique des espèces organiques et qui dissipent tout ce qu'il y a de merveilleux en apparence dans la théorie de la sélection et des migrations, je ne puis y insister ici. Force m'est de vous renvoyer sur ce point aux écrits déjà cités de Darwin (1), de Wallace (36), de Moritz Wagner (40). Dans ces écrits, on expose parfaitement l'importante théorie des limites de la distribution géographique, qui sont les fleuves, les mers, les montagnes, et on appuie la théorie de nombreux exemples. Je citerai ici seulement trois faits à cause de leur importance spéciale. Le premier est l'étroite parenté morphologique, « l'air de famille » si frappant, qui existe entre les formes locales caractérisques d'une contrée et leurs ancêtres éteints, fossiles, de la même région. Le second fait est « l'air de famille », non moins frappant, qui existe entre les habitants d'un archipel donné et ceux du continent le plus voisin, d'où cet archipel a reçu sa population. Le troisième et dernier fait est le caractère tout particulier, qui s'observe en général dans la composition des flores et des faunes insulaires.

Tous les faits chorologiques cités par Darwin, Wallace et Wagner, par exemple, la remarquable limitation des faunes et des flores locales, l'analogie des habitants des îles avec ceux des continents, la large extension des espèces dites cosmopolites, l'étroite parenté des espèces locales actuelles avec les espèces éteintes des mêmes régions, la possibilité de démontrer l'irradiation de chaque espèce à partir d'un point de création unique, tous ces faits et tant d'autres empruntés à la distribution géographique et topographique des organismes s'expliquent simplement et parfaitement par la théorie de la sélection et des migrations : sans cette théorie, ils sont inintelligibles. Nous trouvons donc, dans toute cette série de phénomènes, une nouvelle et forte preuve attestant la vérité de la théorie généalogique.

QUINZIÈME LEÇON.

PÉRIODES ET ARCHIVES DE LA CRÉATION.

Réforme de la taxinomie par la théorie généalogique. — La classification naturelle considérée comme arbre généalogique. — Les fossiles considérés comme les médailles de la création. — Dépôt des couches neptuniennes : elles englobent des débris organiques. — Division de l'histoire organique de la terre en cinq périodes principales : âge des algues, âge des fougères, âge des conifères, âge des arbres à vraies feuilles et des arbres cultivés. — Classification des couches neptuniennes. — Immense durée des périodes écoulées pendant la formation de ces couches. — Les couches se sont déposées seulement durant l'affaissement du sol. — Autres lacunes dans les archives de la création. — État métamorphique des plus anciennes couches neptuniennes. — Limites restreintes des observations paléontologiques. — Les fragments d'organismes susceptibles de fossilisation sont insuffisants. — Rareté d'un grand nombre d'espèces fossiles. — Absence de formes intermédiaires fossiles. — Archives de l'ontogénie et de l'anatomie comparée.

Messieurs, la doctrine généalogique est destinée à transformer toutes les sciences naturelles ; mais, vraisemblablement, après l'anthropologie, aucune branche scientifique ne subira cette influence autant que la partie descriptive de l'histoire naturelle, c'est-à-dire la zoologie et la botanique systématiques. Jusqu'ici, la plupart des naturalistes qui se sont occupés de la classification des animaux et des plantes ont collectionné, nommé et mis en ordre ces êtres organisés avec l'intérêt que met un antiquaire ou un ethnographe à rassembler les armes, les ustensiles des différents peuples. Beaucoup d'entre eux même n'ont pas dépensé dans ce but plus d'effort intellectuel, qu'il n'en faut pour collectionner, étiqueter et ranger des armoiries, des timbres-poste et d'autres curiosités du même genre. De même que le collectionneur contemple avec délices la variété des formes, la beauté et la rareté des armoiries, des timbres-poste, et qu'il admire à ce sujet l'ingénieuse invention de l'homme, ainsi la plupart des naturalistes se délectent en considérant la multiplicité des formes animales et végétales ; ils sont en extase devant la riche imagination du créateur, devant son inépuisable fécondité créatrice, devant la verve capricieuse avec laquelle il s'est complu à former, à côté de tant d'organismes beaux et utiles, quantité de types inutiles et difformes.

Cette manière artificielle de traiter la zoologie et la botanique systématiques est ruinée de fond en comble par la doctrine généalogique. L'intérêt superficiel et futile, avec lequel jusqu'ici l'on a le plus souvent considéré les formes organiques, fait place à un intérêt d'ordre supérieur, à l'intérêt dicté par la raison consciente, qui, dans la parenté morphologique des organismes, reconnaît une réelle consanguinité. La classification naturelle des animaux et des végétaux, envisagée jusqu'ici comme un registre de noms permettant d'embrasser d'un coup d'œil la diversité des formes, ou bien comme une table des matières exprimant brièvement le degré d'analogie de ces formes, cette classification acquiert, grâce à la doctrine généalogique, l'inappréciable valeur d'un véritable arbre généalogique des organismes. Ce tableau doit nous révéler la connexion généalogique des groupes grands et petits ; son but est de nous montrer comment les classes, ordres, familles, genres et espèces des règnes animal et végétal correspondent aux branches, rameaux, ramuscules de leur arbre généalogique. Plus une catégorie taxinomique est vaste et importante (classe, ordre), plus le nombre des branches qu'elle supporte est considérable ; plus la catégorie est restreinte et secondaire, plus les branchilles auxquelles elle correspond sont rares et faibles. Le seul moyen de se faire une juste idée de la classification naturelle est de la considérer comme un arbre généalogique.

Sans doute, l'avenir seul verra le triomphe de cette doctrine; mais, puisque nous nous y arrêtons, nous pouvons déjà nous occuper de la construction réelle de l'arbre généalogique des êtres organisés; c'est là sûrement un des côtés les plus essentiels et les plus difficiles à élucider de l'histoire naturelle de la création. Il s'agit de démontrer que les diverses formes organiques sont la postérité divergente d'une seule forme ancestrale commune ou d'un petit nombre de formes ancestrales; vous allez voir que, dès à présent, nous sommes peut-être en mesure de poursuivre assez loin cette démonstration. Mais comment réussir à construire l'arbre généalogique des groupes animaux et végétaux sans autres matériaux que les pauvres observations fragmentaires recueillies jusqu'ici? La réponse à cette question nous est donnée en partie par la remarque, que nous avons faite au sujet du parallélisme des trois séries évolutives. En effet, nous avons constaté l'importante connexion étiologique, qui relie l'évolution paléontologique du monde organique tout entier avec l'évolution embryologique des individus et l'évolution systématique des groupes hiérarchiquement classés.

Pour arriver à résoudre cet obscur problème, adressons-nous tout d'abord à la paléontologie. En effet, si la théorie de la descendance est fondée, si réellement les restes fossiles des animaux et des plantes ayant vécu jadis sont les ancêtres des organismes contemporains, nul doute que l'examen, la comparaison de ces débris ne nous fassent découvrir l'arbre généalogique des organismes. Quelque simple et aisé que cela puisse sembler en théorie, ce n'en est pas moins une question extraordinairement difficile et complexe au point de vue pratique. La solution du problème serait déjà fort difficile, si les fossiles étaient bien conservés; il n'en est rien : au contraire, les archives matérielles de la création, les séries de fossiles sont étonnamment incomplètes. Il faut donc, avant tout, soumettre ces documents à un examen critique et en apprécier la valeur au point de vue de l'histoire évolutive des familles organiques. Comme je vous ai déjà signalé l'importance générale des fossiles, de ces « médailles de la création », en vous parlant des services rendus par Cuvier à la paléontologie, je puis maintenant examiner les conditions nécessaires à la fossilisation des débris organiques et à leur conservation plus ou moins parfaite.

Habituellement on trouve les fossiles enfouis dans des roches, qui se sont déposées par couches superposées, comme celles que le limon dépose au sein des eaux; on les appelle roches neptuniennes, stratifiées ou sédimentaires. Naturellement le dépôt de ces couches n'a pu commencer avant l'époque géologique, où la vapeur d'eau s'est condensée à l'état liquide. Ce moment, dont nous avons déjà parlé dans la dernière leçon, marqua non-seulement le commencement de la vie à la surface de la terre, mais aussi le point de départ d'un travail de remaniement incessant et considérable de l'écorce terrestre solide. A cette date remonte le début de cette action mécanique si puissante malgré sa lenteur, et qui, sans repos ni trêve, métamorphose la surface terrestre. Personne n'ignore, je suppose, que, de nos jours encore, l'eau exerce une puissante action du même genre. En tombant sous forme de pluie, l'eau imbibe les couches superficielles de la terre, puis ruisselle des hauteurs dans les vallées, entraînant à la fois des particules minérales du sol chimiquement dissoutes, et mécaniquement les parties désagrégées. En coulant sur le flanc des montagnes, l'eau en charrie les débris dans la plaine, où elle les dépose sous forme de limon; elle travaille donc incessamment à niveler les montagnes et à combler les vallées. De son côté, le choc des flots de la mer mine sans repos les rivages et tend à exhausser le fond des mers en y déposant les débris des falaises. Par conséquent, l'action de l'eau, si elle n'était pas contre-balancée par d'autres agents, suffirait seule, dans un temps donné, pour niveler toute la terre. La masse des matériaux arrachée chaque année aux montagnes et transformée en limon, qui se dépose au fond des mers, est si considérable que, dans un laps de temps plus ou moins grand, au bout de quelques milliers d'années peut-être, elle suffirait à aplanir parfaitement la surface du globe, qui serait alors recouvert d'une couche d'eau uniforme ; aucun doute ne peut subsister à cet égard. Si ce résultat ne se produit point, nous en sommes redevables à l'action volcanique exercée en sens inverse par la masse en fusion de l'intérieur du globe. Cette réaction du noyau en fusion sur l'écorce solide détermine alternativement des exhaussements et des affaissements aux divers points de la surface. Le plus habituellement, ces exhaussements et ces affaissements s'effectuent avec une grande lenteur ; mais, comme ils durent des milliers d'années, ils produisent, par l'accumulation de petits effets partiels, des résultats non moins immenses que ceux dus à l'action nivelante de l'eau.

Comme dans les divers points de la terre les soulèvements et les affaissements du sol alternent maintes fois, il en résulte que, tantôt telle partie de la terre, tantôt telle autre, est submergée. Je vous ai cité des faits de ce genre dans les leçons précédentes. Vraisemblablement, il n'est pas un point de l'écorce terrestre, qui n'ait ainsi surgi à diverses reprises au-dessus des eaux ou n'ait été submergé par elles. Par ce mouvement alternatif s'expliquent la multiplicité et l'hétérogénéité des nombreuses couches neptuniennes superposées presque partout en strates d'une grande puissance. Durant les diverses périodes géologiques, pendant lesquelles s'effectua ce dépôt, vécut une population infiniment variée d'animaux et de végétaux. Quand les cadavres de ces êtres organisés tombaient au fond des eaux, d'abord ils imprimaient leur moule en creux sur le limon encore mou, puis les parties imputrescibles de leur corps, les os, les dents, les coquilles, etc., étaient englobées et restaient intactes. Conservées dans le limon, qui se consolidait en roches neptuniennes, ces débris ont constitué les fossiles, qui nous servent aujourd'hui à caractériser les diverses couches stratifiées. En comparant soigneusement les diverses strates superposées et les fossiles qu'elles contiennent, on est parvenu à déterminer l'âge relatif des couches et des groupes de strates, et aussi à fixer expérimentalement la date générale de la phylogénie ou de l'évolution des familles animales et végétales. Ces diverses roches neptuniennes superposées et différemment composées, soit de chaux, soit d'argile, soit de sable, ont été groupées par les géologues dans un ordre idéal embrassant la totalité de l'histoire organique de la terre, c'est-à-dire de cette partie de la durée géologique, pendant laquelle la vie organique existait. De même qu'on a divisé ce que l'on appelle « l'histoire universelle » en grandes et petites périodes caractérisées par l'épanouissement successif des principaux peuples et limitées par les faits saillants de leur histoire, de même nous subdivisons la durée infiniment longue de l'histoire organique terrestre en une série de grandes et de petites périodes. Chacune de ces périodes est caractérisée par une flore et une faune spéciales, par le développement prédominant de tel groupe donné d'animaux ou de végétaux; chacune d'elles se distingue de la période précédente et de la suivante par un changement partiel, mais frappant, dans la composition de sa population organique.

Je vais vous donner un aperçu général de la marche historique, suivant laquelle se sont développés les principaux types animaux et végétaux; mais, pour bien comprendre cet aperçu, il faut, de toute nécessité, connaître la classification systématique des roches neptuniennes et des périodes petites ou grandes de l'histoire organique qui y correspondent. Comme vous le verrez bientôt, nous pouvons subdiviser la masse totale des couches sédimentaires superposées en plusieurs groupes principaux ou *terrains*, chaque terrain en plusieurs groupes secondaires de strates, ou *systèmes*, et chaque système en groupes plus petits encore, en *formations;* enfin chaque formation peut se diviser en *étages* ou sous-formations, et à son tour chacun de ces étages peut se subdiviser en dépôts plus petits, en bancs, etc. Chacun des cinq grands terrains s'est déposé pendant la durée d'une des grandes divisions géologiques, durant *un âge;* chaque système s'est formé pendant un laps de temps plus court, pendant *une période;* chaque formation a exigé un temps plus court encore, *une époque,* etc. Quand nous classons systématiquement, en compartiments, les cycles de l'histoire organique de la terre et les strates neptuniennes fossilifères, qui se sont formées pendant leur durée, nous procédons exactement comme les historiens, qui divisent l'histoire des peuples en trois grandes périodes, l'antiquité, le moyen âge et les temps modernes, puis subdivisent chacune de ces divisions en époques secondaires. Mais, en enfermant les faits historiques dans cette classification à vives arêtes, en donnant à chaque période un nombre d'années déterminé, l'historien veut seulement rendre plus facile une vue d'ensemble et ne prétend nullement nier la connexion ininterrompue des événements et de l'évolution des peuples; c'est exactement ce que fait notre division, spécification ou classification de l'histoire organique de la terre. Là aussi le lien de l'évolution continue n'est nulle part brisé. Nos divisions tranchées, nos grands et petits groupes de strates et les durées qui leur correspondent, n'ont rien de commun, nous nous hâtons de l'affirmer, avec la théorie des révolutions terrestres et des créations organiques successives de Cuvier. Déjà, précédemment, j'ai pris soin de vous démontrer que cette doctrine erronée avait été ruinée de fond en comble par Lyell.

Nous appelons âges primordial, primaire, secondaire, tertiaire et quaternaire les cinq grandes divisions principales de l'histoire organique de la terre, c'est-à-dire de l'évolution paléontologique. Chacun de ces âges est caractérisé par le développement prédominant de groupes déterminés d'animaux et de plantes. Nous pouvons donc désigner clairement chacun de ces cinq âges, soit d'après le groupe végétal, soit d'après le groupe animal vertébré, qui y prédominent. Ainsi, le *premier âge*, ou âge primordial, serait celui des algues et des animaux dépourvus de crâne; le *deuxième* âge, ou âge primaire, serait l'âge des fougères et des poissons; le *troisième,* ou âge secondaire, serait l'âge des conifères et des reptiles; le *quatrième,* ou âge tertiaire, serait l'âge des arbres à feuilles caduques et des mammifères; enfin le *cinquième,* ou âge quaternaire, serait celui de l'homme et de la civilisation humaine. Les sections ou périodes, dans lesquelles on subdivise chacun de ces cinq âges, sont caractérisées par les divers *systèmes* de couches composant chacun des cinq grands *terrains.* Permettez-moi de passer encore rapidement en revue la série de ces systèmes, en indiquant simultanément la population des cinq grands âges.

La première grande portion de l'histoire organique terrestre, la portion la plus lointaine, constitue l'*âge primordial* ou l'*âge des forêts d'algues;* on pourrait aussi appeler cet âge l'âge archolithique [1] ou archozoïque [2]. Il comprend l'immense durée de la génération spontanée primitive, depuis l'apparition des premiers organismes terrestres jusqu'à la fin des dépôts sédimentaires siluriens. Pendant cet énorme laps de temps, dont la durée surpasse vraisemblablement celle des quatre autres âges réunis, s'effectua le dépôt des trois plus puissants systèmes de strates neptuniennes, savoir, d'abord le système *Laurentien,* au-dessus de lui le système *Cambrien,* et plus haut encore le système *Silurien.* L'énorme épaisseur ou puissance de ces trois systèmes réunis mesure 70,000 pieds ainsi répartis, environ 30,000 pour le système Laurentien, 18,000 pour le Cambrien, 22,000 pour le Silurien. La puissance moyenne des quatre autres terrains, primaire, secondaire, tertiaire et quaternaire réunis, comprend tout au plus 60,000 pieds, et de cette donnée seule, sans parler de beaucoup d'autres preuves, résulterait, que la durée de l'âge primordial surpasse vraisemblablement celle des âges suivants pris tous ensemble jusqu'aux temps modernes. Sans doute, le dépôt de telles masses stratifiées a dû, pour s'effectuer, exiger bien des millions de milliers d'an-

1. Ἀρχή, commencement, principe. Λίθος, pierre.
2. Ἀρχή, commencement. Ζῶον, animal.

nées. Malheureusement la plupart des strates primordiales sont à l'état dit métamorphique ; par suite, les fossiles de ces strates, qui sont les plus anciens et les plus importants de tous, sont pour la plupart détruits ou méconnaissables. C'est seulement dans une portion des sédiments cambriens et siluriens, que les fossiles se trouvent en plus grand nombre et dans un meilleur état de conservation. Le plus ancien des fossiles bien conservés, sur la description duquel nous aurons à revenir, l'*Eozoon Canadense*, a été trouvé dans les couches Laurentiennes les plus inférieures, dans la formation d'Ottawa.

Quoique les fossiles bien conservés de l'âge primordial ou archolithique soient en fort petit nombre, ils n'en sont pas moins des documents d'une inappréciable valeur pour éclairer les temps les plus anciens et les plus obscurs de l'histoire organique terrestre. La conclusion, qui semble tout d'abord s'en dégager, c'est que, durant ce laps de temps immense, le globe n'eut pour habitants que des organismes aquatiques. Du moins, de tous les fossiles archolithiques connus jusqu'à ce jour, il n'en est pas un que l'on puisse, avec quelque certitude, reconnaître pour un organisme terrestre. Tous les débris de plantes de l'âge primordial appartiennent aux groupes végétaux les plus inférieurs, à la classe des algues aquatiques. Dans les mers chaudes de l'âge primordial, ces algues formaient de vraies et vastes forêts. Pour se figurer approximativement combien ces forêts aquatiques étaient touffues, combien les types végétaux y étaient variés, il faut songer à leurs analogues actuels, à la mer des Sargasses de l'Océan atlantique. Les colossales forêts aquatiques de l'âge archolithique tenaient la place de la végétation forestière continentale alors entièrement absente. Tous les animaux, dont on a trouvé les débris dans les strates archolithiques, étaient aquatiques comme les plantes du même temps. Les articulés archolithiques sont représentés uniquement par des crustacés ; il n'y a point encore d'arachnides ni d'insectes. Quant aux vrais vertébrés, on n'a trouvé que de rares débris de poissons, et encore dans les plus récentes des strates primordiales, dans la formation silurienne. Au contraire, les vertébrés sans tête, les *acrâniens*, qui ont pu être les ancêtres des poissons, vivaient en très-grand nombre durant l'âge primordial. On peut donc caractériser cet âge aussi bien par les acrâniens que par les algues.

La deuxième grande division de l'histoire organique terrestre, l'âge primaire ou âge des bois de fougères, que l'on pourrait aussi appeler âge paléolithique ou paléozoïque, dura depuis la fin du dépôt des couches siluriennes jusqu'à la fin des dépôts permiens. Cet âge fut aussi d'une fort grande durée ; il se subdivise en trois périodes, correspondant à trois puissants systèmes de couches, qui sont, de bas en haut, le système *Devonien* ou du vieux grès rouge, le système *carbonifère* ou du charbon minéral ; enfin le système *Permien* ou système du nouveau grès rouge et du terrain Permien supérieur (zechstein). L'épaisseur moyenne de ces trois systèmes pris ensemble est d'environ **42,000** pieds, et cette énorme épaisseur montre assez à quel immense laps de temps ils correspondent.

Les formations Devoniennes et Permiennes contiennent surtout des débris de poissons, aussi bien de poissons primitifs que de poissons cartilagineux ; mais les poissons osseux manquent absolument dans l'âge primaire. Dans les lits de houille, on rencontre les restes des plus anciens animaux terrestres, soit articulés (arachnides et insectes), soit vertébrés (amphibies). Dans le système permien apparaissent, à côté des amphibies, des types plus développés encore, les reptiles, et même des formes très-analogues à nos lézards actuels (Protosaurus, etc.). Quoi qu'il en soit, nous pouvons donner à l'âge primaire le nom d'âge des poissons ; car les rares amphibies et reptiles y cèdent entièrement le pas à l'innombrable foule des poissons paléolithiques. Durant cet âge, les fougères occupent parmi les plantes le même rang que les poissons parmi les vertébrés, et ce ne sont pas seulement les vraies fougères et les fougères arborescentes

(Phylloptérides)[1], mais aussi les fougères à hampe (Calamophytes)[2], et celles à écailles (Lépidophytes)[3]. Ces fougères terrestres forment les essences dominantes des épaisses forêts insulaires dans l'âge paléolithique, et leurs restes nous ont été conservés dans les énormes gisements de houille du système carbonifère, ainsi que dans les dépôts carbonés plus faibles du système Devonien et Permien. Nous pouvons donc indifféremment appeler l'âge primaire, soit l'âge des fougères, soit l'âge des poissons.

La troisième grande division de l'évolution paléontologique est représentée par l'*âge secondaire* ou âge des conifères; on pourrait aussi l'appeler âge mésolithique ou mésozoïque : il s'étend de la fin des dépôts permiens à celle des strates crayeuses, et se subdivise en trois grandes périodes. Les systèmes de couches qui correspondent à ces périodes sont inférieurement le *système du Trias*, au-dessus de lui le *système jurassique*, et tout à fait supérieurement le *système crétacé*. L'épaisseur moyenne de ces trois systèmes réunis est déjà bien inférieure à celle du système primaire; elle mesure en tout à peu près 15,000 pieds. Il est donc probable, que la durée de l'âge secondaire n'a pas atteint la moitié de celle de l'âge primaire.

Dans l'âge primaire, c'étaient les poissons qui l'emportaient en nombre sur les autres vertébrés; dans l'âge secondaire, ce sont les reptiles. Sans doute, les premiers oiseaux et les premiers mammifères se formèrent durant cet âge; il y avait aussi de puissants amphibies, par exemple le gigantesque Labyrinthodon. Dans la mer, nageaient de formidables dragons marins ou Enaliosauriens, et les premiers poissons osseux s'associaient aux nombreux poissons primitifs cartilagineux. Mais la classe des vertébrés caractéristiques, celle qui domine dans l'âge secondaire, est celle des reptiles, et elle est représentée par des types infiniment variés. Des

1. Φύλλον, feuille. Πτέρις, fougère.
2. Κάλαμος, jonc. Φυτὸν, plante.
3. Λέπις, ιδος, écaille. Φυτὸν, plante.

dragons bizarrement conformés fourmillent partout dans l'âge mésolithique, à côté de reptiles analogues aux lézards, aux crocodiles et aux tortues de nos jours. Ce sont surtout les singuliers lézards volants ou ptérosauriens, et les gigantesques dragons terrestres ou dinosauriens, qui sont particuliers à l'âge secondaire, puisqu'ils n'ont existé ni avant ni après. On peut par conséquent appeler l'âge secondaire l'*âge des reptiles ;* mais on pourrait aussi bien l'appeler l'*âge des conifères* ou plutôt l'*âge des gymnospermes*, ou plantes à semences nues. En effet, durant l'âge secondaire, ce groupe de plantes, principalement par les deux importantes classes des conifères et des cycadées, fournit les essences forestières dominantes. Au contraire, vers la fin de cet âge, dans la période de la craie, les fougères diminuent, et les arbres à feuilles caduques se multiplient.

Le quatrième âge de l'histoire organique terrestre, c'est-à-dire l'*âge tertiaire*, ou âge des arbres à feuilles caduques, est beaucoup plus court et bien moins caractéristique. Cet âge, que l'on pourrait aussi appeler âge cénolithique ou cénozoïque, s'étend de la fin des couches crétacées à celle des formations pliocènes. Les sédiments stratifiés déposés pendant cette période n'ont guère plus de 3,000 pieds de puissance et sont par conséquent sous ce rapport bien inférieurs aux trois premiers terrains. Aussi les trois systèmes que l'on admet dans le terrain tertiaire sont-ils difficiles à distinguer l'un de l'autre. Le plus ancien s'appelle *éocène* ou tertiaire ancien, le second s'appelle *miocène* ou tertiaire moyen, et le plus récent *pliocène* ou tertiaire récent.

Durant l'âge tertiaire, la population organique se rapproche, sous tous les rapports, beaucoup plus du monde organique actuel que celle des âges précédents. Parmi les vertébrés, c'est la classe des mammifères, qui l'emporte alors de beaucoup sur toutes les autres. De même, dans le monde végétal, ce qui domine, ce sont les plantes à graines contenues dans un fruit, les *Angiospermes*[1], aux formes si variées, et les ar-

1. Ἀγγεῖον, vase. Σπέρμα, semence.

bres à feuilles caduques dominent dans les forêts touffues de l'âge tertiaire. Les angiospermes se divisent en deux classes, les monocotylédones ou plantes à une seule feuille germinale, et les dicotylédones ou plantes à deux feuilles germinales. Sans doute, les angiospermes des deux classes se montraient déjà dans la période de la craie, de même que les mammifères apparaissaient dès la période jurassique et même dans la période triasique ; mais ce fut seulement dans l'âge tertiaire que ces deux groupes, les mammifères et les angiospermes, atteignirent leur plein développement, et furent prédominants : on est donc parfaitement fondé à les regarder comme les êtres caractéristiques de cet âge.

La cinquième et dernière division de l'histoire organique terrestre forme l'*âge quaternaire* ou âge de la civilisation. Comparativement à la longueur des quatre autres âges, la durée de cette courte période, que nous appelons avec une outrecuidance comique « histoire universelle », est parfaitement insignifiante. Comme cet âge est caractérisé par le développement du genre humain et de sa civilisation, et que ce fait a métamorphosé le monde organique plus que toutes les influences antérieures, on peut appeler cet âge *âge de l'humanité*, âge anthropolithique ou âge anthropozoïque. On pourrait aussi l'appeler *âge des arbres cultivés* ou des jardins ; car, dès les plus humbles degrés de la civilisation humaine, l'effet de cette civilisation est l'utilisation des arbres et de leurs produits, d'où une profonde modification dans la physionomie du sol. Géologiquement, cet âge, qui s'étend jusqu'à nos jours, commence à la fin des dépôts pliocènes.

Les couches neptuniennes, qui se sont déposées pendant la durée relativement courte de la période quaternaire, ont dans les diverses localités une épaisseur très-variable, mais relativement faible. On y reconnaît deux systèmes distincts, dont le plus ancien est appelé *diluvien* ou *pleistocène*, l'autre *alluvial* ou récent. A son tour, le système diluvien se divise en deux formations, une formation *glaciaire* plus ancienne et une formation plus récente ou *postglaciaire*. C'est durant

TABLEAU

DES PÉRIODES PALÉONTOLOGIQUES OU DES GRANDS CYCLES DE L'HISTOIRE ORGANIQUE DE LA TERRE.

I. PREMIER CYCLE. AGE ARCHÉOLITHIQUE. AGE PRIMORDIAL.

(*Age des Acrâniens et des Algues.*)

1. Age primordial ancien	ou	Période laurentienne.
2. Age primordial moyen	—	Période cambrienne.
3. Age primordial récent	—	Période silurienne.

II. DEUXIÈME CYCLE. AGE PALÉOLITHIQUE AGE PRIMAIRE.

(*Age des Poissons et des Fougères.*)

4. Age primaire ancien	ou	Période devonienne.
5. Age primaire moyen	—	Période carbonifère.
6. Age primaire récent	—	Période permienne.

III. TROISIÈME CYCLE : AGE MÉSOLITHIQUE. AGE SECONDAIRE.

(*Age des Reptiles et des Conifères.*)

7. Age secondaire ancien	ou	Période triasique.
8. Age secondaire moyen	—	Période jurassique.
9. Age secondaire récent	—	Période crétacée.

IV. QUATRIÈME CYCLE : AGE CÉNOLITHIQUE. AGE TERTIAIRE.

(*Age des Mammifères et des arbres à feuilles caduques.*)

10. Age tertiaire ancien	ou	Période éocène.
11. Age tertiaire moyen	—	Période miocène.
12. Age tertiaire récent	—	Période pliocène.

V. CINQUIÈME PÉRIODE : AGE ANTHROPOLITHIQUE. AGE QUATERNAIRE.

(*Age des Hommes et des arbres cultivés.*)

13. Age quaternaire ancien	ou	Période glaciaire.
14. Age quaternaire moyen	—	Période post-glaciaire.
15. Age quaternaire récent	—	Période de la civilisation.

TABLEAU

DES FORMATIONS PALÉONTOLOGIQUES OU DES COUCHES FOSSILIFÈRES DE L'ÉCORCE TERRESTRE.

TERRAINS.	SYSTÈMES.	FORMATIONS.	SYNONYMES DES FORMATIONS.
V. Terrains quaternaires ou groupe des couches anthropolithiques (anthropozoïques).	XIV. Récent (alluvium).	36. Actuel.	Alluvien supérieur.
		35. Récent.	Alluvien inférieur.
	XIII. Pléistocène (diluvium).	34. Post-glaciaire.	Diluvien supérieur.
		33. Glaciaire.	Diluvien inférieur.
IV. Terrains tertiaires ou couches cénolithiques (cénozoïques).	XII. Pliocène (tertiaire neutre).	32. Arvernien.	Pliocène supérieur.
		31. Subapennin.	Pliocène inférieur.
	XI. Miocène (tertiaire moyen).	30. Falunien.	Miocène supérieur.
		29. Limburg.	Miocène inférieur.
	X. Éocène (tertiaire ancien).	28. Gypse.	Éocène supérieur.
		27. Calcaire grossier.	Éocène moyen.
		26. Argile de Londres.	Éocène inférieur.
III. Terrains secondaires ou couches mésolithiques (mésozoïques).	IX. Craie.	25. Craie blanche.	Crétacé supérieur.
		24. Grès vert.	Crétacé moyen.
		23. Néocomien.	Crétacé inférieur.
		22. Wealdien.	Apparition des forêts.
	VIII. Jura.	21. Portlandien.	Oolithique supérieur.
		20. Oxfordien.	Oolithique moyen.
		19. Bathonien.	Oolithique inférieur.
		18. Lias.	Formation du lias.
	VII. Trias.	17. Keuper.	Trias supérieur.
		16. Muschelkalk.	Trias moyen.
		15. Grès bigarré.	Trias inférieur.
II. Terrains primaires ou couches paléolithiques (paléozoïques).	VI. Permien (nouveau grès rouge).	14. Zechstein.	Permien supérieur.
		13. Nouveau grès rouge.	Permien inférieur.
	V. Carbonifère (houille).	12. Grès houillier.	Carbonifère supérieur.
		11. Calcaire carbonifère.	Carbonifère inférieur.
	IV. Devonien (vieux grès rouge).	10. Pilton.	Devonien supérieur.
		9. Ilfracombe.	Devonien moyen.
		8. Linton.	Devonien inférieur.
I. Terrains primordiaux ou couches archéolithiques (archéozoïques).	III. Silurien.	7. Ludlow.	Silurien supérieur.
		6. Landovery.	Silurien moyen.
		5. Landeilo.	Silurien inférieur.
	II. Cambrien.	4. Postdam.	Cambrien supérieur.
		3. Longmynd.	Cambrien inférieur.
	I. Laurentien.	2. Labrador.	Laurentien supérieur.
		1. Ottawa.	Laurentien inférieur.

l'époque glaciaire, que se produisit cet abaissement si remarquable dans la température, dont la conséquence fut une extension des glaciers dans les zones tempérées. Déjà, dans les leçons précédentes, nous nous sommes occupés de la grande influence exercée par cette époque ou période glaciaire sur la distribution géographique et topographique des organismes. L'époque suivante, ou période *postglaciaire,* ou époque diluvienne récente, durant laquelle la température s'élevait de nouveau et la glace reculait vers les pôles, est aussi fort importante pour expliquer l'état chorologique actuel.

C'est le développement de l'organisme humain et de sa civilisation, c'est la multiplication et la dispersion des hommes, qui caractérisent essentiellement l'âge quaternaire. Plus que tout autre organisme, l'homme a transformé, détruit, bouleversé la population animale et végétale du globe. Pour cette raison, et point du tout parce que nous assignons à l'homme une place privilégiée dans la nature, nous sommes en droit de considérer le développement du genre humain et de sa civilisation comme le point de départ d'une période dernière et toute spéciale de l'histoire organique terrestre. Ce fut vraisemblablement dans l'âge tertiaire récent ou pliocène, peut-être même dans l'âge tertiaire moyen ou miocène, que l'homme primitif sortit par évolution des singes anthropoïdes. Mais la création du langage, c'est-à-dire de l'instrument le plus utile au développement de l'intelligence humaine et à l'établissement de la souveraineté de l'homme sur le reste des organismes, eut lieu vraisemblablement à une époque, que l'on distingue géologiquement de la période pliocène précédente, et que l'on appelle époque pléistocène ou diluvienne. Quoique cette époque, qui s'étend depuis l'origine du langage humain jusqu'à nos jours, compte bien des milliers d'années, cent mille ans peut-être, sa durée s'évanouit presque devant celle de l'énorme laps de temps, qui s'est écoulé depuis le commencement de la vie organique sur la terre jusqu'à la formation du genre humain.

Dans le tableau qui précède, nous voyons, à droite, la série classée paléontologiquement des terrains, des systèmes et des formations, c'est-à-dire des groupes grands ou petits de couches neptuniennes, contenant des fossiles, depuis la couche la plus superficielle ou alluvienne jusqu'aux sédiments les plus inférieurs ou Laurentiens. Le tableau nous montre à gauche la succession historique des périodes paléontologiques, grandes ou petites, qu'il faut compter en sens inverse depuis le système Laurentien jusqu'à l'époque quaternaire la plus récente.

Maintes fois on a essayé de déterminer approximativement le nombre de milliers d'années que représente l'ensemble de ces périodes. On a comparé à l'épaisseur totale des couches, dont nous avons dressé le tableau, l'épaisseur de la couche de limon, que l'on a vu se déposer pendant un siècle et qui mesure quelques lignes ou quelques pouces. La puissance totale de l'ensemble des couches terrestres s'élève en moyenne à environ 130,000 pieds, dont 70,000 pour la période primordiale ou archolithique ; 42,000 pour la période primaire ou paléolithique, 15,000 pour la période secondaire ou mésolithique, et enfin 3,000 pour la période tertiaire ou cénolithique.

Quant au terrain quaternaire ou anthropolithique, sa faible épaisseur, que l'on ne saurait fixer même en moyenne, est tout à fait négligeable. On pourrait l'évaluer à 500 ou 700 pieds tout au plus. Naturellement toutes ces données sont indiquées en moyenne ; elles n'ont qu'une valeur approximative ; elles ne peuvent servir qu'à indiquer *à peu près* la puissance relative des systèmes de couches et des périodes de temps, qui y correspondent.

Si maintenant, prenant la durée totale de la vie organique sur la terre depuis son apparition jusqu'à nos jours, on la divise en cent parties égales ; si, d'autre part, l'on compare à ce laps de temps l'ensemble des systèmes de couches correspondant, en additionnant les hauteurs moyennes de chacune d'elles, on pourra évaluer en centièmes la durée de chacune des cinq grandes divisions ou âges, et l'on obtiendra alors le résultat suivant :

I.	Age archéolithique ou primordial.	53,6
II.	Age paléolithique ou primaire	32,1
III.	Age mésolithique ou secondaire	11,5
IV.	Age cénolithique ou tertiaire.	2,3
V.	Age anthropolithique ou quaternaire	0,5
	Somme.	100,0

La durée de l'âge archéolithique, pendant lequel il n'existait encore aucun organisme terrestre végétal ou animal mesure plus de la moitié 53,0/0 de la durée totale. Au contraire, la durée de l'âge anthropolithique comprend à peine un demi pour cent de l'âge organique terrestre. Quant à évaluer même approximativement en années la longueur totale de ces âges, cela est absolument impossible.

L'épaisseur du sédiment, qui se dépose actuellement pendant un siècle, et dont on a voulu se servir dans ce calcul comme unité de mesure, varie naturellement dans diverses localités, suivant la diversité des conditions. Ce dépôt est très-faible sur le fond de l'Océan, dans le lit des fleuves larges et ayant un petit parcours, dans les lacs qui ont de maigres affluents ; il est relativement considérable sur les rivages, où la mer brise avec force, à l'embouchure des grands fleuves dont le parcours est considérable, dans les lacs où se déversent d'importants affluents. A l'embouchure du Mississipi, qui charrie des quantités de limon considérables, le dépôt n'est guère que de 600 pieds en 100,000 années. Sur le fond d'une mer libre et à une grande distance des côtes, à peine quelques pieds de sédiment représentent l'apport de ce long espace de temps. Même sur les côtes, où il se dépose proportionnellement beaucoup de limon, l'épaisseur des couches accumulées durant un siècle peut n'être que de quelques pouces ou quelques lignes, si le dépôt s'est consolidé en roches dures. Dans tous les cas, les calculs faits à ce sujet sont extrêmement douteux, et jamais nous n'arrivons à nous représenter, même approximativement, l'immense durée nécessaire à la formation de ces couches neptuniennes. Des appréciations relatives sont seules possibles.

On commettrait d'ailleurs une erreur grossière, en prenant seulement pour mesure de la durée géologique l'épaisseur de ces couches. En effet, il y a eu une perpétuelle alternance d'exhaussement et d'affaissement de l'écorce terrestre, et les différences minéralogiques et paléontologiques, que l'on remarque dans deux couches ou dans deux formations immédiatement superposées, correspondent vraisemblablement à un intervalle de bien des milliers d'années, durant lesquelles la localité, que l'on examine, est demeurée hors de l'eau. Ce fut seulement après cet intervalle, quand, par suite d'un nouvel affaissement, ce point eut été submergé une fois encore, que le sédiment a pu recommencer à se déposer. Mais, pendant ce laps de temps, la constitution inorganique et organique de cette localité s'était modifiée considérablement; c'est pourquoi les nouvelles strates n'avaient plus la même composition et ne renfermaient plus les mêmes fossiles.

C'est seulement en admettant une série de soulèvements et d'affaissements successifs du sol, que l'on peut s'expliquer facilement les dissemblances frappantes entre les fossiles de deux strates superposées. Aujourd'hui encore, ces exhaussements et ces affaissements alternatifs du sol se produisent sur une grande échelle, et on les attribue à la réaction du noyau central en fusion sur l'écorce solide du globe. C'est ainsi, par exemple, que les côtes de la Suède et une partie des rivages occidentaux de l'Amérique du Sud s'exhaussent perpétuellement, tandis que les côtes de la Hollande et une partie des côtes orientales de l'Amérique du Sud s'affaissent lentement. Ces deux mouvements inverses s'effectuent l'un et l'autre avec une grande lenteur; en un siècle, ils mesurent tantôt quelques lignes, tantôt quelques pouces, au plus quelques pieds. Mais que ce mouvement se prolonge

ÉPAISSEUR RELATIVE DES CINQ SYSTÈMES DE COUCHES.

<table>
<tr><td colspan="2">IV. Système des couches tertiaires. 3,000p.</td><td>Éocène, Miocène, Pliocène.</td></tr>
<tr><td colspan="2" rowspan="3">III. Système des couches mésolithiques.
Dépôts de l'âge secondaire.
Environ 15,000 pieds.</td><td>IX. Système crétacé.</td></tr>
<tr><td>VIII. Système jurassique.</td></tr>
<tr><td>VII. Système triasique.</td></tr>
<tr><td colspan="2" rowspan="3">II. Système des couches paléolithiques.
Dépôts de l'âge primaire.
Environ 42,000 pieds.</td><td>VI. Système Permien.</td></tr>
<tr><td>V. Système houiller.</td></tr>
<tr><td>IV. Système Devonien.</td></tr>
<tr><td rowspan="3">TABLEAU
des
systèmes de couches
neptuniennes
fossilifères
avec
indication
de leur épaisseur
moyenne.
Environ
130,000 pieds.</td><td rowspan="3">I. Système
des
couches archéoli-
thiques.
Dépôts de l'âge
primordial.
Environ
70,000 pieds.</td><td>III. Système Silurien.
Environ
22,000 pieds.</td></tr>
<tr><td>II. Système Cambrien.
Environ
18,000 pieds.</td></tr>
<tr><td>I. Système Laurentien.
Environ
30,000 pieds.</td></tr>
</table>

durant des centaines de milliers d'années et il suffira à former les plus hautes montagnes.

Évidemment, des oscillations du sol analogues à celles que nous constatons de nos jours ont dû s'effectuer sans interruption en divers points du globe durant le cours de l'histoire organique de la terre. La distribution géographique des organismes suffirait seule à l'indiquer. Mais, pour apprécier à leur juste valeur nos documents paléontologiques, il est extraordinairement important de bien montrer que les couches actuelles se sont déposées uniquement durant les lents mouvements d'affaissement du sol au-dessous des eaux et pas du tout durant les périodes de soulèvement. A mesure que le sol s'abaisse graduellement au-dessous du niveau de la mer, les sédiments se forment dans une eau de plus en plus profonde et tranquille, et là leur condensation en roches peut s'opérer sans trouble. Quand, au contraire, le sol s'exhausse lentement, alors les couches sédimentaires les plus récemment déposées arrivent avec les fossiles qu'elles contiennent dans le mouvant domaine des vagues, et elles sont détruites, elles et leurs débris organiques, par le choc des flots. On voit donc qu'en vertu de ces raisons si simples et si importantes, les strates formées durant une longue période d'affaissement du sol peuvent seules renfermer un riche butin de débris organiques. Si deux formations sédimentaires distinctes correspondent à deux périodes d'affaissement du sol, distinctes aussi, nous sommes forcés de supposer entre elles une longue période d'exhaussement, dont nous ne savons absolument rien; car nul débris fossile des animaux et des plantes vivant alors n'a pu être conservé. Mais ces périodes de soulèvement, qui n'ont point laissé de traces, ne sont pas plus négligeables que les périodes alternantes d'affaissement, que les strates fossilifères nous permettent d'apprécier approximativement. La durée des premières n'a vraisemblablement pas été moindre que celle des secondes.

Vous voyez par là que nos documents sont nécessairement imparfaits ; ils le sont d'autant plus que, durant ces périodes d'exhaussement, le monde animal et végétal a dû se diversifier tout particulièrement; c'est du moins ce que la théorie nous permet de supposer. En effet, toutes les fois que la terre ferme refoule l'eau, il se forme de nouvelles îles. Car les plantes et les animaux fortuitement déposés sur ce sol nouveau y trouvent un vaste champ pour la concurrence vitale, qui favorise le développement des espèces nouvelles. Au contraire, durant le graduel affaissement d'une contrée, les chances sont plutôt en faveur de l'extinction de nombreuses espèces, amenant un mouvement rétrograde dans la formation spécifique. Les types intermédiaires entre les espèces anciennes et les nouvelles ont dû vivre surtout durant les périodes de soulèvement, et par conséquent ces types n'ont guère pu nous laisser de débris fossiles.

Mais bien des circonstances fâcheuses viennent agrandir encore les brèches si notables et si regrettables que les périodes d'exhaussement ont faites dans nos archives archéologiques. Il faut mettre en première ligne l'*état métamorphique des plus anciens groupes de couches sédimentaires,* justement de celles qui contiennent ou ont contenu les restes des faunes et des flores les plus anciennes, les débris des formes ancestrales, d'où sont descendus tous les organismes plus récents et qui par conséquent seraient pour nous du plus haut intérêt. Précisément ces roches, c'est-à-dire la plus grande partie des couches primordiales ou archéolithiques, presque tout le système Laurentien et une grande partie du système Cambrien, ne contiennent aucun débris déterminable, et la raison en est bien simple : c'est que ces couches ont été postérieurement modifiées et métamorphosées par l'action du feu central. La température incandescente du noyau terrestre a complétement changé la structure de ces strates originelles ; elle les a fait passer à l'état cristallin ; mais cela a entraîné la complète destruction des restes organiques enfouis dans ces sédiments. Çà et là seulement, grâce à d'heureux hasards, quelques échantillons ont été conservés ; c'est ce qui est arrivé pour le plus ancien des fossiles connus, pour l'*Eozoon canadense* trouvé dans les couches les plus inférieures du système Laurentien. Pourtant les gisements de charbon cristallin (graphite) et ceux de calcaire cristallin, qui se trouvent mêlés aux roches métamorphiques (marbres), nous montrent, sans conteste, que les couches de cette nature renfermaient autrefois des débris fossiles d'animaux et de plantes.

L'extrême pauvreté de nos archives de la création tient encore à ce que jusqu'ici une très-petite partie de la surface du globe a été géologiquement explorée. Les recherches géologiques ont été faites surtout en Angleterre, en Allemagne et en France. Nous savons très-peu de chose sur le reste de l'Europe, de la Russie, de l'Espagne, de l'Italie, de la Turquie. Dans ces contrées, quelques localités seulement ont été explorées ; le reste nous est presque entièrement inconnu. On en peut dire autant de l'Amérique Septentrionale et des Indes Orientales. Là du moins quelques districts ont été étudiés ; mais de la presque-totalité du plus vaste des continents, de l'Asie, nous ne savons presque rien ; de l'Afrique, presque rien, si nous en exceptons le cap de Bonne-Espérance et les côtes de l'Afrique méditerranéenne. La Nouvelle-Hollande nous est inconnue presque tout entière, et nous savons fort peu de chose de l'Amérique du Sud. Vous le voyez ; une très-faible partie de la surface terrestre, la millième à peine, a été explorée à fond, au point de vue paléontologique. Nous sommes donc fondés à espérer qu'un jour, quand les explorations géologiques auront pris une plus grande extension, nous découvrirons encore beaucoup de fossiles importants. Notons que les constructions de chemins de fer, l'exploitation des mines, sont très-favorables à des découvertes de ce genre. Cette espérance est fortifiée par des faits ; ainsi l'on a exhumé des fossiles très-remarquables dans les rares localités de l'Afrique et de l'Asie, qui ont été soigneusement étudiées. Une série de types animaux tout particuliers nous a été ainsi révélée. D'autre part il faut considérer que le fond des mers actuelles comprend un espace énorme, inaccessible quant à présent aux recherches paléontologiques. Conséquemment l'homme ne connaîtra jamais les fossiles des âges primitifs enfouis dans ces vastes régions; tout au plus les pourra-t-il étudier dans bien des milliers d'années, quand le fond des mers actuelles aura émergé par suite de lents exhaussements. Or songez que les continents forment environ les deux cinquièmes seulement de la surface terrestre, dont les trois cinquièmes sont submergés, et vous verrez quelle énorme lacune résulte de ce fait dans nos documents paléontologiques.

Il est encore toute une série de difficultés, qui ressortent, pour la paléontologie, de la nature même des organismes qu'elle étudie. Notons tout d'abord qu'habituellement les parties dures, résistantes des organismes se déposent seules au fond des mers ou des eaux douces, où elles sont englobées dans le limon et fossilisées. Les os et les dents des vertébrés, les enveloppes calcaires des mollusques, les squelettes en chitine, les squelettes calcaires des radiés et des coraux, les parties dures et ligneuses des plantes, voilà, par exemple, ce qui se fossilise le plus facilement. Il faut au contraire des circonstances exceptionnellement favorables, pour que les parties molles, qui forment pourtant la plus grande partie du corps de la plupart des organismes, puissent parvenir au fond des eaux en assez bon état pour y être fossilisées ou du moins pour laisser dans le limon une empreinte bien nette de leurs contours extérieurs. Or songez maintenant que des classes d'organismes tout entières n'ont pas la moindre partie solide; il en est ainsi, par exemple, pour les méduses, les mollusques nus, une grande partie des articulés, presque tous les vers, et même pour les vertébrés les plus inférieurs. De même pour les plantes, précisément les parties les plus importantes, les fleurs, sont si molles, si délicates, qu'elles peuvent bien rarement être suffisamment bien conservées. Nous ne pouvons donc pas espérer trouver des débris fossiles de tous ces organismes si intéressants. En outre, chez presque tous les êtres organisés, les formes transitoires de la jeunesse sont si délicates qu'elles sont tout à fait impropres à la fossilisation. Aussi les fossiles, que nous rencontrons dans les systèmes de couches neptuniennes, nous représentent seulement quelques rares types et le plus souvent quelques fragments de ces types.

Il faut aussi considérer que le corps des organismes marins a bien plus de chances que celui des organismes de la terre ferme et de l'eau douce de se conserver dans les couches sédimentaires. Pour que les organismes de terre ferme se fossilisent, il faut ordinairement que leurs cadavres tombent accidentellement dans l'eau et soient enfouis dans des couches sédimentaires en voie de pétrification ; ce qui dépend de maint hasard. Il est par conséquent tout naturel que la plupart des fossiles soient des débris d'animaux marins et que les fossiles de terre ferme soient relativement rares. Mais que de circonstances fortuites entrent ici en jeu ! On en peut juger par le fait suivant : nous ne possédons que le maxillaire inférieur d'un grand nombre de mammifères fossiles, spécialement de tous les mammifères de l'âge secondaire. Cela provient de ce que cet os est relativement résistant et en outre se détache facilement des cadavres flottant dans l'eau. Pendant que les flots charrient le cadavre en décomposition, la mâchoire inférieure se détache, coule au fond de l'eau et y est englobée par le dépôt sédimentaire. Cela nous explique des faits singuliers ; pourquoi, par exemple, dans une couche calcaire jurassique d'Oxford, en Angleterre, dans les ardoisières de Stonesfield, on n'a jusqu'ici trouvé que le maxillaire inférieur de quantité de marsupiaux, qui sont les plus anciens des mammifères. Quant au reste du système osseux de ces animaux, on n'en a pas découvert une seule pièce. Pour ne point se départir de leur logique ordinaire, les adversaires de la théorie évolutive en devraient conclure que ces animaux n'avaient qu'un seul os, le maxillaire inférieur. Certains faits nous montrent encore combien nombre de circonstances fortuites ont dû restreindre le champ de nos connaissances paléontologiques ; j'entends parler de ces empreintes de pieds si nombreuses et si intéressantes, que l'on peut voir dans divers gisements de grès fort étendus, par exemple, dans le grès rouge du Connecticut dans l'Amérique Septentrionale. Ces empreintes proviennent manifestement de vertébrés, probablement de reptiles, dont nous ne possédons pas le plus mince débris. Seules, ces traces de pas nous attestent que ces animaux, d'ailleurs parfaitement inconnus, ont vécu jadis.

Songez encore que nous possédons seulement un ou deux exemplaires d'un grand nombre de fossiles très-importants, et vous pourrez vous faire une idée des mille hasards qui ont rétréci le champ de nos connaissances paléontologiques. On a trouvé, il y a dix ans à peine, dans le système jurassique, l'empreinte d'un oiseau extrêmement précieux pour la phylogénie de toute la classe des oiseaux. Tous ceux connus jusqu'à ce jour forment un groupe très-uniformément organisé ; point de formes de transition entre eux et les autres classes de vertébrés, sans en excepter les reptiles, qui en diffèrent le moins. Or cet oiseau fossile du terrain jurassique avait, au lieu de la queue ordinaire des oiseaux, une queue de tortue ; mais on supposait déjà, pour d'autres raisons, que les oiseaux descendaient des reptiles, et ce fait confirme la supposition. On le voit, ce fossile unique non-seulement nous renseigne sur l'antiquité de la classe des oiseaux ; mais il tend encore à prouver leur consanguinité avec les reptiles. Cet exemple n'est pas unique, et il est d'autres groupes, dont l'histoire a été entièrement bouleversée par la découverte d'un seul fossile. Mais on voit combien nos documents paléontologiques doivent être incomplets, puisque d'un grand nombre de fossiles importants nous ne possédons que de rares exemplaires ou même des fragments.

Une autre lacune plus grande et plus regrettable encore tient à ce que les formes intermédiaires, reliant les espèces, ne se maintiennent ordinairement pas, et cela par la raison fort simple, qu'en vertu du principe de divergence des caractères, elles sont moins favorisées dans la lutte pour l'existence que les variétés plus divergentes provenant de la même souche. En général, à de rares exceptions près, les formes intermédiaires s'éteignent rapidement. Au contraire les formes les plus divergentes peuvent se maintenir plus longtemps à titre d'espèces indépendantes ; elles sont représentées par un plus grand nombre d'individus, et par conséquent elles ont plus de chances de laisser derrière elles des fossiles. De là ne s'ensuit pas cependant que les formes intermédiaires ne se conservent jamais ; elles se conservent souvent très-bien, et les paléontologistes classificateurs sont fréquemment dans la plus grande perplexité et trouvent des difficultés infinies à fixer, même arbitrairement, les limites des espèces.

Nous avons un frappant exemple de cette difficulté dans la célèbre Paludine d'eau douce de Stubenthal à Steinheim, dans le Wurtemberg. Ce mollusque protéiforme a été décrit tantôt comme appartenant au genre *Paludina,* tantôt au genre *Valvata,* tantôt à l'espèce *Planorbis multiformis.* Les coquilles d'un blanc neigeux de ces petits mollusques forment plus de la moitié d'une colline calcaire de l'âge tertiaire, et, dans cette localité, elles ont des formes si étonnamment variées, que les plus accentuées d'entre elles ont été décrites comme formant au moins vingt espèces distinctes et pouvant même se grouper en quatre genres. Mais ces formes extrêmes sont reliées par tant de formes intermédiaires tellement graduées que Hilgendorf a pu tracer de la manière la plus nette l'arbre généalogique du groupe entier. Ces formes intermédiaires abondent aussi dans beaucoup d'autres espèces fossiles, par exemple chez les ammonites, les térébratules, les oursins, les actinies, etc., à tel point qu'elles font le désespoir des spécificateurs.

Tenez compte de tous les faits que nous venons de citer et dont il serait très-facile d'allonger la liste, et ne vous étonnez plus des énormes lacunes ni de l'extrême imperfection des archives paléontologiques, sur lesquelles repose l'histoire de la création. Néanmoins les fossiles actuellement exhumés ont la plus grande valeur. Leur importance au point de vue de l'histoire naturelle de la création est comparable à celle de la fameuse inscription de Rosette et du décret de Canopus au point de vue de l'histoire proprement dite, de l'archéologie et de la philologie. De même que, par ces deux inscriptions, le champ de l'histoire égyptienne s'est agrandi, grâce à la clef des hiéroglyphes qu'elles nous ont livrée ; ainsi, dans nombre de cas, quelques os d'un animal, une empreinte incomplète d'un type animal ou végétal nous servent de base solide pour faire l'histoire d'un groupe tout entier et en dresser l'arbre généalogique. Une paire de petites molaires trouvées dans la formation keuprienne du trias a suffi pour prouver l'existence des mammifères, dès la période triasique.

Darwin est d'accord avec Lyell, le plus grand des géologues vivants, quand il dit, en parlant de l'imperfection du récit géologique de la création : « Le récit de la création, tel que nous le montre la paléontologie, est une histoire de la terre imparfaitement conservée et écrite dans des dialectes qui sans cesse se modifient. En outre le dernier volume de cette histoire est seul venu jusqu'à nous et il a trait seulement à une partie de la surface terrestre. Encore n'avons-nous de ce volume que de courts chapitres épars, et de chaque page de ces chapitres il ne nous reste aussi que quelques lignes, conservées çà et là. Comme chaque mot de la langue employée pour écrire ce récit va se modifiant sans cesse dans la série des chapitres, on peut le comparer, lorsque cette série est interrompue, à ces types organisés, qui semblent se modifier brusquement dans la succession immédiate de couches géologiques très-distantes l'une de l'autre. »

Ayez toujours présente à l'esprit cette extrême imperfection de nos documents paléontologiques, et vous ne vous étonnerez plus de nous voir réduits à des hypothèses incertaines, quand nous voulons tracer réellement l'arbre généalogique des divers groupes organiques. Cependant, outre les fossiles, nous possédons encore, heureusement, pour faire l'histoire généalogique des organismes, d'autres documents, qui n'ont pas moins de valeur et souvent même en ont davantage. De ces documents, les plus importants, de beaucoup, sont incontestablement ceux que nous fournit l'ontologie ou histoire évolutive de l'individu (embryologie et métamorphologie). Cette évolution nous retrace, à grands traits, la série des formes par lesquelles ont passé les ancêtres de l'individu, à partir de la racine de l'arbre généalogique. Puisque cette histoire de l'évolution paléontologique des ancêtres représente pour nous l'histoire généalogique, la phylogénie, nous pouvons formuler maintenant la loi fondamentale et biogénétique suivante : « L'ontogénie est une répétition, une récapitulation brève et rapide de la phylogénie, conformément aux lois de l'hérédité et de l'adaptation. » En parcourant, à partir du commencement de leur existence individuelle, une série de formes transitoires, chaque animal, chaque plante nous reproduisent, dans une succession rapide et dans ses contours généraux, la longue et lente série évolutive des formes transitoires, par lesquelles ont passé leurs ancêtres, depuis les âges les plus reculés (*Morph. gén.*, II, 6, 110, 300). Mais l'esquisse phylogénique, tracée par l'ontogénie des organismes, est habituellement plus ou moins infidèle ; elle l'est d'autant plus que, dans le cours des âges, l'adaptation a prédominé davantage sur l'hérédité et que les deux lois d'hérédité abrégée et d'adaptation réciproque ont agi plus énergiquement. Mais cela n'amoindrit en rien la grande valeur de ceux des traits de cette esquisse, qui sont réellement fidèles. *C'est surtout pour la connaissance de l'évolution paléontologique la plus ancienne, que l'ontogénie est d'une inappréciable valeur.* En effet, de ces états transitoires si anciens des groupes et des classes il ne nous est resté aucun débris fossile, et il n'en pouvait être autrement, tant ces organismes étaient mous et délicats. Quel fossile aurait pu nous conserver la trace des faits si extrêmement importants que l'ontogénie nous raconte, nous dire que les plus anciennes formes ancestrales communes à l'ensemble des animaux et des plantes ont été tout d'abord des cellules simples, des œufs? Quel débris pétrifié aurait pu nous démontrer que l'infinie variété des formes, chez les organismes polycellulaires, provient simplement de la multiplication du groupement fédératif, de la division du travail de ces cellules? Pourtant ce sont là des faits que l'ontogénie a établis. C'est ainsi que l'ontogénie nous aide à combler les lacunes si grandes et si nombreuses de la paléontologie.

La paléontologie et l'ontogénie ne sont pas seules à nous fournir des titres généalogiques, attestant la consanguinité des organismes : l'anatomie comparée nous en offre, dont la valeur n'est pas moins inestimable. Toutes les fois que des organismes extérieurement très-différents sont presque identiques dans leur structure interne, on en peut conclure, sans hésiter, que l'identité provient de l'hérédité, et la dissemblance de l'adaptation. Comparez, par exemple, les mains ou plutôt les extrémités antérieures de neuf mammifères différents représentées dans la planche IV, de façon à laisser voir le squelette osseux de la main et des cinq doigts. Dans ces neuf extrémités, on trouve toujours, quelle que soit la diversité des formes extérieures, les mêmes os en nombre égal, dans la même position et le même mode de groupement. Que la main de l'homme (*fig.* 1) diffère fort peu de celle de ses plus proches parents, le gorille (*fig.* 2) et l'orang (*fig.* 3), cela semblera sans doute fort naturel; mais que la patte du chien (*fig.* 4), la nageoire pectorale du phoque et du dauphin (*fig.* 6) soient essentiellement construites de la même façon, voilà qui paraîtra déjà plus surprenant. Pourtant on s'étonnera bien autrement de voir les mêmes os constituer à la fois l'aile de la chauve-souris (*fig.* 7), la patte en forme de pioche de la taupe (*fig.* 8) et l'extrémité antérieure du plus imparfait des mammifères, de l'ornithorhynque (*fig.* 9). Le volume et la forme des os ont seuls subi de notables modifications; leur nombre, leur disposition, leur mode d'articulation, n'ont pas varié. A quoi serait-il possible d'attribuer cette étonnante homologie, cette parité de la structure interne essentielle sous la diversité des formes extérieures?

Extrémité antérieure de neuf mammifères divers.

Pl. IV.

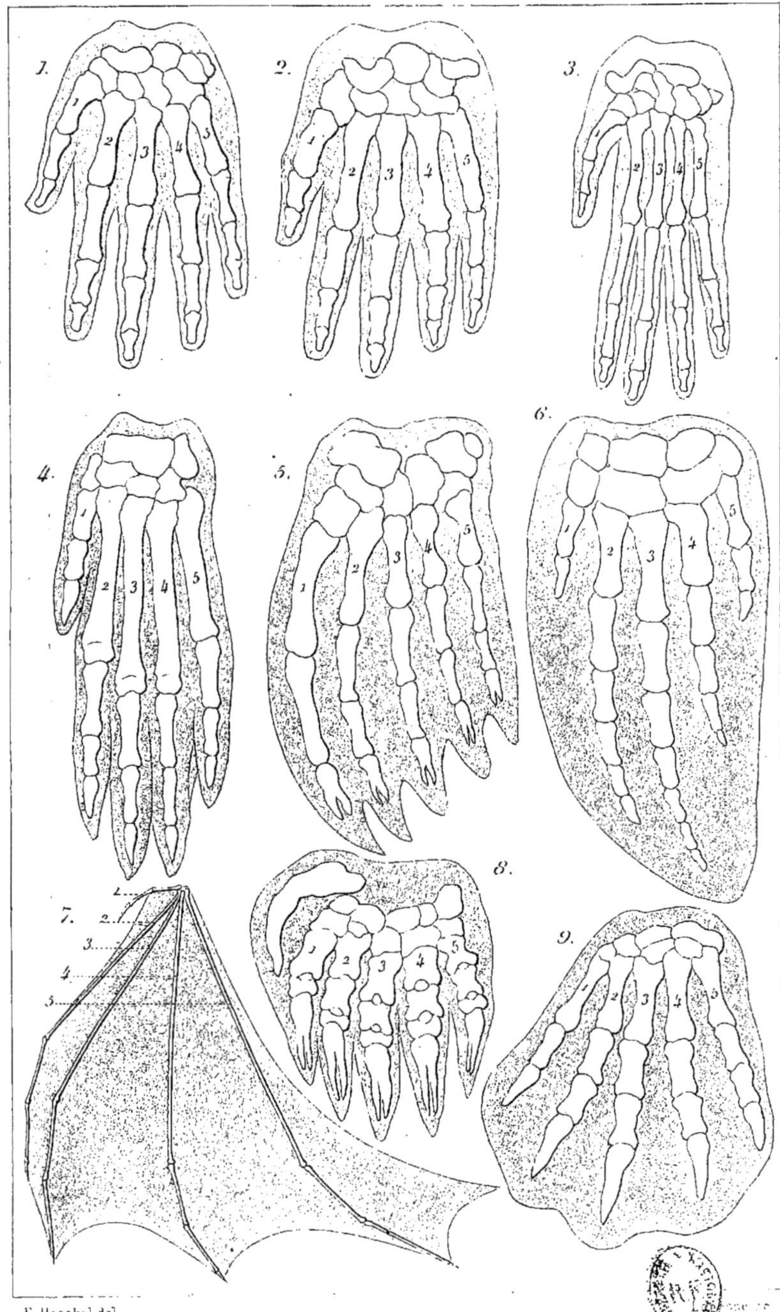

E Haeckel del.

1. Homme — 2. Gorille — 3. Orang — 4. Chien — 5. Phoque
6. Dauphin — 7. Chauve-Souris — 8. Taupe — 9. Ornithorhynque.

A quoi, sinon à une hérédité commune provenant d'ancêtres communs. Mais si, descendant plus bas encore que le groupe des mammifères, vous trouvez que même les ailes des oiseaux, les pattes antérieures des reptiles et des amphibies sont, essentiellement et de la même manière, constitués par les mêmes os que les bras de l'homme et les membres antérieurs des autres mammifères, vous en pourrez déjà conclure sûrement la communauté d'origine de tous ces vertébrés. L'analogie des formes fondamentales nous indique donc ici comme partout le degré de consanguinité.

SEIZIÈME LEÇON.

ARBRE GÉNÉALOGIQUE ET HISTOIRE DU RÈGNE DES PROTISTES.

Image détaillée de la théorie de la descendance dans la classification naturelle des organismes. — Construction de l'arbre généalogique. — Tous les organismes polycellulaires descendent d'organismes monocellulaires. — Les cellules proviennent des monères. — Idée des souches organiques ou phyles. — Nombre des souches du règne animal et du règne végétal. — Hypothèses d'une descendance unitaire, monophylétique, ou d'une descendance multiple, polyphylétique. — Le règne des protistes ou êtres primitifs. — Huit classes dans le règne des protistes. — Monères. — Amiboïdes ou protoplastes. — Infusoires vibratiles ou flagellaires. — Catallactes ou magosphères. — Labyrinthulés. — Diatomées. — Champignons mucilagineux ou mycomycètes. — Organismes à pieds radicoïdes ou rhizopodes. — Remarques sur l'histoire générale des protistes. — Leur physiologie, leur composition chimique et leur conformation (individualité et forme fondamentale). — Phylogénie du règne des protistes.

Messieurs, l'évolution individuelle et l'évolution paléontologique, comparées entre elles et rapprochées de l'anatomie comparée, nous ont permis de constater entre les organismes une parenté *morphologique*. Mais cela même nous renseigne aussi sur leur parenté véritable, sur leur *consanguinité*, qui, nous le savons par la théorie de la descendance, est la vraie cause de la parenté morphologique. En rapprochant et confrontant les résultats empiriques de l'embryologie, de la paléontologie, de l'anatomie comparée, en complétant ces résultats l'un par l'autre, nous parvenons à connaître approximativement la classification naturelle, et, pour nous, cette classification est l'arbre généalogique des organismes. Mais ici, comme partout, notre savoir humain a pour caractère d'être fragmentaire ; ce qui peut s'expliquer, sans invoquer d'autres raisons que l'extrême imperfection et les lacunes nombreuses de nos archives paléontologiques. Il ne s'ensuit pas, pour cela, que nous devions renoncer à aborder ce problème biologique, de tous le plus élevé. Nous allons même voir, qu'en dépit de l'imperfection de nos connaissances embryologiques, paléontologiques et anatomiques, nous pouvons, dès à présent, établir hypothétiquement, mais approximativement, la filiation des organismes.

Dans ses ouvrages, Darwin ne donne aucune réponse à cette question spéciale de la théorie généalogique. Il suppose seulement, en passant, « que les animaux descendent de quatre ou cinq types ancestraux tout au plus, et que les plantes ont eu le même nombre d'ancêtres primitifs, peut-être moins encore. » Mais comme, entre ces quelques types primordiaux, il y a encore des traces de filiation, comme les règnes animal et végétal eux-mêmes sont reliés par des formes de transition, Darwin en arrive à supposer « que tous les êtres organisés, ayant vécu sur la terre, descendent vraisemblablement d'une seule forme primitive, à laquelle le créateur a insufflé la vie. » A l'imitation de Darwin, tous les partisans de la théorie de la descendance se sont contentés de traiter la question d'une manière générale. Jamais personne n'a pris la question corps à corps ; jamais on n'a réellement regardé « la classification naturelle » comme « l'arbre généalogique des organismes ». Si donc nous voulons nous engager dans cette difficile entreprise, nous serons réduit à nos seules forces.

Il y a quelques années, dans l'introduction systématique de mon histoire générale de l'évolution (dans le deuxième volume de ma Morphologie générale), j'ai dressé hypothétiquement quelques tableaux généalogiques des principaux groupes organiques. Ce fut la première tentative faite conformément aux données de la théorie évolutive, pour construire effectivement l'arbre généalogique du monde organisé. Je ne m'étais dissimulé en aucune façon les difficultés extraordinaires du problème; en essayant de le résoudre, en dépit de tous les obstacles, ma seule prétention était de frayer la route et de susciter de plus heureux efforts. Très-vraisemblablement la plupart des zoologistes et des botanistes ont été fort peu satisfaits de ce premier essai, au moins en ce qui concerne le domaine restreint de leur spécialité. Mais ici comme partout il est plus aisé de critiquer que de mieux faire, et, puisque jusqu'ici aucun naturaliste n'a construit un arbre généalogique meilleur ou seulement autre que le mien, cela suffit pour prouver l'immense difficulté de ce problème si complexe. Mais, de même que toutes les autres hypothèses scientifiques invoquées pour expliquer les faits, mes hypothèses généalogiques méritent d'être prises en considération tant qu'elles n'auront pas été remplacées par quelque chose de mieux.

J'espère que ce mieux se réalisera promptement, et je serais infiniment heureux que mon coup d'essai déterminât beaucoup de naturalistes à construire, au moins dans les limites de leur spécialité, des arbres généalogiques plus exacts pour des groupes isolés d'animaux et de végétaux. Le temps aidant, des tentatives réitérées de ce genre élargiraient notre science généalogique et la compléteraient peu à peu, bien que l'on puisse prédire hardiment que jamais l'arbre généalogique du monde organique ne sera parfait Toujours il nous manquera des documents paléontologiques, dont la perte est irrémédiable. Jamais, pour les raisons précitées, nous ne pourrons compulser les archives primitives. Les premiers organismes, les ancêtres de tous les autres, doivent nécessairement avoir été les monères, c'est-à-dire de simples glomérules albuminoïdes, mous, amorphes, sans structure, absolument dépourvus de parties solides et nettement modelées. Naturellement ces êtres et leur postérité immédiate ne pouvaient en aucune façon se conserver par la fossilisation. Mais en outre, pour les raisons que nous avons indiquées dans la dernière leçon, nous sommes privés de la plupart des innombrables documents paléontologiques, qui nous seraient indispensables pour tracer, en connaissance de cause, le véritable arbre généalogique du monde organique. Si néanmoins j'ose m'engager dans cette entreprise hasardeuse, c'est que deux autres séries de documents peuvent me servir de guides et d'appui. Ces documents, qui complètent, au moins pour l'essentiel, les archives paléontologiques, sont fournis par l'ontogénie et l'anatomie comparée.

Si nous consultons avec soin ces précieux documents, si nous les comparons entre eux, nous constatons d'emblée un fait vraiment capital, savoir, que la plupart des organismes, et spécialement les plantes et les animaux d'ordre supérieur, sont composés d'un grand nombre de cellules, mais tirent leur origine d'un œuf, qui est une cellule parfaitement simple, un globule de substance albuminoïde, contenant un autre corpuscule de même nature, le noyau cellulaire. Cette cellule à noyau grossit; il en provient par scissiparité un amas cellulaire, engendrant, comme nous l'avons indiqué précédemment, par division du travail, les formes variées des espèces animales et végétales. Nous pouvons suivre pas à pas cette évolution si importante et si digne d'admiration; chaque jour elle se reproduit sous nos yeux dans le développement embryologique de chaque animal, de chaque plante, et nous renseigne mieux que ne le pourraient faire tous les fossiles, sur l'évolution paléontologique, sur l'origine de tous les organismes polycellulaires, de tous les végétaux et animaux supérieurs. En effet l'ontogénie, l'évolution embryologique étant simplement une récapitulation de l'évolution paléontologique effectuée par la série des ancêtres, nous en pouvons conclure sûrement, que *tous les animaux, et tous les végétaux polycellulaires, descendent d'organismes unicellulaires*. C'est là une conclusion aussi simple qu'importante. Les ancêtres primitifs de l'homme, ceux de tous les autres mammifères, de tous les animaux, de tous les végétaux polycellulaires, étaient des cellules isolées! C'est l'œuf des animaux, c'est la cellule ovulaire des plantes, qui nous révèlent sûrement l'inestimable secret de l'arbre généalogique des organismes. Si les adversaires de la théorie de la descendance nous objectent, qu'il serait merveilleux et incompréhensible qu'un organisme pollycellulaire extrêmement complexe ait pu provenir, à travers les âges, d'un organisme monocellulaire, nous pouvons répondre tout simplement que cette incroyable merveille s'accomplit à chaque instant sous nos yeux. En effet l'embryologie des animaux et des plantes nous reproduit clairement, mais dans un laps de temps très-court, la succession des phases évolutives parcourues par les groupes entiers, depuis leur origine, à travers les cycles immenses.

Les documents embryologiques nous autorisent à affirmer que tous les organismes polycellulaires descendent originairement de cellules simples, d'où nous concluons naturellement que les règnes animal et végétal ont eu une souche primitive commune. Mais les diverses cellules-souches primitives, d'où sont sortis les groupes principaux ou « phyles » du règne animal et du règne végétal, peuvent elles-mêmes avoir acquis leurs caractères différentiels ; elles aussi peuvent descendre d'une cellule primordiale. D'où viendraient donc ces cellules ou cette cellule-souche primitive ? Pour répondre à cette question fondamentale de la généalogie organique, nous n'avons qu'à renvoyer à notre théorie des plastides et à l'hypothèse de la génération spontanée.

Comme nous l'avons montré, on ne peut guère attribuer à la génération spontanée la production immédiate de vraies cellules ; ce qu'on peut regarder comme son œuvre, ce sont seulement des monères, des êtres primitifs aussi simples qu'on les puisse imaginer, des organismes analogues à nos protamibes, à nos protomycètes actuels, etc. (*fig.* 1). Ces corpuscules muqueux, homogènes, composés d'une substance albuminoïde aussi homogène que celle d'un cristal anorganique, mais qui pourtant sont doués des deux fonctions organiques fondamentales de la nutrition et de la génération, peuvent seuls être nés directement et par ontogénie de la matière anorganique, durant la période Laurentienne. Pendant que certaines monères conservaient la simplicité de leur organisation première, d'autres se transformaient peu à peu en cellules, et un noyau interne se séparait de leur substance albuminoïde homogène. D'autre part, il se forma par différenciation à la surface de la substance cellulaire une membrane externe, et cela se fit aussi bien autour des cytodes simples, sans noyau, que des cellules nues, contenant un noyau. Par ces deux phénomènes de différenciation si simples, par la formation d'un noyau interne et d'une membrane externe, les cytodes primitifs, si rudimentaires, les monères, donnèrent naissance aux quatre différentes espèces de plastides ou individus primaires, dont tous les organismes sont descendus par différenciation et association.

Avant de passer outre, il est une question à laquelle il faut tout d'abord répondre : toutes les souches organiques, cytodes et monères, et aussi ces cellules-souches, que nous avons considérées comme les souches ancestrales des quelques grandes divisions des règnes animal et végétal, tous ces organismes sont-ils originairement descendus d'un seul type de monères? Ou bien y a-t-il diverses souches organiques de chacune desquelles une espèce spéciale de monères est descendue par une génération spontanée particulière, indépendante? En d'autres termes : le monde organique tout entier a-t-il une commune origine, ou provient-il d'actes multiples de génération spontanée? De prime abord, la question semble avoir une extrême importance. Par un examen plus attentif, on voit qu'il n'en est rien, et que même, au fond, c'est là une question secondaire.

Commençons par bien préciser, bien déterminer ce que nous entendons par *souche* ou *lignée organique*. Pour nous, la lignée organique, le *phylum*, est la collection de tous les organismes, dont la consanguinité, établie sur des preuves anatomiques ou embryologiques, nous autorise à les considérer comme descendant à l'origine d'une forme ancestrale commune. Nos lignées, tribus ou phyles, sont aussi essentiellement identiques avec les quelques « grandes classes » ou « catégories principales », dont chacune, selon Darwin, renferme seulement des organismes consanguins, et qui, dans chacun des deux règnes organiques, sont seulement au nombre de quatre ou cinq. Dans le règne animal, nos phyles répondent à peu près aux quatre ou six grandes divisions, que, depuis Baer et Cuvier, les zoologistes appellent « types principaux », « groupes généraux », « embranchements, etc. ». Baer et Cuvier en distinguent seulement quatre : 1° *les vertébrés,* 2° *les articulés,* 3° *les mollusques,* 4° *les radiés.* Actuellement on en reconnaît ordinairement six, en subdivisant les groupes articulés et radiés chacun en deux groupes, savoir les articulés en *arthropodes* et en *vers*, et les radiés en *échinodermes* et en *zoophytes.* Quelle que soit la diversité de forme et de structure des animaux compris dans chacun de ces six groupes, pourtant ils ont en commun tant de caractères importants, qu'on ne saurait douter de leur consanguinité dans les limites de chacun des groupes. On en peut dire autant des six divisions principales, que reconnaît la botanique moderne et qui sont : 1° *les phanérogames,* 2° *les fougères,* 3° *les mousses,* 4° *les lichens,* 5° *les champignons,* 6° *les algues.* Les trois derniers groupes même ont entre eux tant de rapports étroits, que l'on peut les fondre ensemble sous le nom de *thallophytes,* par opposition aux trois premiers. Le nombre des phyles ou divisions principales du règne végétal est alors réduit à quatre. Mais on peut encore réunir les mousses et les fougères sous le nom de *prothallophytes,* et alors le nombre des grands groupes se trouve ramené à trois : les phanérogames, les prothallophytes et les thallophytes.

Mais il y a de fortes raisons anatomiques et embryologiques pour supposer que même ces quelques grandes divisions ou tribus se touchent par leurs racines, c'est-à-dire que leurs types les plus inférieurs, les plus anciens, sont aussi consanguins. Un examen plus attentif nous fait même faire encore un pas de plus et nous ramène à l'hypothèse de Darwin. Les deux arbres généalogiques des règnes animal et végétal se touchant par leurs bases, les animaux et les végétaux les plus inférieurs, les plus anciens, descendent d'une seule et même forme ancestrale. Naturellement, selon notre manière de voir, ce premier organisme commun n'a pu être qu'une monère née par génération spontanée.

Cependant il est sage de se demander s'il ne vaudrait pas mieux s'arrêter, au moins provisoirement, avant de franchir ce dernier pas, et admettre une consanguinité véritable seulement dans chaque groupe ou phylum, là où des faits empruntés à l'anatomie comparée, à l'ontogénie et à la phylogénie ne permettent pas de révoquer en doute une étroite parenté. Mais, dès à présent, nous pouvons voir que les deux formes principales de l'hypothèse généalogique sont possibles; nous pouvons prédire, qu'à l'avenir, les travaux relatifs à l'origine des grands groupes organiques conduiront dans les deux directions, en inclinant plus ou moins vers l'une ou l'autre. Le but de l'*hypothèse généalogique monogénique* ou monophylétique est de rattacher chacun des groupes organiques et aussi l'ensemble de ces groupes à une seule espèce de monère née par génération spontanée. Au contraire, l'*hypothèse polygénique* ou *polyphylétique* veut que diverses espèces de monères soient nées par génération spontanée et que d'elles soient sorties les grandes classes organiques (lignées, tribus ou phyles). A première vue, ces deux manières de voir semblent radicalement opposées; en réalité, l'antithèse est sans importance. En effet, il est de toute nécessité que l'une et l'autre hypothèse aboutissent aux monères comme à la souche primitive. Mais le corps de toutes les monères étant simplement un globule de substance carbonée albuminoïde, homogène et amorphe, les différences entre les diverses monères ne peuvent être que de nature chimique; ce sont des dissemblances dans la constitution atomique des diverses substances albuminoïdes. Ces différences si délicates et si complexes dans la composition chimique, infiniment variée, des corps albuminoïdes, échappent quant à présent à nos grossiers procédés d'observation et sont par conséquent dépourvues d'intérêt pour la question qui nous occupe.

Cette question de l'origine unique ou multiple se pose de nouveau à propos de chaque groupe petit ou grand. Pour le règne végétal, par exemple, certains botanistes inclinent à faire descendre toutes les plantes phanérogames d'un seul type de fougère; d'autres, au contraire, aiment mieux rattacher l'origine des divers groupes phanérogamiques à divers groupes de fougères. Il en est de même pour le règne animal : selon certains zoologistes, tous les mammifères à placenta descendent d'un seul type marsupial; pour les autres, les divers groupes placentaires proviendraient de groupes variés de marsupiaux. L'origine du genre humain remonterait selon les uns à un seul type simien, tandis que, pour les autres, les diverses espèces humaines seraient issues isolément de diverses espèces simiennes. Sans vouloir prendre ici parti pour l'une ou l'autre manière de voir, je ne puis m'empêcher de faire remarquer, qu'en général, les hypothèses monogéniques, monophylétiques, méritent la préférence. Déjà précédemment nous avons examiné l'hypothèse des centres de création uniques, des patries spéciales, où la plupart des espèces auraient isolément pris naissance. Conformément à cette idée, nous devons admettre que chaque groupe naturel, grand ou petit, s'est formé une seule fois et en un seul point du globe. C'est surtout pour les groupes animaux et végétaux, notablement différenciés et haut placés dans la série, que cette première racine unique, cette origine monophylétique, sont de rigueur. Il est au contraire fort possible, qu'un jour, quand la théorie généalogique sera mieux étudiée, l'on puisse démontrer l'origine polyphylétique de beaucoup de groupes inférieurs, appartenant aux deux règnes organiques.

Pour ces motifs, je crois plus sage aujourd'hui d'admettre la théorie monophylétique, d'une part, pour le règne animal, de l'autre, pour le règne végétal. Les six tribus ou phyles du règne animal se confondraient ainsi à leur origine première, et les trois ou six grandes divisions, ou phyles, du règne végétal descendraient d'une souche commune primitive. Quant au mode probable de filiation entre ces tribus, nous en parlerons dans la prochaine leçon. Mais il nous faut préalablement nous occuper d'un groupe organique fort remarquable, qui ne peut se ranger, du moins naturellement, ni dans le cadre généalogique du règne animal, ni dans celui du règne végétal. Ces organismes si intéressants sont les êtres primaires, ou les *protistes*.

Chez tous les organismes, que nous appelons protistes, il y a dans la forme extérieure, dans la structure profonde, dans le jeu de la vie, un si singulier mélange de propriétés animales et végétales, que l'on n'est fondé à les classer dans aucun des deux règnes, et que, depuis vingt ans, il s'est engagé à ce sujet des débats interminables et inutiles. La plupart des protistes sont d'un si petit volume, qu'ils sont peu ou point visibles à l'œil nu. Aussi presque tous ont-ils été découverts durant les cinquante dernières années, depuis que l'on a pu les observer avec de meilleurs microscopes et plus fréquemment. Mais, depuis que l'on s'est familiarisé davantage avec ces organismes, l'on n'a cessé de discuter sur leur vraie nature et leur place naturelle dans la classification des organismes. Nombre de ces protistes sont déclarés animaux par les botanistes, végétaux par les zoologistes ; c'est à qui n'en voudra point. D'autres protistes, au contraire, sont revendiqués à la fois par la botanique et la zoologie ; on se les arrache. Ces contradictions ne tiennent pas à l'imperfection de nos connaissances au sujet des protistes, mais à la nature même de ces organismes. En réalité, il y a chez la plupart des protistes un mélange si intime de caractères animaux et végétaux, qu'en les classant dans l'un ou l'autre règne, chaque observateur suit uniquement son caprice. Suivant que l'on donne des deux règnes telle ou telle définition, suivant que l'on adopte telle ou telle particularité comme caractérisant l'animal ou la plante, on range les diverses classes de protistes plutôt dans un règne que dans l'autre. Cet embarras tient à une insurmontable difficulté, c'est que les récentes recherches au sujet des organismes inférieurs ont confondu ou du moins effacé les frontières tranchées, jadis admises entre les deux règnes, et cela, à un tel point que, pour les rétablir, il faut nécessairement recourir à une définition artificielle. Mais une foule de protistes refusent encore, et absolument, de se conformer à de telles définitions.

Pour ces raisons et beaucoup d'autres, il est mieux, au moins jusqu'à nouvel ordre, de chasser ces êtres neutres aussi bien du règne animal que du règne végétal, et de les réunir dans un troisième règne intermédiaire. Dans mon anatomie générale, telle qu'elle est exposée dans le premier volume de ma Morphologie générale, j'ai traité à fond de ce règne intermédiaire, en l'appelant *Règne des Protistes* (*Morph. gén.*, I, p. 191-238). Dans ma Monographie des monères, j'ai brièvement parlé de ce règne, en le limitant différemment et en en donnant une définition plus nette. Actuellement, on peut diviser le règne des protistes en huit classes, comme suit : 1° les monères vivant encore de nos jours ; 2° les amiboïdes ou protoplastes ; 3° les infusoires vibratiles ou flagellates ; 4° les globules phosphorescents, magosphères ou catallactes ; 5° les labyrinthules ; 6° les cellules siliceuses ou diatomées ; 7° les champignons muqueux ou mycomycètes ; 8° les rhizopodes.

Les principaux groupes, qui peuvent actuellement se diviser en ces huit classes de protistes, sont indiqués dans le tableau taxinomique ci-contre. Très-probablement le nombre de ces protistes s'accroîtra notablement à l'avenir, à mesure que la connaissance de l'ontogénie des organismes élémentaires, dont on s'occupe activement depuis bien peu de temps encore, fera des progrès. C'est seulement dans le courant des dix dernières années, que l'on a bien connu les classes citées par nous. Les monères, qui offrent tant d'intérêt, les labyrinthoïdes, les catallactes, n'ont été pour la plupart découverts que dans ces dernières années. Ensuite, nombre de groupes de protistes se sont vraisemblablement éteints durant les âges géologiques primitifs, sans nous avoir légué aucun débris fossile, à cause du peu de dureté de leurs corps. On peut encore rattacher aux protistes quatre groupes tirés des organismes inférieurs actuels, savoir, d'une part : 9° les phycochromalgues ou phycochromacées, et 10° les champignons ou *fungi;* d'autre part, 11° les éponges, et 12° les animalcules marins phosphorescents ou noctiluques. Cependant il semble avantageux, du moins à notre point de vue, de placer les deux dernières classes dans le règne animal et les deux premières dans le règne végétal.

Rien de plus obscur encore que la généalogie des protistes. La confusion toute particulière des caractères animaux et végétaux chez ces organismes, l'instabilité de leurs formes et de leur physiologie, en outre les caractères bien tranchés des différentes classes, tout cela ne permet pas, quant à présent, de bien déterminer leur parenté, soit entre eux, soit avec les animaux ou les végétaux inférieurs. Il n'est pas invraisemblable que les classes des protistes citées par moi soient des tribus organiques indépendantes, des phyles, dont chacune descendrait d'une ou peut-être de plusieurs monères nées par génération spontanée. Que l'on admette la généalogie polyphylétique ou que l'on préfère l'hypothèse monophylétique de la consanguinité de tous les organismes, il faut toujours regarder les diverses classes de protistes comme des racines maîtresses, ayant poussé sur une souche première représentée par les monères et supportant les deux arbres généalogiques si ramifiés du règne animal et du règne végétal. Avant de traiter en détail cette difficile question, il convient de dire quelques mots du contenu des classes des protistes précitées et de leur histoire naturelle générale. En me voyant placer encore les monères à la base du règne des protistes, il vous semblera peut-être étrange que j'attribue à ces monères une antiquité plus grande que celle de tous les autres organismes sans exception. Mais que faire sans cela des monères actuelles? Nous ne savons rien de leur origine paléontologique, rien de leurs rapports avec

TABLEAU ET CLASSIFICATION

DES GROUPES GRANDS ET PETITS DU RÈGNE DES PROTISTES.

Classes du règne des protistes.	Noms des classes dans la classification.	Ordres ou familles des classes.	Un nom de genre à titre d'exemple.
1. Monères.	Monera.	1. Gymnomonera.	Bathybius.
		2. Lepomonera.	Protomyxa.
2. Amibes.	Lobosa.	1. Gymnamœbæ.	Amœba.
		2. Lepamœbæ.	Arcella.
3. Flagellates.	Flagellata.	1. Nudiflagellata.	Euglena.
		2. Cilioflagellata.	Peridinium.
		3. Cystoflagellata.	Noctiluca.
4. Catallactes.	Catallacta..	1. Catallacta.	Magosphæra.
5. Labyrinthulées.	Labyrinthulæ.	1. Labyrinthulæ.	Labyrinthula.
6. Diatomées.	Diatomea.	1. Striata.	Navicula.
		2. Vittata.	Tabellaria.
		3. Areolata.	Coscinodiscus.
7. Champignons muqueux.	Myxomycètes.	1. Physareæ.	Æthalium.
		2. Stemonitæ.	Stemonitis.
		3. Trichiaceæ.	Arcyria.
		4. Lycogaleæ.	Reticularia.
8. Rhizopodes.	I. Acyttaria.	1. Monothalamia.	Gromia.
		2. Polythalamia.	Nummulina.
	II. Heliozoa.	1. Heliozoa.	Actinosphærium
	III. Radiolaria.	1. Monocyttaria.	Cyrtidosphæra.
		2. Polycyttaria.	Collosphæra.

les animaux et les végétaux inférieurs, rien de la possibilité de leur développement en organismes plus élevés. Leur corps, constitué simplement par une petite masse de substance albuminoïde, homogène, peut représenter l'élément le plus simple, le plus primitif, aussi bien des plastides animaux que des plastides végétaux. C'est donc par pur caprice, et sans la moindre raison, qu'on les rattache soit au règne végétal, soit au règne animal. Nous croyons donc que le plus sage est actuellement de grouper les monères actuelles, peut-être fort nombreuses et fort répandues, en une classe parfaitement distincte, que nous opposons à toutes les autres

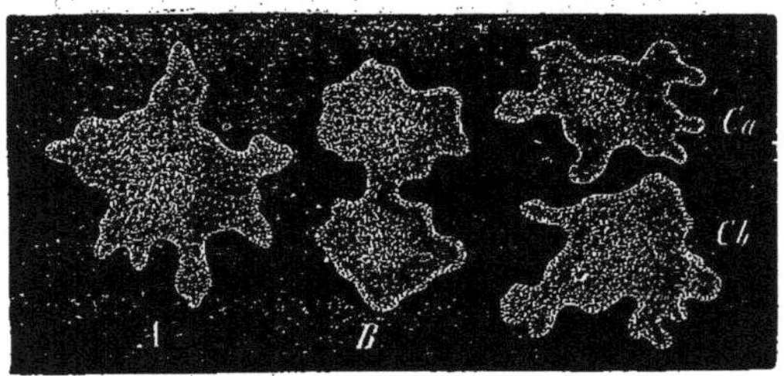

Fig. 8. — Reproduction par segmentation d'un organisme élémentaire, d'une monère d'eau douce. *A*. Une monère entière (*protamœba primitiva*). *B*. La même monère divisée en deux moitiés par un sillon médian. *C*. Les deux moitiés se sont séparées et constituent maintenant des individus indépendants.

classes du règne des protistes, du règne animal et du règne végétal. Par l'homogénéité absolue de leur substance albuminoïde, par leur manqne complet de parties différenciées, les monères se rapprochent plus des inorganismes que des organismes et forment évidemment la transition entre le monde organique et le monde inorganique, ce qui est conforme à l'hypothèse de la génération spontanée. Dans ma « Monographie des monères » (15), j'ai explicitement décrit les formes et les phénomènes vitaux des monères; j'en ai aussi donné les figures; enfin, dans ma huitième leçon, j'ai brièvement passé en revue les points principaux de leur histoire. C'est donc simplement à titre d'exemple, que je reproduis ici le dessin de la protamibe d'eau douce (*fig.* 8). On trouvera aussi, dans l'appendice, l'histoire de la ***Protomixa aurantiaca*** (pl. I), que j'ai observée aux Canaries, sur l'île Lanzerote. J'ajoute encore ici le dessin de l'une des formes du Bathybius, cette monère si remarquable, découverte par Huxley. Elle a l'aspect d'un grumeau réticulé de protoplasma, de mucus, et se trouve dans la mer, à de grandes profondeurs (*fig.* 9).

En réunissant les *Amibes* actuelles et d'autres organismes très-analogues (les *Arcellides* et les *Grégarines*), nous faisons une deuxième classe de protistes, à laquelle nous donnons le

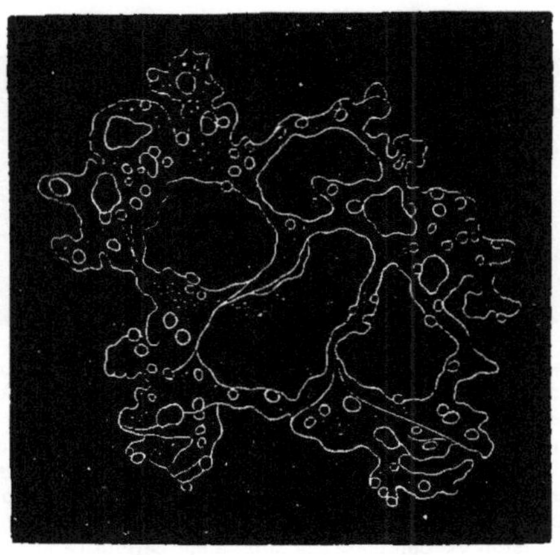

Fig. 9. — Bathybius Hæckelii, ou organisme protoplasmatique vivant dans la mer, à de grandes profondeurs. La figure représente, à un fort grossissement, simplement le réseau protoplasmique nu sans les discolithes et les cyatholithes trouvés dans d'autres monères et qui en sont vraisemblablement des produits d'excrétion.

nom d'*amiboïdes* (*Lobosa*). La généalogie de ces êtres n'est pas moins difficile à établir que celle des amibes. On a l'habitude de placer aujourd'hui ces êtres rudimentaires dans le règne animal, mais sans savoir vraiment pourquoi. En effet, ce sont de simples plastides nus, c'est-à-dire sans membrane, mais pourvus d'un noyau, et ils ressemblent autant à de vraies plantes qu'à de vrais animaux. Les cellules de reproduction de beaucoup d'algues (les spores et les œufs) séjournent un temps plus ou moins long dans l'eau sous forme de cellules nues, pourvues d'un noyau, et ne sauraient se distinguer de nombre d'œufs nus de beaucoup d'animaux (par exemple les méduses siphonophores) (*Voir dans la* XVIIe *leçon l'œuf nu du Fucus vesiculosus*). En réalité cette simple cellule nue, qu'elle soit animale ou végétale, ne diffère pas essentiellement d'une véritable amibe. En effet cette dernière est tout simplement un globule nu de substance cellulaire ou plasma, contenant un noyau. La contractilité du plasma, qui se manifeste chez l'amibe par l'allongement et la contraction alternatives des appendices, est une propriété générale du plasma organique et appartient aussi bien aux plas-

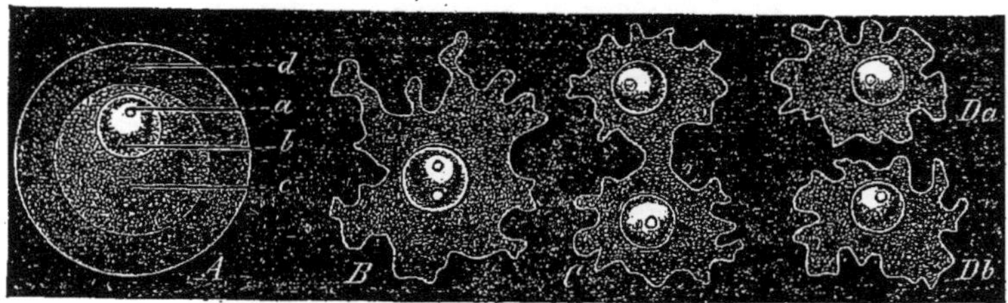

Fig. 10. — Reproduction par segmentation d'un organisme monocellulaire, d'une *amœba sphærococcus* amibe d'eau douce, sans vésicule contractile, très-fortement grossie. *A. Amœba* enkystée, simple cellule sphérique consistant en une masse protoplasmatique (*c*) contenant un noyau (*b*) et un nucléole (*a*), le tout renfermé dans une membrane enveloppante. *B. Amœba* qui a déchiré et quitté le kyste, la membrane cellulaire. *C.* La même *amœba*, commençant à se diviser ; son noyau s'est partagé en deux, et, entre ces deux noyaux, la substance s'est divisée aussi en deux parties par un sillon. *D.* La division est complète ; la substance cellulaire elle-même s'est séparée en deux moitiés (*D a* et *D b*).

tides animaux qu'aux plastides végétaux. Qu'une amibe cesse de se mouvoir, de changer incessamment de forme, alors elle prend la forme globulaire et se sécrète une membrane enveloppante. Il est alors impossible de la distinguer soit d'un œuf animal, soit d'une simple cellule végétale (*fig.* 10 A). On trouve fréquemment, soit dans l'eau douce, soit dans la mer, soit même rampant à la surface de la terre, des cellules à noyau, comme celle qui est représentée (*fig.* 10 B); elles changent incessamment de forme, émettent et rétractent ensuite des appendices digités ; c'est pourquoi on les a nommées amibes. Elles se nourrissent comme le font les protamibes dont nous avons déjà parlé. Parfois on peut observer directement leur reproduction par simple division (*fig.* 10 CD), procédé que je vous ai décrit dans une leçon précédente. On a pu récemment constater que beaucoup de ces amibes amorphes sont ou des formes larvées d'autres protistes, surtout des mycomycètes, ou des cellules détachées d'animaux et de végétaux inférieurs. Les globules blancs du sang des animaux et de celui de l'homme, par exemple, ne sauraient se distinguer des amibes. Les corpuscules solides peuvent aussi pénétrer la substance de leur corps, comme je m'en suis assuré à l'aide de poudres colorées très-ténues (*Morph. gén.*, I, 271). D'autres amibes semblent être de « bonnes espèces», des espèces indépendantes; car on les voit se reproduire, sans varier, à travers une série de générations. Outre les amibes proprement dites ou amibes nues (*Gymnamœbæ*), on trouve très-souvent, surtout dans les eaux douces, des amibes à carapace (*Lepamœbæ*), dont le corps plasmatique est partiellement revêtu d'une coquille plus ou moins dure (*Arcella*), ou même d'une capsule formée de particules dures, adhérentes entre elles (*Difflugia*). Ces enveloppes revêtent des formes variées. Enfin, dans le corps de beaucoup d'animaux inférieurs, on trouve quantité d'amibes parasites (*Gregarinæ*), chez qui l'adaptation à la vie parasitaire a eu pour résultat de revêtir leur corps plasmatique d'une enveloppe close de toutes parts.

Après les monères, les amibes nues sont les plus importants de tous les organismes pour la biologie tout entière et spécialement pour la généalogie générale. Il est évident, en effet, que les amibes naissent originairement des monères simples (*Protamœba*) et que le premier acte important de différenciation s'accomplissant au sein de leur substance albuminoïde, homogène, est la séparation du noyau. C'est là un grand progrès : le passage d'une simple masse protoplasmatique sans noyau, d'une cytode, à une vraie cellule à noyau (*fig.* 8 A et *fig.* 10 B). En sécrétant de bonne heure une membrane enveloppante, dure, certaines de ces cellules devinrent les premières cellules végétales ; d'autres restèrent nues et ont pu être la matrice des premières cellules animales. C'est la présence ou l'absence de membrane dure, enveloppante, qui constitue la différence la plus importante entre les cellules végétales et les cellules animales ; mais néanmoins cette différence n'est nullement radicale. En s'enfermant de bonne heure dans une carapace de cellulose, dure, épaisse et résistante, comme le font les amibes au repos, les cellules végétales sont mieux abritées contre les influences du monde extérieur que les cellules animales, molles, le plus souvent nues ou revêtues seulement d'une membrane mince et souple. Les premières ne peuvent donc pas aussi bien que les autres s'associer, pour constituer des éléments plus relevés, composant des tissus complexes, par exemple des fibres nerveuses, des fibres musculaires. On voit aussi s'accuser de bonne heure, chez les organismes monocellulaires les plus rudimentaires, une différence capitale entre les animaux et les plantes. Cette différence tient à la manière de s'alimenter. Comme les amibes nues (*fig.* 10 B), les globules blancs du sang, les monocellules animales, qui sont aussi des cellules nues, peuvent laisser pénétrer des corpuscules dans leur substance. Il en est tout autrement des plantes monocellulaires les plus rudimentaires, qui, encloses dans leur membrane capsulaire, ne peuvent plus absorber par diffusion qu'une nourriture liquide.

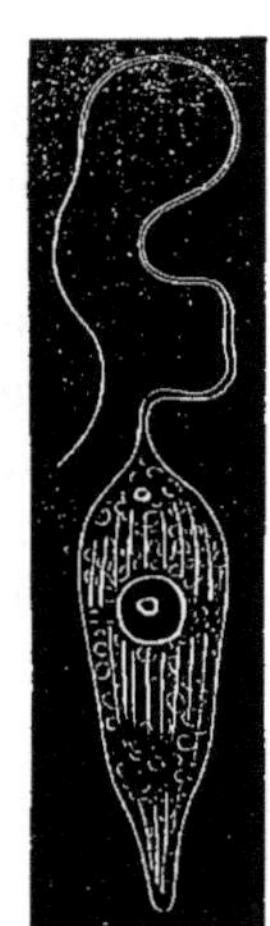

Fig. 11. — Un Flagellaire (*Euglena striata*), fortement grossi. En haut de la figure, on voit représenté le flagellum vibratile ; au centre est figuré le noyau cellulaire arrondi et son nucléole.

Les flagellaires, dont nous avons fait une troisième classe, n'ont pas une nature moins ambiguë que celle des amibes. Nombre de traits les rapprochent aussi tout autant du règne animal que du règne végétal. Il est des flagellaires, que l'on ne saurait distinguer des formes larvées, mobiles, par lesquelles débutent les vraies plantes, par exemple des spores vibratiles de beaucoup d'algues ; d'autres se rattachent immédiatement aux vrais animaux, par exemple aux infusoires ciliés (*fig.* 11). Les flagellaires sont des cellules simples, vivant soit isolément, soit en colonies, dans l'eau douce ou salée. Ils ont pour caractéristique un ou plusieurs appendices flagelliformes, qui leur servent à se mouvoir rapidement dans l'eau. Cette classe se divise en trois ordres : 1° les flagellaires nus (*Nudoflagellata*), spécialement représentés par les

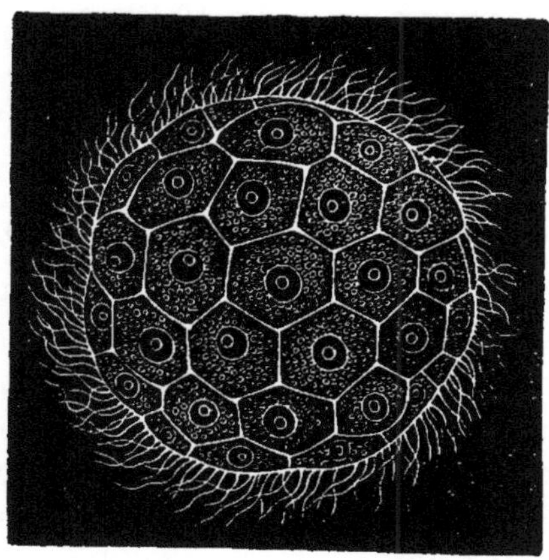

Fig. 12. — Sphérule cilifère de Norwége (*Magosphæra planula*), tournoyant dans l'eau à l'aide des cils qui tapissent sa surface. Elle est vue d'en haut.

euglènes vertes et les volvocinées ; 2° les flagellaires ciliés (*Cilioflagellata*), chez lesquels il existe, outre un long flagellum, une couronne de cils courts, qui fait défaut aux flagellates nus ; 3° enfin les noctiluques en forme de pêche. Aux deux premiers ordres appartiennent les animalcules, qui produisent en grande partie la phosphorescence de la mer. Les principaux représentants du premier ordre, les verts, *Euglena*, se rencontrent souvent au printemps en énorme quantité dans nos étangs, qu'ils colorent en vert.

En septembre 1869, sur les côtes de Norwége, j'ai découvert un nouveau type très-curieux de protiste, et j'en ai donné une description détaillée dans mes études biologiques (15) (page 137, pl. V). A l'île de Eis-Oe, près de Bergen, je trouvai, nageant à la surface de la mer, des petites sphères très-élégantes (*fig.* 12) composées de 30 à 40 cellules piriformes et ciliées, se réunissant toutes en étoiles, par leur extrémité amincie, au centre de la sphère. Au bout d'un certain temps, la masse se désagrége ; les cellules vaguent isolément dans l'eau, à la manière de certains infusoires ciliés (*fig.* 12). Ces cellules coulent ensuite au fond, rétractent leurs cils, et peu à peu prennent la forme d'une amibe rampante (voir *fig.* 10 B). Les cellules amibiformes se revêtent ensuite d'une membrane, puis par une scission réitérée elles se divisent en un grand nombre de cellules, tout à fait comme l'ovule se segmente (*fig.* 6). Les cellules se hérissent de cils vibratiles, brisent l'enveloppe capsulaire et voguent de nouveau sous forme de sphérules ciliées (*fig.* 12). Évidemment on ne saurait ranger dans aucune des autres classes de protistes ces singuliers organismes, qui sont tantôt des amibes simples, tantôt des cellules ciliées isolées, tantôt des sphères ciliées et polycellulaires ; ce sont autant de représentants d'un nouveau groupe spécial. Comme ils sont intermédiaires à plusieurs protistes et les relient les uns aux autres, on peut les appeler *intermédiaires* ou *catallactes*.

Les protistes de la cinquième classe, les labyrinthulées, ont été découverts, en 1867, par Cienkowski sur des pilotis plongés dans la mer; ils ne sont pas moins étranges que les précédents (*fig.* 13). Ce sont des cellules fusiformes, le plus souvent de couleur jaune d'œuf, qui tantôt sont amoncelées en petits tas épais, tantôt se meuvent circulairement d'une façon toute particulière. Puis elles forment ensuite, sans qu'on sache encore comment, une sorte de réseau entortillé; c'est dans le tissu même des mailles résistantes de ce réseau qu'elles glissent en pivotant (*fig.* 13). D'après la forme, on pourrait regarder les cellules des labyrinthulées comme des plantes très-rudimentaires; d'après leurs mouvements, ce seraient des animaux très-simples. En réalité ce ne sont ni des plantes, ni des animaux.

Les cellules siliceuses ou diatomées (*Diatomeæ*) forment une sixième classe de protistes, qui semblent se rapprocher beaucoup des labyrinthulées. Ces êtres rudimentaires ont été le plus souvent considérés comme des plantes, mais aujour-

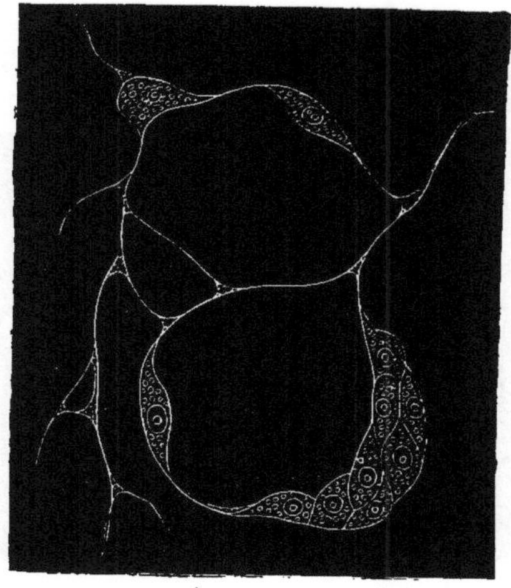

Fig. 13. — Labyrinthula macrocystis (fortement grossie); elle possède à la partie inférieure un groupe de cellules amoncelées, dont une s'est séparée à gauche; en haut deux cellules isolées tournoyant dans leur réseau.

d'hui encore des naturalistes célèbres les regardent comme des animaux. On trouve les diatomées dans la mer et l'eau douce en quantités énormes. Leurs formes sont très-élégantes et infiniment variées. Le plus souvent les diatomées sont de petites cellules microscopiques, vivant isolément (*fig.* 14) ou unies en nombre considérable. Parfois elles sont immobiles et fixées, parfois elles glissent, nagent, rampent, roulent d'une manière toute spéciale. Leur substance cellulaire molle, d'une nuance brun-jaune tout à fait caractéristique, se revêt toujours d'une carapace siliceuse solide, dont la forme est des plus élégantes et des plus variées. C'est seulement par une ou deux fentes existant dans la carapace, que le corps mou et plasmatique communique avec le monde extérieur. Les carapaces des diatomées se rencontrent à l'état fossile en grande quantité ; elles forment beaucoup de roches, par exemple (*fig.* 14), le tripoli de Bilin et celui des montagnes de la Suède.

La septième classe des protistes est formée par les champignons muqueux ou *mycomycètes*. On les considérait géné-

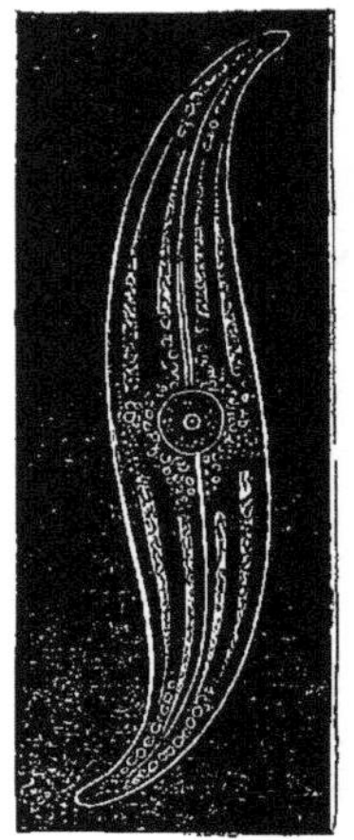

Fig. 14. — Navicula Hippocampus (fortement grossie). Au centre de la cellule siliceuse on voit le noyau (Nucleus), avec son nucléole (Nucleolus).

Fig. 15. — Appareil reproducteur (sporange, plein de spores) d'un mycomycète (Physasense abipes), faiblement grossi.

ralement comme des plantes, de vrais champignons, quand, il y a une douzaine d'années, le botaniste de Bary démontra, en découvrant leur ontogénie, qu'ils différaient absolument des champignons et devaient plutôt être considérés comme des animaux inférieurs. Quand leur appareil reproducteur est à maturité, c'est une vésicule sphérique de plusieurs pouces de diamètre remplie de spores pulvérulentes et de flocons mous (*fig.* 15). C'est l'analogue des champignons connus sous le nom de *gastromycètes*. Mais leurs germes, leurs spores n'ont pas l'aspect caractéristique des cellules filiformes ou *hyphes* des véritables champignons; ce sont des cellules nues, qui d'abord nagent en tournoyant et ressemblent à des flagellaires (*fig.* 11). Plus tard ces spores rampent comme des espèces d'amibes (*fig.* 10 B), et enfin, se réunissant entre elles, forment de gros corps muqueux ou « plasmodies ». De ces plasmodies naît ensuite directement l'appareil reproducteur sacciforme. Vous connaissez probablement tous une de ces plasmodies, l'*OEthalium septicum;* c'est « la fleur du tan ». On la voit, l'été, sous forme de masses muqueuses, d'un beau jaune, d'une consistance d'onguent, dessinant des réseaux larges, souvent de plusieurs pieds, sur les monceaux et « les plates-bandes de tan » des corroyeurs. Les formes jeunes, muqueuses et mobiles de ces mycomycètes, que l'on rencontre le plus souvent dans les bois humides, sur les matières végétales en putréfaction, sur les écorces des arbres, etc., étaient à tort ou à raison regardées par les zoologistes comme des animaux, tandis que les appareils reproducteurs mûrs, immobiles, sacciformes, étaient des plantes aux yeux des botanistes.

La huitième et dernière classe du règne des protistes, la classe des *Rhizopodes* (Rhizopoda) n'est pas moins ambiguë. Dès l'âge le plus reculé de l'histoire organique terrestre, ces singuliers organismes peuplent la mer; tantôt ils rampent au fond de l'eau, tantôt ils nagent à la surface; la variété de leurs formes est extraordinaire. Très-peu d'espèces vivent dans l'eau douce (par exemple *Gromia, Actinosphærium*). La plupart ont des carapaces très-élégantes de chaux ou de silex, qui se conservent parfaitement à l'état fossile. Souvent ces fossiles sont amoncelés en telle abondance, qu'ils forment de vraies montagnes, quoique, pris à part, chacun d'eux soit à peine visible ou même invisible à l'œil nu. Très-peu d'entre eux atteignent un volume notable, pouvant varier de quelques lignes à deux pouces. La surface de leur corps muqueux est hérissée de milliers de fils muqueux extrêmement fins ; ce sont des espèces de pieds, des pieds apparents ou pseudopodies, qui se ramifient comme des racines, s'unissent en réseaux et changent perpétuellement de formes, comme les pieds muqueux plus simples des amiboïdes ou protoplastes. Ces pseudopodies protéiformes servent également à la locomotion et à la préhension des aliments.

La classe des rhizopodes se divise en trois groupes : les acyttaires, les héliozoaires et les radiolaires. Les acyttaires forment le premier et le plus inférieur de ces trois groupes (*Acyttaria*). Le corps entier des acyttaires est constitué par une matière muqueuse, homogène, par du protoplasme non encore différencié en cellules. Mais, malgré cette organisation si primitive, les acyttaires sécrètent pourtant une carapace calcaire, qui revêt les formes les plus élégantes et les plus variées. Chez les acyttaires les plus simples et les plus anciens, cette carapace n'a qu'une seule cavité campaniforme, tubiforme, spiraliforme, de l'ouverture de laquelle sort un faisceau de filaments muqueux. Ce sont les *monothalamies* (*Monothalamia*). Au contraire les *polythalamies* (*Polythalamia*), qui représentent la majeure partie des acyttaires, ont une habitation divisée très-ingénieusement en beaucoup de chambres. Tantôt ces compartiments sont situés les uns derrière les autres en série linéaire, tantôt ils sont disposés en cercles concentriques autour d'un point ou en spirales annelées; souvent ils sont distribués en étages superposés, comme les loges d'un vaste amphithéâtre. Cette dernière conformation est celle des Nummulites, dont les coquilles, de la grandeur d'une lentille, sont amoncelées par milliards sur les côtes de la Méditerranée, où elles forment des montagnes entières. Les pierres, qui ont servi à construire les pyramides d'Égypte, sont constituées par l'agglomération de ces coquilles calcaires. Le plus souvent les compartiments de ces carapaces sont disposés en spirale. Ces loges communiquent entre elles par une galerie et des portes, comme les chambres d'un grand palais, et ordinairement elles s'ouvrent à l'extérieur par de nombreuses petites fenêtres. Par ces orifices, l'organisme muqueux, qui habitait ce logis, faisait saillir ses pseudopodies protéiformes. Pourtant, malgré la structure extraordinairement compliquée et élégante de ces labyrinthes calcaires, malgré l'infinie diversité dans la disposition et l'ornementation de ces nombreuses loges, malgré la régularité et l'élégance de leur exécution, tout ce palais si ingénieusement construit est un produit de sécrétion d'une masse muqueuse parfaitement amorphe et homogène! Vraiment, quand même toute la nouvelle anatomie histologique des animaux et des végétaux ne témoignerait pas en faveur de notre théorie des plastides, quand même tous les résultats généraux de cette science n'affirmeraient pas, d'un commun accord, que tout le merveilleux des phénomènes et des formes de la vie peut se ramener à l'activité propre des substances albuminoïdes amorphes du protoplasma, les polythalamies suffiraient, seules, à faire triompher notre théorie. En effet un coup d'œil suffit ici, le microscope aidant, pour mettre hors de doute un fait merveilleux, mais indéniable. établi pour la première fois par Dujardin et Max Schultze, savoir : que le mucus amorphe de cette véritable « matière de la vie », qu'on appelle le plasma, peut sécréter les constructions les plus élégantes, les plus régulières et les plus compliquées. C'est là une simple conséquence de l'adaptation héréditaire, et nous voyons par là comment le même mucus originaire, le même protoplasma peut engendrer dans les organismes végétaux et animaux les types cellulaires les plus divers et les plus compliqués.

Notons encore un fait d'un intérèt tout particulier, c'est que les plus anciens organismes, dont les restes nous aient été conservés à l'état fossile, appartiennent aux polythalamies. Je veux parler d'un organisme dont j'ai déjà dit quelques mots, de l'*Eozoon canadense*, découvert il y a quelques années au Canada, dans les couches les plus profondes du système Laurentien, dans les couches d'Ottawa, sur les rives du fleuve Ottawa. Sans doute, si nous pouvions espérer de trouver des restes organiques, même dans ces couches si profondes de l'âge primordial, nous devions surtout penser que ces restes prendraient place parmi les plus simples des protistes à carapace, dont l'organisation confuse encore n'est ni celle des animaux, ni celle des végétaux.

Dans le deuxième groupe des Rhizopodes, celui des héliozoaires, nous ne connaissons que peu d'espèces. L'une, fort petite, peuple nos eaux douces, en très-grande quantité. Dès le siècle dernier, cet héliozoaire avait été observé par le pasteur Eichhorn de Dantzig et baptisée pour cela *Actinosphærium Eichhornii.* A l'œil nu, cet héliozoaire a l'aspect d'une sphérule gélatineuse, de couleur grise et de la grosseur d'une tête d'épingle. Sous le microscope, on voit de très-fins filaments muqueux rayonner par centaines et par milliers du corps plasmatique central, et l'on remarque que la substance cellulaire interne diffère de l'écorce enveloppante. Par ce caractère, le petit héliozoaire, quoique sans carapace, est déjà plus parfait que les acyttaires homogènes et forme la transition entre ceux-ci et les radiolaires. Le genre *Cystophrys* est très-voisin du type que nous venons de décrire.

Les *Radiolaires* constituent la troisième et dernière classe des rhizopodes. Par leurs types les plus inférieurs ils se rattachent étroitement aux héliozoaires et aux acyttaires; mais par leurs types les plus parfaits ils leur sont bien supérieurs. Ils se distinguent des deux autres classes, en ce que leur partie centrale est constituée par un grand nombre de cellules encloses dans une membrane solide. Cette partie centrale, le plus souvent sphérique, est recouverte par une couche de plasma muqueux hérissée de filaments très-fins, de pseudopodies, qui se ramifient et s'anastomosent. Dans l'intérieur de la capsule sont disséminées de nombreuses cellules jaunes, mal connues encore et contenant des noyaux qui ont l'aspect de grains d'amidon. La plupart des radiolaires ont un squelette siliceux très-compliqué, dont la forme est infiniment variée et d'une rare élégance. Tantôt ce squelette siliceux est une simple sphère à jour (*fig.* 16), tantôt il forme tout un système de sphères emboîtées les unes dans les autres et reliées par des barres radiales. Le plus souvent la surface de la sphère est hérissée d'aiguilles élégantes, souvent ramifiées. D'autres fois le squelette est uniquement constitué par une étoile siliceuse, alors mathématiquement et régulièrement composée de vingt aiguillons convergeant

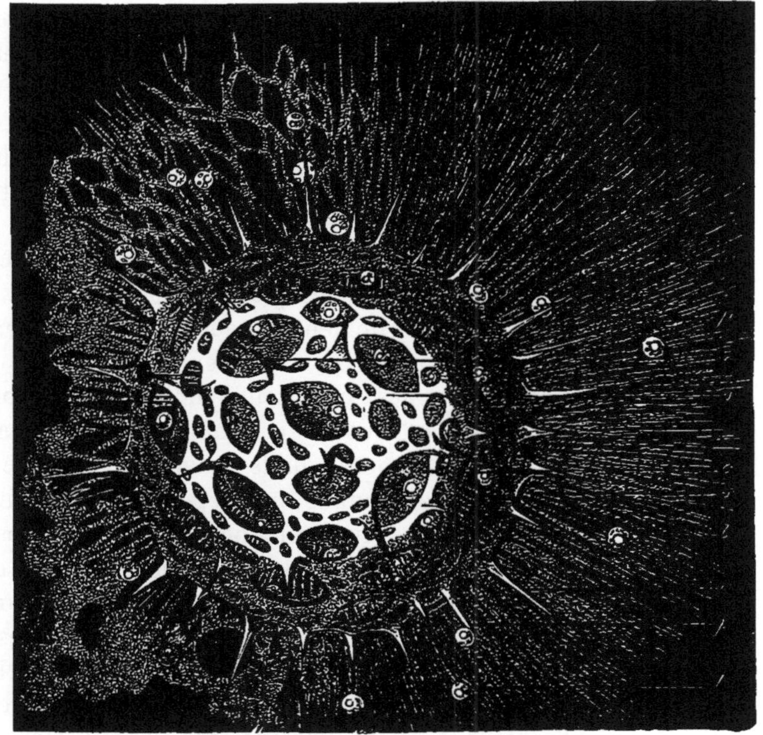

Fig. 16. — Cyrtidosphæra echinoïdes, grossi 400 fois. *c*, capsule centrale sphérique. *s*, carapace calcaire à jour. *a*, aiguillons radiés de la carapace. *p*, pseudopodies rayonnant de l'enveloppe muqueuse, qui recouvre la capsule centrale. *l*, cellules sphériques jaunes, disséminées et contenant des granules amidonnés.

au centre où ils s'unissent. Chez d'autres radiolaires, le squelette forme d'élégantes coquilles, à compartiments multiples comme chez les polythalamies. Dans nul autre groupe d'organismes, on ne rencontre dans le squelette une telle profusion de types les plus divers et une telle régularité mathématique unies à une architecture si élégante. J'ai reproduit la plupart des types connus dans l'atlas qui accompagne ma monographie des radiolaires (23). Je donnerai seulement ici, à titre d'exemple, le dessin de l'une des formes les plus simples, de la *Cyrtidosphæra echinoïdes* de Nice. Ici le sque lette consiste simplement en une sphère à jour (*s*) supportant de courtes aiguilles radiales (*a*) et entourant lâchement la capsule centrale (*c*). Du tégument muqueux qui recouvre cette dernière rayonnent des pseudopodies très-fines (*p*) et très-nombreuses, qui se rétractent et vont alors se confondre en partie avec une masse muqueuse grumelée. Dans cette masse sont disséminées quantité de cellules jaunes (1).

Les Acyttaires vivent le plus souvent au fond de la mer, rampant sur les rochers, sur les plantes marines, dans le sable et le limon à l'aide de leurs pseudopodies; au contraire les radiolaires nagent ordinairement à la surface de la mer et y flottent, grâce aux pseudopodies dont ils sont hérissés. Ils peuvent se trouver en quantité énorme; mais habituellement ils sont si petits qu'ils échappent presque à l'œil nu et n'ont été bien connus que depuis une vingtaine d'années. Les radiolaires, vivant en société (polycyttaires), forment des grumeaux gélatineux de quelques lignes de diamètre. Au contraire, on peut à peine distinguer à l'œil nu la plupart de ceux qui vivent isolément (monocyttaires); pourtant on en trouve les carapaces amoncelées en telle quantité, qu'elles constituent parfois des montagnes entières. Ces carapaces fossiles forment, par exemple, les îles Nicobar dans l'Inde et les îles Barbades aux Antilles.

Comme la plupart d'entre vous sont vraisemblablement peu ou point familiers avec les huit classes de protistes, dont j'ai parlé, j'ajouterai encore quelques remarques générales sur leur histoire naturelle. La plupart des protistes vivent dans la mer; les uns nagent à la surface de l'eau, les autres rampent au fond ou se fixent à demeure sur les roches, les coquillages, les plantes, etc. Beaucoup d'espèces de protistes vivent aussi dans l'eau douce. Sur la terre ferme, on n'en rencontre que quelques espèces (par exemple les Myco-mycètes, quelques protoplastes). La plupart d'entre eux ne peuvent être découverts qu'avec le microscope, et pourtant on les trouve réunis par millions. Un très-petit nombre atteignent un diamètre de quelques lignes à quelques pouces. Mais ce qui leur manque en volume, ils le compensent par leur nombre prodigieux et jouent ainsi un rôle important dans l'économie de la nature. Les impérissables débris des protistes éteints, par exemple les carapaces siliceuses des diatomées et des radiolaires, les coquilles calcaires des acyttaires, forment souvent la charpente de grandes montagnes.

Par leur physiologie, surtout en ce qui concerne la nutrition et la reproduction, les protistes inclinent tantôt vers les plantes, tantôt vers les animaux. Par la préhension des aliments, par les échanges matériels, ils se rapprochent les uns des animaux inférieurs, les autres des végétaux inférieurs. Beaucoup de protistes sont doués de la libre locomotion, qui manquent à d'autres ; mais ce n'est pas là un caractère distinctif; car nous connaissons des organismes incontestablement animaux qui sont privés de la libre locomotion, et de vraies plantes qui la possèdent. Tous les protistes ont une *âme,* de même que tous les animaux et tous les végétaux. L'activité de l'âme des protistes se manifeste par leur irritabilité, c'est-à-dire par les mouvements et les autres changements, qui se produisent dans leur protoplasma contractile à la suite d'irritations mécaniques, électriques, chimiques, etc. Peut-être n'y a-t-il chez les protistes ni conscience, ni facultés de la volonté et de la pensée ; mais ces propriétés manquent au même degré à beaucoup d'animaux inférieurs, et, sous ce rapport, nombre d'animaux supérieurs sont au niveau des races humaines inférieures. Chez les protistes, comme chez tous les autres organismes, les activités de l'âme peuvent se ramener à des mouvements moléculaires au sein du protoplasme.

Le caractère physiologique le plus important du règne des

protistes est la reproduction exclusivement asexuée. Chez les animaux et les végétaux élevés dans la série, la génération est presque exclusivement sexuelle. Quant aux animaux et aux végétaux inférieurs, ils se reproduisent fréquemment par génération asexuée, par division, bourgeonnement, germination, etc. Mais on trouve aussi bien souvent chez eux la génération sexuelle, qui fréquemment, dans la succession des générations, alterne avec la génération asexuée (métagénèse. *Voy.* page 185). Au contraire tous les protistes se reproduisent exclusivement par le mode asexué, et la séparation des sexes n'est pas encore apparue chez eux par différenciation. Il n'y a ni protistes mâles, ni protistes femelles.

Par leur physiologie, les protistes sont intermédiaires aux animaux et aux végétaux, surtout à ceux d'ordre inférieur. On en peut dire autant de la composition chimique de leur corps. Le caractère chimique différentiel le plus important chez les animaux et les végétaux se manifeste surtout dans le squelette. Le squelette, c'est-à-dire la charpente solide de la plupart des plantes, est composé de cellulose non azotée, qui est un produit de sécrétion de la matière cellulaire azotée ou protoplasma. Chez la plupart des vrais animaux au contraire, le squelette est constitué soit par des composés azotés, soit par des composés calcaires. Sous ce rapport, certains protistes se rapprochent des plantes, certains autres, des animaux. Chez beaucoup d'entre eux, le squelette est principalement ou entièrement constitué par de la matière siliceuse, qui existe aussi bien chez les animaux que chez les végétaux. Mais, dans tous les cas, la matière vitale active est le protoplasma muqueux.

Quant à la conformation des protistes, son caractère saillant est le développement toujours extraordinairement inférieur de leur *individualité*. Nombre de protistes sont, leur vie durant, de simples plastides, des individus d'ordre primaire. D'autres forment, en se réunissant, des colonies de plastides. Mais même ces individus quelque peu supérieurs restent le plus souvent à un degré de développement très-inférieur. Les citoyens de ces communautés de plastides se ressemblent toujours beaucoup ; il n'y a jamais chez eux qu'une très-faible division du travail ; par conséquent leur organisme social est aussi incapable que celui des sauvages de la Nouvelle-Hollande de s'acquitter de fonctions élevées. D'ailleurs l'union des plastides est ordinairement très-lâche et chacune d'elles conserve toujours dans une large mesure son indépendance personnelle.

Un deuxième caractère morphologique, qui s'ajoute au faible degré d'individualité des protistes pour les caractériser, est l'imperfection de leur type stéréométrique. Comme je l'ai montré dans ma théorie des formes fondamentales (*Morph. gén.*, IVe livre), il est possible de retrouver chez tous les organismes une forme géométrique déterminée, soit dans la forme générale du corps, soit dans celle de chaque partie. Cette forme idéale dépend du nombre, de la situation, de la connexion et de la différenciation des parties ; la forme organique réelle s'en rapproche comme la forme imparfaite d'un cristal se rapproche de son type géométrique, idéal. Dans la plupart des corps et des parties du corps des animaux et des végétaux, cette forme fondamentale est une pyramide, et, quand les formes sont « régulièrement rayonnées », la forme typique est une pyramide régulière ; quand les corps sont très-différenciés, « bilatéralement symétriques », on a alors une pyramide irrégulière. (Consulter les tableaux, p. 556-558, Ier volume de la *Morph. gén.*) Chez les protistes, cette forme pyramidale, qui domine dans le règne animal et végétal, est rare, et, à sa place, on a soit une forme typique complétement irrégulière (amorphe) ou une forme simple et régulièrement géométrique ; très-fréquemment la sphère, le cylindre, l'ellipsoïde, le sphéroïde, le double cône, le cône, le polyèdre régulier (tétraèdre, hexaèdre, octaèdre, dodécaèdre, icosaèdre, etc.). Toutes ces formes fondamentales inférieures du système promorphologique dominent chez les protistes. Pourtant on rencontre aussi chez beaucoup de protistes les formes fondamentales très-régulières et bilatérales, qui prédominent dans le règne végétal et animal. Sous ce rapport encore, les protistes les plus voisins inclinent souvent, les uns (par exemple les acyttaires) vers les animaux, les autres (par exemple les radiolaires) vers les plantes.

En ce qui a trait à l'évolution paléontologique du règne des protistes, on peut faire les hypothèses généalogiques les plus diverses et les plus douteuses. Peut-être leurs classes sont-elles des tribus isolées, des phyles, qui se sont développés indépendamment les uns des autres et aussi des deux règnes organiques. Quand même on admettrait l'hypothèse monophylétique de la descendance, quand même on considérerait tous les organismes, sans exception, vivants ou éteints, comme la postérité commune d'un seul type de monère, même alors, la connexion des protistes neutres, d'une part, avec la souche végétale, d'autre part, avec la souche animale, serait très-lâche. Plus loin (voir le tableau suivant) nous considérerons les protistes comme des rejetons inférieurs, se détachant immédiatement de cet arbre généalogique bifurqué, ou peut-être comme des rameaux placés très-bas et se détachant d'une souche commune à tous les protistes. De cette souche partent les deux branches touffues et divergentes, qui représentent les règnes animal et végétal; quant aux classes de protistes considérées isolément, elles peuvent à leur base s'unir étroitement ou former seulement une touffe lâche, et dans ce cas elles n'auraient pas de rapports avec les grands rameaux organiques divergents du règne animal d'un côté, du règne végétal de l'autre.

Si au contraire l'on préfère la théorie de la descendance polyphylétique, alors il faut se figurer un nombre plus ou moins grand de souches organiques ou phyles, qui, tous, ont jailli côte à côte et isolément du sol commun de la génération spontanée. Des monères nombreuses et dissemblables, nées spontanément, se distinguaient seulement par de petites, d'imperceptibles différences dans leur composition chimique et par suite dans leur développement virtuel. Deux

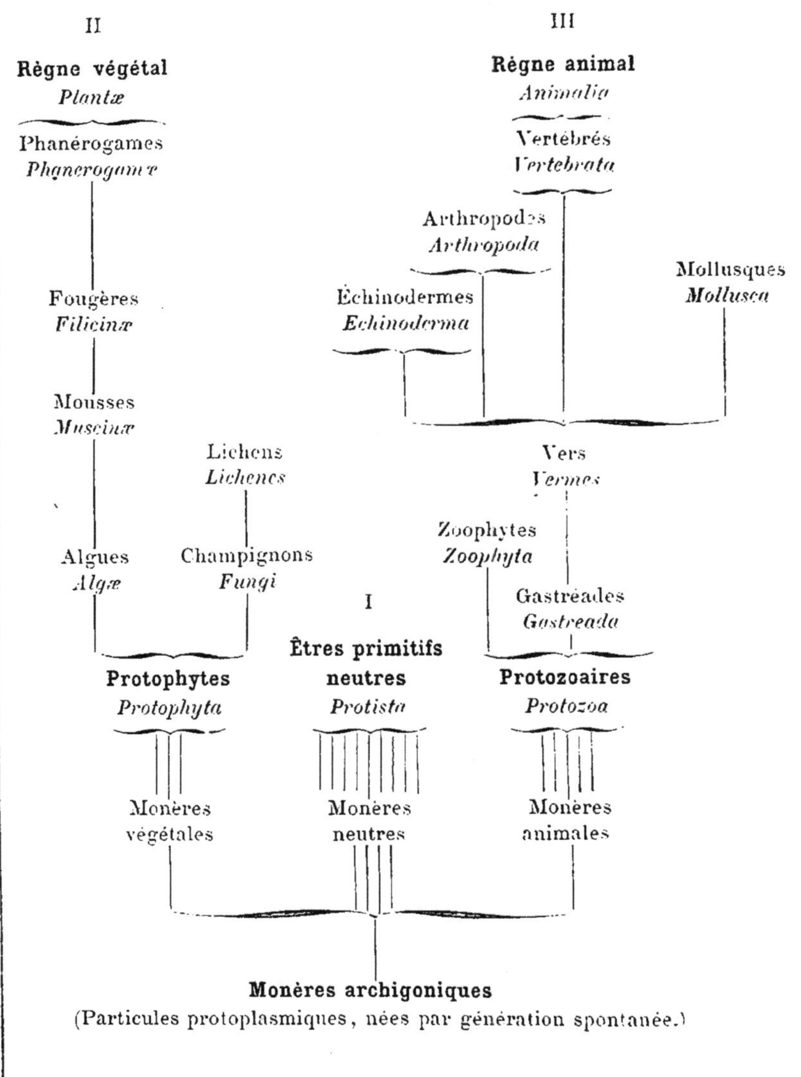
ARBRE GÉNÉALOGIQUE MONOPHYLÉTIQUE
DES ÊTRES ORGANISÉS.
II
Règne végétal
Plantæ
Phanérogames
Phanerogamæ
Fougères
Filicinæ
Mousses
Muscinæ
Lichens
Lichenes
Algues
Algæ
Champignons
Fungi
III
Règne animal
Animalia
Vertébrés
Vertebrata
Arthropodes
Arthropoda
Mollusques
Mollusca
Échinodermes
Echinoderma
Vers
Vermes
Zoophytes
Zoophyta
Gastréades
Gastreada
I
Êtres primitifs
neutres
Protista
Protophytes
Protophyta
Protozoaires
Protozoa
Monères
végétales
Monères
neutres
Monères
animales
Monères archigoniques
(Particules protoplasmiques, nées par génération spontanée.)

ARBRE GÉNÉALOGIQUE POLYPHYLÉTIQUE
DES ÊTRES ORGANISÉS.

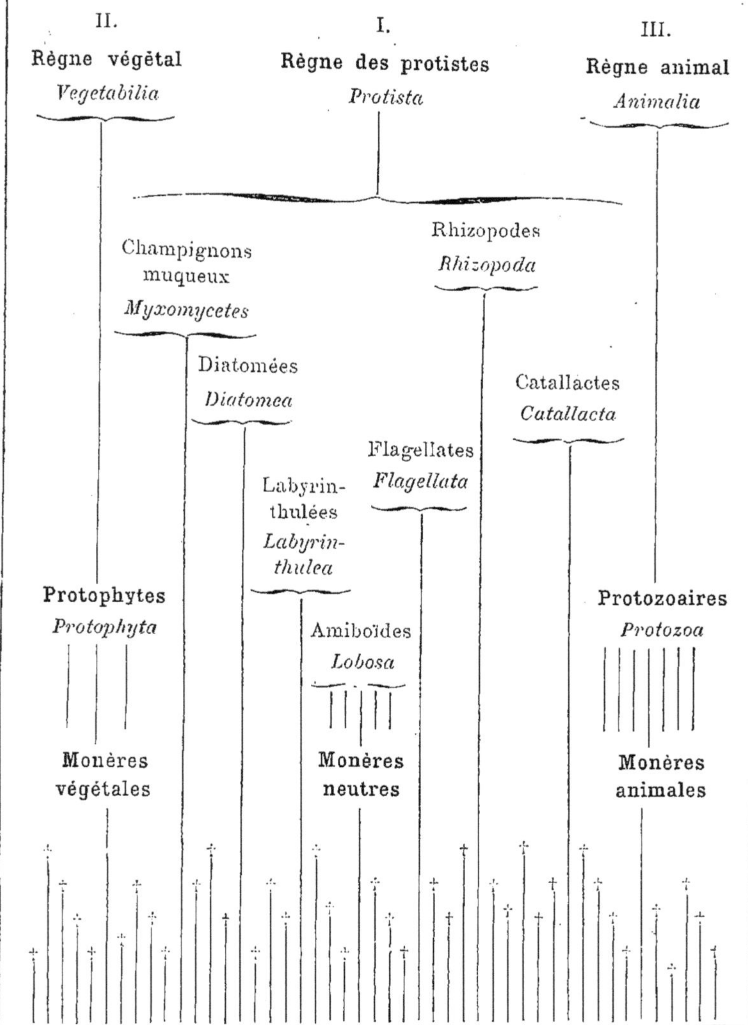

N. B. — Les lignes surmontées d'une croix représentent les souches des protistes éteints, qui provenaient d'actes réitérés de génération spontanée.

petits groupes de monères donnèrent naissance au règne végétal et au règne animal. Mais, entre ees deux groupes, se sont développées un grand nombre de pousses indépendantes, qui n'ont pu franchir les degrés inférieurs d'organisation et ne sont devenues ni de vrais animaux ni de vraies plantes.

Aujourd'hui, dans l'état actuel de nos connaissances phylogénétiques, il est impossible d'opter en connaissance de cause, soit pour l'hypothèse monophylétique, soit pour l'hypothèse polygénétique. Il est difficile de distinguer les divers groupes de protistes des types les plus infimes du règne végétal et du règne animal ; il y a entre tous ces êtres une connexion si étroite, leurs caractères distinctifs sont si intimement mélangés, qu'actuellement toute division systématique, toute classification des groupes, sont forcément artificielles. Par conséquent l'essai de classification, que nous avons présenté ici, est tout à fait provisoire. Pourtant, plus on pénètre profondément dans le domaine obscur de la généalogie organique, plus il devient vraisemblable que le règne végétal et le règne animal ont eu chacun une origine isolée, mais qu'entre ces deux grands arbres organisés il s'est produit, par des actes réitérés de génération spontanée, un certain nombre de petits groupes organiques indépendants. Ce sont ces derniers groupes, qui méritent réellement le nom de protistes, à cause de leur caractère neutre, indifférent, de l'état de confusion où se trouvent chez eux les propriétés animales et végétales.

En admettant même que les règnes organiques soient issus chacun d'une souche première distincte, rien n'empêche de placer entre eux un certain nombre de groupes de protistes, dont chacun est isolément provenu d'un type particulier de monère. On peut, pour se faire une idée bien nette de cette disposition, se figurer le monde organique comme une immense prairie presque desséchée. Sur cette prairie s'élèvent deux grands arbres très-branchus, très-ramifiés. Ces arbres sont aussi en grande partie frappés de mort; ils peuvent représenter le règne animal et le règne végétal; leurs rameaux frais et verdoyants seront les animaux et les végétaux actuels; les branches flétries, au feuillage desséché, figureront les animaux et les végétaux des groupes disparus. L'aride gazon de la prairie correspondra aux groupes de protistes éteints, qui sont vraisemblablement encore fort nombreux; les quelques brins d'herbe encore verts seront les phyles encore vivants du règne des protistes. Quant au sol de la prairie, duquel tout est sorti, c'est le protoplasma.

DIX-SEPTIÈME LEÇON.

ARBRE GÉNÉALOGIQUE ET HISTOIRE DU RÈGNE VÉGÉTAL.

Classification naturelle du règne végétal. — Division du règne végétal en six embranchements et dix-huit classes. — Sous-règne des cryptogames. — Grand groupe des thallophytes. — Fucus ou algues (algues primordiales, algues vertes, algues brunes, algues rouges). — Plantes filiformes ou inophytes (lichens et champignons). — Grand groupe des prothallophytes. — Mousses (mousses hépatiques, mousses foliacées). — Fougères ou filicinées (fougères foliacées, calamites, fougères aquatiques, fougères squammeuses). — Sous-règne des phanérogames. — Gymnospermes. — Fougères palmiformes (Cycadées). — Conifères. — Angiospermes. — Monocotylédonées. — Dicotylédonées. — Apétales. — Diapétales. — Gamopétales.

Messieurs, on ne saurait tenter de retracer la généalogie d'un groupe petit ou grand d'organismes consanguins, sans chercher tout d'abord un point d'appui dans la « classification naturelle » de ce groupe. En effet, bien que la classification des animaux, des protistes et des plantes n'ait jamais été établie d'une manière définitive, et qu'on n'ait jamais pu y chercher qu'une notion plus ou moins approximative de la vraie consanguinité, elle n'en a pas moins le précieux mérite de nous représenter un arbre généalogique hypothétique. Sans doute, par l'expression « classification naturelle », la plupart des zoologistes, des botanistes, des savants, qui étudient les protistes, veulent seulement exprimer en style lapidaire les idées subjectives, que chacun d'eux se fait de la parenté morphologique objective des organismes. Mais, comme vous l'avez vu, cette parenté des formes est simplement la suite nécessaire d'une consanguinité réelle. Par conséquent tout morphologiste, qui travaille au progrès de la classification naturelle, travaille aussi, volontairement ou non, à l'établissement de notre arbre généalogique. La classification naturelle méritera d'autant plus son nom, qu'elle s'appuiera plus fermement sur les résultats concordants de l'anatomie comparée, de l'ontogénie et de la paléontologie. Reposant sur cette triple base, nous pouvons la considérer sûrement comme l'expression approximative du véritable arbre généalogique.

En abordant actuellement la généalogie du règne végétal, il nous faut donc, conformément à cette donnée fondamentale, jeter d'abord un coup d'œil sur la classification naturelle de ce règne, telle qu'elle est acceptée aujourd'hui dans son ensemble par la plupart des botanistes. La totalité des plantes peut se diviser en deux groupes principaux ou sous-règnes, celui des cryptogames et celui des phanérogames, division établie, il y a plus d'un siècle, par Ch. Linné, l'un des précurseurs de la classification naturelle. Le sous-règne des phanérogames fut partagé, dans la classification artificielle de Linné, d'après le nombre, la forme, la connexion des étamines et la disposition des organes sexuels, en vingt-trois classes, complétées par une vingt-quatrième, celle des cryptogames.

Les cryptogames, qui étaient autrefois fort peu observés, ont été soigneusement étudiés de nos jours, et l'on y a découvert une telle diversité de formes et de si profondes différences de structure et de texture, que l'on n'y peut pas distinguer moins de quatorze classes, tandis que le nombre des classes des phanérogames peut se réduire à cinq. Mais ces dix-neuf classes du règne végétal peuvent aussi se grouper en six grandes divisions, en six branches. De ces groupes, deux appartiennent aux phanérogames, quatre aux cryptogames. Le tableau suivant montre comment ces dix-neuf classes se distribuent en six grandes divisions, comment ces dernières se groupent en deux embranchements primordiaux.

Le sous-règne des cryptogames se partage tout naturellement en deux groupes principaux, différant essentiellement les uns des autres par leur texture et par leur forme extérieure ; ce sont les *thallophytes* [1] et les *prothallophytes*. Le grand groupe des *thallophytes* comprend deux classes principales, celle des *algues*, vivant dans l'eau et celle des *inophytes* (*Lichens*, *champignons*), qui croissent sur le sol, les pierres, l'écorce des arbres, les corps organiques en décomposition. Le grand groupe des prothallophytes comprend deux grandes classes très-riches en types variés, la classe des *mousses* et celle des *fougères*.

Ce qui caractérise les thallophytes, c'est que l'on n'a pas encore pu reconnaître chez eux les deux organes fondamentaux de la morphologie végétale, la tige et les feuilles. Le corps des algues et des inophytes est constitué uniquement par des cellules simples, que l'on appelle *frondes* ou thallus. Ce thallus ne s'est point encore différencié en organes axillaires (tige et racines) et en organes foliacés. Par là et par une foule d'autres particularités les thallophytes contrastent avec toutes les autres plantes, c'est-à-dire avec les deux groupes principaux des prothallophytes et des phanérogames ; aussi désigne-t-on souvent ces deux derniers groupes par le nom de plantes à tiges ou *Cormophytes* [2]. Le tableau suivant montre nettement la relation de ces trois groupes au point de vue de l'existence soit des fleurs, soit des organes morphologiques primaires.

I. Cryptogames	*A.* Thallophytes	I. Thallophytes.
	B. Prothallophytes	II. Cormophytes.
II. Phanérogames	*C.* Phanérogames	

Actuellement, et depuis bien longtemps déjà, les cormophytes constituent la majeure partie du monde végétal ; mais il n'en a pas été toujours ainsi. Loin de là. Les plantes à tiges et non-seulement les phanérogames, mais aussi les

1. Θαλλός, germe. Φυτόν, plante.
2. Κορμός, tige. Φυτόν, plante.

prothallophytes faisaient encore absolument défaut durant le laps de temps immensément long de l'âge archéolithique ou primordial, première période de l'histoire organique terrestre. Vous vous rappelez que les systèmes Laurentien, Cambrien, Silurien, mesurant environ 70,000 pieds d'épaisseur, se sont déposés durant cet âge. Or l'ensemble des couches plus récentes, depuis le système Devonien jusqu'aux terrains les plus modernes, atteint à peu près 60,000 pieds : nous pouvons donc tirer de ces faits une conclusion, qui ressort aussi de preuves d'une autre nature, c'est que cet âge primordial a surpassé en durée tout le temps qui s'est écoulé depuis lors. Durant cette immense période, qui comprend peut-être bien des millions de siècles, la vie végétale semble avoir été représentée sur notre globe uniquement par le grand groupe des thallophytes et même par les seules grandes classes des thallophytes aquatiques, par les algues. Du moins tous les débris végétaux fossiles, que nous pouvons attribuer sûrement à l'âge primordial, appartiennent exclusivement à cette classe. D'autre part, comme tous les fossiles animaux du même âge sont tous aquatiques, nous en pouvons conclure que les organismes terrestres n'existaient pas encore.

Cela suffirait pour rendre particulièrement intéressante l'étude du premier grand groupe végétal, qui est en même temps le plus rudimentaire, je veux parler du groupe des *algues*. Mais cette grande tribu végétale est en outre digne par elle-même d'une attention toute spéciale. En dépit de leur constitution extrêmement simple, puisqu'elles sont seulement composées de cellules semblables ou peu différenciées, les algues montrent pourtant dans leurs formes extérieures une étonnante diversité. On y trouve, d'une part, les plantes les plus simples, les plus rudimentaires ; d'autre part, une grande complication et une grande originalité de formes. Les divers groupes d'algues diffèrent autant par la taille que par la perfection et la diversité de leurs formes extérieures Au plus bas degré, nous trouvons les protococcus si miscros-

TABLEAU TAXINOMIQUE

DES SIX GRANDS GROUPES ET DES DIX-HUIT CLASSES DU RÈGNE VÉGÉTAL.

Groupes fondamentaux ou sous-règnes du règne végétal.	Grandes classes du règne végétal.	Classes du règne végétal.	Noms taxinomiques des classes.
A Thallophytes.	I Algues (*Algæ*).	1. Végétaux primaires.	1. Protophyta.
		2. Algues vertes.	2. Confervinæ.
		3. Algues brunes.	3. Fucoideæ.
		4. Algues rouges.	4. Florideæ.
		5. Algues-mousses.	5. Characeæ.
	II Inophytes (*Inophyta*).	6. Champignons.	6. Fungi.
		7. Lichens.	7. Lichenes.
B Prothallophytes.	III Mousses (*Muscinæ*).	8. Hépatiques.	8. Hepaticæ (Thallobrya).
		9. Mousses foliacées.	9. Frondosæ. (Phyllobrya).
	IV Fougères (*Filicinæ*.)	10. Fougères foliacées.	10. Pterideæ (Filices).
		11. Fougères aquatiques.	11. Rhizocarpeæ (Hydropterides).
		12. Fougères à chaumes.	12. Calamariæ (Calamophyta).
		13. Fougères squameuses.	13. Lepidophyta (Selagines).
C Phanérogames.	V Gymnospermées (*Gymnospermæ*).	14. Fougères palmiformes.	14. Cycadeæ.
		15. Conifères.	15. Coniferæ.
		16. Gnétacées.	16. Gnetaceæ.
	VI Angiospermées (*Angiospermæ*).	17. Monocotylédonées.	17. Monocotylæ.
		18. Dicotylédonées.	18. Dicotylæ.

ARBRE GÉNÉALOGIQUE MONOPHYLÉTIQUE DU RÈGNE VÉGÉTAL.

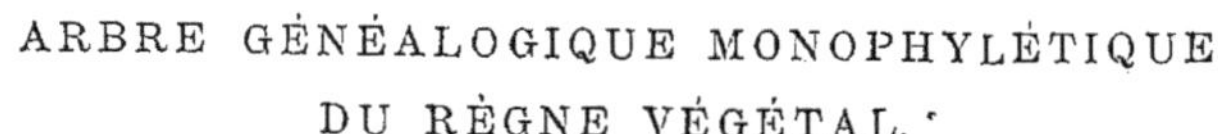

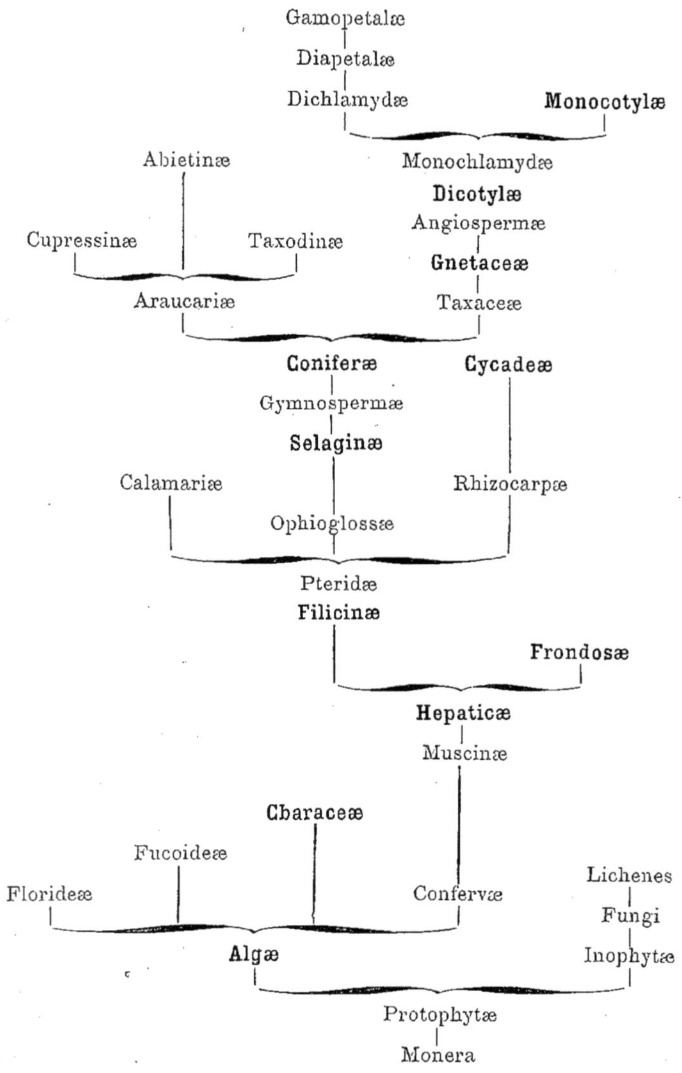

Gamopetalæ

Diapetalæ

Dichlamydæ — **Monocotylæ**

Monochlamydæ

Dicotylæ

Angiospermæ

Abietinæ

Cupressinæ — Taxodinæ

Gnetaceæ

Araucariæ — Taxaceæ

Coniferæ — **Cycadeæ**

Gymnospermæ

Selaginæ

Calamariæ — Rhizocarpæ

Ophioglossæ

Pteridæ

Filicinæ

Frondosæ

Hepaticæ

Muscinæ

Characeæ

Fucoideæ

Lichenes

Florideæ — Confervæ

Fungi

Algæ — Inophytæ

Protophytæ

Monera

copiques qu'ils pourraient tenir au nombre d'une centaine de mille sur une tête d'épingle. A l'extrémité opposée, nous voyons les macrocystes géants, qui atteignent une longueur de 300 à 400 pieds, ce qui n'arrive à aucun autre type végétal. Il est possible aussi qu'une grande partie de la houille provienne des algues. En dehors même de toutes ces raisons, les algues doivent attirer tout particulièrement notre attention, par cela seul qu'elles marquent le début de la vie végétale; elles contiennent en germe tous les autres groupes, si du moins notre hypothèse monophylétique sur l'origine du règne végétal a quelque fondement.

Quiconque habite les régions centrales d'un continent ne peut se faire au sujet de ces plantes si intéressantes que des idées très-imparfaites, car il n'en connaît que les échantillons petits et rudimentaires, habitant les eaux douces. Les conferves vertes, de consistance muqueuse, de nos étangs et de nos puits, l'enduit d'un vert éclatant, qui recouvre les pièces de bois ayant longtemps séjourné dans l'eau, la couche spumeuse d'un jaune verdâtre à la surface des mares de nos villages, les touffes vertes et chevelues, qui flottent toujours dans les eaux douces stagnantes ou courantes, sont en majeure partie composés d'algues de diverses espèces. Les personnes qui ont visité les rivages de la mer, qui ont vu avec étonnement sur les côtes d'Helgoland et du Schleswig-Holstein les énormes masses d'algues rejetées par la marée, ou bien qui ont contemplé sur les bords rocheux de la Méditerranée, à travers les flots bleus, les prairies sous-marines d'algues aux formes élégantes et aux vives couleurs, ceux-là seulement savent apprécier suffisamment l'importance de la classe des algues. Et pourtant, même ces prairies d'algues sous-marines aux formes si variées de nos rivages européens ne donnent-elles qu'une faible idée de la colossale forêt sousmarine de la *mer des Sargasses*, dans l'océan Atlantique. Il y a là un énorme banc d'algues couvrant une superficie d'environ 40,000 mètres carrés et qui fit croire à Colomb durant son premier voyage que la terre était proche! Des forêts d'algues analogues, mais bien autrement vastes, croissaient vraisemblablement en masses profondes dans les mers des premiers âges géologiques. Un nombre énorme de générations de ces algues archéolitiques se sont succédé, comme l'attestent, entre autres preuves, les puissantes strates d'ardoises alumineuses accumulées dans les terrains siluriens de la Suède et qui sont essentiellement constituées par des amas de ces algues sous-marines. Selon la nouvelle théorie du géologue Friedrich Mohr de Bonn, les couches de houille seraient en majeure partie composées des débris accumulés de ces forêts d'algues.

Dans le grand groupe des algues, nous distinguons cinq classes, savoir : 1° les algues primitives ou protophytes; 2° les algues vertes ou confervinées; 3° les algues brunes ou fucoïdées; 4° les algues rouges ou floridées; 5° les algues-mousses ou characées.

On peut aussi donner à la première classe, aux algues primitives (*Archephyceæ*), le nom de plantes primitives (*Protophyta*); car on y trouve les plus simples et les plus imparfaits des végétaux, et aussi les organismes végétaux les plus anciens, ceux d'où est descendu tout le reste du règne végétal. Il faut ranger tout d'abord dans ce groupe ces monères végétales, les aînées de tous les végétaux, qui sont nées par génération spontanée au commencement de la période Laurentienne. Ajoutons-y en outre tous les types végétaux d'une organisation extrêmement simple, qui sont issus de ces monères et se sont élevés au rang des plastides. C'étaient d'abord de petits végétaux rudimentaires; leur corps était une cytode des plus simples, une plastide sans noyau; puis un noyau se différencia dans le plasma; l'organisme s'éleva alors au rang d'une cellule simple. Aujourd'hui encore il existe des types d'algues très-simples, qui ne s'éloignent guère de ces végétaux primitifs; ce sont les codiolacées, les protococcacées, les desmidiacées, les palmellacées, les hydrodictyées et beaucoup d'autres familles d'algues. Il faudrait aussi ranger dans cette catégorie le remarquable groupe des phycochromacées (chroococcacées et oscillarinées), à moins qu'on ne préfère en faire une tribu indépendante dans le règne des protistes.

Les *Protophytes monoplastides*, c'est-à-dire les algues rudimentaires formées d'une simple plastide, sont extrêmement

Fig. 17. — *Caulerpa denticulata*, siphonée monoplastide de grandeur naturelle. Cette plante rudimentaire, qui semble composée d'une tige rampante ayant des touffes de racines filamenteuses et des feuilles dentées, n'est pourtant qu'une simple plastide et même une cytode sans noyau, inférieure par conséquent à la vraie cellule à noyau.

intéressants, car ils parcourent la durée totale de leur existence, sans cesser d'être « des individus primordiaux », des cytodes sans noyaux ou des cellules à nucleus. Deux botanistes, à qui la théorie de l'évolution est très-redevable, Alexandre Braun et Carl Nägeli, nous ont surtout fait connaître ces protophytes. Aux plantes primitives monocytodes appartiennent ces algues tubiformes si étranges, les siphonées, dont la forme rappelle d'une manière étonnante celle des plantes plus élevées dans la série (« mimicry »). Beaucoup de ces siphonées atteignent une longueur de plusieurs pieds et ressemblent soit à une mousse élégante (*Bryopsis*), soit à une lycopodiacée, ou même à une phanérogame complète ayant tige, racines et feuilles (*Caulerpa*, fig. 17).

Pourtant un tel organisme, quelle que soit sa taille et la com-

Fig. 18. — *Euastrum rota*, simple desmidiacée monocellulaire très-grossie. Cette plante rudimentaire, à la forme élégamment étoilée, est une cellule simple. Au centre se voit le noyau avec son nucléole.

plication de sa forme extérieure, est tout simplement tubiforme, ce n'est qu'une simple cytode. Ces étonnantes siphonées, ces caulerpées nous montrent à quel point, sans cesser d'être des individus d'ordre rudimentaire, de simples cytodes peuvent, par une longue adaptation, se plier aux exigences du milieu extérieur. Les végétaux primitifs monocellulaires, qui se distinguent des monocytodes par la présence d'un noyau, revêtent aussi, en s'adaptant de mille manières, une grande diversité de formes élégantes. Je citerai à titre d'exemple les élégantes desmidiacées, dont un spécimen du genre *Euastrum* est représenté dans la figure 18. Très-vraisemblablement, des plantes primitives analogues, très-nombreuses et très-variées, mais dont le corps mou se prêtait mal à la fossilisation, ont peuplé autrefois les mers primitives de la période Laurentienne. Cependant, tout en revêtant des formes très-diverses, elles n'ont pu s'élever à un degré d'individualisation supérieur à celui des simples plastides.

Après les algues primitives vient d'abord le groupe des algues vertes (*Confervinæ* ou *Chlorophycaceæ*). Comme la plupart des algues primitives, toutes les plantes de la classe des *Confervinæ* sont colorées en vert, et elles doivent cette coloration à la chlorophylle, qui est aussi la matière colorante des végétaux supérieurs. A cette classe appartiennent, outre un grand nombre d'algues marines inférieures, la plupart des algues d'eau douce, toutes les conferves, les glacosphères vertes, les laitues aquatiques ou ulves, d'un vert éclatant avec de longues feuilles ayant la forme de celles de la laitue. Il faut y ajouter toutes ces petites algues microscopiques, qui, accumulées en quantités prodigieuses, recouvrent d'une couche visqueuse d'un vert clair tous les objets, bois, pierres, etc., séjournant dans l'eau. Par leur composition et leur degré de différenciation, ces conferves s'élèvent déjà au-dessus des simples algues primitives; les conferves ayant, comme les algues primitives, une consistance très-molle, ont rarement pu se fossiliser. Mais nul doute que cette classe d'algues, sortie tout d'abord de la classe précédente, n'ait peuplé d'espèces nombreuses et variées les eaux douces et salées du globe durant la période Laurentienne.

Dans la troisième classe, celle des algues brunes (*Fucoïdeæ* ou noires (*Phæophyceæ*), ces végétaux atteignent leur plus haut degré de développement, au moins quant à la taille. La couleur caractéristique des fucoïdes est un brun plus ou moins sombre, tirant tantôt sur le vert olive ou le vert jaune, tantôt sur le brun rouge ou noir. A cette classe appartiennent les plus grandes de toutes les algues, qui sont en même temps les plus longues de toutes les plantes. Citons entre autres la *Macrocystis pyrifera* des côtes californiennes, qui a jusqu'à 400 pieds de long. C'est à ce groupe qu'appartiennent aussi les plus remarquables de nos algues indigènes, notamment la superbe algue sucrée (*Laminaria*), dont le thallus visqueux, d'un vert olive, simulant des feuilles gigantesques, de dix à quinze pieds de long sur un demi-pied ou un pied de large, est jeté en masses énormes sur les côtes des mers du Nord et de la Baltique. Il faut ranger dans cette classe l'algue vésiculeuse (*Fucus vesiculosus*), si commune dans nos mers et dont la feuille, dichotomiquement ramifiée, est maintenue à la surface de l'eau comme celles de beaucoup d'algues brunes, par des vésicules pleines d'air. Il en est de même des algues flottantes appelées sargasses (*Sargassum bacciferum*), qui forment les prairies flottantes de la mer des Sargasses. Quoique chacune de ces algues arborescentes soit composée de millions de cellules, pourtant elle a été au début de son existence, comme toutes les plantes d'un ordre plus élevé, une simple cellule, un œuf. Chez notre *Fucus vesiculosus* commun, cet œuf est une cellule nue, sans enveloppe, et, à ce titre, on pourrait le confondre avec les œufs nus des animaux inférieurs, des méduses, par exemple (*fig.* 19). Ce sont vraisemblablement les fucoïdes ou algues brunes, qui, durant l'immense

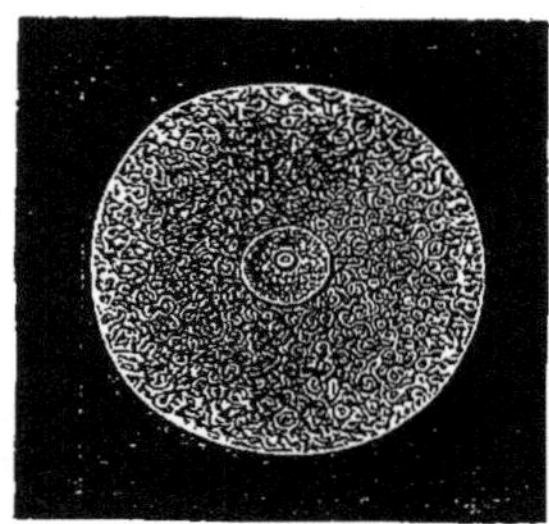

Fig. 19. — Œuf d'une algue foliacée commune (*Fucus vesiculosus*), simple cellule nue, fortement grossie. Au milieu de la sphérule protoplasmique nue on voit par transparence le noyau brillant.

durée de l'âge primordial, constituaient pour la plus grande part les forêts d'algues caractéristiques de cet âge.

Les échantillons fossiles de ces algues que nous possédons, et qui datent en majorité de la période silurienne, ne peuvent nous en donner qu'une faible idée, car ces organismes se prêtent mal à la fossilisation. Pourtant, comme nous l'avons déjà remarqué, une grande partie de la houille provient peut-être de ces végétaux.

La quatrième classe, celle des algues roses ou rouges (*Florideæ* ou *Rhodophyceæ*), est moins importante. Sans doute on observe aussi chez ces algues une grande richesse de formes; mais la plupart des espèces sont bien plus petites que les algues brunes. Elles ne le cèdent d'ailleurs à ces dernières ni pour la perfection, ni pour la différenciation de la forme extérieure; elles les surpassent même sous beaucoup de rapports. C'est parmi elles que se trouvent les plus belles, les plus élégantes des algues, celles qui, à cause de leurs feuilles pennées, finement découpées, de leur couleur rouge, si pure et si délicate, méritent d'être rangées parmi les plantes les plus élégantes de la création. La coloration rouge caractéristique est tantôt d'un pourpre profond, tantôt d'un écarlate vif, tantôt d'un rose tendre; parfois elle passe soit au violet ou au pourpre, soit à des teintes brunes et vertes, et ces nuances sont toujours d'une éclatante beauté. Quiconque a quelque peu fréquenté l'un de nos bains de mer du Nord aura certainement considéré avec surprise les formes élégantes de ces Floridées, que l'on vend aux amateurs, après les avoir séchées sur du papier blanc. Malheureusement, la plupart des algues rouges sont si délicates, qu'elles sont absolument impropres à la fossilisation; c'est le cas, par exemple, pour les splendides ptilotes, plocamies, delesseries, etc. Il est pourtant des types, les chondries et les sphérocoques, entre autres, qui ont un thallus dur, souvent presque cartilagineux, et dont nous possédons beaucoup de débris fossiles. Ces échantillons se sont conservés surtout dans les couches siluriennes, devoniennes, carbonifères et jurassiques. Vraisemblablement cette classe a pris une part importante à la composition de la flore des algues archéolithiques.

La cinquième et dernière classe des algues est formée par les algues-mousses (*Characeæ*). A cette classe appartiennent les *Chara,* les *Nitella,* etc., dont les tiges vertes, filiformes, garnies de branches dichotomiques, disposées en verticilles, forment des bancs épais dans nos étangs et nos mares. D'une part, par leur structure anatomique, et spécialement par l'anatomie des organes reproducteurs, les characées se rapprochent des mousses, et tout récemment on les a placées immédiatement à leur suite; mais, d'autre part, par d'autres caractères, elles sont bien inférieures aux mousses et ont bien plus d'affinités avec les algues vertes ou confervinées. On pourrait donc regarder les characées comme les rejetons perfectionnés de ces algues vertes, d'où sont issues les mousses. D'ailleurs les characées diffèrent des autres plantes par tant de particularités, que beaucoup de botanistes les considèrent comme une section particulière du règne végétal.

Quant aux relations de parenté des diverses classes d'algues entre elles et avec le reste des végétaux, les algues primitives ou archéphycées forment très-vraisemblablement, comme je l'ai déjà remarqué, la souche commune des diverses classes d'algues et du règne végétal tout entier. Nous pouvons donc, à bon droit, les appeler végétaux primitifs ou protophytes. Les monères nues, végétales, qui vivaient au commencement de la période Laurentienne, auraient d'abord engendré des cytodes revêtues d'une membrane due à la formation d'une couche durcie à la surface de la substance albumineuse, nue et homogène de la monère. Plus tard, lorsqu'un noyau ou nucleus se différencia dans la substance cellulaire ou plasma, de vraies cellules végétales se formèrent aux dépens de ces cytodes à membrane. Les trois classes d'algues vertes, brunes et rouges, sont peut-être trois tribus distinctes, nées isolément de la souche commune des algues primitives. Chacune de ces tribus se serait ensuite développée à sa manière en se subdivisant en ordres et familles. Les algues brunes et rouges n'ont aucune parenté étroite avec les autres classes du règne végétal. Il est plus vraisemblable que ces dernières proviennent des algues primitives, soit directement, soit par l'intermédiaire des algues vertes. Il est probable que, d'une part, les mousses, d'où plus tard sont sorties les fougères, proviennent d'un groupe des algues vertes, tandis que, d'autre part, les champignons et les lichens seraient issus d'un groupe des algues primitives. Les phanérogames seraient descendus des fougères, mais beaucoup plus tardivement.

Nous avons considéré les *Inophytes* (*Inophyta*) comme étant la deuxième grande classe du règne végétal. Nous appelons inophytes les deux classes si voisines des lichens et des champignons. Peut-être l'origine de ces thallophytes ne remonte-t-elle pas aux algues primitives, mais à une ou plusieurs monères nées isolément par génération spontanée. Il est surtout permis de supposer que nombre de champignons très-inférieurs, par exemple les champignons des fermentations, les *Micrococcus,* etc., doivent leur origine à un certain nombre de monères *archégoniques,* c'est-à-dire nées par génération spontanée. Cependant on ne saurait considérer les inophytes comme la souche des classes de végétaux supérieurs. Lichens et champignons se distinguent de ces derniers par la texture de leur masse molle et composée de cellules filiformes spéciales, intriquées en un feutre épais. C'est à cause de ces cellules, auxquelles nous donnons le nom d'*hyphes,* que nous rangeons les lichens et les champignons dans le grand groupe des inophytes. A cause de leur structure spéciale, ces organismes n'ont guère laissé derrière eux de débris fossiles tant soit peu caractérisés; aussi ne pouvons-nous faire sur leur évolution paléontologique que des conjectures très-hasardées.

La première classe des inophytes, celle des champignons (*Fungi*), a été bien à tort confondue avec celle des éponges, qui sont de vrais organismes animaux. Les champignons se relient par de nombreux traits de parenté aux algues les plus inférieures; ainsi les champignons-algues ou phycomycètes (saprolegniées, péronosporées) ne se différencient véritablement des algues tubulées ou siphonées (vaucheries et caulerpées), dont nous avons parlé, que par l'absence de la matière verte des feuilles ou chlorophylle. En outre tous les vrais champignons ont une physionomie tellement caractéristique; ils diffèrent tellement des autres plantes, par exemple sous le rapport de la nutrition, que l'on pourrait en faire une grande classe tout à fait distincte du règne végétal. Les autres plantes se nourrissent en grande partie de matières inorganiques, de composés simples, qui se combinent pour former des composés plus complexes. En combinant ensemble de l'eau, de l'acide carbonique et de l'ammoniaque, elles produisent du plasma. Elles absorbent de l'acide carbonique et exhalent de l'oxygène. Les champignons, au contraire, se nourrissent, comme les animaux, de matières organiques; ils vivent de composés carbonés complexes et instables, qu'ils reçoivent d'autres organismes et décomposent ensuite. Ils respirent de l'oxygène et exhalent de l'acide carbonique comme les animaux. Aussi, jamais les champignons ne produisent-ils la matière verte des plantes, la chlorophylle, qui est si caractéristique chez les autres végétaux. Jamais non plus ils ne forment d'amidon. C'est pourquoi des botanistes éminents ont-ils déjà proposé, à diverses reprises, de rejeter absolument les champignons hors du règne végétal et d'en faire un troisième règne intermédiaire aux deux règnes organisés. Ce serait pour notre règne des protistes un appoint considérable. Les champignons se rattacheraient avant tout aux « champignons muqueux » ou myxomycètes, qui pourtant n'ont pas d'hyphes. Mais comme beaucoup de champignons se reproduisent par génération sexuée, et comme la plupart des botanistes considèrent traditionnellement les champignons comme de vraies plantes, nous les laisserons dans le règne végétal, en les rattachant aux lichens, qui sûrement s'en rapprochent le plus. L'origine phylétique des champignons sera encore bien longtemps obscure. La proche parenté des phycomycètes et des siphonées, surtout des saprolegniées et des vaucheriées, fait penser que les champignons descendent des siphonées. On considérerait donc les champignons comme des algues métamorphosées d'une façon toute spéciale par l'adaptation et la vie parasitaire. Pourtant beaucoup de faits donnent à penser que les champignons les plus inférieurs sont issus directement des monères archégoniques.

Sous le rapport phylogénétique, la deuxième classe des inophytes, celle des lichens (*Lichenes*), est très-remarquable. Des découvertes très-récentes et fort inattendues nous ont appris que tout lichen est composé de deux végétaux entièrement distincts, d'une algue d'un type inférieur (Nostochacées, Chroococcacées), et d'un champignon parasitaire (ascomycétées), vivant aux dépens de cette algue, en absorbant la matière déjà assimilée par elle. Les cellules vertes, chlorophyllées (gonidies), que l'on trouve dans les lichens, appartiennent aux algues par leur nature. Au contraire, les cellules filiformes, incolores (hyphes), entre-croisées ensemble, qui forment la plus grande partie du lichen, appartiennent aux champignons parasitaires. Mais les deux types de plantes, champignon et algue, que l'on considère comme appartenant à deux grandes classes tout à fait distinctes, sont si étroitement unis, si intimement fondus ensemble, que le lichen semble à tout le monde un organisme distinct. Les lichens forment ordinairement sur les pierres, sur l'écorce des arbres, des enduits minces, aux contours irréguliers, à surface craquelée, inégale. Leur couleur passe par toutes les nuances possibles, du blanc le plus pur au jaune, au rouge, au vert, au brun et jusqu'au noir le plus intense. Les lichens jouent dans l'économie de la nature un rôle important. En effet, ils se fixent sur les sols les plus arides, les plus stériles, de préférence sur les roches nues, là où nulle autre plante ne saurait vivre. La lave noire, si dure, qui dans les contrées volcaniques, couvre de si vastes espaces et qui, des siècles durant, oppose à toute végétation un invincible obstacle, ne peut être vaincue que par les lichens. Les lichens blancs et gris des rochers (*Stereocaulon*) sont les agents qui commencent la fertilisation des blocs de lave les plus nus, les plus arides, les plus désolés, et les conquièrent au profit de la végétation plus élevée qui leur succédera. Leurs débris amoncelés forment l'humus primitif, dans lequel, plus tard, les mousses, les fougères et les phanérogames s'implanteront solidement. La structure coriace des lichens les rend aussi plus insensibles que tous les autres végétaux aux intempéries de l'air. Aussi ces lichens recouvrent-ils la roche nue même sur les cimes les plus élevées, en grande partie revêtues d'une neige éternelle, là où nulle autre plante ne saurait se maintenir.

Cessons de nous occuper des plantes habituellement appelées thalliques, c'est-à-dire des champignons, des lichens et des algues, et abordons la deuxième grande division du règne végétal, le groupe des plantes prothalliques (*Prothallota* ou *Prothallophyta*). On a aussi donné à ces plantes le nom de cryptogames phyllogoniques, en opposition aux plantes thalliques ou cryptogames thallophytes. Ce groupe comprend les deux grandes classes des mousses et des fougères. Déjà nous trouvons ici, excepté chez quelques-unes des espèces les plus inférieures, la différenciation de la plante en deux catégories d'organes primordiaux, savoir : en organes axiles comprenant la tige et les racines, et en organes appendiculaires ou foliacés. Par là, les plantes prothalliques ressemblent déjà aux phanérogames ; aussi, de nos jours, les a-t-on fréquemment confondues avec elles sous le nom de plantes à tige ou cormophytes [1]. Mais, d'autre part, les mousses et les fougères se rapprochent des plantes thalliques par l'absence de floraison et de fructification, et Linné les avait déjà réunies aux cryptogames, par opposition aux plantes phanérogames ou anthophytes [2].

1. Κορμός, tronc, tige. Φυτόν, plante.
2. Ἄνθος, fleur. Φυτόν, plante.

Sous la désignation de « plantes prothalliques » nous comprenons les mousses les mieux caractérisées et les fougères, parce que, chez les unes et les autres, on observe une génération alternante toute spéciale. Chaque espèce passe par deux générations distinctes. On appelle la première ***Prothallium***, l'autre tige ou *Cormus* de la mousse ou de la fougère. La première génération, prothallium, prothallus, protonema, est morphologiquement très-inférieure et au niveau de celle des plantes prothalliques ; il n'y a encore ni tige, ni organes foliacés, et l'organisme cellulaire tout entier n'est qu'un simple thallus. La seconde génération des mousses et des fougères est plus parfaite ; ici il y a un organisme beaucoup plus complexe, divisé en tige et en feuilles comme chez les phanérogames. Pourtant cette seconde forme fait défaut chez les mousses les plus inférieures. Mais, chez toutes les autres mousses et fougères, la génération thalliforme est suivie d'une génération à tige qui, à son tour, reproduit de nouveau les thallus de la première génération, etc. Ici, comme dans la génération alternante des animaux, la première génération correspond à la troisième, à la cinquième, etc., tandis que la seconde est semblable à la quatrième, à la sixième, etc. (*Voy.* page 184.)

Des deux grands groupes de plantes prothalliques, l'un, celui des mousses, est en général beaucoup plus imparfait que celui des fougères. Les mousses forment la transition, surtout au point de vue anatomique, entre les prothallophytes et les thallophytes, surtout entre les algues et les fougères. Néanmoins les indices de parenté entre les mousses et les fougères ne sont visibles qu'entre les types les plus imparfaits des deux classes. Les groupes plus parfaits des mousses et des fougères sont très-distincts et se développent dans des directions absolument opposées. Cependant les mousses sont issues directement des végétaux thalliques et très-vraisemblablement des algues vertes. Les fougères, au contraire, descendent vraisemblablement de muscinées inconnues et éteintes, qui devaient se rapprocher beaucoup des hépatiques actuelles les plus inférieures. Au point de vue de l'histoire de la création, les fougères sont bien plus intéressantes que les mousses.

La grande classe des mousses (*Muscinæ, Musci, Bryophyta*) contient les types les plus inférieurs, les plus imparfaits des groupes prothalliques. Ces plantes sont encore dépourvues de vaisseaux. Le plus souvent ce sont des organismes extrêmement délicats, qui se prêtent mal à la fossilisation. Aussi les restes fossiles de la classe des mousses sont-ils rares et peu importants. Peut-être les mousses sont-elles issues, à une époque très-reculée, des plantes thalliques et probablement des algues vertes. Vraisemblablement des formes transitoires aquatiques entre les algues vertes et les mousses apparurent dès l'âge primordial, tandis que les types intermédiaires terrestres se montrèrent seulement dans l'âge primaire. Les mousses actuelles, dont les formes graduellement perfectionnées suscitent quelques conjectures sur leur généalogie, se divisent en deux classes, celle des mousses hépatiques et celle des mousses foliacées.

La classe des mousses hépatiques (*Hepaticæ* ou *Thallobrya*) est la plus ancienne; elle prend place immédiatement après les algues vertes ou confervinées. Les mousses de cette classe sont en général mal connues; elles sont petites et peu apparentes. Leurs représentants les plus inférieurs ont encore un thallus simple dans leurs deux générations alternantes (Ricciées et Marchantiées). Au contraire les hépatiques supérieures, les Junggermanniacées et leurs analogues, commencent à se différencier en tiges et feuilles : les plus parfaites se rattachent directement aux mousses foliacées. Le caractère intermédiaire de la morphologie des hépatiques indique qu'elles descendent en droite ligne des thallophytes et sans doute des algues vertes.

Les seules mousses que le vulgaire connaisse d'ordinaire, et qui sont, en fait, les représentants les plus importants du groupe tout entier, appartiennent à la deuxième classe, aux mousses foliacées (*Musci frondosi*, *Musci* dans le sens strict du mot, ou *Phyllobrya*). Elles appartiennent aux mousses foliacées, ces élégantes petites plantes, qui forment les soyeux tapis de nos bois, ou qui, mêlées aux hépatiques et aux lichens, recouvrent l'écorce des arbres. Dans l'économie de la nature ces végétaux jouent un rôle important, en conservant l'humidité. Là où l'homme déracine et défriche impitoyablement les bois, il fait disparaître en même temps les mousses foliacées qui recouvraient l'écorce des arbres, tapissaient le sol et occupaient les espaces vides entre les grands végétaux. Avec les mousses foliacées disparaissent d'utiles réservoirs de l'humidité, qui absorbaient la pluie et la rosée et les thésaurisaient pour les temps de sécheresse. Il en résulte une désolante aridité du sol, et tout espoir d'une belle végétation est perdu. Dans la plus grande partie de l'Europe méridionale, en Grèce, en Italie, en Sicile, en Espagne, les mousses ont été anéanties par une imprévoyante destruction des forêts, et par suite le sol a été privé de ses plus précieuses réserves d'humidité ; aussi des contrées, jadis les plus florissantes, les plus luxuriantes, sont devenues des déserts arides et incultes. Malheureusement cette pratique, grossièrement barbare, se répand aussi de plus en plus en France et en Allemagne. Vraisemblablement les petites mousses foliacées ont joué ce rôle si important depuis fort longtemps, peut-être depuis le commencement de l'âge primaire. Mais, comme ce sont des organismes très-délicats, se prêtant mal à la fossilisation, la paléontologie ne peut nous renseigner à ce sujet.

Les restes fossiles nous éclairent beaucoup mieux, au point de vue de l'histoire du monde végétal, sur l'extrême importance de la deuxième grande classe des prothallophytes, celle des fougères. Les fougères ou plutôt les plantes ptéridoïdes (*Filicinæ*, *Pteridoidæ* ou *Pteridophyta*, Cryptogames vasculaires) dominèrent dans le monde végétal durant un laps de temps immense, pendant toute la durée de l'âge primaire ou paléolithique, au point que l'on pourrait à bon droit appeler cet âge « l'âge des fougères ». A partir du commencement de la période devonienne, où les organismes terrestres firent leur première apparition et pendant le dépôt des couches devoniennes, carbonifères et permiennes, le type végétal des fougères prédomina tellement que l'appellation dont nous venons de nous servir est parfaitement justifiée. Dans ces dépôts, mais surtout dans les couches houillères si puissantes de la période carbonifère, nous trouvons des restes de fougères en telle quantité et parfois dans un si bon état de conservation, que nous pouvons nous faire une image assez vivante de la flore terrestre pendant l'âge paléolithique. En 1855, le nombre total des plantes paléolithiques alors connues s'élevait à environ un millier, et parmi elles on comptait jusqu'à 872 plantes du type des fougères. Parmi les 128 espèces restantes, il y avait 77 gymnospermes (conifères et cycadées), 40 plantes thalliques, algues pour la plupart, et seulement 20 cormophytes mal déterminées.

Comme je l'ai déjà indiqué, les fougères sont vraisemblablement issues des hépatiques inférieures et sans doute au commencement de l'âge primaire, dans la période devonienne. Par leur organisation, les fougères s'élèvent déjà notablement au-dessus des mousses et leurs types les plus élevés se rapprochent déjà des phanérogames. Chez les mousses de même que chez les plantes thalliques, la plante tout entière est composée de cellules presque homogènes, peu ou point différenciées ; au contraire, chez les fougères, on voit déjà apparaître ces cordons cellulaires spéciaux connus dans les plantes sous le nom de vaisseaux ou de faisceaux vasculaires, qui existent aussi d'ordinaire chez les phanérogames. On peut donc réunir les fougères aux phanérogames en les appelant « cryptogames vasculaires » et opposer ces « végétaux vasculaires » aux « végétaux cellulaires », c'est-à-dire aux « cryptogames cellulaires » (mousses et plantes thalliques). C'est seulement durant la période devonienne, au commencement de la seconde moitié de l'histoire organique terrestre, que s'effectua cet important progrès dans l'organisation végétale, la formation des vaisseaux et des faisceaux vasculaires.

Le grand groupe des fougères ou filicinées se divise en quatre classes distinctes, savoir : 1° les fougères foliacées ou ptéridées; 2° les fougères aquatiques ou rhizocarpées; 3° les fougères à chaumes ou calamariées ; 4° les fougères squameuses ou sélaginées. La classe la plus variée et aussi celle qui dominait dans les forêts paléolithiques était celle des fougères foliacées, puis immédiatement après elle venait la classe des fougères squameuses. Au contraire, les calamariées cédaient de beaucoup le pas aux classes précédentes, et, quant aux rhizocarpées, nous ne savons même pas si elles existaient dès cette époque. Nous pouvons difficilement nous faire une idée de ces sombres forêts de fougères de l'âge paléolithique ; toute notre flore actuelle si variée y faisait absolument défaut, et nul oiseau, nul mammifère ne les animaient de leur présence. Les seuls phanérogames existant alors étaient les deux classes les plus inférieures, les conifères et cycadées gymnospermiques, dont les fleurs rudimentaires et presque imperceptibles méritent à peine ce nom.

C'est surtout aux remarquables travaux d'Édouard Strasburger, que nous devons d'être renseignés sur la phylogénie des fougères. J'entends parler du mémoire publié par lui en 1872 sur « les conifères et les gnétacées » et d'un autre travail « sur l'Azolla ». Cet éminent naturaliste appartient, comme Charles Martins de Montpellier, à ce petit groupe de botanistes, qui ont apprécié la haute valeur de la théorie de la descendance et se rendent bien compte des relations étiologiques et mécaniques, qui relient l'ontogénie à la phylogénie. Tandis que l'importante distinction depuis longtemps admise en zoologie entre l'homologie et l'analogie, entre la morphologie comparée et la physiologie comparée des parties, est encore aujourd'hui lettre morte pour la plupart des botanistes, Strasburger, dans son « Anatomie comparée des gymnospermes », a reconnu cette distinction et s'est servi de la loi biogénétique fondamentale pour établir, à grands traits, la parenté de ces importants groupes végétaux.

C'est la classe des vraies fougères, au sens strict du mot, classe des fougères foliacées ou fougères à frondes (*Filices, Phyllopterides*, *Pterideæ*), qui semble être sortie la première des hépatiques. Dans la flore actuelle de nos zones tempérées, cette classe ne joue qu'un rôle effacé ; elle n'y est guère représentée que par des fougères inférieures et sans tiges. Mais dans les zones chaudes, surtout dans les forêts tropicales humides et baignées de vapeur aqueuse, végètent encore aujourd'hui des fougères arborescentes, palmiformes, à la tige élancée. Ces belles fougères arborescentes de notre époque, qui sont les ornements de nos serres, ne peuvent nous donner qu'une faible idée des magnifiques, des imposantes fougères foliacées de l'âge primaire, qui formaient à elles seules d'épaisses forêts. Nous trouvons les tiges énormes de ces dernières accumulées dans les dépôts houillers de la période carbonifère, et en même temps les empreintes bien conservées des frondes, qui couronnaient leurs cimes découpées d'un élégant parasol. La disposition simple ou complexe de leurs frondes, la distribution des nervures, des faisceaux vasculaires dans leurs feuilles délicates, tout cela est aussi nettement visible sur les empreintes des frondes de fougères paléolithiques que sur celles de nos fougères actuelles. On y reconnaît même souvent les amas de spores disséminés sur la surface inférieure de la fronde. Aussitôt après la période carbonifère, les fougères foliacées déchurent de leur prééminence, et, dès la fin de l'époque jurassique, elles jouèrent un rôle aussi secondaire que de nos jours.

Il semble que des fougères foliacées ou ptéridées se soient développées comme trois branches divergentes, les calamariées, les ophioglossées et les rhizocarpées. De ces trois classes, celle des fougères à tiges cannelées (*calamaricæ, calamophyta*) est celle qui est restée sur l'échelon le plus inférieur. Les calamariées comprennent trois ordres distincts, dont un seul existe de nos jours, celui des calamariées à chaume, à tiges creuses (Équisétacées). Les deux autres, celui des calamitées et celui des astérophyllitées, sont depuis longtemps éteints. Toutes les calamariées sont caractérisées par une tige creuse divisée en articles ; les branches et les feuilles, quand il y en a, sont disposées en verticilles autour de la tige. Les articles de la tige sont séparés les uns des autres par des cloisons horizontales. Chez les équisétacées et les calamitées, la surface de la tige est parcourue par des côtes parallèles longitudinales, comme celles d'une colonne cannelée, et la couche épidermique de cette tige contient une telle quantité de silice, qu'on peut s'en servir pour polir le bois. Chez les astérophyllites, les feuilles, disposées en étoiles verticillées, étaient plus développées que chez les calamariées des deux autres ordres. Les équisétacées, qui, durant les âges primaire et secondaire, étaient représentées par les grandes espèces arborescentes du genre *Equisetites*, ne comprennent plus de nos jours que les petites équisétacées de nos marais et de nos tourbières. Pendant les âges primaire et secondaire, vivait aussi un ordre très-voisin de celui des équisétacées, l'ordre des calamitées, dont la tige robuste atteignait jusqu'à cinquante pieds de longueur. Quant à l'ordre des astérophyllitées, il comprenait de petites plantes élégantes, d'une forme toute particulière, et sa durée est limitée à celle de l'âge primaire.

La troisième classe des fougères, celle des fougères aquatiques (*Rhizocarpeæ* ou *Hydropterideæ*), est celle dont l'histoire nous est le moins connue. Ce sont des fougères vivant dans l'eau douce et se rattachant par leur structure d'une part aux fougères foliacées, d'autre part aux fougères à écailles ou lépidophytes. A cette classe appartiennent les *Salvinia, Marsilea, Pilullaria* de nos eaux douces, et en outre la grande *Azolla* flottante des étangs tropicaux. Les fougères aquatiques sont pour la plupart d'une texture délicate et par conséquent peu propres à la fossilisation. C'est pour cela sans doute que leurs débris fossiles sont si rares, et que les plus anciens que nous connaissions ont été trouvés dans les terrains jurassiques. Mais la classe est très-probablement bien plus ancienne; elle a dû sortir des autres fougères par adaptation à la vie aquatique, durant l'âge paléolithique.

Les ophioglossées ou glossoptéridées sont parfois considérées comme une classe distincte de fougères. Depuis longtemps ces fougères, auxquelles appartiennent nos genres *Ophioglossum* et *Botrychium,* ont été regardées comme une petite sous-division des fougères foliacées. Mais elles méritent d'être élevées au rang de classe distincte, car elles constituent une forme intermédiaire, importante, phylogénétique, qui prend place entre les ptéridées et les lépidophytes, et par conséquent ces végétaux peuvent se ranger parmi les ancêtres directs des phanérogames.

Les fougères écailleuses (*Lepidophyta* ou *Selagines*) forment la dernière classe des fougères. Les lépidophytes sont descendues des ophioglossées, comme celles-ci étaient descendues des fougères foliacées. Les lépidophytes atteignent un degré de développement, au-dessous duquel sont restées toutes les autres fougères; elles servent déjà de transition pour arriver aux phanérogames, qui en sont directement sorties : elles concouraient avec les fougères à frondes à la composition des forêts de fougères paléolithiques. Comme la classe des calamariées, cette classe comprend aussi trois ordres très-voisins, mais se diversifiant pourtant les uns des autres de maintes manières. De ces trois ordres, un seul existe encore; les deux autres étaient déjà éteints à la fin de la période carbonifère. Les fougères écailleuses contemporaines appartiennent à l'ordre des lycopodiacées. Ce sont ordinairement de petites plantes élégantes, analogues aux mousses; leur tige, délicate et ramifiée, rampe sur le sol en décrivant de nombreuses sinuosités; elle est revêtue de folioles serrées, imbriquées comme des écailles. Tout le monde connaît les tiges flexibles des lycopodes de nos bois, celles que les voyageurs alpestres enroulent autour de leurs chapeaux. Il en est de même de la *Selaginella*, plus élégante encore, et qui couvre d'un épais tapis le sol de nos serres. Les plus grands lycopodes de nos jours vivent dans les îles de la Sonde, et leurs tiges, épaisses d'un demi-pied, s'élèvent à vingt-cinq pieds de hauteur. Durant les âges primaire et secondaire, des arbres, appartenant à ce groupe végétal, mais encore beaucoup plus grands, étaient auss beaucoup plus communs. Les plus anciens de ces arbres (*Lycopodites*) ont peut-être été les ancêtres des conifères. Pourtant, durant l'âge primaire, ce ne sont pas les lycopodiacées qui représentent le summum du développement des fougères à écailles ; ce furent les deux ordres des lépidodendrées et des sigillariées. Ces deux ordres sont déjà représentés par quelques espèces durant la période devonienne, mais leur plus étonnant degré de perfection et de multiplication date seulement de la période carbonifère, et ils s'éteignent déjà vers la fin de cette période ou de la période permienne. Les lépidodendrées étaient vraisemblablement plus voisines encore des lycopodiacées que ne l'étaient les sigillariées. Leurs tiges imposantes, parfaitement verticales, s'élevaient d'un seul jet ; à la cime, cette tige se divisait en nombreux rameaux bifurqués, disposés à la manière des branches d'un lustre. Ces rameaux supportaient une puissante couronne de feuilles squameuses. La tige était sillonnée par d'élégantes lignes spirales marquant les points d'insertion, les cicatrices des feuilles tombées. On connaît des lépidodendrées de 40 à 60 pieds de longueur sur 12 ou 15 pieds de diamètre au collet de la racine. La longueur de quelques-uns de ces arbres doit même avoir dépassé cent pieds. On trouve dans la houille, en plus grand nombre encore, des tiges de sigillariées non moins longues, mais beaucoup plus grêles. En maint endroit, ces tiges constituent, pour la plus grande part, les dépôts houillers. Jadis on a décrit comme un type végétal tout spécial (*Stigmaria*) leur souche souterraine. Sous nombre de rapports, les sigillariées se rapprochent beaucoup des lépidodendrées ; elles s'en écartent pourtant ou plutôt elles s'écartent des fougères en général par leur structure anatomique. Peut-être étaient-elles proches parentes des lycoptéridées devoniennes actuellement éteintes et qui réunissaient les propriétés caractéristiques des lycopodiacées et des fougères foliacées. Strasburger a considéré ces lycoptéridées comme la souche probable des phanérogames, qui auraient débuté par les conifères.

Nous allons maintenant quitter les épaisses forêts de fougères de l'âge primaire, principalement constituées par les ptéridées, les lépidodendrées et les sigillarées, pour nous occuper des forêts non moins caractéristiques des conifères de l'âge secondaire. Nous passons ainsi du groupe des plantes sans fleurs ni graines, des cryptogames, au second embranchement du règne végétal, au sous-règne des végétaux ayant fleurs et graines, c'est-à-dire des phanérogames. Ce groupe aux formes si variées, qui comprend la plupart des plantes actuelles, et en particulier presque toutes nos plantes terrestres, est pourtant de date beaucoup plus récente que le groupe des cryptogames. En effet, c'est seulement dans le cours de l'âge paléolithique que les phanérogames ontpu sortir des cryptogames. Nous pouvons affirmer hardiment que, pendant toute la durée de l'âge archéolithique et pendant la première et la plus longue moitié de l'histoire organique terrestre, il n'existait absolument aucune plante phanérogame et que les plantes de ce groupe sont sorties des fougères cryptogamiques seulement durant l'âge primaire. La parenté anatomique et embryologique de ces dernières plantes avec les phanérogames est si étroite, que nous sommes autorisés à en déduire un rapport généalogique évident, une consanguinité réelle. Il est impossible que les phanérogames soient nées immédiatement des plantes thalliques ou des mousses; elles ne peuvent être issues que des fougères ou filicinées. Les lépidodendrées et sans doute les lycoptéridées, si voisines de notre *Selaginella* actuelle, ont été très-vraisemblablement les ancêtres immédiats des phanérogames.

Depuis longtemps déjà on a, d'après la structure anatomique et l'évolution embryologique, divisé le sous-règne des phanérogames en deux grands groupes, celui des gymnospermes[1] et celui des angiospermes. Les végétaux du second groupe sont mieux et plus parfaitement organisés que ceux du premier, d'où ils ont dû provenir dans le cours de l'âge secondaire. Anatomiquement et embryologiquement, les gymnospermes forment un groupe de transition entre les fougères et les angiospermes.

C'est durant l'âge mésolithique ou secondaire que le plus imparfait, le plus inférieur et le plus ancien des deux principaux groupes phanérogamiques, celui des gymnospermes ou archispermées, a compté les espèces les plus variées et les représentants les plus nombreux. Il caractérise cet âge mésolithique comme le groupe des fougères et celui des angiospermes caractérisent, l'un l'âge primaire, et l'autre l'âge tertiaire. Nous pouvons donc appeler l'âge secondaire l'âge des gymnospermes ou même l'âge des conifères, d'après les types de gymnospermes qui dominaient à cette époque. Les gymnospermes se divisent en trois classes: les conifères, les cycadées et les gnétacées. Nous trouvons déjà dans la houille les débris fossiles de ces végétaux, d'où nous pouvons conclure, que le passage des lépidodendrées aux gymnospermes s'est effectué dès la période carbonifère et peut-être même dès l'âge devonien. Quoi qu'il en soit, les gymnospermes jouent un rôle très-subordonné pendant l'âge primaire et l'emportent sur les fougères seulement au commencement de l'âge secondaire.

Des trois classes de gymnospermes, celle des fougères palmiformes ou zamiées (*Cycadeæ*) est la plus inférieure; comme son nom l'indique, elle se rattache immédiatement aux fougères, et à tel point que beaucoup de botanistes les réunissent dans leurs classifications. Par la configuration extérieure, les cycadées ressemblent autant aux palmiers qu'aux fougères arborescentes; elles supportent une cou-

1. Γυμνός, nu. Σπέρμα, semence.

ronne de feuilles pennées, surmontant soit un tronc surbaissé, soit un stipe grêle, élancé, en forme de colonne. Actuellement cette classe, autrefois si riche en espèces, n'est plus représentée que par quelques types rares (*Zamia, Encephalartos*, *Cycas*), habitant les zones tropicales. On rencontre des spécimens de cette classe dans nos serres chaudes, où ils sont habituellement cultivés avec les palmiers. Les zamiées fossiles, aujourd'hui éteintes, qui vivaient vers le milieu de l'âge secondaire, offraient une variété de formes infiniment plus grande; elles existaient alors en masses énormes, et ce sont elles qui caractérisaient les forêts de cette époque. La seconde subdivision des gymnospermes, l'ordre des conifères, a conservé jusqu'ici une plus grande variété de formes que la classe des fougères palmiformes. Encore aujourd'hui, les arbres appartenant à cet ordre, les cyprès, les genévriers, les thuyas, les ifs, les *Gincko*, les araucariées, les cèdres, et surtout le genre *Pinus,* avec ses espèces si diverses, les pins, les sapins, le mélèze, etc., forment presque à eux seuls de vastes forêts dans les contrées les plus diverses. Pourtant cette extension des conifères est peu de chose, si on la compare à la prédominance incontestée de cette classe durant l'âge secondaire le plus ancien, durant la période triasique. Alors de gigantesques conifères, réparties, il est vrai, dans un nombre relativement petit de genres et d'espèces, mais représentées par un nombre immense d'individus, formaient les essences forestières dominantes des forêts mésolithiques. On peut donc, à bon droit, appeler l'âge secondaire «l'âge des conifères», quoique les cycadées l'aient emporté sur eux dès la période jurassique.

Le groupe des conifères se divisa de bonne heure en deux branches, celle des araucariées et celle des taxacées. Des araucariées proviennent la plupart des conifères. Les taxacées, au contraire, ont donné naissance à la troisième classe des gymnospermes, aux meningos ou gnétacées. Cette petite famille, qui est très-intéressante, comprend seulement les trois genres, *Gnetum*, *Welwitschia* et *Ephedra;* mais elle n'en est pas moins très-importante, car elle forme un groupe de transition entre les conifères et les angiospermes, spécialement entre les conifères et les dicotylées.

Des forêts de conifères de la période mésolithique ou secondaire, nous passons aux forêts à feuilles caduques de l'époque cénolithique ou tertiaire, et à l'étude de la sixième et dernière grande classe du règne végétal, celle des Angiospermes ou Métaspermes. Les premières empreintes reconnaissables des végétaux angiospermiques se trouvent dans la craie, et appartiennent aux deux subdivisions des Angiospermes, les Monocotylédones et les Dicotylédones. Le groupe tout entier est d'une date plus ancienne, et remonte probablement au trias. Nous connaissons en effet des empreintes effacées et d'une détermination douteuse des terrains jurassique et triasique, que certains botanistes ont rangées dans les angiospermes, d'autres dans les gymnospermes. Il est probable que les Dicotylédones dérivent des Gnétacées, tandis que les Monocotylédones se seraient dégagées plus tard d'une branche des Dicotylédones.

La classe des monocotylées, ou monocotylédonées, ou endogènes, comprend les phanérogames, dont les graines n'ont qu'une seule feuille séminale, un seul cotylédon. Chaque enveloppe florale compte ordinairement trois folioles, et il est très-vraisemblable que le végétal, d'où sont issues toutes les monocotylédonées, avait une fleur régulière et ternaire. Ordinairement les feuilles des monocotylédonées sont simples et parcourues par des faisceaux vasculaires ou « nervures » rectilignes. A cette classe appartiennent les familles si répandues des joncées, des graminées, des liliacées, des iridées, des orchidées, des dioscorées, et en outre nombre de plantes aquatiques, les lemnacées, les typhacées, les potamées, les zostères, etc., enfin les belles familles des aroïdées, des pandanées, des bananiers et des palmiers. En général la classe des monocotylédonées, malgré la grande variété de ses types, est beaucoup plus uniformément organisée que celle des dicotylédonées, et l'histoire de son évolution offre aussi un moindre intérêt. Comme les débris fossiles des dicotylédonées sont ordinairement fort mal conservés et difficilement reconnaissables, il reste encore à décider dans laquelle des trois grandes périodes secondaires, triasique, jurassique ou calcaire, les monocotylédonées se sont séparées des dicotylédonées. Quoi qu'il en soit, elles existaient déjà durant la période crétacée.

Au point de vue de l'évolution et de l'anatomie de ses groupes secondaires, la seconde classe des angiospermes est beaucoup plus intéressante : c'est la classe des dicotylées, dicotylédonées ou exogènes. Comme leur nom l'indique, les phanérogames de cette classe ont habituellement deux feuilles séminales ou cotylédons. Le nombre fondamental des folioles florales n'est plus de trois, comme chez la plupart des monocotylédonées, mais de quatre, cinq ou un plus grand nombre. En outre, leurs feuilles, ordinairement plus différenciées, moins simples que celles des monocotylédonées, sont parcourues par des faisceaux vasculaires, des nervures sinueuses et ramifiées. La plupart des arbres à riche feuillage appartiennent à cette classe, et comme ces arbres, dès la période tertiaire, l'emportent alors comme aujourd'hui sur les gymnospermes et les fougères, on peut appeler l'âge cénolithique, âge des arbres à feuillage caduc.

La plupart des dicotylédonées appartiennent aux groupes végétaux les plus élevés, les plus parfaits ; néanmoins leurs types les plus inférieurs se rattachent immédiatement aux gymnospermes et sans doute aux gnétacées. Chez les dicotylédonées les plus inférieures, de même que chez les monocotylédonées, le calice et la corolle ne sont pas encore différenciés. C'est pourquoi on appelle ces plantes monochlamydées ou apétales. Sans doute, cette sous-classe doit être regardée comme la souche des angiospermes, et vraisemblablement elle existait déjà dès les périodes triasique et jurassique. Elle comprend la plupart des arbres dicotylédonés à chatons, les bouleaux, les aunes, les saules, les peupliers, les hêtres, les chênes ; on y trouve aussi les urticées, le chanvre, le houblon, le figuier, le mûrier, l'ormeau et enfin les euphorbiacées, les laurinées, les amaranthacées, etc.

C'est seulement plus tard, durant la période crétacée, qu'apparaît la seconde sous-classe des dicotylées, qui est aussi la plus parfaite, c'est-à-dire le groupe des plantes à corolle, dichlamydées ou pétalées. A son tour, cette seconde sous-classe se divise en deux grandes sections ou légions, dont chacune contient un grand nombre d'ordres, de familles, de genres et d'espèces. La première section est celle des plantes à fleurs en étoile ou dialypétales, la seconde est celle des plantes à fleurs campanuliformes ou gamopétales.

La plus inférieure, la plus imparfaite des deux sections des plantes à corolle, est celle des polypétales ou dialypétales. A cette section appartiennent des familles très-riches en espèces, les ombellifères, les crucifères, les renonculacées, les crassulacées, les nymphéacées, les cistinées, les malvacées, les géraniacées et bien d'autres encore, notamment la grande famille des rosacées, qui comprend outre les roses la plupart de nos arbres fruitiers, et celles des papilionacées (vesces, haricots, trèfle, genêt, acacias, mimosas). Chez toutes ces dialypétales, les folioles des organes floraux sont nettement séparées et ne se soudent jamais entre elles, comme chez les gamopétales. Ces dernières sont issues des dialypétales dans l'âge tertiaire seulement, tandis que les dialypétales apparaissent dès la période crétacée en même temps que les monochlamydées.

La seconde division des végétaux à corolle, la section des gamopétales, monopétales, synpétales, forme le groupe le plus élevé, le plus parfait du règne végétal. Ici les pétales, habituellement séparés chez les autres phanérogames, se soudent en une corolle plus ou moins campaniforme, cratériforme ou tubuliforme. A ce groupe appartiennent, entre autres, les campanules, les liserons, les primevères, les bruyères, les gentianes, les chèvrefeuilles, auxquels il faut ajouter la famille des oléinées (oliviers, troène, lilas, frêne) et enfin, sans parler de beaucoup d'autres familles, celles des labiées et des composées, qui sont si largement représentées. C'est dans cette dernière famille, que la différenciation et le perfectionnement des phanérogames atteignent leur plus haut degré ; aussi devons-nous regarder les plantes de cette famille comme les plus parfaites de toutes, et les placer au sommet du règne végétal. C'est pour cette raison, que la section des gamopétales apparaît, après tous les grands groupes du règne végétal, dans l'ordre d'évolution des organismes ; on ne la rencontre pas avant l'âge cénolithique ou tertiaire. Encore les gamopétales sont-elles très-rares au commencement de l'âge tertiaire, elles s'accroissent lentement en nombre dans l'âge tertiaire moyen, et atteignent leur plein et entier développement seulement dans les époques pliocène et quaternaire.

Parvenus maintenant à la période contemporaine, embrassons encore une fois d'un coup d'œil d'ensemble l'évolution tout entière du règne végétal. Il est impossible de n'y pas voir une grandiose confirmation de la théorie généalogique. Une fois les groupes végétaux, grands et petits, classés suivant la méthode naturelle, on voit se manifester avec la dernière évidence les deux grandes lois de différenciation et de perfectionnement, qui, nous l'avons démontré, résultent nécessairement de la sélection dans la lutte, pour l'existence Durant chaque période grande et petite de l'histoire organique de la terre, le règne végétal gagne en diversité et en perfection, comme le montre évidemment un simple regard jeté sur la planche V. Pendant tout l'âge primordial, dont la durée est si longue, la classe la plus inférieure, la plus rudimentaire du règne végétal, celle des algues, existe seule. Durant l'âge primaire, on voit apparaître, à côté des algues, des cryptogames, dont l'organisation est plus élevée, plus complexe, surtout dans le groupe des fougères. Dès la période carbonifère, les phanérogames naissent des végétaux précités; cependant ils ne sont d'abord représentés que par le grand groupe des gymnospermes. C'est seulement à l'âge secondaire, que les angiospermes se dégagent des gymnospermes ; mais ce sont les groupes gymnospermiques les plus inférieurs, les groupes sans corolle, les monocotylées et les apétales qui se montrent les premiers. C'est seulement pendant la période crétacée, que les plantes à corolle naissent des précédentes. Mais ce groupe suprême n'est lui-même représenté d'abord que par les diapétales, et c'est tout à la fin de l'âge tertiaire que les gamopétales, les plus parfaites des plantes, sont issues des diapétales. Concluons donc, qu'à chaque nouvelle période de l'histoire organique de la terre, le règne végétal s'est graduellement élevé à un plus haut degré de perfection et de variété.

Pl. V

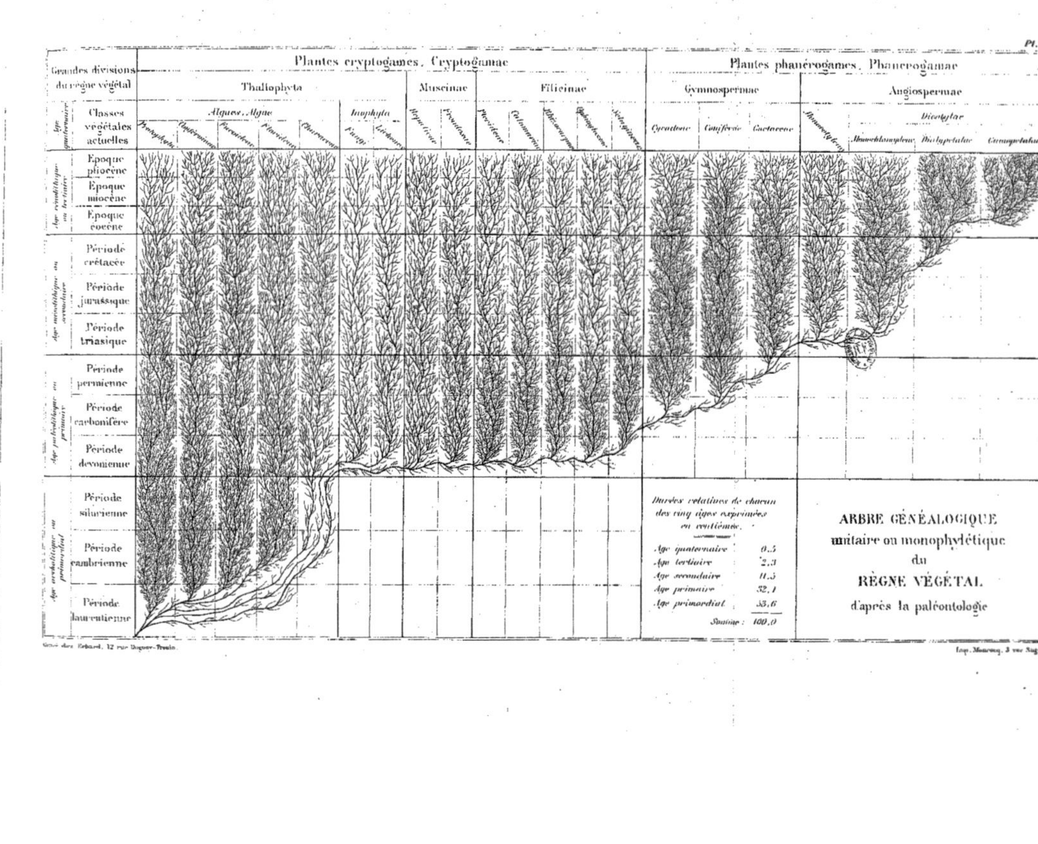

Imp. Monrocq, 3 rue Sug[...]

DIX-HUITIÈME LEÇON.

ARBRE GÉNÉALOGIQUE ET HISTOIRE DU RÈGNE ANIMAL.

I. — Animaux primaires, Zoophytes, Vers.

Classification naturelle du règne animal. — Classification de Linné et de Lamarck. — Les quatre types de Baer et de Cuvier. — On en porte le nombre à sept. — Théorie généalogique monophylétique et polyphylétique du règne animal. — Les zoophytes et les vers descendent de la gastréa. — La tribu des vers a été la souche commune des quatre tribus animales plus élevées. — Division des sept tribus animales en seize grands groupes et en quarante classes. — Origine des animaux primaires. — Ancêtres des animaux (monères, amibes, synamibes). — Grégarines. — Infusions animales. — Acinètes et ciliates. — Groupe des zoophytes. — Gastraires (*Gastræa* et *Gastrula*). — Éponges (éponges muqueuses, éponges filamenteuses, éponges calcaires). — Animaux urticants ou acalèphes (coraux, hydroméduses, cténophores). — Groupe des vers. — Platyhelminthes. — Némathelminthes. — Bryozoaires, — Tuniciers. — Rhyncocolés. — Géphyriens. — Rotifères. — Annélides.

Messieurs, la classification naturelle des êtres organisés, qui doit nous servir de guide dans nos recherches sur la généalogie organique dans les deux règnes, est de date récente. Cette classification est une conséquence des progrès accomplis à notre époque en anatomie comparée et en ontogénie. Au siècle dernier, les essais de taxinomie suivaient tous les errements du système artificiel inauguré par Ch. Linné. Dans ce système de classification, on ne cherche pas à établir des catégories d'après la parenté morphologique qui résulte de la consanguinité, on se borne seulement à classer les êtres d'après des caractères isolés, le plus souvent purement extérieurs et saisissables au premier coup d'œil. C'est ainsi que Linné établit ses 24 classes du règne végétal uniquement d'après le nombre, la forme et la disposition des étamines. De même, il distingua dans le règne animal six classes, en s'appuyant essentiellement sur la conformation du cœur et la couleur du sang. Ces six classes étaient : 1° les mammifères; 2° les oiseaux; 3° les amphibies; 4° les poissons; 5° les insectes; 6° les vers.

Ces six classes de Linné sont loin d'avoir toutes la même valeur, et, vers la fin du siècle dernier, Lamarck réalisa un progrès important en réunissant les quatre premières classes, pour en faire l'embranchement des vertébrés, auquel il opposa l'embranchement des invertébrés comprenant tous les autres animaux, savoir les insectes et les vers de Linné. Lamarck remontait ainsi aux idées du père de l'histoire naturelle, Aristote, qui déjà distinguait ces deux grands groupes, en les appelant animaux pourvus de sang et animaux privés de sang.

Après Lamarck, le premier grand progrès accompli en taxinomie animale remonte à quelques dizaines d'années et est dû à deux zoologistes éminents, Carl Ernst Baer et Georges Cuvier. Comme nous l'avons déjà dit, ces deux savants émirent presque en même temps, et sans s'être concertés, l'opinion qu'il fallait distinguer dans le règne animal divers groupes principaux répondant chacun à un plan de structure particulier, à un type. En outre, dans chacune de ces grandes divisions, il y avait gradation, ramification des formes les plus simples, les plus imparfaites, jusqu'aux formes les plus complexes et les plus parfaites. Dans les limites de chaque type, le degré de perfection est indépendant du plan spécial de structure, qui caractérise le type. Ce qui détermine le type, c'est le mode spécial de distribution des principales parties du corps, ce sont les rapports des organes entre eux. Au contraire, leur degré de perfection dépend du degré plus ou moins grand de division du travail, de différenciation des plastides et des organes. Ces idées si importantes et si fécondes, Baer les exposa avec bien plus de clarté et de profondeur que Cuvier; car il s'appuyait sur l'embryologie, tandis que son émule se bornait aux résultats de l'anatomie comparée. Mais ni l'un ni l'autre ne sut discerner la véritable raison de ces rapports, le lien de ces faits. Cette intuition était réservée à la théorie généalogique. Par elle nous apprenons que le type général ou plan de structure dépend de l'hérédité, tandis que le degré de perfection ou de différenciation résulte de l'adaptation. (*Morph. gén.*, II, 10.)

Baer et Cuvier distinguaient dans le règne animal quatre types ou plans de structure distincts, et, par suite, ils divisaient l'ensemble du règne en quatre grandes divisions principales (embranchements ou provinces). Le premier embranchement est celui des vertébrés (*Vertebrata*); il comprend les quatre premières classes de Linné, savoir : les mammifères, les oiseaux, les amphibies et les poissons. Le deuxième type était représenté par les articulés (*Articulata*); il embrasse les insectes de Linné, savoir les insectes proprement dits, les myriapodes, les araignées, les crustacés et une grande partie des vers, spécialement les vers annelés. La troisième grande division est celle des mollusques (*Mollusca*), comprenant les poulpes, les limaçons, les coquillages, etc., et quelques groupes voisins. Enfin la quatrième et dernière province du règne animal comprend tous les radiés (*Radiata*), qui, à première vue, se distinguent des trois types précédents par la disposition radiaire ou corolliforme de leurs organes. En effet, tandis que chez les mollusques, les articulés et les vertébrés, le corps est composé de deux moitiés latérales symétriquement pareilles, de deux pendants ou antimères, dont l'un est le reflet de l'autre, chez les rayonnés au contraire, le corps est ordinairement constitué par des parties symétriques, mais au nombre de plus de deux. On en compte d'habitude quatre, cinq ou six groupés autour d'un axe commun comme les pétales d'une fleur. Quelque frappante que cette différence paraisse au premier abord, elle n'est pourtant que secondaire, et la forme rayonnée n'a pas chez tous les animaux dits « radiés » l'importance qu'on lui attribue.

En établissant ces groupes naturels, ces types, ces embranchements du règne animal, Baer et Cuvier réalisèrent le plus grand progrès taxinomique qui ait été accompli depuis Linné. Les trois groupes des vertébrés, des articulés, des mollusques sont si naturels, qu'on les a conservés à peu près intégralement jusqu'à nos jours. Au contraire le groupe artificiel des radiés devait se démembrer sous l'influence de connaissances plus précises. En 1848 Leuckart commença par démontrer que, sous ce prétendu type unique, s'en cachaient deux autres essentiels, premièrement celui des rayonnés (*Echinoderma*), étoiles de mer, crinoïdes, échinides, holothuries; deuxièmement les zoophytes (*Cœlenterata* ou *Zoophyta*), éponges, coraux, méduses, béroé, etc. Pendant ce temps Siebold (1845), réunissant les infusoires et les rhizopodes, constituait une grande division du règne animal sous le nom d'*animaux primaires* (*Protozoa*). Le nombre des types, des provinces du règne animal, était ainsi porté à six; mais bientôt il s'éleva à sept. En effet la plupart des zoologistes modernes subdivisèrent le grand groupe des articulés en deux catégories, mettant d'une part les articulés pourvus de pieds divisés en segments (*Arthropoda*) et d'autre part les vers apodes ou sans pieds articulés (*Vermes*). La première division correspond aux insectes, comme les entendait Linné, c'est-à-dire aux vrais insectes, aux myriapodes, aux arachnides, aux crustacés. La seconde comprend seulement les vrais vers (annélides, platyhelminthes, némathelminthes) et ne répond donc en aucune façon aux vers de Linné, qui comprenait dans cette classe les mollusques, les rayonnés et quantité d'autres animaux inférieurs.

D'après la manière de voir des zoologistes modernes, qui est exposée dans la plupart de nos manuels de zoologie, le règne animal se compose de sept grandes divisions tout à fait distinctes l'une de l'autre, ou de sept types, dont chacun est caractérisé par un plan de structure tout à fait spécial. Dans la classification naturelle, que je vais vous exposer, en la considérant comme l'arbre généalogique probable du règne

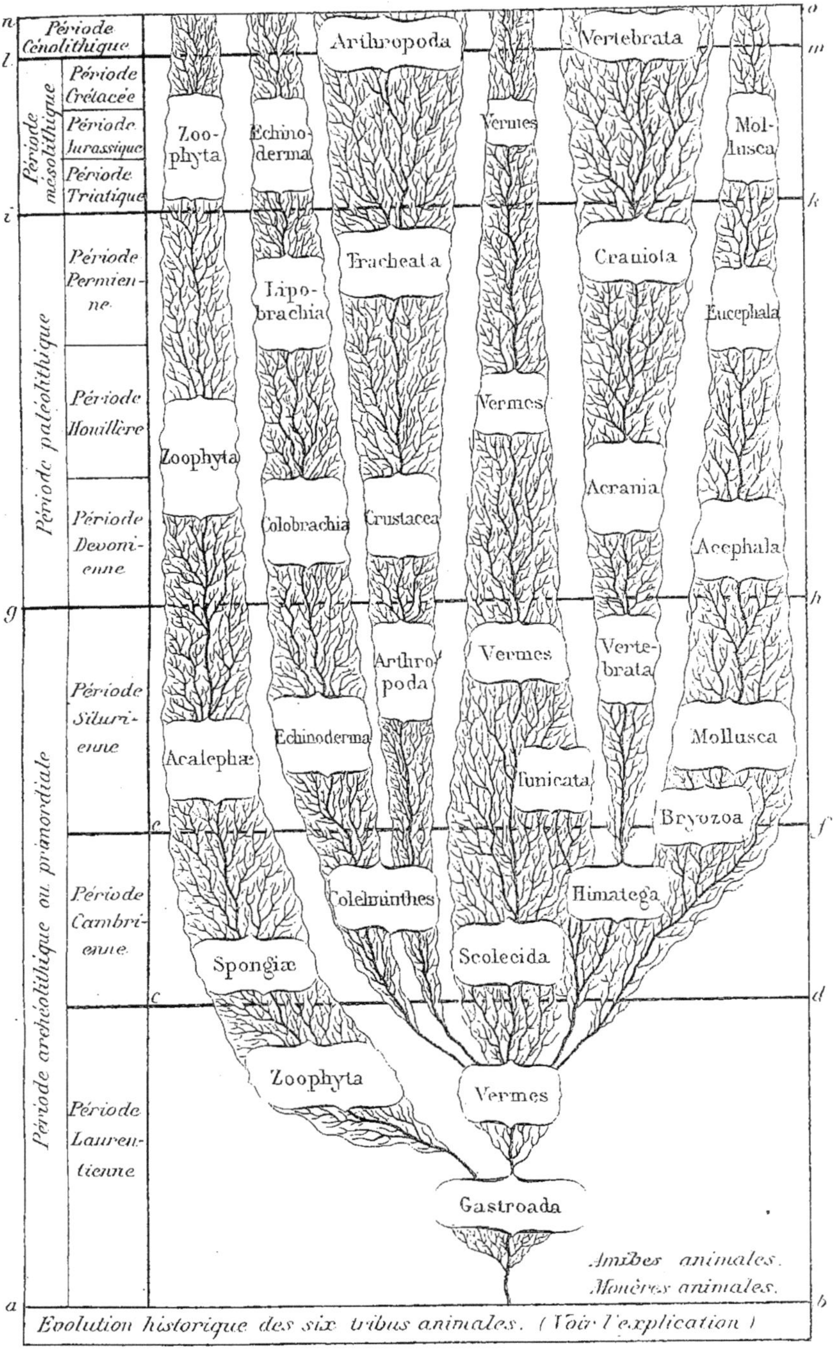

n Période Cénolithique
l Période mésolithique: Période Crétacée; Période Jurassique; Période Triatique
i Période paléolithique: Période Permienne; Période Houillère; Période Devonienne
g Période archéolithique ou primordiale: Période Silurienne; Période Cambrienne; Période Laurentienne
a

Arthropoda
Vertebrata
Zoophyta
Echinoderma
Vermes
Mollusca
Tracheata
Craniota
Lipobrachia
Eucephala
Vermes
Zoophyta
Acrania
Colobrachia
Crustacea
Acephala
Arthropoda
Vermes
Vertebrata
Mollusca
Echinoderma
Acalephæ
Tunicata
Bryozoa
Colelminthes
Himatega
Spongiæ
Scolecida
Zoophyta
Vermes
Gastroada
Amibes animales.
Monères animales.

o, m, k, h, f, d, b
e, c

Evolution historique des six tribus animales. (Voir l'explication)

animal, j'accepte, dans sa généralité, la division usuelle en sept classes, en lui faisant cependant subir quelques modifications très-importantes, selon moi, pour la généalogie et que nécessite notre manière de comprendre l'évolution morphologique des animaux.

L'anatomie comparée et l'ontogénie éclairent d'une vive lumière l'arbre généalogique du règne animal aussi bien que celui du règne végétal. En outre la paléontologie nous donne les renseignements les plus précieux sur la succession historique des groupes naturels. Nombre de faits d'anatomie comparée et d'ontogénie nous autorisent à admettre l'origine commune de tous les animaux appartenant à un des sept groupes énumérés ci-dessus. Malgré la diversité des formes dans les limites d'un seul et même type, les éléments essentiels de la structure intime, la distribution générale des diverses parties du corps, caractères fondamentaux du type, ne changent pas. En présence d'une telle constance, d'une si étroite parenté morphologique, force a été de classer tous ces êtres dans un seul et même groupe naturel. Mais il s'ensuit nécessairement que les mêmes assimilations doivent se faire dans l'arbre généalogique du règne animal tout entier. En effet la consanguinité seule peut être la cause réelle de cette parenté morphologique. Nous avons donc le droit de formuler une proposition bien importante, savoir que tous les animaux appartenant à un même grand groupe, à un même type, descendent d'une même souche originelle. En d'autres termes, l'idée de provinces, de types zoologiques, telle qu'elle est admise en zoologie depuis Baer et Cuvier pour les grandes divisions, les sous-règnes du règne animal, se confond avec l'idée de tribu, de *phylum*, appliquée par la théorie généalogique à tous les organismes indubitablement consanguins et issus d'une souche commune.

Une fois la diversité des formes animales ramenée aux sept types fondamentaux, un deuxième problème philogénétique se pose devant nous. D'où proviennent ces sept tribus zoologiques? Chacune des sept formes primordiales a-t-elle eu une origine isolée? Ou bien y aurait-il entre elles un degré éloigné de consanguinité?

De prime abord, on est tenté de croire à une origine multiple et d'admettre, au moins pour chacune des grandes tribus zoologiques, une souche absolument indépendante. Mais un examen plus approfondi de ce problème difficile aboutit en définitive à faire préférer la doctrine monophylétique, suivant laquelle ces sept types principaux eux-mêmes se confondraient à leur origine et descendraient tous d'une forme primordiale commune. Dans le règne animal, aussi bien que dans le règne végétal, une étude minutieuse, attentive, fait pencher la balance en faveur de la généalogie monophylétique.

C'est principalement l'ontogénie comparée, qui prouve l'origine unitaire de tout le règne animal, les protistes exceptés. Il n'est point de zoologiste, qui, ayant soigneusement étudié l'embryologie comparée des grandes tribus zoologiques, et ayant bien compris l'importance du principe biogénétique, ne soit amené à penser que même les sept grands groupes zoologiques ont une origine commune et que tous les animaux, y compris l'homme, proviennent d'une même souche. De ces faits d'ontogénèse découle l'hypothèse phylogénétique, que j'ai exposée en détail dans ma *Philosophie des spongiaires calcaires.* On trouvera dans la « Monographie des spongiaires calcaires » (50) (vol. I, p. 464, 465, etc.), la théorie des feuillets germinatifs et l'arbre généalogique du règne animal.

Dans le règne animal, comme dans le règne végétal des protistes, le premier degré de la vie organique est représenté par de simples monères nées par génération spontanée. Aujourd'hui encore un fait nous atteste l'existence de cette forme organisée, la plus simple qu'on puisse imaginer : c'est la disparition du noyau dans la cellule ovulaire après la fécondation. Par suite de cette disparition l'ovule n'est plus qu'une cytode sans noyau; il ressemble à une monère. Conformément à la loi d'hérédité latente, je vois dans ce fait un retour phylogénétique de la forme cellulaire à la cytode primitive. Cet œuf-cytode sans noyau, auquel nous pouvons donner le nom de *Monerula,* reproduit, conformément à la loi biogénétique fondamentale, la plus ancienne de toutes les formes animales, le type organique, souche première du règne animal, la monère.

La seconde phase ontogénétique consiste en ce qu'un nouveau noyau se forme dans la *Monerula,* et alors l'œuf-cytode regagne son rang de vraie cellule. Cette cellule est la *cytula,* la « première sphère de sillonnement ». Il nous faut donc considérer aussi, comme deuxième forme phylogénétique et ancestrale du règne animal, la cellule simple à noyau ou l'animal primitif monocellulaire, dont les amibes actuelles nous présentent encore des spécimens. Les amibes primitives, les amibes phylétiques, qui, en s'aidant de leurs appendices protéiformes, rampaient en tournoyant au fond des mers Laurentiennes, se nourrissaient et se reproduisaient exactement comme les amibes de notre époque; elles n'étaient aussi que des cellules nues, ne se différenciant en rien des souches de beaucoup d'animaux inférieurs. Un fait capital démontre qu'il a existé un organisme primitif, semblable à une amibe, et d'où le règne animal tout entier est provenu : c'est que, de l'éponge et du ver à la fourmi et à l'homme, tous les animaux ont pour œuf une cellule simple.

L'état monocellulaire servit de base au troisième degré de développement, à l'état polycellulaire aussi simple que possible, c'est-à-dire à une collection, à une association de cellules simples et homogènes. Aujourd'hui encore l'évolution ontogénétique de chaque animal procède par une segmentation réitérée, d'où résulte d'abord un amas sphérique de cellules nues, homogènes et transparentes. Comme cet amas cellulaire ressemble à une mûre, je l'ai appelé le stade mûriforme (*Morula*). Dans tous les groupes du règne animal, ce corps mûriforme se reproduit dans sa simplicité primitive, et les lois biogénétiques fondamentales nous autorisent à conclure de là, avec toute la certitude possible, que les plus anciennes formes polycellulaires du règne animal ont ressemblé à cette *Morula*. Cette association primitive d'amibes, de cellules animales extrêmement simples, que la *Morula* nous représente d'une manière fugitive, nous l'appellerons *Synamœba* ou synamibe.

Dès le commencement de la période Laurentienne, un quatrième type morphologique sortit de la synamibe. Nous appellerons ce type *Planæa*. Pour former la planæa, les cellules de la synamibe refoulées à la surface par un liquide accumulé au centre de l'amas cellulaire se sont allongées en cils vibratiles, elles sont devenues des cellules ciliées, et par là elles se sont séparées, différenciées des cellules internes non modifiées. La synamibe était constituée par des cellules nues, vibratiles et homogènes; grâce aux mouvements amiboïdes de ces cellules, elle glissait en rampant sur le fond des mers Laurentiennes. La *Planæa* au contraire est déjà composée d'une mince couche sphérique de cellules vraiment ciliées. Les vibrations des cils communiquent à tout l'amas polycellulaire un mouvement plus fort, plus rapide; la reptation devient natation. C'est tout à fait de cette manière qu'aujourd'hui encore, dans l'ontogénèse des animaux inférieurs appartenant aux types les plus dissemblables, la *Morula* devient une larve ciliée connue, tantôt sous le nom de *Blastula,* tantôt sous le nom de *Planula*. Cette planula est un corps tantôt sphérique, tantôt ovalaire ou cylindrique, qui se meut dans l'eau, en tournoyant grâce aux mouvements de ses cils vibratiles. La mince paroi de la vésicule sphérique, pleine de liquide, est constituée par une seule couche de cellules ciliées, analogues à celles de la magosphère.

De cette planula ou larve ciliée provient d'abord, chez les animaux de tous les types, une forme animale très-importante et très-intéressante, à laquelle, dans ma monographie des spongiaires calcaires, j'ai donné le nom de *Gastrula* (larve stomacale ou intestinale). Extérieurement cette Gastrula ressemble à la Planula; mais elle s'en distingue par des différences essentielles ; elle circonscrit une cavité communiquant avec l'extérieur par un orifice et sa paroi est composée de deux couches cellulaires. (*Voy.* pl. X, *fig.* 5 et 6.) Cette cavité est le premier rudiment de l'intestin et de l'estomac, c'est le *progaster ;* son orifice est le rudiment de la bouche, c'est le *prostoma.* La paroi de cette cavité digestive, qui est en même temps celle de la gastrula tout entière, est constituée par deux couches de cellules formant les deux feuillets germinatifs primaires : une couche externe, feuillet cutané ou exoderme, et une couche interne, feuillet intestinal ou entoderme. La forme larvée si importante de la gastrula se reproduit exactement dans l'ontogénèse des animaux de tous les types ; chez les éponges, les méduses, les coraux, les vers, les tuniciers, les rayonnés, les mollusques, même chez les plus inférieurs des vertébrés (*Amphioxus,* pl. XII, *fig.* B 4, A. *Ascidia,* même planche, *fig.* A 4.)

La larve ciliée dite gastrula est si commune dans l'ontogénie des groupes zoologiques les plus divers, depuis les zoophytes jusqu'aux vertébrés, que la grande loi biogénétique nous autorise à en déduire l'existence durant la période Laurentienne d'un type primitif analogue ayant servi de souche commune aux six grands groupes zoologiques. Nous donnerons à cette forme primitive le nom de *Gastræa.* Cette gastræa était sphérique, ovoïde ou cylindroïde ; elle circonscrivait une cavité de même forme, qui était un tube digestif rudimentaire. A l'une des extrémités de son axe longitudinal s'ouvrait un orifice servant à l'introduction des aliments. Le corps de l'animal, qui était en même temps la paroi intestinale, était constitué par deux couches de cellules. L'une de ces couches était dépourvue de cils, c'était l'entoderme ou feuillet intestinal ; l'autre était ciliée, c'était l'exoderme ou feuillet cutané. Grâce aux mouvements des cils de la membrane extérieure, la Gastræa nageait en tourbillonnant dans les mers de la période Laurentienne. Même chez les animaux supérieurs, là où la forme primitive de la

PARALLÉLISME DE L'ONTOGÉNÈSE ET DE LA PHYLOGÉNÈSE.

HIÉRARCHIE des cinq premiers stades de développement de l'organisme animal, avec la comparaison de l'évolution phylétique et de l'évolution individuelle.	**ONTOGÉNÈSE.** Les cinq premiers stades de l'évolution individuelle.	**PHYLOGÉNÈSE.** Les cinq premiers stades de l'évolution phylétique.
Premier stade évolutif. Une Cytode très-simple. (Plastide sans noyau.)	1. **Monerula.** Œuf animal sans noyau. Le noyau ovulaire disparaît après la fécondation.	1. **Monères.** Les plus anciens de tous les animaux, naissant par génération spontanée.
Deuxième stade évolutif. Une simple cellule. (Plastide à noyau.)	2. **Cytula.** Œuf animal pourvu d'un noyau. (1re sphère de segmentation.)	2. **Amœba.** Amibes animales.
Troisième stade évolutif. Association, agrégat de cellules simples, homogènes.	3. **Morula.** Amas mûriforme. Amas sphérique de cellules homogènes, nées par scissiparité.	3. **Synamœba.** (Collection d'amibes.) Association d'amibes homogènes.
Quatrième stade évolutif. Vésicule sphérique ou oviforme, pleine de liquide, dont la mince paroi est constituée par une mince couche de cellules ciliées toutes semblables entre elles.	4. **Blastula.** (Larve ciliée.) Larve vésiculiforme ou embryon, dont la mince paroi est constituée par une seule couche de cellules.	4. **Planæa.** (Catallactes.) Protozoaire vésiculiforme, dont la mince paroi est constituée par une couche de cellules ciliées.
Cinquième stade évolutif. Corps sphérique ou ovulaire muni d'une cavité digestive simple avec orifice buccal; paroi intestinale composée de deux feuillets; un exoderme externe, feuillet cutané, feuillet dermique; et un feuillet interne ou entoderme, feuillet intestinal, feuillet gastrique.	5. **Gastrula.** (Larve avec intestin.) Larve polycellulaire ayant un intestin et un orifice buccal; paroi intestinale composée de deux feuillets. Rudiment embryonnaire des métazoaires.	5. **Gastræa.** Protozoaire polycellulaire avec intestin et bouche. Paroi intestinale à deux feuillets. (Forme-souche des métazoaires).

gastrula a disparu de l'ontogénèse en vertu de la loi d'hérédité abrégée, la forme anatomique générale de la gastræa se décèle encore dans le type embryonnaire provenant directement de la morula. Ce type embryonnaire a la forme d'un disque elliptique reposant sur un jaune de nutrition sphérique et composé de deux couches de cellules, de deux feuillets; la couche cellulaire externe, le feuillet animal ou dermique correspond à l'exoderme de la gastræa. De ce dernier feuillet proviendront l'épiderme avec ses glandes et ses appendices et aussi le système nerveux central. La couche cellulaire, le feuillet végétatif ou gastrique, répond d'abord à l'entoderme de la Gastræa. De ce feuillet naîtront l'épithélium de l'intestin et celui des glandes intestinales.) Consulter ma « Monographie des spongiaires calcaires ». Vol. I, p. 466. (56)

En construisant notre hypothèse sur la provenance monophylétique du règne animal, en nous aidant de l'ontogénie, nous avons déjà noté cinq stades évolutifs primordiaux : 1° la monère; 2° l'amibe; 3° la synamibe; 4° la planæa et 5° la gastræa. Que ces cinq formes typiques et dérivées l'une de l'autre aient dû exister jadis, durant la période Laurentienne, cela résulte directement de la grande loi biogénétique, du parallélisme et de la connexion étiologique et mécanique entre l'ontogénèse et la phylogénèse. Dans notre classification généalogique du règne animal, nous pouvons ranger dans le groupe des animaux primitifs (*Protozoa*) les quatre premiers types animaux. Ce groupe comprend aussi les infusoires et les grégarines vivantes de nos jours. Par la cinquième stade morphologique, celui de la gastræa, le règne animal s'élève dans la hiérarchie organique.

A partir de ce point de départ commun, l'évolution des six groupes zoologiques supérieurs, qui tous descendent de la gastræa, suit une direction divergente. En d'autres termes, les *Gastréades,* c'est-à-dire les groupes d'organismes, dont la gastræa est le type primordial, évoluent suivant deux lignes divergentes ; ils forment deux branches. Les animaux appartenant à l'une de ces branches zoologiques perdent la faculté de libre locomotion, se fixent sur le fond de la mer, s'adaptent à un genre de vie tout à fait sédentaire; ils tendent à passer au type *Protascus,* c'est-à-dire à la forme-souche des zoophytes. L'autre rameau des gastréades conserve la faculté de libre locomotion, ne se fixe point et évolue vers le type *Prothelmis,* vers la forme-souche d'où sont descendus tous les vers.

Le groupe des vers, tel que le conçoit la zoologie moderne, est d'un haut intérêt au point de vue phylogénétique. En effet, comme nous le verrons plus loin, on ne trouve pas seulement parmi les vers de nombreuses familles animales toutes spéciales et des classes bien tranchées, mais encore quelques types infiniment remarquables, que l'on peut regarder comme des formes intermédiaires, d'où seraient sortis directement les quatre grands groupes zoologiques les plus élevés. L'anatomie comparée et l'ontogénie de ces vers nous autorisent à voir en eux les plus proches parents des types éteints, qui ont donné naissance à ces groupes supérieurs. Ces quatre groupes : mollusques, radiés, articulés et vertébrés, n'ont pas de consanguinité plus proche; ils ont poussé, comme des bourgeons isolés, sur quatre points distincts de la souche commune des vers.

Nous arrivons donc, en nous appuyant sur l'anatomie comparée et l'ontogénie, à l'arbre généalogique monophylétique ci-après représenté. Dans cet arbre, les sept phyles ou souches du règne animal ont une valeur généalogique très-différente. Les animaux primaires (*Protozoa*), en y comprenant les infusoires et les gastréades, forment le premier groupe, la souche commune du règne animal tout entier. Des gastréades sortent, comme deux rameaux divergents, les deux groupes des zoophytes (*Zoophyta*) et des vers (*Vermes*). Des quatre sections du groupe des vers proviennent les quatre types animaux les plus élevés. D'une part les radiés (*Echinoderma*) et les articulés (*Arthropoda*), d'autre part les mollusques (*Mollusca*) et les vertébrés (*Vertebrata*). En face des protozoaires, toujours dépourvus de feuillets germinatifs ou blastodermiques, on peut placer tous les autres animaux ayant un intestin et deux feuillets germinatifs primaires : nous les appellerons métazoaires (Metazoa).

Après avoir esquissé à grands traits l'arbre généalogique du règne animal, il nous reste à exposer avec plus de détails l'évolution, qui a donné naissance aux sept embranchements du règne animal, et les classes comprises dans ces embranchements. Dans le règne animal le nombre des classes est beaucoup plus considérable que dans le règne végétal, ce qui est tout naturel. En effet l'organisme animal est l'expression d'une activité vitale beaucoup plus variée, beaucoup plus parfaite, et cette activité se diversifie et se perfectionne suivant des modes beaucoup plus nombreux. Aussi, tandis que l'ensemble du règne végétal comprend seulement sept grandes divisions et dix-huit classes, nous compterons dans le règne animal au moins seize divisions et quarante classes. Ces divisions et ces classes se répartissent entre les sept grands embranchements du règne animal, comme suit :

Le groupe des protozoaires (*Protozoa*), comme nous le comprenons, renferme les types les plus anciens et les plus simples du règne animal, particulièrement les cinq stades phylétiques et évolutifs les plus anciens que nous avons précédemment indiqués. Il faut y comprendre en outre les infusoires et les grégarines et aussi tous les types zoologiques extrêmement imparfaits, qui ne sauraient trouver place dans aucune des six autres tribus du règne animal, tant leur organisation est simple et sans caractère. La plupart des zoologistes placent en outre parmi les protozoaires une portion plus ou moins grande de ces organismes très-rudimentaires, dont nous avons parlé en traitant de notre règne des protistes (XVIe leçon). Mais, pour les raisons que nous avons données, nous ne pouvons regarder ces protistes, et notamment la section des rhizopodes, si riche et si nombreuse, comme appartenant véritablement au règne animal. Faisant donc abstraction de ces organismes, nous pouvons distinguer deux

CLASSIFICATION

DES SEIZE GRANDS GROUPES ET DES QUARANTE CLASSES DU RÈGNE ANIMAL.

Tribus ou phyles du règne animal.	Grands groupes du règne animal.	Noms systématiques des classes.
Premier sous-règne : *protozoaires* (protozoa). Animaux sans feuillets germinatifs, sans intestin, sans tissus proprement dits.		
A. Protozoa.	I. Ovularia.	1. Archezoa.
		2. Planæada.
	II. Infusoria.	3. Gregarinæ.
		4. Acinetæ.
		5. Ciliata.
Deuxième sous-règne : *Metazoaires* (Metazoa). Animaux pourvus de deux feuillets germinatifs primaires, d'un intestin et de tissus.		
B. *Zoophyta.*	III. *Spongiæ.*	6. Gastræades.
		7. Porifera.
	IV. *Acalephæ.*	8. Coralla.
		9. Hydromedusæ.
		10. Ctenophora.
C. *Vermes.*	V. *Acoelomi.*	11. Archelminthes.
		12. Plathelminthes.
	VI. *Coelomati.*	13. Nemathelminthes.
		14. Chætognathie.
		15. Rotatoria.
		16. Bryozoa.
		17. Tunicata.
		18. Rhynchoccœla.
		19. Gephyræ.
		20. Annelida.
D. *Mollusca.*	VII. *Acephala.*	21. Spirobranchia.
		22. Lamellibranchia.
	VIII. *Encephala.*	23. Cochlydes.
		24. Cephalopoda.
E. *Echinoderma.*	IX. *Colobrachia.*	25. Asterida.
		26. Crinoida.
	X. *Lipobrachia..*	27. Echinida.
		28. Holothuriæ.
F. *Arthropoda.*	XI. *Carides.*	29. Crustacea.
		30. Arachnida.
	XII. *Tracheata.*	31. Myriapoda.
		32. Insecta.
G. *Vertebrata,*	XIII. *Acrania.*	33. Leptocardia.
	XIV. *Monorhina.*	34. Cyclostoma.
	XV. *Anamnia.*	35. Pisces.
		36. Dipneusta.
		37. Amphibia.
	XVI. *Amniota.*	38. Reptilia.
		39. Aves.
		40. Mammalia.

ARBRE GÉNÉALOGIQUE MONOPHYLÉTIQUE DU RÈGNE ANIMAL.

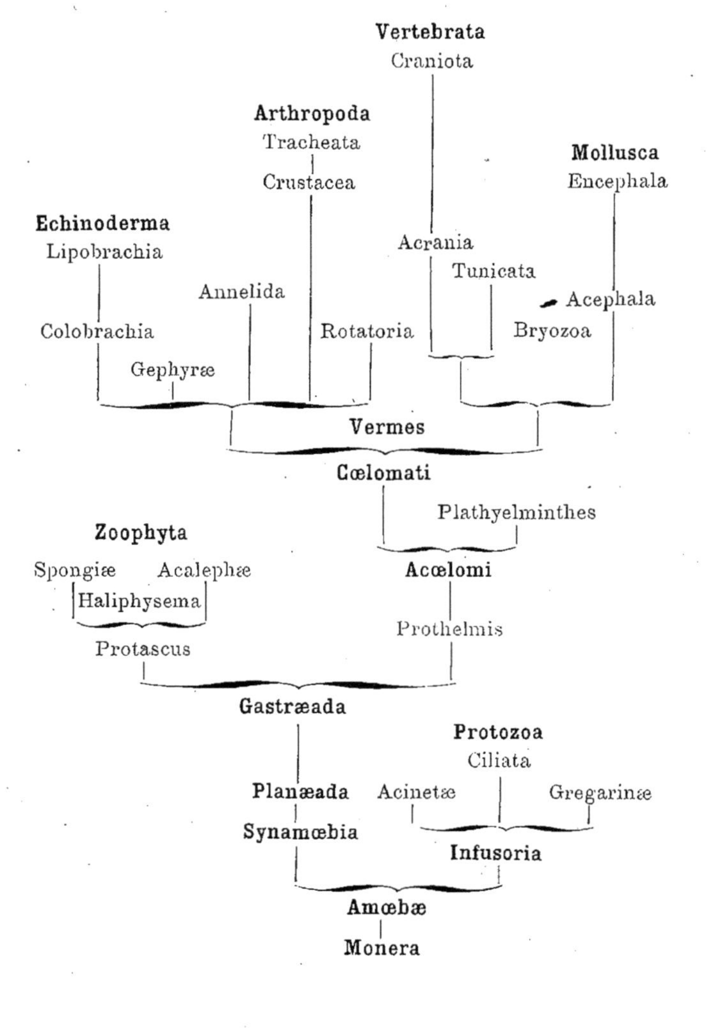

grands groupes de vrais protozoaires, les ovulaires (*Ovularia*) et les infusoires (*Infusoria*). Au premier groupe appartiennent les deux classes des archizoaires et des planéades; le deuxième groupe comprend les trois classes des gastréades, des acinètes et des ciliaires.

Les ovulaires forment la première grande division des protozoaires. Nous rangeons dans cette classe tous les animaux les plus anciens et les plus inférieurs.

La série débute par les quatre types les plus anciens et les plus simples du règne animal, types dont nous avons précédemment démontré l'antique existence, en nous appuyant snr la loi biogénétique fondamentale. Ce sont : 1° les monères animales; 2° les amibes animales; 3° les synamibes animales et 4° les planéades animales. On peut, si l'on veut, y ranger encore une partie des monères actuelles et des amibes. Une autre partie de ces monères et de ces amibes serait, pour les raisons indiquées dans la XVIe leçon, rangée parmi les protistes à cause du caractère neutre de leur organisation; le reste, dont l'organisation est végétale, serait classé parmi les végétaux. On pourrait placer en regard des planéades toutes les monères, amibes et synamibes, en leur donnant le nom d'archizoaires (archezoa).

Un troisième groupe d'infusoires sera formé par les grégarines (*Gregarinæ*), parasites vivant soit dans l'intestin, soit dans les cavités du corps de beaucoup d'animaux. Ces grégarines sont tantôt de simples cellules, tantôt une sorte de chaîne cellulaire composée de deux ou trois cellules homogènes placées à la file. Les grégarines se distinguent des amibes nues par une épaisse membrane amorphe enveloppant leur agrégat cellulaire. On peut les regarder comme des amibes animales, qui, en s'accoutumant à la vie parasitaire, se sont revêtues d'une membrane sécrétée par leurs propres cellules. Leur mode de reproduction est tout spécial.

La deuxième classe des protozoaires sera formée par les vrais infusoires (*Infusoria*), en prenant ce mot dans le sens qu'y attache très-généralement la zoologie moderne. Cette classe est, en grande partie, représentée par les petits infusoires ciliés (*Ciliata*), qui peuplent en grand nombre les eaux douces comme les eaux salées, et nagent en tournoyant, grâce au mouvement des cils vibratiles fort délicats dont ils sont revêtus. Les infusoires suceurs (*Acinetæ*), qui pompent à l'aide de leurs suçoirs les matériaux nécessaires à leur alimentation, forment un second petit groupe. Quoique, dans ces trente dernières années, on ait fait sur ces animalcules, le plus souvent invisibles à l'œil nu, de nombreuses et minutieuses recherches, cependant nous sommes encore fort mal renseignés sur leur évolution et leur type morphologique. Beaucoup de zoologistes ont attribué à beaucoup de ces très-petits animaux une organisation très-différenciée et les ont placés parmi les vers. Aujourd'hui nous savons que les vrais infusoires, ciliaires et acinètes, sont seulement des animaux monocellulaires, en dépit de la différenciation de leur monocellule.

Tous les organismes inférieurs, que nous appelons protozoaires sont, ainsi que les protistes précédemment énumérés, privés d'importantes propriétés, que possèdent les six autres grands groupes zoologiques. Tous les autres animaux, depuis le plus simple des zoophytes jusqu'au vertébré, de l'éponge à l'homme, sont composés de divers tissus et organes, provenant tous de deux couches de cellules bien distinctes. Ces deux couches cellulaires sont les deux feuillets germinatifs primaires, que nous avons déjà signalés, en parlant de l'évolution embryonnaire de la gastrula. La couche cellulaire externe, feuillet animal, cutané, ou exoderme, est le rudiment de tous les organes animaux du corps : de la peau, du système nerveux, du système musculaire, du squelette, etc. Au contraire, la couche interne ou feuillet végétatif, entoderme, sert de base aux organes végétatifs : à l'intestin, au système vasculaire, etc. Chez les représentants inférieurs des six grands groupes zoologiques supérieurs, la gastrula apparaît embryologiquement. Chez cette gastrula, les deux feuillets germinatifs primaires apparaissent sous une forme extrêmement simple et circonscrivent le plus primitif des organes, l'intestin primitif et la bouche primitive. Quant aux autres espèces de ces groupes, elles passent embryologiquement par un stade bifolié, qui se peut ramener à la gastrula. Nous pouvons donc appeler tous ces animaux *Métazoaires* par opposition aux protozoaires sans intestin. Mais ces métazoaires peuvent provenir d'une même forme ancestrale, la *Gastræa* depuis longtemps disparue, et dont la *Gastrula* embryonnaire, si répandue, nous représente encore les traits principaux. De cette gastræa sont provenus jadis, comme nous l'avons dit, deux types morphologiques divers, le *Protascus* et le *Prothelmis*. Il faut considérer le protascus comme la souche originaire des zoophytes et le prothelmis comme celle des vers. (Voir pour la justification de cette hypothèse ma *Monogr. des éponges calc.*, vol. I, p. 464 et la « théorie gastréenne », Jenaische Zeitschr., vol. VIII.) .

Les zoophytes (*Zoophyta* ou *Cœlenterata*), qui forment la deuxième tribu du règne animal, s'élèvent déjà notablement par leur organisation au-dessus des protozoaires, tout en étant infiniment au-dessous de la plupart des animaux supérieurs. Chez ces derniers, en effet, en exceptant seulement les types les plus inférieurs, les quatre fonctions diverses de l'activité nutritive, savoir, la digestion, la circulation, la respiration et l'excrétion, sont exécutées par quatre systèmes d'organes distincts, le système digestif, le système circulatoire, les organes de la respiration et l'appareil urinaire. Chez les zoophytes, au contraire, ces fonctions et leurs organes ne sont pas encore distincts ; un seul système organique leur est attribué, c'est le système gastro-vasculaire, cœlentérique. L'orifice, qui sert à la fois de bouche et d'anus, s'ouvre dans un estomac, où débouchent toutes les autres cavités du corps. Chez les zoophytes, point de système sanguin ni de sang, point d'organes de la respiration, etc.

Tous les zoophytes vivent dans l'eau, la plupart dans la mer. Un très-petit nombre se trouvent dans l'eau douce, par exemple la *Spongilla* et quelques polypes tout à fait primitifs (*Hydra, Cordylophora*). Notre planche VII donne une idée des formes élégantes si variées, que l'on observe chez les zoophytes et qui souvent simulent des fleurs. (Lire dans l'Appendice le texte explicatif.)

Le groupe des zoophytes se divise en deux grandes classes, celle des éponges ou *Spongiaires,* et celle des animaux urticants ou *Acalèphes.* Cette dernière classe comprend des formes plus variées et mieux organisées que celles de la première. Chez les éponges, le corps en général et les organes considérés isolément sont bien moins distincts et atteignent un bien moindre degré de perfection que chez les acalèphes. Ainsi, par exemple, les éponges ne présentent jamais les organes de l'urtication, qui sont caractéristiques de la famille des acalèphes.

Occupons-nous maintenant de la forme typique de tous les zoophytes, du *Protascus.* C'est un animal depuis lontemps disparu, mais dont, en vertu de la grande loi biogénétique, le type *Ascula* nous démontre l'ancienne existence. L'*Ascula* est une forme évolutive et ontogénétique, qui, chez les éponges et les acalèphes, provient de la gastrula (voir l'ascula d'une éponge calcaire sur la planche du titre, *fig.* 7 et 8). Après que la gastrula des zoophytes a tourbillonné durant un certain temps, elle tombe au fond de l'eau et s'y fixe par l'extrémité de son axe, qui est opposée à l'orifice buccal. L'ascula, c'est-à-dire la forme larvée très-analogue à laquelle nous donnons ce nom, est donc simplement une outre, dont la cavité gastrique ou intestinale s'ouvre à l'extrémité libre de son axe par un orifice buccal. Ici encore, comme chez la gastrula, le corps tout entier n'est guère qu'un estomac ou un intestin. La paroi de l'outre, qui est en même temps la paroi intestinale et celle de l'organisme tout entier, est composée de deux couches cellulaires, de deux feuillets. L'entoderme, ou feuillet gastrique, est cilié et correspond au feuillet germinatif interne ou végétatif des animaux supérieurs; l'exoderme, ou feuillet dermique non cilié, répond au feuillet germinatif externe ou animal des animaux supérieurs. Le protascus primitif,dont l'ascula nous a conservé la fidèle image, devait vraisemblablement produire par son feuillet gastrique des ovules et des cellules spermatiques.

La gastræa mobile et l'immobile protascus ont tous deux été représentés, durant la période laurentienne, par de nombreux genres et de nombreuses espèces, que nous rangeons tous dans une même classe de zoophytes, dans la classe des gastréades. Ces genres actuels *Haliphysema* et *Gastrophysema* nous représentent encore des débris peu altérés de cette classe des gastréades (voir mon travail sur les gastréades dans Jen. Zeitschr., vol. IX). Les descendants des gastréades se divisèrent en deux branches : d'un côté les éponges, de l'autre les acalèphes. J'ai montré dans ma monographie des éponges calcaires (vol. I, p. 485) combien la parenté de ces deux groupes est étroite et pourquoi ils doivent être considérés comme deux formes divergentes issues du type protascus. La souche première des éponges, que j'ai appelée *Archispongia*, est sortie et s'est différenciée du protascus par la formation de pores cutanés. La souche première des animaux urticants, que j'ai appelée *Archydra*, provint du protascus par la formation des organes urticants et par celle des tentacules tactiles.

La grande classe des éponges (*Spongiæ* ou *Porifera*) vit dans la mer, à la seule exeption de l'éponge verte des eaux douces (*Spongilla*). Longtemps ces animaux passèrent pour des plantes; plus tard on les regarda comme des protistes. Aujourd'hui encore, dans la plupart des manuels, on les classe parmi les protozoaires. Depuis que j'ai démontré qu'ils descendaient de la *Gastrula* et que l'on trouvait chez eux les deux feuillets germinatifs existant chez tous les animaux supérieurs, leur proche parenté avec les acalèphes paraît difinitivement établie. L'*Olynthus*, que je regarde comme le type premier des éponges calcaires, a surtout parfaitement confirmé cette conclusion (voir la planche du titre, *fig*. 9).

Pl. VII.

E. Haeckel del. Lagesse sc

On peut classer les types nombreux et encore mal connus de la classe des éponges en trois tribus et huit ordres. Les myxospongiées (*Myxospongiæ*) ou éponges molles, gélatineuses, forment la première; leur caractéristique est l'absence de squelette solide. Il faut ranger dans cette tribu d'abord les types depuis longtemps disparus et dont l'*Archispongia* nous donne une idée; nous y ajouterons, d'autre part, les éponges gélatineuses actuelles; parmi ces dernières, l'*Halisarca* nous est le mieux connue. Pour avoir le portrait de l'archispongia, la plus ancienne des éponges primitives, il nous suffit de songer aux aiguilles calcaires à trois rayons de l'*Olynthus*.

La deuxième section des éponges comprend les éponges fibreuses (*Fibrospongiæ*), dont le corps mou est soutenu par un squelette solide fibreux. Souvent ce squelette fibreux consiste simplement en ce que l'on appelle « des fibres cornées », c'est-à-dire en une substance organique très-élastique, très-cohérente; on la trouve dans nos éponges communes (*Euspongia officinalis*), dont nous employons le squelette nettoyé pour notre toilette du matin. Dans la substance de beaucoup de fibro-spongiées on remarque des aiguilles siliceuses; c'est ce qui a lieu par exemple chez les éponges d'eau douce (*Spongilla*). Chez d'autres éponges, le squelette tout entier est constitué par des aiguilles siliceuses, souvent entrelacées en réseaux d'une extrême élégance; par exemple dans la célèbre « corbeille de fleurs de Vénus » (*Euplectella*). On peut, d'après la forme diverse des aiguilles, distinguer trois ordres de fibro-spongiées, savoir : les *Chalinthina*, les *Geodina* et les *Hexactinella*. L'histoire naturelle des fibro-spongiées est pour la théorie de la descendance d'un intérêt tout particulier, comme l'a démontré Oscar Schmidt, celui des naturalistes existants qui connaît le mieux ce groupe d'animaux. On trouverait difficilement un champ plus favorable pour bien constater la flexibilité de la forme spécifique et son étroite relation avec l'adaptation héréditaire. Là tous ces phénomènes peuvent se suivre pas à

TABLEAU TAXINOMIQUE

DES CINQ CLASSES ET DES TRENTE-DEUX ORDRES DES ZOOPHYTES.

Classes des oophytes.	Ordres des Zoophytes.	Tribus des Zoophytes.	Noms de genres à titre d'exemple.
I. Gastræada.	I. Gastræada.	1. Gastræones.	Gastreæ.
		2. Protascones.	Haliphysema.
II. Spongiées ou Porifères.	II. Myxospongiæ.	3. Archispongina.	Archispongia.
		4. Halisarcina.	Halisarca.
	III. Fibrospongiæ.	5. Chalynthina.	Spongilla.
		6. Geodina.	Ancorina.
		7. Hexactinella.	Euplectella.
	IV. Calcispongiæ.	8. Ascones.	Olynthus.
		9. Leucones.	Dyssycus.
		10. Sycones.	Sycurus.
III. Coraux ou Anthozoaires.	V. Tetracoralla.	11. Rugosa.	Cyathophyllum.
		12. Paranemata.	Cereanthus.
	VI. Hexacoralla.	13. Cauliculata.	Antipathes.
		14. Madreporaria.	Astræa.
		15. Halirhoda.	Actinia.
	VII. Octocoralla.	16. Alcyonida.	Lobularia.
		17. Gorgonida.	Isis.
		18. Pennatulida.	Veretillum.
IV. Hydromédusées ou Médusées.	VIII. Archydrina.	19. Hydraria.	Hydra.
	IX. Leptomedusæ.	20. Vesiculata.	Sertularia.
		21. Ocellata.	Tubularia.
		22. Siphonophora.	Physophora.
	X. Trachymedusæ.	23. Marsiporchida.	Trachynema.
		24. Phyllorchyda.	Geryonia.
		25. Elasmorchida.	Charybdea.
	XI. Calycozoa.	26. Podactinaria.	Lucernaria.
	XII. Discomedusæ.	27. Semæostomeæ.	Aurelia.
		28. Rhizostomeæ.	Crambessa.
V. Cténophores.	XII. Eurystoma.	29. Beroida.	Beroe.
	XIV. Stenostoma.	30. Saccata.	Cydippe.
		31. Lobata.	Eucharis.
		32. Tæniata.	Cestum.

ARBRE GÉNÉALOGIQUE DES ZOOPHYTES.

pas, et nulle part ailleurs il n'est plus difficile de limiter et de définir l'espèce.

La proposition précédente s'applique à la petite mais très-intéressante tribu des éponges calcaires (*Calcispongiæ*) bien mieux encore qu'à la grande tribu des fibrospongiées. En 1872, après cinq années d'études suivies, j'ai publié une monographie complète de ces calcispongiées (50). Les soixante dessins joints à cette monographie démontrent l'extraordinaire flexibilité morphologique de ces petites éponges, parmi lesquelles on ne saurait distinguer ce qu'on appelle de « bonnes espèces » dans la classification usuelle. Chez ces animaux, on trouve seulement une série de formes oscillantes, qui jamais ne transmettent leur type spécifique à leur postérité immédiate, mais se modifient incessamment par l'adaptation à des conditions de milieu tout à fait secondaires. Il advient même fréquemment que d'une seule et même souche sortent plusieurs espèces, qui, d'après les règles de la classification usuelle, devraient appartenir à des genres bien distincts; on peut citer comme exemple l'*Ascometra* (planche du titre, *fig.* 10). Chez les éponges calcaires, la forme extérieure du corps est encore beaucoup plus flexible, plus fluide en quelque sorte que chez les éponges siliceuses, dont elles se distinguent par leur élégant squelette d'aiguilles calcaires. En étudiant l'anatomie comparée et l'ontogénie des éponges calcaires, on arrive avec une grande certitude à trouver la forme, qui est la souche du groupe tout entier; c'est l'*Olynthus* sacciforme, dont le développement est figuré sur la planche du titre. De l'olynthus (*fig.* 9) est provenu l'ordre des Ascones, d'où sont issus, comme deux rameaux divergents, les deux autres ordres des éponges calcaires, les Leucones et les Sycones. Dans les limites de chacun de ces ordres, on peut suivre de nouveau pas à pas la généalogie de chaque forme. Sous ce rapport, les éponges calcaires confirment donc la proposition suivante que j'ai formulée ailleurs : « Toute l'histoire naturelle des éponges est une démonstration frappante et continue de la théorie Darwinienne. »

Les acalèphes (*Acalephæ* ou *Cnidæ*) forment la deuxième grande division de la classe des zoophytes. Ce groupe intéressant et varié se compose de trois ordres distincts : les hydroméduses (*Hydromedusæ*), les cténophores (*Ctenophoræ*), et les coraux (*Coralla*). La forme primitive du groupe entier semble être l'*Archydra,* type depuis longtems disparu, mais qui a laissé derrière lui deux formes très-voisines : ce sont deux polypes d'eau douce, l'*Hydra* et la *Cordylophora*. L'archydra s'éloignait peu du type spongiaire le plus simple (*Archispongia* et *Olynthus*) ; elle en différait seulement par la présence des organes urticants et l'absence de pores cutanés. L'archydra engendra d'abord les divers polypes hydroïdes, dont les uns devinrent la souche des coraux, les autres celle des hydroméduses C'est d'un rameau de ces dernières, que sont sorties plus tard les cténophores.

Les acalèphes ressemblent essentiellement aux éponges par la conformation caractéristique du système des canaux digestifs ; ils en diffèrent par la présence des organes urticants. Ces organes sont de petites vésicules, ordinairement remplies de venin, distribuées en très-grande quantité, parfois par millions, dans la peau des acalèphes ; elles apparaissent et sécrètent leur venin quand on touche l'animal. Ce venin est capable de tuer certains petits animaux ; chez les grands animaux, il détermine une éruption inflammatoire tout à fait analogue à celle que produisent nos orties. Ceux de mes auditeurs, qui ont pris fréquemment des bains de mer, ont pu faire connaissance avec les hydroméduses et éprouver la sensation de brûlure fort désagréable, que provoquent leurs organes urticants. Le venin des admirables hydroméduses bleues, connues sous le nom de physalies, a une telle puissance qu'il peut causer la mort d'un homme.

La classe des coraux vit uniquement dans la mer ; elle est représentée, surtout dans les mers chaudes, par des types aussi élégants que variés, ressemblant à des fleurs.

C'est pourquoi on leur a aussi donné le nom d'anthozoaires (*Anthozoa*) ou animaux-fleurs. La plupart de ces animaux sont fixés à demeure sur le fond de la mer et ont un squelette interne calcaire. Souvent ces coraux forment, à force de se reproduire, des masses tellement considérables, qu'elles servent de base à des îles entières. On peut citer comme exemple les célèbres récifs de coraux et les attolls de l'océan Pacifique, dont Darwin a expliqué le premier les formes singulières (13). Les antimères, c'est-à-dire ces segments symétriques du corps disposés en rayons autour de l'axe du corps, sont, chez les coraux, au nombre de quatre, de six ou de huit. C'est pourquoi nous distinguons, parmi les coraux, trois tribus, les tétracoraux (*Tetracoralla*), les hexacoraux (*Hexacoralla*) et les octocoraux (*Octocoralla*). Les tétracoraux sont le groupe premier, la souche d'où sont sortis, comme deux rameaux divergents, les deux légions des hexacoraux et des octocoraux.

Les hydroméduses forment la deuxième division des acalèphes. Tandis que les coraux ressemblent ordinairement à des touffes, ayant l'aspect de végétaux et solidement fixées au fond des mers, les hydroméduses flottent habituellement à la surface de la mer, sous forme de cloches gélatineuses. Néanmoins beaucoup d'hydroméduses, spécialement parmi celles d'un type inférieur, sont fixées au fond de la mer et ressemblent à d'élégants arbustes. Les plus inférieures, les plus simples des hydroméduses de ce genre, sont les petits polypes d'eau douce (*Hydra* et *Cordylophora*). Nous pouvons regarder ces polypes comme la postérité peu modifiée de ces anciens polypes primitifs (*Archydræ*), qui, durant l'âge primordial, ont engendré toute la section zoologique des acalèphes. On ne peut guère séparer de l'hydre (*Hydra*) les polypes hydroïdes (*Campanularia, Tubularia*), qui produisent par bourgeonnement les méduses flottantes. A leur tour, ces méduses flottantes produisent des œufs d'où naissent de nouveau des polypes sédentaires. Ces méduses flottantes ont ordinairement la forme d'un champignon ombelliforme ou d'une ombrelle. Sur leur bord, pendent de longs, nombreux et délicats filaments préhensiles. Ces méduses comptent parmi les plus beaux et les plus intéressants habitants de la mer. Leur physiologie est curieuse, surtout à cause de l'alternance des générations de polypes et de méduses; ce sont là de puissants témoignages en faveur de la théorie généalogique. En effet le mode de génération actuelle des méduses et des hydroïdes a été le mode originel, phylogénétique, suivant lequel, dans le principe, les méduses flottantes sont provenues des polypes sédentaires. Ce qui est non moins important pour la théorie généalogique, c'est la remarquable division du travail chez les individus. Dans les superbes siphonophores, par exemple, cette division du travail est réellement prodigieuse (pl. VII, *fig.* 13).

C'est d'une branche des hydroméduses, qu'est vraisemblablement sortie la troisième classe des acalèphes, la section des cténophores (*Ctenophora*). Ces cténophores, dont la forme a quelque analogie avec la forme d'un concombre, ont, comme la plupart des hydroméduses, la transparence et l'éclat du cristal poli. Ces acalèphes à côtes sont remarquables surtout par leurs organes locomoteurs; ce sont huit rangs de folioles ciliées, disposées en huit rangées allant d'une extrémité de l'axe longitudinal, de la bouche, à l'extrémité opposée. Des deux grands groupes de la section des cténophores, l'un, celui des sténostomes[1], s'est développé plus tardivement que celui des eurystomes[2] (pl. VII, *fig.* 16).

La troisième grande tribu du règne animal, le phylum des vers ou des animaux vermiformes (*Vermes* ou *Helminthes*), se compose d'une foule de branches divergentes. De ces nombreux rameaux, les uns se sont développés en classes distinctes et tout à fait indépendantes, les autres ont évolué de telle sorte qu'ils se sont rapprochés des types originels des quatre phyles supérieurs. Nous pouvons nous figurer chacun de ces quatre phyles et aussi celui des zoophytes,

1. Στενός, étroit. Στόμα, ατος, bouche.
2. Εὐρύς, large. Στόμα, bouche.

TABLEAU TAXINOMIQUE

DES DIX CLASSES ET DES VINGT-DEUX ORDRES DU GROUPE DES VERS.

Classes du groupe des vers.	Noms taxinomiques des ordres des vers.	Un nom de genre à titre d'exemple.
I. Archelminthes.	1. Prothelminthes.	Prothelmis.
II. Platyhelminthes.	2. Turbellaria.	Planaria.
	3. Trematoda.	Distoma.
	4. Cestoda.	Tænia.
III. Nemathelminthes.	5. Nematoda.	Trichina.
	6. Acanthocephala.	Echinorynchus.
IV. Chætognathi.	7. Chætognathi.	Sagitta.
V. Rotatoria.	8. Rotifera.	Hydatina.
VI. Bryozoa.	9. Lophopoda.	Alcyonella.
	10. Stelmopoda.	Retepora.
VII. Tunicata.	11. Ascidiæ.	Phallusia.
	12. Thaliaceæ.	Salpa.
VIII. Rhynchocœla.	13. Enteropneusta.	Balanoglossus.
	14. Nemertina.	Borlasia.
IX. Gephyrea.	15. Sipunculida.	Sipunculus.
	16. Echiurida.	Echiurus.
X. Annelida.	17. Arctisca.	Macrobiotus.
	18. Onychophora.	Peripatus.
	19. Hirudinea.	Hirudo.
	20. Drilomorpha.	Lumbricus.
	21. Phracthelminthes.	Crossopodia.
	22. Chætopoda.	Aphrodite.

ARBRE GÉNÉALOGIQUE DES VERS.

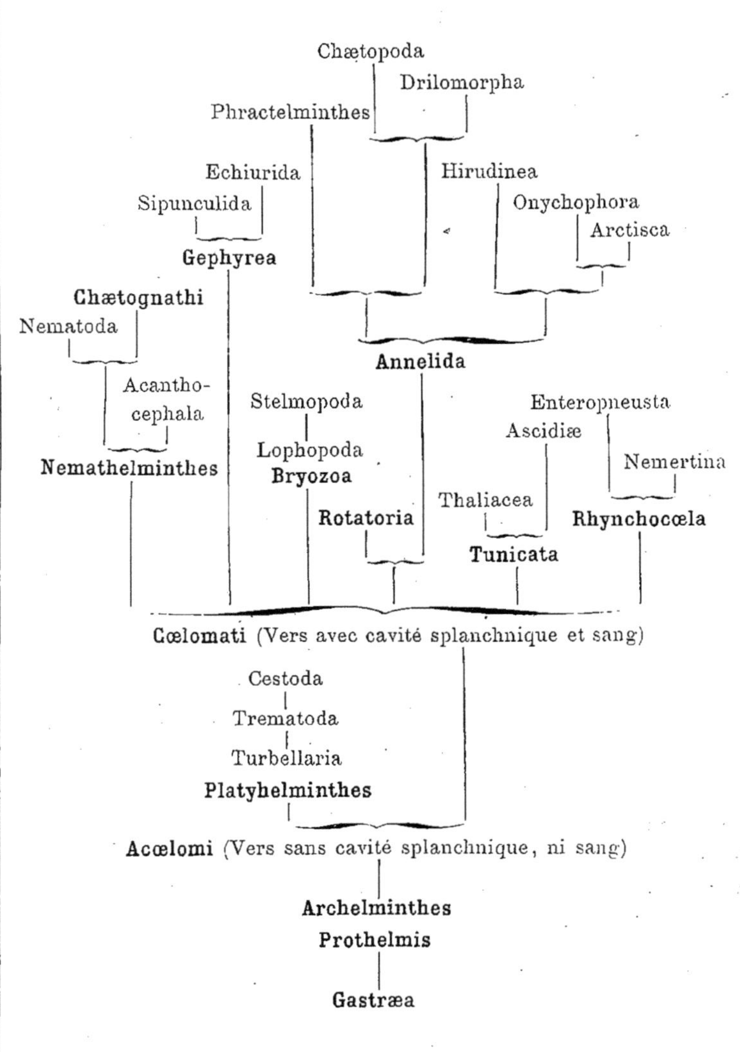

comme un grand arbre dont les ramifications nous représentent les classes, ordres, familles, etc. Au contraire, le phylum des vers serait un arbrisseau très-bas, un buisson sessile, de la souche duquel ont poussé dans diverses directions une foule de branches indépendantes. De ce buisson bas et touffu, dont presque tous les rameaux sont morts, s'élèvent quatre grandes branches hautes et très-ramifiées : elles représentent les quatre phyles de premier ordre, les radiés, les articulés, les mollusques et les vertébrés. C'est seulement près de la racine que ces quatre branches sont reliées indirectement entre elles par la souche commune des vers.

Ce qui précède explique l'extraordinaire difficulté que l'on éprouve à classer les vers. L'absence de restes fossiles augmente encore cette difficulté. De tout temps le corps des vers a eu si peu de consistance qu'il n'a guère pu laisser de traces caractéristiques dans les couches neptuniennes. Si donc nous voulons essayer de projeter quelque rayon de lumière douteuse sur l'obscure généalogie des vers, il nous faudra derechef recourir aux documents, que nous fournissent l'ontogénie et l'anatomie comparée. Avant tout, néanmoins, je dois bien faire remarquer que cette esquisse généalogique n'a, comme toutes les autres esquisses du même genre, qu'une valeur provisoire.

On peut distinguer bien des divisions dans la classe des vers, et il n'est guère de zoologiste qui ne les ait arrangées et décrites selon sa fantaisie; mais ces divisions forment deux groupes essentiellement différents, comme je l'ai fait voir dans ma monographie des éponges calcaires (50) ; ce sont les grands groupes des acoélomates et des coélomates. Tous les vers plats, par exemple ceux de la classe des platyhelminthes, comprenant les turbellariés, les vers à suçoirs (*Trematodes*), les vers cestoïdes (*Cestodæ*), se distinguent des autres vers par une différence frappante ; ils sont dépourvus de sang et de vraies cavités splanchniques. Aussi les appelons-nous *Acœlomiens* (*Acœlomi*). La vraie cavité splanchnique leur manque aussi complétement qu'à tous les zoophytes, auxquels ils se rattachent immédiatement sous ce rapport. Au contraire, tous les autres vers ont une vraie cavité splanchnique, comme les quatre groupes zoologiques supérieurs ; ils ont aussi par conséquent un système sanguin. Nous les réunissons donc tous sous la dénomination de *cœlomates*.

La grande division des vers exsangues (*Acœlomi*) comprend, d'après notre conception phylogénétique, non-seulement les platyhelminthes, les planaires actuels, mais aussi les souches éteintes et inconnues du groupe des vers tout entier ; nous désignerons ces types disparus par la dénomination d'*archelminthes*. Le type de ces vers primitifs, l'antique *Prothelmis*, dérive immédiatement de la *Gastræa*. Aujourd'hui encore, la forme *Gastrula*, cette vraie reproduction actuelle de la *Gastræa*, reparaît comme forme larvée transitoire dans l'ontogénèse des vers les plus dissemblables. Parmi les vers vivant à notre époque, les plus voisins des vers primitifs sont les turbellariés vibratiles (*Turbellaria*), qui sont la souche de nos platyhelminthes. Des turbellariés, nageant librement dans l'eau, sont provenus par l'adaptation à la vie parasitaire les vers à suçoirs ou trématodes parasites, et de ces derniers, par un parasitisme plus complet encore, les vers rubanés ou cestoïdes.

D'une branche des accœlomiens est issue la deuxième grande division de la tribu des vers, celle des vers pourvus de sang et de cavité splanchnique (*Cœlomati*). Cette division comprend sept tribus distinctes.

L'arbre généalogique précédent montre comment on peut se figurer approximativement l'obscure phylogénie des huit classes des cœlomates. Néanmoins je résumerai brièvement cette généalogie; car les liens de parenté entre les différents groupes zoologiques sont très-embrouillés et encore fort mal connus. C'est seulement au prix de recherches nombreuses et consciencieuses sur l'ontogénèse des divers cœlomates, que nous pourrons arriver à éclairer leur phylogénèse.

Les vers cylindriques ou nématoïdes (*Nemathelminthes*),

qui, pour moi, sont la première classe des cœlomates, et qui sont caractérisés par la forme cylindrique de leur corps, sont, pour la plupart, des vers parasites, vivant dans l'intérieur du corps des autres animaux. Citons parmi les parasites humains, appartenant à cette classe, les célèbres trichines, les ascarides, la filaire de Médine, etc. Aux némathelminthes se rattachent les chætognathes et les vers stellaires ou Géphyriens (*Gephyrea*), qui vivent seulement dans la mer; aux géphyriens est alliée la classe nombreuse des vers annelés ou annélides (*Annelida*). Parmi les animaux de cette dernière division, dont le corps est allongé et divisé en segments égaux, se trouvent les sangsues (*Hirudinea*), les lombrics (*Lumbricina*) et les chætopodes (*Chætopoda*), si nombreux en espèces. Les vers à trompes ou rhynchocoélés (*Rhinchocœlea*) et les microscopiques rotifères (*Rotifera*) sont très-voisins de la classe des annélides. Certainement les types éteints ou inconnus des radiés et des articulés étaient très-proches parents des annélides. Au contraire, il nous faudra, selon toute apparence, chercher le type premier des mollusques parmi les vers disparus aujourd'hui, mais assez voisins de nos bryozoaires. Quant au type premier des vertébrés, nous le trouverons parmi les cœlomates inconnus, dont les plus proches parents actuels sont les tuniciers, et plus particulièrement les ascidies.

La classe des vers tuniciers est des plus remarquables (*Tunicata*). Tous sont des animaux marins; mais les uns, les ascidies, sont fixés au fond de la mer, les autres, les thaliacés, y nagent librement. Tous les tuniciers ont un corps sacciforme, non segmenté, ressemblant à un baril, et étroitement revêtu d'un épais manteau cartilaginoïde. Ce manteau est constitué par ce composé carboné, non azoté, appelé cellulose, qui tient une si grande place dans la composition des membranes cellulaires végétales et dans celle du bois. Ordinairement le corps des tuniciers est totalement dépourvu d'appendices externes, et personne n'irait s'imaginer qu'une parenté quelconque dût exister entre les tuniciers et les vertébrés. Pourtant le fait ne saurait être mis en doute depuis que les observations de Kowalewski, publiées en 1867, ont jeté sur ce point une lumière aussi vive qu'imprévue. Il résulte de ces recherches, que l'embryologie individuelle des ascidies sédentaires, simples, concorde essentiellement avec celle des vertébrés les plus inférieurs (*Amphioxus lanceolatus*). Ainsi, à l'état embryonnaire, les ascidies possèdent les rudiments de la moelle épinière et de la corde dorsale (*chorda dorsalis*), c'est-à-dire les deux organes les plus caractéristiques des vertébrés. Les tuniciers sont donc, individuellement, parmi tous les invertébrés, les plus voisins des vertébrés ; il faut y voir les plus proches parents des chordoniens (chordonia), qui ont été la souche originelle des vertébrés (pl. X et XI).

En résumé, de nombreux rameaux de cœlomates sont des traits d'union généalogiques avec les quatre groupes zoologiques supérieurs, et fournissent des indications phylogénétiques sur l'origine de ces groupes. D'autre part, les vers acœlomates sont liés par une étroite consanguinité avec les zoophytes et sont évidemment très-voisins des gastréades. C'est précisément ce rôle intermédiaire, qui rend raison du grand intérêt phylogénétique de la classe des vers.

DIX-NEUVIÈME LEÇON.

ARBRE GÉNÉALOGIQUE ET HISTOIRE DU RÈGNE ANIMAL.

II. — MOLLUSQUES, RADIÉS, ARTICULÉS.

Tribu des mollusques. — Les quatre classes de mollusques : spirobranches ; lamellibranches, gastéropodes, céphalopodes. — Tribu des rayonnés ou échinodermes. — Les rayonnés descendent des vers articulés (phracthelminthes). — Générations alternantes des échinodermes. — Quatre classes de radiés : astéries, crinoïdes, échinides, holothuries. — Tribu des articulés ou arthropodes. — Quatre classes d'articulés. — Articulés à branchies ou crustacés. — Articulés à trachées ou trachéates. — Arachnides. — Myriapodes. — Insectes. — Insectes rongeurs et insectes suceurs. — Arbre généalogique et histoire des huit ordres d'insectes.

Messieurs, les grands groupes naturels du règne animal, que nous avons appelés tribus ou phyles et qui correspondent aux « types » de Baer et de Cuvier, n'ont pas la même importance taxinomique pour notre phylogénie. Nous ne saurions considérer ces groupes comme formant une série graduée unique, ni comme étant des phyles absolument indépendants, ni comme des branches équivalentes entre elles d'un seul et même arbre généalogique. Bien plus, comme nous l'avons vu dans la dernière leçon, le groupe des animaux primaires ou protozoaires est manifestement la souche commune du règne animal tout entier.

Des gastréades, que nous avons rangés parmi les animaux primaires, sont sortis comme deux branches divergentes, d'un côté les zoophytes, de l'autre les vers. En outre il nous faut considérer le groupe polymorphe et si ramifié des vers, comme la souche commune, qui a produit des rameaux absolument distincts, représentant les quatre phyles primordiaux du règne animal.

Jetons maintenant un coup d'œil sur ces quatre grands embranchements, et voyons si, dès à présent, il ne nous serait pas possible d'indiquer à grands traits leur généalogie. Quelque imparfait et défectueux que puisse être cet essai, il aura du moins le mérite d'être un premier pas et de frayer la voie à des recherches plus complètes.

Le mode de sériation des quatre branches primordiales du règne animal est sans aucune importance. En effet ces quatre phyles n'ont pas entre eux une étroite parenté; ce sont des rameaux entièrement distincts du groupe des vers. Le groupe des mollusques peut être regardé comme le plus imparfait et le plus inférieur, du moins au point de vue morphologique. Chez les mollusques, nous ne rencontrons nulle part la division caractéristique du corps en articles, déjà évidente chez les annélides et qui, dans les trois autres embranchements des rayonnés, des articulés et des vertébrés, est la cause principale de l'ennoblissement, de la différenciation et du perfectionnement des formes. Bien plus, chez tous les mollusques lamellibranches et cochlidés ou gastéropodes, le corps tout entier a simplement la forme d'un sac contenant les intestins. Le système nerveux n'est pas en chapelet; il se compose de quelques paires de ganglions lâchement reliés entre eux. Pour ces motifs et pour beaucoup d'autres raisons anatomiques, je regarde le groupe des mollusques, en dépit de la perfection physiologique de leurs types les plus parfaits, comme le plus inférieur des quatre grands embranchements au point de vue morphologique.

Si, pour les raisons précédemment indiquées, nous séparons les bryozoaires et les tuniciers des mollusques, avec lesquels on les a jusqu'ici habituellement confondus, nous n'aurons plus que quatre ordres de vrais mollusques : les spirobranches, les lamellibranches, les gastéropodes et les céphalopodes. Les animaux composant les deux ordres les plus inférieurs, les spirobranches et les lamellibranches, n'ont ni tête, ni dents : on peut donc les réunir en une grande sous-classe sous le nom d'acéphales (*Acephala*) ou d'anodontes (*Anodonta*). Cette grande sous-classe est fréquemment désignée par les noms de conchifères (*Conchifera*) ou de bivalves (*Bivalva*), parce que tous les animaux qui en font partie sont munis d'une double coquille calcaire. Par opposition, on peut réunir en une grande sous-classe les deux sous-ordres supérieurs des mollusques, les gastéropodes et les céphalopodes; on en formera ainsi la classe des céphalophores (*Cephalophora*) ou des odontophores (*Odontophora*); chez ces animaux, en effet, la tête et les dents se sont développées.

Chez la plupart des mollusques, le corps mou et sacciforme est protégé par une enveloppe calcaire, une sorte de maison composée de deux valves chez les acéphales, et ordinairement d'un étui en spirale chez les céphalophores. Quoique ces squelettes solides se rencontrent en énorme quantité dans toutes les couches neptuniennes, cependant ils nous apprennent très-peu de chose sur l'évolution historique du groupe. En effet le développement de ces animaux s'est effectué en majeure partie durant l'âge primordial. Déjà l'on trouve dans les couches siluriennes les quatre ordres de mollusques juxtaposés. Cela montre, sans parler de beaucoup d'autres preuves, que le groupe des mollusques avait dès lors atteint un plus haut degré de développement que les groupes plus élevés, notamment les articulés et les vertébrés, à peine alors au début de leur évolution. Dans les âges suivants, et surtout dans les âges primaire et secondaire, les types supérieurs, dont nous venons de parler, se développent aux dépens des mollusques et des vers, qui, ne pouvant rivaliser avec eux dans la lutte pour l'existence, décroissent de plus en plus. Les mollusques et les vers actuels doivent être considérés comme un reste relativement mesquin des formes puissantes, qui, durant l'âge primordial et l'âge primaire, l'emportaient sans conteste sur toutes les autres classes.

Nul autre groupe zoologique ne montre mieux que celui

des mollusques, combien les fossiles peuvent différer de valeur au point de vue géologique et au point de vue phylogénique. En géologie, les coquilles fossiles des diverses espèces de mollusques sont d'une importance extrême; ce sont en effet des jalons infiniment précieux pour caractériser les couches sédimentaires et leur âge relatif. Au contraire, au point de vue de la généalogie des mollusques, ces coquilles sont presque sans intérêt, parce que, d'une part, ce sont des parties du corps morphologiquement inférieures, et, d'autre part, le groupe zoologique auquel elles ont appartenu s'est développé au début de l'âge primordial, qui ne nous a légué aucun fossile bien conservé. Pour construire l'arbre généalogique des mollusques, force nous est donc de recourir aux documents fournis par l'ontogénie et l'anatomie comparée, qui nous fournissent les renseignements suivants (*Morph. gén.*, II, table VI, p. CII-CXVI).

Des quatre classes de vrais mollusques, que nous connaissons, ce sont les spirobranches (*Spirobranchia*), fixés au fond des mers, qui occupent le dernier rang. Ces spirobranches sont souvent improprement dénommés brachiopodes (*Brachiopoda*). Cette classe n'est plus représentée actuellement que par quelques types rares, un petit nombre d'espèces de *Lingula,* de *Terebratula,* et d'autres formes analogues; ce sont les pauvres restes des groupes puissants et multiformes, que formaient les spirobranches dans les âges géologiques anciens. A l'époque silurienne, la grande majorité des mollusques appartenait à cette classe. Comme les larves de ces mollusques ressemblent sous beaucoup de rapports à celles des bryozoaires, on en a conclu que la classe des spirobranches descendait des vers, qui en sont très-voisins. Les spirobranches forment deux sous-ordres, celui des écardinés (*Ecardines*), qui est le plus inférieur, le plus imparfait, et celui des testicardinés (*Testicardines*), qui est le plus élevé et de beaucoup le mieux développé.

Il y a une telle distance entre les spirobranches et les trois autres sous-classes des mollusques, que l'on peut réunir

CLASSIFICATION

DES QUATRE CLASSES, DES HUIT SOUS-CLASSES ET DES VINGT ET UN ORDRES DES MOLLUSQUES.

Classes des mollusques.	Sous-classes des mollusques.	Ordres des mollusques.
I. MOLLUSQUES SANS TÊTE ET SANS DENTS *Acephala* ou *Anodontada*.		
I Spirobranches ou Brachiopodes.	I. Ecardines.	1. Lingulida.
		2. Craniada.
	II. Testicardines.	3. Sarcobrachiones.
		4. Sclerobrachiones.
II Lamellibranches. on Phyllobranches.	III. Asiphonia.	5. Monomya.
		6. Heteromya.
		7. Isomya.
	IV. Siphoniata.	8. Integripalliata.
		9. Sinupalliata.
		10. Inclusa.
II. MOLLUSQUES POURVUS D'UNE TÊTE ET DE DENTS *Cephalophora* ou *Odontophora*.		
III Cochlidés ou Gastéropodes.	V. Perocephala.	11. Scaphopoda.
		12. Pteropoda.
	VI. Delocephala.	13. Opisthobranchia.
		14. Prosobranchia.
		15. Heteropoda.
		16. Chitonida.
		17. Pulmonata.
IV Poulpes ou Céphalopodes.	VII. Tetrabranchia.	18. Nautilida.
		19. Ammonitida.
	VIII. Dibranchia.	20. Decabrachiones.
		21. Octobrachiones.

ARBRE GÉNÉALOGIQUE DES MOLLUSQUES.

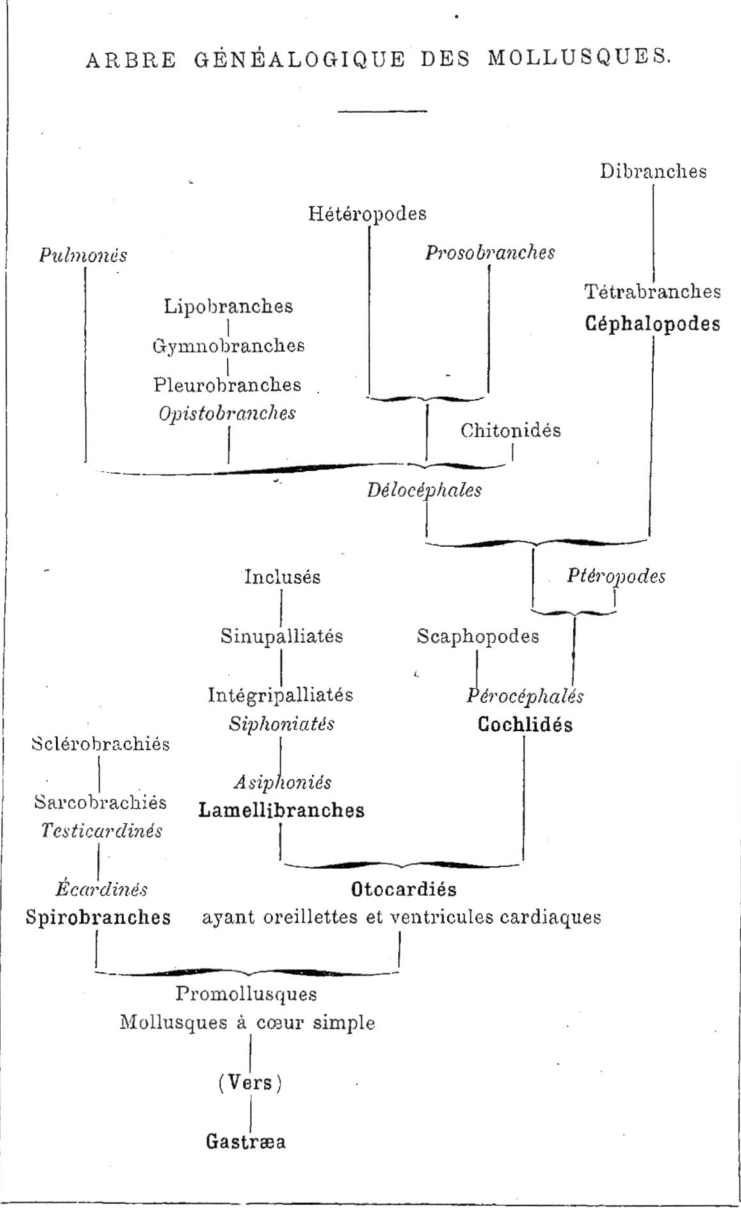

ces dernières sous le nom d'otocardiés, pour les opposer à la première. Les otocardiés ont tous un cœur muni d'un ventricule et d'une oreillette, tandis que l'oreillette manque chez les spirobranches. En outre, chez les premiers et seulement chez eux, le système nerveux central forme un anneau œsophagien complet. On peut donc grouper les quatre sous-classes de mollusques comme suit :

I. Molllusques sans tête (*Acephala*).	1° Spirobranches.	I. *Haplocardia* (à cœur simple).
	2° Lamellibranches.	II. *Otocardia* (ayant ventricule et oreillette).
II. Mollusques avec tête (*Cephalophora*)	3° Gastéropodes.	
	4° Céphalopodes.	

En ce qui concerne l'histoire du groupe des mollusques, il résulte de ce qui précède une donnée confirmée par la paléontologie, savoir que les spirobranches sont bien plus voisins que les otocardiés de la souche première du groupe tout entier. Les lamellibranches et les gastéropodes se sont développés vraisemblablement comme deux branches divergentes de types très-voisins des spirobranches.

Comme les spirobranches, les lamellibranches ou phyllobranches ont une coquille bivalve. Mais, tandis que, chez les premiers, l'une des valves recouvre le dos et l'autre le ventre de l'animal, chez les lamellibranches, au contraire, les valves recouvrent symétriquement, l'une la moitié droite, l'autre la moitié gauche du corps. La plupart des lamellibranches vivent dans la mer ; un petit nombre se trouve dans l'eau douce. Cette classe se divise en deux sous-sections, celle des asiphoniés et celle des siphoniés ; la seconde est postérieure à la première et en provient. Aux asiphoniés appartiennent les huîtres, les avicules, les moules, les jambonneaux. Les syphoniés, caractérisés par un tube respiratoire, comprennent les bucardes, les tridachnes, les solennidés, les pholades, etc.

Il est probable que les mollusques dépourvus de tête et de dents ont donné naissance aux mollusques supérieurs caractérisés par une tête bien développée et un appareil dentaire spécial. Chez ces derniers la langue supporte une plaque armée de dents très-nombreuses. Chez notre limaçon des vignes (*Helix pomatia*) le nombre des dents s'élève à 21,000, et, chez le grand limaçon des jardins (*Limax maximus*), il atteint 26,800.

Nous diviserons aussi les cochlidés (*Cochlides*) ou gastéropodes (*Gasteropoda*) en deux sous-ordres, celui des pérocéphales (*Perocephala*) et celui des délocéphales (*Delocephala*). Les pérocéphales se rattachent d'une part très-étroitement aux lamellibranches et d'autre part aux céphalopodes. Quant aux délocéphales les plus parfaits, on les peut subdiviser en branchiates et pulmonates. Aux derniers appartiennent les limaçons terrestres, qui, seuls de tous les mollusques, ont abandonné le milieu aquatique pour s'adapter à un genre de vie terrestre. La plupart des gastéropodes vivent dans la mer; un petit nombre habite les eaux douces. Quelques gastéropodes des rivières tropicales, les ampullaires, mènent une vie amphibie; ils rampent tantôt sur la terre ferme, tantôt dans l'eau. Dans ce dernier cas, ils respirent par des branchies; dans le premier, par des poumons; car ils possèdent les deux systèmes d'organes respiratoires, comme les pneumobranches et les pérennibranches parmi les vertébrés.

Le quatrième et dernier ordre des mollusques, de tous le plus parfait, est celui des poulpes ou céphalopodes. Ils vivent dans la mer et se distinguent des gastéropodes par des bras au nombre de huit, dix ou plus, disposés en couronne autour de la bouche. Les céphalopodes, qui vivent encore aujourd'hui dans nos mers, les sépias, les calmars, les poulpes, les argonautes et les nautiles, sont, comme les rares spirobranches actuels, les derniers restes de la foule nombreuse, qui représentait cette classe dans les mers des âges primaire et secondaire. La multitude des ammonites, des nautiles, des bélemnites fossiles atteste la prédominance depuis longtemps évanouie de ce groupe. Les poulpes proviennent vraisemblablement des rameaux les plus inférieurs de l'ordre des gastéropodes, des ptéropodes ou de leurs analogues.

Les sous-classes et les ordres compris dans les quatre classes des mollusques, et dont le précédent tableau montre la série taxinomique, démontrent par leur évolution historique et leur disposition hiérarchique correspondante, la réalité de la loi du progrès. Cependant, comme ces groupes secondaires de mollusques n'offrent par eux-mêmes aucun intérêt spécial, je me contenterai de vous renvoyer à l'esquisse de leur généalogie ébauchée ci-contre et aussi à l'arbre généalogique plus détaillé, que j'ai publié dans ma *Morphologie générale*. Passons actuellement à l'étude de l'embranchement des radiés.

Les radiés (*Echinoderma* ou *Estrellæ*), auxquels appartiennent les quatre classes des astéries, des crinoïdes, des échinides et des holothuries, sont une des divisions les plus intéressantes et pourtant les moins connues du règne animal. Tous vivent dans la mer. Chacun d'entre vous, pour peu qu'il ait fréquenté les bords de l'Océan, connaît au moins deux types de ces échinodermes, les étoiles de mer ou astéries et les oursins. L'organisation des échinodermes est tellement spéciale, qu'il les faut considérer comme une classe zoologique entièrement distincte. Il faut surtout se garder de confondre les échinodermes avec les zoophytes ou cœlentérés, avec lesquels on les confond souvent à tort, aujourd'hui encore, sous le nom général de radiés. Agassiz, par exemple, s'est constitué le champion de cette erreur de Cuvier et de beaucoup d'autres.

Ce qui caractérise tous les échinodermes et les distingue de tous les autres animaux, c'est un appareil locomoteur des plus singuliers. Cet appareil consiste en un système de canaux, de tubes entrelacés, qui se remplissent d'eau de mer de dehors en dedans. Une fois introduite dans ces canaux, l'eau y chemine soit par les mouvements de cils vibratiles, soit par les contractions de parois tubulaires, dont la substance participe de la nature du caoutchouc. Des tubes, l'eau passe dans les nombreux appendices superficiels, qui sont des sortes de pieds. La pression de l'eau distend ces pieds tubulés, que l'animal utilise pour marcher ou pour se fixer par la succion. Les échinodermes sont encore caractérisés par une incrustation particulière de la peau. Cette incrustation forme chez la plupart d'entre eux une sorte de cotte de mailles solide, close de toutes parts et constituée par la juxtaposition de nombreuses plaquettes. Chez presque tous les échinodermes, le corps est composé de cinq rayons ou antimères symétriques disposés en étoiles autour de l'axe central du corps et soudés par leur base. Chez quelques espèces, le nombre de ces rayons est plus considérable. Il s'élève à 6-9, 10-12, même à 20-40. Mais alors le nombre des rayons n'est plus fixe; il varie même chez les divers individus d'une même espèce.

Grâce aux fossiles d'échinodermes fort nombreux et ordinairement fort bien conservés, grâce aussi à leur remarquable embryologie individuelle et à leur intéressante anatomie comparée, l'évolution historique et l'arbre généalogique des échinodermes nous sont mieux connus que ceux des autres ordres zoologiques, sans en excepter les vertébrés. En utilisant ces trois sources de documents, en comparant avec soin les données qui en ressortent, on arrive à reconstruire la généalogie des échinodermes. Je vais résumer cette généalogie, que j'ai exposée plus au long dans ma Morphologie générale (*Morphologie générale,* II, table IV, p. XLI-LXXVII).

Le groupe le plus ancien, le groupe primaire des échinodermes, celui qui est la souche de toute la tribu, c'est la classe des astéries (*Asterida*). Il est un fait qui milite surtout en faveur de cette manière de voir, sans parler de quantité d'autres preuves tirées de l'anatomie et de l'embryologie : c'est le nombre variable des rayons ou antimères, qui chez tous les autres radiés sans exception ne s'élève jamais audessus de cinq. Chaque astérie est composée d'un petit disque médian, de la circonférence duquel rayonnent, dans le même plan, des bras articulés, au nombre de cinq ou davantage. Or chaque bras d'astérie correspond par son organisation tout entière à un ver articulé de la classe des annélides. Pour cette raison, je crois devoir considérer l'astérie comme un assemblage, un *cormus* de cinq ou d'un plus grand nombre de vers articulés, qui se sont développés par bourgeonnement radié autour d'un ver central. C'est ce ver central, qui a fourni aux vers articulés disposés en étoile l'orifice buccal commun, la cavité digestive commune, qui se trouvent dans le disque central de l'astérie. L'extrémité soudée, qui s'ouvre dans la cavité centrale du disque médian, est vraisemblablement l'extrémité postérieure du ver primitif.

On voit aussi parfois, chez les vers non articulés, plusieurs individus se grouper de la même manière en étoile. C'est ce qui s'observe, par exemple, chez les bothryllides et chez les ascidies composées de la classe des tuniciers. Là aussi les vers se sont soudés par leurs extrémités postérieures; ils ont un anus, un cloaque commun, tandis qu'à son extrémité antérieure chaque ver a conservé son orifice buccal particulier. Chez les astéries, ce dernier orifice s'est oblitéré dans le cours de l'évolution du type, tandis que le cloaque central devenait un orifice buccal commun.

Les astéries seraient donc des agrégats de vers issus des vrais vers annelés ou colhelminthes par un bourgeonnement stelliforme. L'anatomie comparée et l'ontogénie des astéries (*Colastra*) et des vers annelés plaident fortement en faveur de cette hypothèse. Par leur structure interne, les annélides se rapprochent beaucoup de chacun des bras ou rayons isolés de l'astérie. Chacun des cinq bras rayonnés de l'astérie est composé, comme un ver annelé ou un arthropode, de métamères ou segments analogues et placés l'un derrière l'autre en série linéaire. Chez les uns et chez les autres, un cordon nerveux central, placé sur le ventre, parcourt le corps dans le sens de sa longueur. Chaque métamère porte une paire de pieds inarticulés et est en outre muni le plus plus souvent d'un ou de plusieurs piquants rigides, conformation tout à fait analogue à ce qui s'observe chez les annélides. Aussi chacun des bras de l'astérie peut-il vivre isolément et redevenir une astérie à cinq rayons par suite d'un bourgeonnement stelliforme à l'une de ses extrémités.

Mais c'est surtout l'ontogénie, l'embryologie individuelle des échinodermes, qui fournit les preuves les plus fortes en faveur de cette hypothèse. C'est seulement en 1848 que le grand zoologiste berlinois Jean Müller a découvert les faits, principaux de cette ontogénie. Quelques-uns de ces faits, les plus importants, sont figurés comparativement dans les planches VIII et IX. (*Voir* l'explication détaillée dans l'appendice.) La figure A 6, pl. IX, nous représente une astérie vulgaire (*Uraster*); la fig. B 6, une comatule (*Comatula*); la fig. C 6, un oursin (*Echinus*), et la fig. D 6, une synapte (*Synapta*). En dépit de leur extrême différence de forme, ces quatre représentants des diverses classes de radiés sont absolument semblables au début de leur évolution. L'œuf donne naissance d'abord à une gastrula, d'où provient un organisme entièrement différent des échinodermes complétement développés, mais se rapprochant beaucoup des larves ciliées de certains vers articulés (vers radiés et annélides). Cet organisme étrange est habituellement considéré comme une larve des échinodermes; c'en est plutôt la « nourrice ». Il est de petite dimension, transparent, nage en tournoyant dans la mer à l'aide de cils vibratiles disposés en ceinture et est toujours composé de deux moitiés symétriques. L'échinoderme adulte au contraire est beaucoup plus volumineux (souvent plus de cent fois plus gros); il est complétement opaque, rampe au fond de la mer et est toujours composé de cinq parties semblables disposées en rayons. La planche VIII représente l'évolution des larves-nourrices des quatre échinodermes figurés sur la planche IX.

L'échinoderme parfait résulte d'un bourgeonnement tout particulier, qui a lieu à l'intérieur de la larve-nourrice, dont il ne conserve guère que la cavité digestive. Il faut donc considérer la larve-nourrice des échinodermes, comme un ver solitaire, produisant par bourgeonnement interne une

CLASSIFICATION

DES QUATRE CLASSES, NEUF SOUS-CLASSES ET VINGT ORDRES DES RADIÉS.

(Voyez *Morph. gén.*, II, pl. IV, pp. LXII-LXXVII.)

Classes des Échinodermes.	Sous-classes des Échinodermes.	Ordres des Échinodermes.
I Asterida.	I. Actinogastres.	1. Tocastra.
		2. Colastra.
		3. Brisingastra.
	II. Discogastres.	4. Ophiastra.
		5. Phytastra.
		6. Crinastra.
II Crinoida.	III. Brachiata.	7. Phatnocrinida.
		8. Colocrinida.
	IV. Blastoidea.	9. Pentremitida.
		10. Eleutherocrina.
	V. Cystidea.	11. Agelacrinida.
		12. Sphæronitida.
III Echinida.	VI. Palechinida.	13. Melonitida.
		14. Eocidarida.
	VII. Autechinida.	15. Desmosticha.
		16. Petalosticha.
IV Holothuriæ.	VIII. Eupodia.	17. Aspidochirota.
		18. Dendrochiroa.
	IX. Apodia.	19. Liodermatida.
		20. Synaptida.

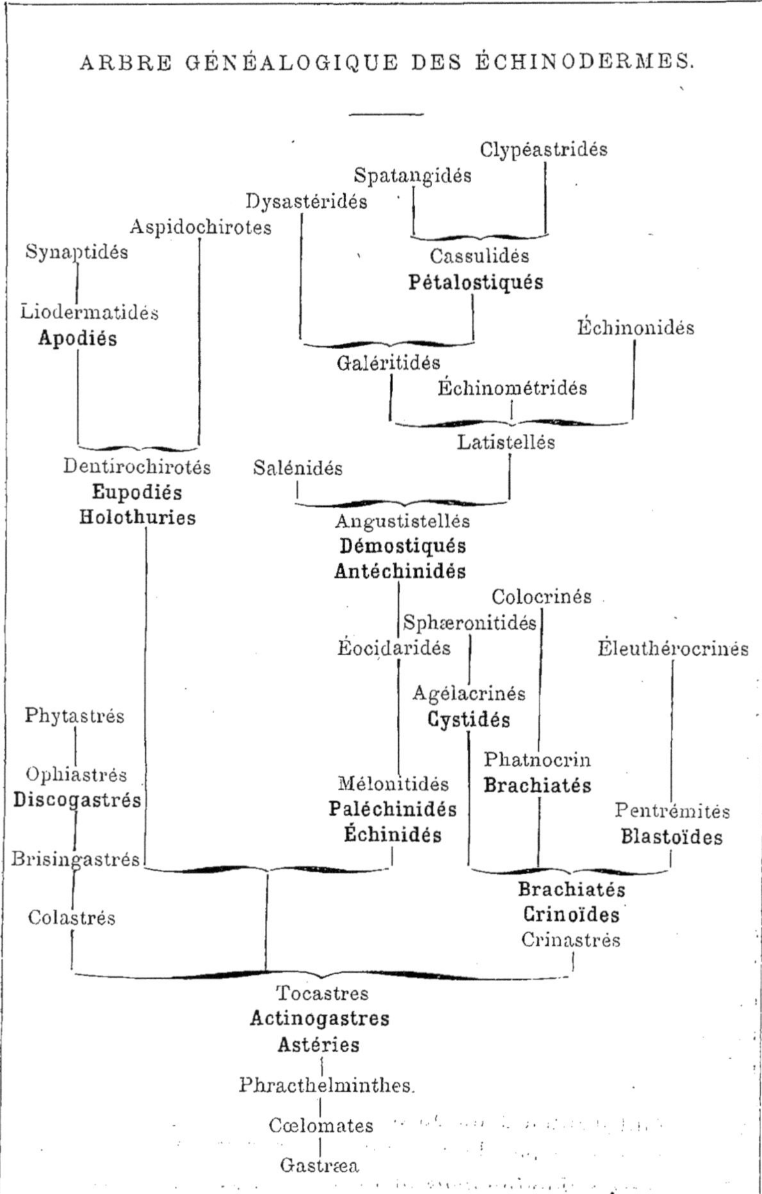
ARBRE GÉNÉALOGIQUE DES ÉCHINODERMES.
Clypéastridés
Spatangidés
Dysastéridés
Aspidochirotes
Synaptidés
Cassulidés
Pétalostiqués
Liodermatidés
Apodiés
Échinonidés
Galéritidés
Échinométridés
Latistellés
Dentirochirotés
Salénidés
Eupodiés
Holothuries
Angustistellés
Démostiqués
Antéchinidés
Colocrinés
Sphæronitidés
Éocidaridés
Éleuthérocrinés
Agélacrinés
Cystidés
Phytastrés
Phatnocrin
Ophiastrés
Mélonitidés
Brachiatés
Discogastrés
Paléchinidés
Pentrémités
Échinidés
Blastoïdes
Brisingastrés
Brachiatés
Crinoïdes
Colastrés
Crinastrés
Tocastres
Actinogastres
Astéries
Phracthelminthes.
Cœlomates
Gastræa

deuxième génération ayant la forme d'un agrégat de vers reliés entre eux et disposés en étoile. Il n'y a dans tout cela qu'une véritable génération alternante ou métagénèse, sans la moindre trace de « métamorphose », comme on le prétend d'ordinaire tout à fait à tort. On observe une génération alternante analogue chez d'autres vers, notamment chez quelques vers stelliformes (*Siponculides*) et chez des vers rubanés (*Nemertines*). Souvenons-nous maintenant de la loi fondamentale biogénétique et transportons l'ontogénie des échinodermes dans leur phylogénie, alors toute l'évolution historique des échinodermes s'éclaire ; elle devient d'une grande simplicité, tandis que, sans le secours de cette hypothèse, c'est une énigme complétement insoluble. (Consultez *Morph. gén.*, p. 95-99.)

En dehors des raisons invoquées ci-dessus, nombre de faits, spécialement de ceux qui ont trait à l'anatomie comparée des échinodermes, déposent très-nettement en faveur de mon hypothèse généalogique. En 1866, quand je l'ai émise pour la première fois, j'étais loin de soupçonner qu'il existât des vers annelés fossiles répondant à ma conjecture : il en existe cependant. Dans leur mémoire « sur un équivalent allemand du schiste taconique de l'Amérique du Nord », Geinitz et Liebe ont décrit en 1867 un certain nombre de vers annelés siluriens, qui répondent parfaitement à mes prévisions. Ces vers si remarquables se rencontrent en grand nombre et en parfait état de conservation dans les ardoisières de Wurzbach de la principauté de Reuss. Leur structure est celle d'un rayon articulé d'astérie ; évidemment ils ont dû avoir une carapace solide, une enveloppe cutanée résistante, comme on la trouve d'ailleurs chez nombre de vers. Le nombre des segments du corps ou métamères est fort considérable, à tel point que, pour une largeur d'un quart de pouce ou d'un demi-pouce, la longueur de l'animal atteint jusqu'à deux ou trois pieds. Les empreintes parfaitement conservées de ces animaux, par exemple celles du *Phyllodocites thuringiacus* et du *Crossopodia Henrici*, res-

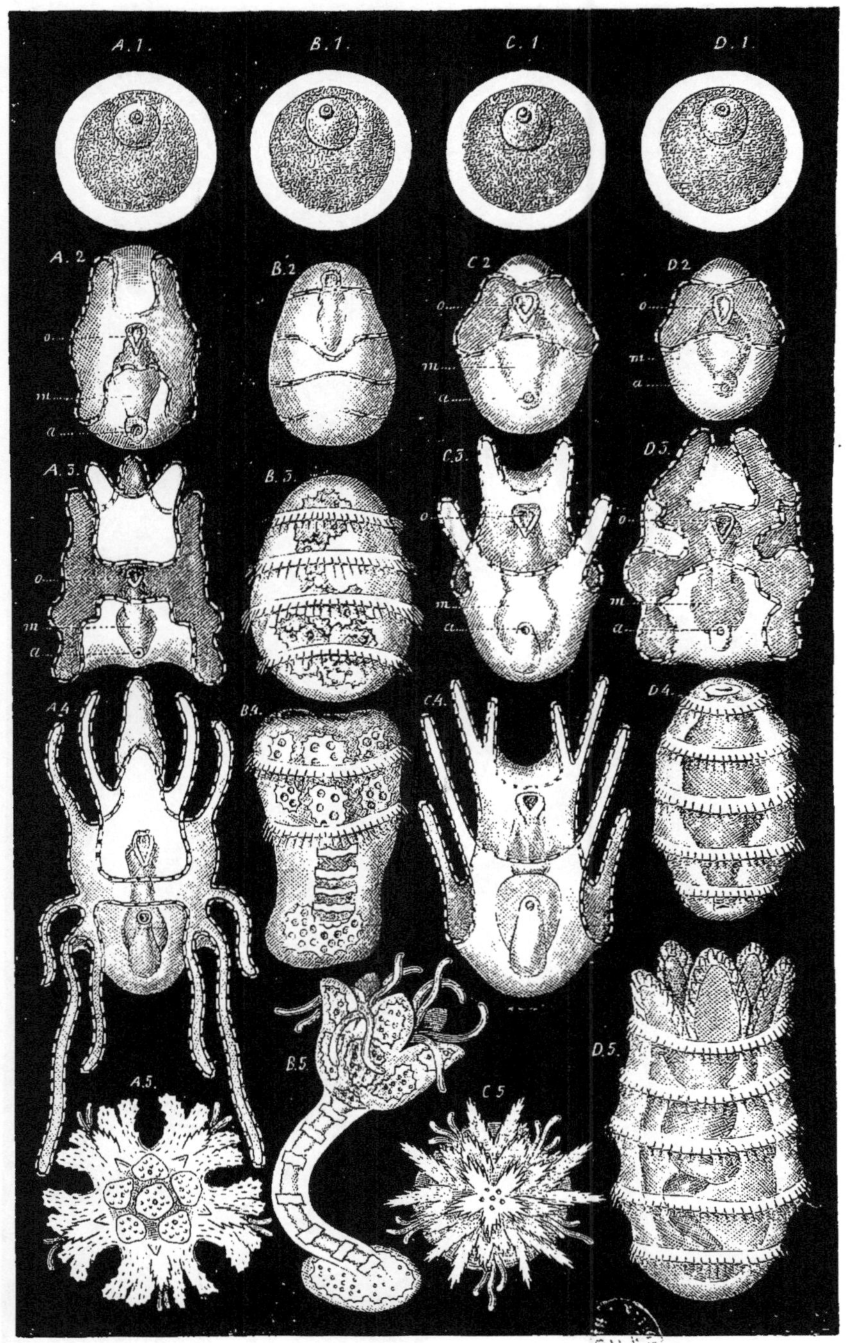
A.1.
B.1.
C.1.
D.1.
A.2
B.2
C.2
D.2
A.3.
B.3.
C.3.
D.3.
A.4.
B.4.
C.4.
D.4.
A.5.
B.5.
C.5
D.5.

A. *Uraster*. — B. *Comatula*. — C. *Echinus*. — D. *Synapta*.

semblent si fort aux rayons de beaucoup d'astéries annelées que leur consanguinité réelle est très-vraisemblable. J'appelle vers à carapace (*Phracthelminthes*) ce groupe de vers primaires, auquel a appartenu, selon toute vraisemblance, la forme ancestrale des astéries.

Trois autres classes d'échinodermes sont provenues, évidemment beaucoup plus tard, de la classe des astéries et doivent très-probablement leur forme au groupe de vers rayonnés, dont ils sont descendus. Les moins éloignés du type ancestral sont les crinoïdes (*Crinoida*) ; mais ils ont perdu la faculté de libre locomotion, se sont fixés par l'intermédiaire d'une tige plus ou moins allongée. Néanmoins quelques crinoïdes (par exemple les Comatules ; fig. B, pl. VIII et IX) finissent par se détacher de leur tige. Sans doute, chez les crinoïdes, les vers élémentaires ont un moindre degré d'indépendance et de perfection que chez les astéries ; cependant ils forment toujours des bras plus ou moins articulés et insérés sur un disque central commun. Nous pouvons donc réunir les crinoïdes et les astéries, pour en faire une grande classe, la classe des colobrachiés (*Colobrachia*).

Dans les deux autres classes des échinodermes, chez les échinides et les holothuries, il n'y a plus de bras articulés indépendants ; par suite d'un travail persistant de centralisation, ces bras se sont complétement fondus dans l'épaisseur du disque central tuméfié, qui a maintenant l'aspect d'une simple poche ou capsule. L'agrégat d'individus, qui existait primitivement, est ramené ainsi à ne plus former qu'un simple individu, une seule personnalité. Nous pouvons donc réunir ces deux dernières classes d'échinodermes sans bras sous le nom de lipobrachiés par opposition aux colobrachiés. La première classe des lipobrachiés est celle des échinides. Les animaux qui la composent sont ainsi appelés à cause des piquants nombreux et souvent fort gros, qui hérissent leur carapace calcaire, solide et artistement construite (fig. C, pl. VIII et IX). La carapace elle-même a la forme fondamentale d'une pyramide à cinq pans. Très-vraisemblablement les échinides sont directement provenus d'une branche des astéries. La succession historique des divisions secondaires des échinides, ainsi que celle des ordres correspondants des crinoïdes et des astéries, est une confirmation éclatante de la loi de progrès et de différenciation. A chaque nouvelle période géologique, on voit les diverses classes se multiplier et se perfectionner sans cesse (*Morph. gén.*, II, pl. IV).

L'histoire des trois premières classes des échinodermes nous est retracée très-exactement par des fossiles nombreux et très-bien conservés ; mais nous ne savons presque rien de l'évolution historique de la quatrième classe, celle des holothuries (*Holothuriæ*). Extérieurement, ces bizarres échinodermes, en forme de concombres, offrent une trompeuse analogie de forme avec les vers (fig. D, pl. VIII et IX). Dans cette classe, la carapace cutanée est très-imparfaite ; il ne peut donc exister de restes fossiles bien conservés du corps allongé, cylindroïde et vermiforme de ces animaux. Mais l'anatomie comparée des holothuries permet de conclure que ces animaux sont vraisemblablement descendus de l'un des groupes des échinides par le ramollissement de la carapace.

Nous allons maintenant quitter les échinodermes pour nous occuper du cinquième embranchement, le plus élevé parmi les invertébrés, c'est-à-dire du phyle des articulés ou arthropodes (*Anthropoda*). Comme nous l'avons déjà remarqué précédemment, cet embranchement répond à la classe des insectes, telle que la comprenait Linné. Il renferme quatre classes : 1° les vrais insectes à six pattes ; 2° les arachnides à huit pattes ; 3° les myriapodes qui sont pourvus de nombreuses paires de pattes ; 4° les crustacés, dont les pattes sont en nombre variable. Cette dernière classe respire dans l'eau au moyen de branchies ; l'on peut donc la considérer comme un groupe principal comprenant tous les arthropodes à branchies ou carides (*Carides*), et l'opposer aux trois premières classes. Ces dernières respirent dans l'air, grâce à des conduits aériens spéciaux appelées trachées ; on peut donc

Nauplius. Larves de six crustacés.

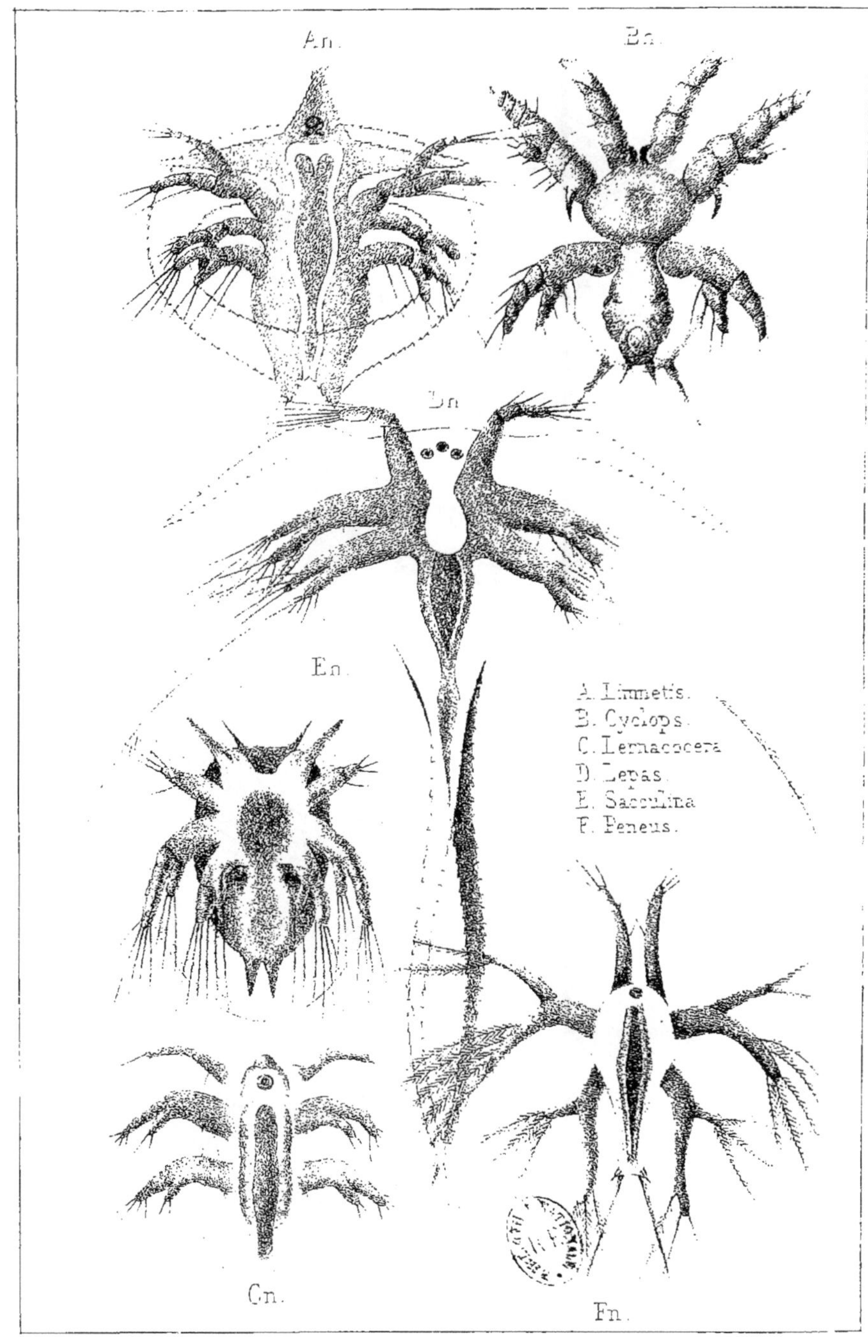

Haeckel del. Imp. Becquet Paris. Arnoul lith.

Formes adultes des mêmes six crustacés. Pl. XI.

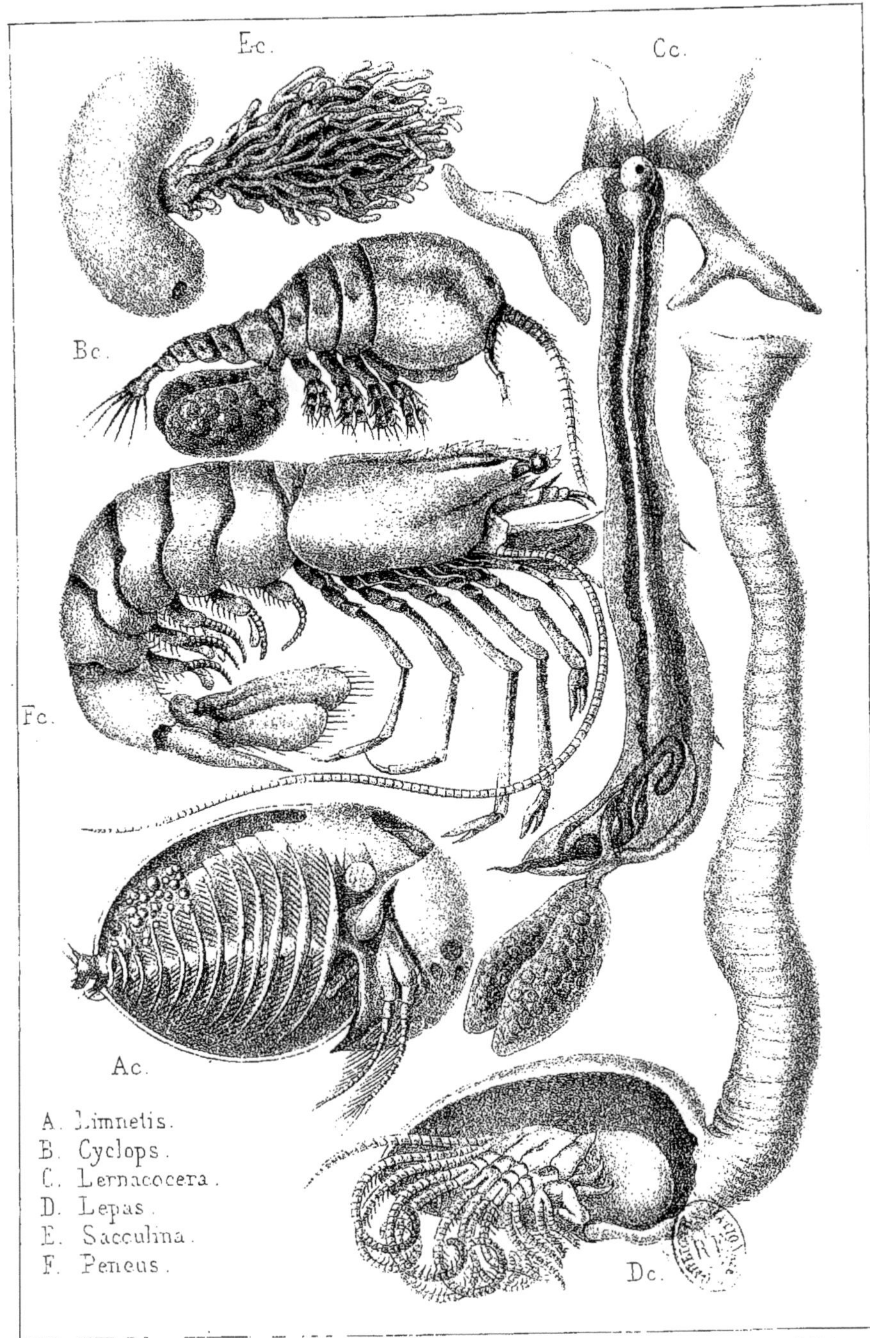

Haeckel del. Imp. Becquet Paris. Arnoul lith.

les réunir, pour en former la grande classe des arthropodes trachéens ou des trachéates (*Tracheata*).

Chez tous les arthropodes, les pattes sont, comme l'indique le nom de ce groupe, très-nettement divisées en articles ; en outre les grands segments du corps ou métamères sont bien plus visiblement séparés les uns des autres que chez les vers annelés, avec lesquels Baer et Cuvier les avaient réunis dans l'embranchement des articulés. Cependant, sous ce rapport, les vers articulés (Colhelminthes) se rapprochent tellement des arthropodes, qu'il est difficile de les en distinguer nettement. Il faut noter que les arthropodes ont en commun avec les annélides la forme si caractéristique du système nerveux central, qu'on appelle moelle épinière ventrale et qui a pour point de départ un anneau œsophagien entourant l'orifice buccal. D'autres faits tendent encore à établir que les arthropodes sont provenus des vers articulés, mais tardivement. Leurs plus proches parents dans la classe des vers sont vraisemblablement les rotifères ou les annélides (*Morph. gén.,* II, pl. V, p. LXXXV-CII).

Il est sans doute probable que les arthropodes descendent des vers articulés, mais on ne saurait affirmer que l'embranchement tout entier des arthropodes provienne d'une branche unique des colhelminthes. On est fondé à croire, par exemple, que les arthropodes branchiaux et les arthropodes trachéens sont issus chacun d'une branche distincte des vers articulés. Néanmoins on peut considérer provisoirement comme vraisemblable que les deux grands groupes des arthropodes descendent d'un seul et même groupe de colhelminthes. Alors il faudrait admettre que les insectes trachéens, les arachnides et les myriapodes, sont des rameaux plus tardivement détachés du groupe des crustacés branchiaux.

On peut d'une manière générale tracer très-clairement l'arbre généalogique des arthropodes, en consultant la paléontologie, l'anatomie comparée et l'ontogénie de leurs quatre classes ; mais ici, comme partout, il subsiste encore beaucoup d'obscurité dans les détails. Cependant, quand l'embryologie individuelle de chacun des groupes isolés aura été suffisamment étudiée, cette obscurité se dissipera de plus en plus. Quant à présent, ce que l'on connaît le mieux, sous ce rapport, c'est l'embryologie des carides aussi appelés crustacés à cause de leur carapace solide. L'ontogénie de ces animaux est extrêmement intéressante, et, comme celle des vertébrés, elle nous retrace nettement les traits essentiels de l'histoire ou de la phylogénie du groupe tout entier. Dans son remarquable travail déjà cité précédemment et intitulé « Pour Darwin » (16), Ch. Müller a parfaitement mis en lumière cette remarquable corrélation.

La forme typique commune à tous les crustacés et qui, chez la plupart des crustacés actuels, apparaît encore au sortir de l'œuf, est invariablement la même : c'est la forme dite Nauplius. Ce remarquable type primitif est caractérisé par une segmentation rudimentaire ; le corps est le plus souvent un disque arrondi, ovale ou pyriforme, portant sur son côté ventral seulement trois paires de pattes. Deux de ces paires, la seconde et la troisième, sont bifurquées. En avant, au-dessus de l'orifice buccal, se trouve un œil unique. Quoique les divers ordres de crustacés diffèrent beaucoup entre eux par la structure de leur corps et de ses appendices, néanmoins leur larve naupliforme ne varie jamais essentiellement. Pour vous en convaincre, il suffit de jeter un coup d'œil sur les planches X et XI, dont l'appendice donne une explication détaillée. La planche XI nous montre les représentants adultes de six ordres divers de crustacés, ce sont : une *Limnetis* (fig. Ac), un *Lepas* (fig. Dc), une *Sacculina* (fig. Ec), un *Cyclops* (fig. Bc), une *Lernæocera* (fig. Cc), et enfin un caride d'une organisation supérieure, un *Peneus* (fig. Fc). Comme on le voit, ces crustacés diffèrent beaucoup entre eux, par la forme générale de leur corps, par le nombre et la conformation de leurs pattes, etc. Mais comparez maintenant entre elles les larves à peine écloses, les « nauplius » de ces six crustacés différents représentés, pl. X, et désignés par des lettres correspondantes, et vous serez étonnés de leur grande similitude. Entre les « formes nauplius » de ces six ordres, il n'y a pas plus de différences qu'entre six « bonnes espèces » d'un même genre. Nous avons donc le droit de conclure que tous ces ordres descendent d'un même type de crustacé primitif, qui ressemblait essentiellement au nauplius actuel. L'arbre généalogique placé ci-contre indique comment l'on peut se figurer approximativement la descendance, à partir du type nauplius, des vingt ordres de crustacés énumérés dans le tableau qui fait face à cet arbre généalogique. Les cinq familles de crustacés inférieurs réunies dans le tableau sous la rubrique *Entomostracés* (*Entomostraca*) sont sorties comme des rameaux divergents du type nauplius, formant à l'origine un genre indépendant. Mais le groupe hiérarchiquement plus élevé des malacostracés (*Malacostraca*) tire aussi son origine de la même forme nauplius. Aujourd'hui encore la *Nebalia* est une forme de transition rattachant les phyllopodes aux schizopodes, c'est-à-dire à la forme-souche des malacostracés podophthalmes et édriophthalmes. Mais ici le nauplius a commencé par se métamorphoser en une autre forme larvée, la *Zoea,* qui a une grande importance. Cette singulière zoëa a vraisemblablement donné naissance à l'ordre des schizopodes (*Mysis,* etc.), qui aujourd'hui encore se rattache immédiatement par les nébalies aux phyllopodes. Mais de tous les crustacés actuels ce sont les phyllopodes, qui sont le plus voisins de la forme-souche originelle, du nauplius. Des schizopodes se sont développés, comme deux rameaux divergents, les malacostracés podophthalmes et édriophthalmes, qui aujourd'hui encore se rapprochent des schizopodes, les premiers par les décapodes (*Peneus,* etc.), les seconds par les cumacés (*Cuma*, etc.). Aux podophthalmes appartiennent les écrevisses de rivière, le homard et les autres crustacés à longue queue ou macroures, dont les crabes ou brachioures sont sortis plus tard, durant la période crétacée, par la résorption de la queue. Les édriophthalmes se divisent en deux branches, les amphipodes et les isopodes ; à la der-

CLASSIFICATION

DES SEPT DIVISIONS ET DES VINGT ORDRES DES CRUSTACÉS.

Divisions des crustacés.	Noms des ordres dans la classification.	Un nom de genre comme exemple.
	I. ENTOMOSTRACA.	
	Crustacés inférieurs ou crustacés articulés n'ayant pas la larve zoëa.	
I Branchiopoda.	1. Archicarides.	Nauplius.
	2. Phyllopoda.	Limnetis.
	3. Trilobita.	Paradoxides.
	4. Cladocera.	Daphnia.
	5. Ostracoda.	Cypris.
II Pectostraca.	6. Cirripedia.	Lepas.
	7. Rhizocephala.	Sacculina.
III Copepoda.	8. Eucopepoda.	Cyclops.
	9. Siphonostoma.	Lernæocera.
IV Pantopoda.	10. Pycnogonida.	Nymphon.
V Pœcilopoda.	11. Xiphosura.	Limulus.
	12. Gigantostraca.	Eurypterus.
	II. MALACOSTRACA.	
	Crustacés supérieurs ou crustacés à carapace ayant la vraie larve zoëa.	
VI Podophthalma.	13. Zoëpoda.	Zoëa.
	14. Schizopoda.	Mysis.
	15. Stomatopoda.	Squilla.
	16. Decapoda.	Peneus.
VII Edriophthalma.	17. Cumacea.	Cuma.
	18. Amphipoda.	Gammarus.
	19. Læmodipoda.	Caprella.
	20. Isopoda.	Oniscus.

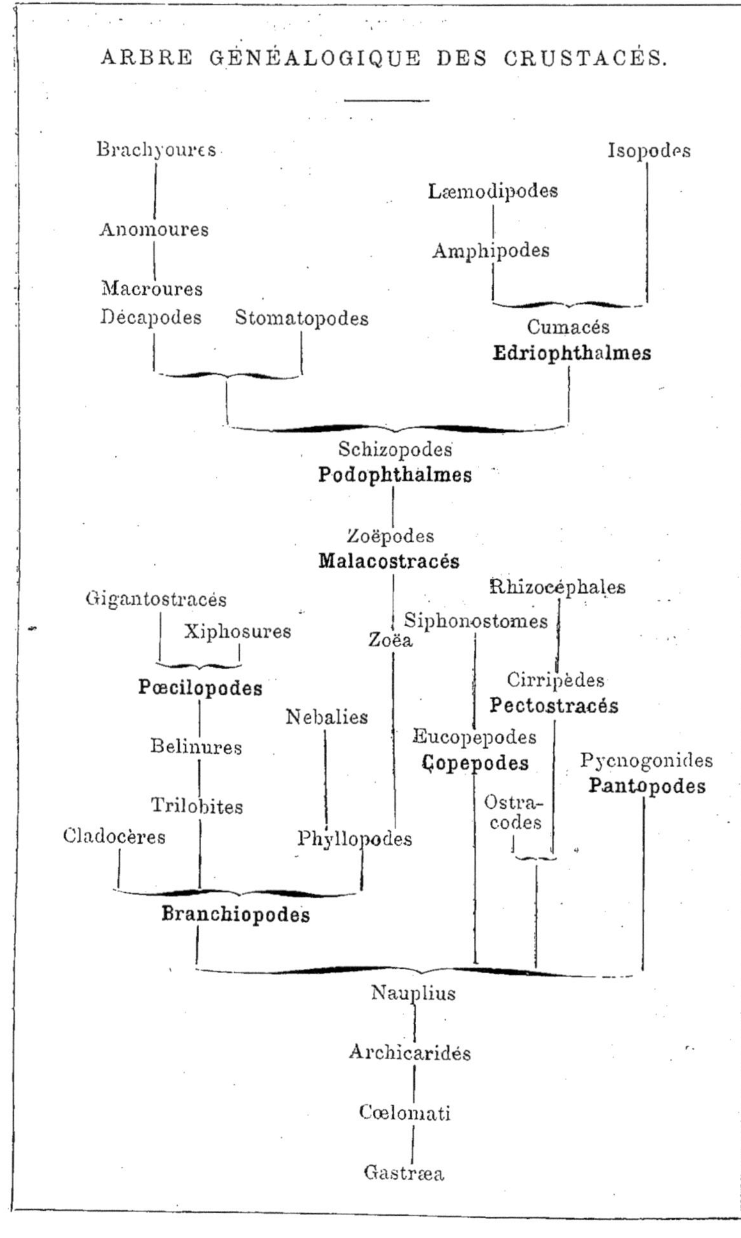
ARBRE GÉNÉALOGIQUE DES CRUSTACÉS.
Brachyoures
Isopodes
Læmodipodes
Anomoures
Amphipodes
Macroures
Décapodes
Stomatopodes
Cumacés
Edriophthalmes
Schizopodes
Podophthalmes
Zoëpodes
Malacostracés
Rhizocéphales
Gigantostracés
Siphonostomes
Xiphosures
Zoëa
Cirripèdes
Pœcilopodes
Pectostracés
Nebalies
Eucopepodes
Belinures
Copepodes
Pycnogonides
Pantopodes
Ostra-
codes
Trilobites
Cladocères
Phyllopodes
Branchiopodes
Nauplius
Archicaridés
Cœlomati
Gastræa

nière branche appartiennent nos cloportes des murailles et des caves.

C'est seulement au commencement de la période paléolithique, après la période archéolithique, qu'a pu naître la deuxième grande classe des arthropodes, la classe des trachéates (arachnides, myriapodes, insectes) ; en effet, contrairement à ce qui existe pour les crustacés, qui habituellement sont aquatiques, les trachéates ont été, dès l'origine, des animaux terrestres. Évidemment ces animaux à respiration aérienne n'ont pu se former avant le début de la vie terrestre proprement dite, c'est-à-dire avant que la période silurienne fût écoulée. Mais, comme on trouve déjà des débris fossiles d'arachnides et d'insectes dans les couches carbonifères, cette circonstance permet de fixer avec une certaine exactitude la date de cette origine. C'est entre la fin de la période silurienne et le commencement de la période carbonifère, c'est-à-dire dans la période devonienne, que les premiers trachéates ont dû provenir des crustacés du genre des *Zoea*.

Gegenbaur s'est efforcé, dans ses remarquables *Principes d'anatomie comparée* (5), d'expliquer par une ingénieuse hypothèse l'origine des trachéates. Le système des trachées et les modifications qui en résultent dans l'organisme distinguent si profondément les insectes, les myriapodes et les arachnides du reste des animaux que la question de leur origine première n'est pas un mince embarras pour la phylogénie. D'après Gegenbaur, de tous les trachéates actuels ce sont les archiptères qui s'écartent le moins de la forme-souche, d'où sont issus tous les trachéates. Dans leur premier âge, à l'état de larves, ces insectes, auxquels appartiennent les délicates éphémères et les agiles libellules, sont munis de branchies-trachées extérieures, de forme foliacée ou pénicillée, disposées en double série sur les côtés du dos de l'animal. Nous trouvons chez beaucoup de crustacés et d'annélides des organes analogues, fonctionnant comme de vrais organes de respiration aquatique, à l'instar des branchies. Chez les annélides, même, ces branchies-trachées sont de vrais appendices dorsaux. Vraisemblablement les branchies-trachées, que nous rencontrons chez les larves de beaucoup d'archiptères, doivent être considérées comme des appendices dorsaux de même genre et proviennent sans doute des extrémités analogues des annélides ou même de crustacés depuis longtemps éteints. C'est plus tardivement que la respiration franchement trachéenne des trachéates est provenue de la respiration trachéo-branchiale. Quant aux branchies-trachées, les unes ont disparu, les autres se sont métamorphosées et sont devenues les ailes des insectes. Dans les deux classes des arachnides et des myriapodes, elles manquent complétement. Il faut donc considérer ces deux classes comme des branches latérales anciennes ou toutes spéciales, qui, de bonne heure, se sont détachées de la forme ancestrale des insectes; les arachnides, même, se sont formées plus tôt que les myriapodes. Cette forme ancestrale de tous les trachéates, ces *Protracheata,* comme je les ai appelés dans ma *Morphologie générale,* sont-ils issus directement des vrais annélides ou plutôt des crustacés du type zoëa? C'est là un point qui sera élucidé plus tard par une connaissance plus complète et par la comparaison de l'ontogénie des trachéates, des crustacés et des annélides. Dans tous les cas, c'est dans le groupe des vers annelés, qu'il faut chercher la souche des trachéates tout aussi bien que celle des crustacés.

Les vrais arachnides se distinguent des insectes par le manque d'ailes et la présence de quatre paires de pattes. Néanmoins, comme le prouvent les arachnides-scorpions et les tarentules, le type à trois paires de pattes existe, chez les arachnides aussi bien que chez les insectes. Ce qui semble être la quatrième paire de pattes des arachnides, la paire la plus antérieure, est à vrai dire, une paire de mâchoires. Il est un petit groupe des arachnides actuels, qui semble être le moins éloigné de la forme ancestrale de toute la classe. C'est l'ordre des arachnides-scorpions ou solifuges (*Solifuga,*

CLASSIFICATION

DES TROIS CLASSES ET DES DIX-SEPT ORDRES DES TRACHÉATES.

Classes des trachéates.	Sous-classes des trachéates	Ordres des trachéates.	Deux noms de genre comme exemples.
I. Arachnida.	I. Arthrogastres.	1. Solifugæ.	Solpuga. Galeodes.
		2. Phrynida.	Phrynus. Thelyphonus.
		3. Scorpioda.	Scorpio. Buthus.
		4. Pseudoscorpiodia.	Obisium. Chelifer.
		5. Opilionida.	Phalangium. Opilio.
	II. Sphærogastres.	6. Araneæ.	Epeira. Migale.
		7. Acarida.	Sarcoptes. Demodex.
II. Myriapoda.	III. Chilopoda.	8. Chilopoda.	Scolopendra. Geophilus.
	IV. Diplopoda.	9. Diplopoda.	Julus. Polydesmus.
III. Insecta vel Hexapoda.	V. Masticantia.	10. Archiptera.	Ephemera. Libellula.
		11. Neuroptera.	Hemerobius. Phryganea.
		12. Orthoptera.	Locusta. Forticula.
		13. Coleoptera.	Cicindela. Melolontha.
		14. Hymenoptera.	Apis. Formica.
	VI. Sugentia.	15. Hemiptera.	Aphis. Cimex.
		16. Diptera.	Culex. Musca.
		17. Lepidoptera.	Bombyx. Papilio.

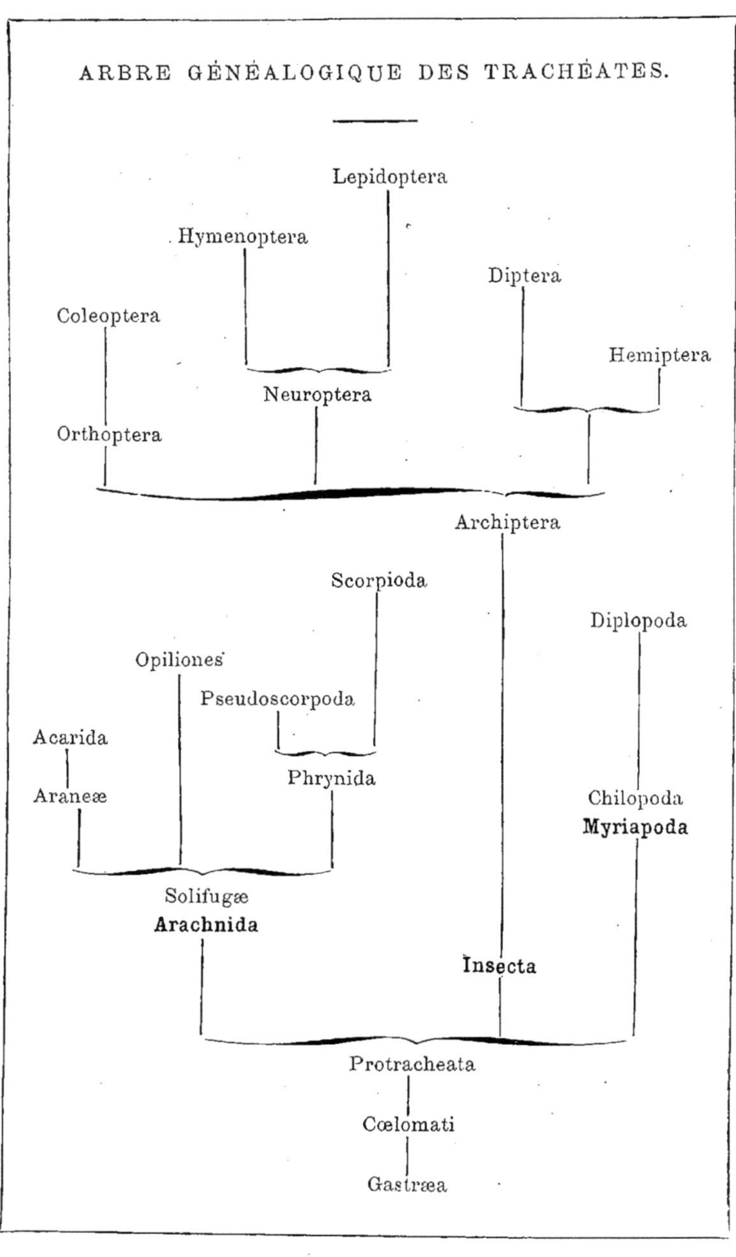
ARBRE GÉNÉALOGIQUE DES TRACHÉATES.
Lepidoptera
Hymenoptera
Diptera
Coleoptera
Hemiptera
Neuroptera
Orthoptera
Archiptera
Scorpioda
Diplopoda
Opiliones
Pseudoscorpoda
Acarida
Phrynida
Araneæ
Chilopoda
Myriapoda
Solifugæ
Arachnida
Insecta
Protracheata
Cœlomati
Gastræa

Galeodes). Les plus grosses espèces de cet ordre sont très-redoutées en Afrique et en Asie à cause de leur venin. Comme nous devons le supposer d'après la forme ancestrale commune des trachéates, le corps des arachnides-scorpions se compose de trois segments distincts, une tête supportant plusieurs paires de mandibules ressemblant à des pattes, un thorax, sur les trois anneaux duquel sont fixées trois paires de pattes, et un segment postérieur polyarticulé. Par le mode de segmentation de leur corps, les solifuges se rapprochent donc plus des insectes que les autres arachnides. Les arthrogastres, les opilions (*Opiliones*) et les sphærogastres sont provenus comme trois rameaux divergents des arachnides devoniennes plus voisines que les nôtres des solifuges actuels.

Les arthrogastres paraissent représenter le type le plus ancien, le plus primitif, celui qui, mieux que les sphærogastres, a conservé l'ancien mode de segmentation du corps. Le groupe le plus important de cette sous-classe est celui des scorpions, qui, par les tarentules ou phrynides, se rattache aux solifuges. Les petits scorpions des livres, ceux qui habitent nos bibliothèques et nos herhiers, semblent être un rameau latéral très-ancien. Entre les scorpions et les sphærogastres se placent les opilions, issus peut-être d'un rameau spécial des solifuges. Quant aux pycnogonides et aux arctisques rangés encore habituellement parmi les arthrogastres, il faut les exclure complétement des arachnides. Les premiers appartiennent aux crustacés, les autres aux annélides.

Les débris fossiles des arthrogastres se rencontrent dès la période carbonifère. Au contraire, la deuxième sous-classe des arachnides, celle des sphærogastres, n'apparaît à l'état fossile que dans la période jurassique, par conséquent beaucoup plus tard. Les sphærogastres sont sortis d'un rameau des solifuges par suite d'une fusion plus ou moins complète du corps de ces derniers. Chez les aranéides (*Araneæ*), dont l'habileté à tisser nous étonne, la fusion des segments du tronc ou métamères est portée si loin, que l'on n'y compte plus que deux pièces, un céphalo-thorax supportant la mâchoire, les quatre paires de pattes, et un segment postérieur sans appendices, mais où se trouvent les mamelons sécréteurs des fils. Chez les acariens (*Acarida*), qui sont vraisemblablement un rameau latéral des aranéides sans doute dégénéré par suite de la vie parasitaire, le fusionnement des articles est tel que même les deux derniers segments, dont nous venons de parler, sont fondus en une masse unique et non articulée.

La classe des myriapodes (*Myriapoda*) est la moins nombreuse et la moins variée des quatre classes des arthropodes; son caractère distinctif est la forme allongée du corps, qui ressemble à celui des annélides articulés et est muni souvent de plus de cent paires de pattes. Mais cette classe est aussi provenue à l'origine d'un type de trachéate à six paires de pattes; l'embryologie des myriapodes le montre nettement. Tout d'abord leurs embryons ont seulement trois paires de pattes, comme les vrais insectes; plus tard les autres paires bourgeonnent une à une sur les articles supplémentaires. Des deux ordres de nos myriapodes, qui vivent aujourd'hui sous l'écorce de nos arbres ou au milieu des mousses, les diplopodes (*Diplopoda*) arrondis sont provenus tardivement des chilopodes (*Chilopoda*) aplatis. La transformation s'effectua par la fusion, deux à deux, des articles du corps. Les restes fossiles des chilopodes se rencontrent pour la première fois dans les terrains jurassiques.

La troisième et dernière classe des arthropodes à trachées est celle des insectes (*Insecta* ou *Hexapoda*). Nulle autre classe zoologique n'est aussi riche, et, après la classe des mammifères, c'est la plus importante de tout le règne animal. Quoique les insectes se diversifient en un plus grand nombre de genres et d'espèces que toutes les autres classes prises ensemble, néanmoins tous ces types divers sont au fond les variations d'un même thème, dont le motif conserve toujours ses caractères essentiels. Chez tous les insectes, le corps est divisé nettement en trois segments, la tête, le thorax et l'abdomen. L'abdomen des insectes, comme celui des arachnides, ne supporte aucun appendice articulé. Sur le segment moyen ou thorax s'insèrent latéralement trois paires de pattes, et en outre deux paires d'ailes s'attachaient primitivement sur la face dorsale. Sans doute, chez beaucoup d'insectes, l'une de ces paires d'ailes ou toutes les deux sont atrophiées ou même ont totalement disparu. Mais l'anatomie comparée de ces animaux nous apprend que la disparition de ces ailes se produisit consécutivement par suite d'une atrophie graduelle, et que tous les insectes actuellement existants sont issus d'une forme ancestrale commune, qui possédait trois paires de pattes et deux paires d'ailes. Ces ailes, qui différencient si nettement les insectes du reste des arthropodes, sont probablement le résultat de la métamorphose des branchies-trachées, dont nous pouvons encore observer des spécimens sur les larves aquatiques des éphémères (*Ephemera*).

La tête des insectes supporte en général, outre les yeux, une paire de tentacules articulés ou antennes, et, en outre, de chaque côté de la bouche, trois mâchoires. Ces trois paires de mâchoires sont, chez tous les insectes, construites sur le même plan originel, mais les hasards de l'adaptation les ont transformées de tant de manières qu'elles servent à diviser et à caractériser les grands groupes. Tout d'abord on peut diviser les insectes en insectes broyeurs (*masticantia*) et insectes suceurs (*sugentia*). Un examen plus minutieux permet encore de subdiviser chacun de ces grands groupes en deux sous-ordres. Les insectes masticateurs peuvent se distinguer en insectes qui mordent (*mordentia*) et en insectes qui lèchent (*lambentia*). Aux insectes qui mordent appartiennent les insectes les plus anciens, savoir les quatre ordres des archiptères, névroptères, orthoptères et coléoptères. Les insectes qui lèchent comprennent seulement l'ordre des hyménoptères. Parmi les insectes suceurs, nous pouvons distinguer deux groupes, celui des insectes qui piquent (*pungentia*) et celui des insectes qui aspirent (*sorbentia*); au premier de ces deux groupes appartiennent les deux ordres des hémiptères et des diptères; le second comprend seulement l'ordre des lépidoptères.

C'est parmi les insectes qui mordent et sans doute dans l'ordre des archiptères ou pseudonévroptères (*Archiptera* ou *Pseudoneuroptera*), qu'il faut chercher les types les plus primitifs, ceux qui aujourd'hui se rapprochent le plus de la forme ancestrale de toute la classe et probablement de tous les trachéates. On trouve dans ce groupe tout d'abord les éphémères, dont les larves aquatiques nous représentent vraisemblablement dans leurs branchies-trachées les organes d'où sont provenues les ailes des insectes. Au même ordre appartiennent encore les légères libellules, les lépismènes aptères, les physopodes sauteurs et les redoutables termites, dont les restes fossiles apparaissent dès la période carbonifère. Il est à croire que les névroptères sont issus directement des archiptères, dont ils se différencient seulement par leur métamorphose complète. Ils comprennent les planipennes, les phryganides et les strepsiptères. On trouve dès la période carbonifère des insectes fossiles (*Dictyophlebia*) formant transition entre les archiptères et les névroptères.

Une autre branche des archiptères a, de bonne heure, donné naissance, par suite d'un travail de différenciation, à l'ordre des orthoptères. Cet ordre comprend des groupes très-riches en espèces : les blattes, les locustiens, les grylliens (*Ulonata*) et le petit groupe bien connu des perce-oreilles (*Labidura*) caractérisé par la présence de pinces à la partie postérieure du corps. On connaît, dans la période carbonifère, des fossiles appartenant aux blattiens, aux locustiens et aux grylliens.

Le quatrième ordre des insectes qui mordent, l'ordre des coléoptères, est aussi représenté dès la période carbonifère. Cet ordre extraordinairement riche, qui fait la joie des amateurs et collectionneurs d'insectes, prouve d'une façon éclatante qu'une infinie variété des formes extérieures peut résulter des effets de l'adaptation, sans que la structure profonde, le plan de l'organisme, aient subi pour cela des modifications notables. Selon toute apparence, les coléoptères sont issus d'un rameau des orthoptères, dont ils ne diffèrent guère que par leurs métamorphoses plus complètes.

Le groupe le plus voisin des quatre derniers ordres, que nous venons d'énumérer, est l'ordre unique des insectes qui lèchent, le groupe intéressant des hyménoptères. A ce groupe appartiennent les insectes, qui, par le haut degré de ce qu'on peut appeler leur civilisation, par une division du travail poussée fort loin, par la formation de communautés, d'états, sont parvenus à un développement intellectuel étonnant, à une vigueur de caractère, qui laissent loin en arrière non-seulement la plupart des invertébrés, mais la plupart des animaux en général. Ce groupe comprend les fourmis, les abeilles, les guêpes qui produisent des galles, les guêpes fossoyeuses, les guêpes phyllophages et les guêpes xylophages, etc. On en trouve des spécimens fossiles dès la période jurassique, mais c'est seulement dans les strates tertiaires qu'ils existent en grand nombre. Les hyménoptères proviennent vraisemblablement d'un rameau des archiptères ou des névroptères.

Des deux ordres des insectes qui piquent, savoir les hémiptères et les diptères, le plus ancien est celui des hémiptères appelés aussi rhyncotides (*Rhyncota*). Il se subdivise en trois sous-ordres : les homoptères (*Homoptera*), les punaises (*Heteroptera*) et les poux (*Pediculina*). On trouve dans les terrains jurassiques des échantillons fossiles des deux premiers sous-ordres. Mais, dès le système permien, on voit apparaître un insecte (*Eugereon*), semblant indiquer que les hémiptères descendent des névroptères. Le plus ancien des trois sous-ordres des hémiptères semble être celui des homoptères auquel, outre les homoptères proprement dits ou pucerons, appartiennent encore les cochenilles et les cigales ou cicadaires. Des deux branches des homoptères sont provenus les poux, produits d'une dégénérescence persistante, caractérisée surtout par la perte des ailes, et les punaises produites au contraire par un travail de perfectionnement, la différenciation des deux paires d'ailes.

Le deuxième ordre des insectes qui piquent, l'ordre des diptères, se rencontre à l'état fossile dans les terrains jurassiques à côté des hémiptères. Les diptères doivent être sortis des hémiptères par l'atrophie des ailes postérieures; chez eux, les ailes antérieures sont seules pleinement développées. Cet ordre est en grande partie formé par les mouches némocères (*Nemocera*) et les mouches brachycères (*Brachycera*) bien plus récentes que les némocères. Pourtant l'un et l'autre groupe ont laissé des débris fossiles dans les terrains jurassiques. Les pupipares (*Pupipara*) et les puces (*Aphaniptera*) sont vraisemblablement descendus des diptères par dégénération parasitaire.

Le huitième et dernier ordre des insectes, le seul où l'on trouve de vraies trompes aspirantes, est l'ordre des lépidoptères (*Lepidoptera*). Sous plusieurs rapports morphologiques, cet ordre paraît être le groupe le plus parfait des insectes : aussi s'est-il développé le plus tard. En effet, on ne connaît pas d'empreintes des insectes de cet ordre antérieures à l'âge tertiaire, tandis que les trois ordres précédents remontent jusqu'à la période jurassique ; les quatre ordres d'insectes qui mordent vont même jusqu'à la période carbonifère. Comme il y a une étroite parenté entre une teigne, une noctuelle et quelques lépidoptères phryganides, il est vraisemblable que les lépidoptères de ce groupe sont issus de l'ordre des névroptères.

Vous le voyez, la grande loi de différenciation et de perfectionnement, conséquence nécessaire de la sélection naturelle, nous rend compte des traits essentiels de l'histoire de la classe des insectes et même de celle de tout le groupe des arthropodes. C'est dans l'âge archéolithique que se place l'origine de ce groupe aux formes si variées ; ses premiers représentants appartiennent à la classe des crustacés à respiration branchiale et sans doute aux crustacés les plus inférieurs, aux archicarides. La forme larvée de nos crustacés actuels, la forme nauplius, si remarquable, se rapproche beaucoup de celle de ces crustacés primitifs, qui eux-mêmes provenaient des vers articulés. Du nauplius provient ensuite l'étrange zoëa, larve commune de tous les crustacés supérieurs (*Malacostraca*), et peut-être aussi des premiers arthropodes trachéens, qui devinrent la souche ancestrale commune de tous les trachéates. Cette souche ancestrale devonienne, dont l'apparition doit se placer entre la fin de la période silurienne et le commencement de la période carbonifère, se rapproche probablement des insectes archiptères actuels. Cette souche ancestrale engendra la principale tribu des trachéates, la classe des insectes. Des types les plus inférieurs de cette classe se détachèrent de bonne heure, comme deux rameaux divergents, les arachnides et les myriapodes. Longtemps les insectes ne furent représentés que par les insectes broyeurs, par les quatre ordres des archiptères, des névroptères, des orthoptères et des coléoptères ; le premier de ces ordres a vraisemblablement donné naissance aux trois autres. Seulement beaucoup plus tard ceux des insectes des ordres précédents, qui avaient le mieux conservé la forme originelle des trois paires de mâchoires, engendrèrent comme trois rameaux divergents, les insectes qui lèchent, ceux qui piquent et ceux qui sucent. Le tableau suivant indique l'ordre de succession géologique de ces ordres.

LÉGENDE DU TABLEAU CI-APRÈS :

Dans les huit ordres d'insectes, les différences dans la métamorphose et dans la forme des ailes sont indiquées par les lettres suivantes M. I. = métamorphose incomplète ; M. C. = métamorphose complète (voir *Morph. gén.*, II, p. xcix) ; A. E. = ailes égales (ailes antérieures et postérieures ne différant que peu ou point par la forme et la structure) ; A. I, = ailes inégales (ailes antérieures et postérieures différant par la structure et la texture).

DISTRIBUTION GÉOLOGIQUE DES INSECTES.

A. Insectes broyeurs *Masticantia*	I. Insectes qui mordent *Mordentia*	1. Archiptères	M. I. A. E.	Premiers fossiles dans les terrains carbonifères.
		2. Névroptères	M. C. A. E.	
		3. Orthoptères	M. I. A. I.	
		4. Coléoptères	M. C. A. E.	
	II. Insectes qui lèchent *Lambentia*	5. Hyménoptères	M. C. A. E.	Premiers fossiles dans les terrains jurassiques.
B. Insectes suceurs *Sugentia*	III. Insectes qui piquent *Pungentia*	6. Hémiptères	M. I. A. E.	
		7. Diptères	M. C. A. I.	
	IV. Insectes qui sucent *Sorbentia*	8. Lépidoptères	M. C. A. E.	Premiers fossiles dans les terrains ter-tiaires.

VINGTIÈME LEÇON.

ARBRE GÉNÉALOGIQUE ET HISTORIQUE DU RÈGNE ANIMAL.

III. — VERTÉBRÉS.

Documents relatifs à la formation des vertébrés (Anatomie comparée, embryologie et paléontologie). — Classification naturelle des vertébrés. — Les quatre classes des vertébrés d'après Linné et Lamarck. — Le nombre en est porté à huit. — Grand groupe des vertébrés à cœur tubulaire, leptocardiens ou acrâniens. — Parenté des acrâniens et des tuniciers. — Concordance de l'évolution embryonnaire chez l'amphioxus et chez les ascidies. — La tribu des vertébrés tire son origine du groupe des vers. — Grande classe des cyclostomes ou monorhinés (myxinoïdes et lamproies). — Grande classe des anamniotes. — Poissons (Poissons primitifs, poissons cartilagineux, poissons osseux). — Dipneustes. — Dragons marins ou halisauriens. — Amphibies (Amphibies à carapace, amphibies nus). — Grande classe des amniotes. — Reptiles (reptiles primitifs, lézards, serpents, crocodiles, tortues, reptiles ailés, dragons, reptiles à bec). — Oiseaux (les sauroures, les carinatés et les ratités).

Messieurs, de tous les groupes d'organismes, que nous avons appelés phyles ou tribus à cause de la consanguinité des espèces qui les constituent, aucun n'est plus important que l'embranchement des vertébrés. En effet, de l'aveu unanime des zoologistes, l'homme fait partie de cet embranchement, auquel son organisation tout entière et son embryologie le rattachent étroitement. Déjà, en nous basant sur les faits les plus incontestables de l'embryologie humaine, nous avons établi précédemment, que, dès le début de son évolution dans l'œuf, l'homme ne se distingue point des vertébrés et surtout des mammifères. Il y a plus : l'étude de l'évolution paléontologique de l'homme nous amènera à une seconde conclusion non moins rigoureuse, savoir que les vertébrés inférieurs en général et les mammifères en particulier sont la souche première d'où le genre humain est sorti. Pour cette raison d'abord et aussi à cause de l'intérêt puissant et prédominant à tant de titres qu'offrent les vertébrés, notre devoir est d'étudier avec un soin tout particulier leur arbre généalogique et la classification naturelle qui en est l'expression.

Fort heureusement les documents, que nous avons à consulter pour dresser l'arbre généalogique de cette importante tribu, sont plus complets que tous les autres. Dès le commencement de ce siècle, Cuvier et Baer ont prodigieusement avancé, le premier, l'anatomie comparée et la paléontologie des vertébrés, le second, leur ontogénie. En outre les travaux d'anatomie comparée de Jean Müller et de Rathke d'abord, et tout récemment de Gegenbaur et de Huxley, ont considérablement ajouté à ce que nous savions sur les liens de parenté naturelle, qui unissent les divers groupes de vertébrés. Les ouvrages classiques de Gegenbaur, tous fondés sur la théorie généalogique, ont surtout démontré, que, dans l'embranchement des vertébrés comme dans tous les autres, les faits d'anatomie comparée n'ont une vraie signification et une valeur réelle que par leur application à la théorie de la descendance. Ici, comme dans tout le règne organique, les analogies doivent se rapporter à l'adaptation, les homologies à l'hérédité. Si nous voyons, par exemple, qu'en dépit des plus grandes différences dans la forme extérieure, les membres des vertébrés les plus dissemblables ont essentiellement la même structure interne, si nous voyons que le bras de l'homme et celui du singe, l'aile de la chauve-souris et celle de l'oiseau, la nageoire pectorale de la baleine et celle des halisauriens, le membre antérieur des solipèdes et celui de la grenouille possèdent toujours au fond les mêmes os situés, articulés, unis de la même manière, comment expliquerions-nous cette concordance, cette homologie étonnantes, si ce n'est par l'hérédité d'une forme ancestrale commune? Au contraire les grandes différences, que présentent ces parties homologues, sont un effet de l'adaptation à des conditions d'existence très-diverses (*voir* pl. IV).

L'ontogénie ou embryologie individuelle n'est pas moins importante que l'anatomie comparée, quand il s'agit de dresser l'arbre généalogique des vertébrés. Chez tous les vertébrés, les premiers stades évolutifs à partir de l'œuf sont essentiellement semblables, et la similitude dure d'autant plus longtemps que les types vertébrés adultes sont plus rapprochés dans la classification naturelle, c'est-à-dire dans l'arbre généalogique. Déjà précédemment je vous ai dit jusqu'où allait cette concordance des formes embryonnaires actuelles même chez les vertébrés les plus parfaits. Les stades évolutifs représentés pl. II et pl. III montrent la parfaite concordance de forme et de structure existant entre les embryons de l'homme et du chien, de l'oiseau et de la tortue ; ce sont là des faits d'une importance considérable, et nous y trouvons les plus solides points d'appui, quand il s'agit de construire l'arbre généalogique de ces animaux.

Enfin les documents paléontologiques ont une valeur toute particulière précisément en ce qui concerne les vertébrés. En effet les débris fossiles des vertébrés appartiennent en majeure partie à leur squelette osseux, pièces de la plus haute importance pour la connaissance de leur organisme. Cependant ici comme partout les documents fossiles sont imparfaits et défectueux. Néanmoins les vertébrés éteints nous ont laissé des restes plus significatifs que ceux de la plupart des autres groupes zoologiques, et parfois un fragment unique éclaire de la façon la plus vive la consanguinité et la succession historique des groupes.

Comme je l'ai déjà dit précédemment, c'est le grand Lamark qui a créé le mot vertébrés (*Vertebrata*), sous lequel, vers la fin du siècle dernier, il réunit les quatre premières classes zoologiques de Linné : les mammifères, les oiseaux, les reptiles et les poissons. Quant aux deux classes inférieures de Linné, la classe des insectes et celle des vers, Lamarck les opposait aux vertébrés sous le nom d'invertébrés (*Invertebrata* et plus tard *Evertebrata*).

Cuvier, ses adhérents et à leur suite naturellement nombre de zoologistes, même contemporains, ont distingué dans le groupe vertébré les quatre classes connues. Mais, dès 1822, un zoologiste distingué, de Blainville, et presque simultanément le grand embryologiste Baer, découvraient, le premier par l'anatomie comparée, le second par l'ontogénie des vertébrés, que l'on confondait à tort dans la classe des amphibies de Linné deux classes distinctes. Ces deux classes, Merrem les avait déjà séparées en 1820 ; il en avait fait deux groupes principaux des amphibies sous le nom de pholidotes et de batraciens. Les batraciens, désignés habituellement aujourd'hui comme amphibies, dans le sens étroit du mot, comprennent les grenouilles, les salamandres, les pérennibranches, les cécilies et les labyrinthodons éteints. Par leur organisation tout entière ils se rattachent aux poissons. Au contraire les pholidotes ou reptiles se rapprochent bien plus des oiseaux. A ce groupe appartiennent les lézards, les serpents, les crocodiles, les tortues et les groupes polymorphes des dragons mésolithiques, les reptiles volants, etc.

Par suite de cette division naturelle des amphibies en deux classes, on partage maintenant tout l'embranchement des vertébrés en deux grands groupes. Les animaux du premier groupe, les poissons et les amphibies, respirent, leur vie durant, ou au moins dans leur jeunesse, par des branchies ; on les a donc appelés vertébrés branchiaux (*Branchiata* ou *Anallantoïdia*). Au contraire les classes du second groupe, les reptiles, les oiseaux et les mammifères, ne respirent par des branchies à aucun moment de leur existence, leur respiration est exclusivement pulmonaire, aussi méritent-ils le nom de vertébrés sans branchies ou vertébrés pulmonaires (*Ebranchiata* ou *Allantoïdia*). Quelque légitime que soit cette division, elle est insuffisante, si nous voulons arriver à une vraie classification des vertébrés et à une intelligence convenable de leur arbre généalogique. Comme je l'ai montré dans ma *Morphologie générale,* il nous faut admettre encore trois autres classes de vertébrés, en subdivisant en quatre classes la classe actuelle des poissons (*Morph. gén.*, vol. II, pl. VII, pp. CXVI-CLX).

La première et la plus inférieure de ces classes est formée par les acrâniens (*Acrania*) ou animaux à cœur tubulaire (*Leptocardia*), dont un seul représentant subsiste aujourd'hui, c'est le curieux amphioxus (*Amphioxus lanceolatus*). A cette classe s'en rattache une deuxième, celle des monorhinés (*Monorhina*) ou cyclostomes (*Cyclostoma*). Les cyclostomes comprennent les myxinoïdes et les lamproies (*Petromizontes*). La troisième classe est celle des vrais poissons (*Pisces*), et à cette classe s'en ajoute une quatrième, celle des pneumobranches ou dipneustes (*Dipneusta*), animaux présentant des formes de transition entre les poissons et les amphibies. Par cette subdivision, fort utile pour l'intelligence de la généalogie des vertébrés, les quatre classes primitives des vertébrés sont doublées.

Enfin tout récemment une neuvième classe de vertébrés a été ajoutée aux huit classes énumérées ci-dessus. Les travaux d'anatomie comparée de Gegenbaur, dont un précis a été publié, ont établi que le curieux groupe des halisauriens, jusqu'ici rangé parmi les reptiles, en différait beaucoup et devait être considéré comme une classe distincte, qui s'est détachée de la souche des vertébrés antérieurement aux amphibies. A cette classe appartiennent les fameux et gigantesques ichthyosaures et plésiosaures des systèmes jurassique et crétacé, ainsi que l'antique simosaure de l'étage triasique. Tous ces animaux se rapprochent plus des poissons que des amphibies.

Les huit ou neuf classes des vertébrés sont loin d'avoir toutes la même valeur généalogique. Il nous faut même, comme le montre déjà notre précédent tableau systématique du règne animal, les séparer en quatre grands groupes. Nous pouvons tout d'abord réunir les trois classes supérieures des mammifères, des oiseaux et des reptiles, en un grand groupe naturel, celui des amniotes (*Amniota*). En regard de ce grand groupe s'en placera naturellement un autre, celui des anamniens (*Anamnia*) comprenant les trois classes des amphibies, des dipneustes et des poissons. Les six classes ci-dessus énumérées, aussi bien les amniotes que les anamniens, ont en commun de nombreux caractères, par lesquels elles se distinguent des deux classes les plus inférieures, des monorhiniens et des leptocardiens. Nous pouvons donc les réunir en un grand groupe naturel, celui des amphirhiniens (*Amphirhinia*). A leur tour enfin les amphirhiniens se rapprochent bien plus des cyclostomes ou monorhiniens que des acrâniens ou leptocardiens. Nous avons donc le droit de réunir les amphirhiniens et les monorhiniens dans un même groupe supérieur, celui des crâniotes (*Craniota*) ou animaux à cœur central (*Pachycardia*) faisant pendant à la classe des acrâniens ou leptocardiens. Grâce à cette classification des vertébrés, que j'ai proposée le premier, on peut apercevoir clairement les liens généalogiques les plus importants qui unissent les huit classes. Le tableau suivant montre la classification de ces groupes d'après leurs rapports mutuels.

TABLEAU SYSTÉMATIQUE DES HUIT CLASSES DE VERTÉBRÉS.

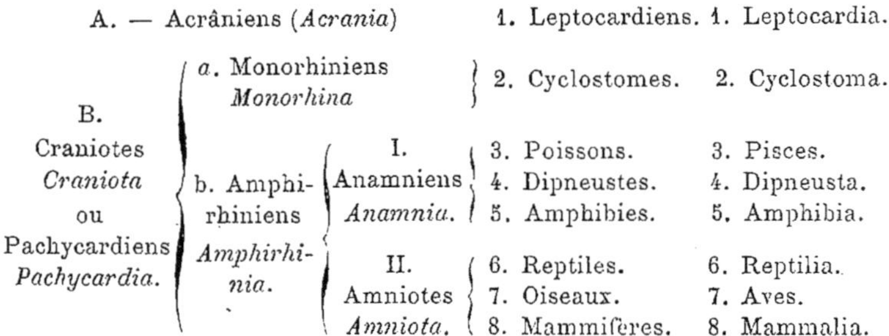

A. — Acrâniens (*Acrania*)			1. Leptocardiens.	1. Leptocardia.
B. Craniotes *Craniota* ou Pachycardiens *Pachycardia.*	*a.* Monorhiniens *Monorhina*		2. Cyclostomes.	2. Cyclostoma.
	b. Amphirhiniens *Amphirhinia.*	I. Anamniens *Anamnia.*	3. Poissons.	3. Pisces.
			4. Dipneustes.	4. Dipneusta.
			5. Amphibies.	5. Amphibia.
		II. Amniotes *Amniota.*	6. Reptiles.	6. Reptilia.
			7. Oiseaux.	7. Aves.
			8. Mammifères.	8. Mammalia.

L'unique représentant actuel de la première classe, celle des acrâniens, est le plus imparfaitement organisé des vertébrés que nous connaissions; c'est l'*Amphioxus lanceolatus* (pl. XIII, *fig.* B). Ce petit animal est des plus intéressants, il jette une vive lumière sur les racines de notre arbre généalogique; c'est évidemment le dernier des Mohicans, le dernier survivant d'une classe fort nombreuse de vertébrés inférieurs, qui s'étaient développés durant l'âge primordial, mais qui, n'ayant pas de squelette solide, n'ont point laissé de traces. Aujourd'hui encore le petit amphioxus est très-répandu dans diverses mers, par exemple dans la Baltique, la mer du Nord et la Méditerranée; on l'y trouve habituellement sur des plages basses et sablonneuses. Comme le nom l'indique, le corps de l'amphioxus a la forme d'une lame mince, en forme de lancette, pointue aux deux extrémités. Il a environ deux pouces de long, est à demi transparent et d'une nuance rougeâtre. Extérieurement il ressemble si peu à un vertébré que Pallas, qui le découvrit, le prit pour un limaçon nu. Il n'a ni pattes, ni tête, ni cerveau. L'extrémité antérieure du corps ne se distingue guère de la postérieure que par la présence de l'orifice buccal; mais, dans sa structure interne, l'amphioxus possède les caractères les plus importants des vertébrés, par-dessus tout la corde dorsale et la moelle épinière. La corde dorsale (*Chorda dorsalis*) est une tige cartilagineuse, pointue aux deux extrémités : axe central du squelette interne, elle est la base de la colonne vertébrale. Immédiatement sur la face postérieure de cette corde dorsale repose la moelle épinière (*Medulla spinalis*), qui est aussi dans l'origine un cordon rectiligne, pointu aux deux bouts. mais creux ; c'est la pièce principale, l'axe du système nerveux chez tous les vertébrés. Chez tous sans exception. l'homme y compris, ces importants organes ont tout d'abord dans l'œuf exactement la forme très-simple qu'ils conservent chez l'amphioxus. C'est seulement plus tard que l'extrémité antérieure de la moelle épinière se renfle pour devenir le cerveau, tandis que de la corde dorsale provient le crâne, qui revêt le cerveau. Mais, chez l'amphioxus, le crâne et le cerveau avortent; nous pouvons donc, à bon droit, appeler classe des acrâniens la classe que représente l'amphioxus, et inversement donner le nom de crâniotes à tous les autres

Ascidia (A) et Amphioxus (B).

Pl. XII.

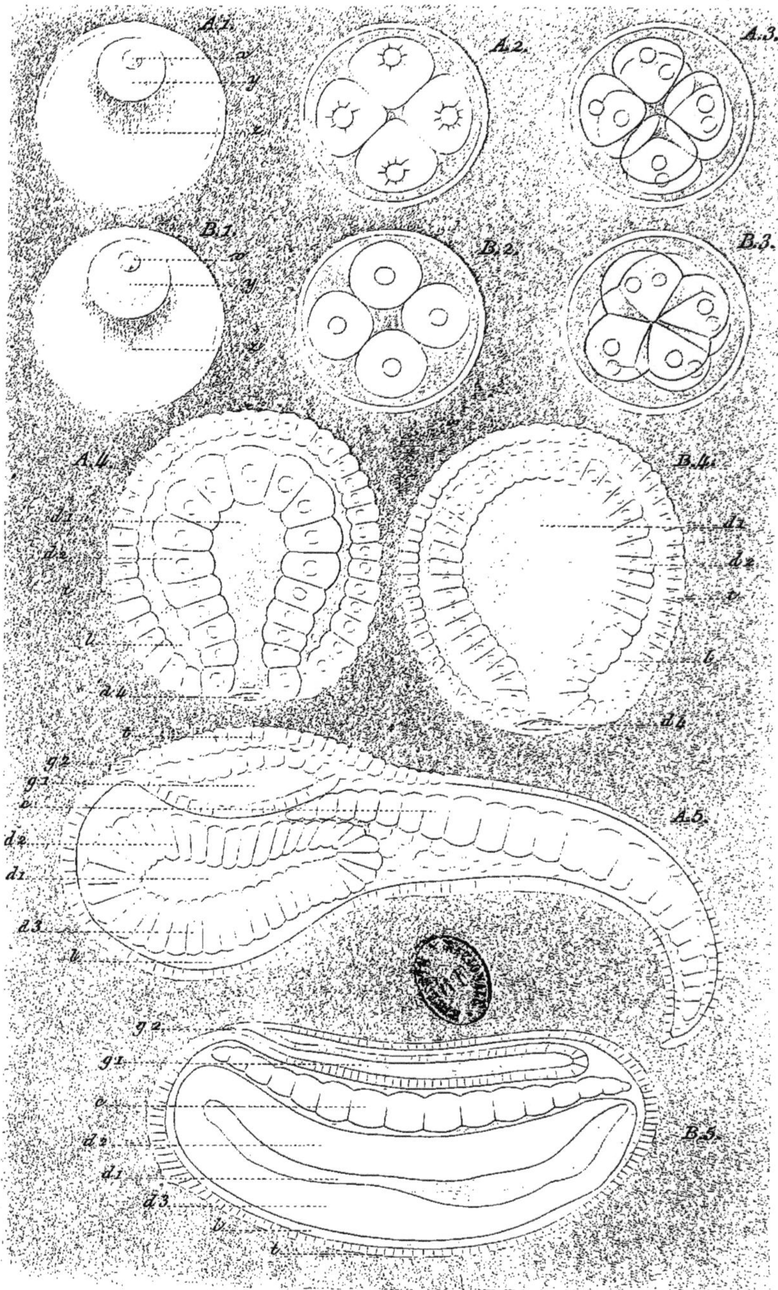

E Haeckel del

Lagesse sc

Ascidia (A) et Amphioxus (B). Pl. XIII.

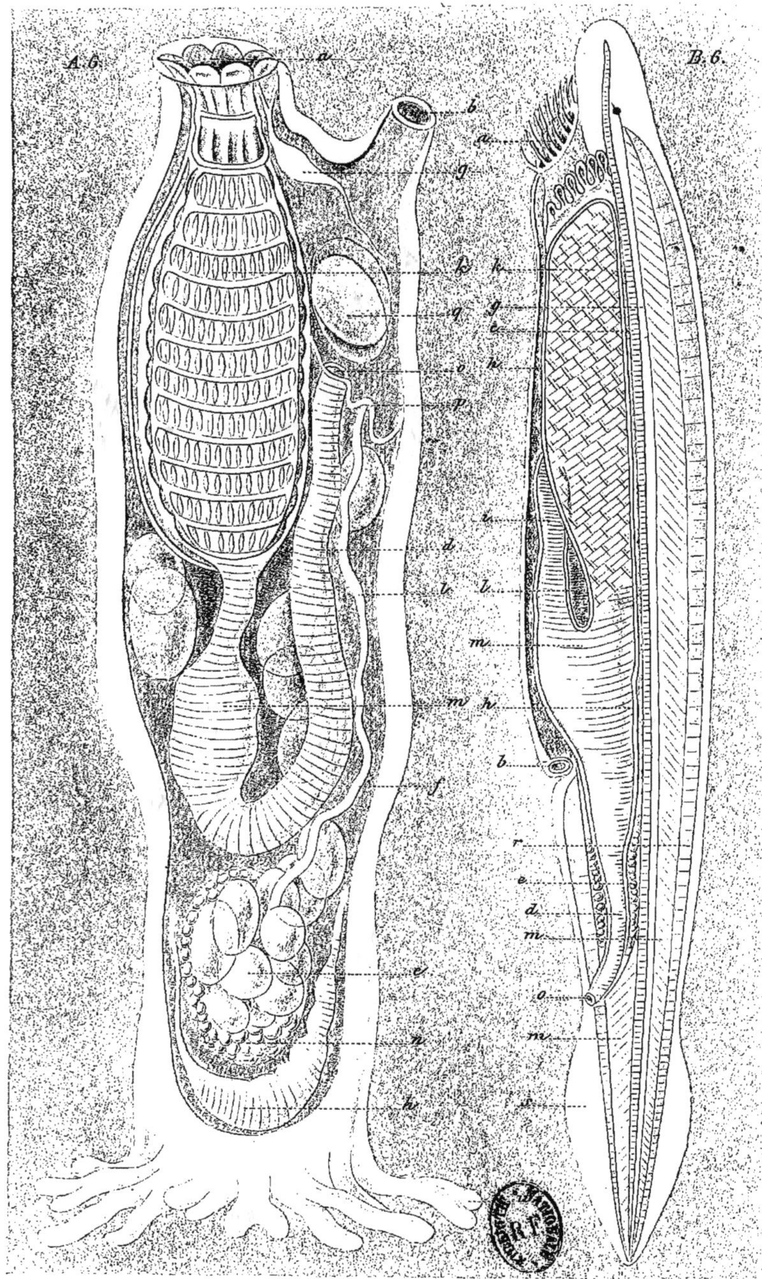

E. Haeckel del. Lagesse sc.

vertébrés. Ordinairement on désigne les acrâniens sous le nom de leptocardiens, parce qu'ils n'ont pas encore de cœur central, et que leur sang circule par suite des contractions de vaisseaux tubulaires. Les crâniotes, qui possèdent au contraire un cœur central, sacciforme, méritent d'être appelés animaux à cœur central ou pachycardiens (*Pachycardia*).

Évidemment les crâniotes ou pachycardiens sont issus peu à peu des acrâniens ou leptocardiens analogues à l'amphioxus dans une période postérieure à l'âge primaire. L'ontogénie des crâniotes ne laisse subsister aucun doute à cet égard. Mais nous avons maintenant à nous demander d'où proviennent les acrâniens eux-mêmes. Comme je vous l'ai déjà dit, c'est tout récemment que l'on a répondu, et d'une façon tout à fait inattendue, à cette importante question. Les travaux de Kowalewski publiés en 1867 sur l'embryologie de l'amphioxus et des ascidies, animaux de la classe des tuniciers, montrent que ces deux types entièrement dissemblables à l'âge adulte se ressemblent singulièrement au début de leur évolution. Chez les larves libres et mobiles des ascidies (pl. XII, *fig.* A), apparaissent les rudiments incontestables de la moelle épinière (*fig.* A, 5 *g*) et de la corde dorsale (*fig.* A, 5 *c*), exactement comme chez l'amphioxus (pl. XII, *fig.* B). Seulement ces organes si importants du type vertébré ne prennent point de développement ; ils subissent même une rétrogradation. L'animal se fixe au fond de la mer et y devient une masse informe, où l'on ne reconnaît pas sans quelque peine un animal (pl. XIII. *fig.* A). Mais la moelle épinière et la corde dorsale, rudiments, l'une du système nerveux central, l'autre de la colonne vertébrale, ont une telle importance, ce sont des organes si caractéristiques des vertébrés, que nous sommes autorisés à conclure à la parenté des vertébrés et des tuniciers. Naturellement nous n'entendons pas dire que les vertébrés descendent des tuniciers, mais seulement que les deux groupes sont issus d'une souche commune et que, de tous les invertébrés, les tuniciers sont les plus voisins des vertébrés. Il est probable que,

CLASSIFICATION

DES QUATRE GRANDES DIVISIONS, DES HUIT CLASSES ET DES VINGT-SEPT SOUS-CLASSES DES VERTÉBRÉS.

(*Morph. gén.*, volume II, tableau VII, pages CXVI-CLX.)

I. — Acrâniens (*Acrania*) ou **Leptocardiens** (*Leptocardia*).

Vertébrés sans tête, sans crâne, ni cerveau, ni cœur centralisé.

1. Acrania.	I. Leptocardia.	1. Amphioxyda.

Grandes divisions des vertébrés.	Classes des crâniotes.	Noms des sous-classes dans la classification.

II. — Crâniotes (*Craniota*) ou **Pachycardia.**

Vertébrés ayant une tête, un crâne et un cerveau, un cœur centralisé.

Grandes divisions des vertébrés.	Classes des crâniotes.	Noms des sous-classes dans la classification.
2. Monorhina.	II. Cyclostoma.	2. Hyperotreta. (Myxinoida). 3. Hyperoartia. (Petromyzontia).
3. Anamnia.	III. Pisces.	4. Selachii. 5. Ganoides. 6. Teleostei.
	IV. Dipneusta.	7. Monopneumones. 8. Dipneumones.
	V. Amphibia.	9. Phractamphibia. 10. Lissamphibia.
4. Amniota.	VI. Reptilia.	11. Tocosauria. 12. Lacertilia. 13. Ophidia. 14. Crocodilia. 15. Chelonia. 16. Simosauria. 17. Plesiosauria. 18. Ichthyosauria. 19. Pterosauria. 20. Dinosauria. 21. Anomodontia.
	VII. Aves.	22. Saururæ. 23. Carinatæ. 24. Ratitæ.
	VIII. Mammalia.	25. Monotrema. 26. Marsupialia. 27. Placentalia.

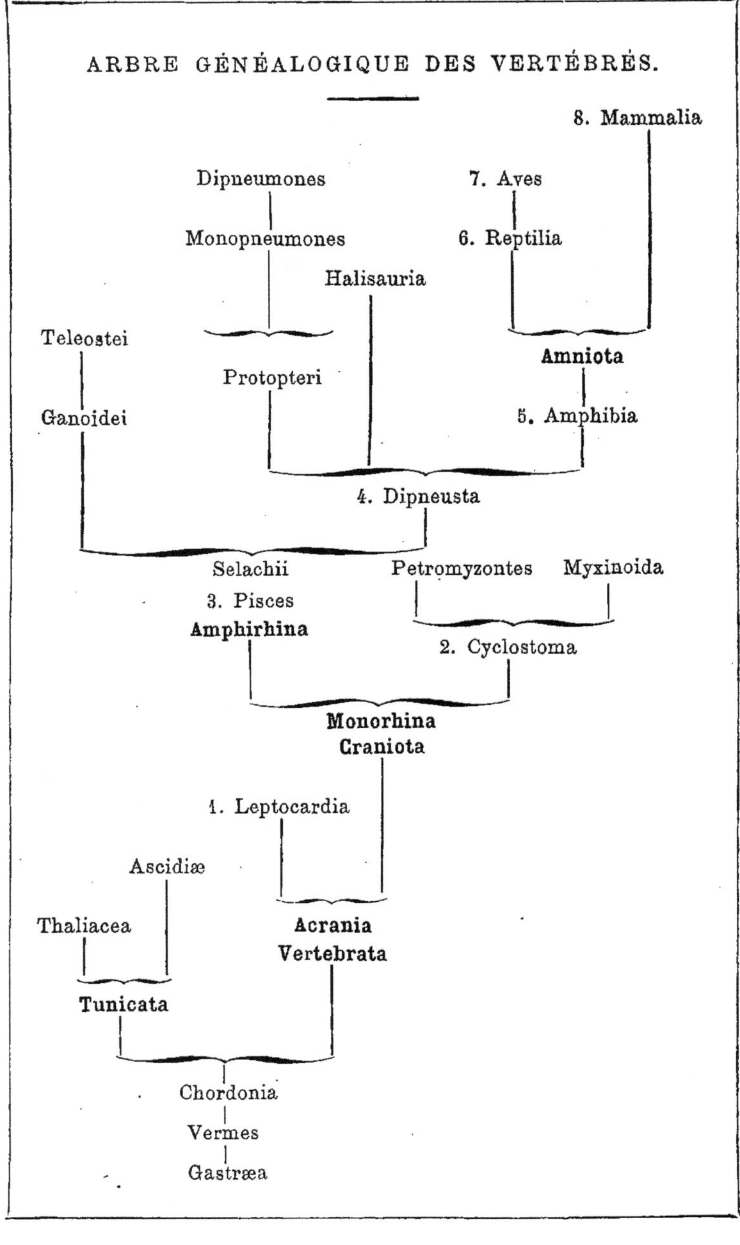
ARBRE GÉNÉALOGIQUE DES VERTÉBRÉS.
8. Mammalia
Dipneumones
7. Aves
Monopneumones
6. Reptilia
Halisauria
Teleostei
Amniota
Protopteri
Ganoidei
5. Amphibia
4. Dipneusta
Selachii
Petromyzontes
Myxinoida
3. Pisces
Amphirhina
2. Cyclostoma
Monorhina
Craniota
1. Leptocardia
Ascidiæ
Thaliacea
Acrania
Vertebrata
Tunicata
Chordonia
Vermes
Gastræa

durant l'âge primordial, les vrais vertébrés et tout d'abord les acrâniens se sont peu à peu dégagés d'un groupe de vers (chordoniens), d'où sont aussi sortis les tuniciers dégénérés, en suivant une direction rétrograde. (*Voir* dans l'appendice la légende détaillée des pl. XII et XIII et les treizième et quatorzième leçons de mon *Anthropogénie.*)

Des acrâniens est issue tout d'abord une deuxième classe de vertébrés inférieurs. Cette classe, qui est bien au-dessous des poissons, n'est plus représentée actuellement que par les myxinoïdes et les lamproies ou pétromyzons. Les animaux de cette classe ne pouvaient pas plus que les acrâniens nous laisser de débris fossiles; car leur corps ne possède malheureusement aucune partie solide. Mais de l'organisation tout entière et de l'ontogénie de ces êtres il ressort nettement, qu'ils forment un trait d'union très-important entre les acrâniens et les poissons, et que leurs quelques représentants actuels sont les derniers restes d'un groupe zoologique vraisemblablement très-riche vers la fin de l'âge primordial. Comme les myxinoïdes et les lamproies ont une bouche circulaire qui leur sert de suçoir, la classe tout entière est habituellement appelée classe des cyclostomes (*Cyclostoma*). Le nom de monorhiniens est plus caractéristique encore. En effet tous les cyclostomes ont un orifice nasal, unique, impair, tandis que tous les autres vertébrés, l'amphioxus excepté, ont un nez composé de deux moitiés symétriques, une narine droite et une narine gauche. Nous pouvons donc grouper ensemble tous les vertébrés de cette seconde catégorie sous le nom d'amphirhiniens. Les amphirhiniens possèdent en outre un appareil maxillaire complet composé d'un maxillaire supérieur et d'un maxillaire inférieur, qui manquent complétement chez les monorhiniens.

Les monorhiniens diffèrent des amphirhiniens par beaucoup d'autres particularités; ainsi ils sont absolument dépourvus de nerf grand sympathique et de rate. Enfin chez les monorhiniens, comme chez les acrâniens, il n'y a pas trace ni de la vessie natatoire, ni des deux paires de membres, qui existent au moins à l'état rudimentaire chez tous les amphirhiniens. Nous sommes donc parfaitement fondés à séparer entièrement les monorhiniens et les acrâniens des poissons, avec lesquels on les a jusqu'ici confondus traditionnellement, mais à tort.

C'est le grand zoologiste allemand, J. Müller, qui, le premier, nous a bien fait connaître les monorhiniens ou cyclostomes, et c'est son ouvrage classique sur « l'anatomie comparée des myxinoïdes », qui sert de fondement à notre nouvelle manière de concevoir la structure des vertébrés. J. Müller distingue chez les cyclostomes deux groupes tranchés, que nous considérons comme des sous-classes.

La première sous-classe est celle des myxinoïdes (*Hyperotreta* ou *Myxynoida*). Ce sont des animaux marins, parasitaires; ils se logent dans l'épaisseur de la peau des poissons et y vivent (*Myxine*, *Bdellostoma*). Leurs organes de l'ouïe n'ont qu'un seul canal semi-circulaire et leur conduit nasal impair traverse le palais. La seconde sous-classe, celle des lamproies (*Hyperoartia* ou *Petromyzontia*), est d'une organisation plus parfaite. A cette classe appartiennent les lamproies de nos rivières (*Petromyzon fluviatilis*), que l'on sert sur les tables à l'état de conserves marinées. Dans la mer, on trouve des lamproies spéciales plusieurs fois plus grosses (*Petromyzon marinus*). Chez ces monorhiniens, le conduit nasal ne traverse pas le palais et il y a deux canaux semi-circulaires dans les organes de l'ouïe.

A l'exception des monorhiniens et de l'amphioxus, tous les vertébrés actuels appartiennent à un même groupe, que nous avons appelé groupe des amphirhiniens. Quelle que puisse être d'ailleurs la diversité de leur forme, tous ces animaux ont un nez composé de deux moitiés symétriques, un squelette maxillaire, un nerf grand sympathique, trois canaux semi-circulaires et une rate. Tous les amphirhiniens possèdent aussi un renflement de l'œsophage en forme de vessie, qui constitue la vessie natatoire des poissons et les poumons chez le reste des amphirhiniens. Enfin, il existe originellement, à l'état rudimentaire chez tous les amphirhiniens, deux paires d'extrémités ou membres, une paire d'extrémités antérieures ou nageoires pectorales, une paire d'extrémités postérieures ou nageoires ventrales. Quelquefois cependant l'une de ces deux paires ou toutes les deux s'atrophient et disparaissent même entièrement ; le premier cas se présente chez les anguilles et les baleines, le second chez les Céciliens et serpents. Mais, alors, on trouve au moins une trace de la structure originelle durant la période embryonnaire; ou bien même les traces inutiles de ces organes persistent durant toute la vie, à titre d'organes rudimentaires. (*Voy.* p. 12.)

Ces indices nous autorisent à conclure sûrement que tous les amphirhiniens descendent d'une seule et même forme ancestrale, qui, durant l'âge primaire, sortit directement ou indirectement des monorhiniens. Cette forme ancestrale doit avoir possédé les organes indiqués précédemment, savoir les rudiments d'une vessie natatoire et de deux paires de membres ou de nageoires. Parmi tous les amphirhiniens actuels, ce sont évidemment les espèces les plus inférieures des requins, qui se rapprochent le plus de ces organismes ancestraux inconnus, hypothétiques, depuis longtemps disparus, que nous regardons comme étant la souche des amphirhiniens. Nous appellerons ces animaux prosélaciens (*Proselachii*) (*Voir* pl. XII). Le groupe des poissons primitifs ou sélaciens, qui comprend les prosélaciens, serait donc le groupe originel non-seulement des poissons, mais aussi de toute la grande classe des amphirhiniens. Les recherches sur l'anatomie comparée des vertébrés, dues à Gegenbaur, recherches qui se distinguent autant par l'exactitude des observations que par la sagacité des déductions, fournissent de nombreuses preuves à l'appui de cette opinion.

La classe des poissons, par laquelle nous devons naturellement commencer à passer en revue la série des amphirhiniens, diffère des six autres classes de cette série en ce que, chez elle, la vessie natatoire ne se transforme jamais en poumons, mais reste un simple appareil hydrostatique. En même temps, chez les poissons, le nez est représenté par deux excavations imperforées situées sur la partie antérieure du museau, qui ne traversent jamais le palais pour aller s'ouvrir dans le pharynx. Au contraire, dans les six autres classes d'amphirhiniens, les deux cavités nasales sont transformées en conduits aériens, traversant le pharynx et donnant passage à l'air qui pénètre dans les poumons. Si l'on en excepte les pneumo-branches, les vrais poissons sont les seuls amphirhiniens, qui respirent exclusivement par des branchies et jamais par des poumons. Naturellement tous sont aquatiques, et, chez eux, les deux paires de membres deviennent des nageoires.

Les vrais poissons se subdivisent en trois sous-classes distinctes : en poissons primitifs, poissons ganoïdes et poissons osseux. La plus ancienne de ces trois classes, celle qui a le plus fidèlement conservé la forme originelle, est celle des poissons primitifs ou sélaciens (*Selachii*). Les représentants actuels de cette classe sont les requins (*Squalacei*) et les raies (*Rajacei*), que l'on groupe ensemble sous le nom de plagiostomes (*Plagiostomi*); il faut y ajouter les étranges chats de mer ou chimères (*Holocephali* ou *Chimeracei*). Mais ces poissons primitifs actuels, qui se trouvent dans toutes les mers, ne sont que de rares débris du groupe prédominant et riche d'espèces, que formèrent les sélaciens dans les premiers âges géologiques et particulièrement durant l'âge paléolithique. Malheureusement les poissons primitifs ont un squelette cartilagineux, qui n'est jamais parfaitement ossifié et qui les rend peu ou point susceptibles de fossilisation. Les seules parties du corps des poissons primitifs, qui, en raison de leur dureté, nous aient été conservées, sont les dents et les rayons des nageoires. Mais ces parties se trouvent en telle abondance, leurs formes sont si variées, que nous sommes fondés à croire que dans les premiers âges géologiques la classe des poissons primitifs s'était considérablement multipliée. On les trouve déjà dans les couches siluriennes, qui

CLASSIFICATION

DES SEPT DIVISIONS ET DES QUINZE ORDRES DE LA CLASSE DES POISSONS.

Sous-classes de la classe des poissons.	Ordres de la classe des poissons.	Familles de la clsse des poissons.	Exemples des familles.
A. Selachii	I. Plagiostomi.	1. Squalacei.	Aiguillat, Requin, etc.
		2. Rajacei.	Mourines, Torpilles, etc.
	II. Holocephali	3. Chimæracei.	Chimères, Calorynchus, etc.
B. Ganoïdes	III. Tabuliferi.	4. Pamphracti.	Céphalaspides, Placodermes, etc.
		5. Sturiones.	Polyodon, Esturgeon, Sterlet, etc.
	IV. Rhombiferi.	6. Efulcri.	Diptérides, etc.
		7. Fulcrati.	Paléonisques, Lepidosteus, etc.
		8. Semæopteri.	Polyptère, etc.
	V. Cycliferi.	9. Cœloscolopes.	Holoptychies, Cœlacanthidés, etc.
		10. Pycnoscolopes.	Coccolépidés, Amia.
C. Telostei.	VI. Physostomi.	11. Thrissogenes.	Harengs, Saumons, Carpes. Silures, etc.
		12. Enchelygenes.	Anguilles, Congres, Gymnotes, etc.
	VII. Physoclisti.	13. Stichobranchii.	Perche, Labres, Pleuronectes, etc.
		14. Plectognathi.	Poisson-coffre, Diodon, etc.
		15. Lophobranchii.	Syngnathes, Hippocampes, etc.

ARBRE GÉNÉALOGIQUE DES CRANIOTES ANAMNIOTIQUES.

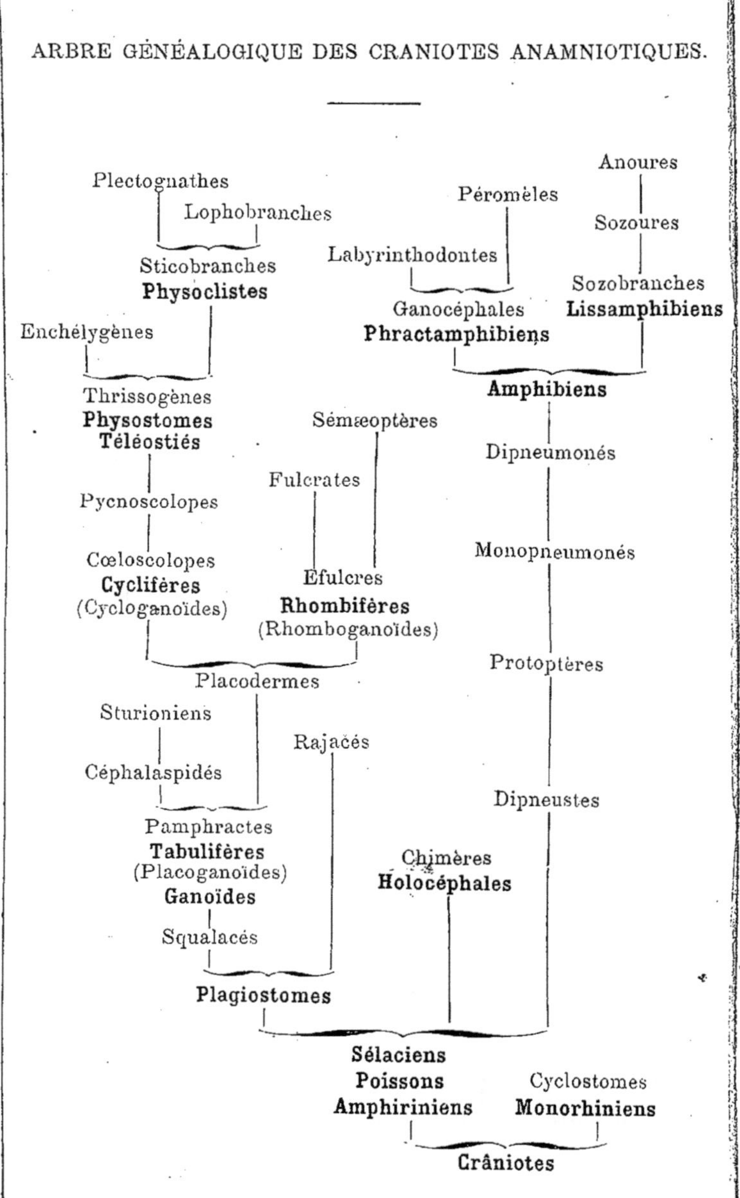

ne contiennent comme échantillons des autres vertébrés que de rares débris de poissons cartilagineux, et encore ceux-ci n'apparaissent-ils que dans les couches les plus élevées, dans le silurien supérieur. Des trois ordres de poissons primitifs les plus importants et les plus intéressants de beaucoup sont les requins, qui, de tous les amphirhiniens actuels, sont vraisemblablement ceux qui se rapprochent le plus de la forme ancestrale du groupe tout entier, le type prosélacien. De ces prosélaciens, qui devaient peu différer des requins actuels, sont sortis d'une part les poissons cartilagineux (ganoïdes) et les poissons primitifs actuels; d'autre part les dipneustes et les amphibies.

Les poissons cartilagineux (*Ganoïdes*) sont, au point de vue anatomique, exactement intermédiaires entre les poissons primitifs et les poissons osseux. Ils se rapprochent des uns et des autres par beaucoup de caractères. Nous en concluons que, généalogiquement aussi, ils forment un trait d'union entre les poissons primitifs et les poissons osseux. Aujourd'hui les ganoïdes sont éteints dans une plus large mesure encore que les poissons primitifs. Mais durant les âges paléolithique (primitif) et mésolithique (secondaire) tout entiers, ils étaient fort nombreux et comptaient beaucoup d'espèces. Les ganoïdes ont été subdivisés en trois groupes d'après la diversité de leur revêtement épidermique. Ce sont les ganoïdes à carapace (*Tabuliferi*), les ganoïdes à écailles polygonales (*Rhombiferi*) et les ganoïdes à écailles arrondies (*Cycliferi*). Les plus anciens sont les tabulifères; ils se rattachent immédiatement aux sélaciens, dont ils sont issus. On trouve déjà, bien que rarement, de leurs débris fossiles dans les couches siluriennes supérieures (*Pteraspis ludensis* des schistes de Ludlow). Le système devonien contient de gigantesques espèces appartenant à ce groupe; ce sont des animaux d'environ trente pieds de long, qui sont couverts de larges plaques osseuses. Aujourd'hui ce groupe n'est plus représenté que par le petit ordre des sturioniens (*Sturiones*), par exemple par les spatulaires (*Spatularides*) et les accipensérides (*Accipenserides*), auxquels appartient le grand esturgeon, qui nous fournit l'ichthyocolle et le sterlet, dont nous mangeons les œufs sous le nom de caviar. C'est vraisemblablement des ganoïdes à carapace, que sont sortis, comme deux rameaux divergents, les ganoïdes à écailles rhomboïdales et les ganoïdes à écailles arrondies. Les premiers (*Rhombiferi*), qui, à cause de leurs écailles rhomboïdales, se distinguent au premier coup d'œil de tous les autres poissons, ne sont plus représentés que par de rares survivants, par exemple par le polyptère dans les fleuves d'Afrique, spécialement dans le Nil, et par le lepidosteus dans les fleuves d'Amérique. Mais, durant l'âge paléolithique et la première moitié de l'âge mésolithique, la plupart des poissons appartenaient à ce groupe. Le troisième, celui des cyclifères (*Cycliferi*), était moins riche en espèces. Les cyclifères ont vécu surtout durant les périodes devonienne et carbonifère. Ce groupe, représenté encore par l'*Amia,* des fleuves de l'Amérique septentrionale, a aujourd'hui une importance particulière; en effet c'est de lui qu'est issue la troisième sous-classe des poissons, celle des poissons osseux.

La plus grande partie des poissons actuels fait partie du groupe des poissons osseux (*Teleostei*). Il faut ranger dans cette catégorie tous nos poissons de mer et d'eau douce, à l'exception des poissons cartilagineux, dont nous avons parlé. De nombreux fossiles démontrent nettement, que cette classe s'est formée seulement vers le milieu de l'âge mésolithique; elle est issue des poissons cartilagineux et vraisemblablement des cyclifères. Les thrissopides de la période jurassique (*Thrissops, Leptolepsis, Tharsis*), très-voisins de nos harengs actuels, sont vraisemblablement les poissons osseux les plus anciens; ils proviennent directement des poissons cartilagineux cyclifères, dont l'*Amia* actuel se rapproche beaucoup. Chez les poissons osseux les plus anciens, les physostomes, la vessie natatoire était encore, comme chez les ganoïdes, un conduit aérifère permanent, communiquant avec le gosier pendant toute la vie. Cette conformation existe encore chez nombre de poissons de ce groupe, chez le hareng, le saumon, la carpe, le silure, l'anguille, etc. Mais, durant la période crétacée, l'orifice de communication s'oblitéra chez quelques physostomes et la vessie natatoire fut ainsi entièrement séparée du pharynx. Telle fut l'origine du deuxième groupe des poissons osseux, des physoclistes, qui atteignirent leur plein développement seulement durant l'âge tertiaire, mais l'emportèrent bientôt sur les physostomes par la variété de leurs types. La plupart des poissons de mer actuels appartiennent à ce groupe, entre autres les familles si répandues des merluches, des pleuronectes, des thons, des labroïdes, des sargues, etc., etc., ainsi que les plectognathes (poisson coffre, diodon) et les lophobranches (les syngnathes et les hippocampes). Il y a au contraire fort peu de physoclistes parmi nos poissons de rivières; on peut citer néanmoins la perche et l'épinoche; mais la plupart des poissons de rivière appartiennent aux physostomes.

La curieuse classe des pneumobranches, dipneustes ou protoptères (*Dipneusta, Protopteri*) est exactement intermédiaire entre les poissons et les amphibies. Cette classe ne compte actuellement que de rares représentants. Citons le *Lepidosiren paradoxa,* vivant dans le bassin du fleuve des Amazones, et le *Protopterus annectens*, qui se trouve dans diverses régions de l'Afrique. Un troisième grand dipneuste, le *Ceratodus Forsteri,* a été récemment découvert en Australie. Durant la saison sèche de l'année, durant l'été, ces étranges animaux s'enfouissent dans l'argile desséchée, au milieu d'un nid de feuilles, et là ils respirent l'air par des poumons comme les amphibies. Pendant la saison humide, au contraire, ils vivent dans les rivières ou les marais et respirent l'eau par des branchies, comme les poissons. Par leur forme extérieure ils ressemblent aux poissons anguilliformes et sont comme eux recouverts d'écailles. Par maintes particularités de leur structure interne, du squelette, des extrémités, etc., ils se rapprochent plus des poissons que des amphibies. Mais par d'autres caractères ils ressemblent au contraire davantage à ces derniers, par exemple, par la conformation des poumons, du nez et du cœur. Aussi est-ce entre les zoologistes un éternel sujet de dispute que de savoir si les dipneustes sont des poissons ou des amphibies. Des naturalistes distingués se sont prononcés en faveur de l'une ou de l'autre opinion. En réalité les dipneustes ne sont ni des poissons ni des amphibies, tant le mélange des caractères est intime. Il est bien préférable de les regarder comme une classe spéciale de vertébrés servant de trait d'union entre les poissons et les amphibies. L'un des dipneustes actuels n'a qu'un poumon (Dipneumones) ; c'est le Ceratodus, tandis que le Protopterus et le lepidosiren ont deux poumons. Le premier semble plus ancien que les deux autres. Les dipneustes actuels sont vraisemblablement les derniers restes d'un groupe jadis nombreux, mais qui, n'ayant pas de squelette solide, n'a pas laissé de traces. Ils se comportent comme les monorhiniens et les leptocardiens, avec lesquels on les réunissait ordinairement pour les placer les uns et les autres dans la classe des poissons. Cependant on trouve dans le trias des dents qui ressemblent à celle du *Ceratodus*. Peut-être faut-il considérer les dipneustes éteints de l'âge paléolithique, qui sont sortis des poissons primitifs durant la période devonienne, comme les formes ancestrales des amphibies et par suite de tous les vertébrés supérieurs. Dans tous les cas, les formes transitoires reliant les poissons primitifs aux amphibies, ces formes inconnues, que nous regardons comme la souche des amphibies, ont dû ressembler beaucoup aux dipneustes ou pneumo-branches.

Les singuliers halisauriens (*Halisauria* ou *Enaliosauria*) forment une classe toute spéciale de vertébrés depuis longtemps éteints et qui semble avoir vécu seulement durant l'âge secondaire. Les halisauriens ont aussi été appelés animaux à pieds-nageoires ou nexipodes. Ces terribles animaux de proie peuplaient en grand nombre les mers mésolithiques ; ils y revêtaient les formes les plus étranges et atteignaient une longueur de trente à quarante pieds. De nombreux fossiles parfaitement conservés, des empreintes soit de corps entiers d'halisauriens, soit de diverses parties, nous ont complétement familiarisés avec la structure de leur corps. On les range habituellement parmi les reptiles ; mais quelques anatomistes les placent beaucoup plus bas et les rattachent directement aux poissons. Les recherches de Gegenbaur sur la conformation des membres des halisauriens conduisent à un résultat inattendu. Les halisaurisiens formeraient un groupe entièrement isolé, aussi éloigné des reptiles et des amphibies que des poissons proprement dits. La forme du squelette de leurs quatre membres, qui sont modelés en nageoires courtes et larges, analogues à celles des poissons et des baleines, semble montrer que les halisauriens ont dû se dégager de la souche des vertébrés avant les amphibies. En effet les amphibies aussi bien que les trois classes supérieures des vertébrés descendent tous d'une forme a cestrale commune, qui avait à chaque extrémité cinq orteils ou cinq doigts. Au contraire les halisauriens ont, comme les poissons primitifs, plus de cinq doigts, et ces doigts sont tantôt bien développés, tantôt restent à l'état rudimentaire. D'autre part, quoique vivant toujours dans la mer, ils avaient une respiration aérienne et pulmonaire, comme les dipneustes. Peut-être se sont-ils, en même temps que les dipneustes, détachés des sélaciens, mais sans s'élever plus haut dans l'échelle des vertébrés. Ils constituent une branche latérale éteinte.

Les halisauriens les mieux connus se subdivisent en trois ordres assez bien différenciés : ce sont les simosauriens, les ichthyosauriens et les plésiosaures. Les simosauriens sont les plus anciens des halisauriens ; ils ont vécu seulement durant la période triasique. C'est surtout dans l'étage triasique moyen que l'on rencontre les squelettes des simosauriens ; ils y sont même représentés par plusieurs genres. Ils étaient vraisemblablement analogues d'une manière générale aux plésiosaures ; on peut les réunir avec eux dans un ordre qui prendrait le nom de sauroptérygiens (*Sauropterygia*). Les plésiosaures vivaient avec les ichthyosaures durant les périodes jurassique et crétacée. Ils étaient caractérisés par un cou grêle et très-long, plus long souvent que le reste du corps et surmonté d'une petite tête à museau court. S'ils portaient le cou redressé, ils devaient ressembler à des cygnes ; mais, au lieu d'ailes et de pattes, ils avaient deux paires de nageoires courtes, plates et ovales.

Tout autre était la forme des ichthyosauriens (*Ichthyosauria*), que l'on peut aussi opposer aux deux ordres précédents sous le nom d'ichthyoptérygiens (*Ichthyopterygia*). Ils avaient un corps pisciforme très-allongé, une lourde tête à museau plat et long, un cou court. Ils ont dû être extérieurement très-analogues à certains dauphins. La queue, qui, dans le groupe précédent, était très-courte, est ici très-longue. Les deux paires de nageoires sont aussi plus larges et d'une structure différente. Les ichthyosaures et les plésiosaures sont peut-être issus, comme deux branches divergentes, des simosauriens. Mais peut-être aussi les simosauriens ont-ils simplement donné naissance aux plésiosaures, tandis que les ichthyosauriens se sont détachés plus bas de la souche commune. Quoi qu'il en soit, tous descendent directement ou indirectement des sélaciens.

Les autres classes de vertébrés, les amphibies et les amniotes (reptiles, oiseaux et mammifères), peuvent, à cause de la pendactylie, qui leur est commune, être considérées comme dérivant d'une forme ancestrale commune, d'un type sélacien, qui avait cinq doigts à chaque extrémité. Là où le nombre des doigts est inférieur à cinq, cela tient à ce que certains d'entre eux ont fini par disparaître en vertu d'un travail d'adaptation. Les plus anciens vertébrés à cinq doigts, que nous connaissions, sont les amphibies (*Amphibia*). Nous divisons cette classe en deux sous-classes, la sous-classe des amphibies à carapace et celle des amphibies nus. Dans la première de ces sous-classes, le corps est revêtu de plaques osseuses ou d'écailles caractéristiques.

Cette première sous-classe des amphibies écailleux (*Phrac-*

tamphibia) comprend les vertébrés terrestres les plus anciens, qui nous aient légué des débris fossiles. On trouve de leurs restes bien conservés dès la période carbonifère, entre autres les ganocéphales (*Ganocephala*), si voisins des poissons, l'*Archegosaurus* de Saarbruck et le *Dendrerpeton* de l'Amérique du Nord. A ces animaux succèdent plus tard les labyrinthodontes (*Labyrinthodonta*), géants représentés, dès le système permien, par le zygosaurus et plus tard, surtout dans le trias, par le *Mastodonsaurus*, le *Tremitosaurus*, le *Capitosaurus*, etc. Ces redoutables animaux de proie semblent se placer morphologiquement entre le crocodile, la salamandre et la grenouille ; plus semblables aux deux derniers par la structure interne, ils se rapprochaient davantage du premier par leur solide carapace de plaques osseuses. Ces phractamphibies semblent déjà éteints vers la fin de la période du trias. A partir de là nous ne connaissons aucun fossile d'animaux de cet ordre. Il a persisté néanmoins et même n'a jamais été complétement éteint, comme le prouvent nos Cœciliés actuelles (*Peromela*), petits amphibies écailleux, ayant la forme et les habitudes des lombrics.

La deuxième sous-classe des amphibies, la classe des amphibiens nus (*Lissamphibia*), apparaît vraisemblablement dès l'âge primaire ou l'âge secondaire, quoique nous n'en connaissions pas de restes fossiles avant l'âge tertiaire. Les lissamphibiens se distinguent des phractamphibiens par la structure de la peau, qui est nue, lisse, huileuse et toujours dépourvue d'écailles et de carapace. Ils provinrent sans doute soit d'un rameau des phractamphibiens, soit d'une souche commune aux deux sous-classes. Les trois ordres de lissamphibiens encore subsistants, les amphibies à branchies, les urodèles et les anoures, nous révèlent aujourd'hui encore très-nettement dans leur développement embryologique les phases de l'évolution historique du groupe. L'ordre le plus ancien est celui des amphibies à branchies (*Sozobranchia*), qui ne s'écartent guère durant toute leur vie de la forme ancestrale des lissamphibies et conservent une longue queue et des branchies. Ils sont très-voisins des dipneustes, dont ils diffèrent extérieurement par le défaut d'écailles. La plupart des sozobranches vivent dans l'Amérique du Nord, entre autres l'axolotl ou *Siredon* précédemment cité (p. 214). En Europe cet ordre n'est représenté que par un seul type, par le célèbre *Proteus anguineus*, qui habite la grotte d'Adelsberg et autres cavernes de la Carniole. Un séjour habituel dans l'obscurité a produit l'atrophie des yeux, qui restent rudimentaires et sont incapables de voir. Des sozobranches est issu par suite de la perte des branchies l'ordre des urodèles (*Sozura*), auquel appartiennent notre salamandre terrestre, jaune et tachetée de noir (*Salamandra maculata*), et notre agile triton. Beaucoup d'urodèles et, entre autres, les genres *Amphiuma* et *Menopona* de l'Amérique du Nord, ont conservé les fentes branchiales tout en ayant perdu les branchies. Tous gardent leur queue toute leur vie. Parfois aussi les tritons conservent leurs branchies, si on les oblige à séjourner dans l'eau, et ne s'élèvent pas par conséquent au-dessus des sozobranches. Les animaux du troisième ordre, les anoures (*Anura*), ont perdu par la métamorphose non-seulement les branchies, à l'aide desquelles ils respiraient dans l'eau durant leur premier âge, mais aussi la queue, qui leur servait à nager. Ils passent donc, durant leur évolution embryologique, par les phases qu'a parcourues historiquement la sous-classe tout entière et sont d'abord sozobranches, puis urodèles, et enfin anoures. De là résulte évidemment que les anoures sont issus des urodèles et ceux-ci des amphibies à branchies.

Au moment de passer de la classe des amphibies à la classe la plus voisine, celle des reptiles, nous avons à signaler un important progrès dans l'organisation des vertébrés. Tous les amphirhiniens considérés jusqu'ici, et notamment les deux grandes classes des poissons et des amphibies, ont en commun un certain nombre de caractères de premier ordre, par lesquels ils se distinguent essentiellement des trois autres classes des vertébrés, des reptiles, des oiseaux et des mammifères. Chez ces derniers, il se développe durant la période embryonnaire une membrane mince, ayant son point de départ au nombril ; c'est l'amnios, qui est rempli par l'eau amniotique et enveloppe l'embryon comme un sac clos de toutes parts. Cette conformation très-importante et caractéristique nous autorise à réunir sous le nom d'amniotes (*Amniota*) les trois classes supérieures des vertébrés. Au contraire nous réunirons sous le nom d'anamniens (*Anamnia*) les quatre classes d'amphirhiniens considérées ci-dessus et qui sont privées d'amnios comme tous les vertébrés inférieurs (monorhiniens et acrâniens).

Évidemment la formation de la membrane amniotique, par laquelle les reptiles, les oiseaux et les mammifères se distinguent de tous les autres vertébrés, constitue un grand progrès dans l'ontogénie des vertébrés et dans leur phylogénie. Cette formation de l'amnios coïncide avec une série d'autres progrès, qui donnent aux animaux amniotiques leur rang élevé dans la série ; par exemple, la perte totale des branchies, fait pour lequel on a depuis longtemps opposé les amniotes à tous les autres vertébrés en les appelant abranches (*Abranchiata*). Chez tous les vertébrés que nous avons passés en revue jusqu'ici, on trouve la respiration branchiale, soit permanente, soit au moins dans la jeunesse, comme chez les grenouilles et les salamandres. Au contraire chez les reptiles, les oiseaux et les mammifères, la respiration branchiale n'existe à aucun moment de la vie et les arcs branchiaux se transforment, dès la période embryonnaire, en d'autres organes ; ils contribuent à former l'appareil maxillaire et les organes de l'ouïe. Tous les animaux amniotiques ont dans l'oreille un « limaçon » et « une fenêtre ronde », qui n'existent point chez les anamniotes. Chez ces derniers, l'axe du crâne embryonnaire se continue en ligne droite avec l'axe de la colonne vertébrale. Au contraire, chez les animaux amniotiques, cet axe s'incline en avant, la base du crâne tend à devenir perpendiculaire à l'axe de la colonne vertébrale et la

Grandes classes et sous classes de la tribu des Vertébrés

(Prochordata) Invertébrés Ancêtres des Vertébrés

Acraniens (Acrania) ou Leptocardiens (Leptocardia)

Monorrhiniens Monorrhina ou Cyclostomes (Cyclostoma)

Anamniens (Anamnia) { Amphirrhiniens à branchies sans amnios

Poissons: Sélaciens (Selachii) — Poissons cartilagineux (Ganoïdes) — Poissons osseux (Teleostei)

Dipneustes (Dipneusta) — Halisauriens (Halisauria) — Amphibiens (Amphibia)

Amniotes (Amniota) { Amphirrhiniens avec amnios sans branchies

Reptiliens (Reptilia): Tocosauriens (Tocosauria) — Lacertiliens (Lacertilia) — Ophidiens (Ophidia) — Crocodiliens (Crocodilia) — Chéloniens (Chelonia) — Ptérosauriens (Pterosauria) — Dinosauriens (Dinosauria) — Anomodontes (Anomodontia)

Oiseaux (Aves)

Mammifères (Mammalia): Monotrêmes (Monotrema) — Marsupialiens (Marsupialia) — Placentaliens (Placentalia)

Âge cénolithique ou tertiaire: Période pliocène — Période miocène — Période éocène

Âge mésolithique ou secondaire: Période crétacée — Période jurassique — Période triasique

Âge paléolithique ou primaire: Période permienne — Période houillère — Période devonienne

Âge archéolithique ou primordial: Période silurienne — Période cambrienne — Période laurentienne

ARBRE GÉNÉALOGIQUE
Unitaire ou monophylétique
de la
CLASSE DES VERTÉBRÉS
Basé sur la paléontologie

Durée relative, en centièmes, des cinq âges

V. Âge quaternaire	0.5
IV. Âge tertiaire	2.3
III. Âge secondaire	11.5
II. Âge primaire	32.1
I. Âge primordial	53.6
Somme:	100.0

tête à tomber sur la poitrine (pl. III, *fig.* Ç, D, G, H). C'est aussi chez les amniotes seulement que l'appareil lacrymal se développe dans l'œil.

Demandons-nous maintenant à quelle époque de la vie organique du globe s'est effectué ce grand progrès ? à quel moment la forme ancestrale des animaux amniotiques est issue d'une branche des amniotes et certainement d'un rameau des amphibies ?

Les débris fossiles des vertébrés ne répondent à cette question que d'une manière approximative. Si l'on excepte deux espèces douteuses de sauriens trouvées dans le système permien, le *Proterosaurus* et le *Rhopalodon,* tous les autres vertébrés fossiles des amniotes, que nous connaissions jusqu'ici, appartiennent aux âges secondaire, tertiaire et quaternaire. Mais on ne sait pas bien encore si ces deux vertébrés sont de vrais reptiles ou bien des amphibies analogues aux salamandres. Nous ne connaissons que le squelette de ces animaux et jamais même ce squelette n'a été trouvé complet. Les caractères des parties molles nous sont tout à fait inconnus; il est donc possible que le protérosaurus et le rhopalodon aient été des animaux anamniotiques, plus voisins des amphibies que des reptiles, ou bien peut-être des formes transitoires entre ces deux classes. Mais, d'autre part, comme il est incontestable que des fossiles d'amniotes ont été trouvés déjà dans le trias, il est vraisemblable que la grande classe des amniotes s'est formée seulement durant la période triasique, au commencement de l'âge mésolithique.

Comme nous l'avons déjà vu, cette période fait précisément époque dans l'histoire organique de la terre. C'est alors que les forêts de pins du trias succédèrent aux bois de fougères paléolithiques. D'importantes métamorphoses se produisirent aussi dans nombre de groupes d'animaux invertébrés : les phatnocrinoïdes donnent naissance aux colocrinoïdes. Les antéchinides à douze rangs de plaques prennent la place des paléchinides paléolithiques, ayant plus de vingt séries de plaques. Les cystidés, les blastoïdés, les trilobites et autres groupes d'invertébrés caractéristiques de l'âge primaire étaient alors éteints. Il n'y aurait donc rien d'étonnant à ce que les profondes modifications du milieu survenues au commencement de la période triasique aient aussi puissamment influé sur les vertébrés et provoqué l'apparition des animaux amniotiques.

Si, au contraire, on veut regarder les deux sauroïdes ou salamandroïdes de la période permienne, le protérausorus et le rhopalodon, comme de vrais reptiles et en faire les plus anciens des amniotes, alors l'origine de cette grande classe remonte à une période plus éloignée, vers la fin de l'âge primaire, dans la période permienne. Mais tous les débris fossiles reptiliformes, que l'on a cru trouver soit au début de la période permienne, soit dans le système carbonifère et même dans le système devonien, n'appartenaient point à des reptiles ou étaient d'un âge beaucoup plus récent, probablement du trias. (*Voir* tableau XIX.)

La forme ancestrale de tous les amniotes, que nous pouvons appeler ***Protamnion*** et qui était peut-être très-voisine du protérosaurus, avait vraisemblablement des formes intermédiaires entre celles des salamandres et celles des sauriens. De bonne heure la descendance de cette forme ancestrale se bifurqua ; un rameau donna naissance aux reptiles et aux oiseaux, l'autre aux mammifères.

Des trois classes d'amniotes, celle des reptiles (***Reptilia*** ou ***Pholidota*** ou sauriens, en prenant cette expression dans un sens très-large) est la plus inférieure, parce qu'elle s'écarte le moins de la souche première, du type des amphibies. Aussi a-t-on rattaché de bonne heure les reptiles aux amphibies, bien que par leur organisation tout entière ils soient bien plus voisins des oiseaux que des amphibies. Aujourd'hui il ne subsiste plus que quatre ordres de reptiles, savoir les sauriens, les ophidiens, les crocodiles et les chéloniens. Ce sont là seulement de pauvres débris d'un groupe extrêmement varié, très-développé, qui vivait durant l'âge mésolithique ou secondaire et l'emportait alors sur toutes les autres classes des

CLASSIFICATION

DES HUIT ORDRES ET DES VINGT-SEPT SOUS-ORDRES DE REPTILES

(Les groupes marqués † avaient déjà disparu dès l'âge secondaire.)

Ordres des reptiles.	Sous-ordres des reptiles.	Un nom de genre comme exemple.
I. Tocosauriens (Tocosauria). †	1. Proreptilia.	† (Proterosaurus?)
	2. Thecodontia.	† Palæosaurus.
II. Lacertiliens (Lacertilia).	3. Fissilingues.	Monitor.
	4. Crassilingues.	Iguana.
	5. Brevilingues.	Anguis.
	6. Glyptodermata.	Amphisbæna.
	7. Vermilingues.	Chamæleo.
III. Ophidiens (Ophidia).	8. Aglyphodonta.	Coluber.
	9. Opisthoglypha.	Dipsas.
	10. Proteroplypha.	Hydrophis.
	11. Solenoglypha.	Vipera.
	12. Opoterodonta.	Typhlops.
IV. Crocodiliens (Crocodilia).	13. Teleosauria.	† Teleosaurus.
	14. Steneosauria.	† Steneosaurus.
	15. Alligatores.	Alligator.
V. Chéloniens (Chelonia).	16. Thalassita.	Chelone.
	17. Potamita.	Trionyx.
	18. Elodita.	Emys.
	19. Chersita.	Testudo.
VI. Ptérosauriens (Pterosauria). †	20. Rhamphorhynchi.	† Ramphorhynchus.
	21. Pterodactyli.	† Pterodactylus.
VII. Dinosauriens (Dinosauria). †	22. Harpagosauria.	† Megalosaurus.
	23. Therosauria.	† Iguanodon.
VII. Anomodontes (Anomodontia).	24. Cynodontia.	† Dicynodon.
	25. Cryptodontia.	† Udenodon.
	26. Hypsosauria.	† Compsognathus.
	27. Tocornithes.	† (Tocornis).

vertébrés. La multiplication considérable des reptiles durant l'âge secondaire est tellement caractéristique, que nous pourrions appeler cet âge aussi bien l'âge des reptiles que l'âge des végétaux gymnospermes. Des vingt-sept sous-ordres énumérés dans le tableau suivant, douze appartiennent exclusivement à l'âge secondaire, et, des huit ordres, quatre sont dans le même cas. Ces groupes mésolithiques sont marqués d'une croix dans le tableau. A la seule exception des ophidiens, tous les ordres de reptiles existent déjà à l'état fossile dans les systèmes jurassique et triasique.

Dans le premier ordre, celui des tocosauriens (*Tocosauria*) je réunis les *Thecodontia* éteints de la période triasique et les reptiles, que nous pouvons considérer comme la forme ancestrale de la classe entière. A ces derniers, que nous appellerons reptiles primitifs (*Proreptilia*), appartient peut-être le Proterosaurus du système permien. Il faut considérer les sept autres ordres comme autant de rameaux divergents issus de cette souche commune. Les thécodontes du trias, seuls restes fossiles des tocosauriens que nous connaissions, étaient des sauriens, qui ont dû ressembler assez aux monitors et aux varans actuels (*Monitor, Varanus*).

Des quatre ordres de reptiles, qui subsistent aujourd'hui et qui, déjà dès le début de l'âge tertiaire, étaient les seuls représentants de la classe, les lacertiliens (*Lacertilia*) se rattachent vraisemblablement par les monitors actuels aux reptiles primitifs éteints. C'est d'une branche de l'ordre des lacertiliens, qu'est provenu le groupe des ophidiens au commencement de l'âge tertiaire, selon toute apparence. Du moins jusqu'ici on ne connaît pas de serpents fossiles au-dessous des couches tertiaires. Les crocodiliens (*Crocodilia*) sont apparus beaucoup plus tôt ; en effet on trouve déjà dans les terrains jurassiques beaucoup de débris fossiles du téléosaure et du sténéosaure ; au contraire, les alligators actuels ne se montrent que dans les couches crétacées et tertiaires. Le plus isolé des quatre ordres de reptiles vivants est le curieux groupe des chéloniens (*Chelonia*). C'est dans les couches jurassiques, que ces singuliers animaux se rencontrent pour la première fois à l'état fossile. Ils se rapprochent par quelques caractères des amphibies, par d'autres des crocodiles, et, par certaines particularités, des oiseaux, de sorte que vraisemblablement leur vraie place dans l'arbre généalogique des reptiles est près de la racine. Un fait frappant, c'est l'extraordinaire analogie de leurs embryons, même dans les derniers stades de l'ontogénèse, avec les embryons des oiseaux. (*Voyez* pl. II et III.)

Entre les quatre ordres de reptiles éteints et les quatre ordres vivants, il y a tant de signes de parenté que, dans l'état actuel de nos connaissances, il nous faut renoncer entièrement à construire leur arbre généalogique. Les célèbres ptérosauriens (*Pterosauria*) constituent une des formes les plus excentriques et les plus curieuses ; ce sont des sauriens volants, chez qui les cinq doigts de la main, démesurément écartés, supportent une solide membrane et jouent le rôle d'une aile. Dans l'âge secondaire, ces ptérosauriens volaient vraisemblablement en tournoyant, comme nos chauves-souris actuelles. Les plus petits sauriens volants ont environ la taille d'un moineau. Mais les plus gros ptérosaures, dont l'envergure des ailes mesurait plus de 16 pieds, dépassaient en grandeur les plus gros oiseaux actuels, le condor et l'albatros. Les débris de leurs représentants fossiles, des rhamphorhynques à longue queue et des ptérodactyles à queue courte, se rencontrent en grand nombre dans toutes les couches jurassiques et crétacées, mais point ailleurs.

Le groupe des dinosauriens n'est pas moins remarquable et, pour l'âge mésolithique, il est caractéristique (*Dinosauria* ou *Pachypoda*). Ces reptiles colossaux, qui atteignaient une longueur de plus de 50 pieds, sont les plus grands animaux continentaux qui aient jamais foulé le sol de notre planète. Ils vécurent exclusivement durant l'âge secondaire. La plupart de leurs débris se trouvent dans les terrains crayeux inférieurs, notamment dans le terrain wealdien d'Angleterre. La plupart d'entre eux étaient de terribles animaux de proie

(*Megalosaurus* de 20-30 pieds, *Pelorosaurus* de 40-60 pieds de long). Pourtant l'*iguanodon* et quelques autres étaient herbivores et représentaient vraisemblablement, dans les forêts de la période crétacée, les éléphants, les hippopotames, les rhinocéros, de nos jours, aussi pesants d'allure, mais relativement beaucoup plus petits.

Les anomodontes (*Anomodontia*), dont on trouve tant d'intéressants débris dans les terrains triasiques et jurassiques, étaient peut-être proches parents des dinosauriens. Chez eux, comme chez la plupart des reptiles volants et des tortues, la mâchoire était conformée en bec dépourvu de dents ou n'ayant que des dents atrophiées. C'est dans cet ordre, sinon dans le précédent, qu'il faut chercher les premiers ancêtres de la classe des oiseaux ; nous les appellerons reptiles-oiseaux (*Tocornithes*). Le curieux *Compsognathus* des terrains jurassiques, dont la conformation rappelle celle du kangourou, devait se rapprocher beaucoup de ce ces tocornithes ; déjà, par beaucoup de caractères, il incline vers les oiseaux.

La classe des oiseaux (*Aves*) est, comme je l'ai déjà remarqué, si voisine des reptiles et par la structure interne du corps et par l'évolution embryologique, qu'elle est certainement issue d'un rameau reptilien. Un regard jeté sur les planches II et III suffit pour constater qu'à une époque où les embryons d'oiseaux diffèrent déjà très-notablement de ceux des mammifères, ils se distinguent encore à peine de ceux des tortues et des autres reptiles. Chez les oiseaux et les reptiles, le sillonnement du jaune est partiel ; chez les mammifères, il est total. Chez les premiers, les globules rouges du sang ont un noyau ; ils n'en ont pas chez les seconds. Les poils des mammifères évoluent tout autrement que les plumes des oiseaux et les écailles des reptiles. La mâchoire inférieure des reptiles et des oiseaux est bien plus compliquée que celle des mammifères. Ces derniers n'ont pas d'os carré. Tandis que, chez les mammifères, comme chez les amphibies, l'articulation du crâne et de la première vertèbre cervicale se fait au moyen de deux condyles, chez les oiseaux et les reptiles ces deux condyles se confondent en un seul. On peut donc réunir ces deux dernières classes sous le nom de monocondyliens (*Monocondylia*) et en distinguer les mammifères, en les appelant dicondyliens (*Dicondylia*).

Quoi qu'il en soit, c'est seulement durant l'âge mésolithique et vraisemblablement durant la période triasique, que les oiseaux et les reptiles se sont formés. Les plus anciens débris fossiles d'oiseaux ont été trouvés dans les couches jurassiques supérieures (*Archæopteryx*). Mais, dès la période triasique, vivaient divers sauriens (anomodontes), qui, sous divers rapports, semblent former la transition entre les tocosauriens et la forme ancestrale des oiseaux, les tocornithes hypothétiques. Selon toute vraisemblance, ces tocornithes pourraient à peine se distinguer dans la classification des autres sauriens à bec et surtout du *Compsognathus* jurassique de Solenhofen. Huxley place ce dernier à côté du dinosaure et les croit tous deux fort voisins des tocornithes.

En dépit de la bigarrure si variée du plumage et de la diversité des formes du bec et des pattes, la classe des oiseaux est aussi uniformément organisée que celle des insectes. Cette classe s'est adaptée de mille manières aux conditions du milieu extérieur, sans pour cela s'écarter notablement du type héréditaire de la structure anatomique. Seuls, deux petits groupes, d'une part les sauroures (*Saururæ*), d'autre part les oiseaux coureurs (*Ratitæ*), se sont sensiblement éloignés du type ornithologique ordinaire, celui des carinatés (*Carinatæ*). L'on peut donc diviser la classe entière en trois sous-classes.

La première sous-classe, celle des sauroures, n'est jusqu'ici connue que par une empreinte très-imparfaite, mais extrêmement intéressante, parce qu'elle représente la plus ancienne trace fossile de la classe des oiseaux. Je veux parler de l'*Archæopterix lithographica* trouvé jusqu'ici une seule fois dans le calcaire lithographique de Solenhofen, qui appartient aux couches jurassiques supérieures de la Bavière.

Ce singulier oiseau était à peu près de la taille d'un fort corbeau, à en juger par les pattes qui étaient bien conservées; malheureusement la tête et la poitrine manquent. La forme des ailes s'éloigne déjà beaucoup de celle des autres oiseaux, mais c'est surtout la queue qui diffère. Chez tous les autres oiseaux, la queue est très-courte et compte seulement quelques vertèbres. Les dernières de ces vertèbres sont soudées en une mince plaque osseuse perpendiculaire, sur laquelle les plumes rectrices s'insèrent en éventail. Au contraire, l'archæoptéryx a une longue queue, comme celle des sauriens ; cette queue est composée de vingt vertèbres allongées et amincies et chacune de ces vertèbres porte une paire de fortes plumes rectrices, toutes disposées régulièrement sur deux rangs. Or le squelette de la queue a cette même forme chez les embryons de tous les autres oiseaux, de sorte que la queue de l'archæoptéryx représente évidemment la queue primitive des oiseaux, celle que le type oiseau avait héritée des reptiles. Il y avait probablement, vers le milieu de l'âge secondaire, un grand nombre de ces oiseaux à queue de sauriens ; le hasard a voulu que jusqu'ici ce seul reste nous en parvînt.

La deuxième sous-classe, celle des *Carinatæ*, comprend tous les oiseaux actuels à l'exception des oiseaux coureurs (*Ratitæ*). Sans doute, les carinatés sont issus des sauroures par suite de la soudure des dernières vertèbres caudales et du raccourcissement de la queue, dans la seconde moitié de l'âge secondaire, durant les périodes jurassique ou crétacée. Nous connaissons fort peu de leurs débris appartenant à l'âge secondaire, et même ces restes se rapportent à la seconde moitié de cet âge, à la période de la craie. Les débris dont nous parlons appartiennent à un palmipède, à une sorte d'albatros et à un échassier analogue à la bécasse. Tous les autres débris d'oiseaux fossiles que l'on connaît, ont été trouvés dans les couches tertiaires.

Les oiseaux coureurs (*Ratitæ* ou *Cursores*) forment la troisième et dernière sous-classe, qui aujourd'hui n'est plus représentée que par de rares espèces, par l'autruche africaine bidigitée, l'autruche américaine et australienne tridigitée, le casoar indien et le kirvi ou aptéryx à quatre doigts de la Nouvelle-Zélande. Les gigantesques oiseaux éteints de Madagascar (*Epyornis*) et de la Nouvelle-Zélande (*Dinornis*), qui étaiént beaucoup plus gros que les plus grandes autruches actuelles, appartenaient à ce groupe. Les oiseaux coureurs sont probablement provenus d'une branche des oiseaux à carène (*Carinatæ*) en perdant l'habitude du vol. Par suite, les muscles actifs dans le vol et le bréchet sternal, auquel ils s'inséraient, se sont atrophiés, tandis que les membres postérieurs se développaient pour la course. Peut-être aussi, comme le pense Huxley, ces oiseaux coureurs sont-ils très-proches parents du dinosaure et des reptiles analogues, notamment du compsognathus. Dans tous les cas il faut placer la souche commune de tous les oiseaux parmi les reptiles éteints.

VINGT ET UNIÈME LEÇON.

ARBRE GÉNÉALOGIQUE ET HISTOIRE DU RÈGNE ANIMAL.

IV. — MAMMIFÈRES.

Classification des mammifères d'après Linné et de Blainville. — Trois sous-classes de mammifères (ornithodelphes, didelphes, monodelphes). — Ornithodelphes ou monotrèmes (ornithostomes). — Didelphes ou marsupiaux. — Marsupiaux herbivores et marsupiaux carnivores. — Monodelphes ou placentaliens. — Importance du placenta. — Villiplacentaires. — Zonoplacentaires. —Discoplacentaires. — Mammifères sans membrane caduque ou indécidués. — Ongulés. — Impariongulés et pariongulés. — Cétacés. — Édentés. — Mammifères à membrane caduque ou décidués. — Prosimiens. — Rongeurs. — Chélophores. — Insectivores. — Carnassiers. — Cheiroptères. — Simiens.

Messieurs, il y a peu de points dans la taxinomie organique, sur lesquels les naturalistes aient été constamment d'accord. L'un de ces points pourtant est la primauté donnée à la classe des mammifères dans le règne animal. Ce privilége a pour raison d'être l'intérêt spécial qu'offre cette classe, les avantages et les agréments variés que, plus que tous les autres animaux, les mammifères procurent à l'homme, et surtout le fait que l'homme lui-même en fait partie. En effet, quelle que soit la place que l'on ait assignée à l'homme dans la nature et dans la classification des animaux, jamais un naturaliste n'a balancé un instant à le ranger, au moins au point de vue morphologique, dans la classe des mammifères. Cela suffit pour nous dicter une conclusion d'importance majeure, c'est qu'au point de vue de la consanguinité, l'homme est un membre de ce groupe et qu'il est issu de mammifères depuis longtemps éteints. Nous devrons par conséquent nous occuper avec un soin tout particulier de l'histoire et de l'arbre généalogique des mammifères. Permettez-moi donc de diriger votre attention sur leur classification méthodique.

Les anciens naturalistes ont divisé la classe des mammifères en une série de huit à seize ordres, en se basant principalement sur la conformation des dents et des pieds. Au plus humble degré de cette série, se trouvent les cétacés, qui, par leur forme pisciforme, s'éloignent le plus de l'homme, placé, lui, au sommet du groupe. Ainsi Linné admettait les huit ordres suivants : 1° *Cete* (baleines); 2° *Belluæ* (hippopotames et chevaux) ; 3° *Pecora* (ruminants) ; 4° *Glires* (rongeurs et rhinocéros) ; 5° *Bestiæ* (insectivores, marsupiaux, etc.) ; 6° *Feræ* (carnassiers) ; 7° *Brutæ* (édentés et éléphants); 8° *Primates* (chauves-souris, prosimiens, singes et homme). Cuvier, qui fit loi pour la plupart des zoologistes, ne perfectionna guère cette classification. Il admit les huit ordres suivants : 1° *Cetacea* (baleines); 2° *Ruminantia ;* 3° *Pachyderma* (ongulés à l'exception des ruminants) ; 4° *Edentata;* 5° *Rodentia* (rongeurs) ; 6° *Carnassia* (marsupiaux, carnivores, insectivores et cheiroptères) ; 7° *Quadrumana* (prosimiens et simiens) ; 8° *Bimana* (hommes).

Ce fut l'illustre zoologiste de Blainville, déjà cité par nous, qui, dès 1816, fit faire à la classification des mammifères le progrès le plus important. Son coup d'œil profond sut distinguer les trois grands groupes naturels ou sous-classes des mammifères, qu'il classa d'après la conformation de leurs organes reproducteurs, en *Ornithodelphes*, *Didelphes* et *Monodelphes*. Comme les zoologistes les plus distingués acceptent aujourd'hui cette division, parce qu'elle est confirmée avec éclat par l'embryologie, nous la suivrons nous-même.

La première sous-classe est constituée par les animaux à cloaque (*Monotrema* ou *Ornithodelphia*). Cette section n'est plus représentée aujourd'hui que par deux espèces, habitant toutes deux la Nouvelle-Hollande et la terre de Van Diemen, qui en est voisine ; l'une de ces espèces est très-connue, c'est l'*Ornithorynchus paradoxus ;* l'autre beaucoup moins connue est l'*Echidna hystrix*. Ces deux étranges animaux, que l'on a réunis pour en former l'ordre des ornithostomes (*Ornithostoma*), sont évidemment les derniers survivants d'un groupe jadis très-riche, qui, durant l'âge secondaire, représentait seul la classe des mammifères et d'où est issue dans la suite, vraisemblablement durant la période jurassique, la deuxième sous-classe, celle des didelphes. Malheureusement nous ne possédons encore aucun reste fossile bien déterminé de ce groupe ancestral des mammifères, que nous appellerons *Promammalia*. Pourtant le plus ancien mammifère connu, le *Microlestes antiquus*, dont nous ne connaissons que quelques petites molaires, appartient peut-être à ce groupe. Ses débris ont été trouvés dans les couches superficielles du trias, dans le Keuper, pour la première fois en Allemagne, à Degerloch près de Stuttgart (1847), et plus tard (1858), en Angleterre (près de Frome). Récemment des dents analogues ont aussi été signalées dans le trias de l'Amérique du Nord, et on les a décrites comme appartenant au *Dromatherium sylvestre*. Ces dents remarquables, que leur forme caractéristique permet d'attribuer à un mammifère insectivore, sont les seuls restes de mammifères, que l'on ait jusqu'à présent rencontrés dans les couches secondaires anciennes, dans le trias. Mais il se peut que quantité d'autres dents de mammifères trouvées dans les terrains jurassiques et crétacés, et que d'habitude on attribue à des marsupiaux, appartiennent aussi à des animaux à cloaque ou monotrèmes. C'est un point à décider. Mais les marsupiaux doivent avoir été précédés de nombreux monotrèmes pourvus d'un appareil dentaire et d'un cloaque.

Les ornithodelphes ont été appelés, dans un sens très-large, monotrèmes, à cause de leur cloaque, qui les éloigne du reste des mammifères et les rapproche au contraire des oiseaux, des reptiles, des amphibies et en général des vertébrés inférieurs. Le cloaque consiste en ce que les organes génito-urinaires s'ouvrent dans la portion terminale du canal intestinal, tandis que, chez tous les autres mammifères, didelphes et monodelphes, l'orifice de ces organes est en avant du rectum. Pourtant, chez ces derniers aussi, le cloaque existe durant les premiers temps de la vie embryonnaire, et c'est seulement plus tard, chez l'homme vers la douzième semaine de la vie embryonnaire, que s'effectue la différenciation des orifices. On a aussi appelé les monotrèmes « animaux à fourchette » parce que chez eux les clavicules sont soudées entre elles et avec le sternum en une pièce osseuse analogue à la fourchette des oiseaux. Chez les autres mammifères, les deux clavicules restent séparées en avant, et s'articulent avec les parties latérales du sternum. En outre, chez les monotrèmes, les clavicules postérieures, ou os coracoïdes, sont beaucoup plus fortes que chez les autres mammifères et se soudent au sternum.

Par maint autre caractère encore, notamment par la conformation des organes génitaux, par celle du labyrinthe auditif et du cerveau, les monotrèmes se rapprochent moins des mammifères que des autres vertébrés, à ce point qu'on a voulu en faire une classe particulière. Cependant, comme tous les autres mammifères, ils mettent au monde des petits vivants, que la mère allaite longtemps. Mais tandis que, chez tous les autres mammifères, la succion du lait se fait par les mamelons des glandes mammaires, ces mamelons font absolument défaut aux monotrèmes et le lait sort des glandes par une aréole de la peau nullement saillante, mais trouée comme une écumoire. On pourrait donc appeler les monotrèmes, amamelonnés (*Amasta*).

L'existence du bec est caractéristique chez les deux monotrèmes : elle se lie à l'atrophie des dents; mais évidemment on ne saurait voir là un caractère essentiel de la sous-classe entière des monotrèmes ; c'est simplement un fait d'adaptation accidentel distinguant les derniers représentants du groupe de ceux qui ont disparu ; c'est ainsi qu'une mâchoire dépourvue de dents différencie beaucoup d'édentés (par exemple les fourmiliers) du reste des mammifères placentaires. Vraisemblablement les mammifères ancestraux éteints et inconnus, les promammaliens de la période triasique, dont les deux monotrèmes actuels ne sont qu'un rameau unique et dégénéré ; les promammaliens, dis-je, avaient vraisemblablement une forte denture, comme les marsupiaux, qui en sont directement issus.

Les animaux à bourse, didelphes ou marsupiaux (*Didelphia vel Marsupialia*), forment la seconde des trois sous-classes de mammifères et aussi, sous tous les rapports, anatomiques et embryologiques, généalogiques et historiques, ils représentent un trait d'union entre les deux autres classes des monotrèmes et des mammifères placentaires. Ce groupe compte encore de nombreux représentants, le kangourou, la thycaline, la sarigue, etc.; néanmoins cette sous-classe s'achemine aussi vers une complète destruction, et les survivants ne sont plus que les derniers débris d'une grande et riche section zoologique, qui, durant la fin de l'âge secondaire et le commencement de l'âge tertiaire, représentait principalement la classe des mammifères. Les marsupiaux sont sortis probablement d'un rameau des monotrèmes vers le milieu de l'âge mésolithique, peut-être pendant la période jurassique. Au commencement de l'âge tertiaire, le groupe des mammifères placentaires est issu à son tour des marsupiaux, qu'il devait bientôt vaincre dans la lutte pour l'existence. Tous les débris fossiles de mammifères des terrains secondaires, que nous connaissons, appartiennent exclusivement soit à des marsupiaux, soit peut-être à des monotrèmes. Les marsupiaux paraissent avoir été répandus jadis sur toute la surface du globe. On trouve même en Europe, en France et en Angleterre, de leurs débris bien conservés. Au contraire les derniers rejetons actuels de la sous-classe des marsupiaux sont confinés dans une étroite région. On les observe à la Nouvelle-Hollande, dans l'archipel australien et une petite partie de l'archipel asiatique. Cependant quelques rares espèces vivent encore en Amérique; mais actuellement on ne trouve plus un seul marsupial sur l'ancien continent, ni en Asie, ni en Afrique, ni en Europe.

TABLEAU TAXINOMIQUE DES PLACENTALIENS.

III. TROISIÈME SOUS-CLASSE DES MAMMIFÈRES :

Placentalia ou **Monodelphia.**

Mammifères ayant un placenta et point d'os marsupiaux.

Divisions des placentaliens.	Ordres des placentaliens.	Sous-ordres des placentaliens.
III. 1° INDECIDUA. *Placentaliens sans membrane caduque.*		
V. **Ungulata.**	I. Perissodactyla.	1. Tapiromorpha.
		2. Solidungula.
	II. Artiodactyla.	3. Chœromorpha.
		4. Ruminantia.
VI. **Cetacea.**	III. Phycoceta.	5. Sirenia.
	IV. Sarcoceta.	6. Autoceta.
		7. Zeugloceta.
III. 2° DECIDUATA. *Placentaliens à membrane caduque.*		
VII. **Zonoplacentalia.**	V. Chelophora.	8. Lamnungia.
		9. Toxodontia.
		10. Gonyognatha.
		11. Proboscidea.
	VI. Carnassia.	12. Carnivora.
		13. Pinnipedia.
VIII. **Discoplacentalia.**	VII. Prosimiæ.	14. Leptodactyla.
		15. Ptenopleura.
		16. Macrotarsi.
		17. Brachytarsi.
	VIII. Effodientia.	18. Vermilinguia.
		19. Cingulata.
	IX. Bradypoda.	20. Gravigrada.
		21. Tardigrada.
	X. Rodentia.	22. Sciuromorpha.
		23. Myomorpha.
		24. Hystrichomorpha.
		25. Lagomorpha.
	XI. Insectivora.	26. Menotyphla.
		27. Lipotyphla.
	XII. Chiroptera.	28. Pterocynes.
		29. Nycterides.
	XIII. Simiæ.	30. Arctopitheci.
		31. Platyrhinæ.
		32. Catarhinæ.

TABLEAU TAXINOMIQUE

DES DIVISIONS, ORDRES ET SOUS-ORDRES DES MAMMIFÈRES.

I. PREMIÈRE SOUS-CLASSE DES MAMMIFÈRES :

Monotrema ou **Ornithodelphia**.

Mammifères ayant un cloaque, des os marsupiaux et point de placenta.

I. **Promammalia.**	Mammifères éteints et inconnus de la période du trias.	(Microlestes?). (Dromatherium?).
II. **Ornithostoma.**	1° Ornithorhynchida.	Ornithorhynchus paradoxus.
	2° Echinida.	Echidna hystrix.

II. DEUXIÈME SOUS-CLASSE DES MAMMIFÈRES :

Marsupialia ou **Didelphia**.

Mammifères sans cloaque, sans placenta, avec os marsupiaux.

Divisions des Marsupiaux.	Ordres des Marsupiaux.	Familles des Marsupiaux.
III. **Marsupialia** *Botanophaga.*	I. Barypoda.	1. Stereognathida. 2. Nototherida. 3. Diprotodontia.
	II. Macropoda.	4. Plagiaulacida. 5. Halmaturida. 5. Dendrolagida.
	III. Rhizophaga.	7. Phascolomyda.
	IV. Carpophaga.	8. Phascolarctida. 9. Phalangistida. 10. Petaurida.
IV. **Marsupialia** *Zoophaga.*	V. Cantharophaga.	11. Thylacotherida. 12. Spalacotherida. 13. Myrmecobida. 14. Peramelida.
	VI. Edentula.	15. Tarsipedina.
	VII. Creophaga.	16. Dasyurida. 17. Thylacinida. 18. Thylacoleonida.
	VIII. Pedimana.	19. Chironectida. 20. Didelphyda.

ARBRE GÉNÉALOGIQUE DES MAMMIFÈRES.

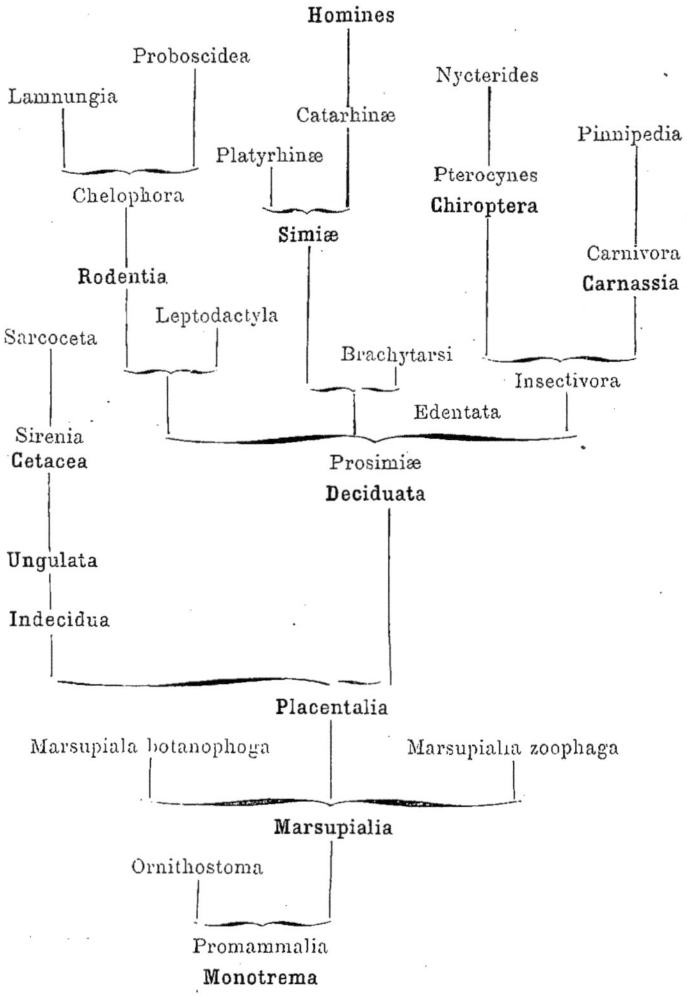

Homines

Proboscidea

Nycterides

Lamnungia

Catarhinæ

Pinnipedia

Platyrhinæ

Pterocynes
Chiroptera

Chelophora

Simiæ

Carnivora
Carnassia

Rodentia

Leptodactyla

Sarcoceta

Brachytarsi

Insectivora

Edentata

Sirenia
Cetacea

Prosimiæ
Deciduata

Ungulata

Indecidua

Placentalia

Marsupiala botanophoga

Marsupialia zoophaga

Marsupialia

Ornithostoma

Promammalia
Monotrema

Les marsupiaux tirent leur nom d'un sac en forme de bourse (*Marsupium*), que la femelle porte dans la région abdominale, et dans lequel la mère loge ses petits longtemps encore après leur naissance. Cette bourse est supportée par deux os, dits « os marsupiaux », qui existent même chez les monotrèmes et manquent au contraire chez les mammifères placentaliens. Au moment de sa naissance, le jeune marsupial est beaucoup plus imparfait que le jeune placentalien : c'est seulement après s'être développé un certain temps dans la bourse, dont nous venons de parler, qu'il atteint le degré de perfection, auquel le jeune placentalien est arrivé au moment de sa naissance. Le kangourou géant, qui atteint la taille d'un homme, mais ne séjourne pas plus de cinq semaines dans la matrice maternelle, n'est pas, lorsqu'il en sort, plus long que le pouce; c'est dans la poche abdominale qu'il atteint un certain volume : il y séjourne environ neuf mois, appendu sans cesse aux tétines de la glande mammaire. Les sections, qu'on appelle familles dans la sous-classe des marsupiaux, sont de véritables ordres; en effet ces sections diffèrent entre elles par de nombreuses dissemblances dans la conformation des dents et des membres presque autant que les divers ordres des placentaliens. Ces familles répondent d'ailleurs, dans une certaine mesure, à des ordres de mammifères ordinaires. Évidemment l'adaptation à des milieux analogues a déterminé dans les deux sous-classes des placentaliens et des marsupiaux des transformations du même genre. On peut donc, d'après cela, reconnaître huit ordres de marsupiaux; une moitié de ces groupes constituera la série des herbivores, et l'autre celle des carnivores. Si l'on néglige le *Microlestes* précédemment cité et le *Dromatherium* trouvés dans le trias, alors les plus anciens débris fossiles de ces deux séries appartiennent aux terrains jurassiques et aux ardoises de Stonesfield, près d'Oxford en Angleterre. Ces ardoises de Stonesfield font partie de la formation de Bath, c'est-à-dire de l'oolithe inférieur, qui repose immédiatement sur la plus ancienne formation jurassique, le lias. Notons pourtant que les débris de marsupiaux trouvés dans les ardoisières de Stonesfield, et aussi ceux qui plus tard ont été découverts dans les couches de Purbeck, consistent uniquement dans des maxillaires inférieurs. Mais fort heureusement ces maxillaires inférieurs comptent précisément parmi les pièces osseuses les plus caractéristiques du squelette des marsupiaux. Ils se distinguent en effet par une apophyse unciforme, qui, partant de l'angle du maxillaire, se dirige en bas et en arrière. Ni les placentaliens, ni les monotrèmes actuels ne possèdent cette apophyse ; nous sommes donc autorisés à conclure de sa présence, que les maxillaires inférieurs de Stonesfield appartenaient à des marsupiaux.

Jusqu'ici l'on ne connaît que deux restes fossiles de marsupiaux herbivores (*Botanophaga*), savoir, le *Stereognathus oolithicus* des ardoisières de Stonesfield (oolithe inférieur) et le *Plagiaulax Becklesii* des couches de Purbeck (oolithe supérieur). On trouve au contraire à la Nouvelle-Hollande des débris fossiles gigantesques ayant appartenu à des marsupiaux insectivores éteints de la période diluvienne *Diprotodon* et *Nototherium :* ces animaux étaient beaucoup plus gros que les plus volumineux des marsupiaux actuels. Le *Diprotodon australis*, dont le crâne seul a trois pieds de longueur, surpassait en grandeur l'hippopotame actuel, auquel il ressemblait par sa structure pesante et massive. On peut appeler barypodes (*Barypoda*) ces groupes éteints, qui semblent répondre aux gigantesques placentaliens ongulés de notre temps, à l'hippopotame et au rhinocéros. L'ordre des kangourous (*Macropoda*) est très-voisin des barypodes. Par la brièveté de leurs pattes antérieures, la longueur de leurs membres postérieurs, leur queue robuste, qui leur sert de point d'appui dans le saut, ils correspondent aux gerboises parmi les rongeurs. Mais par leur dentition ils se rapprochent des chevaux, et, par la structure de leur estomac, ils rappellent les ruminants.

Un troisième ordre de marsupiaux herbivores correspond,

par sa denture, aux rongeurs et, par son mode d'existence souterrain, aux campagnols. Nous pouvons donc appeler les marsupiaux de cet ordre, marsupiaux rongeurs ou rhizophages (*Rhizophaga*). Ils ne sont plus représentés de nos jours que par le Wombat d'Australie (*Phascolomys*). Le quatrième et dernier ordre des marsupiaux vivant de végétaux est formé par les frugivores (*Carpophaga*), dont la forme et le genre de vie répondent dans une certaine mesure aux écureuils et aux singes (*Phalangista, Phascolarctos*).

La seconde série des marsupiaux, celle des carnivores ou zoophages (*Zoophaga*), se subdivise aussi en quatre ordres. Le plus ancien de ces ordres est celui des marsupiaux primitifs ou marsupiaux insectivores (*Cantharophaga*). A ce groupe appartenait probablement la forme ancestrale de toute la série et peut-être de la sous-classe tout entière. Du moins tous les maxillaires inférieurs de Stonesfield, à l'exception de celui du *Stereognathus*, appartiennent aux marsupiaux insectivores, dont le plus proche parent actuel est le *Myrmecobius*. Chez certains de ces marsupiaux oolithiques primitifs, le nombre des dents était plus grand que chez tous les autres mammifères connus : ainsi chaque demi-maxillaire inférieur du *Thylacotherium* supporte seize dents (trois incisives, une canine, six fausses et six vraies molaires). Si le maxillaire supérieur, qui est inconnu, avait autant de dents que l'inférieur, alors le *Thylacotherium* n'avait pas moins de soixante-quatre dents, juste moitié plus que l'homme. Le marsupial primitif correspond à peu près, parmi les placentaliens, aux insectivores, auxquels appartiennent le hérisson, la taupe et la musaraigne. Le deuxième ordre, vraisemblablement issu du premier, est celui des marsupiaux édentés (*Edentula*) ; par la forme de leur museau allongé en trompe, par leur denture atrophiée et par leur genre de vie, ils rappellent les placentaliens édentés et surtout les fourmiliers. D'autre part, les marsupiaux carnivores ou créophages (*Creophaga*) se rapprochent par leur genre de vie et par la conformation de leurs dents, des vrais carnivores placentaliens. Il faut ranger dans cette catégorie deux marsupiaux, que l'on pourrait comparer à la martre et au loup, ce sont le *Dasyurus* et le *Thylacinus* de la Nouvelle-Hollande. Bien que le dernier atteigne la taille d'un loup, ce n'est pourtant qu'un nain en comparaison de certains marsupiaux éteints de l'Australie, du *Thylacoleo,* qui avait au moins la taille d'un lion, et dont la mâchoire portait des canines ayant au moins deux pouces de long. Les marsupiaux pédimanes (*Pedimana*) de l'Australie et de l'Amérique constituent le huitième et dernier ordre. On en trouve fréquemment des spécimens dans les jardins zoologiques, entre autres diverses espèces du genre *Didelphys,* les sarigues, les opossums. Le pouce de leurs extrémités postérieures est opposable aux quatre autres doigts, et par là les marsupiaux pédimanes se rattachent aux prosimiens placentaires. Il n'est pas impossible, en effet, que ces derniers soient étroitement reliés aux pédimanes par l'intermédiaire d'ancêtres depuis longtemps éteints.

La généalogie des marsupiaux n'est pas facile à démêler; car toute leur sous-classe nous est fort imparfaitement connue, et les marsupiaux actuels ne sont manifestement que les derniers survivants d'un groupe jadis fort riche. Peut-être faut-il considérer les marsupiaux pédimanes, carnivores et édentés, comme trois rameaux divergents d'un même groupe ancestral primitif. D'autre part, les marsupiaux rongeurs, sauteurs et macropodes, sont peut-être provenus d'une manière analogue, comme trois branches distinctes, d'un même groupe ancestral de marsupiaux botanophages. Mais marsupiaux primitifs et marsupiaux botanophages peuvent être à leur tour deux rameaux divergents d'un type ancestral commun à tous les marsupiaux; ce type serait celui des prodidelphes (*Prodidelphia*) issu des monotrèmes au commencement de l'âge secondaire.

Les monodelphiens ou placentaliens (*Monodelphia, placentalia*) forment la troisième et dernière sous-classe des mammifères. C'est de beaucoup la plus importante, la plus riche et la plus parfaite des trois sous-classes. Elle comprend en effet tous les mammifères connus, à l'exception des monotrèmes et des marsupiaux. L'homme lui-même appartient à cette sous-classe, et il a évolué à partir des groupes placentaliens les plus inférieurs.

Comme l'indique leur nom, les placentaliens se distinguent des autres mammifères spécialement par leur placenta. On sait que le placenta est un organe fort curieux, qui joue un rôle capital pour la nutrition du fœtus contenu dans la matrice. Le placenta ou délivre est un organe mou, spongieux, de couleur rouge, extrêmement variable de forme et de volume et constitué en majeure partie par un inextricable lacis de vaisseaux sanguins. Ce qui fait l'importance du placenta, c'est qu'il est le siége de l'échange de substances nutritives entre le sang de l'utérus maternel et celui du fœtus (V. p. 265). Or cet organe si important fait défaut aux marsupiaux et aux monotrèmes. Mais les placentaliens diffèrent encore des deux autres sous-classes par bien d'autres particularités, savoir par l'absence d'os marsupiaux, par une perfection plus grande des organes internes de la génération, par un plus complet développement du cerveau et notamment de la grande commissure des hémisphères, du corps calleux. Les placentaliens sont aussi dépourvus de l'apophyse unciforme du maxillaire inférieur, que nous avons signalée plus haut. Le tableau ci-

Les trois sous-classes des mammifères.	Monotrèmes ou ornithodelphes.	Marsupiaux ou didelphes.	Placentaliens ou monodelphes.
1. Cloaque	permanent	embryonnaire.	embryonnaire.
2. Tétines des glandes mammaires.	manquant	existant.	existant.
3. Clavicules antérieures soudées en fourchette avec le sternum	soudure	pas de soudure	pas de soudure.
4. Os marsupiaux	existent	existent	manquent.
5. Corps calleux cérébral	peu développé	peu développé	très-développé.
6. Placenta	manque	manque	très-développé.

joint vous montrera clairement comment, au point de vue de ces caractères anatomiques, les marsupiaux sont intermédiaires entre les monotrèmes et les placentaliens.

Les placentaliens offrent un degré de variété et de développement bien supérieur à celui des marsupiaux, et depuis fort longtemps on les a subdivisés en un certain nombre d'ordres se distinguant les uns des autres surtout par la conformation des dents et des extrémités. Mais des caractères bien autrement importants se tirent des différences dans la structure du placenta et de ses divers modes d'adhérence avec la surface interne de la matrice. Chez les deux ordres les plus inférieurs des placentaliens, chez les ongulés et les cétacés, on ne trouve pas la membrane spéciale, spongieuse, dite membrane caduque ou *Decidua*, qui se développe entre les deux portions maternelle et fœtale du placenta. Cette membrane n'existe que chez les neuf ordres supérieurs de placentaliens; nous pouvons donc, à l'exemple d'Huxley, réunir ces ordres dans un grand groupe, dit des déciduates (*Deciduata*), auquel fait pendant le groupe des indéciduates (*Indecidua*), comprenant les deux ordres précédemment énumérés.

Mais, chez les divers ordres de placentaliens, le placenta ne diffère pas seulement par d'importantes variétés dans la structure intime résultant de l'absence de la membrane caduque ; il y a en outre des différences dans la forme extérieure. Chez les indéciduates, le placenta est le plus souvent constitué par de nombreuses villosités isolées, disséminées ; nous appellerons les animaux de ce groupe villiplacentaliens (*Villiplacentalia*). Au contraire, chez les déciduates, les villosités sont soudées ensemble et leur masse totale revêt deux formes différentes, ou bien le placenta ceint l'embryon, en formant autour de lui un anneau fermé, une zone close ; seuls alors, les deux pôles de l'œuf allongé ne sont point en contact avec les villosités placentaires. C'est ce qui arrive chez les carnassiers (*Carnassia*) et les chélophores (*Chelophora*), que, pour cette raison, on réunit sous le nom de zonoplacentaliens (*Zonoplacentalia*). Chez les autres déciduates au contraire, parmi lesquels on compte l'homme, le placenta forme un simple disque arrondi ; nous pouvons donc les appeler discoplacentaires (*Discoplacentalia*). Ces derniers comprennent les cinq ordres des prosimiens, des rongeurs, des insectivores, des cheiroptères et des simiens, dont on ne saurait séparer l'homme dans la classification zoologique.

Les placentaliens tirent leur origine des marsupiaux ; l'anatomie comparée et l'embryologie sont d'accord pour le prouver, et ce fut vraisemblablement vers le commencement de l'âge tertiaire, durant la période éocène, que s'effectua l'importante formation du placenta. C'est au contraire une question généalogique des plus épineuses que de déterminer si tous les placentaliens sont issus d'un ou de plusieurs rameaux distincts du groupe des marsupiaux, si, en d'autres termes, l'origine du placenta a été unique ou multiple. Dans ma «Morphologie générale», où, pour la première fois, j'ai tenté de construire l'arbre généalogique des mammifères, je donnai, suivant mon habitude, la préférence à l'hypothèse monophylétique, monoradicale. J'admis que tous les placentaliens descendaient d'un seul type marsupial, chez qui, pour la première fois, le placenta s'était développé. Dans cette hypothèse, les villiplacentaliens, les zonoplacentaliens et les discoplacentaliens seraient trois rameaux divergents de cette forme ancestrale unique. On pourrait encore admettre que les deux derniers groupes, les déciduates, sont issus plus tardivement des indéciduates, qui, de leur côté, seraient provenus immédiatement des marsupiaux. Cependant de puissantes raisons militent aussi en faveur de l'autre hypothèse, suivant laquelle les divers groupes placentaliens seraient sortis de divers groupes marsupiaux ; alors il y aurait eu plusieurs formations de placenta, toutes primitives et isolées. C'est l'opinion de l'illustre zoologiste anglais Huxley et de plusieurs autres savants. Suivant eux, les déciduates et les indéciduates formeraient comme deux groupes absolument distincts dès l'origine. Parmi les indéciduates, l'ordre des ongulés serait peut-être le groupe ancestral sorti des marsupiaux barypodes (*Diprotodon* et *Nototherium*). Parmi les déciduates, on pourrait considérer comme groupe ancestral commun aux divers ordres, celui des prosimiens, qui serait issu des marsupiaux pédimanes. Mais il serait possible aussi que les déciduates eux-mêmes fussent provenus de divers ordres de marsupiaux, par exemple : les carnivores déciduates des marsupiaux carnivores, les édentés des marsupiaux édentés, les prosimiens des marsupiaux pédimanes, etc. Les preuves expérimentales tirées de la paléontologie nous faisant actuellement défaut pour résoudre cette difficile question, je cesserai de m'en occuper pour passer à l'histoire des divers ordres placentaliens; leur arbre généalogique peut souvent se construire en détail et d'une manière tout à fait complète.

Comme je l'ai déjà remarqué, il faut considérer l'ordre des ongulés comme le groupe le plus important des indéciduates ou villiplacentaliens; les cétacés en sont probablement provenus postérieurement par l'effet d'adaptation à des milieux divers. L'origine des édentés est encore fort obscure ; jusqu'à ces derniers temps, on les rangeait à tort parmi les indéciduates.

Les ongulés comptent parmi les plus intéressants des mammifères. Ils prouvent sans réplique que, pour bien comprendre la parenté naturelle des animaux, l'étude des types actuels ne saurait suffire et qu'il faut la compléter par l'examen des ancêtres éteints et fossiles. Si, par exemple, on se borne suivant l'usage à considérer les ongulés actuels, ils semblent se subdiviser tout naturellement en trois ordres tout à fait distincts, savoir l'ordre des solidongulés ou équinés (*Solidungula* ou *Equina*); 2° l'ordre des biongulés ou ruminants (*Bisulca* ou *Ruminantia*); l'ordre des polyongulés ou pachydermes (*Polyungula* ou *Pachyderma*). Mais si l'on fait entrer en ligne de compte les ongulés éteints de l'âge tertiaire, dont nous possédons d'importants et nombreux débris fossiles, l'on voit aussitôt que ces catégories, notamment

TABLEAU TAXINOMIQUE

DES SECTIONS ET FAMILLES DES ONGULÉS.

N. B. — Les familles éteintes sont marquées d'une †.

Ordres des Ongulés.	Sections des Ongulés.			Noms des familles dans la classification.
I. **Ungulata.** *Perissodactyla.*	I. Prochela.			1. Lophiodontia. †
				2. Pliolophida. †
	II. Tapiromorpha.			3. Palæotherida. †
				4. Macrauchenida. †
				5. Tapirida.
				6. Nasicornia.
				7. Elasmotherida. †
	III. Solidungula.			8. Anchitherida. †
				9. Equina.
II. **Ungulata.** *Artiodactyla.*	IV. Chœromorpha.			10. Anoplotherida. †
				11. Anthracoderida. †
				12. Setigera.
				13. Obesa.
				14. Xiphodontia. †
	V. Ruminantia.	A. Elaphia.	a.	15. Dremotherida. †
				16. Tragulida.
			b.	17. Moschida.
				18. Cervina.
			c.	19. Sivatherida. †
				20. Devexa.
		B. Cavicornia.	d.	21. Antilocaprina. †
				22. Antilopina.
			e.	23. Caprina.
				24. Ovina.
				25. Bovina.
		C. Tylopoda.		26. Auchenida.
				27. Camelida.

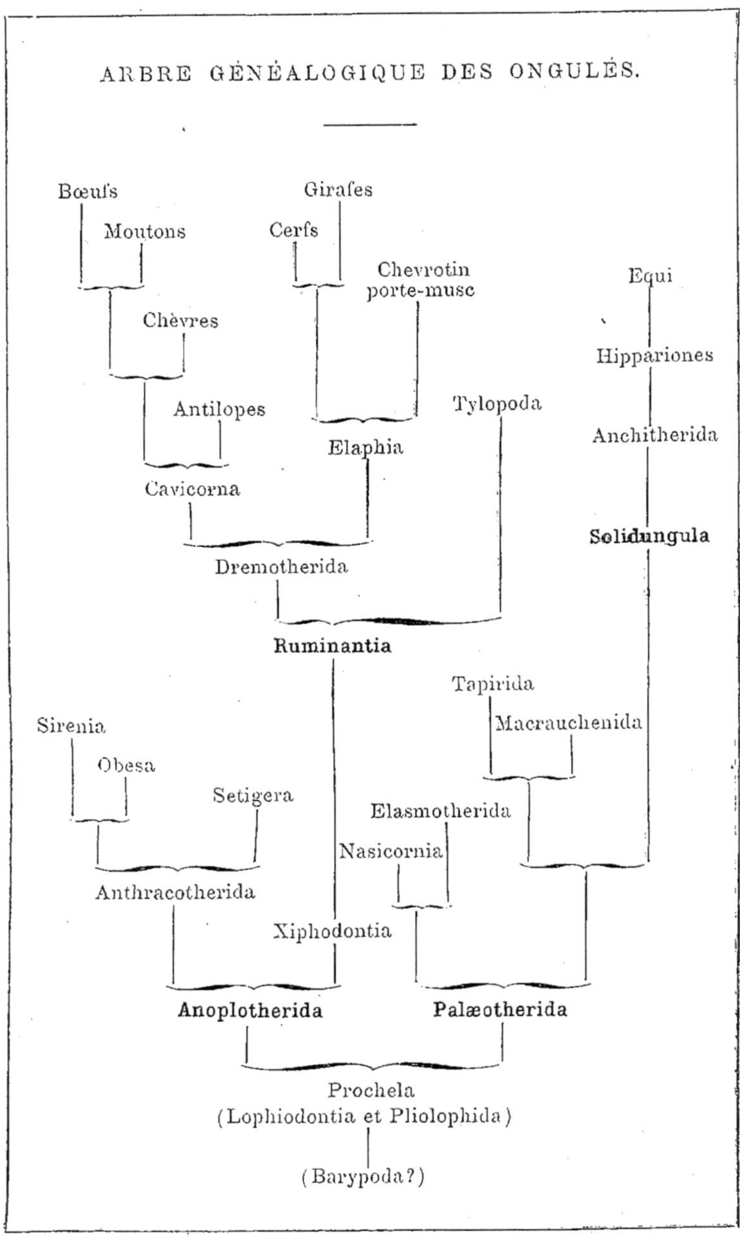
ARBRE GÉNÉALOGIQUE DES ONGULÉS.
Bœufs
Moutons
Girafes
Cerfs
Chevrotin porte-musc
Equi
Chèvres
Hippariones
Antilopes
Tylopoda
Anchitherida
Elaphia
Cavicorna
Solidungula
Dremotherida
Ruminantia
Tapirida
Sirenia
Macrauchenida
Obesa
Setigera
Elasmotherida
Nasicornia
Anthracotherida
Xiphodontia
Anoplotherida
Palæotherida
Prochela
(Lophiodontia et Pliolophida)
(Barypoda?)

celle des pachydermes, sont tout-à-fait artificielles et que ce sont de simples fragments du groupe primitif des ongulés, fragments que des formes transitoires relient étroitement entre eux. Une moitié des pachydermes, comprenant le rhinocéros, le tapir et le *Palæotherium,* se rapproche beaucoup des chevaux et est caractérisée comme eux par des doigts en nombre impair. Au contraire les autres pachydermes, le cochon, l'hippopotame et l'*Anoplotherium* ont des doigts en nombre pair et se rapprochent pàr là beaucoup plus des ruminants que des autres espèces de leur ordre. Il nous faut donc commencer par séparer les pachydermes en deux groupes ou ordres naturels : les pachydermes à doigts pairs et les pachydermes à doigts impairs. Ces deux ordres seraient des rameaux divergents issus, au commencement de l'âge tertiaire, du groupe ancestral des ongulés primitifs ou *prochélés.*

L'ordre des ongulés à doigts impairs (*Perissodactyla*) comprend les ongulés, chez lesquels le doigt médian ou troisième doigt est beaucoup plus développé que les autres, à tel point, qu'il forme vraiment la portion moyenne du pied. A cet ordre appartiennent, en premier lieu, l'ancien groupe ancestral de tous les ongulés, le groupe des prochélés (*Prochela*) déjà représenté dans les couches éocènes les plus anciennes (*Lophiodon, Coryphodon, Pliolophus*). A ce groupe se rattache immédiatement le rameau des paléothériens, type ancestral des ongulés à doigts impairs et qui existe, à l'état fossile, dans l'éocène supérieur et le miocène inférieur. Des *Paléothériens* sont sortis, comme deux rameaux divergents, d'un côté les nasicorniens (*Nasicornia*) et les élasmothéridés (*Elasmotherida*) ; de l'autre les tapirs, les lama-tapirs et les archithériens ou chevaux primitifs. Ce dernier rameau depuis longtemps éteint des archithériens forme transition entre les paléothériens, les tapirs et les hipparions ; or les hipparions se rapprochent déjà beauconp des chevaux actuels.

Le deuxième grand groupe des ongulés est l'ordre des

pariongulés (*Artiodactyla*), chez qui le doigt moyen ou troisième doigt et le quatrième sont à peu près également développés, de sorte que leur plan de séparation divise aussi le pied en deux parties égales. Ce groupe se divise en deux sous-ordres, celui des cochons (*Chœromorpha*) et celui des ruminants. Aux chœromorphes appartient tout d'abord l'autre branche des ongulés primitifs, la branche des *Anoplothériens*, que je regarde comme la souche ancestrale commune de tous les ongulés à doigts pairs ou artiodactylés (*Dichobune,* etc.). Des anoplothériens sont issus d'un côté les anthracothériens, de l'autre les xiphodontes: les premiers aboutissent au cochon et à l'hippopotame; les seconds aux ruminants. Les plus anciens ruminants (*Ruminantia*) sont les drémothériens, d'où sont provenus les trois rameaux divergents des cervidés (*Elaphia*), des cavicorniens (*Cavicornia*) et des chameaux (*Tylopoda*). Pourtant les derniers se rapprochent plus des ongulés à doigts impairs que des vrais ougulés à doigts pairs. Le tableau taxinomique ci-joint vous montre comment, d'après cette hypothèse, les ongulés peuvent se grouper.

La remarquable famille des cétacés (*Cetacea*) est vraisemblablement sortie des ongulés, qui, étant devenus exclusivement aquatiques, ont revêtu la forme extérieure des poissons. En dépit de cette apparence extérieure souvent frappante, les cétacés, comme Aristote l'avait déjà reconnu, sont de vrais mammifères. Par toute leur structure interne, en dehors des modifications nécessitées par l'adaptation à une vie aquatique, les cétacés se rapprochent des ongulés plus que de tous les autres mammifères; comme eux, par exemple, ils ont un placenta villiforme et sans membrane caduque.

Aujourd'hui encore l'hippopotame (*Hippopotamus*) forme une sorte de trait d'union avec les siréniens (*Sirenia*), et par conséquent il est fort vraisemblable que la souche ancestrale éteinte des cétacés était voisine des siréniens actuels et était sortie des ongulés à doigts pairs, parents de l'hippopotame. L'ordre des cétacés carnivores (*Sarcoceta*) semble être provenu ultérieurement de l'ordre des cétacés botanophages (*Phycoceta*), auquel appartiennent les siréniens, et qui semble, par conséquent, renfermer les types ancestraux de la tribu. Pourtant, d'après Huxley, les sarcocètes auraient une tout autre origine ; ils descendraient des carnivores, spécialement des carnivores pinnipèdes. Aux sarcocètes appartiennent les gigantesques zeuglodontes éteints (*Zeugloceta*), par exemple l'*Hydrarchus*, dont le squelette fossile décoré du nom de « serpent de mer » excita, il y a quelque temps, un grand émoi. Ces zeuglodontes semblent être un rameau latéral spécial des autocètes (*Autoceta*), comprenant, outre la colossale baleine franche, le cachalot, les dauphins, le narval, les marsouins, etc.

Le groupe étrange des édentés forme un groupe isolé. Cette légion comprend les deux ordres des édentés fouisseurs (*Effodientia*) et des bradypodes (*Bradypoda*). L'ordre des fouisseurs se subdivise lui-même en deux sous-ordres, celui des fourmiliers (*Vermilinguia*), auquel il faut rattacher les pangolins et celui des tatous (*Cingulata*), qui fut de bonne heure représenté par les gigantesques glyptodontes. L'ordre des bradypodes compte aussi deux sous-ordres, les petits paresseux actuels (*Tardigrada*) et les pesants édentés éteints (*Gravigrada*). Les énormes ossements fossiles de ces colossaux herbivores indiquent que toute la tribu des édentés actuels n'est qu'un pauvre débris des puissants édentés de la période diluvienne. Les liens étroits qui unissent les édentés actuels de l'Amérique du Sud aux types gigantesques disparus produisirent une telle impression sur Darwin, lors de sa première visite à l'Amérique méridionale, qu'ils firent naître en lui la première pensée de la théorie généalogique. D'ailleurs la généalogie de cette tribu est précisément fort difficile. De récentes recherches ont montré que les bradypodes sont discoplacentaliens et très-voisins des prosimiens. Il est probable, que les édentés fouisseurs, rangés jusqu'ici avec les bradypodes parmi les indéciduates, ont un placenta discoïde et une membrane caduque.

Nous allons maintenant quitter la première grande division des placentaliens, celle des indéciduates, pour aborder la deuxième, celle des déciduates, si essentiellement distincte de la première par la présence d'une membrane caduque, durant la vie embryonnaire. Tout d'abord, nous nous trouvons en présence d'un petit groupe animal très-remarquable, éteint en grande partie, et auquel ont vraisemblablement appartenu les ancêtres tertiaires anciens ou éocènes de l'homme. Je veux parler des lémuriens ou prosimiens (*Prosimiæ*). Ces intéressants animaux sont sans doute la postérité peu modifiée des placentaliens primitifs, que nous devons regarder comme le type ancestral commun de tous les déciduates. Jusqu'alors on les a réunis aux singes dans un seul et même ordre, que Blumenbach avait appelé l'ordre des quadrumanes (*Quadrumana*). Pour moi, je les en sépare absolument, non pas seulement parce qu'ils s'écartent des singes bien plus que ceux-ci ne le font entre eux, mais aussi parce qu'ils renferment des types transitoires extrêmement intéressants, qui les relient aux autres ordres des déciduates. J'en conclus que les quelques prosimiens actuels, d'ailleurs fort dissemblables entre eux, sont les derniers survivants d'un groupe ancestral jadis fort nombreux, d'où sont issus, comme des rameaux divergents, tous les autres déciduates, à l'exception peut-être des carnassiers et des chélophores. Peut-être même l'antique groupe ancestral des prosimiens est-il provenu des marsupiaux pédimanes, qui leur ressemblent si fort par la transformation de leurs extrémités postérieures en mains préhensiles. Naturellement ces formes ancestrales primitives, nées probablement durant la période éocène, ont depuis longtemps disparu, ainsi que la plupart des types transitoires, qui les reliaient aux autres ordres des déciduates. Cependant quelques-uns de ces types transitoires se sont conservés parmi nos prosimiens actuels. Je citerai entre autres le remarquable cheiromys de Madagascar (*Chiromys Madagascariensis*), débris du groupe des leptodactyles et trait d'union avec les rongeurs. L'étrange galéopithèque des îles du Pacifique et de la Sonde, unique débris du groupe des pténopleures, est une transition parfaite entre les prosimiens et les cheiroptères. Les macrotarses (*Tarsius, Otoclinus*), sont les derniers restes du rameau ancestral (*Macrotarsi*), d'où sont issus les insectivores. Enfin les brachytarses (*Brachytarsi*) se rattachent aux vrais singes. Aux brachytarses appartiennent le maki à longue queue (*Lemur*), l'indri à queue courte (*Lichanotus*) et le lori (*Stenops*). Ces derniers doivent ressembler beaucoup aux prosimiens, ancêtres probables de l'homme. Macrotarses et brachytarses sont aujourd'hui dispersés sur les îles de l'Asie méridionale et de l'Afrique, notamment sur Madagascar; quelques-uns même se rencontrent sur le continent africain. Jusqu'à ce jour nul prosimien, vivant ou fossile, n'a été rencontré en Amérique. Tous mènent une vie solitaire, noctambule, et grimpent sur les arbres.

Au dernier degré des six ordres de déciduates, tous issus probablement de prosimiens depuis longtemps éteints, il faut placer l'ordre nombreux des rongeurs (*Rodentia*), parmi lesquels on trouve les rongeurs sciuromorphes (*Sciuromorpha*) très-voisins des cheiromiens. De ce groupe ancestral sont vraisemblablement issus, comme deux branches divergentes, les myomorphes (*Myomorpha*) et les hystrichomorphes (*Hystrichomorpha*), dont les premiers, par les myoxides éocènes, les seconds, par les psammoryctides éocènes, tiennent immédiatement aux sciuromorphes. Le quatrième ordre, celui des lagomorphes (*Lagomorpha*), s'est dégagé plus tardivement de l'un de ces trois sous-ordres.

Aux rongeurs se rattache très-étroitement l'ordre remarquable des chélophores (*Chelophora*). Deux seuls genres des chélophores vivent encore aujourd'hui en Asie et en Afrique: ce sont les éléphants et les damans ou *Hyrax*. Jusqu'ici ces deux genres ont été habituellement placés parmi les vrais ongulés, auxquels ils ressemblent par la conformation du pied. Mais on observe aussi une transformation analogue de l'ongle ou de la griffe en sabot chez les vrais rongeurs et précisément chez ces subongulés (*Subungulata*), habitant exclusivement l'Amérique du Sud. On trouve chez ces rongeurs à côté de petits animaux (cochon d'Inde, *Kerodon moco*, le cabiai) le plus grand des rongeurs (*Hydrochœrus capybara*) mesurant environ quatre pieds de long. Les damans, extérieurement très-analogues aux rongeurs, surtout aux rongeurs ongulés, ont déjà été rangés parmi eux par quelques zoologistes célèbres, qui en ont fait un sous-ordre (*Lamnungia*). Au contraire on considérait ordinairement les éléphants, quand on ne les rangeait pas parmi les ongulés, comme un ordre distinct, auquel on donnait le nom d'ordre des proboscidiens (*Proboscidea*). Or éléphants et damans se ressemblent beaucoup par la forme du placenta et s'écartent absolument des ongulés par ce caractère. Jamais ces derniers n'ont de membrane caduque, tandis que les éléphants et les hyrax en sont pourvus. Néanmoins leur placenta n'est pas discoïde, mais zonaire, comme celui des carnivores; mais il est fort possible que la forme zonaire soit simplement secondaire et dérivée de la forme discoïde. Alors on pourrait supposer que les chélophores sont issus d'une branche des rongeurs, de même que les carnivores dérivent peut-être d'un rameau des insectivores. Toutefois, sous d'autres rapports et particulièrement par la conformation de pièces osseuses importantes, par celle des extrémités, les éléphants et les damans sont plus voisins des rongeurs et notamment des rongeurs ongulés que des vrais ongulés. Un fait appuie encore cette supposition, c'est que nombre de formes éteintes, notamment les remarquables toxodontes (*Toxodontia*) de l'Amérique du Sud, sont, sous beaucoup de rapports, intermédiaires aux éléphants et aux rongeurs. Que les éléphants et les damans actuels soient seulement les derniers survivants d'un groupe jadis fort nombreux de chélophores, c'est là une hypothèse que fortifient non-seulement les nombreuses espèces fossiles d'éléphants et de mastodontes, les unes plus grandes, les autres plus petites que les éléphants contemporains, mais encore les curieux dinothériens miocènes (*Gonyognatha*), qui doivent avoir été reliés aux éléphants par une longue série de types intermédiaires inconnus. En résumé, la plus vraisemblable des hypothèses que l'on puisse faire aujourd'hui sur l'origine et la parenté des éléphants, des dinothériens, des toxodontes et des damans, c'est que ce sont là les derniers débris d'un groupe nombreux de chélophores. Quant à ces chélophores, ils seraient provenus des rongeurs et vraisemblablement de rongeurs voisins des subongulés.

L'ordre des insectivores (*Insectivora*) est un groupe très-ancien, très-rapproché de la forme ancestrale, commune à tous les déciduates, et très-voisin aussi des prosimiens actuels. Cet ordre est probablement issu des prosimiens, qui ne différaient guère des macrotarsiens actuels ; il se divise en deux sous-ordres ; les ménotyphlés (*Menotyphla*) et les lipotyphlés (*Lipotyphla*). Les ménotyphlés, qui sont vraisemblablement les plus anciens, se distinguent des lipotyphlés, en ce qu'ils possèdent un cœcum. Aux ménotyphlés appartiennent les tupaïas grimpeurs des îles de la Sonde et les macroscélides sauteurs de l'Afrique. Les lipotyphlés sont représentés dans notre pays par les musaraignes, les taupes et les hérissons. Par la denture et le genre de vie, ces insectivores se rapprochent des carnassiers ; par leur placenta en disque et leurs grandes vésicules séminales ils inclinent plutôt vers les rongeurs.

Il est probable que, dès le commencement de la période éocène, l'ordre des carnassiers (*Carnaria*) est sorti d'un rameau depuis longtemps éteint des insectivores. C'est un groupe très-riche, mais pourtant très-naturel et très-uniformément organisé. Les carnassiers méritent le nom de zonoplacentaliens, dans le sens étroit du mot, bien qu'à vrai dire les chélophores méritent également cette dénomination. Mais, comme, sous tous les autres rapports, les chélophores se rapprochent plutôt des édentés que des carnassiers, j'en ai déjà parlé en traitant de ceux-ci. Les carnassiers se divisent en deux sous-ordres très-dissemblables extérieurement, très-voisins par leur structure interne; ce sont les carnassiers terrestres et les carnassiers aquatiques. Aux carnassiers terrestres ou carnivores (*Carnivora*) appartiennent les ours, les chiens, les chats, etc.; grâce à beaucoup de formes intermédiaires éteintes, l'arbre généalogique des carnivores peut se reconstruire approximativement. Aux carnassiers aquatiques (*Pinnipedia*) appartiennent les phoques, le phoque commun, le phoque moine, le phoque à capuchon, et les morses, qui représentent une ligne collatérale, ayant subi une adaptation particulière. Bien que les pinnipèdes ressemblent extérieurement fort peu aux carnassiers, ils s'en rapprochent pourtant extrêmement par leur structure interne, par leur denture et leur placenta tout spécial, en forme de zone; évidemment ils sont issus d'une des branches des carnassiers, probablement des mustélinés (*Mustelina*). Aujourd'hui encore nous trouvons, parmi les mustélinés, les loutres (*Lutra*) et surtout les *Enhydris*, qui sont parmi les pinnipèdes des types de transition, et nous montrent bien comment le corps des carnassiers terrestres a pris, en s'adaptant à la vie aquatique, la forme du phoque, comment les pattes des premiers sont devenues les nageoires des pinnipèdes. Pourtant l'analogie entre les uns et les autres est restée entière, comme il est arrivé chez les indécidués, entre les cétacés et les ongulés. De même qu'aujourd'hui encore l'hippopotame sert de trait d'union entre les rameaux extrêmes représentés par le bœuf et le lamantin (siréniens), de même l'enhydris a persisté comme forme transitoire entre le chien et le phoque, rameaux fort éloignés l'un de l'autre. Dans l'un comme dans l'autre cas, la transformation totale de la forme extérieure du corps nécessitée par l'adaptation aux milieux extérieurs n'a pu altérer les linéaments fondamentaux et intimes de la structure héréditaire.

D'après l'opinion d'Huxley précédemment citée, les cétacés botanophages (*Sirenia*) seraient descendus des ongulés; au contraire les cétacés carnivores (*Sarcoceta*) proviendraient des pinnipèdes et les zeuglodontes seraient une forme transitoire entre ces deux derniers groupes. Mais, dans ce cas, il devient difficile de comprendre la très-proche parenté anatomique entre les cétacés herbivores et les cétacés carnivores. On serait amené à considérer les particularités spéciales, par lesquelles les deux groupes se différencient si nettement du reste des mammifères, comme de simples analogies dues à un même travail d'adaptation et non plus comme des homologies provenant d'une communauté d'origine. Mais l'hypothèse homologique me semble plus vraisemblable; aussi ai-je considéré tous les cétacés comme un groupe consanguin, faisant partie des déciduates.

De même que les carnassiers, l'ordre remarquable des mammifères volants ou cheiroptères (*Chiroptera*) tient de très-près aux insectivores. Ce groupe s'est transformé, en s'adaptant à la vie aérienne, comme les pinnipèdes l'ont fait en s'adaptant à la vie aquatique. Vraisemblablement cet ordre a aussi sa racine parmi les prosimiens, avec lesquels il se relie étroitement aujourd'hui encore par l'intermédiaire du galéopithèque (*Galeopithecus*). Des deux sous-ordres des cheiroptères, l'un, celui des cheiroptères insectivores (*Nycterides*), est probablement sorti tardivement des cheiroptères frugivores ou roussettes (*Pterocynes*); car ces derniers sont, sous beaucoup de rapports, bien plus voisins des prosimiens que les premiers.

Il ne nous reste plus à parler que du dernier ordre des mammifères, de l'ordre des singes (*Simiæ*). Mais, comme, dans la classification zoologique, c'est à cet ordre qu'appartient le genre humain; comme on ne saurait douter que l'homme ne soit historiquement sorti d'un rameau de cet ordre, il convient d'examiner plus en détail l'arbre généalogique des simiens et de lui consacrer une leçon spéciale.

VINGT-DEUXIÈME LEÇON.

ORIGINE ET ARBRE GÉNÉALOGIQUE DE L'HOMME.

Application de la théorie généalogique à l'homme. — Énorme importance et nécessité logique de cette application. — Place de l'homme dans la classification naturelle des animaux et spécialement parmi les mammifères discoplacentaliens. — Distinction irrationnelle entre les quadrumanes et les bimanes. — Distinction rationnelle entre les prosimiens et les singes. — Place de l'homme dans l'ordre des singes. — Singes catarhiniens ou de l'ancien monde et singes platyrhiniens ou du Nouveau-Monde. — L'homme descend des catarhiniens. — Singes anthropoïdes d'Afrique (gorille et chimpanzé). — Singes anthropoïdes d'Asie (orang et gibbon). — Comparaison entre les divers singes anthropoïdes et les diverses races humaines. — Énumération de la série des ancêtres de l'homme — Ancêtres invertébrés et ancêtres vertébrés.

Messieurs, de toutes les questions spéciales auxquelles a répondu la doctrine généalogique, de toutes les déductions qu'il en faut tirer, il n'en est aucune qui égale en importance l'application de cette doctrine à l'homme lui-même. Comme je l'ai déjà dit au début de ces leçons, force nous est bien, en vertu des implacables lois de la logique, de déduire de la théorie inductive de la descendance une conclusion nécessaire, savoir, que l'homme est sorti lentement et peu à peu des vertébrés inférieurs et en première ligne des mammifères simiens. Que cette conclusion découle fatalement de la doctrine généalogique ou plutôt même de la théorie évolutive en général, c'est ce que confessent tous les partisans intelligents et aussi tous les adversaires de cette théorie.

Si cette manière de voir est fondée, alors la connaissance de l'origine animale de l'homme et de l'arbre généalogique de l'humanité va nécessairement influer plus que tout autre progrès intellectuel sur l'appréciation de tous les rapports humains et surtout sur la direction des sciences humaines. Tôt ou tard il en doit résulter une révolution complète dans notre conception du monde. Pour moi, je ne doute pas qu'un jour cet immense progrès ne soit célébré comme le point de départ d'une nouvelle ère scientifique. Il faut comparer cette découverte à celle de Copernic, qui le premier osa proclamer que ce n'était pas le soleil, qui tournait autour de la terre, mais bien la terre autour du soleil. De même que le système astronomique de Copernic détruisit l'erreur géocentrique, l'idée erronée, qui faisait de la terre le centre du monde, autour duquel gravitait tout l'univers, de même l'application déjà tentée par Lamark de la théorie généalogique à l'homme renverse la conception anthropocentrique, cette vaine illusion, suivant laquelle l'homme est le centre de la nature terrestre, dont toutes les forces seraient destinées à le servir. C'est la théorie Newtonienne de la gravitation, qui a fourni au système de Copernic sa base mécanique, de même que nous avons vu la théorie généalogique de Lamarck recevoir de la sélection Darwinienne sa base étiologique. Dans mes leçons « sur l'origine et l'arbre généalogique du genre humain » j'ai insisté sur cette comparaison instructive en la développant (25).

Je dois maintenant traiter au point de vue expérimental et avec une impartialité absolue de l'application si importante de la doctrine généalogique à l'homme. Pour me faciliter l'accomplissement de cette tâche, il faut que mes auditeurs se dépouillent, ne fût-ce que pour un instant, de toutes les idées courantes sur la « création de l'homme », de tous les préjugés si enracinés, qui nous sont inculqués sur ce point dès notre première enfance. Sans cette condition, il serait impossible d'apprécier, au point de vue de l'expérience, la valeur des preuves scientifiques, sur lesquelles je vais m'appuyer pour établir la généalogie animale de l'homme et sa descendance des mammifères simiens. Afin de procéder avec la rigueur convenable, rien de mieux que de nous figurer, à l'exemple d'Huxley, que nous sommes des habitants d'une autre planète, venus sur la terre à l'occasion d'un voyage scientifique dans l'univers. Nous y avons rencontré un mammifère bipède, très-répandu à la surface du globe terrestre. Désireux de soumettre cette espèce à une étude zoologique, nous en avons recueilli un certain nombre de spécimens de différents âges et de diverses régions ; puis nous les avons mis, comme d'autres échantillons de la faune terrestre, dans un grand baril d'esprit de vin. De retour maintenant sur notre planète natale, nous entreprenons d'étudier d'une manière purement objective l'anatomie comparée de tous ces animaux terrestres. Dégagés de tout intérêt personnel, puisque nous n'avons rien de commun avec l'homme, nous pourrons analyser et apprécier l'homme sans plus de préjugés, sans plus de préventions que les autres habitants de la terre. Naturellement, nous nous abstenons de toute idée préconçue, de toute conjecture sur la nature de l'âme de cet être, sur ce que l'on appelle son côté spirituel. Nous nous occupons tout d'abord et principalement du côté corporel de l'homme et des faits appréciables de son développement.

Pour bien déterminer quelle est la place de l'homme parmi les autres organismes terrestres, force nous est bien de prendre pour guide la classification naturelle. Nous devons tâcher de déterminer aussi nettement et aussi exactement que possible la place, qui échoit à l'homme dans la classification naturelle des animaux. Puis, si la théorie de la descendance est fondée, nous pourrons arriver à déduire de la place occupée par l'homme la parenté réelle, le degré de consanguinité, qui le relie aux animaux anthropoïdes. En dernier lieu, l'arbre généalogique hypothétique du genre humain résultera tout naturellement de cette étude anatomique et taxinomique.

Si maintenant vous vous demandez, en vous appuyant sur l'anatomie comparée et l'ontogénie, quelle est la place de l'homme dans la classification naturelle des animaux, dont nous nous sommes spécialement occupés dans les deux dernières leçons, vous serez frappés d'un premier fait indiscutable, c'est que l'homme appartient à la tribu ou au phylum des vertébrés. Tous les caractères physiques, par lesquels ces vertébrés se distinguent si nettement des invertébrés, l'homme les possède aussi. Il est également certain que, de tous les vertébrés, c'est aux mammifères que l'homme ressemble le plus ; il possède, comme eux, tous les caractères par lesquels ils se distinguent des autres vertébrés. Jetons maintenant un coup d'œil d'ensemble sur les trois grands groupes ou sous-classes des mammifères, dont nous avons énuméré les rapports dans la dernière leçon ; certainement vous ne pouvez douter un seul instant que l'homme n'appartienne aux placentaliens et qu'il ne soit pourvu de tous les traits distinctifs si importants, par lesquels ce groupe se sépare des marsupiaux et des monotrèmes. Enfin des deux grandes sections des placentaliens, celle des déciduates et celle des indéciduates, c'est sûrement à la première que l'homme se rattache, puisque l'embryon humain possède une véritable membrane caduque. Parmi les déciduates, nous avons distingué deux légions, celle des zonoplacentaliens (carnassiers et chélophores) et celle des discoplacentaliens comprenant tous les autres mammifères. Or, l'homme ayant un placenta en disque comme tous les autres discoplacentaliens, nous avons donc à nous demander quelle place il doit occuper dans ce groupe.

Dans la dernière leçon, nous avons distingué cinq ordres de discoplacentaliens : 1° les prosimiens ; 2° les rongeurs ; 3° les insectivores ; 4° les cheiroptères ; 5° les singes. Nul de vous n'ignore que, par toutes les particularités de son corps, l'homme se rapproche bien plus du dernier de ces ordres que des quatre autres. Voilà donc la question réduite à savoir si, dans la classification des mammifères, l'homme doit être inscrit dans l'ordre des vrais singes, ou s'il faut le placer à côté et au-dessus d'eux, comme représentant d'un sixième ordre spécial de discoplacentaliens.

Dans sa classification, Linné réunit l'homme avec les vrais singes, les prosimiens et les cheiroptères, dans un seul et même ordre, qu'il appela ordre des *primates,* c'est-à-dire des « hauts dignitaires du règne animal ». Au contraire, l'anatomiste de Gœttingue, Blumenbach, fit de l'homme un ordre à part, l'ordre des bimanes, qu'il opposait à un ordre des quadrumanes comprenant les singes et les prosimiens. Cette division fut acceptée par Cuvier et par conséquent par la plupart des zoologistes, qui lui succédèrent. Ce fut seulement en 1863 que, dans son excellent ouvrage sur « la place de l'homme dans la nature » (26), Huxley démontra la fausseté de cette distinction, en prouvant que les prétendus « quadrumanes » (singes et prosimiens) étaient aussi bimanes que l'homme lui-même. On ne saurait distinguer le pied de la main, en alléguant que le pouce est opposable aux quatre autres doigts et que le gros orteil n'a pas cette propriété *physiologique.* Il existe en effet des tribus sauvages, qui peuvent opposer le gros orteil aux quatre autres, comme nous opposons le pouce aux autres doigts. Ils savent utiliser leur « pied préhensile » comme une main postérieure tout aussi bien que les singes. Les bateliers chinois rament, les ouvriers bengalais tissent avec cette main postérieure. Les Nègres, chez qui ce gros orteil est plus fort et plus mobile que chez nous, s'en servent pour saisir les branches, quand ils grimpent sur un arbre, exactement comme le font les « singes quadrumanes ». Les nouveau-nés Européens eux-mêmes, durant les premiers mois de leur existence, se servent aussi bien de la main postérieure que de l'antérieure ; ils saisissent une cuiller, par exemple, aussi fortement avec le gros orteil qu'avec le pouce. D'un autre côté, chez les singes anthropomorphes, par exemple chez le gorille, la main et le pied diffèrent l'une de l'autre exactement comme chez l'homme. (*Voir* pl. IV.)

Il y a plus : la différence essentielle entre la main et le pied n'est pas physiologique ; elle est *morphologique* et dépend de la structure caractéristique du squelette et des

TABLEAU TAXINOMIQUE

DES FAMILLES ET DES GENRES DES SINGES.

Sections des singes.	Familles des singes.	Noms taxinomiques des genres.
I. SINGES DU NOUVEAU MONDE (HESPEROPITHECI) OU PLATYRHINIENS (PLATYRHINÆ).		
A. Platyrhiniens à griffes. *Arctopitheci.*	I. Ouistiti. (*Hapalida.*)	1. Midas. 2. Jacchus.
B. Platyrhiniens à ongles. *Dysmopitheci.*	II. Platyrhiniens à queue non prenante. (*Aphyocerca.*)	3. Chrysothrix. 4. Callithrix. 5. Nyctipithecus. 6. Pithecia.
	III. Platyrhiniens à queue prenante. (*Labidocerca.*)	7. Cebus. 8. Ateles. 9. Lagothrix. 10. Mycetes.
II. SINGES DE L'ANCIEN CONTINENT (HEOPITHECI) OU SINGES CATARHINIENS (CATARHINÆ).		
C. Catarhiniens à queue. *Menocerca.*	IV. Singes catarhiniens ayant une queue et des abajoues. (*Ascoporea.*)	11. Cynocephalus. 12. Inuus. 13. Cercopithecus.
	V. Catarhiniens à queue sans abajoues. (*Anasca.*)	14. Semnopithecus. 15. Colobus. 16. Nasalis.
D. Catarhiniens sans queue *Lipocerca.*	VI. Anthropoïdes. (*Anthropoides.*)	17. Hylobates. 18. Satyrus. 19. Engeco. 20. Gorilla.
	VI. Hommes. *Erecti.* (*Anthropi.*)	21. Pithecanthropus. (Alalus.) 22. Homo.

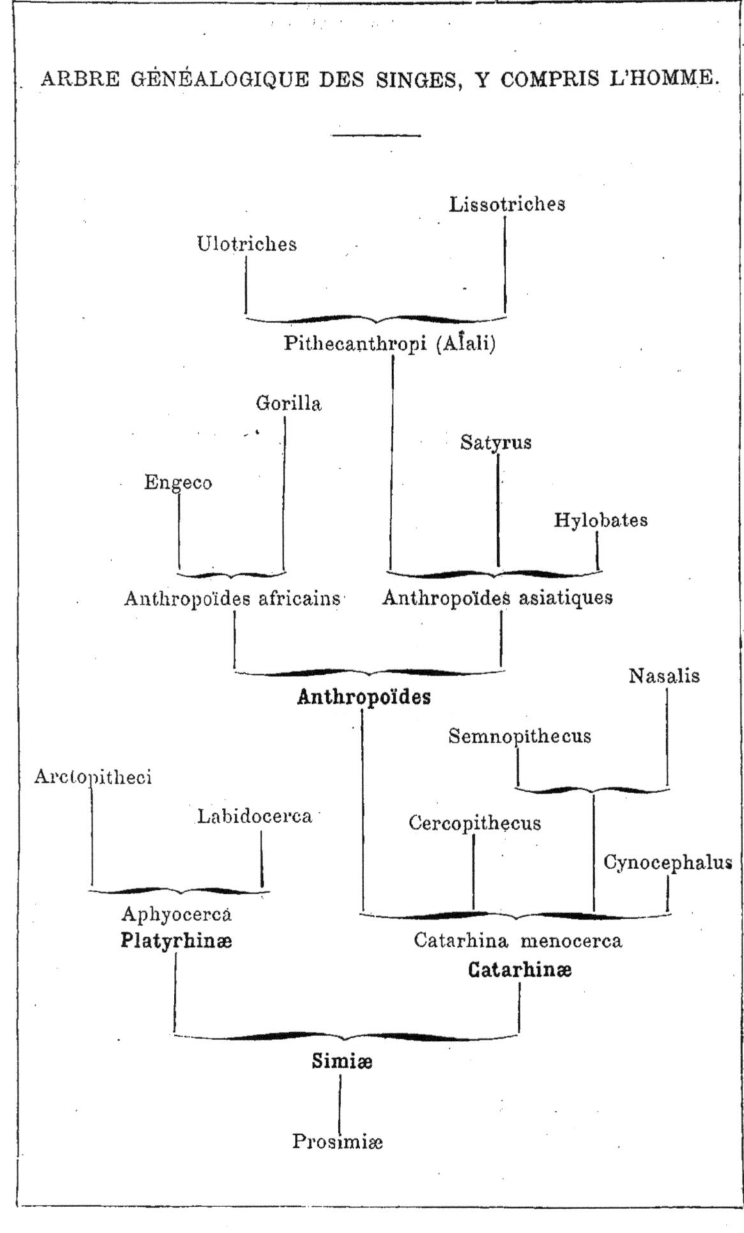
ARBRE GÉNÉALOGIQUE DES SINGES, Y COMPRIS L'HOMME.
Lissotriches
Ulotriches
Pithecanthropi (Alali)
Gorilla
Satyrus
Engeco
Hylobates
Anthropoïdes africains
Anthropoïdes asiatiques
Nasalis
Anthropoïdes
Semnopithecus
Arctopitheci
Labidocerca
Cercopithecus
Cynocephalus
Aphyocerca
Platyrhinæ
Catarhina menocerca
Catarhinæ
Simiæ
Prosimiæ

muscles qui s'y insèrent. Les os du tarse sont tout autrement disposés que ceux du carpe, et il existe au pied trois muscles qui manquent à la main : ce sont le court fléchisseur, le court extenseur et le long péronnier. Sous tous ces rapports, les singes et les prosimiens se comportent exactement comme l'homme ; on n'avait donc nullement le droit de séparer l'homme des singes et d'en faire un ordre distinct, sous prétexte que, chez lui, la différenciation de la main et du pied est plus accusée. La longueur relative des membres, la structure du crâne, celle du cerveau, et, en résumé, tous les caractères anatomiques invoqués pour distinguer l'homme du singe sont également sans valeur. Sous tous ces rapports, sans exception, les différences entre l'homme et les singes supérieurs sont plus faibles que celles qui séparent ces derniers/singes inférieurs.

Aussi, après une minutieuse et consciencieuse comparaison anatomique, Huxley a formulé la conclusion suivante : « Quelque système d'organes que l'on considère, l'étude comparative de ses modifications dans la série simienne conduit au résultat suivant, savoir, que les différences anatomiques séparant l'homme du gorille et du chimpanzé sont plus faibles que les mêmes différences entre le gorille et les singes inférieurs. » Aussi Huxley, se conformant strictement aux impérieuses exigences de la logique, a-t-il réuni dans un même ordre, qu'il a appelé ordre des *primates,* l'homme, les singes et les prosimiens ; puis il a divisé cet ordre en sept familles d'une valeur à peu près égale : 1° Anthropiniens (l'homme) ; 2° Catarhiniens (vrais singes du vieux monde) ; 3° Platyrhiniens (vrais singes d'Amérique) ; 4° arctopithéciens (singes à griffes d'Amérique) ; 5° Lémuriens (prosimiens à pieds courts et à longs pieds) ; 6° Cheiromiens (aye-aye) ; 7° Galéopithéciens (singes volants).

Mais, pour être plus fidèle encore à la classification vraiment naturelle et par conséquent construire plus exactement l'arbre généalogique des primates, il faut faire un autre pas en avant et séparer entièrement les prosimiens, c'est-à-dire les trois dernières familles d'Huxley, des vrais singes ou simiens, comprenant les quatre premières familles. En effet, comme je l'ai fait voir dans ma « Morphologie générale » et comme je vous l'ai rappelé dans la dernière leçon, les prosimiens se séparent des vrais singes par nombre de caractères importants, et par les particularités de leur morphologie ils se rattachent plutôt aux autres ordres des discoplacentaliens. Il faut donc regarder les prosimiens comme les débris probables d'un groupe ancestral commun, d'où sont sortis, comme des rameaux divergents, tous les autres ordres des discoplacentaliens et peut-être tous les déciduates (*Morph. gén.*, II, pages CXLVIII et CLII). Mais on ne saurait séparer l'homme de l'ordre des vrais singes ou des simiens, puisqu'il est beaucoup plus voisin à tous égards des singes supérieurs que ceux-ci ne le sont des singes inférieurs.

Les vrais singes (*Simiæ*) sont généralement divisés en deux grands groupes naturels, le groupe des singes américains ou du nouveau monde, et celui des singes du vieux monde, habitant l'Asie et l'Afrique, et ayant aussi existé de bonne heure en Europe.

Les animaux de ces deux sections se distinguent, entre autres différences, par la forme du nez, et cela a servi à les dénommer. Chez les singes américains, le nez est aplati de telle sorte que les narines sont dirigées en dehors, jamais en bas; aussi les a-t-on applés platyrhiniens (*Platyrhinæ*). Au contraire, les singes du vieux monde ont une mince cloison nasale et leurs narines sont dirigées en bas comme chez l'homme; on les appelle pour cela catarhiniens (*Catarhinæ*). En outre la denture, si importante, comme on le sait, dans la classification des mammifères, offre chez les deux groupes des différences caractéristiques. Tous les singes du vieux monde ou catarhiniens ont un système de dents identique à celui de l'homme; c'est-à-dire que chaque mâchoire est munie de quatre incisives, deux canines et cinq molaires dont deux petites et trois grandes, en tout trente-deux dents. Au contraire tous les singes du nouveau continent, tous les platyrhiniens, ont quatre molaires de plus, c'est-à-dire trois petites et trois grosses molaires de chaque côté, en haut et en bas; ils ont donc en tout trente-six dents. Un seul petit groupe fait exception, c'est celui des ouistitis (*Arctopitheci*), chez lequel la troisième grosse molaire est atrophiée et chez qui, par conséquent, il y a seulement à chaque demi-maxillaire trois petites et deux grosses molaires. Un autre caractère les distingue encore du reste des platyrhiniens, c'est que leurs doigts et leurs orteils sont munis de griffes et non point d'ongles comme chez l'homme et les autres singes. Ce petit groupe de singes Sud-Américains, auxquels appartiennent entre autres le *Midas* et le *Jacchus*, doit être considéré comme un rameau latéral et spécial des platyrhiniens.

De cette classification des singes ressort immédiatement une conséquence fort importante pour leur généalogie, c'est que les singes du nouveau monde proviennent tous d'une souche commune, puisque tous possèdent la denture caractéristique et la conformation nasale des platyrhiniens. De même tous les singes de l'ancien monde doivent aussi descendre d'une seule et même forme ancestrale, qui avait la denture et la conformation nasale des catarhiniens. En outre, on ne peut guère mettre en doute l'alternative suivante : ou bien les singes du nouveau monde, considérés comme une tribu unique, descendent de ceux de l'ancien continent, ou bien (mais ceci est une simple conjecture) les deux groupes sont deux branches divergentes d'une seule et même souche simienne. De là résulte pour la généalogie de l'homme et sa dispersion sur la terre une donnée capitale, c'est que l'homme provient des singes catarhiniens. En effet il nous est impossible de découvrir un seul caractère zoologique, qui établisse entre l'homme et les singes anthropoïdes plus de différences qu'il n'y en a entre les formes les plus dissemblables du groupe simien. Telle est la conclusion fort importante du consciencieux travail d'anatomie comparée dû à Huxley et dont on ne saurait trop haut apprécier la valeur. Sous tous les rapports, les différences anatomiques entre l'homme et les catarhiniens anthropoïdes (orang, gorille, chimpanzé) sont moindres que les différences anatomiques entre ces anthropoïdes et les catarhiniens inférieurs, par exemple les cynocéphales. Cette conclusion si significative résulte évidemment d'une comparaison anatomique impartiale des divers types de catarhiniens.

Si maintenant, conformément à la théorie généalogique, nous prenons pour guide la classification naturelle des animaux, et si nous la donnons pour base à l'arbre généalogique de l'homme, nous arrivons fatalement à la conclusion suivante : *Le genre humain est un ramuscule du groupe des catarhiniens; il s'est développé dans l'ancien monde et provient de singes de ce groupe depuis longtemps éteints.* Pour quelques partisans de la théorie généalogique, les hommes d'Amérique seraient issus des singes américains indépendamment de ceux de l'ancien monde. A mon sens, cette hypothèse est absolument erronée. En effet, la parfaite identité de conformation du nez et de la denture chez l'homme et chez les catarhiniens indique clairement l'identité d'origine; ce fait prouve que l'homme et les catarhiniens sont provenus d'une même souche ancestrale, quand déjà les platyrhiniens ou singes américains s'en étaient détachés. Il est bien plus probable, comme le prouvent d'ailleurs nombre de faits ethnographiques, que les indigènes américains sont des descendants d'émigrés asiatiques, en général, polynésiens peut-être pour une part, et peut-être même européens.

Dans l'état actuel de nos connaissances, il est bien difficile de tracer avec plus de précision l'arbre généalogique de l'homme. Cependant on est encore en droit d'affirmer, que les plus proches ancêtres du genre humain ont été les catarhiniens sans queue (*Lipocerca*), analogues aux anthropoïdes actuels, qui sont évidemment sortis plus tard des catarhiniens à queue (*Menocerca*), type originaire du groupe simien tout entier. Ces catarhiniens sans queue, souvent appelés, même de nos jours, hommes-singes ou anthropoïdes, ne sont plus représentés que par quatre genres comptant à peu près une douzaine d'espèces. Le plus grand des anthropoïdes est le célèbre gorille (*Gorilla Engena* ou *Pongo Gorilla*); il habite l'Afrique occidentale et y fut découvert en 1847 par le missionnaire Savage. L'anthropoïde le plus voisin du gorille est connu depuis longtemps, c'est le chimpanzé (*Engeco troglodytes* ou *Pongo troglodytes*) ; comme le précédent, il se trouve dans l'Afrique occidentale, mais il est beaucoup plus petit que le gorille, qui l'emporte sur l'homme en grandeur et en force. Le troisième des grands singes anthropomorphes est l'orang ou orang-outang de Bornéo et des autres îles de la Sonde. On en a distingué récemment deux espèces très-voisines, le grand orang (*Satyrus orang* ou *Pithecus satyrus*) et le petit orang (*Satyrus morio* ou *Pithecus morio*). Enfin on rencontre encore dans l'archipel Javanais le genre Gibbon (*Hylobates*), dont on connaît quatre à huit espèces. Beaucoup plus petits que les autres anthropoïdes, les gibbons s'éloignent encore de l'homme par une foule de caractères.

Dans ces derniers temps, depuis que l'on a mieux étudié le gorille et qu'on a tiré de cette étude des arguments pour appliquer à l'homme la théorie généalogique, les anthropoïdes ont excité un intérêt si général, on a publié à leur sujet un tel flot d'écrits, que je ne crois nullement opportun de m'en occuper plus longtemps. Vous trouverez explicitement exposé dans Huxley (26), Carl Vogt (27), Büchner (43) et Rolle (28) les résultats de leur comparaison avec l'homme. Je me bornerai à vous citer le fait le plus général ressortant de cette comparaison minutieuse. Ce fait si important, c'est qu'aucun des quatre anthropoïdes actuels ne se rapproche de l'homme plus que les autres, qu'on ne saurait dire que l'un d'eux soit, absolument, plus voisin de l'homme sous tous les rapports que les trois autres. Chacun d'eux ressemble à l'homme par quelques traits particuliers, le chimpanzé par d'importants caractères crâniens, le gorille par la structure du pied et de la main, le gibbon enfin par la conformation du thorax.

Les consciencieux travaux d'anatomie comparée faits sur les anthropoïdes donnent donc un résultat analogue à celui que Weisbach a obtenu, en faisant la statistique des nombreuses et exactes mesures prises sur des spécimens des différentes races humaines par Scherzer et Schwartz, durant le voyage de la frégate autrichienne la *Novara* autour du monde. Voici en quels termes Weisbach formule le résultat principal de ses recherches : « Chez l'homme, les analogies simiennes ne se concentrent pas chez tel ou tel peuple ; elles se disséminent, chez les différents peuples, sur des régions spéciales du corps, de telle sorte que chaque peuple a sa part de l'héritage simien et que nous-mêmes, Européens, n'avons pas le droit de nous en croire exempts. » (*Voyage de la Novara ;* partie anthropologique.)

Il est encore une observation que je tiens essentiellement à faire, quoiqu'elle s'impose d'elle-même : c'est qu'aucun des singes et même aucun des anthropoïdes actuels ne saurait être considéré comme la souche ancestrale du genre humain. Jamais d'ailleurs les partisans sérieux de la doctrine généalogique n'ont émis l'opinion contraire, mais elle leur a été prêtée bénévolement par leurs frivoles adversaires. Depuis longtemps les ancêtres pithécoïdes de l'homme ont disparu. Peut-être quelque jour découvrirons-nous leurs ossements fossiles dans les roches tertiaires de l'Asie méridionale ou de l'Afrique. Quoi qu'il en soit, nous devons, dès à présent, les classer dans le groupe des catarhiniens sans queue (*Catarhina lipocerca*) ou anthropoïdes.

Pour tout esprit clair et logique, les hypothèses généalogiques, auxquelles l'application de la théorie généalogique à l'homme nous a conduits, dans les deux dernières leçons, ressortent immédiatement des faits de l'anatomie comparée, de l'ontogénie et de la paléontologie. Naturellement notre phylogénie ne peut indiquer que les grandes lignes de l'arbre généalogique du genre humain, et elle court d'autant plus risque de s'égarer, qu'elle veut serrer de plus près les détails et faire entrer en scène les types zoologiques connus. Il est possible néanmoins, dès à présent, d'indiquer approximativement, comme nous allons le faire, les vingt-deux échelons ancestraux de l'homme. De ces échelons, quatorze appartiennent aux vertébrés et huit aux invertébrés.

SÉRIE DES ANCÊTRES DE L'HOMME.

(Consulter les xxe et xxie leçons, ainsi que la planche XIV.)

PREMIÈRE SECTION DE LA SÉRIE.

ANCÊTRES INVERTÉBRÉS DE L'HOMME.

Premier degré. — **Monères** (*Monera*).

Les premiers ancêtres de l'homme ainsi que de tous les autres organismes ont été aussi simples que possible. C'étaient des organismes sans organes, semblables aux monères actuelles, des glomérules tout-à-fait rudimentaires, homogènes et amorphes, formés d'une matière muciforme, albuminoïde (*Protoplasma*), comme la *Protamœba primitiva* actuelle (*fig.* 1, p. 167). Ces organismes n'étaient pas encore parvenus à la forme vraiment cellulaire, mais c'étaient de simples cytodes. En effet ces particules protoplasmiques étaient encore dépourvues de noyaux, comme le sont les monères. Les premières de ces monères naquirent par génération spontanée, au commencement de la période laurentienne; elles provinrent de « composés inorganiques », simples combinaisons de carbone, d'acide carbonique, d'hydrogène et d'azote. Dans la treizième leçon, nous avons démontré qu'il était nécessaire d'admettre cette génération spontanée, cette origine mécanique des premiers organismes aux dépens de la matière inorganique. Un fait d'observation directe, confirmé par la loi biogénétique fondamentale (p. 359), peut prouver aujourd'hui encore que ces premiers ancêtres ont réellement existé ; ce fait maintes fois observé est la disparition du noyau cellulaire au début de l'évolution ovulaire ; par là, la cellule ovulaire déchoit et descend à n'être plus qu'une cytode (*Monerula;* retour de la plastide à noyau à l'état de plastide sans noyau). Des raisons générales d'une importance majeure obligent à admettre ce premier degré.

Deuxième degré. — **Amibes** (*Amœbæ*).

Le deuxième degré ancestral de l'homme et aussi de tous les animaux et végétaux supérieurs est une cellule simple, c'est-à-dire une particule protoplasmique, contenant un noyau. Aujourd'hui encore il existe quantité de ces organismes monocellulaires, par exemple les amibes simples, vulgaires (*fig.* 2), qui ne diffèrent pas essentiellement de ces lointains ancêtres. Au point de vue de la hiérarchie morphologique, l'amibe équivaut essentiellement à l'œuf humain et aussi à l'œuf de tous les autres animaux (*fig.* 3). Les cellules ovulaires nues des éponges, qui rampent en tournoyant comme les amibes, ne sauraient se distinguer de ces dernières. La cellule ovulaire de l'homme, qui, comme celle de la plupart des animaux, est revêtue d'une membrane, ressemble aux amibes à capsule. Les premiers animaux monocellulaires de ce genre naquirent des monères par différenciation du noyau interne et du protoplasma externe ; ils vivaient déjà au commencement de l'âge primordial. Que de tels animaux primitifs, monocellulaires, aient été les ancêtres directs de l'homme, cela est irréfutablement prouvé en vertu de la loi biogénétique fondamentale par le fait que l'œuf humain est une cellule simple.

Troisième degré. — **Synamibes** (*Synamœbæ*).

Pour se figurer approximativement l'organisation des ancêtres de l'homme, qui sont immédiatement issus des archizoaires monocellulaires, il faut observer la série des métamorphoses, que subit l'œuf humain au début de son évolution individuelle. Nous avons ici pour retrouver les traces de la phylogénèse un guide fort sûr, c'est l'ontogénèse. Déjà nous avons vu précédemment que l'œuf humain, ainsi que l'œuf des mammifères en général, se transformait par une segmentation persistante en un amas de cellules amiboïdes, simples et semblables entre elles (*fig.* 4. D, p. 170). Toutes ces « cellules de segmentation » sont d'abord identiques l'une à l'autre ; ce sont des cellules nues, à noyau. Chez nombre d'animaux, ces cellules exécutent des mouvements amiboïdes. Cette phase de l'évolution embryologique, où l'œuf revêt une forme que nous avons appelée *Morula*, à cause de son aspect mûriforme, prouve sûrement que, durant l'âge primordial, l'homme a eu des ancêtres, qui étaient simplement des amas de cellules semblables entre elles et lâchement unies. Ces ancêtres si humbles, nous pouvons les appeler synamibes (*Synamœbæ*). Ces synamibes proviennent des archizoaires monocellulaires du deuxième degré par la segmentation réitérée de l'ovule avec union persistante des produits de cette segmentation.

Quatrième degré. — **Planéades** (*Planæada*).

De la *Morula* (*voir* la pl. du titre, *fig.* 3) est issue, dans le cours de l'ontogénèse, chez la plupart des animaux, une curieuse forme embryonnaire découverte par Baer et que l'on a appelée vésicule blastodermique (***Blastula* ou *Vesicula blastodermica***). C'est une sphère creuse, pleine de liquide, dont la mince paroi est formée d'une seule couche de cellules. C'est l'accumulation du liquide au centre de la *morula*, qui en a refoulé les cellules à la périphérie. Chez la plupart des animaux inférieurs, et aussi chez le dernier des vertébrés, chez l'amphioxus, cette forme embryonnaire a été appelée larve ciliée (*Planula*), parce que les cellules périphériques ont émis des cils vibratiles, qui, en se mouvant dans l'eau, impriment à la sphère un mouvement rotatoire.

Aujourd'hui encore chez l'homme et chez tous les mammifères, cette vésicule blastodermique provient de la morula; mais elle a, par adaptation, perdu ses cils vibratiles. Néanmoins les traits essentiels de cette larve, que l'hérédité a partout conservés, attestent l'antique existence d'une forme ancestrale, que nous appelerons *Planæa*. Nous avons la démonstration de ce fait dans l'amphioxus, qui d'un côté est parent de l'homme et, d'autre part, a encore conservé le stade de la blastula.

Cinquième degré. — **Gastréades** (*Gastræada*).

Dans le cours de l'évolution embryologique, on voit naître de la planula, aussi bien chez l'amphioxus que chez les animaux inférieurs les plus divers, une forme larvée extrêmement importante, que nous avons appelée larve intestinale ou *gastrula*. (*Voir* la pl. du titre, *fig.* 5, 6.) En vertu de la loi biogénétique fondamentale, cette gastrula démontre l'antique existence d'un type archizoaire analogue; nous avons appelé ce type *Gastræa*. Il a dû exister de semblables gastréades durant l'âge primordial ancien, et parmi ces gastréades il a dû se trouver des ancêtres de l'homme. L'amphioxus nous démontre sûrement ce fait; car, malgré sa parenté avec l'homme, cet animal conserve encore le stade embryologique de la gastrula, c'est-à-dire l'intestin simple avec une paroi à double feuillet (pl. X *fig.* B 4).

Sixième degré. — **Turbellariés** (*Turbellaria*).

Les ancêtres humains du sixième degré sont issus des gastréades; c'étaient des vers inférieurs, voisins du type des turbellariés ou d'un autre type occupant un rang analogue dans la hiérarchie morphologique. Comme chez les turbellariés actuels, la surface de leur corps était revêtue de cils; ils avaient une structure fort simple, une forme allongée, nul appendice. Il n'y avait encore ni sang, ni vraie cavité splanchnique (*coelom*) chez ces vers acoélomates. Au commencement de l'âge primordial, ils naquirent des gastréades par la formation d'un feuillet germinal moyen ou feuillet musculaire et en outre par une différenciation plus accentuée des parties internes du corps, qui devinrent des organes distincts. Pour la première fois, il se forma un système nerveux, des organes des sens rudimentaires, des organes de sécrétion extrêmement simples (des reins) et des organes de la génération. Que l'homme ait eu des ancêtres de ce type, l'anatomie comparée et l'ontogénie nous le prouvent, en nous montrant les vers acoélomates inférieurs non-seulement comme la souche commune de tous les vers, mais encore comme celle des quatre types zoologiques supérieurs. Mais, de tous les animaux connus, ce sont les turbellariés, qui se rapprochent le plus de ces antiques vers acoélomates.

Septième degré. — **Scolécides** (*Scolecida*).

Entre les turbellariés, dont nous venons de nous occuper, et les chordoniens, dont nous allons parler, il nous faut admettre au moins un degré intermédiaire. En effet les tuniciers, c'est-à-dire les animaux les plus voisins du huitième degré, font sans doute partie, avec les turbellariés, de la section des vers non articulés ; cependant ces deux groupes sont tellement distants l'un de l'autre, qu'il faut nécessairement admettre l'existence d'un type intermédiaire disparu. Nous pouvons nous représenter ce type intermédiaire sous la forme des scolécides, mais le corps de ces animaux était tellement mou qu'il ne nous en est resté aucun débris fossile. Ils provinrent des turbellariés, mais en différaient, en ce qu'ils étaient pourvus de sang et d'une vraie cavité splanchnique. Lequel des coélomates actuels se rapproche le plus de ces scolécides éteints, c'est un point fort difficile à déterminer ; peut-être serait-ce le *Balanoglossus*. La preuve que ces scolécides figurent parmi les ancêtres directs de l'homme nous est fournie par l'anatomie comparée et l'ontogénie des vers et de l'amphioxus. D'ailleurs la grande lacune qui existe entre les turbellariés et les tuniciers a été remplie par des types gradués et divers.

Huitième degré. — **Chordoniens** (*Chordonia*).

Nous appelons *Chordoniens* les coélomates d'où sont issus directement les plus anciens vertébrés acrâniens. Parmi les coélomates actuels, les ascidies sont les animaux les plus voisins de ces vers si intéressants, qui comblent la vaste lacune séparant les vertébrés et les invertébrés. La ressemblance si curieuse et si importante, qui existe entre l'embryologie de l'amphioxus et celle de l'ascidie nous prouve incontestablement que, durant l'âge primordial, l'homme a eu réellement des chordoniens parmi ses ancêtres. (*Voir* les pl. XII et XIII.) De ces faits nous pouvons conclure à l'ancienne existence de chordoniens, qui se rapprochaient surtout des tuniciers (*Tunicata*) et particulièrement des appendiculaires et des ascidies simples (*Ascidia*, *Phallusia*). Ils provinrent des vers du septième degré, et s'en différenciaient par la formation d'une moelle épinière et d'une corde dorsale (*Chorda dorsalis*). Précisément cette situation de l'axe central du squelette, entre la moelle épinière en arrière et le canal intestinal en avant, est très-caractéristique pour la totalité des vertébrés, y compris l'homme, mais elle ne l'est pas moins pour les appendiculaires et les larves des ascidies. Au point de vue de la valeur morphologique, le degré dont nous nous occupons correspond aux larves d'ascidies, quand elles possèdent encore la moelle épinière et la corde dorsale (pl. XII, A 5. *Voir* l'explication de cette figure dans l'appendice).

DEUXIÈME SECTION GÉNÉALOGIQUE DE L'HOMME.

ANCÊTRES VERTÉBRÉS DE L'HOMME (VERTEBRATA).

Neuvième degré. — **Acrâniens** (*Acrania*).

La série des ancêtres humains, que leur organisation tout entière classe parmi les vertébrés, s'ouvre par les acrâniens, dont l'*Amphioxus lanceolatus* actuel peut nous donner une idée éloignée (pl. XII B, XIII B). Au début de son évolution embryologique, ce petit animal ressemble tout à fait aux ascidies, mais il devient ensuite un véritable vertébré et forme ainsi la transition entre les invertébrés et les vertébrés. Peut-être les ancêtres humains du neuvième degré ont-ils, sous beaucoup de rapports, différé de l'amphioxus, ce dernier survivant des acrâniens; mais ils ont dû lui ressembler par des côtés essentiels, surtout par le manque de tête, de crâne et de cerveau. Les acrâniens de ce type, d'où les crâniotes sortirent plus tard, vivaient durant l'âge primordial; ils provinrent des chordoniens du huitième degré par la formation de métamères ou segments du tronc, ainsi que par la différenciation plus parfaite de tous les organes, par exemple, le développement plus complet de la moelle épinière et de la corde dorsale sous-jacente. C'est alors aussi que commença vraisemblablement la distinction des sexes (gonochorisme); en effet tous les ancêtres invertébrés précédents étaient encore hermaphrodites, excepté ceux des 3 ou 4 premiers degrés, qui étaient asexués. L'anatomie comparée et l'ontogénie de l'amphioxus et des crâniotes nous prouvent sûrement l'existence de ces animaux sans crâne ni cerveau parmi les ancêtres de l'homme.

Dixième degré. — **Monorhiniens** (*Monorhina*).

Des ancêtres acrâniens de l'homme sortirent d'abord les plus imparfaits des crâniotes. Le degré le plus inférieur des crâniotes actuels est représenté par les cyclostomes, myxinoïdes et lamproies. L'organisation interne de ces monorhiniens nous donne une idée approximative des ancêtres humains du dixième degré. Chez les uns et chez les autres, le crâne et le cerveau sont encore très-rudimentaires et beaucoup d'organes importants manquent absolument, par exemple : la vessie natatoire, le nerf grand sympathique, la rate, le squelette de la mâchoire et les deux paires de membres. Pourtant il faut considérer les branchies en forme de bourse, la bouche ronde et en suçoir des cyclostomes, comme de simples caractères d'adaptation, que ne possédaient pas les organismes correspondants aux cyclostomes dans la série des ancêtres humains. Les monorhiniens naquirent des acrâniens, durant l'âge primordial ; chez eux, les extrémités antérieures de la moelle et de la corde dorsale se modifièrent; la première devint le cerveau, l'autre devint le crâne. L'anatomie comparée des myxinoïdes nous prouve que de tels types monorhiniens sans mâchoires ont existé dans la série des ancêtres de l'homme.

Onzième degré. — **Sélaciens** (*Selachii*).

Les ancêtres appartenant aux sélaciens étaient vraisemblablement très-analogues aux squales actuels (*Squalacei*). Ils naquirent des monorhiniens par la division du nez en deux moitiés symétriques, par la formation d'un système nerveux sympathique, d'un squelette maxillaire, d'une vessie natatoire et de deux paires de membres (nageoires pectorales ou membres antérieurs et nageoires ventrales ou membres postérieurs). L'organisation interne des animaux de ce degré devait correspondre, en général, à celle de nos sélaciens les plus inférieurs; pourtant la vessie natatoire, rudimentaire seulement chez ces derniers, était beaucoup plus développée chez les sélaciens ancestraux. Ils vivaient déjà, durant la période silurienne, comme le montrent les débris de sélaciens fossiles appartenant à cette période (dents, rayons de nageoires). L'anatomie comparée des sélaciens prouve leur grande analogie avec les ancêtres siluriens de l'homme et de tous les autres monorhiniens. Elle montre aussi que la structure organique des amphirhiniens provient de celle des sélaciens.

Douzième degré. — **Dipneustes** (*Dipneusta*).

Notre douzième chaînon ancestral est représenté par des vertébrés vraisemblablement fort analogues aux pneumobranches ou dipneustes actuels (*Ceratodus, Protopterus, Le-*

pidosiren). Ils provinrent des sélaciens, vraisemblablement au commencement de l'âge paléolithique ou primaire, par l'accommodation à la vie sur la terre ferme, par la métamorphose de la vessie natatoire en poumon aérien, par la transformation des fosses nasales en voies aériennes, qui dès lors s'ouvrent dans la bouche. Avec ce degré généalogique commença la série des ancêtres humains à respiration pulmonaire. L'organisation de ces animaux devait rappeler, tout en en différant par mille détails, celle du *Ceratodus* et du *Protopterus*. Ils existaient déjà au commencement de la période devonienne. L'anatomie comparée prouve l'existence de ces ancêtres du douzième degré, en considérant les dipneustes comme le trait d'union entre les sélaciens et les amphibies.

Treizième degré. — **Sozobranches** (*Sozobranchia*).

Ces dipneustes, que nous considérons comme la forme ancestrale de tous les vertébrés à respiration pulmonaire, ont donné naissance à une lignée fort importante, à la classe des amphibies. Avec ces amphibies apparaît la division des extrémités en cinq doigts, la pendactylie, qui fut ensuite successivement transmise à tous les vertébrés supérieurs et enfin à l'homme. Les sozobranches sont les plus anciens de nos ancêtres amphibiens. Pendant toute leur vie, ils conservent simultanément des poumons et des branchies, comme il arrive chez le protée et l'axolotl actuels. Ils sont provenus des dipneustes par la transformation des nageoires des poissons en extrémités pendactyles et aussi par une différenciation plus complète de divers organes, notamment de la colonne vertébrale. Quoi qu'il en soit, ils existaient vers le milieu de l'âge paléolithique ou primaire. En effet on trouve déjà des amphibies fossiles dans les terrains carbonifères. Il est démontré par l'anatomie comparée et l'ontogénie des amphibies et des mammifères, que de tels amphibies ont figuré parmi nos ancêtres directs.

Quatorzième degré. — **Sozoures** (*Sozura*).

De nos ancêtres amphibies, à branchies persistantes, sortirent plus tard d'autres amphibies, qui perdaient par métamorphose dans l'âge adulte les branchies dont ils étaient munis durant leur jeunesse; néanmoins ils conservaient la queue, comme les salamandres et les tritons actuels. Ils provinrent des sozobranches et durent pour cela s'accoutumer à respirer par des branchies seulement durant leur jeunesse, et plus tard par des poumons. Selon toute apparence, ils vivaient déjà dans la seconde moitié de l'âge primaire, pendant la période permienne, peut-être même dès la période carbonifère. La preuve de leur existence ressort de la nécessité de ce type intermédiaire entre le treizième et le quinzième degré.

Quinzième degré. — **Protamniotes** (*Protamnia*).

J'ai appelé protamnion la forme ancestrale commune aux trois classes de vertébrés supérieurs, d'où sont sortis, comme deux rameaux divergents, d'un côté les proreptiliens, de l'autre les promammaliens. Ils provinrent de sozobranches inconnus. Chez eux les branchies ont disparu; mais l'amnios, le limaçon, la fenètre ronde, l'oreille et l'appareil lacrymal se sont développés. Leur origine date vraisemblablement du commencement de l'âge mésolithique ou secondaire, peut-être même de la fin de l'âge primaire durant la période permienne. Leur existence est sûrement établie par l'anatomie comparée et l'ontogénie des amniotes. En effet tous les reptiles, tous les oiseaux, tous les mammifères, y compris l'homme, ont en commun tant de caractères importants, qu'il faut les considérer comme descendant incontestablement d'une même forme ancestrale, le protamnion.

Seizième degré. — **Promammaliens**. (*Promammalia*).

A partir de ce seizième degré jusqu'au vingt-deuxième nous sommes en quelque sorte chez nous. Nos ancêtres de ces dernières catégoriés appartiennent tous à la grande classe de mammifères, dont nous faisons encore partie. La forme ancestrale commune de tous les mammifères est inconnue et depuis longtemps éteinte. J'appelle les animanx de ce type promammaliens. Ces promammaliens durent ressembler beaucoup aux animaux actuels de la même classe, aux *Ornithostomes* (*Ornithorynchus*, *Echidna*); pourtant ils en différaient par leur denture composée de dents véritables. Le bec des ornithostomes actuels doit être considéré comme un caractère ultérieurement produit par adaptation. Les promammaliens naquirent des protamniens, vraisemblablement au commencement de l'âge secondaire, dans la période triasique. Pour en arriver là, de grands progrès organiques durent s'accomplir, par exemple la transformation des écailles épidermiques en poils, la formation des glandes mammaires, qui servirent à allaiter les jeunes. C'est de l'anatomie comparée et de l'ontogénie de l'homme, que se tire la preuve certaine de l'existence de ces promammaliens parmi nos ancêtres.

Dix-septième degré. — **Marsupiaux** (*Marsupialia*).

Les trois sous-classes de mammifères sont intimement reliées entre elles. Sous le triple rapport anatomique, ontogénétique et phylogénétique, les marsupiaux forment la transition immédiate entre les monotrèmes et les placentaliens. Nous devons donc retrouver ces marsupiaux parmi les ancêtres de l'homme. Ils provinrent des monotrèmes, auxquels appartenaient aussi les promammaliens, par la division du cloaque en conduit urogénital et en rectum, par la formation des mamelons et la réduction partielle du système claviculaire. Les marsupiaux les plus anciens vivaient déjà durant la période jurassique, peut-être même durant la période triasique et pendant la période crétacée; ils parcoururent une série de degrés qui préparèrent l'origine des placentaliens. L'anatomie comparée et l'ontogénie prouvent jusqu'à l'évidence que nous avons eu parmi nos ancêtres des marsupiaux essentiellement analogues par leur structure interne à l'opossum et au kangurou.

Dix-huitième degré. — **Prosimiens** (*Prosimiæ*).

Le petit groupe des prosimiens forme, comme nous l'avons déjà vu, un des ordres les plus importants et les plus intéressants parmi les mammifères. Ce groupe renferme la forme ancestrale des vrais singes et aussi de l'homme. Nos ancêtres prosimiens avaient probablement une analogie externe, assez lointaine d'ailleurs, avec les prosimiens à courtes pattes de nos jours (*Brachytarsi*), par exemple avec le maki, l'indri et le lori. Ils se dégagèrent sans doute, au commencement de l'âge cénolithique ou tertiaire, de marsupiaux inconnus, voisins des didelphes. La formation d'un placenta, la perte de la poche marsupiale et des os marsupiaux, ainsi que le développement bien accusé du corps calleux cérébral, les distinguent des marsupiaux. L'anatomie comparée et l'ontogénie des placentaliens nous fournissent les preuves du lien généalogique direct, qui rattache aux prosimiens les vrais singes et aussi le genre humain.

Dix-neuvième degré. — **Ménocerques** (*Menocerca*).

Des deux catégories de vrais singes provenus des prosimiens, une seule, celle des catarhiniens, a une étroite parenté avec l'homme. Nos ancêtres de ce groupe ressemblaient peut-être aux catarhiniens et aux semnopithèques actuels; ils avaient la même denture, la même conformation nasale que l'homme; mais leur corps était encore très-velu et ils étaient munis d'une longue queue. Les singes catarhiniens munis d'une queue naquirent des prosimiens par la transformation de la denture et le changement des griffes en ongles; cela arriva probablement dès l'âge tertiaire éocène. L'anatomie comparée et l'ontogénie établissent que nous descendons de ces catarhiniens à queue.

Vingtième degré. — **Anthropoïdes** (*Anthropoides*).

Les singes actuels les plus voisins de l'homme sont les grands catarhiniens sans queue, l'orang et le gibbon en Asie, le gorille et le chimpanzé en Afrique. Ce fut vraisemblablement l'âge tertiaire moyen, la période miocène, qui vit apparaître ces anthropoïdes. Ils descendaient des singes catarhiniens du degré précédent, auxquels ils ressemblaient essentiellement. Pour cela, ces derniers durent perdre la queue, se dépouiller partiellement de leurs poils; en outre leur crâne cérébral prédomina sur le crâne facial. Ce n'est pas parmi les anthropoïdes actuels qu'il faut chercher les ancêtres directs de l'homme; ces ancêtres furent des anthropoïdes disparus et inconnus appartenant à la période miocène. L'anatomie comparée des anthropoïdes et de l'homme prouve l'existence de ces ancêtres anthropoïdes.

Vingt-et-unième degré. — **Hommes-Singes** (*Pithecanthropi*).

Bien que le degré généalogique précédent soit si voisin de l'homme véritable, qu'il soit à peine besoin d'admettre un autre chaînon intermédiaire, néanmoins nous pouvons considérer comme tel l'homme primitif encore privé de la parole (*Alalus*). Cet homme-singe vivait vraisemblablement vers la fin de l'âge tertiaire. Il provint des anthropoïdes par une parfaite accoutumance à la station verticale et par une plus complète différenciation des deux paires d'extrémités. Les extrémités antérieures devinrent les mains de l'homme, les postérieures devinrent les pieds. Quoique ces hommes-singes fussent, non-seulement par leur conformation extérieure, mais encore par le développement de leurs facultés intellectuelles, plus voisins de l'homme véritable que tous les anthropoïdes, il leur manquait cependant le signe vraiment caractéristique de l'homme, le langage articulé avec le développement de l'intelligence et de la conscience du moi, qui en est inséparable. L'existence d'hommes primitifs dépourvus de la parole est un fait, dont tout esprit sérieux trouvera la preuve dans la linguistique comparée ou anatomie comparée du langage et surtout dans l'histoire de l'évolution du langage chez l'enfant et chez chaque peuple, c'est-à-dire dans l'ontogénèse glottique et la phylogénèse glottique.

Vingt-deuxième degré. — **Hommes** (*Homines*).

Les hommes véritables provinrent des anthropoïdes par la graduelle transformation du cri animal en sons articulés. Le développement de la fonction du langage entraîna naturellement celle des organes qui y correspondent, c'est-à-dire du larynx et du cerveau. Le passage de l'homme-singe muet à l'homme véritable doué de la parole, s'accomplit vraisemblablement seulement au commencement de l'âge quaternaire ou de la période diluvienne, peut-être plus tôt, durant l'âge tertiaire pliocène. Puisque, suivant l'opinion de la plupart des linguistes les plus éminents, toutes les langues humaines ne proviennent pas d'une même langue primitive, il faut croire à une origine multiple du langage et par suite admettre que le passage de l'homme-singe dépourvu de la parole à l'homme parfait, doué de la parole, s'est effectué plusieurs fois.

SÉRIE DES ANCÊTRES DE L'HOMME.

M... N — Limite séparant les ancêtres invertébrés et les ancêtres vertébrés.

Ages de l'hist^re organique terrestre.	Périodes géologiques de l'histoire organique terrestre.	Série des ancêtres animaux de l'homme.	Organismes actuels les plus analogues à la série des ancêtres.
I. Age archéolitique ou primordial.		1. Monères. (Monera.)	Protogenes. Protamœba.
		2. Organismes primaires monocellulaires.	Amibes simples. (Autamœbæ.)
	1. Période laurentienne.	3. Organismes primaires polycellulaires.	Amibes composés. (Synamœbæ.)
	2. Période cambrienne.	4. Planéades.	Larve blastula.
		5. Gastréades.	Larve gastrula.
		6. Archelminthes.	Turbellariés.
	3. Période silurienne.	7. Scolecida.	? Entre les ascidies et les turbellariés.
		8. Chordonia.	Ascidies.
	(V. p. 350 la pl. XIV et l'explication.)	M.	. . . N
		9. Acrania.	Amphioxus.
		10. Monorhina.	Petromyzontes.
		11. Selachii.	Squalacei.
II. Age paléolithique ou primaire.	4. Période devonienne.	12. Dipneusta.	Protoptera
	5. Période carbonifère.	13. Sozobranchia.	Proteus. Axolotl. (Siredon.)
	6. Période permienne.	14. Sozura.	Tritones.
III. Age mésolithique ou secondaire.	7. Période triasique.	15. Protamnia.	? Entre les amphibies urodèles et les Promammaliens.
	8. Période jurassique.	16. Promammalia.	Monotrema.
	9. Période crétacée.	17. Marsupialia.	Didelphyes.
IV. Age cénolithique ou tertiaire.	10. Période éocène.	18. Prosimiæ.	Lori. (Stenops.) Maki. (Lemur.)
		19. Catarhiniens à queue.	Nasique. Semnopithèque.
	11. Période miocène.	20. Anthropoïdes. ou catarhiniens sans queue.	Gorille, chimpanzé, orang, gibbon.
	12. Période pliocène.	21. Hommes privés de la parole ou hommes pithécoïdes.	Idiots, crétins et microcéphales.
V. Age quaternaire.	13. Période diluvienne. 14. Période alluviale.	22. Hommes doués de la parole.	Australiens et Papous.

VINGT-TROISIÈME LEÇON.

MIGRATIONS ET DISTRIBUTION DU GENRE HUMAIN. ESPÈCES ET RACES HUMAINES.

Antiquité du genre humain. — Causes qui ont produit l'homme. — Origine du langage. — Origine monophylétique et polyphylétique du genre humain. — L'homme descend de plusieurs couples. — Classification des races humaines. — Classification des douze espèces humaines. — Hommes à cheveux laineux ou ulotriques. — Hommes à cheveux en touffes (Papouas, Hottentots). — Hommes à chevelure en toison (Cafres, nègres). — Hommes à cheveux lisses ou lissotriques. — Hommes à cheveux rigides (Australiens, Malais, Mongols, races arctiques, Américains). — Hommes à cheveux bouclés (Dravidiens, Nubiens, Méditerranéens). — Statistique comparée des races. — Patrie originelle de l'homme. — Nombre des langues primitives (monoglottes et polyglottes). — Dispersion et migrations du genre humain. — Distribution géographique des espèces humaines.

Messieurs, l'anatomie comparée et l'embryologie des Vertébrés sont des trésors où nous pouvons puiser assez de notions pour être en état de tracer à grands traits la généalogie de l'homme. Nous l'avons fait dans les leçons précédentes. Gardez-vous néanmoins d'en conclure qu'il soit, dès à présent, possible d'embrasser dans tous ses détails la phylogénie de l'homme, destinée désormais à servir de base à l'anthropologie et à toutes les autres sciences. C'est aux investigations plus exactes, plus minutieuses de l'avenir, qu'est réservé l'achèvement de la science si importante, dont nous ne faisons qu'indiquer les premiers linéaments. Ces réflexions s'appliquent avec une égale justesse au point spécial de la phylogénie humaine, sur lequel nous voulons, en terminant, jeter un rapide coup d'œil; j'entends parler de ce qui touche à l'époque et à la contrée qui ont vu naître le genre humain, ainsi qu'aux espèces et aux races humaines.

Quant à la durée du temps qui a été nécessaire à la transformation des singes les plus anthropoïdes en hommes pithécoïdes, il va de soi qu'on ne saurait l'évaluer avec quelque précision en années et même en siècles. Tout ce que nous sommes en droit d'affirmer, pour les raisons précédemment exposées, c'est que l'homme descend de mammifères placentaliens. Mais, comme les restes fossiles de ces placentaliens ne se trouvent qu'à partir des terrains tertiaires, il est impossible que l'homme soit provenu des singes les plus parfaits avant l'âge tertiaire. Le plus vraisemblable est que cet événement si important dans l'histoire de la création s'est produit vers la fin de l'âge tertiaire, dans la période pliocène, peut-être même dès l'époque miocène ; il est possible aussi qu'il date seulement du commencement de la période diluvienne. Ce qui est hors de doute, c'est que l'homme, doué de tous les caractères humains, vivait déjà dans l'Europe moyenne durant cette période, et qu'il était contemporain d'un grand nombre de grands mammifères éteints, de l'éléphant diluvien ou mammouth (*Elephas primigenius*), du rhinocéros lanigère (*Rhinoceros tichorrhinus*), du cerf géant (*Cervus euryceros*), de l'ours des cavernes (*Ursus spelæus*), de la hyène des cavernes (*Hyæna spelæa*), du tigre des cavernes (*Felis spelæa*), etc. Les notions que nous devons à la géologie et à l'archéologie modernes sur ces hommes fossiles et les animaux leurs contemporains sont du plus haut intérêt ; mais, pour les exposer en détail, il me faudrait sortir du cadre de ces leçons ; je me contenterai donc de vous signaler l'importance de ces notions, en vous renvoyant pour les détails aux nombreuses publications modernes sur l'homme primitif, notamment aux excellents ouvrages de Charles Lyell (30), de Carl Vogt (27), de Friedrich Rolle (28), de John Lubbock (44), de L. Büchner (43), etc. Les recherches si nombreuses et si intéressantes faites, pendant ces dernières années, sur l'histoire primitive du genre humain, mettent hors de doute un fait capital et déjà depuis longtemps vraisemblable pour d'autres raisons, c'est que l'existence du genre humain remonte certainement à plus de vingt mille ans. Mais plus de cent mille ans, peut-être même des centaines de milliers d'années, se sont écoulés depuis l'origine de l'homme, et il est vraiment fort plaisant de voir encore nos calendriers fixer à 5822 ans avant notre ère la date de la création du monde, d'après Calvisius.

Mais, que vous fassiez remonter l'existence et la dispersion de l'homme sur la terre à vingt mille ans, à cent mille ans, à un nombre quelconque de centaines de milliers d'années, ce ne sera jamais qu'un espace de temps infiniment court, en regard de l'incommensurable durée qu'a exigée l'évolution graduelle de la longue série ancestrale de l'homme. Ce fait ressort déjà de la faible épaisseur des couches diluviennes, comparée à celle des dépôts tertiaires, et de la faible puissance de ces derniers, relativement aux couches plus anciennes. Mais, en outre, la série infiniment longue des types zoologiques, qui se sont développés lentement, peu à peu, depuis la plus simple monère jusqu'à l'amphioxus, de celui-ci jusqu'aux sélaciens, des sélaciens jusqu'au premier des mammifères, et de ce dernier jusqu'à l'homme, exige, pour son évolution, une série de cycles chronologiques embrassant vraisemblablement bien des millions d'années.

Comment l'homme le plus pithécoïde est-il sorti du singe le plus anthropoïde? Ce fait évolutif résulta surtout de deux aptitudes du singe anthropoïde, savoir : l'aptitude à la station verticale, l'aptitude au langage articulé. Ce furent là les deux plus puissants facteurs de l'homme. Ces deux importantes fonctions physiologiques coïncidèrent nécessairement avec deux modifications morphologiques qui leur sont connexes, je veux parler de la différenciation, paire par paire, des extrémités et de la différenciation du larynx. Mais, à son tour, cet important perfectionnement organique devait nécessairement réagir sur la différenciation du cerveau et des facultés intellectuelles qui lui sont inhérentes. Par là s'ouvrit devant l'homme la carrière de progrès indéfini, qu'il parcourt depuis lors, en s'éloignant toujours de plus en plus de ses ancêtres animaux. (*Morph. gén.*, II, 430.)

Des trois mouvements évolutifs de l'organisme humain que nous venons d'indiquer, le plus ancien nous a semblé devoir être la différenciation plus complète, le perfectionnement des extrémités, qui résultèrent de l'accoutumance à la station verticale. De plus en plus, les extrémités antérieures furent consacrées à la préhension et au toucher; de plus en plus, les extrémités postérieures servirent exclusivement à la station et à la marche; de là provint, entre la main et le pied, ce contraste, qui, sans être exclusivement propre à l'homme, est pourtant plus accusé chez lui que chez les singes anthropomorphes. Mais cette différenciation des extrémités n'était pas seulement très-avantageuse en elle-même, elle entraînait en outre toute une série de modifications très-importantes dans le reste du corps. La colonne vertébrale tout entière, mais surtout la zone du bassin et celle des épaules, et les muscles qui s'y insèrent, subirent les modifications par lesquelles le corps humain se différencie de celui du singe le plus anthropoïde. Ces transformations s'accomplirent vraisemblablement longtemps avant l'origine du langage articulé. Pendant un long espace de temps, il exista une espèce hommes doués de la faculté de marcher debout, et présentant par conséquent les formes caractéristiques de l'humanité, tout en étant encore dépourvus du deuxième et précieux attribut de l'humanité, la parole. Nous sommes donc en droit d'admettre dans la chaîne de nos ancêtres, comme représentant un chaînon spécial (le vingt et unième), l'homme privé du langage (*Alalus*) ou l'homme-singe (*Pithecanthropus*), ayant déjà tous les caractères essentiels à l'homme, sauf le langage articulé.

Nous venons de considérer le langage articulé et la différenciation plus parfaite du larynx qui en dérive, comme le deuxième degré évolutif du devenir humain. C'est là sans aucun doute ce qui met le plus de distance entre l'homme et l'animal, c'est là ce qui détermine le plus important progrès dans l'activité intellectuelle et par suite dans l'organisation cérébrale. Cependant beaucoup d'animaux ont un langage, à l'aide duquel ils se communiquent leurs sentiments, leurs désirs, leurs pensées : c'est le langage des signes, du tact, du cri. Mais le vrai langage parlé, l'expression exacte de l'idée, ce qu'on appelle le langage articulé, qui transforme par abstraction les cris en paroles et relie les mots en propositions, un tel langage est le partage exclusif de l'homme.

Rien n'a dû ennoblir et transformer les facultés et le cerveau de l'homme autant que l'acquisition du langage. La différenciation plus complète du cerveau, son perfectionnement et celui de ses plus nobles fonctions, c'est-à-dire des facultés intellectuelles, marchèrent de pair et en s'influençant réciproquement avec leur manifestation parlée. C'est donc à bon droit, que les représentants les plus distingués de la philologie comparée considèrent le langage humain comme le pas le plus décisif qu'ait fait l'homme pour se séparer de ses ancêtres animaux. C'est un point qu'Auguste Schleicher a mis en relief dans son travail « Sur l'importance du langage dans l'histoire naturelle de l'homme » (34). Là se trouve le trait d'union de la zoologie comparée et de la linguistique comparée ; la doctrine de l'évolution met la dernière de ces sciences en état de suivre pas à pas l'origine du langage. Cet intéressant problème de l'évolution du langage a été attaqué récemment de divers côtés et avec bonheur ; Wilhelm Bleek (35), qui étudie depuis dix-sept ans dans l'Afrique méridionale les idiomes des races humaines les plus inférieures, a particulièrement contribué à résoudre la question. De son côté, Auguste Schleicher (6) a montré, conformément à la théorie de la sélection, comment, sous l'influence de la sélection naturelle, les diverses formes du langage se sont subdivisées en de nombreuses espèces et sous-espèces, tout comme les autres formes et fonctions organiques.

La place me manque pour exposer en détail ce qui a trait

à la formation du langage, et force m'est de vous renvoyer au précieux écrit ci-dessus mentionné, de William Bleek, « sur l'origine du langage » (35). Mais il est une autre question de philologie comparée sur laquelle je dois insister, car elle est fort importante pour la généalogie des espèces humaines : c'est celle qui a trait à l'origine unique ou multiple du langage humain. Dans une lettre que William Bleek m'a adressée, ce linguiste éminent admet, que toutes les langues humaines ont une origine unitaire ou monophylétique. « Toutes, dit-il, ont de vrais pronoms et les parties du discours qui en résultent. Mais l'histoire du développement du langage prouve que la possession de vrais pronoms est un résultat d'adaptation, qui n'a pu se produire qu'une fois. » Au contraire, d'autres linguistes célèbres tiennent pour l'origine polyphylétique du langage. Du moins l'une des plus hautes autorités en cette matière, Schleicher admet que, dès le principe, le langage a dû différer dans la phonétique, suivant l'idée et l'image, qu'il s'agissait d'extériorer par des sons, et le degré de perfectibilité de la race, qui ébauchait le langage. En effet, il est positivement impossible de ramener toutes les langues à un seul et même idiome primitif. Il y a plus, une étude impartiale des faits amène à reconnaître autant d'idiomes primitifs qu'il y a de types linguistiques (34). Aussi Friedrich Müller (42) et d'autres linguistes éminents admettent-ils, que chaque type linguistique et chaque langue primitive ont eu une origine spontanée et indépendante. Mais il n'y a nulle concordance entre la distribution de ces types linguistiques et de leurs sous-divisions avec celle des diverses soi-disant « races » humaines, que nous distinguons d'après leurs caractères physiques. Ce désaccord, ainsi que le mélange confus des races et leurs croisements multiples, sont les principaux obstacles que l'on rencontre, alors que l'on veut poursuivre la généalogie du genre humain dans ses rameaux, espèces, races et variétés.

En dépit de ces graves difficultés, je ne saurais m'empêcher de jeter un coup d'œil rapide sur cette ramification de l'arbre généalogique humain, et d'élucider par là, dans une certaine mesure, en l'examinant au point de vue de la théorie de la descendance, la question tant débattue de l'origine unique ou multiple du genre humain. On sait que, depuis bien longtemps, deux grands partis bataillent à ce sujet : ce sont les monophylétistes et les polyphylétistes. Les premiers ou monogénistes affirment l'origine unitaire et la consanguinité de toutes les espèces humaines. Les seconds ou polygénistes pensent, que les diverses espèces ou races humaines ont eu chacune une origine indépendante. D'après ce que nous avons dit précédemment sur la généalogie du règne animal en général, il ne saurait être douteux, que, dans le sens le plus large, l'opinion monophylétique ne soit fondée. En effet, en admettant même que la transformation des singes anthropoïdes en hommes se soit accomplie à plusieurs reprises, ces singes eux-mêmes n'en arrivent pas moins à se confondre dans l'arbre généalogique de l'ordre simien tout entier. Le débat ne saurait donc porter que sur un degré plus ou moins proche, plus ou moins éloigné de consanguinité. Mais au point de vue purement anthropologique, c'est l'idée polyphylétique, qui a le plus de vraisemblance, puisque les divers idiomes primitifs se sont formés isolément. Si donc on veut voir dans l'origine du langage articulé le signe capital, caractéristique du passage au type humain, si l'on entend classer les espèces humaines d'après leur type linguistique, on peut dire que ces diverses espèces sont nées isolément, puisque les divers rameaux du genre humain primitif et muet encore, issu directement des singes, ont formé isolément leurs idiomes. Néanmoins ces espèces finissent toujours par se confondre un peu plus loin ou un peu plus près de leur racine, et, en fin de compte, elles sont toutes sorties d'une première souche commune.

Tout en optant pour cette dernière manière de voir, tout en admettant, que les diverses espèces de l'homme primitif privé de la parole proviennent d'un type anthropoïde commun, je ne prétends pas pour cela que tous les hommes descendent d'un couple unique. Cette dernière hypothèse, que notre groupe indo-germanique a empruntée au mythe sémitique de la création mosaïque, est absolument insoutenable. Le genre humain descend-il ou ne descend-il pas d'un seul couple? Le grand débat qui s'éternise sur ce point repose uniquement sur une fausse position de la question. Cela est aussi absurde qu'il le serait de se demander si tous les chiens de chasse et tous les chevaux de course descendent d'un seul couple, si tous les Anglais et tous les Allemands proviennent d'un couple unique, etc. Il n'y a pas plus eu de premier couple humain, de premier homme, qu'il n'y a eu un premier Anglais, un premier Allemand, un premier cheval de course, un premier chien de chasse. Toujours chaque nouvelle espèce procède d'une espèce préexistante, et le lent travail de métamorphose embrasse une longue chaîne d'individus divers. Supposons que nous ayons devant nous la série des couples d'hommes pithécoïdes et de singes anthropomorphes, qui ont réellement figuré parmi les ancêtres du genre humain, il n'en serait pas moins impossible d'indiquer le premier couple dans cette série mi-partie simienne et mi-partie humaine. En tout cas la désignation serait complétement arbitraire. Il est tout aussi impossible de considérer comme issue d'un seul couple chacune des douze races ou espèces humaines que nous allons examiner.

La classification des diverses races ou espèces humaines offre les mêmes difficultés que celle des espèces animales et végétales. Dans les deux cas, les types en apparence les plus dissemblables sont reliés entre eux par une série de formes intermédiaires. Dans les deux cas, il est impossible de distinguer nettement l'espèce et la race. Ainsi l'on a généralement admis, d'après Blumenbach, que le genre humain se divisait en cinq races : 1° La race Éthiopique ou noire (nègres africains); 2° la race Malaise ou brune (Malais, Polynésiens, Australiens); 3° la race Mongolique ou jaune (la majeure partie des Asiatiques et les Esquimaux de l'Amérique septentrionale); 4° les races américaines ou rouges (les indigènes de l'Amérique); 5° les races blanches ou caucasiques (Européens, Africains du nord et Asiatiques du sud-ouest). Au dire de la genèse biblique, ces cinq races humaines devaient toutes descendre d'un seul couple, d'Adam et d'Ève, et ne sont par conséquent que des variétés d'une seule espèce. Tout observateur impartial avouera néanmoins, que les différences entre ces cinq races, sont aussi grandes et même plus grandes que les différences spécifiques, sur lesquelles se fondent les zoologistes et les botanistes, pour distinguer les bonnes espèces animales et végétales. C'est donc avec raison qu'un paléontologiste distingué, Quenstedt, s'écrie : « Si le Nègre et le Caucasien étaient des colimaçons, tous les zoologistes affirmeraient à l'unanimité que ce sont d'excellentes espèces, n'ayant jamais pu provenir d'un même couple, dont ils se seraient graduellement écartés. »

Pour classer les races humaines, on se base en partie sur la nature des cheveux, en partie sur la coloration de la peau, en partie sur la forme du crâne. Sous ce dernier rapport, on reconnaît deux types crâniens opposés, les têtes longues et les têtes courtes. Chez les hommes à tête longue (*Dolichocephali*), dont les Nègres et les Australiens nous représentent les types les plus accusés, le crâne est allongé, étroit, comprimé latéralement. Chez les hommes à tête courte (*Brachycephali*) au contraire, le crâne est large et court, comprimé d'avant en arrière, comme on le voit du premier coup d'œil chez les Mongols. Eutre ces deux extrêmes se placent les têtes moyennes (*Mesocephali*); c'est surtout le type crânien des Américains. Dans chacun de ces trois groupes il y a des prognathes (*Prognathi*), chez qui les maxillaires font saillie en avant, rappelant le museau des animaux; alors les incisives sont dirigées obliquement en avant. Il y a aussi des orthognathes (*Orthognathi*), chez qui les maxillaires sont peu saillants et les dents incisives perpendiculaires. Dans ces dernières années, on a dépensé beaucoup de temps et de peine pour étudier et mesurer minutieusement les formes crâniennes, sans avoir pu obtenir des résultats correspondants au travail exécuté. En effet, dans les limites d'une même espèce, par exemple chez les Méditerranéens, la forme du crâne peut varier jusqu'à atteindre les formes extrêmes. La nature des cheveux et les langues fournissent des caractères préférables pour la classification; car ils se transmettent plus sûrement par hérédité que la forme du crâne.

La linguistique comparée surtout est ici d'une importance majeure : dans l'excellent travail ethnographique (42) qu'il a publié récemment, le linguiste viennois Friedrich Müller assigne à bon droit le premier rôle au langage. La conformation des cheveux doit prendre place immédiatement après le langage, au point de vue de l'importance. Ce caractère morphologique, quelque secondaire qu'il soit en apparence, semble être un signe de race rigoureusement transmissible par l'hérédité. Parmi les douze espèces humaines que nous allons bientôt énumérer, il en est quatre, les quatre plus inférieures, qui sont caractérisées par une chevelure laineuse; chaque cheveu considéré isolément est aplati en ruban et a une section transversale elliptique. Les quatre espèces humaines à cheveux laineux (*Ulotriques*) peuvent se diviser en deux groupes : chez l'un de ces groupes, la chevelure est disposée en touffes (*Lophocomi*), chez l'autre elle est en toison (*Eriocomi*). Chez les lophocomes comprenant les Papouas et les Hottentots, les cheveux sont inégalement distribués en touffes, ou petites houppes. Au contraire chez les Ériocomes, c'est-à-dire chez les Caffres et les Nègres, les cheveux laineux sont également répartis sur toute la surface du cuir chevelu. Les ulotriques sont prognathes et dolichocéphales. Chez eux, la couleur de la peau, des cheveux et des yeux est toujours très-foncée. Tous les hommes de ce groupe habitent l'hémisphère méridional; ils franchissent l'équateur en Afrique seulement. En général ils sont inférieurs à la plupart des lissotriques, et se rapprochent beaucoup plus du type simien. Les ulotriques ne sont pas susceptibles d'une vraie culture cérébrale, d'un haut développement intellectuel, même dans un milieu social favorable, comme on l'observe aujourd'hui aux États-Unis d'Amérique. Nul peuple aux cheveux crépus n'a eu de véritable histoire.

Chez les huit races humaines supérieures, que nous appelons Lissotriques, la chevelure n'est jamais vraiment laineuse, même chez les individus qui, exceptionnellement, l'ont crépue. Chaque cheveu, pris isolément, est cylindrique et a, par conséquent, une section transversale circulaire.

Nous pouvons aussi classer les huit espèces lissotriques en deux groupes : le groupe à cheveux droits (Euthycomi) et le groupe à cheveux bouclés (Euplocami). Au premier groupe, dont la chevelure est tout à fait lisse et droite, appartiennent les Australiens, les Malais, les Mongols, les races arctiques et les Américains. Les hommes à cheveux bouclés, chez qui la barbe est aussi plus touffue que chez les autres espèces, comprennent les Dravidiens, les Nubiens et les Méditerranéens. (*Voir* la pl. XVe.) Avant d'essayer de jeter quelque lumière sur la divergence phylétique du genre humain et sur la connexion généalogique de ses différentes espèces, je veux vous donner brièvement une idée de ces douze espèces et de leur distribution. Pour bien se rendre compte de la distribution géographique de ces espèces, il faut se reporter à trois ou quatre siècles en arrière, à l'époque où l'archipel Indien et l'Amérique n'étaient pas connus des Européens; alors les espèces humaines ne s'étaient pas encore confondues par mille croisements divers, alors surtout le flot des races indo-germaniques n'avait pas débordé sur le monde. Je parlerai d'abord des types humains les plus inférieurs, des hommes à chevelure laineuse (*Ulotriques*), à face prognathe et à crâne dolichocéphale.

De toutes les espèces humaines actuelles, c'est le Papoua (*Homo papua*), qui s'écarte peut-être le moins du type ancestral des ulotriques. Cette espèce habite actuellement la grande île de la Nouvelle-Guinée et les archipels Mélanésiens situés à l'est de cette île; les îles Salomon, la Nouvelle-Calédonie, les

Nouvelles-Hébrides, etc. Mais on trouve encore des restes épars de l'espèce Papoua, dans l'intérieur de la presqu'île de Malacca et dans beaucoup d'îles du grand archipel Pacifique. Le plus souvent ces peuplades habitent les montagnes inaccessibles de l'intérieur; c'est ce qui a lieu par exemple aux îles Philippines. Les Tasmaniens, dont l'extinction est toute récente, étaient des Papouas. De ce qui précède et d'autres faits encore, il résulte que jadis les Papouas étaient largement répandus dans le sud-est de l'Asie; ils en furent chassés et refoulés vers l'est par les Malais.

Tous les Papouas ont la peau d'un noir tantôt brunâtre, tantôt bleuâtre. Leurs cheveux laineux croissent en touffes roulées en spirales et ayant souvent plus d'un pied de long, de sorte qu'il semblent former une épaisse perruque laineuse. Le front est étroit et déprimé; le nez large et retroussé, les lèvres épaisses. Par le caractère spécial de leur chevelure et par leur langue, les Papouas se distinguent tellement de leurs voisins lissotriques, Malais et Australiens, qu'il faut les considérer comme une espèce à part.

Bien que séparés des Papouas par une énorme distance, les Hottentots (*Homo hottentotus*), s'en rapprochent beaucoup par leur chevelure en touffes. Ils habitent exclusivement l'extrémité méridionale de l'Afrique, le cap de Bonne-Espérance et les régions voisines, et ils y sont venus du nord-est. Comme leurs congénères les Papouas, les Hottentots ont occupé jadis des contrées bien plus vastes, probablement toute l'Afrique orientale; aujourd'hui ils s'acheminent vers leur extinction. Outre les Hottentots proprement dits, dont il ne reste plus que les deux tribus des Namaquois, à l'est du cap, et des Coraquois à l'est; il faut encore mettre dans le même groupe les Bushmans, qui habitent les régions montagneuses du cap. Chez tous ces Hottentots, la chevelure est en touffes, disposées isolément comme les faisceaux d'une brosse, de même que chez les Papouas. Dans les deux espèces aussi, on observe chez la femme un amas adipeux considérable à la région fessière (*steatopygia*). Chez les Hottentots, la peau est d'une nuance plus claire que chez les Papouas; elle est d'un brun jaune. La face est aplatie, le front et le nez petits, les narines larges. La bouche est très-grande; les lèvres sont grosses; le menton est étroit et pointu. Le langage est caractérisé par des gloussements et des claquements particuliers de la langue.

Les plus proches voisins des Hottentots sont les Caffres (*Homo cafer*). Cette espèce a les cheveux crépus, mais, ainsi que la suivante, elle diffère des Hottentots et des Papous, en ce que ces cheveux laineux ne sont plus disséminés en touffes, mais forment une épaisse toison. La couleur de la peau des Caffres passe par toutes les nuances intermédiaires au brun jaune des Hottentots et au noir franc du vrai nègre. Tant que l'on a cru les Caffres confinés dans un étroit espace, on les a considérés comme une simple variété des vrais Nègres ; aujourd'hui, au contraire, on regarde comme appartenant à cette espèce toute la population de l'Afrique équatoriale du 20ᵉ de latitude sud au 4ᵉ de latitude nord, c'est-à-dire tous les Africains du Sud, à l'exception des Hottentots. On peut citer, comme appartenant à cette espèce, sur la côte orientale de l'Afrique, les Zoulous, les Zambéziens, les Mozambiques; dans l'intérieur du continent, la grande famille des Béchuanas ou Séchuanas, et sur la côte occidentale, les tribus des Herreros et des Congos. Comme les Hottentots, les Caffres sont venus du nord-est. Les Caffres diffèrent essentiellement des Nègres par la langue et la conformation crânienne, quoique ayant été presque toujours confondus avec ces derniers. Leur face est longue et étroite, leur front haut et voûté, le nez saillant, souvent arqué, les lèvres moins épaisses que celles du Nègre, le menton est pointu. Les nombreux idiomes parlés par les diverses tribus Caffres peuvent tous se ramener à une langue primitive éteinte, la langue bantou.

Le vrai Nègre (*Homo niger*) forme, quand on en a séparé les Caffres, les Hottentots et les Nubiens, une espèce humaine beaucoup moins répandue qu'on ne l'avait cru d'abord. Il

TABLEAU TAXINOMIQUE

DES DOUZE ESPÈCES ET DES TRENTE-SIX RACES HUMAINES.

Espèces.	Races.	Patrie.	Émigration. venant du côté de l
1. Papoua. *Homo papua.*	1. Négritos.	Malacca, Philippines.	Ouest.
	2. Néo-Guinéens.	Nouvelle-Guinée.	Ouest.
	3. Mélanésiens.	Mélanésie.	Nord-ouest.
	4. Tasmaniens.	Terre Van Diémen.	Nord-est.
2. Hottentot. *Homo hottentotus.*	5. Hottentots.	Cap de Bonne-Espérance.	Nord-est.
	6. Boschismans.	Cap de Bonne-Espérance.	Nord-est.
3. Caffre. *Homo cafer.*	7. Caffres-zoulous.	Afrique sud-orientale.	Nord.
	8. Béchuanas.	Sud de l'Afrique centrale.	Nord-est.
	9. Caffres du Congo.	Afrique sud-occidentale.	Est.
4. Nègre. *Homo niger.*	10. Nègres Tibous.	Pays de Tibou.	Sud-est.
	11. Nègres Soudaniens.	Soudan.	Est.
	12. Sénégambiens.	Sénégambie.	Est.
	13. Nigritiens.	Nigritie.	Est.
....	....	....	....
5. Australiens. *Homo australis.*	14. Australiens du nord.	Australie du nord.	Nord.
	15. Australiens du sud.	Australie du sud.	Nord.
6. Malais. *Homo malayus.*	16. M. des iles de la Sonde.	Archipel de la Sonde.	Ouest.
	17. Polynésiens.	Polynésie.	Ouest.
	18. Madécasses.	Madagascar.	Est.
7. Mongol. *Homo mongolus.*	19. Indo-Chinois.	Thibet, Chine.	Sud.
	20. Coréo-Japonais.	Corée, Japon.	Sud-ouest.
	21. Altaïques.	Asie moyenne et du nord.	Sud.
	22. Ouraliens.	Nord-ouest de l'Asie, nord de l'Europe, Hongrie.	Sud-est.
8. H. arctique. *Homo arcticus.*	23. Hyperboréens.	Nord-est de l'Asie.	Sud-ouest.
	24. Esquimaux.	Extre nord de l'Amérique.	Ouest.
9. Américain. *Homo americanus.*	25. Nord-Américains.	Amérique du nord.	Nord-ouest.
	26. Américains du centre.	Amérique du centre.	Nord.
	27. Sud-Américains.	Amérique du sud.	Nord.
	28. Patagons.	Extre sud de l'Amérique.	Nord.
10. Dravidien. *Homo dravida.*	29. Dr. du Dékhan.	Dékhan.	Est?
	30. Singalais.	Ceylan.	Nord?
11. Nubien. *Homo nuba.*	31. Dongoliens.	Nubie.	Est.
	32. Foulahs.	Pays Foulah (Afr. centr.).	Est.
12. Méditerranéen. *Homo mediterraneus.*	33. Caucasiens.	Caucase.	Sud-est.
	34. Basques.	Extre nord de l'Espagne.	Sud?
	35. Sémites.	Arabie, nord de l'Afrique.	Est.
	36. Indo-Germains.	S.-ouest de l'Asie, Europe.	Sud-est.

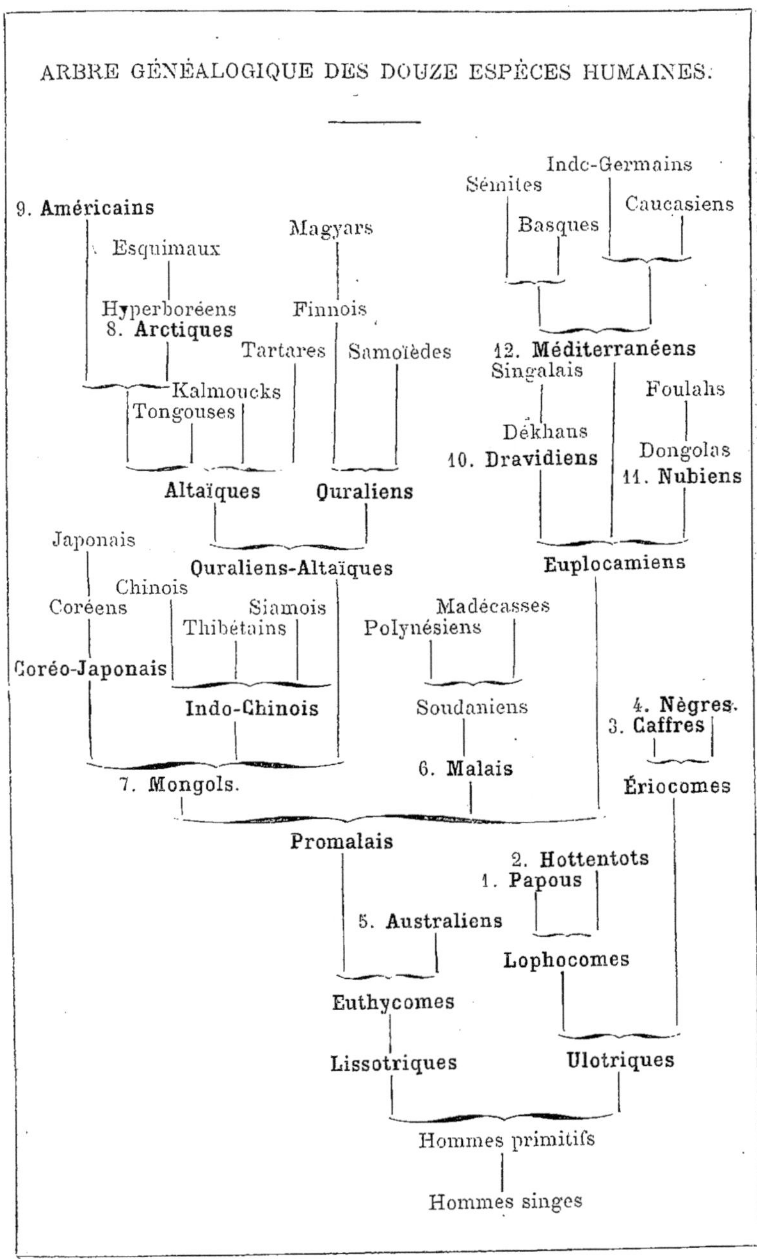
ARBRE GÉNÉALOGIQUE DES DOUZE ESPÈCES HUMAINES.
Indo-Germains
Sémites
Caucasiens
Basques
9. Américains
Magyars
Esquimaux
Hyperboréens
Finnois
8. Arctiques
Tartares
Samoïèdes
12. Méditerranéens
Singalais
Foulahs
Kalmoucks
Tongouses
Dékhans
Dongolas
10. Dravidiens
11. Nubiens
Altaïques
Ouraliens
Japonais
Ouraliens-Altaïques
Euplocamiens
Chinois
Coréens
Siamois
Madécasses
Thibétains
Polynésiens
Coréo-Japonais
Indo-Chinois
Soudaniens
4. Nègres.
3. Caffres
6. Malais
7. Mongols.
Ériocomes
Promalais
2. Hottentots
1. Papous
5. Australiens
Lophocomes
Euthycomes
Lissotriques
Ulotriques
Hommes primitifs
Hommes singes

faut réunir sous la qualification de Nègres, les Tibous de la région orientale du Sahara, les peuples du Soudan ou Soudaniens, habitant sur la limite méridionale du grand désert, et la population riveraine de l'Afrique occidentale, depuis l'embouchure du Sénégal au nord, jusqu'à celle du Niger au sud (Sénégambie et Nigritie). Les vrais Nègres sont confinés entre l'équateur et le cercle tropical septentrional, qui a été franchi seulement à l'est par une petite portion de la race Tibou. C'est à partir de l'est que l'espèce nègre a rayonné dans cette zone. La peau des vrais Nègres est toujours d'un noir plus ou moins pur ; elle est veloutée au toucher, et exhale une odeur spéciale, désagréable. Le Nègre ressemble au Caffre par la chevelure, et n'en diffère pas essentiellement par la conformation de la face. Le front est pourtant, chez le Nègre, plus aplati et plus bas ; le nez large et gros ne fait pas de saillie ; les lèvres sont très-épaisses et le menton est très-court. En outre, les vrais Nègres sont remarquables par la maigreur de leurs mollets et la longueur de leurs bras. Cette espèce humaine a dû se subdiviser de bonne heure en un grand nombre de tribus distinctes ; car les langues multiples et fort diverses qu'elle parle aujourd'hui ne sauraient se ramener à une langue primitive.

Nous avons maintenant à nous occuper d'un autre grand rameau du genre humain : je veux parler des hommes à cheveux lisses (*Homines lissotriches*). Des huit espèces composant ce groupe, il y en a, comme nous l'avons dit, cinq à cheveux droits (*Euthycomi*), et trois à cheveux bouclés (*Euplocami*). Je parlerai d'abord des premières, auxquelles appartient la plus grande partie de la population de l'Asie et celle de l'Amérique tout entière.

Les Australiens (*Homo australis*) sont les plus inférieurs des hommes à cheveux lisses et peut-être de toutes les espèces humaines actuelles. Cette espèce semble confinée exclusivement dans la grande île d'Australie. Par l'odeur de leur peau et sa couleur d'un noir brun, par leur prognathisme et leur dolichocéphalie, par leur front fuyant, leur large nez et leurs lèvres épaisses, enfin par le défaut de mollets, les Australiens ressemblent aux vrais nègres d'Afrique. D'autre part, les nègres Australiens diffèrent des vrais Nègres et aussi de leurs analogues, les Papous, par un squelette plus faible, plus délicat, et surtout par la conformation des cheveux, qui ne forment pas une toison laineuse, mais sont ou entièrement lisses ou faiblement bouclés. Peut-être l'infériorité morale et physique des Australiens n'est-elle pas native ; elle pourrait résulter de l'adaptation aux conditions difficiles de la vie en Australie ; ce serait une rétrogradation. Les Australiens sont probablement un rameau détaché de bonne heure des Euthycomes, et ils ont dû venir en Australie par le nord et le nord-ouest. Peut-être aussi sont-ils plus voisins des Dravidiens et par suite des Euplocamiens, que des autres Euthycomes. Les idiomes australiens se sont divisés de bonne heure en de nombreux petits rameaux, qui forment un groupe septentrional et un groupe méridional.

Les Malais (*Homo malayus*) constituent une espèce peu répandue, mais fort importante ; ce sont les races brunes de l'ancienne ethnographie. Il est probable qu'une souche ancestrale, très-voisine du type malais, mais actuellement éteinte, a donné naissance à cette race et aux autres races supérieures. J'appellerai les hommes de cette souche hypothétique Pro-Malais. Les Malais actuels se divisent en deux races très-distinctes, celle des îles de la Sonde (Sumatra, Java, Bornéo, etc.), et des Philippines, et celle des Polynésiens répandus dans la presque-totalité de l'archipel Pacifique. Les frontières septentrionales de la région malaise sont marquées à l'est par les îles Sandwich (Hawai), à l'ouest par les îles Mariannes (îles des Larrons). Les frontières méridionales sont indiquées à l'est par l'archipel Mangareva, à l'ouest de la Nouvelle-Zélande. Les habitants de Madagascar représentent un rameau extrême de la race des îles de la Sonde. Cette lointaine extension des Malais s'explique par leur goût pour la vie maritime. Leur patrie originelle doit être la portion sud-orientale du continent asiatique; de là ils s'avancèrent vers l'est et le sud, en refoulant devant eux les Papous. Par la conformation de leur corps, les Malais se rapprochent surtout des Mongols, mais sans trop s'éloigner des Méditerranéens à cheveux bouclés. Le crâne malais est habituellement brachycéphale, rarement mésaticéphale et très-rarement dolichocéphale. La chevelure, habituellement lisse et roide, des Malais, est souvent un peu bouclée. Leur peau est d'un brun, qui tantôt tire sur le jaune clair ou jaune cannelle, tantôt sur le brun rougeâtre cuivré, rarement sur le brun sombre. Par les traits du visage, les Malais tiennent le milieu entre les Mongols et les Méditerranéens. Souvent ils se distinguent à peine de ces derniers. Ordinairement, chez eux, la face est large, le nez saillant, les lèvres épaisses; les yeux sont moins étroitement fendus et moins obliques que ceux des Mongols. La parenté des Malais et des Polynésiens ressort de leurs idiomes, depuis longtemps divisés en nombre de rameaux, de dialectes, qui pourtant peuvent toujours se ramener à une langue primitive commune et spéciale.

L'espèce mongolique (*Homo mongolicus*) est, avec l'espèce méditerranéenne, celle qui compte le plus de représentants. A l'espèce mongolique appartiennent tous les habitants du continent asiatique, à l'exception des Hyperboréens dans le nord, d'un petit nombre de Malais dans le sud-est (Malacca), des Dravidiens dans l'Inde, des Méditerranéens dans le sud-ouest. En Europe, cette espèce d'hommes est représentée par les Finnois et les Lapons dans le nord, par les Osmanlis en Turquie, par les Magyars en Hongrie. La peau des Mongols est toujours de nuance jaune, tantôt d'un jaune clair ou même blanchâtre, tantôt d'un jaune brun. Les cheveux sont toujours roides et noirs. Le crâne est très-brachycéphale chez la plupart des Mongols, notamment chez les Kalmoucks, les Baskirs, etc.; souvent il est mésaticéphale, par exemple chez les Tartares, les Chinois, etc. Jamais il n'y a de vrais dolichocéphales chez les Mongols. La face est arrondie, les yeux étroitement fendus et souvent obliques, les arcades zygomatiques très-saillantes, le nez large et les lèvres épaisses. Toutes les langues mongoles semblent pouvoir se ramener à une langue primitive originelle; mais elles forment deux grands rameaux linguistiques fort anciens. Ce sont les langues monosyllabiques des races Indo-Chinoises et les langues polysyllabiques des autres races Mongoles. Au rameau monosyllabique appartiennent les Tibétains, les Birmans, les Siamois et les Chinois. Les Mongols polysyllabiques se divisent en trois races : 1° les Coréo-Japonais (Coréens et Japonais) ; 2° les Altaïques (Tartares, Turcks, Kirghises, Kalmoucks, Bouriates, Tongouses) ; 3° les Ouraliens (Samoïèdes, Finnois). Des Finnois est provenue la population Magyare de la Hongrie.

L'homme polaire (*Homo arcticus*) doit être regardé comme un rameau de l'espèce mongolique. Nous appelons hommes polaires les habitants des terres arctiques dans les deux hémisphères : les Esquimaux, les Groënlandais dans l'Amérique septentrionale, et les Hyperboréens dans le nord-est de l'Asie (Joukagires, Tschouktsches, Kouriates et Kamtschadales). Ce type s'est tellement modifié, en s'adaptant au climat polaire, qu'il peut compter maintenant comme une espèce distincte. L'homme arctique est de petite stature et trapu ; son crâne est mésaticéphale ou même dolichocéphale; ses yeux sont étroits et obliques comme ceux des Mongols ; les pommettes sont saillantes et la bouche grande. Les cheveux sont rigides et noirs. La peau est d'un brun plus ou moins clair, tirant tantôt sur le blanc, tantôt sur le jaune, comme chez les Mongols, parfois rougeâtre, comme chez les Américains. Les idiomes parlés par l'homme polaire sont encore peu connus, mais ils diffèrent autant des langues mongoles que des langues américaines. Les hommes arctiques sont vraisemblablement un rameau dégénéré et modifié par l'adaptation, mais appartenant à la race Mongolique, qui aura passé de l'Asie du nord-est dans l'Amérique septentrionale et peuplé ce continent.

A l'époque de la découverte de l'Amérique, cette partie du monde terrestre était occupée par une seule race d'hommes, si l'on en excepte les Esquimaux; c'était la race américaine ou Peau-Rouge (*Homo americanus*). L'homme Américain se rapproche plus des deux dernières espèces précédemment étudiées que de toutes les autres. Son crâne est habituellement mésaticéphale, rarement brachycéphale ou dolichocéphale. Le front est large et très-bas; le nez gros, saillant et souvent arqué; les pommettes sont proéminentes; les lèvres plutôt minces qu'épaisses. Les cheveux sont noirs et roides. La peau est d'une nuance rouge, passant du rouge cuivré au rouge clair, ou bien au rouge brun, et même au rouge jaunâtre, au brun olivâtre. Les langues parlées par les diverses races et tribus Américaines sont extraordinairement variées, mais pourtant elles ont des radicaux communs. L'Amérique a probablement été peuplée par des hommes venant des régions Asiatiques du nord-est, par ce même rameau mongolique, d'où les hommes arctiques (Hyperboréens et Esquimaux) se sont aussi détachés. Ce rameau se propagea sans doute d'abord dans l'Amérique du nord, puis, passant par l'isthme de Panama, il se répandit dans l'Amérique méridionale, à l'extrémité sud de laquelle il subit une forte rétrogradation par suite des rigueurs du climat. D'autre part, des Polynésiens ont pu immigrer en Amérique par l'ouest, et s'y mêler aux Mongols. Quoi qu'il en soit, les premiers habitants de l'Amérique sont sûrement provenus du vieux monde; et ils ne descendent nullement des singes américains, comme on l'a prétendu quelquefois. Jamais il n'a existé en Amérique de singes catarhiniens.

Les trois espèces humaines qui nous restent à examiner, les Dravidiens, les Nubiens et les Méditerranéens, ont en commun nombre de particularités, qui indiquent entre elles une étroite parenté et les distinguent des espèces précédentes. Signalons surtout l'abondance de la barbe, qui, chez les autres espèces, est rare ou fait absolument défaut. Chez ces trois espèces, les cheveux ne sont ordinairement ni aussi roides ni aussi lisses que chez les cinq espèces précédentes; ils sont le plus souvent plus ou moins bouclés. D'autres caractères encore me déterminent à réunir ces trois espèces en un grand groupe, celui des hommes à cheveux bouclés (*Euplocami*).

La forme ancestrale des Euplocamiens, et peut-être de tous les lissotriques, a dû se rapprocher beaucoup de l'homme Dravidien (*Homo Dravida*). Actuellement, cette espèce primitive n'est plus représentée que par les peuplades du Deccan, dans la partie méridionale cisgangétique de l'Inde, et par leurs voisins les montagnards du nord-est de Ceylan. Mais cette espèce semble avoir jadis occupé l'Inde entière, et même avoir débordé au delà. Elle tient par certains traits aux Australiens et aux Malais, par d'autres aux Mongols et aux Méditerranéens. La peau des Dravidiens est d'un brun plus ou moins clair ou obscur, tirant sur le jaune dans quelques tribus, sur le noir chez d'autres. La chevelure est, comme celle des Méditerranéens, plus ou moins bouclée, c'est-à-dire ni absolument lisse comme chez les Euthycomes, ni vraiment laineuse, comme chez les Ulotriques. Pour l'abondance de leur barbe, les Dravidiens se rapprochent aussi des Méditerranéens. Leur visage ovale rappelle celui des Malais, mais aussi celui des Méditerranéens. Ordinairement le front est haut, le nez saillant, étroit, les lèvres modérément épaisses. La langue des Dravidiens est aujourd'hui mélangée d'éléments indo-germaniques, mais elle paraît être originellement provenue d'une langue primitive entièrement originale.

Le Nubien (*Homo Nuba*) n'a pas donné aux ethnographes moins d'embarras que l'homme Dravidien. Par homme Nubien, j'entends non-seulement les vrais Nubiens (Changallas ou Dongoliens), mais aussi leurs proches parents, les Foulahs ou Fellatahs. Les Nubiens proprement dits habitent les contrées du Haut-Nil (Dongola, Changalla, Barabrel, Kordofan) ; de là les Foulahs ou Fellatahs ont émigré vers l'ouest, et actuellement ils occupent une large zone dans le sud du Sahara occidental, entre le Soudan au nord et la Nigritie au sud. Ordinairement on range les peuplades Nubiennes et Fellahs, soit parmi les Nègres, soit parmi les peuples sémitiques ou Méditerranéens; mais elles diffèrent assez des uns et des autres pour mériter d'être considérées comme une espèce à part. Cette espèce a vraisemblablement occupé autrefois la plus grande partie de l'Afrique septentrionale et orientale. La peau des Nubiens et des Foulahs est d'un brun jaune ou d'un rouge brun, plus rarement d'un brun sombre ou noir; la barbe est beaucoup plus abondante que chez les Nègres. Le visage ovale se rapproche plus du type méditerranéen que du type nègre. Le front est haut et large; le nez saillant et point déprimé; les lèvres sont moins grosses que celles du Nègre. Les idiomes des Nubiens ne semblent avoir aucune parenté avec ceux des vrais Nègres.

De tout temps on a placé en tête de toutes les autres espèces humaines l'homme méditerranéen (*Homo mediterraneus*), comme étant le plus parfait et le mieux organisé. Ce type humain est ordinairement appelé « race Caucasique ». Mais, comme de toutes les races de ce type le rameau caucasique est le moins important, je préfère la dénomination d'homme Méditerranéen proposée par Fr. Müllèr et qui est beaucoup plus juste. En effet, les races dites caucasiques, qui ont joué le premier rôle, qui ont été les facteurs les plus actifs de ce qu'on appelle « l'histoire universelle », ont fleuri primitivement sur les rivages de la Méditerranée. L'extension, l'habitat de cette espèce pourraient s'exprimer par la qualification d'espèce Indo-Atlantique, car ce type humain est actuellement répandu par toute la terre, et il triomphe de toutes les autres espèces dans la lutte pour l'existence. Pour le corps comme pour l'intelligence, nulle autre espèce humaine n'est comparable à l'espèce Méditerranéenne. Elle seule, si l'on fait abstraction de la race Mongolique, a une véritable histoire. Chez elle seulement s'est développée cette fleur de la civilisation, qui semble élever l'homme au-dessus du reste de la nature.

Tout le monde connaît les caractères distinctifs de l'homme Méditerranéen. La couleur claire de la peau tient le premier rang parmi les caractères extérieurs; cette teinte parcourt tous les degrés du blanc éclatant ou blanc rosé, jusqu'au brun sombre et même au brun noirâtre, en passant par le jaune et le jaune brun. La chevelure est ordinairement touffue et plus ou moins bouclée; la barbe est plus abondante que dans aucune autre espèce. Le crâne est très-développé en largeur; en général la mésaticéphalie domine, mais il y a aussi beaucoup de dolichocéphales et de brachycéphales. C'est seulement chez cette espèce, que la structure générale du corps atteint le degré de symétrie et de proportion, que nous regardons comme le type accompli de la beauté humaine. Les langues parlées par les races Méditerranéennes ne peuvent pas se ramener à un langage primitif commun; il faut admettre au moins quatre idiomes primitifs. Par conséquent, force est bien de reconnaître au moins quatre races méditerranéennes distinctes, se confondant seulement à l'origine. Deux de ces races, les Basques et les Caucasiens, ne sont plus représentées que par de faibles débris. Les Basques, qui jadis ont peuplé toute l'Espagne et le sud-ouest de la France, n'occupent plus aujourd'hui qu'une zone étroite sur la côte septentrionale de l'Espagne, au fond du golfe de Biscaye. Les débris des races Caucasiques, les Daghestans, les Tcherkesses, les Mingréliens et les Géorgiens, sont aujourd'hui refoulés dans la chaîne du Caucase. Les langues parlées par les Basques et par les Caucasiens sont absolument originales, et ne sauraient se rattacher ni aux langues sémitiques, ni aux langues indo-germaniques.

Les langues des deux grandes races méditerranéennes, des Chamo-Sémites et des Indo-Germains, ne se laissent pas davantage ramener à une même langue primitive; d'où il résulte que ces deux races ont dû se séparer de fort bonne heure. Par conséquent les Chamo-Sémites et les Indo-Germains sont descendus de singes anthropoïdes différents. De son côté la race Chamo-Sémitique se divisa promptement en deux rameaux divergents, le rameau Chamitique ou égyptien et le rameau Sémitique ou arabique. Le rameau égyptien ou africain, que l'on a aussi appelé Chamitique en le séparant absolument des Sémites, comprend d'une part la population de l'Égypte ancienne et le grand groupe des Berbers ou Libyens, qui de bonne heure ont occupé l'Afrique septentrionale et les îles Canaries; enfin il faut y ajouter le groupe des Éthiopiens (Bedschas, Gallas, Danakil, Somali et d'autres peuples, qui s'étendent de la côte nord-ouest de l'Afrique jusqu'à l'équateur). Quant au rameau arabique et asiatique, le rameau des Sémites, il comprend les habitants de la grande péninsule arabique, l'ancienne famille des Arabes proprement dits (« le type sémitique primitif »), les Abyssiniens et les Maures, et aussi le groupe sémitique le plus civilisé, les Juifs ou Hébreux et les Araméens (Syriens et Chaldéens). Les Mésopotamiens éteints (Syriens, Chaldéens, Samaritains) appartenaient au vieux type hébreu.

Enfin la race qui a de beaucoup dépassé toutes les autres dans la voie du progrès intellectuel, la race indo-germanique, s'est aussi partagée de bonne heure en deux rameaux divergents, le rameau Aryo-Roman et le rameau Slavo-Germain. Du premier de ces rameaux sortirent les Ariens (Indiens et Iraniens) et les Gréco-Romains (Grecs et Albanais, Italiens et Celtes). Du rameau Slavo-Germain provinrent les Slaves (Russes et Bulgares, Tchèques et tribus Baltiques) d'une part; les Germains (Scandinaves et Allemands, Néerlandais et Anglo-Saxons) de l'autre. Auguste Schleicher a montré clairement, en s'appuyant sur les données de la philologie comparée, comment on pouvait suivre en détail la généalogie des races indo-germaniques (6).

Le chiffre total de la population humaine actuelle est de 1,300 à 1,400 millions d'individus. Dans le tableau comparatif ci-annexé, j'ai pris comme chiffre moyen 1,350 millions. Partant de ce chiffre comme base, on peut évaluer approximativement à 150 millions seulement le nombre des hommes à chevelure laineuse et à 1,200 millions celui des hommes à chevelure lisse. Les deux espèces qui tiennent le premier rang, les Mongols et les Méditerranéens, l'emportent de beaucoup en nombre sur l'ensemble de toutes les autres races humaines, puisque chacune d'elles est représentée par 550 millions d'individus environ (voir l'*Ethnographie* de Friedrich Müller, p. xxx). Naturellement, le nombre relatif des individus des douze espèces varie chaque année et probablement dans le sens des lois Darwiniennes de la sélection naturelle; c'est-à-dire que les types les plus élevés, les mieux doués, tendent forcément à se multiplier, à gagner du terrain aux dépens des groupes inférieurs, peu nombreux et attardés. Par conséquent les races méditerranéennes, et particulièrement les races indo-germaniques, triomphent des autres races et espèces dans la lutte pour l'existence grâce à leur développement cérébral, et déjà elles dominent par toute la terre. Seule l'espèce mongolique peut dans une certaine mesure lutter avec les Méditerranéens. Pourtant les Nègres, les Caffres et les Nubiens, les Malais et les Dravidiens, entre les tropiques, et d'autre part les races arctiques, dans les régions polaires, sont protégés contre les empiétements des Indo-Germains par une meilleure et plus ancienne adaptation, des uns à un climat chaud, des autres à un climat froid. Quant aux autres races, dont le chiffre est d'ailleurs fort réduit, elles sont destinées à succomber tôt ou tard dans la lutte pour l'existence, devant la supériorité des Méditerranéens. Déjà les Américains et les Australiens marchent rapidement vers une extinction totale, et l'on peut en dire autant des Papous et des Hottentots.

J'ai maintenant à traiter de la parenté, des migrations et de la patrie primitive des douze espèces humaines; mais, avant d'aborder ces questions aussi intéressantes que difficiles, j'ai besoin de faire remarquer que, dans l'état actuel de nos connaissances, toute réponse à ces questions est nécessairement une hypothèse provisoire. C'est exactement ce que l'on peut dire aussi des hypothèses généalogiques, que nous avons pu faire au sujet de l'origine des organismes consanguins, en prenant pour guide la classification naturelle. Mais cette inévitable incertitude des hypothèses généalogiques spéciales n'infirme en rien l'absolue certitude de la théorie généalogique générale. Un fait hors de doute, c'est que l'homme descend des singes catarhiniens, soit qu'avec les polygénistes, on fasse descendre chaque espèce humaine d'une espèce simienne distincte et primitive, ayant eu un habitat spécial, soit qu'avec les monogénistes, on assigne à toutes les espèces humaines un seul type ancestral, un *homo primigenius,* d'où ces espèces seraient sorties par différenciation.

Des raisons nombreuses et puissantes me déterminent à opter pour cette seconde hypothèse; j'admets donc que le genre humain a eu une seule patrie primitive, d'où il est sorti par évolution d'une espèce anthropoïde depuis longtemps éteinte. Ce soi-disant « paradis », ce berceau du genre humain, ne peut trouver place ni en Australie, ni en Amérique, ni en Europe; on peut au contraire, d'après nombre d'indices, le placer dans l'Asie méridionale. On ne saurait balancer qu'entre l'Asie méridionale et l'Afrique. Mais quantité d'indices, et spécialement des faits chorologiques, portent à croire que la patrie primitive de l'homme a été un continent actuellement submergé par l'océan Indien. Ce continent était vraisemblablement situé au sud de l'Asie actuelle, à laquelle il se reliait sans doute directement. A l'est il rejoignait les Indes et les îles de la Sonde, à l'ouest il touchait à Madagascar et à l'Afrique sud-orientale. Déjà précédemment nous avons noté que nombre de faits de géographie animale et végétale rendaient vraisemblable l'antique existence de ce continent au sud de l'Inde. L'Anglais Sclater a appelé ce continent disparu *Lémurie* d'après les prosimiens qui le caractérisaient. Si l'on admet que cette Lémurie a été la patrie primitive de l'homme, alors il est très-facile d'expliquer, en invoquant l'émigration, la distribution géographique du genre humain. (Consulter la pl. XV et son explication à la fin du volume.)

Nous ne possédons encore aucun reste fossile de cet *Homo primigenius* hypothétique, qui, durant l'âge tertiaire, est provenu des singes anthropoïdes, soit en Lémurie, soit dans l'Asie méridionale, soit peut-être dans l'Afrique orientale. Mais il y a tant d'analogie entre les derniers des hommes à chevelure laineuse et les premiers des singes anthropoïdes, qu'il n'est pas besoin d'un grand effort d'imagination pour se figurer un type intermédiaire, portrait approximatif et probable de l'homme primitif ou homme-singe. Cet homme primitif était très-dolichocéphale, très-prognathe ; il avait des cheveux laineux, une peau noire ou brune. Son corps était revêtu de poils plus abondants que chez aucune race humaine actuelle ; ses bras étaient relativement plus longs et plus robustes ; ses jambes, au, contraire plus courtes et plus minces, sans mollets ; la station n'était chez lui qu'à demi verticale, et les genoux étaiant fortement fléchis.

Si le langage vraiment humain, le langage articulé a eu une origine monophylétique, comme le prétendent Bleeck, Geiger, etc., l'homme pithécoïde a dù posséder ce langage à l'état rudimentaire ; si au contraire l'origine du langage humain a été polyphylétique, ainsi que le veulent Schleicher, F. Müller, etc., alors l'homme pithécoïde (Alalus) a dû être dépourvu du langage, qui fut acquis par sa postérité, après la différenciation du genre humain primitif en différentes espèces. En effet, on n'a pu réussir jusqu'ici à ramener à un seul idiome primitif les quatre langues primitives des espèces méditerranéennes : les langues basques, caucasiennes, sémitiques et indo-germaniques. On ne saurait davantage rattacher les langues des Nègres à un même idiome primitif. Les espèces méditerranéennes et nègres sont donc polyglottiques, c'est-à-dire que leurs nombreuses langues sont apparues, quand déjà leur type ancestral, privé de la parole, s'était subdivisé en plusieurs races. Peut-être les Mongols, les hommes Arctiques et les Américains sont-ils aussi polyglottiques. Au contraire l'espèce malaise est monoglottique. En effet, toutes les langues, tous les dialectes malais parlés soit dans la Polynésie, soit dans les îles de la Sonde, peuvent se ramener à un idiome primitif commun, depuis longtemps éteint et différant de toutes les langues de la terre. Les autres espèces humaines, les espèces nubiennes, dravidiennes, australiennes, papoues, hottentotes et caffres, sont aussi monoglottiques.

De l'homme privé de la parole, que nous regardons comme la source ancestrale commune de toutes les autres espèces. provinrent d'abord, et vraisemblablement par sélection naturelle, diverses espèces humaines, inconnues, depuis longtemps éteintes et très-voisines encore de l'homme-singe muet (*Alalus* ou *Pithecanthropus*). Deux de ces espèces, celles qui différaient le plus des autres, et qui par conséquent devaient triompher dans la lutte pour l'existence devinrent les types ancestraux de toutes les autres espèces. De ces deux espèces. l'une avait les cheveux laineux, l'autre les avait lisses.

La grande branche des hommes à cheveux laineux (*Ulotriches*) se propagea d'abord uniquement sur l'hémisphère méridional et émigra vers l'est et vers l'ouest. Les débris du rameau oriental sont les Papous de la Nouvelle-Guinée et les Mélanésiens, qui dans le principe étaient répandus beaucoup plus loin à l'ouest, dans les Indes et les îles de la Sonde, mais furent ensuite refoulés par les Malais. Les restes les moins modifiés du rameau occidental sont les Hottentots, qui sont venus du nord-est dans leur patrie actuelle. Les deux espèces voisines, les Caffres et les Nègres. ont pu se détacher des Hottentots, durant cette émigration: mais ces deux espèces peuvent aussi devoir leur origine à un rameau spécial des hommes-singes.

Quant à la seconde branche humaine primitive, c'est-à-dire aux hommes à chevelure lisse (*Lissotriches*), nous avons peut-être un échantillon peu modifié de son type primitif dans l'Australien pithécoïde. Le type ancestral hypothétique des six autres espèces humaines, le type malais primitif du sud de l'Asie, ce Pro-Malais, comme je l'ai appelé, différait peut-être fort peu de l'Australien. Il semble que de ce type ancestral commun et inconnu se soient détachés, comme trois rameaux divergents, les vrais Malais, les Mongols et les Euplocamiens. Le premier de ces rameaux s'étendit vers l'Est, le deuxième vers le Nord et le troisième vers l'Ouest.

Il faut placer la patrie primitive, le centre de la création des Malais, dans le sud-est du continent asiatique, ou peut-être dans le vaste continent qui reliait jadis l'Inde, l'archipel de la Sonde et la Lémurie orientale. De ce point de départ les Malais se répandirent vers le sud-est sur l'archipel de la Sonde jusqu'à Bornéo, en chassant devant eux les Papous; à l'est ils atteignirent les îles Tonga et Samoa et se propagèrent de là peu à peu sur toutes les îles de l'océan Pacifique méridional, jusqu'aux îles Sandwich dans le nord, aux îles Mangaréva et à la Nouvelle-Zélande au sud. Un rameau isolé de l'espèce malaise se prolongea vers l'ouest et alla peupler Madagascar.

Le deuxième grand rameau des Malais primitifs, le rameau mongol, se répandit d'abord aussi dans l'Asie méridionale, et, rayonnant peu à peu vers l'est, le nord et le nord-est, il peupla la plus grande partie du continent asiatique. Les quatre grandes races de l'espèce mongolique ont vraisemblablement pour groupe ancestral le groupe indo-chinois, d'où sortirent comme des rameaux divergents les autres races, les Coréo-Japonais et les Ouraliens-Altaïques. De l'Asie occidentale les Mongols pénétrèrent maintes fois en Europe, où aujourd'hui même les Finnois et les Lapons, dans le nord de la Russie et de la Scandinavie, les Magyars, dans la Hongrie, et les Osmanlis en Turquie, représentent encore l'espèce mongolique.

D'autre part, il est probable que, vers le nord-est, un rameau mongol passa dans l'Amérique septentrionale, qu'un isthme fort large reliait probablement à l'Asie. Il faut considérer comme une petite branche de ce rameau les hommes arctiques ou polaires, les hyperboréens dans le nord-ouest de l'Asie, les Esquimaux dans l'extrême nord de l'Amérique. Sous l'influence d'un milieu rigoureux, ces groupes ont dégénéré en s'adaptant au climat polaire. Mais la grande masse des émigrants mongols se dirigea vers le sud, et peu à peu se répandit par toute l'Amérique, d'abord dans l'Amérique du Nord, puis dans l'Amérique du Sud.

Le troisième grand rameau des Pro-Malais, les peuples à cheveux bouclés ou Euplocamiens, nous ont peut-être légué un spécimen actuel peu éloigné de leur type primitif; ce spécimen nous serait représenté par les Dravidiens de l'Inde et de Ceylan. La grande masse des Euplocamiens, l'espèce méditerranéenne, partit de sa patrie originelle (l'Hindoustan peut-être) vers l'ouest et alla peupler les côtes de la Méditerranée, le sud-ouest de l'Asie, le nord de l'Afrique et l'Europe. Il faut peut-être voir dans les Nubiens un rameau, qui, après s'être détaché des Sémites primitifs, a traversé l'Afrique, dans sa région moyenne, presque jusqu'à ses rivages occidentaux. Ce sont là les rameaux divergents de la race indo-germanique, qui se sont le plus écartés de l'homme-singe ancestral. En se civilisant à l'envi, les deux grands rameaux de cette race se sont mutuellement surpassés; dans l'antiquité classique et le moyen âge, le premier rang fut occupé par le rameau roman (groupe gréco-italo-celtique); il l'est actuellement par le rameau germanique. Il faut accorder présentement la prééminence aux Anglais et aux Allemands, qui travaillent aujourd'hui activement à éclairer et à édifier la théorie généalogique, et par là à fonder une ère nouvelle de progrès intellectuel.

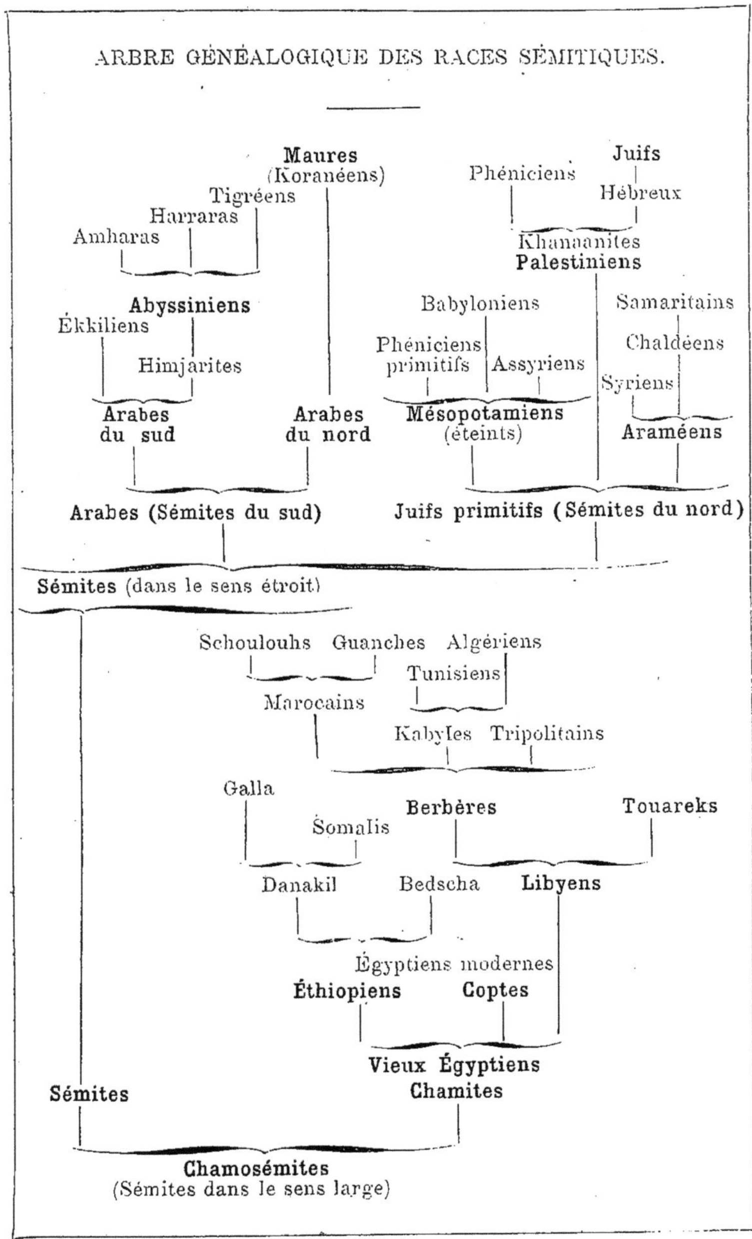
ARBRE GÉNÉALOGIQUE DES RACES SÉMITIQUES.
Maures
(Koranéens)
Tigréens
Harraras
Amharas
Abyssiniens
Ékkiliens
Himjarites
Arabes du sud
Arabes du nord
Phéniciens
Juifs
Hébreux
Khanaanites
Palestiniens
Babyloniens
Samaritains
Phéniciens primitifs
Assyriens
Chaldéens
Syriens
Mésopotamiens
(éteints)
Araméens
Arabes (Sémites du sud)
Juifs primitifs (Sémites du nord)
Sémites (dans le sens étroit)
Schoulouhs
Guanches
Algériens
Tunisiens
Marocains
Kabyles
Tripolitains
Galla
Somalis
Berbères
Touareks
Danakil
Bedscha
Libyens
Égyptiens modernes
Éthiopiens
Coptes
Vieux Égyptiens
Chamites
Sémites
Chamosémites
(Sémites dans le sens large)

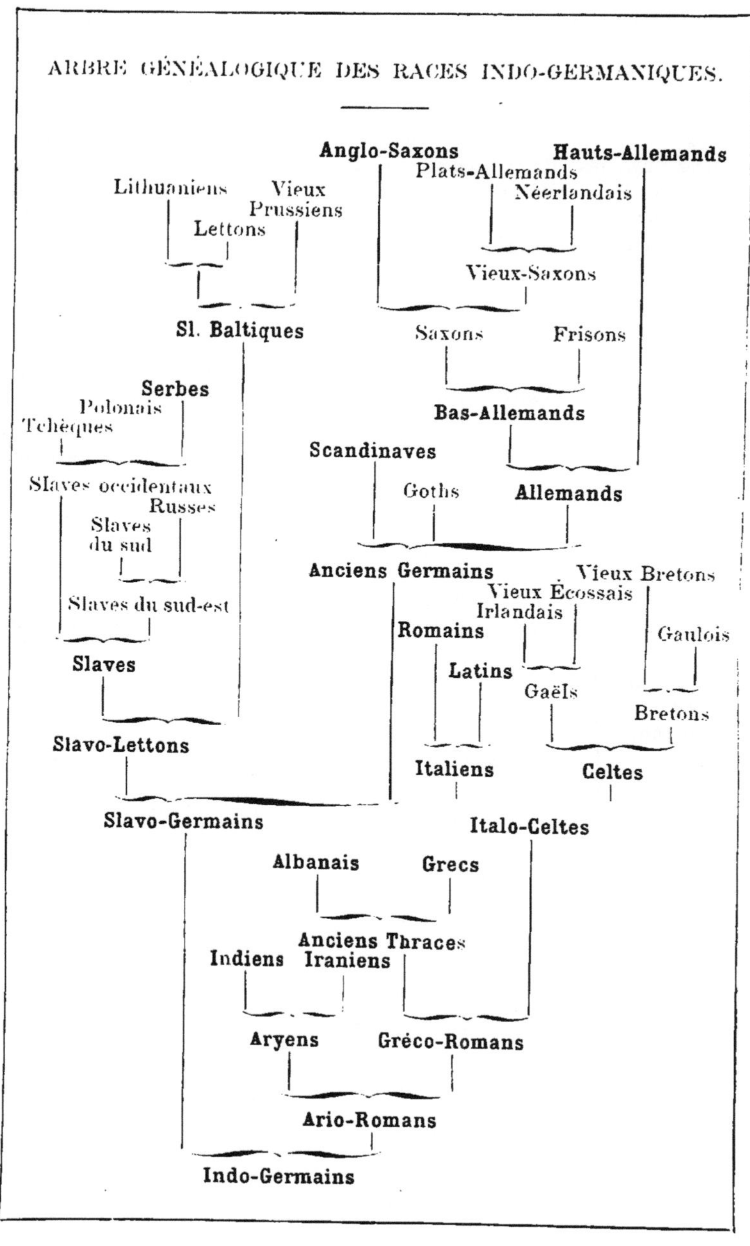
ARBRE GÉNÉALOGIQUE DES RACES INDO-GERMANIQUES.
Anglo-Saxons
Hauts-Allemands
Plats-Allemands
Néerlandais
Lithuaniens
Vieux Prussiens
Lettons
Vieux-Saxons
Sl. Baltiques
Saxons
Frisons
Serbes
Polonais
Tchèques
Bas-Allemands
Scandinaves
Slaves occidentaux
Goths
Allemands
Russes
Slaves du sud
Anciens Germains
Vieux Bretons
Vieux Écossais
Irlandais
Slaves du sud-est
Romains
Gaulois
Slaves
Latins
Gaëls
Bretons
Slavo-Lettons
Italiens
Celtes
Slavo-Germains
Italo-Celtes
Albanais
Grecs
Anciens Thraces
Indiens
Iraniens
Aryens
Gréco-Romans
Ario-Romans
Indo-Germains

TABLEAU TAXINOMIQUE DES DOUZE ESPÈCES HUMAINES.

N. B. — La colonne A donne en millions le nombre approximatif des individus de la race. La colonne B indique la place de l'évolution au moyen des lettres suivantes : Pr = extension progressive; Co = état sensiblement stationnaire; Re = rétrogradation et extinction. La colonne C indique le caractère général du langage; Mn (monoglottique) veut dire langue primitivement simple; PI (polyglottique) langues multiples dès l'origine.

Tribus.	Espèces humaines.	A	B	C	Patrie.
Lophocomes (2 mill. environ).	1. Papou.	2	Re	Mn	Nouvelle-Guinée et Mélanésie, Philippines, Malacca.
	2. Hottentot.	1/20	Re	Mn	Extrême sud de l'Afrique (cap de Bonne-Espérance)
Éricomes (150 mill. environ).	3. Caffre.	20	Pr	Mn	Afrique méridionale (entre 30° lat. S. et 5° lat. N.).
	4. Nègre.	130	Pr	Pl	Afrique moyenne (entre l'équateur et 30° lat. N.).
Euthycomes (600 mill. environ).	5. Australien	1/12	Re	Mn	Australie.
	6. Malais.	30	Co	Mn	Malacca, iles de la Sonde, Polynésie et Madagascar.
	7. Mongol.	550	Pr	Mn?	La plus grande partie de l'Asie et l'extrême nord de l'Europe.
	8. Arctique.	1/25	Co	Mn?	Extrême nord de l'Asie et extrême nord de l'Amérique.
	9. Américain.	12	Re	Mn?	Toute l'Amérique, excepté l'extrême nord.
Euplocamiens (600 mill. environ).	10. Dravidien.	34	Co	Mn	Sud de l'Asie, Inde en-deçà du Gange et Ceylan.
	11. Nubien.	10	Co	Mn?	Afrique moyenne (Nubie et pays des Foulahs).
	12. Méditerranéen.	550	Pr	Pl?	Dans toutes les parties du monde; a émigré d'abord du sud de l'Asie dans le nord de l'Afrique et de sud de l'Europe.
	13. Espèces métisses.	11	Pr	Pl	Dans toutes les parties du monde, mais surtout en Amérique et en Asie.
	Total. . .	1,350			

VINGT-QUATRIÈME LEÇON.

OBJECTIONS CONTRE LA VÉRITÉ DE LA THÉORIE GÉNÉALOGIQUE ET PREUVES DE CETTE THÉORIE.

Objections contre la théorie généalogique. — Objections de la foi et de la raison. — Durée incommensurable des périodes géologiques. — Passages entre les différentes espèces. — La fixité des formes dépend de l'hérédité. leurs métamorphoses de l'adaptation. — Origine des combinaisons d'organes. — Développement graduel des instincts et des activités intellectuelles. — Origine des notions à priori et des notions à posteriori. — Conditions nécessaires à une saine appréciation de la doctrine généalogique. — Étroites connexions entre l'expérience et la philosophie. — Preuves de la théorie généalogique. — Intime liaison étiologique de tous les phénomènes biologiques. — Preuves directes de la théorie de la sélection. — La théorie généalogique dans ses rapports avec l'anthropologie. — Preuves de l'origine animale de l'homme. — La théorie pithécoïde est inséparablement unie à la théorie généalogique. — Induction et déduction. — Développement graduel de l'esprit humain. — Corps et esprit. — Ame de l'homme et âme des bêtes. — Coup d'œil sur l'avenir.

Messieurs, je puis peut-être me flatter sans témérité d'avoir réussi, dans les précédentes leçons, à donner à la doctrine généalogiqne un plus ou moins grand degré de vraisemblance, peut-être même ai-je convaincu certains d'entre vous de son inébranlable vérité; mais je ne me dissimule pas d'ailleurs, que, durant le cours de mon exposition, nombre d'objections plus ou moins fondées ont pu se présenter à l'esprit de la plupart de mes auditeurs. Il me paraît donc indispensable, avant de terminer ces leçons, de réfuter au moins les plus importantes de ces objections, et d'insister sur les principaux arguments qui témoignent en faveur de la théorie de la descendance.

Les objections dont je parle se classent en deux grands groupes; les unes sont suggérées par la foi, les autres par la raison. Quant aux premières qui varient à l'infini, suivant les croyances de chaque individu, je n'ai pas à m'en occuper. Comme je l'ai déjà fait remarquer au début de ces leçons, la science, considérée comme résultat objectif de l'expérience des sens et des efforts de la raison humaine, n'a absolument rien de commun avec les idées subjectives de la foi. Ces dernières, préconisées par un petit nombre d'hommes comme étant des inspirations, des révélations immédiates du créateur, sont acceptées ensuite aveuglément par la foule incapable de se faire une opinion. Ces croyances si infiniment variées chez les différents peuples, et qui ne sauraient se distinguer en réalité de la superstition proprement dite, commencent là seulement où la science finit. Frédéric le Grand disait de ces croyances, que « chacun a le droit d'être bienheureux à sa guise » ; c'est aussi ce que pense l'histoire naturelle, et elle n'entre en conflit avec les visions de la foi que dans le cas où ces dernières prétendent limiter la libre recherche, et fixer au savoir humain des bornes infranchissables. Or il est hors de doute, que la doctrine de l'évolution s'est proposé pour objet le plus grand de tous les problèmes scientifiques; c'est la création, c'est le devenir des choses et en particulier des formes organisées, en commençant par l'homme, qu'elle a entrepris d'élucider. Mais la libre recherche a parfaitement le droit de ne s'incliner devant aucune autorité humaine; c'est même pour elle un devoir sacré de déchirer le voile épais jeté sur l'image du créateur, quelle que soit la vérité naturelle cachée derrière ce voile. La seule révélation divine que nous puissions reconnaître est écrite dans la nature; tout homme sain de corps et d'esprit peut la poursuivre dans ce temple saint, et cette infaillible révélation sera la récompense de ses efforts et de ses libres investigations.

Mais, s'il nous est loisible de négliger les objections lancées contre la doctrine généalogique par les prêtres des diverses religions, nous ne pouvons traiter de même celles qui, étant fondées plus ou moins scientifiquement, ont une certaine apparence de vérité, et pourraient faire rejeter la théorie de la descendance par beaucoup de bons esprits. La plus importante de ces objections est celle qui a trait à l'immense durée des périodes écoulées. Nous ne sommes pas accoutumés à envisager d'aussi énormes laps de temps que ceux dont l'histoire de la création ne saurait se passer. Déjà nous avons dit que les périodes nécessaires à la lente métamorphose des espèces ne pouvaient s'évaluer en milliers d'années, mais bien en centaines et en millions de milliers d'années. La seule épaisseur des couches géologiques stratifiées, les immenses cycles chronologiques indispensables à leur dépôt au fond des eaux, ceux aussi qui ont dû s'écouler entre les périodes d'affaissement et celles d'exhaussement, tout cela assigne à l'histoire organique terrestre une durée que nous sommes impuissants à nous figurer. En face de tels laps de temps, notre situation est celle de l'astronome vis-à-vis de l'espace infini. Pour évaluer les distances qui séparent les divers systèmes planétaires, nous prenons comme unité de mesure non pas le mille géographique, mais la distance de Sirius. De même dans l'histoire organique de la terre, il faut compter non pas par milliers d'années, mais par périodes paléontologiques et géologiques, comprenant chacune nombre de milliers d'années, peut-être des millions et même des milliards d'années. Peu importe quelle durée approximative nous assignerons à ces immenses périodes; car, en fait, notre imagination bornée est impuissante à se représenter de telles durées, et nous n'avons pas, comme l'astronome, une base mathématique sûre, pour exprimer en chiffres, même approximativement, la longueur de l'unité de mesure. Mais persuadons-nous bien que dans cette durée extraordinaire, excédant si fort le pouvoir de notre imagination, il n'y a rien qui ébranle la doctrine généalogique. Bien au contraire, comme je vous l'ai déjà démontré dans une précédente leçon, c'est la supposition d'immenses cycles chronologiques, qui est le plus vraisemblable, au point de vue strictement philosophique, et nous courrons d'autant moins de risques de nous égarer dans d'invraisemblables hypothèses, que nous accorderons à l'évolution organique des périodes chronologiques plus grandes. Plus sera longue, par exemple, la durée de la période permienne, plus nous comprendrons sans peine comment elle a pu suffire aux importantes transformations, qui ont fait différer si nettement la faune et la flore de la période carbonifère de celle de la période triasique. La répugnance que la plupart des hommes éprouvent à admettre ces incommensurables périodes, tient en grande partie à ce que, dès notre enfance, on nous a habitués à considérer la terre comme âgée seulement de quelques milliers d'années. En outre, la durée de la vie humaine, dont le maximum est d'un siècle au plus, est un espace de temps infiniment court et tout à fait impropre à servir d'unité de mesure pour les périodes géologiques. La durée de notre existence est une goutte dans l'océan de l'éternité. Comparez cette durée à la longévité infiniment plus considérable de beaucoup d'arbres, par exemple des *Dracæna,* des *Adansonia,* qui peuvent vivre plus de cinq mille ans; songez d'autre part à la brièveté de la vie chez beaucoup d'animaux inférieurs, par exemple chez les infusoires, dont chaque individu dure seulement quelques jours ou même quelques heures. De tels rapprochements rendent aussitôt évidente la relativité de toute période chronologique. Il est hors de doute que des cycles chronologiques énormes, dépassant absolument la portée de notre imagination, ont dû s'écouler, pendant que l'évolution des règnes animal et végétal s'opérait par la graduelle transformation des espèces. Mais il n'y a pas l'ombre d'un motif pour fixer une limite quelconque à la durée de ces périodes d'évolution phylétique.

Une deuxième objection importante a été faite à la doctrine généalogique par beaucoup de personnes, particulièrement par les zoologistes et les botanistes classificateurs. Selon eux, on ne trouverait pas de formes intermédiaires transitoires entre les espèces, tandis que, suivant la théorie, il devrait y en avoir un grand nombre. Cette objection n'est fondée qu'en partie. En effet, nous voyons des formes intermédiaires en quantité extraordinaire, partout où nous pouvons rassembler comparativement de nombreux individus appartenant à des espèces consanguines. Ceux qui formulent ordinairement cette objection, ces scrupuleux chercheurs d'espèces, sont précisément arrêtés à chaque pas par l'insurmontable difficulté qu'ils rencontrent à différencier nettement ces espèces. Dans tous les traités de taxinomie en quelque sorte classiques, nous trouvons d'interminables plaintes au sujet de l'impossibilité où l'on est de distinguer telles ou telles espèces, à cause de l'abondance des formes intermédiaires. Chaque naturaliste fixe à sa guise les limites et le nombre des espèces. Comme je vous l'ai déjà dit, p. 244, on voit dans un seul et même groupe organique tel zoologiste ou tel botaniste admettre dix espèces, tel autre vingt, tel autre cent ou plus, tandis que, pour un autre classificateur, les mêmes types divers seront regardés comme de simples variétés d'une seule « bonne espèce ». C'est qu'en effet, on trouve dans la plupart des groupes de formes organiques quantité de formes intermédiaires et de degrés de transition.

Mais, chez beaucoup d'espèces, les formes de passage font évidemment défaut. Ce fait s'explique très-facilement par le principe de divergence ou de différenciation, sur la grande importance duquel j'ai précédemment insisté. Nous savons que la lutte pour l'existence est d'autant plus acharnée entre deux formes parentes, qu'elles sont plus voisines l'une de l'autre; or cela doit nécessairement favoriser la prompte extinction des formes intermédiaires. Qu'une seule et même espèce produise des variétés divergeant dans divers sens et tendant à devenir des espèces nouvelles, alors la guerre entre ces nouvelles formes et la forme-souche commune sera d'autant plus vive, que ces formes différeront moins entre elles et inversement. Naturellement ce sont les formes intermédiaires qui disparaissent le plus vite ; au contraire, les formes les plus divergentes persistent à titre de nouvelles espèces distinctes et se reproduisent. C'est pourquoi il n'y a point de forme intermédiaire dans les groupes en voie de disparition, par exemple chez les autruches, chez les éléphants, les girafes, les prosimiens, les édentés et les ornithorynques. Ces types en voie d'extinction ne produisent plus de variétés nouvelles, et par conséquent sont représentés par des espèces dites « bonnes », c'est-à-dire nettement distinctes l'une de l'autre. Au contraire, chez les groupes zoologiques en cours de développement, de progrès, alors que les espèces se dissocient en une foule d'espèces nouvelles par l'incessante production de variétés, on trouve des formes intermédiaires si nombreuses, qu'elles embarrassent beaucoup les classificateurs. C'est ce qui arrive par exemple chez les pinsons, la plupart des rongeurs, spécialement chez les murins, chez beaucoup de ruminants et de vrais singes, chez les singes à queue prenante d'Amérique (*Cebus*) et chez beaucoup d'autres espèces. Ici, la perpétuelle modification de l'espèce par la production de nouvelles variétés produit une quantité de formes intermédiaires aux soi-disant bonnes espèces. Leurs limites sont alors confondues et la détermination spécifique devient tout à fait illusoire.

Mais il n'y a pourtant jamais confusion absolue des formes ; il n'y a jamais de chaos morphologique général dans la formation des animaux et des végétaux ; cela tient à l'équilibre que maintient le pouvoir conservateur de l'hérédité, en dépit de la création de nouvelles formes par l'adaptation progressive. Le degré de fixité ou de variabilité de chaque forme organique dépend uniquement de l'état d'équilibre, qui s'établit entre ces deux fonctions opposées. L'hérédité et l'adaptation déterminent, la première la fixité, la seconde la mutabilité de l'espèce. Suivant certains naturalistes, la doctrine généalogique devrait produire une multiplicité de formes encore plus grande; suivant certains autres, au contraire, on devrait, pour la même raison, observer une ressemblance morphologique beaucoup plus marquée; c'est qu'ils tiennent trop peu de compte, les uns du pouvoir de l'hérédité, les autres de celui de l'adaptation. A un moment quelconque de la durée, le degré de fixité et de variabilité des espèces organiques est déterminé par l'action combinée de l'hérédité et de l'adaptation.

Il est une autre objection, qui a une grande valeur aux yeux de beaucoup de naturalistes et de philosophes. Quoi! disent-ils, il faudrait donc attribuer à des causes mécaniques aveugles la production d'organes, qui agissent évidemment en vue d'une fonction à remplir? Cette objection acquiert en apparence une grande valeur, quand il s'agit d'organes qui semblent évidemment adaptés à un but tout spécial et avec une telle perfection, que le mécanicien le plus expert ne saurait inventer un instrument plus convenable pour la fonction à remplir. On peut citer, comme exemple de tels organes, les appareils sensitifs les plus parfaits, l'œil et l'oreille. Si nous ne connaissions que les yeux et l'appareil auditif des animaux supérieurs, l'objection serait grave, insurmontable peut-être. Comment expliquer alors que la seule sélection naturelle ait pu produire l'admirable perfection, la merveilleuse adaptation au but à atteindre, que nous voyons réalisées dans l'œil et l'oreille des animaux supérieurs? Fort heureusement, l'anatomie comparée et l'embryologie nous viennent ici en aide. Observons en effet, pas à pas, l'échelle de perfection ascendante de l'œil et de l'oreille dans le règne animal tout entier; nous y verrons une gradation tellement ménagée, qu'il nous sera facile de suivre sans hésitation l'évolution de ces organes si compliqués, à travers tous les stades de leur perfectionnement. Chez les animaux les plus inférieurs, par exemple, l'œil n'est qu'une simple tache pigmentaire, tout à fait impropre à donner une image quelconque des objets; tout au plus l'animal peut-il distinguer les divers rayons lumineux. Il n'existe encore ni appareils compliqués pour l'accommodation et le mouvement de l'œil, ni milieux divers et diversement réfringents, ni rétine très-différenciée, etc., rien, en un mot, qui rappelle l'organe si perfectionné de la vision chez les animaux supérieurs. Mais, grâce à l'anatomie comparée, nous pouvons passer pas à pas, sans interruption, par tous les degrés possibles de transition entre l'organe visuel si rudimentaire des animaux les plus inférieurs, et le même organe porté à son plus haut degré de complexité; en un mot nous voyons bien nettement la complication s'effectuer graduellement sous nos yeux. Le lent perfectionnement de l'organe, que nous pouvons suivre directement dans l'évolution individuelle, a donc dû s'effectuer aussi dans l'évolution historique ou phylétique.

Ces organes semblent avoir été inventés et exécutés par un créateur ingénieux, en vue d'une fonction donnée, et pourtant ils sont l'œuvre mécanique et aveugle de la sélection naturelle; mais, en les examinant, beaucoup d'esprits ont autant de peine à s'en faire une idée raisonnable qu'en ont les sauvages à comprendre les ouvrages compliqués de notre mécanique moderne. Quand, pour la première fois, un sauvage voit un vaisseau de ligne ou une locomotive, il les croit l'œuvre d'un être surnaturel, et ne peut admettre que l'homme, qu'un être organisé comme lui, construise de semblables machines. Dans notre race même, beaucoup d'hommes dépourvus d'instruction ne sauraient se faire une idée juste de ces appareils compliqués, ni en comprendre la nature purement mécanique. Mais, selon une remarque fort juste de Darwin, la plupart des naturalistes ne se comportent pas plus intelligemment au sujet des formes organisées, que le sauvage mis en face d'un vaisseau de ligne ou d'une locomotive. Pour se rendre bien compte de l'origine purement mécanique des formes organisées, il est besoin d'avoir reçu une solide éducation biologique, et d'être familier avec l'anatomie comparée et l'embryologie.

Parmi les autres objections opposées à la doctrine généalogique, j'en veux choisir et réfuter une, qui a une grande valeur aux yeux des gens du monde. Comment la théorie généalogique explique-t-elle l'origine des facultés intellectuelles chez les animaux, et surtout les manifestations spéciales de ces facultés, que l'on a appelées instincts? Darwin a traité si complétement cette difficile question dans le septième chapitre de son livre, que je ne puis que vous y renvoyer. Il faut regarder les instincts comme étant essentiellement des habitudes intellectuelles acquises par l'adaptation, transmises à travers les générations et fixées par l'hérédité. Les instincts ne diffèrent donc pas des autres habitudes, qui, en vertu des lois de l'hérédité accumulée et de l'hérédité fixée, déterminent de nouvelles fonctions et même de nouvelles formes organiques. Là comme partout, la fonction et l'organe s'influencent mutuellement. Les facultés intellectuelles de l'homme résultent de la lente et progressive adaptation du cerveau, voy. p. 208, et elles ont été fixées par l'action persistante de l'hérédité, voy. p. 193; or les instincts des animaux diffèrent quantitativement, mais point qualitativement, des facultés humaines, et comme elles, ils proviennent du perfectionnement graduel des organes intellectuels, des centres nerveux, par l'action combinée de l'hérédité et de l'adaptation. Les instincts, on le sait, sont héréditaires, mais il en est de même des notions expérimentales, des nouvelles adaptations intellectuelles. Si l'on peut habituer les animaux domestiques à des activités spéciales du système nerveux inconnues aux animaux sauvages, cela tient à la possibilité de l'adaptation intellectuelle. Nous connaissons maintenant toute une série de faits de ce genre d'adaptations, qui, après s'être héréditairement transmises à travers une suite de générations, semblent en fin de compte être des instincts innés; cependant elles ont été simplement acquises par les ancêtres des animaux qui les possèdent. Grâce à l'hérédité, le dressage a, dans ce cas, créé des instincts. Les instincts si caractéristiques du chien de chasse, du chien de berger, ces instincts innés maintenant chez ces animaux, sont, comme les instincts naturels des animaux sauvages, le simple résultat de l'adaptation effectuée chez les ancêtres. On peut les comparer aux prétendues « notions à priori » de l'homme, qui originellement ont été parfaitement acquises « à posteriori » par l'expérience et la sensibilité spéciale de nos aïeux. Comme je l'ai déjà remarqué précédemment, « les notions à priori » proviennent simplement de « notions à posteriori », primitivement empiriques, en vertu d'une longue et persistante hérédité des adaptations cérébrales acquises, voy. p. 29.

Les objections que je viens de passer en revue et de réfuter, me paraissent les plus sérieuses de toutes celles qui ont été formulées contre la théorie généalogique. Or je crois vous avoir suffisamment démontré qu'elles sont sans fondement. Quant à tant d'autres critiques, soit de la théorie évolutive en général, soit de sa partie biologique, c'est-à-dire de la doctrine généalogique en particulier, elles supposent chez leurs auteurs ou une telle ignorance des faits expérimentalement établis, ou une telle inaptitude à les bien comprendre et à en déduire les conséquences naturelles, que les réfuter en détail, serait vraiment du temps perdu. Je me bornerai à vous exposer brièvement à ce sujet quelques appréciations générales.

Tout d'abord il faut admettre que, pour bien comprendre la doctrine généalogique, pour bien se convaincre de son inébranlable vérité, il est indispensable de pouvoir embrasser d'un coup d'œil d'ensemble le domaine biologique tout entier. La théorie de la descendance est une théorie biologique ; on a donc parfaitement le droit d'exiger, chez les gens qui veulent porter sur elle un jugement valable, le degré d'éducation biologique nécessaire. Il ne saurait suffire que l'on ait des connaissances spéciales dans tel ou tel district de la zoologie, de la botanique, ou de l'histoire naturelle des êtres inférieurs. Il faut, de toute nécessité, avoir une idée générale de la série totale des phénomènes, au moins dans un des trois règnes organiques. Il faut connaître les lois générales ressortant de la morphologie comparée, de la physiologie des organismes, et particulièrement de l'anatomie comparée, de l'évolution embryologique et paléontologique, etc.; il faut aussi avoir une idée de la connexion étiologique et mécanique, qui relie toute cette série de phénomènes. Naturellement il faut en outre un certain degré de culture générale, et spécialement d'éducation philosophique, qui aujourd'hui fait malheureusement défaut à beaucoup de gens. Quiconque ne possède pas à la fois la connaissance empirique et l'intelligence philosophique des phénomènes de la biologie, ne parviendra jamais à croire inébranlablement à la vérité de la théorie de la descendance.

Veuillez maintenant apprécier, conformément à ces conditions préalables, la foule très-mélangée de ceux qui ont osé, verbalement ou par écrit, condamner sans appel la théorie généalogique! Ce sont pour la plupart des gens du monde, à qui les principaux phénomènes biologiques sont parfaitement inconnus, ou qui, du moins, n'en soupçonnent pas la valeur réelle. Que diriez-vous d'un homme du monde, qui prétendrait juger la théorie cellulaire, sans avoir jamais vu une cellule, ou la théorie des vertèbres, sans s'être jamais occupé d'anatomie comparée? Cependant, quand il s'agit de la théorie biologique de la descendance, nous nous trouvons chaque jour en présence de semblables prétentions. On entend des milliers de gens du monde et de demi-savants se prononcer hardiment à ce sujet, sans avoir la plus légère notion de botanique, de zoologie, d'anatomie comparée, d'histologie, de paléontologie, d'embryologie. De là vient que, comme l'a dit excellemment Huxley, la plupart des écrits publiés contre Darwin ne valent pas le papier sur lequel ils ont été imprimés.

On m'objectera que, parmi les adversaires de la théorie de la descendance, il y a beaucoup de naturalistes et même beaucoup de zoologistes et de botanistes. Notons d'abord que ces derniers sont presque tous des savants âgés, vieillis dans les opinions anti-évolutionnistes; par conséquent on ne peut guère s'attendre à voir leur conception générale du monde se modifier, alors que cette conception est devenue pour eux une habitude invétérée, et qu'eux-mêmes sont déjà parvenus au déclin de leur vie. N'oublions pas non plus que les conditions préalables nécessaires pour croire fermement à la théorie de la descendance sont non-seulement une vue d'ensemble des phénomènes biologiques, mais encore l'intelligence philosophique de ces phénomènes. Or, chez la plupart des naturalistes contemporains, ces conditions préalables ne se trouvent malheureusement pas réunies. C'est, comme on le sait, grâce à une énorme masse de faits empiriques nouveaux, que l'histoire naturelle moderne a pu faire des pas de géant; de là est résulté un penchant général à l'étude spéciale des faits particuliers de certains districts fort restreints du vaste champ de l'expérience. Par suite, on a complétement négligé tout le reste; on a perdu de vue l'ensemble de la nature. Quiconque a de bons yeux et un microscope, de l'assiduité et de la patience, peut acquérir aujourd'hui une certaine notoriété par des « découvertes » microscopiques, sans pour cela mériter le nom de naturaliste. Il faut réserver ce titre à l'homme qui tâche, non-seulement de voir les faits particuliers, mais encore d'en saisir le lien étiologique. Aujourd'hui encore, la plupart des paléontologistes cherchent et décrivent les fossiles, en restant absolument étrangers aux faits les plus importants de l'embryogénie. De leur côté, les embryologistes étudient l'évolution individuelle des êtres organisés, sans se soucier de l'évolution paléontologique du type révélée par les fossiles. Cependant ces deux côtés de l'évolution organique, l'ontogénie ou histoire de l'individu, et la phylogénie ou histoire du type, sont étiologiquement unis de la façon la plus étroite, et il est absolument impossible de comprendre l'un en ignorant l'autre. On en peut dire autant de la biologie taxinomique et de la biologie anatomique. De nos jours encore beaucoup de zoologistes et de botanistes font des travaux taxinomiques sans valeur, parce qu'ils s'attachent uniquement aux formes extérieures, facilement accessibles, sans se préoccuper dans leur classification de la structure intime des êtres organisés. En revanche, il y a des anatomistes et des histologistes, qui croient pouvoir arriver à bien comprendre l'organisation des végétaux et des animaux, en étudiant minutieusement la structure d'une seule espèce, sans comparer entre elles les formes générales de tous les organismes parents. Mais, là comme partout, l'extérieur et l'intérieur, l'hérédité et l'adaptation, sont indissolublement unis, et l'individu ne peut réellement être compris, si on ne le compare pas à l'ensemble dont il fait partie. Nous pouvons donc dire avec Gœthe à ces spécialistes : « Dans l'étude de la nature, ne séparez pas l'unité du tout. Il n'y a ni dedans ni dehors; l'un et l'autre se confondent. » Et plus loin : « La nature n'a ni noyau ni enveloppe, elle est tout d'une pièce. »

Cette manière incomplète d'envisager la nature n'est pas encore ce qui empêche le plus de s'en faire une idée générale; le défaut de culture philosophique est bien autrement préjudiciable, et la plupart des naturalistes contemporains en sont entachés. Les erreurs nombreuses commises, durant le premier tiers de ce siècle, par l'ancienne philosophie de la nature, alors purement spéculative, ont jeté la philosophie dans un tel discrédit aux yeux des naturalistes de l'école exclusivement empirique, que, dominés par une étrange illusion, ils se flattent de pouvoir construire l'édifice entier de l'histoire naturelle avec des faits isolés, sans relier philosophiquement ces faits entre eux; avec des notions isolées, sans en pénétrer le sens. Sans doute tout système purement spéculatif, absolument philosophique, ne reposant pas sur la base inébranlable des faits empiriques, est un simple château de cartes, que la première bonne expérience venue jettera par terre; mais, en revanche, toute œuvre scientifique purement empirique, uniquement composée de faits, est tout au plus un amas de moellons, mais non un édifice. Les faits tout secs, tels que les donne l'expérience, sont simplement de grossiers matériaux : s'ils ne sont fécondés par la pensée et reliés par la philosophie, jamais ils ne constitueront une science. Ainsi que je me suis déjà efforcé de vous le démontrer, c'est la combinaison la plus intime, la pénétration mutuelle de la philosophie et de l'expérience, qui seules peuvent édifier la vraie science, la science monistique, ou, ce qui revient au même, l'histoire naturelle.

Ce regrettable antagonisme entre les sciences naturelles et la philosophie, ce grossier empirisme, que la plupart des naturalistes contemporains préconisent malheureusement comme étant la « science exacte » ; telles sont les causes de tant d'étranges entorses données à la raison, de tant de lourdes fautes contre la logique la plus élémentaire, et de l'impuissance absolue à tirer des faits les conclusions les plus simples. Les imperfections que nous rencontrons dans toutes les branches de l'histoire naturelle, mais surtout en zoologie et en botanique, ne reconnaissent pas d'autre origine. Voilà ce qu'il en coûte de négliger la culture philosophique, l'éducation de l'esprit. Rien donc d'étonnant que, pour ces purs empiriques, l'intime et profonde vérité de la théorie généalogique soit lettre morte. Comme le dit fort bien le dicton populaire : « Les arbres les empêchent de voir le bois. » Des études philosophiques générales et surtout une éducation strictement logique de l'esprit, voilà les seuls remèdes capables à la longue de remédier au mal (voir *Morph. gén.*, I, 63 ; II, 447).

Si vous vous rendez bien compte de cette situation, si vous vous faites en outre une juste idée de la base expérimentale de la théorie généalogique, vous comprendrez aussitôt pourquoi on demande si souvent les preuves de la théorie généalogique. Plus, dans ces dernières années, cette doctrine a gagné de terrain, plus les jeunes naturalistes réellement philosophes et les philosophes réellement instruits en biologie ont été convaincus de son intime et incontestable vérité, plus leurs adversaires ont réclamé à grands cris des preuves de fait. Les mêmes gens qui, peu après l'apparition du livre de Darwin, appelaient ce travail « une œuvre de pure imagination », « une spéculation fantaisiste », « un rêve ingénieux », ces mêmes gens, dis-je, veulent bien condescendre à accorder à la théorie généalogique la valeur d'une « hypothèse » scientifique; mais, disent-ils, cette hypothèse n'est pas démontrée. Quand ces déclarations viennent de gens dépourvus des connaissances philosophiques et empiriques, ainsi que des notions nécessaires en anatomie comparée, en embryologie, en paléontologie, on s'y résigne, en renvoyant leurs auteurs aux arguments contenus dans les trois sciences indiquées. Mais quand les mêmes objections sont lancées par des spécialistes connus, par des professeurs de zoologie et de botanique, qui, en bonne justice, devraient avoir une idée générale de leur domaine scientifique spécial, ou qui même sont réellement familiers avec les faits des sciences dont nous parlons, on ne sait vraiment plus comment on doit leur répondre. Ceux que le trésor expérimental actuel de l'histoire naturelle ne suffit pas à convaincre de la solidité de la théorie généalogique, ne seront convaincus par aucune autre découverte future. Est-il possible, en effet, d'imaginer en faveur de la doctrine généalogique des témoignages plus puissants et plus irrécusables que ceux qui ressortent des faits connus d'anatomie comparée et d'ontogénie? Je le répète encore : c'est seulement par la théorie évolutive, et surtout par sa partie biologique, par la théorie de la descendance, que toutes les grandes lois générales et toutes les vastes séries de faits des sciences biologiques les plus diverses peuvent s'expliquer et se comprendre. Sans la théorie de la descendance, tout est inintelligible. Ces lois et ces faits concourent, comme d'un commun accord, par leur intime connexion étiologique, à faire de la théorie généalogique la plus grande loi inductive de la biologie. Permettez-moi, en terminant, de vous énumérer, dans leur enchaînement naturel, toute cette série d'inductions, toutes ces lois biologiques générales, sur lesquelles repose inébranlablement la grande loi de l'évolution.

1° *L'évolution paléontologique des organismes*, l'apparition graduelle et la sériation historique des diverses espèces et des divers groupes d'espèces, les lois empiriques de la variation des espèces paléontologiques telles qu'elles nous sont révélées par les fossiles, particulièrement la différenciation progressive et le perfectionnement des groupes animaux et végétaux dans les périodes successives de la géologie. L'explication mécanique de ces faits paléontologiques est donnée par la phylogénie, qui y voit une application spéciale de la théorie de la descendance.

2° *L'évolution individuelle des organismes*, l'embryologie et la métamorphologie, les modifications graduelles survenant dans la lente formation du corps et de ses organes particuliers, surtout la différenciation progressive et le perfectionnement des organes et des diverses parties du corps dans les périodes successives de l'évolution individuelle. L'explication mécanique de ces faits résulte de la loi biogénétique fondamentale.

3° *L'intime connexité étiologique entre l'ontogénie et la phylogénie*, le parallélisme entre l'évolution individuelle des organismes et l'évolution paléontologique de leurs ancêtres. Ce nœud étiologique établi en fait par les lois de l'hérédité et de l'adaptation peut s'exprimer en disant : l'ontogénie reproduit à grands traits, conformément aux lois de l'hérédité et de l'adaptation, le tableau général de la phylogénie. Ici encore l'explication mécanique est donnée par la loi biogénétique fondamentale.

4° *L'anatomie comparée des organismes*, la démonstration de la conformité essentielle de la structure interne des organismes alliés, malgré la différence la plus accusée des formes extérieures chez les différentes espèces. L'explication mécanique de ce fait est donnée par la théorie généalogique, qui montre que la conformité interne et la dissemblance externe dépendent, la première de l'hérédité, la seconde de l'adaptation.

5° *L'intime connexité étiologique entre l'anatomie com-*

parée et l'histoire du développenent, l'harmonieux accord entre les lois de développement graduel, de différenciation et de perfectionnement progressifs, telles qu'elles résultent d'une part de l'anatomie comparée, d'autre part de l'ontogénie et de la paléontologie. Pour avoir une explication mécanique de ce fait, il faut admettre une intime connexion étiologique entre l'anatomie comparée et l'histoire du développement.

6° *La doctrine de l'absence de finalité ou la dystéléologie,* nom dont je me suis déjà servi, pour indiquer la science des organes rudimentaires, des parties du corps atrophiées et dégénérées, n'ayant ni utilité ni action ; c'est une des plus importantes et des plus intéressantes parties de l'anatomie comparée. Elle donne l'explication mécanique de ces faits, et, bien interprétée, elle suffit à démontrer le peu de fondement des opinions téléologiques et dualistiques et la vérité de la seule conception mécanique et monistique de l'univers.

7° *La classification naturelle des organismes,* c'est-à-dire la distribution naturelle des diverses formes d'animaux, de plantes, de protistes en beaucoup de groupes petits ou grands, juxtaposés et superposés ; la consanguinité des espèces, des genres, des familles, des ordres, des classes, des tribus, etc. ; surtout la forme ramifiée, arborescente de la classification naturelle, qui résulte naturellement d'une disposition, d'un rapprochement méthodiques et naturels de tous ces groupes gradués, de toutes ces catégories. La parenté morphologique si graduée de ces groupes ne s'explique mécaniquement qu'à la condition de la considérer comme l'effet d'une consanguinité réelle ; la forme ramifiée de la classification naturelle n'a de sens que si elle est réellement l'arbre généalogique des organismes.

8° *La chorologie des organismes,* la science de la distribution des espèces organiques dans l'espace, de leur distribution géographique et topographique à la surface de la terre, sur la cime des montagnes et dans les profondeurs de la mer. La théorie des migrations donne l'explication mécanique de ces faits, en montrant que chaque espèce est provenue d'un centre de création ou plutôt d'une patrie primitive, d'un centre d'expansion, c'est-à-dire d'un point unique, où elle est née et d'où elle a rayonné.

9° *L'œcologie ou distribution géographique des organismes*, la science de l'ensemble des rapports des organismes avec le monde extérieur ambiant, avec les conditions organiques et anorganiques de l'existence; ce qu'on a appelé *l'économie de la nature*, les mutuelles relations de tous les organismes, vivant en un seul et même lieu, leur adaptation au milieu qui les environne, leur transformation par la lutte pour vivre, surtout les phénomènes du parasitisme, etc. Précisément ces faits « d'économie de la nature », qui, dans l'opinion superficielle des gens du monde, semblent de sages dispositions prises par un créateur réalisant un plan, ces faits, dis-je, discutés sérieusement, résultent nécessairement de causes mécaniques. Ce sont des faits d'adaptation.

10° *L'unité de l'ensemble de la biologie*, la connexité intime et profonde de tous les faits, quels qu'ils soient, en zoologie, en botanique et en protistique, connexité qui s'explique tout simplement et naturellement, s'il y a un fond commun. Or ce fond ne saurait être autre chose que la commune descendance de tous les organismes les plus divers, qui tous ont dû avoir une ou plusieurs formes ancestrales absolument simples, analogues aux monères sans organes. En admettant cette origine commune, la théorie généalogique éclaire vivement les faits particuliers et leur ensemble, en en donnant une explication mécanique. Sans cette commune origine, on ne comprend plus rien à l'intime connexité étiologique de ces mêmes faits. Les adversaires de la théorie généalogique sont impuissants à nous expliquer soit un seul des faits de la série, soit leur intime connexité. Tant qu'il en sera ainsi, l'absolue nécessité de la théorie généalogique, comme théorie biologique, ne saurait être contestée.

Les preuves si puissantes, que je viens d'énumérer,

devraient nous faire accepter la théorie généalogique de Lamarck comme explication des phénomènes biologiques, quand même nous ne posséderions pas la théorie darwinienne de la sélection. Mais il se trouve que la première est directement démontrée par la seconde et aussi parfaitement qu'on le puisse désirer. Les lois de l'hérédité et de l'adaptation sont des faits physiologiques généralement connus et pouvant se rattacher le premier à la reproduction, le second à la nutrition des organismes. D'autre part, la lutte pour l'existence est un fait biologique résultant avec une nécessité mathématique de la disproportion générale entre le nombre moyen des individus organiques et la quantité excessive de leurs germes. Mais, comme, dans la lutte pour l'existence, l'adaptation et l'hérédité combinent toujours leur action, elles ont inévitablement pour conséquence la sélection naturelle, qui partout et toujours travaille à modifier les espèces organiques et à en créer de nouvelles par la divergence des caractères. L'action de ces deux forces est en outre particulièrement favorisée par les perpétuelles migrations passives et actives des organismes. Si l'on apprécie ces données à leur juste valeur, la métamorphose incessante et graduelle, c'est-à-dire la transmutation des espèces organiques, est un résultat nécessaire de la loi de causalité, de la nature même des organismes et de leurs rapports mutuels.

L'origine de l'homme s'explique aussi par cette métamorphose générale des organismes, et de la façon la plus simple et la plus naturelle : vous ne sauriez en douter, après les preuves que je vous en ai données dans les leçons précédentes. Cependant j'ai besoin d'insister encore une fois ici sur l'étroite connexité, qui relie « la théorie simienne » ou « la théorie pithécoïde » à la théorie généalogique. Si celle-ci est la plus grande loi inductive de la biologie, il s'ensuit nécessairement que la première en est la loi déductive la plus importante. Les deux lois sont connexes ; elles subsistent ou s'évanouissent ensemble. Comme il est indispensable de bien comprendre cette proposition, capitale à mes yeux, et sur laquelle j'ai déjà insisté à diverses reprises, permettez-moi de l'élucider encore par un exemple.

Nous savons que, chez tous les mammifères connus, la partie centrale du système nerveux est représentée par la moelle épinière et le cerveau, tandis que l'organe central de la circulation est un cœur à quatre cavités, deux ventricules et deux oreillettes. De là, nous tirons la conclusion inductive, que tous les mammifères, sans exception, les espèces éteintes et les espèces actuelles, ont un cœur, un cerveau, une moelle épinière, en un mot une organisation semblable à celle des espèces que nous avons examinées. Arrive-t-il maintenant, ce qui en effet est fréquent, que, dans un coin quelconque du globe, on découvre une nouvelle espèce de mammifère, par exemple un nouveau marsupial, une nouvelle espèce de cerf ou de singe, tout zoologiste sait d'avance, de science certaine, sans avoir étudié la structure interne de l'animal, qu'il aura, comme tous les autres mammifères, un cœur à quatre cavités, un cerveau et une moelle épinière. Pas un naturaliste n'ira penser que peut-être, chez ce nouveau mammifère, il pourrait y avoir une moelle épinière ventrale avec anneau œsophagien, comme chez les articulés, ou des paires de ganglions disséminées, comme chez les mollusques, ou un cœur à loges multiples, comme chez les insectes, ou un cœur à cavité unique, comme chez les tuniciers. Cette conclusion d'une certitude absolue, quoique ne reposant sur aucune observation directe, c'est ce qu'on appelle une conclusion déductive. Au début de l'évolution embryonnaire, chez tous les mammifères, il se développe une vésicule allantoïdienne; quoique cette vésicule n'eût pas encore été directement observée chez l'homme, j'en affirmai l'existence, en 1874, dans mon *Anthropogénie,* ce qui me valut le reproche de « falsifier la science ». Mais un an plus tard, en 1875, l'allantoïde fut observée chez l'homme et ma déduction fut ainsi confirmée. Ainsi, comme je vous l'ai fait voir dans une des leçons précédentes, Gœthe concluait inductivement de l'anatomie comparée des mammifères, que tous ont un os intermaxillaire, et de cette proposition il tirait ensuite la conclusion déductive spéciale, que l'homme devait aussi posséder cet os, puisqu'il ne diffère pas essentiellement des autres mammifères sous tous les autres rapports. Il formula cette conclusion sans avoir jamais vu l'intermaxillaire de l'homme et la vérifia ensuite expérimentalement.

L'induction est un procédé de raisonnement, qui conclut du particulier au général, de beaucoup de faits isolés à une loi générale; au contraire la déduction conclut du général au particulier, d'une loi naturelle générale à un cas isolé. De même la théorie généalogique est incontestablement une grande loi inductive, fondée expérimentalement sur tous les faits biologiques connus, tandis que la théorie pithécoïde, suivant laquelle l'homme descendrait des mammifères inférieurs et en première ligne des mammifères simiens, est une loi déductive spéciale, inséparablement liée à la loi inductive générale.

Comme tous les arbres généalogiques animaux et végétaux examinés jusqu'ici, l'arbre généalogique humain, dont je vous ai indiqué les grandes lignes dans les leçons precédentes, et dont j'ai décrit l'ensemble dans mon *Anthropogénie* (56), est naturellement dans ses détails une simple hypothèse généalogique. Mais cela n'empêche nullement d'appliquer à l'homme, d'une manière générale, la théorie généalogique. Ici, comme dans tout ce qui a trait à l'étude des généalogies organiques, il faut bien distinguer entre la théorie généalogique en général et l'hypothèse particulière. La théorie généalogique générale conserve toute sa valeur, parce qu'elle est inductivement fondée sur la série des faits biologiques précédemment énumérés et sur la connexité étiologique de ces faits. Mais la valeur de toute hypothèse généalogique spéciale dépend de l'état actuel des connaissances biologiques et de l'étendue des notions expérimentales objectives, sur lesquelles nous voulons baser cette hypothèse par voie déductive. Par conséquent tout essai pour construire l'arbre généalogique d'un groupe organique quelconque a seulement une valeur temporaire et conditionnelle. Nos hypothèses spéciales sur de tels sujets sont d'autant plus justes que nous connaissons mieux l'anatomie comparée, l'ontogénie et la paléontologie du groupe en question. Plus nous nous aventurons dans les détails généalogiques, plus nous poursuivons dans leurs ramifications lointaines les branches et les ramuscules de l'arbre généalogique, moins notre hypothèse généalogique a de solidité, plus elle est subjective, à cause de l'imperfection de nos connaissances empiriques. La théorie générale, sans laquelle il ne saurait y avoir de connaissance approfondie des phénomènes biologiques, n'en est nullement ébranlée. Que l'homme descende d'abord de mammifères pithécoïdes, puis, à un degré plus éloigné, de mammifères plus inférieurs, enfin qu'il se rattache, en remontant toujours la chaîne, aux vertébrés les plus humbles, aux derniers des invertébrés et enfin à une plastide simple; ce sont là des faits, dont on ne saurait douter, et dont la théorie générale peut et doit garantir la réalité. Mais veut-on suivre dans ses détails l'arbre généalogique humain, déterminer avec précision quels types zoologiques connus ont été réellement les ancêtres de l'homme ou du moins se rapprochent le plus de ces types ancestraux? Alors on fait une hypothèse généalogique toujours plus ou moins approximative, ayant d'autant plus de chances de s'écarter de l'arbre généalogique réel, qu'elle prétendra indiquer plus rigoureusement quels ont été ces types ancestraux. Cela résulte nécessairement des lacunes existant dans nos connaissances paléontologiques, lacunes trop grandes pour nous permettre jamais d'arriver à un résultat à peu près satisfaisant.

Si l'on se fait à ce sujet des idées justes, on répondra sans difficulté à la question si fréquemment posée, au sujet des preuves scientifiques de l'origine animale du genre humain. Non-seulement les adversaires de la théorie généalogique, mais encore nombre de ses partisans, dépourvus d'une éducation philosophique suffisante, attendent beaucoup des observations de détail, des progrès empiriques de l'histoire naturelle. Ils espèrent que l'on découvrira tout à coup, soit une race d'hommes pourvus d'une queue, soit une espèce simienne douée de la parole, soit une forme intermédiaire quelconque, vivante ou fossile, qui comblera l'étroite lacune existant entre l'homme et le singe, et « prouvera » ainsi la descendance simienne de l'homme. Mais, quelque convaincants, quelque probants que semblent des faits de détail de ce genre, ils seraient tout à fait impuissants à fournir la preuve demandée. Le public peu réfléchi ou peu familier avec la série des faits biologiques continuerait à opposer à ces preuves de détail les objections, dont il se sert aujourd'hui pour combattre notre théorie.

C'est plus haut que se trouve l'inébranlable base de la théorie généalogique, même en ce qui a trait à l'homme en particulier. Pour en bien mettre en relief toute la valeur, il ne suffit pas de recourir à de simples observations de détail, c'est l'ensemble tout entier des faits biologiques, qu'il faut comparer et apprécier philosophiquement. On voit alors que la théorie généalogique est une loi inductive générale, dérivant d'une synthèse comparative, qui embrasse tous les phénomènes organiques; on voit surtout que cette grande loi inductive résulte nécessairement du triple parallèle établi entre l'anatomie comparée, l'ontogénie et la phylogénie. Quoi qu'il arrive alors, la théorie pithécoïde devient, abstraction faite de toutes ses preuves particulières, une conclusion déductive spéciale, découlant nécessairement de la loi inductive générale de la théorie généalogique.

Dans mon opinion, tout dépend d'une saine appréciation des bases philosophiques de la théorie généalogique et de la théorie pithécoïde, qu'on ne saurait en séparer. C'est un point que beaucoup d'entre vous m'accorderont sans peine, mais ils m'objecteront en même temps que tous ces faits s'appliquent à l'évolution physique et non à l'évolution intellectuelle de l'homme. Jetons maintenant un coup d'œil sur cette face de l'évolution humaine, que nous avons négligée jusqu'ici, et montrons qu'elle n'échappe pas plus que l'autre à la grande loi évolutive générale. Songeons d'abord que jamais l'intellectuel ne peut se séparer entièrement du corporel ; ce sont deux côtés de la nature humaine indissolublement unis, et réagissant profondément l'un sur l'autre, Gœthe l'a déjà dit très-nettement : « La matière sans l'esprit, l'esprit sans la matière, ne sauraient ni exister ni agir. » L'antagonisme artificiel, que la fausse philosophie dualistique et téléologique du passé avait créé entre l'esprit et le corps, entre la force et la matière, cet antagonisme a disparu devant le progrès des sciences naturelles et surtout de la doctrine de l'évolution ; il n'a pu se maintenir en présence du triomphe de la philosophie mécanique et monistique contemporaine. Radenhausen, dans son excellente « Isis » (33), Hartmann, dans sa célèbre « Philosophie de l'inconscient », ont récemment montré comment il faut comprendre les rapports de la nature humaine avec le reste du monde.

Quant à l'origine de l'esprit humain, de l'âme humaine, nous voyons d'abord chez chaque individu cette âme se développer peu à peu avec le corps. Nous voyons, chez le nouveau-né, que cette âme n'a ni la conscience de son individualité, ni en général aucune idée claire, parfaitement nette. Ame et corps se développent peu à peu, à mesure que les phénomènes du monde extérieur agissent sur les centres nerveux par l'intermédiaire des sens. Mais on n'observe pas encore chez l'enfant tous ces mouvements de l'âme si différenciés, dont l'homme devient susceptible seulement par de longues années d'expérience. En vertu de l'étroite connexité étiologique, qui relie l'ontogénie à la phylogénie, nous pouvons conclure de ce graduel développement de l'âme humaine chez chaque individu à un même développement graduel de l'âme dans le genre humain tout entier, et même dans tout le groupe des vertébrés. Indissolublement uni au corps, l'esprit de l'homme a dû passer aussi par ces lents degrés d'évolution, par ces progrès partiels de différenciation et de perfectionnement, dont on peut se faire une idée, en regardant la série hypothétique des ancêtres humains, telle que je l'ai exposée dans les dernières leçons.

Quand cette idée est présentée comme conséquence de la doctrine généalogique, elle ne manque jamais de scandaliser d'abord la plupart des hommes, parce qu'elle heurte les opinions mythologiques admises et des préjugés sanctifiés par une durée millénaire. Cependant l'âme humaine doit, comme toutes les autres fonctions organiques, avoir eu un développement historique. La psychologie comparée, c'est-à-dire la psychologie expérimentale des animaux, nous montre clairement que ce développement doit être considéré comme un graduel épanouissement de l'âme des vertébrés, comme une lente différenciation, un perfectionnement successif aboutissant, après des milliers de siècles, à la victoire éclatante de l'esprit humain sur tous ses ancêtres animaux. Là, comme partout, l'étude de l'évolution et la comparaison des phénomènes analogues sont les seuls moyens pour arriver à la connaissance de la vérité. Il faut aussi, comme nous l'avons fait en étudiant l'évolution corporelle, comparer les fonctions intellectuelles les plus infimes des animaux aux plus éclatantes, et les comparer ensuite aux manifestations intellectuelles les plus élémentaires de l'homme. Le résultat final de cette comparaison est d'abord, qu'entre l'âme animale la plus élevée et le degré le plus humble de l'âme humaine, il y a seulement une faible différence quantitative, et nulle différence qualitative. En outre cette différence n'équivaut pas à la distance, qui sépare les degrés extrêmes dans l'âme humaine comme dans l'âme animale.

Pour bien se convaincre de la vérité de cet important résultat, il est nécessaire d'étudier comparativement la vie intellectuelle des peuplades sauvages et celle des enfants (32). On trouve au degré le plus inférieur de développement intellectuel les Australiens, quelques tribus des Papous polynésiens, et, en Afrique, les Boschimans, les Hottentots et quelques tribus nègres. Chez ces peuples, le principal caractère de l'homme véritable, le langage, est demeuré à l'état rudimentaire, et par conséquent il en est de même de l'intelligence. Beaucoup de ces tribus sauvages n'ont jamais eu de mot pour dire animal, plante, son, couleur, et exprimer d'autres idées aussi simples, tandis qu'elles ont des expressions spéciales pour désigner chaque animal, chaque plante, chaque son, chaque couleur. Elles sont incapables de la plus simple abstraction. Beaucoup de ces idiomes n'ont d'autres noms de nombre que un, deux et trois; aucune numération australienne ne dépasse le nombre quatre. Beaucoup de peuplades sauvages ne savent compter que jusqu'à dix ou vingt, tandis que des chiens intelligents ont pu apprendre à compter jusqu'à quarante et même soixante. Cependant la numération est le premier pas en mathématiques. Quelques-unes des plus sauvages tribus de l'Asie méridionale et de l'Afrique orientale n'ont pas même l'idée des premiers rudiments de toute civilisation humaine, de la vie en famille, du mariage : elles errent en troupes, et, par leur genre de vie, ressemblent plus à des troupes de singes qu'à des sociétés humaines civilisées. Jusqu'ici, toutes les tentatives faites pour civiliser ces tribus et beaucoup d'autres appartenant aux races inférieures, ont complétement échoué ; il est, en effet, nécessairement impossible de faire germer la civilisation humaine là où fait défaut le sol même, c'est-à-dire le perfectionnement cérébral de l'homme. Pas une de ces tribus n'a pu se régénérer par la civilisation, dont l'influence ne fait que hâter leur disparition. Elles sont restées stationnaires à un degré de civilisation qui les élève à peine au-dessus des singes, et que les races humaines supérieures ont franchi depuis des milliers d'années (44).

Considérez maintenant d'un autre côté à quel haut degré de développement intellectuel sont parvenus les vertébrés supérieurs, surtout les oiseaux et les mammifères. Si, suivant la classification psychologique en usage, nous divisons tous les actes cérébraux en trois grands groupes, dénommés sensibilité, volonté, intelligence, nous constaterons que, sous ce rapport, les premiers des oiseaux et des mammifères égalent les types humains inférieurs, ou même les devancent incontestablement. Chez les animaux supérieurs, la volonté est aussi énergique, aussi forte que chez les hommes les mieux trempés. Chez les uns et chez les autres, cette faculté n'est pas réellement libre; elle est toujours déterminée par un enchaînement de notions préexistantes. Chez les animaux supérieurs, les degrés de la volonté, de l'énergie, de la passion, sont aussi nombreux et aussi nuancés que chez l'homme. La fidélité et le dévouement du chien, l'amour maternel de la lionne, l'amour conjugal des pigeons et des inséparables, sont passés en proverbe, et pourraient servir d'exemples à bien des hommes! Si l'on veut appeler « instincts » les vertus des animaux, alors il faut donner le même nom à celles de l'homme. Quant à la pensée, à l'intelligence proprement dite, c'est bien certainement le côté psychologique le plus difficile à étudier comparativement; cependant une étude soigneusement poursuivie surtout sur les animaux domestiques permet de conclure, en toute sûreté de conscience, que, chez l'animal et chez l'homme, les fonctions intellectuelles sont soumises aux mêmes lois. Partout les idées sont greffées sur des faits d'expérience, et mettent en relief la liaison entre la cause et l'effet. Partout on voit l'animal conclure comme l'homme, par voie d'induction et de déduction. Sans doute, sous tous ces rapports, les animaux supérieurs se rapprochent bien plus de l'homme que des animaux inférieurs, mais ils se relient à ces derniers par une longue série de degrés intermédiaires. On pourra trouver dans les excellentes leçons de Wundt, sur l'âme de l'homme et des animaux (46), des preuves nombreuses à l'appui de notre thèse.

Faites maintenant une double comparaison : mettez en regard, d'une part, les plus belles intelligences humaines, celles des Aristote, Newton, Laplace, Spinosa, Kant, Lamarck, Gœthe, etc.; d'autre part, celle des hommes les plus pithécoïdes, des nègres Australiens, des Boschimans, des Andamans, etc.; comparez ensuite ces hommes inférieurs aux animaux les plus intelligents, aux singes, aux chiens, aux éléphants, et vous trouverez alors qu'il n'y a rien d'excessif à dire que les facultés intellectuelles de l'homme résultent simplement de l'épanouissement graduel de celles des mammifères supérieurs. Si l'on voulait à tout prix établir une limite bien tranchée, c'est entre les hommes les plus distingués et les sauvages les plus grossiers qu'il faudrait la tracer, en réunissant aux animaux les divers types humains inférieurs. Cette opinion est en effet celle de beaucoup de voyageurs, qui ont longtemps observé dans leur pays ces races humaines dégradées. Un Anglais, qui a beaucoup voyagé et séjourné longtemps sur la côte occidentale de l'Afrique, écrit ceci : « A mes yeux, le Nègre est une espèce humaine inférieure ; je ne puis me décider à le regarder comme un homme et comme un frère ; car alors il faudrait admettre aussi le gorille dans la famille humaine. » Même beaucoup de missionnaires chrétiens, qui, après des années d'efforts inutiles, durent renoncer à la tâche impossible d'implanter la civilisation chez ces races inférieures, s'associent à ce jugement sévère, et affirment que nos animaux domestiques sont plus aptes à la civilisation que ces peuplades bestiales et stupides. Le digne missionnaire autrichien Morlang, par exemple, qui a essayé sans succès pendant des années de civiliser les Nègres pithécoïdes du Nil supérieur, dit expressément « que, parmi de tels sauvages, une mission est complétement inutile ». Ils sont beaucoup au-dessous des animaux privés de raison ; ces derniers manifestent au moins une certaine affection pour celui qui les traite bien ; tandis que ces grossiers sauvages sont complétement inaccessibles à tout sentiment de reconnaissance.

Si, de ces témoignages et de beaucoup d'autres, il ressort incontestablement que les différences intellectuelles entre les derniers des hommes et les premiers des animaux sont plus faibles que les mêmes différences entre les premiers des animaux et les premiers des hommes, si l'on songe en outre que, chez chaque enfant humain, les facultés intellectuelles se développent lentement, graduellement, à partir du plus bas degré d'inconscience animale, comment s'étonner après cela que l'esprit du genre humain tout entier se soit aussi développé peu à peu de la même manière? Faudra-t-il voir dans ce fait de lente différenciation, de lent perfectionnement de l'âme humaine à partir de l'âme des vertébrés, quelque chose de dégradant pour l'espèce humaine? J'avoue ne rien comprendre à cette manière de voir, que beaucoup de gens opposent encore aujourd'hui à la théorie pithécoïde. Bernhard Cotta a dit très-justement à ce sujet dans son excellente *Géologie contemporaine :* « Nos ancêtres peuvent nous faire beaucoup d'honneur, mais il vaut bien mieux que ce soit nous qui leur en fassions (31). »

La doctrine de l'évolution donne de l'origine de l'homme et du cours de son évolution historique une explication purement naturelle. Pour nous, la graduelle élévation de l'homme à partir des vertébrés inférieurs est le plus grand triomphe qne la nature humaine pouvait remporter sur le reste de la nature. Nous sommes fiers d'avoir si prodigieusement surpassé nos ancêtres animaux, et nous puisons dans ce fait la consolante assurance que, d'une manière générale, l'humanité suivra toujours la route glorieuse du progrès et atteindra un degré de perfection intellectuelle de plus en plus élevé. Ainsi envisagée, la théorie généalogique nous ouvre sur l'avenir les perspectives les plus encourageantes; elle met à néant toutes les craintes, que l'on pourrait ressentir au sujet de sa vulgarisation.

Dès à présent, on peut prédire avec certitude que le complet triomphe de la doctrine de l'évolution donnera une moisson d'une richesse encore sans exemple dans les annales de la civilisation humaine. La conséquence la plus immédiate de ce triomphe, c'est-à-dire la réforme totale de la biologie, entraînera nécessairement la réforme plus importante et plus féconde encore de l'anthropologie. De cette doctrine anthropologique sortira une philosophie nouvelle, qui ne sera plus, cette fois, un système vide, une vaine spéculation métaphysique, mais qui s'appuiera sur le solide terrain de la zoologie comparée. Déjà l'ingénieux philosophe anglais, Herbert Spencer, a fait une tentative de ce genre (45). Mais de même que cette nouvelle philosophie monistique nous aura initiés à la vraie connaissance du monde réel, ainsi, dans sa bienfaisante application à la vie pratique, elle nous ouvrira une voie nouvelle de progrès moral. Grâce à elle, nous commencerons enfin à sortir du lamentable état de barbarie sociale, où nous sommes encore plongés, en dépit de notre civilisation beaucoup trop vantée. En effet, le célèbre Alfred Wallace a malheureusement trop raison, quand il écrit, en terminant la relation de son voyage (96) : « En comparaison de nos étonnants progrès dans les sciences physiques et de leur application pratique, nos systèmes de gouvernement, de justice administrative, d'éducation nationale, toute notre organisation sociale et morale sont à l'état de barbarie. »

Jamais notre éducation frelatée et hypocrite, notre enseignement incomplet, insuffisant, le mensonge caché sous le vernis extérieur de notre civilisation, ne pourront triompher de cette barbarie morale et sociale. Il faut revenir complétement, sincèrement, à la nature et à ses lois. Mais, pour que ce retour soit possible, il est nécessaire que l'homme connaisse et comprenne sa vraie « place dans la nature ». Comme le dit très-bien Fritz Ratzel, « l'homme alors ne s'imaginera plus qu'il est en dehors des lois naturelles; il s'efforcera au contraire d'appliquer ces lois dans ses actions et dans ses pensées, et il tâchera de régler sa conduite conformément aux lois de la nature. Pour organiser sa vie sociale dans la famille et dans l'État, il se soumettra, non à des prescriptions surannées, mais aux principes raisonnés d'une vraie science. La politique, la morale, les principes du droit, qui aujourd'hui encore flottent au hasard, seront en harmonie avec les seules lois naturelles. *L'état vraiment humain*, que l'on ne cesse de vanter depuis tant de siècles, deviendra enfin une réalité. »

Le but le plus noble de l'esprit humain est le large savoir, le plein développement de la conscience et de l'énergie morale qui en résulte. « Connais-toi toi-même ! » C'était déjà le cri des philosophes de l'antiquité, alors qu'ils cherchaient à ennoblir l'homme. « Connais-toi toi-même ! » C'est aussi ce que répète toute la doctrine de l'évolution non-seulement à l'individu isolé, mais à l'humanité tout entière. A mesure que chaque homme se connaît mieux, il puise dans cette connaissance une force toute nouvelle pour s'améliorer moralement ; de même la notion de sa véritable origine et de sa place réelle dans la nature poussera l'humanité dans la voie du progrès moral et scientifique. La simple religion naturelle, basée sur une connaissance parfaite de la nature et de son inépuisable trésor de révélations, imprimera dans l'avenir à l'évolution humaine un cachet de noblesse, que les dogmes religieux des divers peuples étaient incapables de lui donner ; car ces dogmes reposent sur une foi aveugle en d'obscurs mystères et en révélations mythologiques formulées par des castes sacerdotales. Notre époque, qui aura eu la gloire de fonder scientifiquement le plus brillant résultat du savoir humain, la doctrine généalogique, sera célébrée par les siècles à venir, comme ayant inauguré pour le progrès de l'humanité une ère nouvelle et féconde, caractérisée par le triomphe de la libre recherche sur la domination autoritaire, par la noble et puissante influence de la philosophie monistique.

LISTE DES OUVRAGES

INDIQUÉS DANS LE TEXTE PAR DES CHIFFRES DE RENVOI

ET DONT L'ÉTUDE EST RECOMMANDÉE AU LECTEUR.

---

(1) CHARLES DARWIN, *On the Origin of Species by means of natural selection (or the preservation of favoured races in the struggle for life)*. 1re édition. In-8°. London, 1859. — Traduit en français par M. *E. Barbier*, sous le titre : L'Origine des Espèces au moyen de la sélection naturelle, ou la lutte pour l'existence dans la nature, traduit sur la 6e édition anglaise, 1 vol. in-8°. Paris, 1876.

(2) JEAN LAMARCK, *Philosophie zoologique*, ou exposition des considérations relatives à l'histoire naturelle des animaux ; à la diversité de leur organisation et des facultés qu'ils en obtiennent ; aux causes physiques qui maintiennent en eux la vie et donnent lieu aux mouvements qu'ils exécutent; enfin, à celles qui produisent, les unes le sentiment, et les autres l'intelligence de ceux qui en sont doués. 2 vol. in-8°. Paris, 1809. — Le même, nouvelle édition, revue et précédée d'une introduction biographique, par M. *Ch. Martins*. 2 vol. in-8°. Paris, 1873.

(3) WOLFGANG GOETHE, *Zur Morphologie : Bildung und Umbildung organischer Naturen*. Die Metamorphose der Pflanzen (1790). Osteologie (1786). Vorträge über die drei ersten Capitel des Entwurfs einer allgemeinen Einleitung in die vergleichende Anatomie, ausgehend von der Osteologie (1786). Zur Naturwissenschaft im Allgemeinen (1780-1832). — Traduit en français, sous le titre : OEuvres d'histoire naturelle de Goethe , comprenant divers mémoires d'anatomie comparée, de botanique et de géologie, traduits et annotés par M. *Ch. Martins*. In-8°, avec atlas in-folio. Paris, 1837.

(4) Ernst Haeckel, *Generelle Morphologie der Organismen :* Allgemeine Grundzüge der organischen Formenwissenschaft, mechanisch begründet durch die von Charles Darwin reformirte Descendenztheorie. I. Band : Allgemeine Anatomie der Organismen oder Wissenschaft von den entwickelten organischen Formen. II. Band : Allgemeine Entwickelungsgeschichte der Organismen oder Wissenschaft von den entstehenden organischen Formen. 2 vol. gr. in-8°. Berlin, 1866.

(5) Carl Gegenbaur, *Grundzüge der vergleichenden Anatomie.* In-8°. Leipzig. — Traduction française, sous la direction de *Carl Vogt,* intitulée : Manuel d'Anatomie comparée. 1 vol. in-8°. Paris, 1873-1874.

(6) August Schleicher, *Die Darwin'sche Theorie und die Sprachwissenschaft.* In-8°. Weimar, 1863. — Traduit en français par M. *de Pommayrol* sous le titre : La théorie de Darwin. De l'importance du langage pour l'histoire naturelle de l'homme. In-8°. Paris, 1868.

(7) M. J. Schleiden, *Grundzüge der wissenschaftlichen Botanik (Die Botanik als inductive Wissenschaft).* 2 vol. in-8°. Leipzig, 1849.

(8) Franz Unger, *Versuch einer Geschichte der Pflanzenwelt.* In-8°. Wien, 1852.

(9) Victor Carus, *System der thierischen Morphologie.* In-8°. Leipzig, 1853.

(10) Louis Buchner, *Kraft und Stoff. Empirisch-naturphilosophische Studien in allgemein verständlicher Darstellung.* 9e édition. In-8°. Leipzig, 1872. — Traduit en français sous le titre : Force et matière ; études populaires d'histoire et de philosophie naturelles. 4e édition, in-8°. Paris, 1872.

(11) Charles Lyell, *Principles of Geology* (10e édition. In-8°. Londres, 1868). — Traduit en français sur la 10e édition, par M. *Jules Ginestou,* sous le titre : Principes de Géologie, ou illustration de cette science, empruntés aux changements modernes que la terre et ses habitants ont subis. 2 vol. in-8°. Paris, 1873.

(12) Albert Lange, *Geschichte des Materialismus und Kritik seiner Bedeutung in der Gegenwart.* In-8°. Iserlohn, 1866. Paraîtra incessamment en traduction française, par MM. *Pommerol* et *Nolen.*

(13) Charles Darwin, *Journey of a naturalist on board of the Beagle.* 1 vol. in-8°. Londres, 1844. — Une traduction française de cet ouvrage, par M. *E. Barbier,* a paru en 1 vol. in-8°. Paris, 1875.

(14) Charles Darwin, *The Variation of Animals and Plants under domestication.* 2 vol. in-8°. London, 1868. — Traduit en français par

J.-J. *Moulinié,* sous le titre : De la Variation des Animaux et des Plantes sous l'action de la domestication, avec préface par Carl Vogt. 2 vol. in-8°. Paris, 1868.

(15) ERNST HAECKEL, *Studien über Moneren und andere Protisten, nebst einer Rede über Entwickelungen und Aufgabe der Zoologie.* Avec 6 planches. In-8°. Leipzig, 1870.

(16) FRITZ MULLER, *Für Darvin.* In-8°. Leipzig, 1864.

(17) THOMAS HUXLEY, *Lay sermons, addresses and reviews.* 4e édition, in-8°. Londres, 1872, et *Essays selected from Lay sermons.* In-8°. Londres, traduit en français, sur le titre : *Les sciences naturelles et les problèmes qu'elle fait surgir,* 1 vol. in-12. Paris, 1817.

(18) H. G. BRONN, *Morphologische Studien über die Gestaltungsgesetze der Naturkörper überhaupt, und der organischen insbesondere.* In-8°. Leipzig et Heidelberg, 1858.

(19) H. G. BRONN, *Untersuchungen über die Entwickelungsgesetze der organischen Welt während der Bildungszeit unserer Erdoberfläche.* In-8°. Stuttgart, 1858.

(20) CARL ERNST BAER, *Ueber Entwickelungsgeschichte der Thiere.* Beobachtung und Reflexion. 2 vol. in-8°. 1828.

(21) LOUIS AGASSIZ, *An Essay on classification.* Contributions to the natural history of the united States. In-8°. Boston, 1857. — Traduit en français par M. *Vogeli* sous le titre : De l'espèce et de la classification en zoologie; édition remaniée par l'auteur. 1 vol. in-8°. Paris, 1869.

(22) IMMANUEL KANT, *Allgemeine Naturgeschichte und Theorie des Himmels,* oder Versuch von der Verfassung und dem mechanischen Ursprunge des ganzen Weltgebäudes nach Newton'schen Grundsätzen abgehandelt. In-8°. Königsberg, 1755.

(23) ERNST HAECKEL, *Die Radiolarien.* Eine Monographie. In-8°, avec atlas de 35 planches. Berlin, 1862.

(24) AUGUST WEISMANN, *Ueber den Einfluss der Isolirung auf die Artbildung.* In-8°. Leipzig, 1872.

(25) ERNST HAECKEL, *Ueber die Entstehung und den Stammbaum des Menschengeschlechts.* Zwei Vorträge in der Sammlung gemeinverständlicher wissenschaftlicher Vorträge, herausgegeben von Virchow und Holtzendorff. 2e édition. In-8°. Berlin, 1870.

(26) THOMAS HUXLEY, *Evidence as to Man's place in nature.* In-8°. Londres, 1873. — Traduit en français, par le Dr *E. Dally,* sous le titre : De la place de l'homme dans la nature et précédé d'une introduction. In-8°. Paris, 1868.

(27) Carl Vogt, *Vorlesungen über den Menschen, seine Stellung in der Schöpfung und in der Geschichte der Erde.* 2 vol. in-8°. Giessen, 1863. — Traduit en français sous le titre : Leçons sur l'Homme, sa place dans la création et dans l'histoire sur la terre. Grand in-8°, avec gravures. Paris, 1865.

(28) Friedrich Rolle, *Der Mensch, seine Abstammung und Gesittung im Lichte der Darwin'schen Lehre von der Art-Entstehung und auf Grund der neueren geologischen Entdeckungen dargestellt.* In-8°. Francfort s. M., 1866.

(29) Édouard Reich, *Die allgemeine Naturlehre des Menschen.* In-8°. Giessen, 1865.

(30) Charles Lyell, *The geological evidences of the antiquity of man, with an outline of glacial and post-tertiary geology and remarks on the origin of species.* — Traduit en français, par M. *M. Chaper,* sous le titre : L'Ancienneté de l'Homme prouvée par la géologie, et remarques sur les théories relatives à l'origine des espèces par variation. 2e édition, augmentée d'un précis de paléontologie humaine, par M. *E.-T. Hamy.* In-8°, avec gravures. Paris, 1870.

(31) Bernhard Cotta, *Die Geologie der Gegenwart.* In-8°. Leipzig 1866.

(32) Karl Zittel, *Aus der Urzeit.* Bilder aus der Schöpfungsgeschichte. In-8°. München, 1871.

(33) C. Radenhausen, *Isis. Der Mensch und die Welt.* 4 vol. in-8°. Hambourg, 1863. (2e édition, 1871.)

(34) August Schleicher, *Ueber die Bedeutung der Sprache für die Naturgeschichte des Menschen.* In-8°. Weimar, 1865. (Voy. n° 6.)

(35) William Bleck, *On the origin of Language,* edited with a preface by Dr Ernst Hæckel, translated by Thomas Davidson. In-8°. New-York, 1869.

(36) Alfred-Russel Wallace, *The Malay Archipelago.* 2e édition. 2 vol. in-8°. Londres, 1869, — et du même auteur : *Contributions to the theory of natural selection.* A series of Essays. 2e édition. In-8°. Londres, 1871. Traduit en français par M. *Lucien de Candolle,* sous le titre : la Sélection naturelle. Essais. In-8°. Paris, 1872.

(37) Ernst Haeckel, *Ueber Arbeitstheilung in Natur-und Menschenleben,* in Sammlung gemeinverständlicher wissenschaftlicher Vorträge, herausgegeben von Virchow und Holtzendorff. 4e série, 78e livraison. In-8°. Berlin, 1869.

(38) Hermann Helmholtz, *Populäre wissenschaftliche Vorträge*. In-8°. Braunschweig, 1871.

(39) Alexander von Humboldt, *Ansichten der Natur*. Stuttgart, 1826. — Traduit en français, par M. *Ch. Galuski*, sous le titre : Tableaux de la nature. 4e édition, mise dans un ordre nouveau et augmentée de notes biographiques. In-8°. Paris, 1865.

(40) Moritz Wagner, *Die Darwinsche Theorie und das Migrationsgesetz der Organismen*. In-8°. Leipzig, 1868.

(41) Rudolph Virchow, *Vier Reden über Leben und Krankseyn*. In-8°. Berlin, 1862.

(42) Friedrich Müller, *Ethnographie* (Reise der österreichischen Fregatte Novara. Anthropologischer Theil. III. Abtheilung). In-4°. Vienne, 1868.

(43) Louis Buchner, *Die Stellung des Menschen in der Natur, in Vergangenheit, Gegenwart und Zukunft*. In-8°. Leipzig, 1870. — Traduit en français, par le Dr *Ch. Letourneau*, sous le titre : L'Homme selon la science ; son passé, son présent, son avenir, ou : D'où venons-nous ? Qui sommes-nous? Où allons-nous? 1. vol. in-8°, avec gravures. Paris, 1872.

(44) John Lubbock, *Prehistoric Times*. London, 1867. — Traduit en français, par M. *E. Barbier*, sous le titre : l'Homme avant l'histoire. Étude archéologique et scientifique de tous les monuments et objets trouvés dans les différents pays de l'Europe, etc. Grand in-8°, avec gravures. Paris, 1867. (2e édition, 1871.)

(45) Herbert Spencer, *A System of Philosophy* (1. First Principles. 2. Principles of Biology. 3. Principles of Psychology, etc.) In-8°. Londres, 1867. 2e édition. — Traduit en français sous le titre : *Principes de psychologie*, par MM. *Ribot* et *Espinasse*, 2 vol. in-8, Paris, 1876, et les *Premiers principes*, par M. *E. Cazelles*. In-8°. Paris, 1871.

(46) Wilhelm Wundt, *Vorlesungen über die Menschen- und Thierseele*. In-8°. Leipzig, 1868.

(47) Fritz Schultze, *Kant und Darwin. Ein Beiträge zur Geschichte der Entwickelungse*. 1876.

(48) Charles Darwin, *The descent of man, and selection in relation to sex*. 2 vol. in-8°. Londres, 1871. — Traduit en français sous le titre : La Descendance de l'homme et la sélection sexuelle. 2e édition, revue sur la dernière édition anglaise, par M. *E. Barbier*, préface par Carl Vogt. 2 vol. in-8°. Paris, 1874.

(49) CHARLES DARWIN, *The Expression of the Emotions in man and animals*. In-8°. London, 1872.— Traduit en français sous le titre : Expression des Émotions chez l'homme et les animaux, traduit par MM. les docteurs *S. Pozzi* et *René Benoit*. In-8°. Paris, 1874.

(50) ERNST HAECKEL, *Die Kalkschwämme (Calcispongien oder Grantien)*. Eine Monographie in zwei Bänden, Text und einem Atlas, mit 60 Tafeln Abbildungen. I. Band (genereller Theil) : Biologie der Kalkschwämme. II. Band (specieller Theil) : System der Kalkschwämme. III. Band (illustrativer Theil) : Atlas der Kalkschwämme. 3 vol. in-4°. Berlin, 1872.

(51) HERMANN MÜLLER, *Die Befruchtung der Blumen durch Insecten*. Leipzig, 1873.

(52) ERNST HAECKEL, *Das Leben in den grössten Meerestiefen*, in Sammlung von Virchow und Holtzendorff, 5e série. In-8°. Berlin, 1870.

(53) FRIEDRICH ZOLLNER, *Ueber die Natur der Kometen*. Beiträge zur Geschichte und Theorie der Erkentniss. In-8°. Leipzig, 1872.

(54) LUDWIG NOIRÉ. *Die Welt als Entwickelung der Geistes*. Leipzig, 1874.

(55) DAVID FRIEDRICH STRAUSS, *Der alt und der neue Glaube*. Ein Bekenntniss (4e édition). In-8°. Leipzig, 1872. — Traduit en français sous le titre : L'Ancienne et la Nouvelle Foi, confession, traduit de l'allemand, par Louis Narval, avec préface par *E. Littré*. In-8°. Paris, 1876.

(56) ERNST HAECKEL, *Anthropogenie oder Entwickelungs Geschichte des Menschen. Gemeinverständliche wissenschaftliche Vorträge über die Grundzüge des menschlichen Keimes und Stammgeschichte*. Mit 12 Tafeln, 210 Holzschnitten und 36 genetischen Tabellen. Leipzig, 1874. — Traduit en français sous le titre : Anthropogénie, ou Histoire du développement de l'homme, par le Dr *Ch. Letourneau*. In-8°. Paris, 1877.

APPENDICE.

EXPLICATION DES PLANCHES.

PLANCHE DU TITRE.

Embryologie d'une éponge calcaire (Olynthus). [Voyez la page 453.] L'œuf de l'Olynthus (fig. 9), qui nous représente la forme ancestrale commune de toutes les éponges calcaires, est une cellule simple (fig. 1). De cet œuf provient, par segmentation réitérée (fig. 2), un amas sphéroïdal mûriforme de cellules transparentes, identiques entre elles (*Morula,* fig. 3). Ces cellules se différencient en cellules externes, brillantes et ciliées (exoderme), et, d'autre part, en cellules sombres, non ciliées (entoderme), d'où résulte la larve ciliée ou *Planula* (fig. 4). Celle-ci prend une forme ovulaire et se creuse d'une cavité (cavité digestive, ou tube intestinal, fig. 6, *g*), munie d'un orifice (cavité buccale, bouche rudimentaire, fig. 6, *o*); la paroi de cette cavité digestive est constituée par deux feuillets cellulaires, ou feuillets germinatifs, le feuillet externe cilié ou exoderme (*e*), et le feuillet interne non cilié, ou entoderme (*i*). De là résulte la larve intestinale, si importante, la *Gastrula,* qui reparaît à l'état de larve chez les différents types animaux (fig. 5, vue extérieure de la *Gastrula*, fig. 6, section longitudinale). Après avoir tourbillonné un certain temps dans la mer, la *Gastrula* se fixe au fond, perd ses cils vibratiles externes et se transforme en *Ascula* (fig. 7, *Ascula* vue extérieurement, fig. 8, coupe longitudinale; mêmes lettres que dans la fig. 6). Conformément à la loi biogénétique fondamentale, cette *Ascula* reproduit la forme ancestrale commune de tous les zoophytes, le *Protascus*. Quand il s'est formé dans la paroi intestinale de l'*Ascula* de larges pores (*c, p*), et des aiguilles calcaires à trois rayons, l'*Ascula* est devenue l'*Olynthus* (fig. 9). La figure 9 représente un *Olynthus* dont on a, par excision, enlevé un morceau de la paroi, afin de montrer les œufs en voie de formation sur la face digestive interne (*g*). De l'*Olynthus* peuvent provenir les formes les plus diverses des éponges calcaires. Une des plus remarquables est l'*Ascometra* (fig. 10), souche de diverses espèces et même de divers genres (à gauche l'*Olynthus*, au milieu le *Nardorus*, à droite le *Soleniscus*, etc.). Pour plus de détails sur ces types si intéressants et sur leur importance pour la théorie de la descendance, consulter ma *Monographie des Éponges calcaires* (1872), surtout le premier volume, p. 474, 481.

PLANCHE Ire.

(Entre les pages 168 et 169.)

Évolution d'un organisme élémentaire, d'une monère (Protomyxa aurantiaca). Cette planche est une copie réduite des dessins que j'ai publiés dans ma « Monographie des monères » (*Études biologiques*, premier fascicule, 1870, pl. I), au sujet de l'embryologie de la *Protomyxa aurantiaca*. Là aussi on trouvera la description détaillée de cette curieuse monère (p. 11-30). En janvier 1867, durant mon séjour aux Canaries, à l'île Lanzerotte, je découvris cet organisme élémentaire; je le rencontrai fixé à demeure ou rampant sur les blanches coquilles calcaires d'un petit céphalopode, du *Spirula Peronii*, que l'on voit, dans cette région, nager en énorme quantité à la surface de la mer et que les flots jettent sur le rivage. La *Protomyxa aurantiaca* se distingue des autres monères par la belle et vive couleur rouge orangé de tout son corps, uniquement composé de protoplasma. Les figures 11 et 12 représentent, avec un fort grossissement, la monère complétement développée. Quand la monère a faim (fig. 11), on voit rayonner de sa surface une zone de filaments muqueux ramifiés ou pseudopodies; mais ces pseudopodies ne s'anastomosent pas en réseau. Quand la monère mange (fig. 12), ces filaments muqueux s'anastomosent de cent façons et forment un réseau changeant, qui enlace les corpuscules destinés à la nutrition de l'animal et finissant par pénétrer dans le corps même de la *Protomyxa*. On voit sur la fig. 12, en haut et à droite, un *flagellum* cilié, à écailles siliceuses (*Peridinium*, p. 379), saisi par les filaments muqueux et attiré vers le centre de la sphérule, où se trouvent déjà plusieurs infusoires siliceux (Tintimoïdes) et plusieurs diatomées (Isthmiées) à demi digérées. Quand la *Protomyxa* n'a plus faim, elle rétracte ses pseudopodies (fig. 15) et redevient sphéroïdale (fig. 16 et fig. 1). Dans cet état de repos, la *Protomyxa* sécrète une membrane externe amorphe (fig. 2) et se segmente au bout d'un certain temps en un grand nombre de petites sphérules (fig. 3). Bientôt ces sphérules commencent a se mouvoir; elles deviennent piriformes (fig. 4), percent la membrane enveloppante commune et nagent alors dans la mer à l'aide d'un prolongement filiforme; ce sont des flagellates (fig. 11). Rencontrent-elles alors une coquille de *Spirula* ou un objet quelconque convenable, elles s'y arrêtent, rétractent leur flagellum et rampent lentement à la surface de ces corps à l'aide de prolongements polymorphes (fig. 6, 7, 8), comme des protamibes, p. 167 et 375. Ces petits corpuscules muqueux absorbent de la nourriture (fig. 9, 10), et soit par simple croissance, soit en se fusionnant les uns avec les autres en un corpuscule plus gros (*plasmodium*) [fig. 13, 14], ils revêtent la forme adulte (fig. 11, 12).

PLANCHES II ET III.

(Entre les pages 270 et 271.)

Germes ou embryons de quatre vertébrés divers, savoir de tortue (A et E), de poule (B et F), de chien (C et G), d'homme (D et H). Les figures A-D représentent un stade embryologique moins avancé, les figures E-H un stade postérieur. Les huit embryons sont vus du côté droit, le dos voûté est tourné à gauche. Les figures A et B représentent un grossissement de sept diamètres; les figures C et D un grossissement de cinq diamètres; les figures E-H un grossissement de quatre diamètres. La planche II est destinée à montrer la proche parenté des reptiles et des oiseaux; la planche III, celle de l'homme et des autres mammifères.

PLANCHE IV.

(Entre les pages 360 et 361.)

Main ou extrémité antérieure de neuf mammifères divers. Cette planche est destinée à bien faire apprécier l'importance de l'anatomie comparée pour la phylogénie. Elle montre quelle fixité l'hérédité a donnée aux formes du squelette des membres, en dépit des modifications extraordinaires des formes extérieures dues à l'adaptation. Les os de ces extrémités antérieures sont indiqués par une teinte blanche, tranchant sur la nuance de la chair et des téguments. Les neuf extrémités sont représentées dans la même situation; l'attache de l'extrémité au membre est en haut, la pointe des doigts est en bas. Dans les figures le pouce est à gauche, le petit doigt est à droite. Chaque extrémité se compose de trois parties, savoir, en allant de haut en bas : 1° le carpe, constitué par deux séries transversales d'os courts; 2° le métacarpe, situé à la partie moyenne, et comprenant cinq os longs et forts, indiqués par des chiffres 1-5; 3° les cinq doigts, composés chacun de deux à trois phalanges. Par sa conformation tout entière, la main de l'homme (fig. 1) tient le milieu entre celle des deux grands singes les plus anthropoïdes, c'est-à-dire du gorille (fig. 2) et de l'orang (fig. 3). La patte du chien (fig. 4) diffère déjà des mains anthropoïdes; mais la nageoire pectorale du phoque s'en écarte encore plus (fig. 5). L'adaptation de la main aux mouvements de la natation et sa transformation en nageoire sont encore plus parfaites chez le dauphin (*Ziphius*, fig. 5). Les doigts et les os moyens de la main, entièrement cachés sous la membrane natatoire, sont courts et forts; mais chez la chauve-souris (fig. 7) ils sont, au contraire, extrêmement longs et minces, car alors la main se transforme en aile. C'est tout le contraire qui arrive pour la main de la taupe (fig. 8), qui est devenue une forte pioche, avec des doigts extrêmement courts et gros. L'extrémité antérieure du plus inférieur, du plus imparfait de tous les mammifères, de l'*Ornithorhynchus* australien (fig. 9), diffère beaucoup moins que les précédentes de la main humaine. Par toute sa structure, l'ornithorynque est, de tous les mammifères connus, celui qui se rapproche le plus de la forme ancestrale éteinte de la classe entière. Comme l'homme, il s'est moins éloigné de cette forme ancestrale par la transformation de ses extrémités antérieures sous l'influence de l'adaptation que ne l'ont fait la chauve-souris, la taupe, le dauphin, le phoque et beaucoup d'autres mammifères.

PLANCHE V.

(Entre les pages 432 et 433.)

Arbre généalogique monophylétique du règne végétal, représentant la commune origine hypothétique de toutes les plantes et l'évolution successive des groupes végétaux durant les périodes paléontologiques de l'histoire de la terre. Les lignes horizontales indiquent les périodes grandes et petites de l'histoire organique terrestre, qui se trouvent indiquées page 344, et durant lesquelles les couches fossilifères se sont déposées. Les lignes verticales séparent les groupes principaux et les classes du règne végétal. Les traits ramifiés représentent approximativement le degré de développement probable de chaque classe dans chaque période géologique.

PLANCHE VI.

(Entre les pages 436 et 437.)

Arbre généalogique monophylétique du règne animal, représentant le développement successif des six tribus zoologiques durant les périodes paléontologiques. Les lignes horizontales *gh*, *ik*, *lm* et *no* séparent les uns des autres les cinq grands âges de l'histoire organique de la terre. La section *g a b h* comprend l'âge archéolitique; la section *i g h k* correspond à l'âge paléolithique; la section *l i k m* et la section *n l m o* comprennent, la première, l'âge mésolithique, la seconde, l'âge cénolithique. La courte période anthropolithique est indiquée par la ligne *n o*. (Voy. p. 344.) La hauteur de chaque section correspond à la durée relative des laps de temps indiqués, évaluée approximativement d'après l'épaisseur des couches neptuniennes déposées. (Voy. p. 350.) A lui seul, l'âge archéolithique ou primordial a dû être beaucoup plus long que les quatre âges suivants (voy. p. 839 et 348); c'est durant cet âge que se sont déposées les couches laurentiennes, cambriennes et siluriennes. Très-probablement les deux tribus des vers et des zoophytes étaient déjà dans la plénitude de leur développement vers le milieu de l'âge primordial (dans la période cambrienne?), les radiés et les mollusques durent arriver au même point un peu plus tard, tandis que les articulés et les vertébrés n'ont pas cessé de croître en diversité et en perfection.

PLANCHE VII.

(Entre les pages 452 et 453.)

Groupe de zoophytes ou coélentérés dans la Méditerranée. La moitié supérieure de la planche représente un certain nombre de méduses et de cténophores nageant dans l'eau; la moitié inférieure de la planche figure un buisson de coraux et de polypes hydroïdes fixés au fond de la mer (consulter la classification des zoophytes, p. 450, et leur arbre généalogique, p. 455). On distingue, en bas et à droite, parmi les zoophytes fixés au fond de la mer, une grande touffe d'un corail (1) très-voisin du corail rouge, *Eucorallium*, et appartenant, comme lui, au groupe des *Octocoralla Gorgonida;* chacun des individus composant cet arbre ramifié a la forme d'une étoile à huit rayons, qui sont huit bras préhensiles disposés autour de la bouche (p. 457). Immédiatement au-dessous et en avant de cette touffe, tout à fait à droite, on voit un petit buisson de polypes hydroïdes (2) appartenant au groupe des campanulaires. Du côté opposé, à gauche, on voit s'élever les tiges minces d'une touffe plus grande de polypes hydraires (3) appartenant au groupe des tubulariés. A la base de cette touffe s'étale un groupe de *Halichondria* (4) aux courts rameaux digitiformes (451). En arrière, en bas et à gauche, est figurée une très-grande actinie (*Actinia*) [5], appartenant à la section des *Hexacoralla* (p. 457). Son corps cylindrique supporte une couronne de bras préhensiles, nombreux, grands et en forme de feuilles. Tout à fait en bas et au milieu, sur le fond de la mer, on voit un *Cereanthus* (6) appartenant au groupe des tétracoraux (*Tetracoralla*). Enfin, à droite, au-dessus des coraux (1), s'élève, sur un petit monticule, une *Lucernaria*, représentant les podactinariés ou calycozoaires (p. 450). Le corps de cette *Lucernaria* est cupuliforme, pédonculé (7) et bordé de huit touffes sphéroïdales de bras préhensiles.

Parmi les zoophytes nageant, qui occupent la moitié supérieure de la planche, il faut remarquer surtout les hydroméduses, à cause de leur génération alternante. Immédiatement au-dessus de la *Lucernaria* (7) flotte une petite *Oceania*, dont le corps, en forme de cloche, supporte un chapiteau en forme de tiare papale (8) [p. 185]. En bas, sur le bord de la cloche, s'insèrent des filaments préhensiles, fins et nombreux. Cette *Oceania* descend des tubulariés, analogues à la *Tubularia* (3) représentée à gauche. A gauche, près de la *Tubularia*, nage une *Æquorea*, grande et très-délicate. Le corps de cette *Æquorea* (9), qui a la forme d'un disque aplati et voûté, se contracte, et exprime ainsi inférieurement l'eau contenue dans sa cavité en forme de ballon. Les filaments préhensiles, très-fins, très-nombreux, capillaires, se détachent du bord de la cavité, se rassemblent, sous la pression du courant d'eau expulsée, en une touffe conique, qui, vers sa partie médiane, se recourbe et se fronce en collerette. En haut, vers le milieu de la cavité en ballon, descend la cavité digestive, dont l'orifice est entouré de quatre lobes. Cette *Æquorea* provient d'un petit polype campanulaire (2), analogue à la *Campanularia* (2). C'est d'un polype campanulaire analogue que descend aussi la petite *Eucope* cupuliforme, qui flotte en haut et au milieu (10). Dans ces trois animaux (8, 9, 10), comme chez la plupart des hydroméduses, la génération alternante consiste en ce que les méduses libres et flottantes (8, 9, 10) proviennent par bourgeonnement et même par génération asexuée (p. 172) des polypes hydraires fixes (2, 3). Mais ces derniers proviennent à leur tour des œufs fécondés des méduses (p. 174) (parfois par génération sexuée). Il y a ici alternance régulière de la génération asexuée des polypes fixes, I, III, V, et de la génération sexuée II, IV, VI, des méduses flottantes. La théorie généalogique est seule capable d'expliquer cette génération alternante.

On en peut dire autant d'un mode de génération analogue, mais plus remarquable encore, que j'ai découvert à Nice, en 1864, chez les géryonides (*Geryonida*), et que j'ai appelé *Allœgonie* ou *Allœgénèse*. Ici ce sont deux types de méduses absolument dissemblables, qui proviennent l'un de l'autre (fig. 11 et 12). Le type le plus volumineux et le plus complexe (11), *Geryonia* ou *Carmarina*, a six organes de la génération en forme de feuilles et six filaments marginaux, longs et mobiles. Du milieu de la cavité campanuliforme tombe, comme un battant de cloche, une trompe allongée, à l'extrémité de laquelle s'ouvre la cavité digestive. Dans la cavité digestive est une sorte de long bourgeon en forme de langue. Ce bourgeon est représenté dans la planche VII, fig. 11, sous la forme d'une langue sortant à gauche de l'orifice buccal. Sur cette langue germent, alors que les appareils reproducteurs sont à maturité, une quantité de petites méduses. Mais ces méduses ne sont pas des géryonides; elles appartiennent à un type de méduse tout différent, au genre *Cunina*, de la famille des Ægénides. Cette *Cunina* est tout autrement construite; elle a une cavité hémisphérique, sans battant; dans sa jeunesse, ses organes apparaissent non plus par groupes de six, mais par huit, et plus tard par seize; elle est munie de seize organes sexuels en forme de bourse et de seize filaments marginaux, courts, rigides et incurvés. Pour plus de détails sur cette curieuse allœgénèse, on pourra consulter mes « Contributions à l'histoire des hydroméduses » (Leipzig, Engelmann, 1865). Le premier fascicule de ce travail contient une monographie des Géryonides avec six planches sur cuivre.

Quelque curieux que soient ces faits, ils le cèdent pourtant en intérêt et en portée à la physiologie des siphonophores, dont j'ai plusieurs fois cité le singulier polymorphisme, après en avoir donné une description élémentaire dans mes leçons sur la « division du travail dans la nature et dans la vie humaine » (37). J'ai figuré dans la planche VII, à titre d'exemple de siphonophore, la belle *Physophora* (13). Cette hydroméduse est une collection d'individus maintenue à la surface de la mer par une petite vésicule natatoire, pleine d'air, que l'on voit sur la figure saillir à la surface de l'eau. Au-dessous de cette vésicule on voit, accouplées en colonne, quatre paires de petites cloches, qui expulsent l'eau en se contractant et mettent ainsi en mouvement toute la colonie. Au-dessous de cette colonne, se trouve une couronne de polypes tactiles, formant en même temps un toit protecteur, sous la protection duquel les autres individus de l'agrégat, chargés les uns de manger, les autres de saisir, d'autres de se reproduire, sont à couvert. Dès 1866, à l'île Lanzerotte, aux Canaries, j'ai observé pour la première fois l'ontogénie des siphonophores, spécialement de la *Physophora*, et je l'ai décrite en l'expliquant au moyen de quatorze planches (Utrecht, 1869). Cette ontogénie offre à l'observateur nombre de faits intéressants, explicables seulement par la théorie généalogique.

C'est aussi par la théorie généalogique seule qu'on peut comprendre la remarquable génération alternante des méduses les plus parfaites, des *Discomedusæ*, dont la *Pelagia* figurée au milieu de la planche VII, sur l'arrière-plan, est un échantillon (14). Du bord élégamment dentelé de la cavité cupuliforme, fortement voûtée, descendent quatre bras longs et forts. Les polypes asexués dont proviennent ces discoméduses sont des polypes très-rudimentaires, peu différents des polypes d'eau douce ordinaires (*Hydra*). Dans mes leçons sur la division du travail (37), j'ai aussi décrit la génération alternante de ces discoméduses, et je l'ai élucidée par des exemples.

Enfin, la dernière classe des zoophytes, le groupe des cténophores (*Ctenophora*) [p. 449], a aussi deux représentants dans la planche VII. Au milieu de la planche et un peu à gauche, entre l'*Æquorea* (9), la *Physo-*

phora (13) et la *Cunina* (12) serpente un ruban long et large (15); c'est la superbe « ceinture de Vénus » méditerranéenne (*Cestum*), dont les reflets chatoyants reproduisent toutes les couleurs de l'arc-en-ciel. Le corps proprement dit de l'animal est très-petit et ressemble au Cydippe, que l'on voit flotter à gauche (16). Sur ce dernier on peut voir les huit côtes ciliées ou dentées, qui caractérisent les cténophores, ainsi que deux longs fils préhensiles.

PLANCHES VIII ET IX.

(Entre les pages 480 et 481.)

Embryologie des Échinodermes. Les deux planches sont destinées à bien montrer la génération alternante des échinodermes (p. 478) par un exemple pris dans chacune de leurs quatre classes. Les astéries (*Asterida*) sont représentées par l'*Uraster* (A), les crinoïdes par la *Comatula* (B), les échinides par l'*Echinus* (C), et enfin les holothuries par la *Synapta* (D). Les stades successifs de l'évolution sont indiqués par les chiffres 1-6.

La planche VIII représente l'embryologie de la première génération, de la génération asexuée des échinodermes, celle des larves-nourrices, auxquelles on donne ordinairement à tort le nom de larves. La figure 1 représente l'œuf des quatre échinodermes, qui ressemble essentiellement à l'œuf de l'homme et des autres mammifères (voir dans le texte la fig. 5, p. 264). Comme chez l'homme, le *protoplasma* du jaune est revêtu d'une épaisse membrane amorphe (*zona pellucida*), et contient un noyau transparent et sphérique, qui renferme lui-même un nucléole. De l'œuf fécondé des échinodermes provient d'abord, par segmentation réitérée, un amas sphérique de cellules homogènes (fig. 6, p. 265), qui se change bientôt en une larve-nourrice très-simple ayant à peu près la forme d'une sandale.

(Fig. A2-D2.) L'orifice de cette sandale est bordé de cils vibratiles, qui font progresser dans l'eau les larves-nourrices, transparentes et microscopiques. Cette rangée de cils vibratiles est indiquée (fig. 2 et 4, pl. VIII) par une bordure striée de blanc et de noir. Il se forme ensuite dans la larve-nourrice un canal digestif très-rudimentaire, ayant une bouche (*o*), un estomac (*m*) et un anus (*a*). Plus tard, on voit se compliquer les inflexions du bord cilié, et il en naît des saillies allongées (fig. A3-D3). Chez les astéries (A4) et les échinodermes (C4), ces appendices deviennent très-longs. Au contraire, chez les crinoïdes (B3) et les synaptes (D4), l'anneau cilié, d'abord unique, se divise en quatre ou cinq zones ciliées superposées.

C'est à l'intérieur de ces larves-nourrices, que se développe maintenant la deuxième génération des échinodermes, résultant d'une génération asexuée autour de leur estomac, qui, plus tard, sera muni d'organes sexuels. Cette deuxième génération, figurée dans son entier développement sur la planche IX, est primitivement une colonie, un *cormus* de cinq vers, disposés en étoile et unis par une de leurs extrémités, comme on le voit bien clairement chez les astéries, qui représentent le type le plus ancien, le plus primitif des échinodermes. La deuxième génération n'emprunte à la première, aux dépens de laquelle elle se développe, que l'estomac et une petite partie des autres organes; la bouche et l'anus se forment à nouveau. Quant au bord cilié et au reste du corps de la larve-nourrice, ils disparaissent plus tard. D'abord la deuxième génération est plus petite ou tout au plus aussi grosse que la larve-nourrice, mais plus tard elle acquiert un volume cent fois et même mille fois plus considérable. En comparant les stades ontogéniques chez les représentants typiques des quatre classes d'échinodermes, on voit facilement que le mode originel de l'évolution s'est le mieux conservé par l'hérédité chez les astéries (A) et les échinides (C), tandis qu'au contraire, chez les crinoïdes (B) et chez les holothuries (D), ces stades se sont considérablement raccourcis en vertu de la loi d'hérédité abrégée.

La planche IX montre les animaux de la deuxième génération bien développés et munis d'organes sexuels. On les voit du côté de la bouche, qui, dans la situation naturelle à l'animal, alors qu'il rampe au fond de la mer, regarde en bas chez les astéries (Ab) et les échinides (Cb), en haut chez les crinoïdes (Bb), et en avant chez les holothuries (Db). Au centre de l'animal, on voit, chez les quatre rayonnés, l'orifice buccal stelliforme, à cinq rayons. Chez les astéries (Ab), une traînée de pieds-suçoirs partent et règnent, de chaque angle buccal, sur la ligne médiane de la face inférieure de chaque bras jusqu'à sa pointe. Chez les crinoïdes (Bb), chaque bras se ramifie dès son origine. Chez les échinides (Cb), les cinq séries de pieds-suçoirs sont séparées par de larges espaces couverts de piquants. Enfin, chez les holothuries (Db), on voit à la surface du corps, qui est vermiforme, tantôt les cinq séries de pieds, tantôt seulement les 5 à 15 (ici 10) appendices ramifiés entourant la bouche.

PLANCHES X ET XI.

(Entre les pages 482 et 483.)

Embryologie des crustacés (Crustacea). Ces deux planches illustrent l'évolution des divers crustacés, à partir de la forme ancestrale dite *Nauplius*. On voit sur la planche XI six crustacés de six ordres différents et à l'âge adulte, tandis que la planche X montre les larves multiformes de ces mêmes crustacés. Comme ces larves se ressemblent essentiellement, on peut en conclure sûrement, en vertu de la loi biogénétique fondamentale, que ces divers crustacés descendent d'une seule et même forme ancestrale, d'un nauplius depuis longtemps disparu, comme l'a démontré, le premier, Fritz Müller dans son excellent écrit « Pour Darwin ».

La planche X montre les larves naupliformes du côté abdominal pour bien faire ressortir les trois paires de pattes, qui s'insèrent sur un tronc court et trisegmenté. La première de ces trois paires de pattes est simple, la deuxième et la troisième paire sont fourchues. Les trois paires sont munies de soies rigides, qui, dans les mouvements natatoires des pattes, aident à la progression. Au milieu du corps se trouve un canal intestinal, très-simple, rectiligne, muni d'une bouche en avant, d'un anus en arrière. En avant, au-dessus de la bouche, est un œil impair. Les six formes de nauplius se ressemblent par tous les points essentiels de leur organisation, tandis que les six crustacés adultes (pl. IX) correspondants diffèrent extrêmement entre eux. Chez les six formes nauplius, les différences sont tout à fait secondaires; elles portent sur le volume de l'animal, sur la nature du tégument cutané. Si on les trouvait dans la mer et à l'état sexué avec cette forme, pas un zoologiste n'hésiterait à les regarder comme six espèces distinctes d'un même genre.

La planche XI représente, à l'état adulte et sexué, les crustacés, qui. ontogénétiquement et aussi phylogénétiquement, proviennent des six types naupliformes. Ils sont vus du côté droit. La figure Ac représente un *Limnites brachyurus* de l'ordre des phyllopodes (*Phyllopoda*), faiblement grossi et nageant librement. De tous les crustacés actuels, c'est cet ordre, appartenant à la section des branchiopodes (*Branchiopoda*), qui se rapproche le plus de la forme ancestrale commune du nauplius. Le limnites est renfermé dans une coquille bivalve (comme une moule). Dans notre figure, qui est empruntée à Grube, on voit le corps d'un animal femelle, couché dans la valve gauche; la valve droite est enlevée. En avant, derrière l'œil, sont les deux antennes, et, plus en arrière, les douze pieds du côté droit en forme de feuilles; derrière et sur le dos (sous la valve) sont les œufs. En haut et en avant, l'animal est soudé à l'écaille.

La figure Bc représente un *Cyclops quadricornis* commun, de l'ordre des eucopépodes (*Eucopepoda*); il est fortement grossi. En avant, sous l'œil, on voit les deux antennes du côté droit, dont l'antérieure est la plus longue. En arrière sont les mâchoires d'abord, puis les quatre pieds-nageoires du côté droit; ces pieds sont fourchus. Derrière les pattes se trouvent les deux sacs ovariens.

La figure Cc montre une *Lernæocera esocina* parasite de l'ordre des siphonostomes (*Syphonostoma*). Ces curieux crustacés, que l'on prit d'abord pour des vers, sont provenus, par adaptation à la vie parasitaire, d'eucopépodes libres, et ils appartiennent à la même légion (*Copepoda*, p. 484). En se fixant sur les branchies, sur la peau des poissons ou sur d'autres crustacés de la substance desquels ils se nourrissent, ils perdirent leurs yeux, leurs pattes, leurs autres organes, et devinrent une sorte de sac informe, non articulé, où, à première vue, on a peine à reconnaître un animal. De courtes soies aiguës, existant encore sur le côté du ventre, sont tout ce qui reste des pattes disparues. On voit sur notre figure, à droite, deux de ces pattes rudimentaires, la troisième et la quatrième. En haut, sur la tête, sont des appendices informes, dont les inférieurs sont bifurqués. Au milieu du corps, on voit le canal intestinal, enveloppé d'une substance adipeuse de couleur sombre. Près de l'extrémité postérieure du corps, on trouve l'oviducte et les glandes agglutinatives de l'appareil sexuel féminin. Extérieurement pendent les deux grands ovisacs (comme chez les cyclops, fig. B). Notre *Lernæocera* est vue moitié de dos, moitié du côté droit; elle est faiblement amplifiée et copiée d'après Claus. (Voir Claus, la faune des copépodes de Nice. Contribution à la caractéristique des formes et à leurs variations dans le sens darwinien, 1866.)

La figure Dc représente un *Lepas anatifera* fixe, de l'ordre des cirrhipèdes (*Cirrhipedia*). Ces crustacés, dont Darwin a donné une consciencieuse monographie, sont renfermés dans une coquille bivalve, et furent pris d'abord, même par Cuvier, pour des mollusques. C'est seulement par la connaissance de leur ontogénie et de leur larve naupliforme, que l'on reconnut qu'on avait affaire à des crustacés. Notre figure représente un *Lepas anatifera* de grandeur naturelle et vu du côté droit. La moitié de la coquille bivalve est enlevée, de telle sorte que l'on voit l'animal couché dans la valve gauche. De la tête rudimentaire du *Lepas* part un long pédicule charnu, recourbé en haut dans notre figure, et par le moyen duquel le cirrhipède s'attache aux rochers, aux navires, etc. Sur le côté du ventre, il y a six paires de pattes. Chaque pied se bifurque en deux longues « vrilles » recourbées et munies de soies. Au-dessus de la dernière paire de pieds on voit saillir en arrière la queue mince et cylindrique.

La figure Ec montre une *Sacculina purpurea*, crustacé sacciforme de l'ordre des rhizocéphales (*Rhizocephala*). Ces animaux sont provenus des cirrhipèdes, en s'adaptant à la vie parasitaire (Dc), comme la *Lernæocera* (Cc) est descendue des eucopépodes libres (Bc). Mais l'atrophie due à la vie parasitaire et la rétrogradation de tous les organes qui en résulte sont allées beaucoup plus loin que chez la plupart des eucopépodes (Bc). Du crustacé articulé, ayant des pattes, un canal intestinal, un œil, et nageant vivement, à l'état de larve naupliforme (En, pl. X), provient un sac informe, sans articles, une sorte de saucisson rouge, qui a seulement conservé des organes sexuels (œufs et sperme), et un canal intestinal rudimentaire. Les pattes et l'œil sont totalement perdus. A l'extrémité postérieure est l'orifice des organes sexuels. De la bouche sort un épais bouquet de filaments ramifiés. Ces filaments plongent en s'étalant, comme les racines d'une plante dans le sol, dans la partie postérieure molle des *Pagurus* (Bernard l'Hermite), sur lesquels le rhizocéphale vit en parasite, et desquels il tire sa nourriture. Notre figure Ec, copiée d'après Fritz Müller, est faiblement amplifiée. Elle montre une *Sacculina* tout entière munie de tous les filaments en forme de racines arrachés du corps de l'animal sur lequel le parasite a élu domicile.

La figure Fc représente un *Peneus Mülleri*, de l'ordre des décapodes, auquel appartiennent aussi notre écrevisse de rivière et ses analogues, le homard et les crabes à courte queue. Cet ordre comprend les crustacés les plus grands et les plus importants au point de vue gastronomique; il appartient, ainsi que les stomatopodes et les schizopodes, à la section des podophthalmes (*Podophthalma*). Notre *Peneus* a, comme l'écrevisse, de chaque côté, au-dessous de l'œil, deux longues antennes, dont la première est de beaucoup la plus courte, ensuite trois mâchoires et trois pieds-mâchoires, puis cinq très-longues pattes, dont les trois antérieures sont munies de pinces chez le *Peneus*; la troisième de ces pattes à pinces est la plus longue. Enfin les cinq premiers articles de la partie postérieure du corps portent encore cinq paires de pattes postérieures. Quoique appartenant aux crustacés les plus parfaits, le *Peneus* provient aussi, d'après l'importante découverte de Fritz Müller, d'un *Nauplius* (Fn, pl. X), et prouve ainsi que les crustacés supérieurs aussi bien que les inférieurs sont descendus de la forme *Nauplius*.

PLANCHES XII ET XIII.

(Entre les pages 506 et 507.)

Consanguinité des vertébrés et des invertébrés. (Voy. p. 464 et 506.) Cette parenté a été définitivement établie par l'importante découverte de Kowalewski, confirmée par Kupffer, d'où il résulte que l'ontogénie du vertébré le plus inférieur, de l'*Amphioxus*, coïncide pleinement, dans ses caractères essentiels, avec celle des ascidies, de la classe des tuniciers. Sur nos deux planches, l'ascidie est indiquée par A et l'amphioxus par B. La planche XIII représente ces deux types zoologiques, si différents dans leur état de plein développement; ils sont vus du côté gauche; l'orifice buccal est en haut, l'extrémité postérieure en bas. Dans les deux figures, le côté dorsal est donc à droite, le côté abdominal à gauche. Les deux figures sont faiblement amplifiées et l'organisation interne se voit distinctement à travers la peau transparente. L'ascidie (fig. A6) est fixée immobile au fond de la mer; elle s'attache aux rochers, comme une plante, par le moyen d'appendices radiciformes (w) particuliers. Au contraire, l'amphioxus adulte (fig. B6) nage librement comme un poisson. Dans les deux figures, les lettres ont la même signification, savoir : *a*, orifice buccal; *b*, pore abdominal; *c*, corde dorsale ou *chorda dorsalis*; *d*, intestin; *e*, ovaire; *f*, oviducte confondu avec le canal séminifère; *g*, moelle épinière; *h*, cœur; *i*, cœcum; *j*, *k*, cavité respiratoire; *l*, cavité splanchnique; *m*, muscles; *n*, testicule (confondu chez les ascidies avec l'ovaire en une glande hermaphrodite); *o*, anus; *p*, orifice générateur; *q*, embryon bien développé dans la cavité splanchnique de l'ascidie; *r*, rayons de la nageoire dorsale de l'amphioxus; *s*, nageoire caudale de l'amphioxus; *w*, pieds radicoïdes de l'ascidie.

La planche XII représente l'embryologie de l'ascidie (A), et de l'*Amphioxus* (B), en cinq stades distincts (1-5). La figure 1 est l'œuf, cellule simple, comme l'œuf de l'homme et de tous les autres animaux (fig. A1, l'œuf de l'ascidie; fig. B1, l'œuf de l'amphioxus). La substance cellulaire proprement dite, ou le protoplasma de la cellule ovulaire (*z*), ce qu'on appelle le jaune de l'œuf, est entouré d'une enveloppe (membrane cellulaire ou membrane du jaune) et contient un noyau cellulaire sphérique ou nucleus (*y*), qui renferme lui-même un nucléole ou nucléolus (*x*). Dès que l'œuf commence à se développer, la cellule ovulaire se divise aussitôt en deux cellules. Comme ces deux cellules se divisent à leur tour, il en résulte quatre cellules (fig. A2, B2), et de celles-ci naissent, par une nouvelle segmentation, huit cellules (fig. A3, B3). Enfin, par une segmentation réitérée, il naît un amas de cellules sphériques (page 169, fig. 4, C, D). A mesure que le liquide s'accumule dans cet amas, il se forme une vésicule sphérique enfermée dans une couche cellulaire. En un point de sa surface, cette vésicule se déprime en bourse (fig. A4, B4). Cette dépression est le rudiment de l'intestin, dont la cavité (*d1*) communique avec l'extérieur par un orifice provisoire (*d4*). La paroi intestinale, qui est en même temps celle du corps, est composée de deux couches cellulaires (feuillets germinaux). Puis la larve sphérique (*Gastrula*) croît en longueur. La figure A5 montre la larve de l'ascidie; la figure B5, celle de l'amphioxus, vues du côté gauche à un stade de développement un peu plus avancé. La cavité intestinale (*d1*) s'est close. La paroi postérieure de l'intestin est concave, la paroi abdominale (*d3*) est convexe. Au-dessus du canal intestinal, sur son côté dorsal, s'est formé le canal médullaire (*g1*), rudiment de la moelle épinière; ce canal s'ouvre encore en avant et en dehors (*g2*). Entre la moelle épinière et l'intestin s'est formée la corde dorsale (*chorda dorsalis*), c'est-à-dire l'axe du squelette. Chez la larve de l'ascidie, cette corde se prolonge dans la longue nageoire caudale; plus tard, dans la suite de la métamorphose embryologique, cette queue disparaît. Pourtant, certaines petites ascidies (*Appendicularia*) ne se métamorphosent pas ainsi, et, pendant un temps, gardent leur nageoire caudale, à l'aide de laquelle elles nagent librement.

Les faits ontogénétiques schématiquement exposés dans la planche XII ne sont connus que depuis 1867; ils ont une valeur qu'on ne saurait trop apprécier. Ils comblent la profonde lacune admise jusqu'ici entre les vertébrés et les « invertébrés ». On attribuait tant d'importance à cette lacune, on la considérait comme étant si impossible à combler, que même des zoologistes éminents et non hostiles à la théorie généalogique y voyaient la principale objection que l'on pût opposer à cette théorie. Maintenant que, grâce à l'ontogénie de l'amphioxus et de l'ascidie, cette objection n'existe plus, nous pouvons enfin suivre l'arbre généalogique de l'homme en commençant au-dessous de l'amphioxus jusqu'à la tribu si ramifiée des vers « invertébrés », souche primordiale de toutes les autres grandes tribus zoologiques.

PLANCHE XIV.

(Entre les pages 524 et 525.)

Arbre généalogique unitaire ou monophylétique de la tribu des vertébrés, figurant l'hypothèse de la commune origine de tous les vertébrés et l'évolution historique de leurs différentes classes durant les périodes géologiques. Les lignes horizontales indiquent les périodes de l'histoire organique terrestre, durant lesquelles se sont déposées les couches fossilifères. Les lignes verticales séparent les unes des autres les classes et sous-classes des vertébrés. Les lignes ramifiées indiquent par leur nombre plus ou moins grand et d'une manière approximative le plus ou moins grand degré d'évolution, de diversité et de perfection, que chaque classe a dû atteindre dans chaque période géologique. Quant aux classes, qui, à cause du peu de consistance de leurs corps, n'ont pu laisser derrière elles de débris fossiles (par exemple les prochordoniens, les acrâniens, les monorhiniens et les dipneustes), le cours hypothétique de leur évolution a été indiqué d'après les données fournies par les trois sources de documents sur la création organique, par l'anatomie comparée, l'ontogénie et la paléontologie. Pour combler hypothétiquement les lacunes paléontologiques, on s'est surtout appuyé, ici comme partout, sur la loi biogénétique fondamentale, reposant sur l'intime union étiologique entre l'ontogénie et la phylogénie. (Voir les planches VIII et XIII, et p. 273 et 359.) Partout on doit considérer l'évolution individuelle comme une courte et rapide récapitulation de l'évolution paléontologique. Cette récapitulation a pour cause fondamentale les lois de l'hérédité; mais elle est modifiée par celles de l'adaptation. Cette proposition est le « *Ceterum Censeo* » de notre théorie de l'évolution.

Les données relatives à l'apparition première, à l'époque originelle de chaque classe et sous-classe des vertébrés, telles qu'elles sont indiquées sur la planche XIV, sont, autant que possible, strictement déduites des faits paléontologiques, en exceptant, bien entendu, les compléments hypothétiques indiqués. Néanmoins je dois faire remarquer que, vraisemblablement, l'origine de la plupart des groupes est antérieure d'une ou de plusieurs périodes au moment indiqué par nos fossiles actuels. A ce sujet, je partage l'opinion d'Huxley; cependant, autant que possible, je me suis attaché, sur les planches V et XIV, à ne pas trop m'écarter des faits paléontologiques.

Voici la signification des chiffres. (Voir la XXe leçon.) 1, Monères animales. 2, Amibes animales. 3, Synamibes. 4, Planæa. 5, Gastræa. 6, Turbellaria. 7, Tunicata. 8, Amphioxus. 9, Myxinoida. 10, Petromyzontia. 11, Formes transitoires inconnues entre les monorhiniens et les poissons primitifs. 12, Poissons primitifs siluriens (*Onchus*, etc.). 13, Poissons primitifs actuels (requin, chimère, raie). 14, Poissons cartilagineux très-anciens (Siluriens *Pterapsis*). 15. Pamphracti. 16, Sturiones. 17, Rhombiferi. 18, Lepidosteus. 19, Polypterus. 20, Cœloscopes. 21, Pycnoscolopes. 22, Amia. 23, Thrissopida. 24, Poissons osseux avec conduit aérifère de la vessie natatoire (Physostomi). 25, Poissons osseux sans conduit aérifère de la vessie natatoire (Physoclysti). 26, Types intermédiaires inconnus entre les poissons primitifs et les dipneustes. 27, Ceratodus. 27 *a*, Ceratodus éteint du trias. 28, Dipneustes d'Afrique (*Protopterus*). 29, Formes intermédiaires inconnues entre les poissons primitifs et les amphibies. 30, Ganocephala. 31, Labyrinthodonta. 32, Cæciliæ. 33, Sozobranchia. 34, Sozura. 35, Anura. 36, Proterosaurus. 37, Formes inconnues intermédiaires aux amphibies et aux protamniens. 38, Protamniens (forme ancestrale commune à tous les amniotes). 39, Promammalia. 40, Proreptilia. 41, Thecodontia. 42, Simosauria. 43. Plesiosauria. 44, Ichthyosauria. 45, Amphicœla. 46, Opisthocœla. 47, Prosthocœla. 48, Dinosauriens carnivores, Harpagosauria. 49, Dinosauriens herbivores, Therosauria. 50, Mososauria. 51, Forme ancestrale commune des serpents (*Ophidia*). 52, Cynodontia. 53. Cryptodontia. 54. Rhamphorynchi. 55, Pterodactylii. 56, Chersita. 57, Tocornithes. Formes intermédiaires aux reptiles et aux oiseaux. 58. Archæopteryx. 59, Ornithorynchus. 60, Echidna. 61, Formes intermédiaires inconnues entre les monotrèmes et les marsupiaux. 62, Formes intermédiaires inconnues entre les marsupiaux et les placentaires. 63, Villiplacentaires. 64, Zonoplacentaires. 65, Discoplacentaires. 66, Homo pithecogenes, improprement appelé par Linné *homo sapiens*.

PLANCHE XV.

(Voir à la fin du livre, après la page 684.)

Esquisse hypothétique de l'origine et de la distribution par toute la terre des douze espèces humaines à partir de la Lémurie. Il va de soi, que l'hypothèse graphique exposée ici est simplement une hypothèse provisoire, ayant uniquement pour but de montrer comment, dans l'état d'imperfection actuelle de nos connaissances anthropologiques, on peut se figurer approximativement le rayonnement des espèces humaines à partir de leur patrie originelle. On a accepté, comme étant la patrie originelle probable, le « paradis » humain, la Lémurie, continent tropical, aujourd'hui submergé par l'Océan indien, mais dont l'ancienne existence durant l'âge tertiaire est rendue vraisemblable par quantité de faits de géographie animale et de géographie végétale. (Voy. p. 319.) Pourtant il est fort possible que cet hypothétique « berceau du genre humain » ait été situé à l'est dans l'Inde, en-deçà ou au-delà du Gange, ou plus à l'ouest, dans l'Afrique orientale. Espérons que d'habiles recherches, surtout d'anthropologie comparée et de paléontologie, nous mettront en état de déterminer plus exactement la situation probable de la patrie primitive de l'homme.

Préfère-t-on à notre hypothèse monophylétique l'hypothèse polyphylétique, suivant laquelle les diverses espèces humaines seraient provenues de divers singes anthropoïdes, par suite d'un perfectionnement graduel? Alors, de toutes les hypothèses possibles, celle qui mérite le plus de confiance est l'hypothèse d'une double racine pithécoïde du genre humain, une racine asiatique et une racine africaine. On peut noter un fait très-remarquable à ce point de vue, c'est que les anthropoïdes africains (gorille et chimpanzé) sont caractérisés par une dolichocéphalie très-accusée, caractère qui appartient aussi aux races humaines vraiment africaines (Hottentots, Caffres, Nègres, Nubiens). D'autre part, les anthropoïdes asiatiques (spécialement le grand et le petit orang) sont très-nettement brachycéphales, comme les espèces humaines d'Asie (Mongols et Malais). On pourrait donc supposer que les premiers, les anthropoïdes et les hommes primitifs d'Afrique, descendent d'un type simien dolichocéphale, et les seconds, les anthropoïdes et les hommes primitifs d'Asie, d'un autre type simien brachycéphale.

Quoi qu'il en soit, l'Afrique tropicale et l'Asie méridionale, en y ajoutant peut-être la Lémurie, qui unissait ces deux contrées, voilà les régions, qu'on doit mettre en première ligne, quand on s'occupe de la patrie primitive du genre humain. Il faut décidément exclure du débat l'Amérique et l'Australie. L'Europe, qui, en réalité, est simplement un prolongement péninsulaire et heureusement doué de l'Asie vers l'ouest, l'Europe, dis-je, n'a guère de place dans la question du paradis.

Naturellement, notre planche XV indique seulement d'une façon tout à fait générale et à très-grands traits les migrations des diverses races humaines à partir de leur patrie originelle et leur distribution géographique. Les nombreuses migrations partielles, dans des directions transversales ou circulaires, ainsi que les mouvements de recul, souvent fort importants, ont été entièrement négligés. Pour représenter nettement tous ces détails, il faudrait d'abord que nos connaissances fussent beaucoup plus parfaites, et ensuite un atlas entier avec beaucoup de planches serait nécessaire. Notre planche XV a seulement la prétention d'indiquer, d'une manière tout à fait générale et conformément à notre théorie généalogique, la distribution géographique approximative des douze espèces humaines, telle qu'elle était au quinzième siècle, avant que les races indo-germaniques se fussent répandues par toute la terre. Quant aux limites géographiques de la distribution (montagnes, déserts, fleuves, détroits, etc.), il y a d'autant moins lieu de s'en occuper sérieusement dans ces esquisses générales, que, dans ces âges lointains de la géologie, ces obstacles géographiques n'avaient ni la même grandeur, ni la même forme. Si la transformation graduelle des singes catarhiniens en hommes pithécoïdes s'est véritablement effectuée, durant l'âge tertiaire, dans la Lémurie hypothétique, les continents et les mers devaient alors avoir des frontières et une configuration tout autres qu'aujourd'hui. Dans les questions chorologiques, relatives à l'émigration et à la distribution des espèces humaines, la puissante influence de l'âge glaciaire joue aussi un rôle important, bien que cet âge soit encore mal connu dans ses détails. Sur ce point, comme dans toutes mes autres hypothèses au sujet de l'évolution, je proteste expressément contre toute prétention dogmatique; il ne s'agit ici que d'un simple essai.

INDEX ALPHABÉTIQUE.

FIN DE L'INDEX ALPHABÉTIQUE.

Paris — Typographie Georges Chamerot, rue des Saints-Pères, 19.

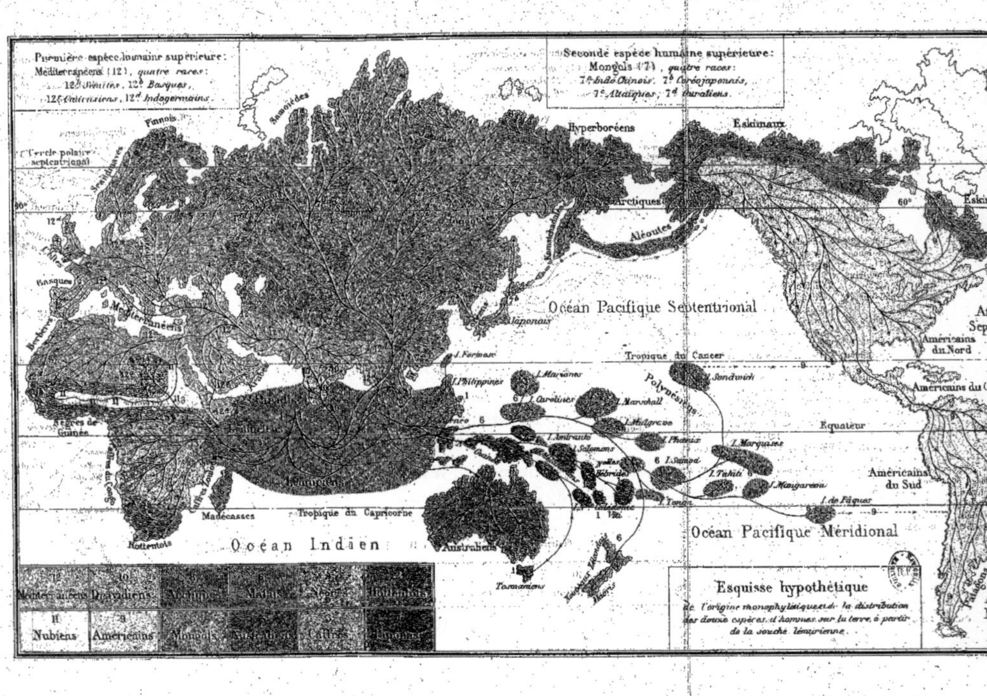
Première espèce humaine supérieure :
Méditerranéens (12), quatre races :
12a Sémites, 12b Basques,
12c Caucasiens, 12d Indogermains.
Seconde espèce humaine supérieure :
Mongols (7), quatre races :
7a Indo-Chinois, 7b Coréojaponnais,
7c Altaïques, 7d Ouraliens.
Samoïèdes
Finnois
Cercle polaire septentrional
Hyperboréens
Eskimaux
Arctiques
Aléoutes
Basques
Méditerranéens
Japonais
Océan Pacifique Septentrional
Américains du Nord
Tropique du Cancer
I. Formose
I. Philippines
I. Mariannes
I. Carolines
I. Marshall
I. Sandwich
Polynésiens
I. Mulgrave
Equateur
I. Phénix
I. Salomons
I. Marquises
I. Samoa
I. Tahiti
I. Mangareva
I. Tonga
I. de Pâques
Américains du Sud
Américains du Ce
Nègres de Guinée
Madécasses
Tropique du Capricorne
Hottentots
Océan Indien
Australiens
Tasmaniens
Océan Pacifique Méridional
12
Méditerranéens
10
Dravidiens
8
Malais
11
Nubiens
9
Américains
Mongols
Cafres
Esquisse hypothétique
de l'origine monophylétique et de la distribution des douze espèces d'hommes sur la terre, à partir de la souche lémurienne.

www.ingramcontent.com/pod-product-compliance
Ingram Content Group UK Ltd.
Pitfield, Milton Keynes, MK11 3LW, UK
UKHW020611230726
13926UKWH00005B/2338